国家卫生健康委员会“十四五”规划教材
全国高等学校药学类专业第九轮规划教材
供药学类专业用

波谱解析

第 3 版

主　编　孔令义

副主编　宋少江　杨炳友　柳润辉

编　者（以姓氏笔画为序）

孔令义（中国药科大学）
阮汉利（华中科技大学同济药学院）
孙隆儒（山东大学药学院）
李　斌（湖南中医药大学）
杨鸣华（中国药科大学）
杨炳友（黑龙江中医药大学）
吴　振（厦门大学药学院）
宋少江（沈阳药科大学）
张艳丽（河南中医药大学）
周应军（中南大学湘雅药学院）
柳润辉（中国人民解放军海军军医大学）
梁　鸿（北京大学药学院）

人民卫生出版社
·北　京·

图书在版编目（CIP）数据

波谱解析 / 孔令义主编 . —3 版 . —北京：人民卫生出版社，2023.3（2024.4 重印）
ISBN 978-7-117-34305-3

Ⅰ. ①波… Ⅱ. ①孔… Ⅲ. ①波谱分析 Ⅳ. ①O657.61

中国版本图书馆 CIP 数据核字（2022）第 249435 号

人卫智网	www.ipmph.com	医学教育、学术、考试、健康，购书智慧智能综合服务平台
人卫官网	www.pmph.com	人卫官方资讯发布平台

波 谱 解 析
Bopu Jiexi
第 3 版

主　　编：孔令义
出版发行：人民卫生出版社（中继线 010-59780011）
地　　址：北京市朝阳区潘家园南里 19 号
邮　　编：100021
E - mail：pmph @ pmph.com
购书热线：010-59787592　010-59787584　010-65264830
印　　刷：人卫印务（北京）有限公司
经　　销：新华书店
开　　本：850 × 1168　1/16　　印张：24
字　　数：694 千字
版　　次：2011 年 7 月第 1 版　　2023 年 3 月第 3 版
印　　次：2024 年 4 月第 2 次印刷
标准书号：ISBN 978-7-117-34305-3
定　　价：79.00 元
打击盗版举报电话：010-59787491　E-mail：WQ @ pmph.com
质量问题联系电话：010-59787234　E-mail：zhiliang @ pmph.com
数字融合服务电话：4001118166　E-mail：zengzhi @ pmph.com

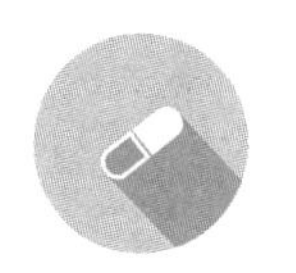

出版说明

全国高等学校药学类专业规划教材是我国历史最悠久、影响力最广、发行量最大的药学类专业高等教育教材。本套教材于1979年出版第1版，至今已有43年的历史，历经八轮修订，通过几代药学专家的辛勤劳动和智慧创新，得以不断传承和发展，为我国药学类专业的人才培养作出了重要贡献。

目前，高等药学教育正面临着新的要求和任务。一方面，随着我国高等教育改革的不断深入，课程思政建设工作的不断推进，药学类专业的办学形式、专业种类、教学方式呈多样化发展，我国高等药学教育进入了一个新的时期。另一方面，在全面实施健康中国战略的背景下，药学领域正由仿制药为主向原创新药为主转变，药学服务模式正由"以药品为中心"向"以患者为中心"转变。这对新形势下的高等药学教育提出了新的挑战。

为助力高等药学教育高质量发展，推动"新医科"背景下"新药科"建设，适应新形势下高等学校药学类专业教育教学、学科建设和人才培养的需要，进一步做好药学类专业本科教材的组织规划和质量保障工作，人民卫生出版社经广泛、深入的调研和论证，全面启动了全国高等学校药学类专业第九轮规划教材的修订编写工作。

本次修订出版的全国高等学校药学类专业第九轮规划教材共35种，其中在第八轮规划教材的基础上修订33种，为满足生物制药专业的教学需求新编教材2种，分别为《生物药物分析》和《生物技术药物学》。全套教材均为国家卫生健康委员会"十四五"规划教材。

本轮教材具有如下特点：

1. 坚持传承创新，体现时代特色　本轮教材继承和巩固了前八轮教材建设的工作成果，根据近几年新出台的国家政策法规、《中华人民共和国药典》(2020年版)等进行更新，同时删减老旧内容，以保证教材内容的先进性。继续坚持"三基""五性""三特定"的原则，做到前后知识衔接有序，避免不同课程之间内容的交叉重复。

2. 深化思政教育，坚定理想信念　本轮教材以习近平新时代中国特色社会主义思想为指导，将"立德树人"放在突出地位，使教材体现的教育思想和理念、人才培养的目标和内容，服务于中国特色社会主义事业。各门教材根据自身特点，融入思想政治教育，激发学生的爱国主义情怀以及敢于创新、勇攀高峰的科学精神。

3. 完善教材体系，优化编写模式　根据高等药学教育改革与发展趋势，本轮教材以主干教材为主体，辅以配套教材与数字化资源。同时，强化"案例教学"的编写方式，并多配图表，让知识更加形象直观，便于教师讲授与学生理解。

4. 注重技能培养，对接岗位需求　本轮教材紧密联系药物研发、生产、质控、应用及药学服务等方面的工作实际，在做到理论知识深入浅出、难度适宜的基础上，注重理论与实践的结合。部分实操性强的课程配有实验指导类配套教材，强化实践技能的培养，提升学生的实践能力。

5. 顺应"互联网＋教育"，推进纸数融合　本次修订在完善纸质教材内容的同时，同步建设了以纸质教材内容为核心的多样化的数字化教学资源，通过在纸质教材中添加二维码的方式，"无缝隙"地链接视频、动画、图片、PPT、音频、文档等富媒体资源，将"线上""线下"教学有机融合，以满足学生个性化、自主性的学习要求。

众多学术水平一流和教学经验丰富的专家教授以高度负责、严谨认真的态度参与了本套教材的编写工作，付出了诸多心血，各参编院校对编写工作的顺利开展给予了大力支持，在此对相关单位和各位专家表示诚挚的感谢！教材出版后，各位教师、学生在使用过程中，如发现问题请反馈给我们(renweiyaoxue@163.com)，以便及时更正和修订完善。

人民卫生出版社

2022年3月

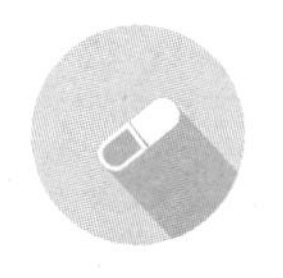

主编简介

孔令义

教授，博士生导师，中国药科大学副校长。教育部长江学者特聘教授，国家杰出青年科学基金获得者，新世纪百千万人才工程国家级人选，教育部创新团队带头人，国家双一流建设学科中国药科大学中药学学科首席学科带头人，国家一流本科生专业建设点中国药科大学中药学专业负责人，全国优秀教师。

孔令义教授执教三十多年，主讲中药化学、天然药物化学、波谱解析等本科及研究生课程，是本科生国家精品课程天然药物化学和江苏省优秀研究生课程高等波谱解析的课程负责人。

孔令义教授主要从事中药和天然药物活性成分研究与开发相关领域的研究工作。以第一完成人获得国家科技进步奖二等奖、江苏省科学技术奖一等奖、教育部自然科学奖一等奖，并获吴阶平医药创新奖、全国创新争先奖。以通讯作者在 *Journal of the American Chemical Society*、*Nature Communications*、*Organic Letters*、*Journal of Medicinal Chemistry*、*Journal of Natural Products* 等重要期刊上发表 SCI 论文 630 余篇，为 Elsevier 公司发布的 2014—2021 年连续八年中国高被引学者。

副主编简介

宋少江

二级教授，沈阳药科大学副校长。国家万人计划科技创新领军人才，国家百千万人才工程人选、有突出贡献中青年专家，国务院学位委员会药学学科评议组成员，辽宁省药学会理事长，辽宁省特聘教授，辽宁省优秀专家，“兴辽英才计划”科技创新领军人才，辽宁省教学名师。

宋少江教授执教二十余年，是首批国家一流本科课程天然药物化学负责人。曾主讲本科生天然药物化学、有机化合物波谱解析、中药新药开发与研究等课程；讲授研究生天然产物结构研究法、生合成概论、天然药物化学专论等课程。共主持国家自然科学基金、国家科技部重大专项及横向课题等科研项目 40 余项，在 *Organic Letters* 和 *Journal of Natural Products* 等天然药物核心期刊上发表第一作者/通讯作者 SCI 论文 250 余篇。

杨炳友

二级教授，博士生导师，黑龙江中医药大学副校长。20 余年来一直从事中药化学一线教学及科学研究。为国家百千万人才工程“有突出贡献中青年专家”、岐黄学者、国务院特殊津贴专家、全国优秀博士学位论文作者、黑龙江省教学名师。

杨炳友教授获国家级教学成果二等奖 2 项，省部级教学成果奖 4 项。编写教材及专著 15 部；获国家科技进步奖二等奖 1 项，省部级科学技术奖一等奖 2 项、二等奖 9 项；主持国家级课题 8 项、省部级课题 4 项；以第一作者及通讯作者发表论文 143 篇，其中 SCI 论文 84 篇；获国家发明专利授权 20 项。

柳润辉

中国人民解放军海军军医大学药学系天然药物化学教研室教授，博士生导师。福建中医药大学兼职硕士生导师。上海市药学会天然药物化学专业委员会委员。

柳润辉教授执教二十年，主讲中药化学、天然药物化学、波谱解析等本科及研究生课程，授课经验丰富，参编《天然药物化学》《波谱解析》等 7 部教材。主要从事中药（复方）药效物质基础及作用机制研究。研究成果获国家科技进步奖二等奖 2 项（第 3、4），上海市科技进步奖一等奖 2 项（第 6、7），上海市科技进步奖二等奖 2 项（第 3、3）。在国内外学术期刊上发表 SCI 论文 60 余篇。

前　言

波谱解析是应用紫外光谱（UV）、红外光谱（IR）、核磁共振谱（NMR）和质谱（MS）等现代物理手段研究有机化合物化学结构的一门课程，是现代有机化合物结构测定的最主要的手段。随着药学、化学等学科的飞速发展，波谱解析已经渗透到与之相关的各个领域，成为现代药学、化学、生物学等领域的工作者应该掌握和了解的科学知识。本版教材在人民卫生出版社出版的《波谱解析》（第2版）的基础上，根据目前我国药学、化学等专业在新形势下对本科生培养的新要求进行修订。修订的目的是将波谱解析的发展和本科生教材的特点相融合，既注重基础知识和基本技能的培养，又注重介绍波谱解析的新技术和新方法，侧重培养学生实际解析图谱的能力，使学生能适应后期专业课程的学习和实际工作的需要。同时，还增加了有机化合物立体结构测定相关方法的介绍。本教材既能满足本科生的学习要求，同时还可作为报考研究生和研究生学习阶段的重要参考教材。

本教材的编写团队由全国相关院校在药学领域具有丰富教学经验和科研经历的十二位教授组成：孔令义教授（中国药科大学，第一章、第十一章）、周应军教授（中南大学湘雅药学院，第二章）、阮汉利教授（华中科技大学同济药学院，第三章）、张艳丽教授（河南中医药大学，第四章）、梁鸿教授（北京大学药学院，第五章）、柳润辉教授（中国人民解放军海军军医大学，第六章）、孙隆儒教授（山东大学药学院，第七章）、吴振教授（厦门大学药学院，第八章）、宋少江教授（沈阳药科大学，第九章）、李斌教授（湖南中医药大学，第十章第一节）、杨炳友教授（黑龙江中医药大学，第十章第二节）和杨鸣华教授（中国药科大学，第十一章）。孔令义教授担任主编，宋少江教授、杨炳友教授和柳润辉教授担任副主编。

本教材在编写过程中始终得到人民卫生出版社的大力支持和帮助，相关院校老师也对本教材的编写提出很好的建议和意见，在此一并表示由衷的谢意！

由于编者水平有限，虽然尽了最大努力，但难免存在不足之处，敬请广大师生批评指正。

孔令义
2023年2月

目　录

第一章

绪　论

学习目标

1. **掌握**　波谱学的主要内容与应用方法。
2. **熟悉**　波谱学的基本理论。
3. **了解**　有机化合物结构测定的发展历史。

第一章
教学课件

有机化合物结构的研究和阐明是有机化学和药学研究的基础，无论是从自然界中分离得到的天然有机化合物或是通过化学反应得到的合成有机化合物，准确测定其化学结构是进行深入研究并加以开发应用的前提。目前，有机化合物的结构研究主要应用波谱解析技术。波谱解析是应用紫外光谱（ultraviolet spectrum，UV）、红外光谱（infrared spectrum，IR）、核磁共振谱（nuclear magnetic resonance spectrum，NMR）和质谱（mass spectrum，MS）等现代物理手段研究有机化合物的化学结构的一门学科，是现代有机化合物结构测定的最主要的手段。近几十年来，随着各种波谱仪的进步和发展，波谱解析已经渗透到诸如药学、化学、生物学、环境、材料、食品和卫生等多个学科领域，对相关学科的发展起着积极的推动作用。因此，高等学校药学、化学及相关专业设置均将波谱解析设为专业基础课或专业课，成为现代药学、化学、生物学工作者应该了解和掌握的重要知识。

第一节　有机化合物结构测定的发展历史

有机分子的结构测定方法大体可分为两个阶段，即以经典的化学分析方法为主的早期阶段和以波谱解析方法为主、化学方法为辅的第二阶段。在 20 世纪中期以前，人们受限于当时的科学技术发展水平，只能应用经典的化学分析法鉴定复杂结构的未知物，即用化学反应将复杂的有机化合物分解成简单的小分子量的化合物，通过分析这些小分子量化合物的结构，并根据发生化学反应的位点和相关化学反应的规律来还原推断母体化合物的结构。应用经典的化学分析法鉴定复杂结构的未知物研究周期长，实验操作烦琐，需要的样品量大，对研究人员的实验操作水平要求高，并且有时无法测定某些化合物的精细结构。以吗啡（morphine）的结构鉴定为例，自 1803 年从鸦片中分离得到纯品后，许多实验室纷纷开展旨在阐明这个重要化合物的分子结构的研究，经过长期的努力，1881 年从吗啡的锌粉蒸馏中分离出菲，才刚刚捕捉到有关吗啡分子结构的影子。直到 1925 年，在大量研究工作的基础上，Gulland 和 Robinson 提出了吗啡分子的结构式。1952—1956 年，Gates 完成吗啡的全合成，才最终确定其结构，前后经历了一个半世纪的时间。这个例子充分说明了早期单纯应用化学方法研究有机化合物结构的困难和艰辛。

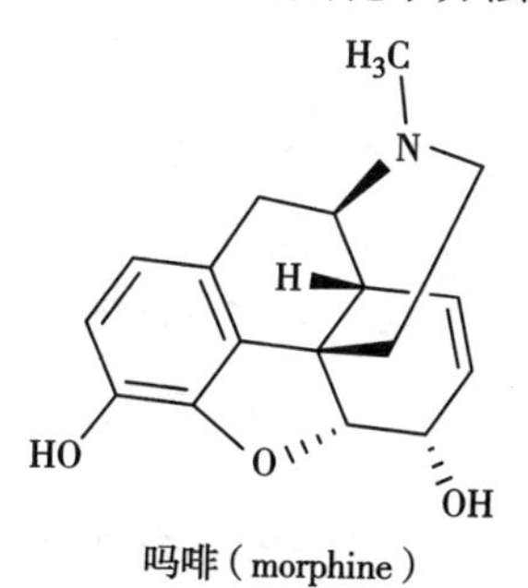

吗啡（morphine）

20 世纪中期后，近代化学和物理学的发展不仅为有机分子的结构测定奠定了理论基础，同时也为先进的机械工业和电子工业提供了必要的支撑，使各种波谱仪器得以成功问世。首先，紫外-可见光谱和红外光谱进入有机化学实验室，大大加快了有机分子结构测定的步伐。例如自 1952 年从萝芙木或蛇根草中离析出利血平（reserpine）纯品后，Nears 通过紫外光谱解析，检测到利血平分子含有吲哚和没食子酸衍生物两个共轭体系，确定了利血平的主要结构单元。1956 年美国杰出化学家 Woodward 等用轨道对称型概念完成利血平的全合成，总共花费不到 5 年的时间。在 Woodward 对利血平全合成的工作中，他广泛应用红外光谱，在其发表的论文中附有红外光谱达 30 张之多。他对红外光谱做过这样的评价："不管反应所得到的化合物纯度多么差，可生成预期产物的希望何等渺茫，如果采用红外光谱进行常规检测，往往会对重大的发现提供某些线索，这是其他方法难以胜任的。"由此可见，红外光谱在复杂天然有机化合物全合成中发挥的重要作用。实际上从 20 世纪 60 年代以后，波谱仪器方法为主、化学手段为辅的波谱法逐渐成为未知有机化合物结构鉴定的主要方法。

利血平（reserpine）

进入 20 世纪 70 年代，随着科学技术的发展，仪器性能大大提高，实验方法不断改进和革新，特别是计算机的应用，使波谱法得到突飞猛进的发展。波谱法的种类越来越多，应用范围也越来越广。核磁共振谱、质谱等的应用为化合物的结构解析和定性鉴定带来革命性变革。现代有机化合物结构研究最突出的例子是沙海葵毒素（palytoxin），它是从海洋生物毒沙群海葵（*Palythoa toxica*）中分离得到的微量毒性天然成分，是一个分子式为 $C_{129}H_{223}N_3O_{54}$，分子量为 2 680，并含有 64 个不对称碳原子、41

沙海葵毒素（palytoxin）

个羟基的水溶性成分。对于如此超大、复杂、新颖的化学结构，从 1974 年分离得到几毫克的纯品，到 1982 年发表平面结构只用了不到 10 年的时间，充分体现了现代波谱学技术和化学方法相结合研究复杂天然有机化合物结构的独特魅力。

经过多年的发展，波谱技术日趋完善，特别是计算机技术的不断进步和在波谱仪器中的深度应用，更是使波谱技术如虎添翼，目前波谱技术发展到前所未有的高度，各种波谱解析方法相得益彰。例如有机紫外光谱的双波长和多波长光谱、导数光谱的应用提高了紫外检测的灵敏度和选择性。红外光谱普遍使用傅里叶变换红外光谱仪(FTIR)，提高了灵敏度和分辨率，便于对微量样品的结构测定。核磁共振使用脉冲傅里叶变换核磁共振(PFT-NMR)技术，^{13}C-NMR 成为常规测试方法，各种多脉冲序列的开发应用发展为二维核磁共振谱(2D NMR)，简化了复杂分子结构的谱图解析。有机质谱发展了各种新的软电离技术，快速原子轰击离子源(FAB)、电喷雾电离(ESI)、基质辅助激光解吸电离(MALDI)，克服了经典质谱技术的不足，方便地用于测定高极性、难挥发、不稳定分子的分子量；这些质谱新技术成功地应用于蛋白质、核酸和多糖等生物分子的结构鉴定，把质谱推向生物大分子的研究领域，使测定生物大分子的分子量并获得结构信息成为可能。电子圆二色谱(ECD 谱)和 ECD 计算法有效地应用于有机分子立体构型的测定。单晶 X 射线衍射法(single crystal X-ray diffraction)通过“显示型”的技术为能获得单晶的有机化合物的结构测定提供强有力的武器。综合应用以紫外光谱(UV)、红外光谱(IR)、核磁共振谱(NMR)和质谱(MS)等为主的波谱技术，并发挥各自的特色和优势，形成一套完整的波谱解析方法，在有机化学领域相关的实验室已成为常规工作，在有机分子的结构测定中起到重要作用。这一套波谱解析方法的特点是样品用量少，仅需毫克级，甚至微克级纯样品；分析方法多为非破坏性过程，可直接得到可靠的结构信息，并能回收贵重的样品；分析速度快，一般的样品只需若干天，甚至几小时，即能得出分析结论。

虽然以仪器为主的波谱解析法在有机化合物的结构测定研究中的作用已经众所周知，但化学手段的辅助作用是绝不可忽视的。在很多情况下，特别是在复杂有机化合物的结构测定中，波谱法常需要巧妙地与化学方法相配合，才能更好地发挥作用，显示其威力。有时在个别情况下，不得不由经典的化学方法，甚至根据某个物理常数才能得出最后定论。因此，即使波谱法进一步向自动化、智能化、痕量和超痕量分析的方向发展，经典化学分析和化学沟通的一些技术方法也是不能完全舍弃的，而需要恰当地加以应用。

第二节 波谱解析的主要内容

一、波谱学的基本理论

电磁辐射(电磁波)是以接近光速(真空中为光速 c)沿波前方向传播的交变的电场(E)和磁场(B)，它可以对带电粒子、电和磁偶极子施加电力和磁力(图 1-1)。电磁辐射具有波动性和微粒性，即波粒二象性。从波动观点看，光是一种电磁波；从量子观点看，光由一个个光子组成。每个光子具有能量 E：

$$E=h\nu \quad (h \text{ 为普朗克常量}, \nu \text{ 为频率}) \qquad \text{式(1-1)}$$

光子具有质量 m，按相对论质量-能量关系式，可得

$$E=mc^2 \quad (c \text{ 为光速}) \qquad \text{式(1-2)}$$

$$E=h\nu=hc/\lambda \quad (\lambda \text{ 为波长}) \qquad \text{式(1-3)}$$

从式(1-3)中可以看出，一定波长的光具有一定的能量，光的波长越短，能量越高。

物质分子内部有三种运动形式：电子相对于原子核的运动、原子核在其平衡位置附近的相对振动、分子本身绕其中心的转动。每种运动都有一定的能级——电子能级、振动能级和转动能级，它们都是量子化的，且各自具有相应的能量(图 1-2)。即某种运动具有一个基态、一个或多个激发态，从基态跃迁到激发态所吸收的能量是两个能级的差而不是随意的，即 $\Delta E=E_{激}-E_{基}$。

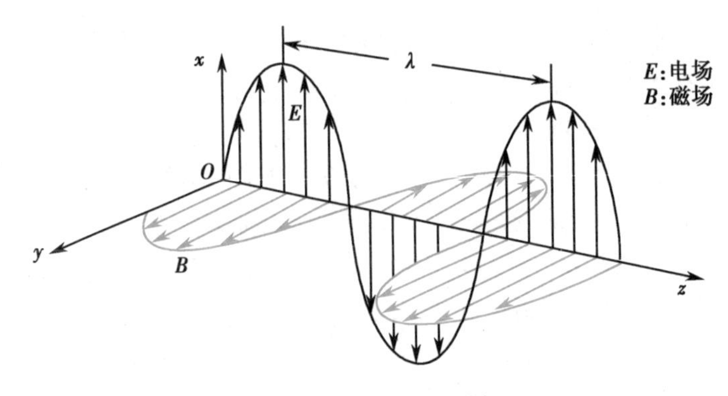

图1-1　电磁辐射的传播

1. 电子能 E_e　电子具有动能和位能。动能是电子运动的结果，位能是电子与核作用造成的，电子的能级分布是量子化的、不连续的，分子吸收特定波长的电磁波可以从电子基态跃迁到激发态，产生电子光谱。电子跃迁所需的能量 ΔE_e 是跃迁中最大的。

2. 振动能 E_v　分子中原子离开其平衡位置做振动所具有的能量称为振动能。由于分子的振动能级变化是量子化的、不连续的，量子力学把分子体系中某个振动当作谐振子处理，其能量状态由式(1-4)决定。

$$E_v=h\nu(v+1/2) \qquad 式(1\text{-}4)$$

式中，E_v—在振动量子数 v 下的振动能；ν—基本振动频率；h—普朗克常量；v—振动量子数，可取0、1、2等整数。振动处于最低振动能级，即基态。振动能级大于转动能级，小于电子能级。所以，振动光谱中涵盖转动光谱。

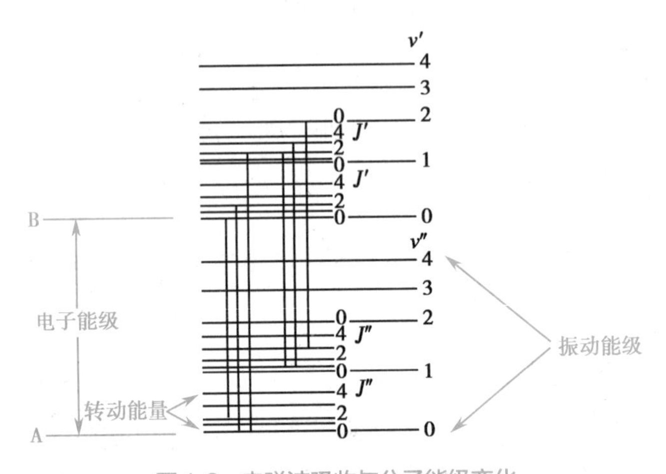

图1-2　电磁波吸收与分子能级变化

3. 转动能 E_r　分子围绕它的中心做转动时的能量称为转动能。分子转动也受温度的影响。根据量子力学，转动能级的分布也是量子化的。

由上述可知，分子的各种运动具有不同的能级，并且能级分布都是量子化的。当某一波长的电磁波照射某未知化合物时，若能量恰好等于某运动状态的两个能级之差，分子就吸收光子，从低能级跃迁到较高能级。将不同波长与对应的吸光度作图，即可得到吸收光谱。电磁波的能量是由式(1-5)决定的。

$$E=h\nu=hc/\lambda \qquad 式(1\text{-}5)$$

即光波的频率(也可用波长、波数代表)决定光波的能量。频率越大，即波数越大，波长越短，光波的能量越大。如果按波长或波数排列，将分子内部某种运动所吸收的光强度变化或吸收光后产生的

散射光的信号记录下来就得到各种谱图。所以,不同能量的光作用在样品分子上可以引起对应的分子运动而得到不同的谱图(图 1-3 和表 1-1)。通过分析所得的谱图就可以对分子的结构、组分含量及基团化学环境作出判断。

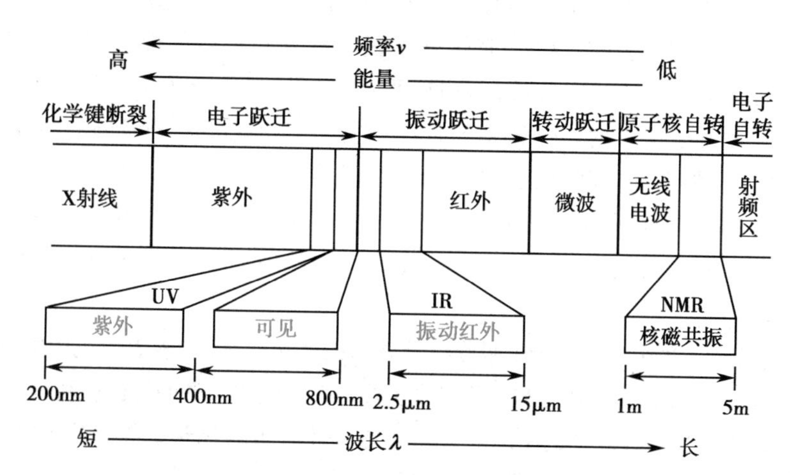

图 1-3　光波谱区及能量跃迁相关图

表 1-1　电磁波及对应的波谱技术

波谱区域	频率范围/Hz	波长范围	跃迁类型	光谱类型
γ 射线光区	10^{20}~10^{24}	<1pm	原子核蜕变	穆斯堡谱
X 射线光区	10^{17}~10^{20}	1pm~1nm	原子内层电子	电子能谱
紫外光区	10^{15}~10^{17}	1~400nm	原子外层电子	紫外光谱
可见光区	$(4~7.5)\times10^{14}$	400~750nm	原子外层电子	可见光谱
近红外光区	$(1~4)\times10^{14}$	750nm~2.5μm	原子外层电子 分子中原子振动	近红外光谱
红外光区	10^{13}~10^{14}	2.5~7.5μm	分子中原子振动	红外光谱
远红外光区 微波区	(3×10^{11})~10^{13}	25μm~1mm	分子转动 电子自旋	转动光谱 电子自旋共振波谱
无线电波区	$<3\times10^{11}$	>1mm	原子核自旋	核磁共振谱

在四大波谱中,质谱技术与上述光谱技术有所不同,不同于红外光谱、紫外光谱和核磁共振谱等吸收光谱。质谱是一种物理分析方法,样品分子在离子源中发生电离,产生不同质荷比的带电离子,经过加速电场的作用进入质量分析器,得到质谱图来推断未知化合物的结构,为非吸收光谱。实际上质谱技术是以质量数为基础而获得结构信息的,与光谱技术有本质的不同,以前曾长期将质谱技术称为“四大光谱”之一,这是不正确的。

二、波谱学的主要内容和应用方法

现代有机波谱既包括由 X 射线区到射频区的电子光谱、紫外光谱、红外光谱、微波谱、核磁共振谱等吸收光谱,也包括荧光、磷光等发射光谱,拉曼光谱及有机质谱等。波谱解析方法是有机化合物结构测定的主要方法,有机化合物结构测定的任务就是利用化合物的波谱图,通过谱图解析正确而无遗漏地提取隐含在谱图中的分子结构信息。前面已经提到由紫外光谱(UV)、红外光谱(IR)、核磁共振谱(NMR)和质谱(MS)为主的四种波谱法(spectroscopic method)及它们的综合运用已经成为有机化合物结构测定的最有效的方法。本书主要介绍波谱解析,即如何利用有机化合物的波谱图间接地

证明或推断有机化合物的结构。

尽可能快速、全面和准确地提供丰富的和有价值的结构信息是现代波谱法面临和必须解决的问题，这也是波谱解析的核心内容。在有机化合物结构测定的四种主要波谱法（四大谱）中，每种方法的应用性能，即获得的结构信息都是不一样的。现将四大谱的主要特点和应用方法简述如下。

紫外-可见分光光度计示意图（图片）

1. 紫外光谱（UV） 依据分子吸收紫外光辐射的能量，引起分子中电子能级的跃迁。它通过吸收峰的位置、强度和形状提供分子中电子结构的信息，主要用于表征分子中的共轭体系等骨架结构。解析化合物的紫外光谱要结合吸收带的位置、强度和形状一起考虑。由吸收带的位置判断共轭体系的大小，而吸收带的强度和形状可用于判断吸收带的类型。紫外光谱一般比较简单，多数化合物只有一两个吸收带，容易解析，但确定其结构有时需要配合经验计算或是查阅标准谱图。

2. 红外光谱（IR） 红外光谱是分子吸收红外辐射的能量，引起偶极矩变化产生分子的振动和转动能量跃迁。它通过谱峰的位置、强度和形状提供主要官能团或化学键的特征振动频率，主要用于表征分子中的官能团结构信息。红外光谱图的解析应该先从官能团的化学键振动区（4 000~1 300cm^{-1}）入手。按该区域出现的主要吸收峰波数查阅相关资料，找出该峰可能归属于何种官能团，然后再观察该官能团的次要振动峰是否出现在谱图中，从而尽可能推断该化合物的结构类型。光谱解析应该按照由简单到复杂的顺序。习惯上也用两区域法，即特征区和指纹区。指纹区可以提供化合物的精细结构信息，尤其是苯环的取代位置。谱图解析时遵循先特征，后指纹；先最强，后次强；先粗查，后细找；先否定，后肯定的顺序及由一组相关峰确认一个官能团存在的原则。用红外光谱鉴定化合物，优点是简便、迅速和可靠；同时样品用量少，可回收；对样品无特殊要求，无论气体、固体和液体均可进行检测。

红外分光光度计示意图（图片）

3. 核磁共振谱（NMR） 核磁共振是依据物质在外磁场作用下具有自旋磁矩原子核，吸收射频能量，产生核自旋能级的跃迁。从理论上讲，凡是自旋量子数不等于0的原子核都可发生核磁共振现象。但到目前为止，常用的有 ^{1}H（氢核磁共振谱，^{1}H-NMR）和 ^{13}C（碳核磁共振谱，^{13}C-NMR）两种核的核磁共振谱。由于吸收射频能量随共振频率变化，因此核磁共振谱能反映自旋核（^{1}H 和 ^{13}C）的化学环境。它通过谱的化学位移、强度、偶合裂分和偶合常数，提供分子中的氢和碳核数目、所处的化学环境、连接方式及几何构型的信息。

采用核磁共振谱测定化合物的结构时，首先要注意排除不属于样品的杂质峰、溶剂峰和“鬼峰”（如旋转边带和 ^{13}C 卫星峰），然后根据化学位移、自旋裂分和偶合常数详细分析分子中各结构单元的关系。对于多重峰解析困难时，可借助溶剂效应、双照射或添加位移试剂等方法简化谱图。核磁共振技术之所以成为现代波谱解析的最强有力的工具，得益于现代二维核磁共振技术的发展。从20世纪80年代以后，随着高分辨率核磁共振仪的普及、计算机技术的发展及超低温探头的应用，开发出各种复杂的脉冲序列照射程序，使核磁共振信号能够在二维平面上展开。针对不同的需要，各种同核相关技术（如 ^{1}H-^{1}H COSY、NOESY、INADEQUATE 谱）和异核相关技术（如 HMQC、HMBC）在有机化合物的结构测定中得到普遍应用，使复杂结构有机化合物的结构研究变得简单方便。如果没有现代二维核磁共振技术的帮助，很难想象复杂有机化合物的结构测定会发展到现在的程度。对于蛋白质、核酸这样的生物大分子，在二维核磁共振技术的基础上又发展了三维核磁共振技术，使应用核磁共振技术获得大分子化合物的结构信息成为可能。但对于小分子化合物，二维核磁共振技术一般已足以解决问题，故本书内容没有涉及三维核磁共振技术。

核磁共振仪示意图（图片）

4. 质谱（MS） 质谱是利用分子在离子源中被电离，形成各种离子，通过质量分析器按不同的质荷比（m/z）分离。质谱图以棒图形式表示离子的相对峰度随质荷比的变化，它通过分子离子及碎片离子的质量数及其相对峰度，提供分子量、元素组成及得到分子结构碎片信息。

质谱是具有极高灵敏度的方法，获得一张能真实反映样品分子结构状况的谱图是非常重要的。首先要求样品的纯度足够高，微量杂质，特别是高相对分子量杂质的引入都会给谱图解析带来很大的困难。其次确定分子离子峰在谱图解析中至关重要。应注意实验条件的选择，采用恰当的轰击电压或合适的气化温度等条件以得到并识别出分子离子峰。另外，要充分利用亚稳离子和特征峰的分析。对一般有机化合物的质谱，通过对质谱图的考察，灵活运用裂解规律，一步一步地将碎片的局部结构合理地组合起来，可以推出可能的结构，然后查阅相关文献或与标准谱图核对，并结合其他光谱配合应用来解析结构。

质谱有多种离子源，最先应用的是电子轰击离子源，这也是各种质谱离子源的基础。对多数有机化合物来说，电子轰击离子源能得到分子离子峰和碎片离子峰，从分子离子峰可以得到分子量，从分子离子到碎片离子的裂解过程可以获得结构信息。近年来核磁共振技术在获得结构信息方面具有无与伦比的优势，故质谱的最重要的功能是获得分子量，进而获得分子式。但对于一些分子量较大、极性较大、挥发性差、热稳定性差的有机化合物，依靠电子轰击离子源不能给出分子离子峰，这样质谱的优势就不能发挥出来，故后来又开发了化学电离（CI）离子源、场解吸（FD）离子源、激光解吸（LD）离子源、快速原子轰击离子源（FAB）、电喷雾电离（ESI）和大气压化学电离（APCI），这些软电离技术克服了电子轰击离子源的不足，使绝大多数有机化合物都能出现准分子离子峰，从而获知分子量，结合高分辨质谱中的精确质量数，可以直接确定分子式。目前国内外应用最普遍的是电喷雾电离质谱和大气压化学电离质谱，是确定有机化合物的分子量，乃至分子式的最强有力的武器。

质谱仪示意图（图片）

比较各种波谱学方法，按灵敏度来说，质谱是最灵敏的，其次是紫外光谱、红外光谱及核磁共振谱。而获取信息最多的是核磁共振谱，从核磁共振谱中能获取 50%~70% 的有关分子结构的信息。其次是质谱，根据质量数获得结构信息。波谱解析发展到现在，红外光谱和紫外光谱所得的信息则要少一些。目前核磁共振技术毫无疑问是最重要的结构测定手段，也是本书重点叙述的部分。

在利用波谱法解析有机化合物的分子结构时，还应当分析和了解各种波谱的特点，即哪一种谱图擅长解析何种类型的结构。一般情况下应该同时利用几种谱图取长补短，才能快速、准确地确定化合物的结构。另外在分析各种谱图前应广泛了解化合物的来源（如人工合成还是从自然界中分离获得）、所用的色谱分离手段、化合物的相关物理与化学性质，这些信息一般会对结构分析起到重要的辅助作用，有时甚至对解析结果起到意想不到的作用。而对于天然产物的分子结构解析时，生物合成途径和生源关系的深入分析对结构解析的思路和最后结构的确证都是很有帮助的，有时甚至是决定性的。

三、与绝对构型相关的结构测定技术

一般来讲，对映体之间相应碳与氢的化学环境相同，质量数更是没有差别，故核磁共振谱和质谱两种技术在绝大多数情况下不能直接获得有机化合物的绝对构型的信息。一般都要通过化学反应将分子中引入其他基团，利用产物相应位置的氢化学环境的差别，再通过核磁共振技术获得绝对构型的信息，如常用的 Mosher 法等。

除前面叙及的四种波谱技术外，有机化合物的绝对构型的测定有其专门的波谱学方法，特别是圆二色谱（CD）目前已经成为测定绝对构型的最重要的手段。圆二色谱主要是根据 Cotton 效应获得绝对构型的信息，分为基于八区律的 Cotton 效应的经验预测、与相关化合物的 Cotton 效应的比较、具有

理论依据的 CD 激子手性法及将基于量子化学计算的 CD 谱与实测 CD 谱相比较的方法等。单晶 X 射线衍射法是测定有机化合物的绝对构型的有力武器，但对于不含重原子的有机化合物来讲，由于射线波长的不同，只有铜靶产生的射线衍射才能获得绝对构型的有效信息。当然通过与已知绝对构型的化合物进行化学沟通的方法一直是确定有机化合物的绝对构型的一个有效方法。本书对这些方法和技术均进行简单的介绍，以便药学相关学生和从事化学研究的工作者对有机化合物的绝对构型的测定也有一个较全面的了解。

四、波谱测定样品的准备

在波谱测定前，需要根据样品的具体情况及波谱测定的不同目的做好样品的准备工作。

样品准备主要包括三个方面：一是准备足够的量；二是要达到足够的纯度；三是样品在上机测试前做制样处理。

波谱测试需要的样品量首先取决于波谱法的检测灵敏度，也就是说不同的波谱法对样品要求的量不同。如在紫外光谱中，样品分子有共轭体系，一般做其定性分析时若配 100mg 溶液，需要的量为 $m=Mr\times10^{-6}\sim Mr\times10^{-5}$g，$Mr$ 为相对分子量。红外光谱做结构分析需要 1~5mg 样品。^{1}H-NMR 一般要 2~5mg 以上的样品。^{13}C-NMR 需要十几毫克甚至几十毫克，样品量大可缩短扫描时间、节省费用。当然这只是一般情况，现代配有超低温探头的超导核磁共振仪对于普通大小分子量的样品，只要累积足够的时间，1~2mg 的样品也可测得全套的核磁共振谱图。质谱的检出灵敏度很高，可达 10^{-12}g，所以样品用量很少，固体样品的用量 <1mg，液体纯样几十微升即可测定。在波谱法测定的样品中，一定要保证样品的纯度，对于结构测定的样品一般纯度要达到 95% 以上。测试前要将样品制成适当的形式，核磁共振样品需要使用氘代溶剂配成溶液，紫外光谱也需要以溶液的形式测定，而质谱和红外光谱的实验中固体、液体和气态样品均能测试。

核磁共振、红外光谱、紫外光谱的测定不破坏样品，从理论上讲样品可全部回收；而质谱测定的样品已被破坏，不可回收。

（孔令义）

第一章
目标测试

习　题

1. 比较紫外光谱、红外光谱、核磁共振谱和质谱四大谱的主要特点和应用范围。

2. 波谱测定前，样品准备需达到什么要求？紫外光谱、红外光谱、核磁共振谱和质谱对样品量的需求分别是多少？

3. 有机化合物的绝对构型的结构测定技术有哪些？

参考文献

[1] WOODWARD R B, BADER F E, BICKEL H, et al. A simplified route to a key intermediate in the total synthesis of reserpine. Journal of the American Chemical Society, 1956, 78: 2675.

[2] MOORE R E, BARTOLINI G. Structure of palytoxin. Journal of the American Chemical Society, 1981, 103: 2491-2494.
[3] 洪山海 . 光谱解析法在有机化学中的应用 . 北京:科学出版社, 1981.
[4] 赵瑶兴, 孙祥玉 . 有机分子结构光谱鉴定 . 北京:科学出版社, 2003.
[5] 张华 . 现代有机波谱分析 . 北京:化学工业出版社, 2005.

第二章

紫外光谱

第二章
教学课件

学习目标

1. **掌握** 紫外光谱与共轭体系之间的关系；共轭烯烃、α,β-不饱和醛酮、酸、酯及某些芳香化合物的最大吸收波长（λ_{max}）的变化规律；最大摩尔吸光系数与化合物结构的关系。
2. **熟悉** 紫外光谱在有机化合物结构分析中的应用。
3. **了解** 电子跃迁类型、发色团类型及其与紫外吸收峰波长的关系；溶剂因素对 $\pi\rightarrow\pi^*$ 及 $n\rightarrow\pi^*$ 跃迁的影响。

第一节　紫外光谱的基本知识

紫外光的波长范围为1~400nm，可分为远紫外区（1~200nm）和近紫外区（200~400nm）。当分子选择性地吸收一定波长的紫外光时，引起特定分子的电子能级跃迁，使透过样品的该波长的紫外光强度减弱或不呈现，这种光谱即称为紫外光谱（ultraviolet spectrum）。引起分子的电子能级跃迁所吸收的紫外光通常在近紫外区内，即200~400nm。

一、分子轨道

（一）分子轨道的概念

原子和分子中电子的运动状态用“轨道”来描述，表示电子运动的概率分布。原子中电子的运动轨道是原子轨道，用波函数 ϕ 表示；相对应的分子中的电子的运动轨道称为分子轨道，用波函数 ψ 表示，分子轨道是由原子轨道相互作用形成的（即原子中轨道的重叠）。分子轨道理论认为，两个原子轨道线性组合形成两个分子轨道，其中波函数位相相同者（同号）重叠形成的分子轨道称为成键轨道（bonding orbit），用 ψ 表示，其能量低于组成它的原子轨道；波函数位相相反者（异号）重叠形成的分子轨道称为反键轨道（antibonding orbit），用 ψ^* 表示，其能量高于组成它的原子轨道。原子轨道之间的相互作用越大，形成的分子轨道越稳定。

（二）分子轨道的种类

分子轨道可以分为σ、π及n轨道等几种。

σ轨道是围绕轴呈对称分布的分子轨道，π轨道是指那些围绕轴呈非对称排布的分子轨道。由两个原子的s轨道相互作用可形成两个分子轨道，即成键轨道（用符号 σ_s 表示）和反键轨道（用符号 σ_s^* 表示）。由两个p轨道组成的分子轨道以两种不同的重叠形式分别形成σ及π分子轨道：当两个p轨道以“头碰头”的形式发生重叠（沿键轴方向）时，产生一个成键轨道 σ_p 和一个反键轨道 σ_p^*；当两个p轨道垂直于键轴以“肩并肩”的形式发生重叠时，产生的分子轨道称为π轨道，包括一个成键轨道 π_p 和一个反键轨道 π_p^*。

在分子轨道中，未与另外一个原子轨道相互起作用的原子轨道（即未成键电子对占有的轨道），其分子轨道能级图上的能量大小等同于其在原子轨道中的能量，这种类型的分子轨道称为非键轨道，亦

称 n 轨道。n 轨道没有反键轨道，其轨道上的电子称为 n 电子。

二、电子跃迁及类型

在多数分子中，主要含有三种类型的价电子，即可以形成单键的 σ 电子、形成双键或者三键的 π 电子及未成键的 n 电子。通常情况下，分子中的电子排布在 n 轨道以下的轨道上，这种状态为基态。分子吸收能量后，基态的一个电子被激发到分子反键轨道（电子激发态），即称为电子跃迁。产生电子跃迁的必要条件是物质必须接受紫外光或可见光照射，且只有当照射光的能量与价电子的跃迁能相等时，光才能被吸收。而光的吸收与化学键的类型有关，电子跃迁主要有以下几种类型（图 2-1）。

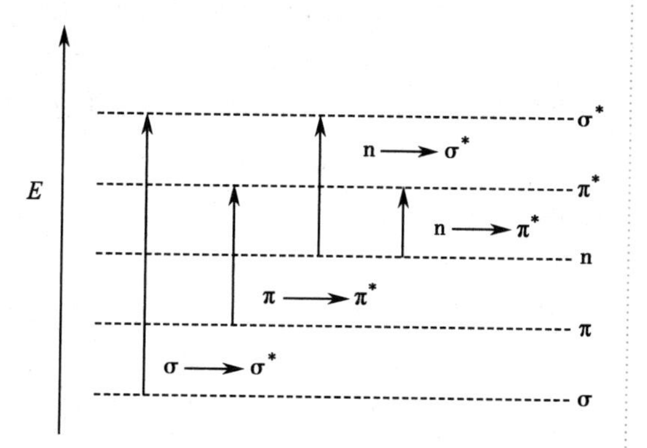

图 2-1 不同价电子的跃迁能图

1. σ→σ* 跃迁 σ 成键轨道上的电子吸收能量由基态跃迁到 σ* 反键轨道，此跃迁需要较高的能量，吸收峰在短波长处的远紫外区，一般小于 150nm，而在 200~400nm 无吸收，故 σ→σ* 跃迁一般在紫外光谱中不能被检测出来。例如饱和烷烃或不饱和烷烃的单键多产生 σ→σ* 跃迁，故常用作溶剂。

2. n→σ* 跃迁 含有 O、N、S 和卤素等杂原子的化合物都含有未共用电子对，吸收能量后向 σ* 反键轨道跃迁，吸收一般在 200nm 左右。但原子半径较大的杂原子，其 n 轨道的能级较高，此跃迁所需要的能量较低，如 S、I。

3. π→π* 跃迁 是双键、三键及偶氮化合物中的 π 成键轨道的电子吸收紫外光后产生的跃迁形式。此跃迁所需要的能量较 σ→σ* 小，孤立的 π→π* 的吸收峰一般在 200nm 处，$\varepsilon>10^4$，为强吸收，而当延长共轭体系时跃迁所需的能量减少。

4. n→π* 跃迁 在—CO—、—CHO、—COOH、—$CONH_2$、—CN 等基团中，不饱和键的一端直接与具有未共用电子对的杂原子相连，其非键轨道孤对电子吸收能量后向 π* 反键轨道跃迁，一般这种跃迁所需的能量小，吸收波长在近紫外或可见区，吸收强度小，ε 在 10~100 之间，但是对有机化合物的结构分析很有用。

通常各种电子跃迁的能级差 ΔE 存在以下次序：

$$\sigma\rightarrow\sigma^*>n\rightarrow\sigma^*\geqslant\pi\rightarrow\pi^*>n\rightarrow\pi^*$$

三、紫外光谱的基本术语

（一）吸收带

电子跃迁对应于特定的电子能级的变化，产生的紫外光谱似乎应该呈现一些很窄的吸收谱线，但是由于分子在发生电子能级的跃迁过程中常伴有振动和转动能级的跃迁及其他如溶剂等影响因素，在紫外光谱上区分不出其光谱的精细结构，故实际观测到的是一些很宽的吸收带。吸收带出现的波长范围和吸收强度与化合物的结构有关，通常根据跃迁类型的不同，将吸收带分为四种。

1. R 带 是 n→π* 跃迁所产生的吸收带，从德文 radikal（基团）得名，是含有杂原子的不饱和基团（如—C═O、—N═O、—NO_2、—N═N—等发色团）的 n→π* 跃迁所产生的。它的特点是处于较长的波长范围（250~500nm），吸收强度很弱，$\varepsilon<100$。

2. K 带 是共轭双键的 π→π* 跃迁所产生的吸收带，从德文 konjugierte（共轭作用）得名，它的吸收峰出现的区域为 210~250nm，吸收强度大，$\varepsilon>10\,000$（$\lg\varepsilon>4$）。

3. B 带 是苯环的 π→π* 跃迁所产生的吸收带，从英文 benzenoid（苯的）得名。B 带是芳香化

合物的特征吸收，一般出现在230~270nm，中心在256nm左右，ε值约为220。B带为一宽峰，在非极性溶剂中出现若干小峰或称细微结构，在极性溶剂中或在溶液状态时精细结构消失。

4. E带 是苯环的烯键π电子$\pi \to \pi^*$跃迁所产生的吸收带。从英文ethylenic（乙烯的）得名。E带也是芳香化合物的特征吸收。E带又分为E_1和E_2两个吸收带，E_1带是由苯环的烯键π电子$\pi \to \pi^*$跃迁所产生的吸收带，吸收峰在184nm，$\lg\varepsilon>4$（ε值约60 000）；E_2带是由苯环的共轭烯键π电子$\pi \to \pi^*$跃迁所产生的吸收带，吸收峰在204nm，$\lg\varepsilon=3.9$（ε值约7 900）。当苯环上有发色团取代并和苯环共轭时，B带和E带均发生红移，此时E_2带常与K带重叠。

例如苯在环己烷中的紫外光谱图见图2-2。

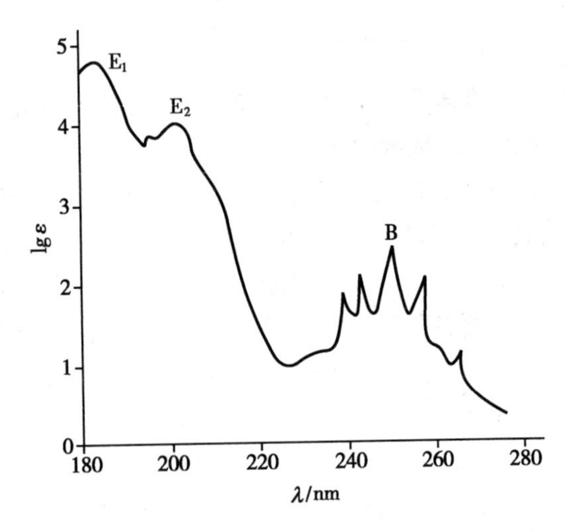

图2-2 苯在环己烷中的紫外光谱图

（二）表示方法

吸收光谱图是关于吸光度和波长的曲线图，故吸收光谱又称吸收曲线。谱图的表示通常是以吸光度或ε或$\lg\varepsilon$为纵坐标，以波长（λ）为横坐标。吸收光谱一般都有一些特征，而紫外光谱可由紫外分光光度计直接绘制，谱图描述常用以下术语。

1. 吸收峰（λ_{max}） 是曲线上吸光度最大的地方，所对应的波长为最大吸收波长。

2. 吸收谷（λ_{min}） 是峰与峰之间吸光度最小的部位，其所对应的波长称为最小吸收波长。

3. 肩峰（shoulder peak） 是指当吸收曲线在下降或上升处有停顿或吸收稍有增加的现象，通常是由主峰内藏有其他吸收峰造成的。肩峰通常用sh或s表示。

4. 末端吸收（end absorption） 是只在谱图的短波端呈现强吸收而不成峰形的部分。

5. 强带和弱带（strong band and weak band） 在化合物的紫外-可见光谱中，凡摩尔吸光系数$\varepsilon>10^4$的吸收峰为强带，$\varepsilon<10^3$的吸收峰为弱带。然而，很少有文献会附紫外光谱图，多是用数据表示法，即以最大吸收波长和最大吸收峰所对的吸光系数ε或$\lg\varepsilon$来表示，例如$\lambda_{max}^{溶剂}=230nm$，$\lg\varepsilon=4.2$。有的文献还附有最低吸收谷的波长及相应的摩尔吸光系数ε或$\lg\varepsilon$，这是因为最低谷的位置和强度等亦有参考价值，可识别化合物或检查化合物的纯度。

（三）Lambert-Beer定律

在单色光和稀溶液的实验条件下，溶液对光线的吸收遵守Lambert-Beer定律，即吸光度（A，absorbance）与溶液的浓度（C）和吸收池的厚度（l）成正比。

$$A=\alpha lC$$

式中，α—吸光系数（absorptivity）。

如果溶液的浓度用摩尔浓度，吸收池的厚度以厘米（cm）为单位，则Lambert-Beer定律的吸光系数可表达为ε，即摩尔吸光系数（molar absorptivity）。其定义为当吸光物质的浓度为1mol/L，吸收池厚为1cm，以一定波长的光通过时，所引起的吸光度值A。ε值取决于入射光的波长和吸光物质的吸光特性，亦受溶剂和温度的影响。显然，吸光物质的ε值越大，其光度测定法的灵敏度就越高。ε是分子在跃迁过程中的特性，表示该物质吸收光的能力，但是跃迁发生的可能性却可以改变ε，它的变化范围可以从0到10^6，$>10^4$为强吸收，$<10^3$为弱吸收，跃迁禁阻的吸收强度范围通常在0~1 000。

$$A=\lg I_0/I=\varepsilon lC, \quad 即\ \varepsilon=A/lC$$

式中，I_0—入射光强度；I—透射光强度。

吸光系数也可以用百分吸光系数$E_{1cm}^{1\%}$表示，此时溶液的浓度单位为百分浓度单位g/100ml，即每100ml溶液中含有多少克溶质。百分吸光系数和摩尔吸光系数的关系：

$$E_{1cm}^{1\%}=\varepsilon\times10/M$$

式中，M—溶质的式量。

当溶液中存在两种或两种以上的吸光物质时，如果其不会相互影响而改变自身的吸光系数，那么其吸收有加和性。如浓度为 C_a 的物质和 C_b 的物质存在于同一溶液中，则存在：

$$A=A_a+A_b=\varepsilon_aC_al+\varepsilon_bC_bl$$

注意：溶质和溶剂的相互作用、温度、pH 等因素都可能影响吸光度的大小。

四、影响紫外光谱的主要因素

（一）电子跃迁类型对 λ_{max} 的影响

σ→σ* 跃迁的最大吸收峰在 150nm 左右，n→σ* 跃迁的吸收一般在 200nm 左右，孤立的 π→π* 的吸收峰一般在 200nm 处，而 n→π* 跃迁在 200~400nm。

（二）发色团和助色团对 λ_{max} 的影响

分子结构中含有 π 电子的基团称为发色团，它们能产生 π→π* 或 n→π* 跃迁，从而能在紫外-可见光区域内产生吸收。而含有非成键电子的杂原子饱和基团本身在紫外-可见光区不产生吸收，如—OH、—NR_2、—SH、—SR、—Cl、—Br、—I，因此不能在紫外光谱图中观察到它们的存在，但当它们与发色团或饱和烃相连时，可使该发色团的吸收峰向长波方向移动，并使吸收强度增强，称为助色团。

1. 红移（bathochromic shift）　是指由于化合物结构的改变或受溶剂影响，引入助色团等因素使吸收峰向长波方向移动的现象，需要更低的能量。

2. 蓝移（hypsochromic shift）　是指由于化合物的结构改变或溶剂改变等使吸收峰向短波方向移动的现象，需要更高的能量。

3. 增色效应（hyperchromic effect）　是指化合物的结构改变或其他因素使吸收强度增加。

4. 减色效应（hypochromic effect）　是指化合物的结构改变或其他因素使吸收强度降低。

（三）共轭效应（conjugated effect）对 λ_{max} 的影响

在双键系统中延长共轭体系可导致红移，在共轭双键中每个双键的 π 轨道相互作用，发色团的能级变得相对较近，即形成一套新的成键和反键轨道，因此从最高占据分子轨道（highest occupied molecular orbit，HOMO）向最低未占据分子轨道（lowest un-occupied molecular orbit，LUMO）跃迁所需的能量下降，吸收峰向长波移动。如 1,3-丁二烯有四个 p 轨道形成两个 π 键，构成共轭双键，四个原子轨道可形成四个分子轨道。在 1,3-丁二烯最低能量的跃迁，即 $\pi_2\rightarrow\pi_3^*$ 同样是 π→π* 跃迁，因为共轭体系延长，所以它比对应乙烯中的 $\pi_1\rightarrow\pi_2^*$ 跃迁所需的能量低。当继续增加 p 轨道数目来延长共轭系统时，跃迁从 HOMO 到 LUMO 所需的能量将逐渐降低，即成键和反键轨道之间的能量随共轭体系延长而降低（图 2-3）。

某些具有孤对电子的基团如—OH、—NH_2、—X，当它们被引入双键的一端时，将产生 p-π 共轭效应而产生新的分子轨道 π_1、π_2、π_3^*。由于 π_2 的能量增加较 π_3^* 多，故 $\pi_2\rightarrow\pi_3^*$ 跃迁能小于未共轭时的 π→π*，因此 p-π 共轭效应体系越大，助色团的助色效应越强，吸收带越向长波方向移动。而烷基取代双键碳上的氢后，通过烷基的 C—H 键和 π 键的电子云重叠引起的共轭作用使 π→π* 跃迁红移，但是影响较小。

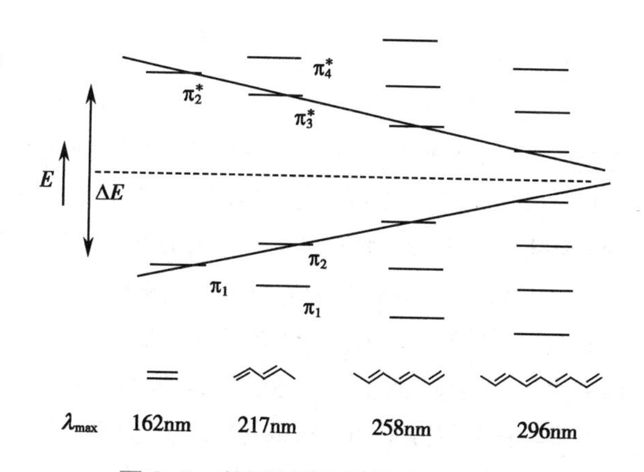

图 2-3　共轭多烯分子轨道能级示意图

两个发色团的共轭不仅可以使波长发生红移，同样可以使吸收强度增加，这两个影响在使

用和阐明有机分子的吸收光谱中有很高的重要性，因为共轭系统吸收带的确切位置和强度与共轭程度相关。表 2-1 为一些典型共轭烯烃的 λ_{max} 数值。

表 2-1 一些典型共轭烯烃的 λ_{max}

化合物	双键数	λ_{max}/nm	颜色
乙烯	1	175	无色
丁二烯	2	217	无色
己三烯	3	258	无色
二甲基辛四烯	4	296	淡黄色
癸五烯	5	335	淡黄色
二甲基十二碳六烯	6	360	黄色
α-羟基-β-胡萝卜烯	8	415	橙色

（四）溶剂的选择及对 λ_{max} 的影响

对于 UV 测定中溶剂的选择是很重要的。首先要注意的是溶剂不能和样品发生反应，而且在给定的被测物质的波长范围内溶剂不能有紫外吸收；其次要特别注意溶剂的波长极限（波长极限是指低于此波长时溶剂将有吸收）。在表 2-2 中，环己烷、水、乙醇和甲醇是常用的溶剂，在样品分子产生吸收峰的波段，这些溶剂本身都没有吸收。

表 2-2 常用溶剂的波长极限

溶剂	波长极限/nm	溶剂	波长极限/nm
乙醚	210	2,2,4-三甲戊烷	220
环己烷	210	甘油	230
正丁醇	210	1,2-二氯乙烷	233
水	210	二氯甲烷	235
异丙醇	210	氯仿	245
甲醇	210	乙酸乙酯	260
甲基环己烷	210	甲酸甲酯	260
乙腈	210	甲苯	285
乙醇	215	吡啶	305
1,4-二氧六环	220	丙酮	330
正己烷	220	二硫化碳	380

1. 溶剂的极性对紫外光谱的影响 溶剂的极性对吸收带的精细结构、吸收峰的波长位置和强度等会产生一定的影响。非极性溶剂与溶质不会形成氢键，溶质所测得的谱图和气态下所测得的大致相同（在低压气态条件下测定光学谱图可以观察到有振动和转动的精细结构）。在极性溶剂中，溶剂和溶质间易成氢键，精细结构会消失。溶剂可以通过影响基态或者激发态的能级而吸收不同波长的紫外光。在 $n\rightarrow\pi^*$ 跃迁中基态的极性强于激发态，极性溶剂与极性分子的激发态形成氢键的稳定能力不如基态，故基态的能量下降较多，$n\rightarrow\pi^*$ 跃迁所需要的能量变大，极性溶剂使 $n\rightarrow\pi^*$ 的跃迁产生的紫外吸收峰移向短波长（图 2-4）；而在 $\pi\rightarrow\pi^*$ 跃迁中激发态的极性强于基态，激发态与极性溶剂作用的强度大于基态，能量下降较多，而 π 轨道与溶剂的作用小，能量下降较少，故随溶剂极性增加，跃迁所需要的能量是减少的，而吸收向长波方向移，故跃迁产生的最大吸收峰随溶剂极性的增加而向长波移动（图 2-5）。

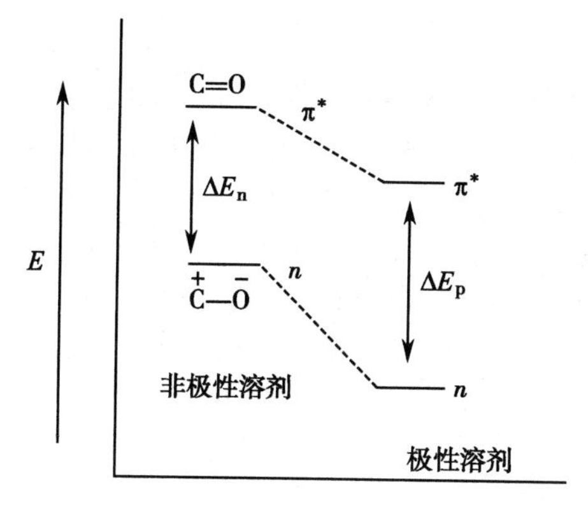

图2-4 溶剂极性对 n→π* 的影响

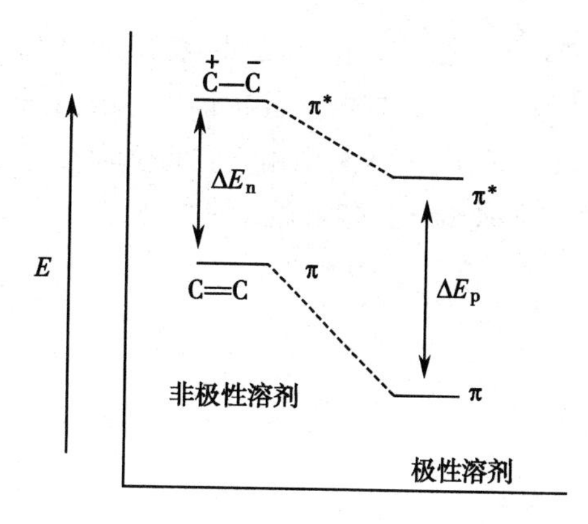

图2-5 溶剂极性对 π→π* 的影响

2. 溶剂的 pH 对紫外光谱的影响 在测定酸性、碱性或两性物质时，溶剂的 pH 对于最大吸收波长的影响很大。如酚类和苯胺类由于在酸性、碱性溶液中的解离情况不同，从而影响共轭体系的长短，导致吸收光谱的不同。

	OH（苯酚） ⇌（OH^- / H^+）	O^-	NH_2（苯胺） ⇌（H^+ / OH^-）	NH_3^+
λ_{max}	270nm	287nm	280nm	254nm

（五）空间效应（steric effect）对 λ_{max} 的影响

1. 空间位阻对 λ_{max} 的影响 要使共轭体系中的各种因素均成为有效的生色因子，各个生色因子应处于同一平面，才能达到有效的共轭。若发色团之间、发色团与助色团之间太拥挤，就会相互排斥于同一平面之外，共轭程度降低，λ_{max} 减小。

例 2-1 在联苯分子中，两个苯环处在同一平面，产生共轭效应，λ_{max}=247nm（ε 1 700）；而在甲基取代联苯分子中，随着邻位的取代基增多，空间拥挤造成两个苯环不在同一平面，不能有效共轭，λ_{max} 蓝移。甲基的位置及数目对 λ_{max} 的影响如下（溶剂为环己烷）：

	联苯	4-甲基联苯
λ_{max}	247nm	253nm
ε_{max}	17 000	19 000

	2-甲基联苯	2,6-二甲基联苯	2,6,2'-三甲基联苯
λ_{max}	237nm	231nm	227nm（肩峰）
ε_{max}	10 250	5 600	—

2. 顺反异构对 λ_{max} 的影响 顺反异构多指双键或环上的取代基在空间排列不同而形成的异构体，其紫外光谱有明显的区别。一般反式异构体的空间位阻较小，能有效共轭，键的张力较小，π→π*

跃迁能较小，λ_{max} 位于长波端，吸收强度较大。

例 2-2 在肉桂酸的异构体中，反式肉桂酸为平面结构，双键与苯环处于同一平面，容易发生 $\pi \rightarrow \pi^*$ 跃迁；而顺式肉桂酸由于空间位阻大，双键与苯环非平面，不易发生共轭。所以，反式较顺式的 λ_{max} 位于长波端，ε_{max} 值为顺式的 2 倍。

	反式	顺式
λ_{max}	295nm	280nm
ε_{max}	27 000	13 500

3. 跨环效应对 λ_{max} 的影响 跨环效应是指非共轭基团之间的相互作用。分子中的两个非共轭发色团处于一定的空间位置，尤其是在环状体系中，有利于电子轨道之间的相互作用，这种作用称为跨环效应。由此产生的光谱，既非两个发色团的加和，亦不同于两者共轭的光谱。

例 2-3 二环庚二烯分子中有两个非共轭双键，与含有孤对双键的二环庚烯的紫外光谱有明显的区别。在乙醇溶液中，二环庚二烯在 200~230nm 范围有一个弱的并具有精细结构的吸收带，这是由于分子中的两个双键相互平行，空间位置利于相互作用。

	二环庚二烯				二环庚烯
λ_{max}	205nm	214nm	220nm	230nm（肩峰）	197nm
ε_{max}	21 000	214	870	200	7 600

在环酮分子中具有未成键电子对的杂原子如三价氮原子处于适当的位置，可与羰基产生相互作用。如并环化合物 A 的紫外光谱除表现为 1-甲基六氢吡啶应有的 213nm（ε_{max}=1 590）吸收峰外，在 221nm 有个强度为 ε=5 010 的吸收峰，这个吸收峰就是由于羰基与氮原子之间由于分子内跨环效应而引起的电荷转移所致，和 5-*N*-甲基氮杂环辛酮的跨环效应所产生的吸收带相似。

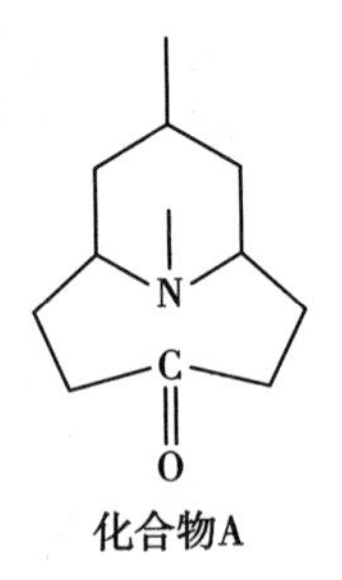

化合物A

（六）紫外光谱中吸收强度的主要影响因素

在紫外光谱图中通过摩尔吸光系数 ε 表示紫外光谱的吸收强度。

ε_{max}>10 000（$\lg\varepsilon_{max}$>4） 很强吸收

ε_{max}=5 000~10 000 强吸收

ε_{max}=200~5 000 中等吸收

ε_{max}<200 弱吸收

影响 ε_{max} 的因素可以用下式表示：

$$\varepsilon_{max}=0.87\times10^{20}P\alpha$$

式中，P—跃迁概率，取值范围为 0~1；α—发色团的靶面积。

1. 跃迁概率对 ε_{max} 的影响　由电子跃迁选律可知，如果两个能级之间的跃迁根据选律是允许的，则跃迁概率大，吸收强度大；反之，则跃迁概率小，吸收强度很弱甚至观察不到。$\pi\rightarrow\pi^*$ 是允许跃迁，故吸收强度大，$\varepsilon_{max}>10^4$；而 $n\rightarrow\pi^*$ 是禁阻跃迁，故吸收强度很弱，ε_{max} 常小于 100。

2. 发色团的靶面积对 ε_{max} 的影响　发色团的靶面积越大，越容易被光子击中，强度越大。因此，发色团共轭越长或共轭链越长，则 ε_{max} 越大。

第二节　紫外光谱与分子结构间的关系

一、非共轭有机化合物的紫外光谱

1. 饱和烷烃　$\sigma\rightarrow\sigma^*$ 是唯一的跃迁形式，需要较高的能量，故对应的吸收波长很短。当含有非成键电子的杂原子饱和基团取代时，如—OH、—NR_2、—SR、—Cl、—Br、—I，产生的跃迁是 $n\rightarrow\sigma^*$，跃迁所需的能量较低，并且同一碳上所连的杂原子数目越多，λ_{max} 越向长波方向移动。如硫醇和硫醚的吸收在 200~220nm，但是大多仍在远紫外区，对于应用的意义不大。

2. 烯、炔及衍生物　在不饱和化合物中多为 $\pi\rightarrow\pi^*$ 跃迁，这类跃迁有相对较高的能量，故孤立的双键和三键的吸收一般小于 200nm。其波长吸收的位置对于存在的取代基很敏感，随共轭体系延长，吸收峰向长波方向移动。

3. 含杂原子的双键化合物　不饱和化合物中存在 O、N、S 等杂原子时的 $\pi\rightarrow\pi^*$ 跃迁在远紫外区，而其产生的 $n\rightarrow\pi^*$ 形式的跃迁的吸收峰一般出现在近紫外区，有很大的学习价值，尤其是对于羰基化合物，λ_{max}=270~300nm，$\varepsilon<100$，可以用来鉴别醛、酮基的存在。醛类化合物的 $n\rightarrow\pi^*$ 跃迁在非极性溶剂中有精细结构，随着溶剂极性增加而消失，酮羰基即使在非极性溶剂中也观察不到精细结构。

二、共轭烯类化合物的紫外光谱

（一）Woodward-Fieser 规则

通过对不同类型的共轭烯类的紫外光谱的研究，Woodward 和 Fieser 总结了共轭烯类化合物上的取代基对 $\pi\rightarrow\pi^*$ 跃迁吸收带（即 K 带）的 λ_{max} 的影响，称为 Woodward-Fieser 经验规则。该规则以 1，3-丁二烯为基本母核，以其吸收波长 217nm 为基值，根据取代情况的不同，在此基本吸收波长的数值上加上校正值，用于计算共轭烯类化合物的 K 带的 λ_{max}。通常共轭双烯在 217~245nm 有一个很强的吸收峰（ε=20 000~26 000），是 $\pi\rightarrow\pi^*$ 形式的跃迁，这个位置对溶剂不敏感，故不需要对计算结果进行溶剂校正（表 2-3）。

表 2-3　共轭烯类的 λ_{max} 值的 Woodward-Fieser 计算规则

基值（共轭双烯的基本吸收带）	217nm	助色团 —OCOR	0nm
增加值		—OR	6nm
同环二烯	36nm	—SR	30nm
烷基（或环基）	5nm	—Cl，—Br	5nm
环外双键	5nm	—NR_1R_2	60nm
共轭双键	30nm		

应用 Woodward-Fieser 规则计算时应注意以下几点。

1. 该规则只适用于共轭二烯、三烯、四烯。

2. 选择较长的共轭体系作为母体。

3. 交叉共轭体系中只能选择一个共轭键，分叉上的双键不算延长双键，并且选择吸收带较长的共轭体系。

4. 该规则不适用于芳香系统，芳香系统另有经验规则。

5. 共轭体系中的所有取代基及所有环外双键均应考虑在内。

例 2-4 计算下列化合物的 λ_{max}。

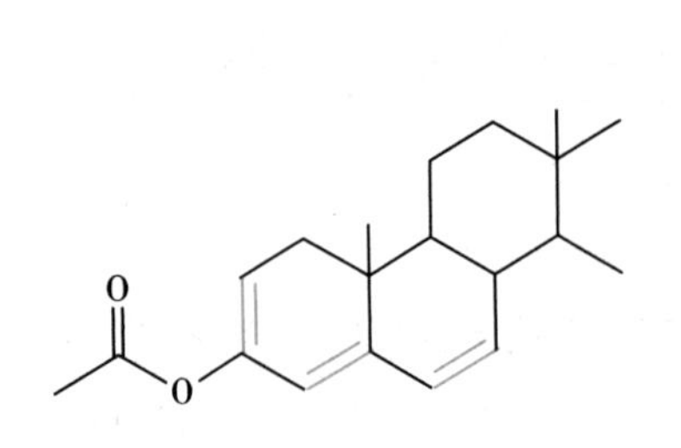

基值	217nm
共轭双键（30×1）	30nm
同环二烯	36nm
烷基（5×3）	15nm
环外双键（5×1）	5nm
酰基	0nm
计算值 =	303nm
实测值 =	304nm

（二）Fieser-Kuhn 公式

超过四烯以上的共轭多烯体系，其 K 带的 λ_{max} 和 ε_{max} 值的计算应该采用 Fieser-Kuhn 公式。

$$\lambda_{max}=114+5M+n(48-1.7n)-16.5R_{endo}+10R_{exo}$$

$$\varepsilon_{max}=1.74\times10^4 n$$

式中，M—烷基数；n—共轭双键数；R_{endo}—具有环内双键的环数；R_{exo}—具有环外双键的环数。

例 2-5 计算 β-胡萝卜素的 λ_{max} 和 ε_{max}，其结构如下：

解：因 $M=10$，$n=11$，$R_{endo}=2$，$R_{exo}=0$

故 $$\lambda_{max}=114+5\times10+11\times(48.0-1.7\times11)-16.5\times2+0=453.3\text{nm}$$

（实测值：452nm，己烷）

$$\varepsilon_{max}=(1.74\times10^4)\times11=1.91\times10^5$$

（实测值：1.52×10^5，己烷）

三、共轭不饱和羰基化合物的紫外光谱

孤立的碳碳双键在 165nm 附近有 $\pi\rightarrow\pi^*$ 跃迁吸收带（ε 约为 10 000），孤立的羰基在 290nm 附近有 $n\rightarrow\pi^*$ 跃迁吸收带（ε 约为 100）。当双键和羰基共轭时，这些吸收都会发生红移，吸收强度同时增加。

不饱和羰基化合物的 K 带的 λ_{max} 可用 Woodward-Fieser 规则计算，其计算方法与共轭烯烃相似，见表 2-4。

表 2-4　共轭不饱和醛、酸、酮、酯的 λ_{max} 的经验参数

β　α β—C=C—C=O			δ　γ　β　α δ—C=C—C=C—C=O		
基值			—OAc	αβγ	6nm
α,β-不饱和醛		207nm	—OR	α	35nm
α,β-不饱和酮		215nm		β	30nm
α,β-不饱和六元环酮		215nm		γ	17nm
α,β-不饱和五元环酮		202nm		δ	31nm
α,β-不饱和酸或酯		193nm	—SR	β	85nm
增加值			—Cl	α	15nm
共轭双键		30nm		β	12nm
烷基或环基	α	10nm	—Br	α	25nm
	β	12nm		β	30nm
	γ 或更高	18nm	$—NR_1R_2$	β	95nm
—OH	α	35nm	环外双键(不包括 C=O)		5nm
	β	30nm	同环二烯		39nm
	γ	50nm			

应用 Woodward-Fieser 规则时，注意以下几点。

1. 共轭不饱和羰基化合物的碳原子的标号如表 2-4 所示。
2. 环上的羰基不作为环外双键看待。
3. 有两个共轭不饱和羰基时，应优先选择波长较长的。
4. 共轭不饱和羰基化合物的 K 带的 λ_{max} 值受溶剂极性的影响较大，因此需要对计算结果进行溶剂校正。表 2-4 是在甲醇或乙醇溶剂中测试所得的，非极性溶剂中的测试值与计算值比较，需加上溶剂的校正值，如表 2-5 所示。

表 2-5　共轭羰基化合物的 K 带的溶剂校正值

溶剂	甲醇	乙醇	水	氯仿	二氧六环	乙醚	己烷	环己烷
λ_{max} 的校正值	0	0	−8	+5	+5	+7	+11	+11

如 $(CH_3)_2C=CHCOCH_3$，λ_{max} 在甲醇溶剂中的实测值(237nm)和计算值(239nm)接近；在己烷溶剂中测得的 λ_{max}=230nm，而计算值相差较大，故要加上己烷的校正值(230+11=241)后，两者才接近。

例 2-6　α-莎草酮的结构为下述 A、B 两种结构之一，已知 α-莎草酮在乙醇溶液中的 λ_{max} 为 252nm，运用不饱和酮的计算方法，判断它属于结构 A 还是结构 B。

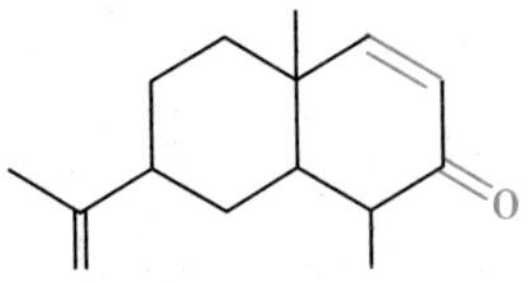

（A） 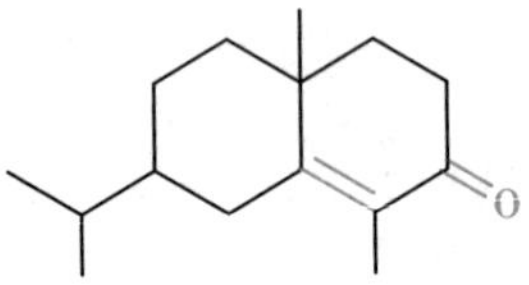　　　　　　　　　　（B）

解：

(A)		(B)	
α,β-不饱和酮基值	215nm	α,β-不饱和酮基值	215nm
β 位烷基	12nm	α 位烷基	10nm
		β 位烷基（12×2）	24nm
		环外双键	5nm
计算值	227nm	计算值	254nm

α-莎草酮的 λ_{max} 为 252nm，更接近结构 B 的数值，所以它属于结构 B。

四、芳香化合物的紫外光谱

有苯基的发色团跃迁所导致的吸收很复杂，紫外光谱中苯包含 E_1 带、E_2 带和 B 带三个吸收带，跃迁类型多是 $\pi\rightarrow\pi^*$。184nm 和 202nm 是主要吸收带（E_1 带和 E_2 带），是苯环结构中的环状共轭体系跃迁产生的，是芳香化合物的特征吸收；256nm 是 B 带。E_1 带在远紫外区，一般不讨论。苯被取代后，其 E_2 带和 B 带的吸收峰都会发生变化，但是由于两者都是禁阻跃迁，故强度较弱。B 带有时还会存在许多精细结构，当处于极性溶剂中或苯环被单一功能基团取代时精细结构消失，这时 B 带变成一个宽单峰。

（一）单取代苯

1. 含未共用电子对的基团　—NH_2、—OH、—OCH_3 和卤素等取代苯时，由于未共用电子对可以通过共振与 π 键之间相互作用导致 λ_{max} 红移，并且与芳环的 π 键相互作用越显著，迁移也越明显。酸性或碱性化合物 pH 的变化通过形成其相对应的共轭酸或共轭碱，也能使吸收峰的位置改变。如苯氧离子有相对富集的未成键电子对，故其与苯环的共轭作用强于苯酚；而苯胺离子由于不含未共用电子对，故不能与苯环的 π 系统形成共轭，所以它的谱图基本与苯环一致（表 2-6）。

表 2-6　单取代苯的 E 带与 B 带

	E 带		B 带	
	λ_{max}/nm	ε	λ_{max}/nm	ε
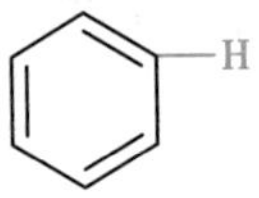 H	203.5	7 400	254	204
—OH	210.5	6 200	270	1 450
—O^-	235	9 400	287	2 600
—NH_2	230	8 600	280	1 430
—NH_3^+	203	7 500	254	169
—COOH	230	11 600	273	970
—COO^-	224	8 700	268	560

2. π共轭系统的取代 作为发色团的取代基有π键，如—CH═CH—、—C═O等，苯环和取代基的π电子相互作用产生一个新的电子迁移带而使跃迁能降低，使λ_{max}显著红移。

3. 给电子基团和吸电子基团的影响 根据其是吸电子基团还是给电子基团，取代基会对最大吸收峰产生不同影响。如果吸电子基团不是发色团，那么吸电子基团对B带的位置无影响，而给电子基团则会增加B带的波长和强度，并且对光谱影响的大小与取代基吸电子的程度有关。如烷基取代，由于超共轭作用，使λ_{max}红移，但影响较小。

不同的取代基使苯的E_2带波长增加的次序如下。

邻对位定位基：$—N(CH_3)_2 > —NHCOCH_3 > —O^- > —NH_2 > —OCH_3 > —OH > —Br > —Cl > —CH_3$。

间位定位基：$—NO_2 > —CHO > —COCH_3 > —COOH > —SO_2NH_2 > —NH_3^+$。

（二）二取代苯

两个取代基的苯衍生物的λ_{max}与两个取代基的类型和相对位置有关，一般有以下规律。

1. 对位取代的两个取代基 若两个都是给电子基团或吸电子基团，则产生的影响和单个取代基苯环所观测的相同，作用较强的基团决定E带的迁移程度。当一个基团是吸电子基，而另一个是给电子基团时，则E带的迁移幅度大于单个基团产生的影响的加和，由于共振作用使波长红移的形式如下。

2. 邻位或间位取代的两个取代基 两个取代基位于邻位或间位时，则波长移动的大小约等于每个基团产生的影响的加和。取代基不能像对位取代一样产生直接的共振作用，邻位取代时两个基团的空间位阻使其不能共面而阻碍其共振。

（三）多取代苯

多取代苯化合物中的取代基的类型及相对位置对其紫外光谱的影响更加复杂，空间位阻对λ_{max}值也有较大的影响。

（四）稠环芳烃

萘、蒽这类线型排列的稠环芳烃较苯能形成更大的共轭体系，紫外吸收比苯移向长波方向更多，吸收强度增大，精细结构更加明显。而菲等角式排列的稠环芳烃由于弯曲程度增加，较相应的线型分子强度减弱，较萘、蒽的λ_{max}蓝移。例如蒽的E_1带的λ_{max}=252nm（ε_{max}=220 000）、E_2带的λ_{max}=375nm（ε_{max}=10 000），菲的E_1带的λ_{max}=251nm（ε_{max}=90 000）、E_2带的λ_{max}=292nm（ε_{max}=20 000），可见角式排列的菲的E_1带的强度明显减弱、E_2带的λ_{max}明显蓝移。

（五）芳杂环化合物

芳杂环化合物的跃迁形式是$\pi\to\pi^*$和$n\to\pi^*$，谱图相对复杂，需要更多的手段对谱图进行分析，最通常的方法是将杂环分子衍生物与单纯的杂环化合物系统进行对比。

五元芳杂环化合物中的杂原子孤对电子对参与芳杂环大π键共轭，故无$n\to\pi^*$跃迁吸收峰。由于六元芳杂环化合物的紫外光谱与苯相似，而稠芳杂环化合物的紫外光谱多与相应的稠芳环化合物相近，故可以把吡啶环的谱图与苯环相比，也可把其与萘进行比较（表2-7）。

表 2-7　一些六元杂环及其衍生物的紫外光谱图比较

化合物	λ_{max}/nm	ε_{max}	溶剂
苯	184	68 000	乙烷
	204	8 800	
	254	250	
吡啶	195	7 500	己烷
	275	2 750	
2-OH	227	10 000	甲醇
	297	6 300	
	225	7 000	酸液
	295	5 700	
	230	10 000	碱液
	295	6 300	
3-OH	278	4 200	乙醇
	222	3 300	酸液
	283	5 900	
	234	10 200	碱液
	298	4 500	
4-OH	246	8 500	乙醇
萘	286	9 300	甲醇
	312	280	
喹啉	270	3 162	甲醇
	315	2 500	
异喹啉	265	4 170	甲醇
	313	1 800	

第三节　紫外光谱在有机化合物结构研究中的应用

一、分析紫外光谱的几个经验规律

当对某一化合物的结构（结构类型及其发色团）一无所知时，运用下述规律分析所得的光谱对推断化合物的某些结构可提供一些启示。

1. 如果在 200~400nm 区间无吸收峰，则该化合物应无共轭双键系统，或为饱和的有机化合物。

2. 如果在 270~350nm 区间给出一个很弱的吸收峰（ε=10~100），并且在 200nm 以上无其他吸收，则该化合物含有带孤对电子的未共轭的发色团，如 C═O、C═C—O、C═C—N 等。弱峰是由 n→π* 跃迁引起的。

3. 如果在紫外光谱中给出许多吸收峰，某些峰甚至出现在可见区，则该化合物的结构中可能具有长链共轭体系或稠环芳香发色团。如果化合物有颜色，则至少有 4~5 个相互共轭的发色团（主要指双键）。但某些含氮化合物及碘仿等除外。

4. 在紫外光谱中，其长波吸收峰的强度 ε_{max} 在 10 000~20 000 时，表示有 α,β-不饱和酮或共轭烯烃结构存在。

5. 化合物的长波吸收峰在 250nm 以上，且 ε_{max} 在 1 000~10 000 时，该化合物通常具有芳香结构系统。峰的精细结构是芳环的特征吸收，但芳香环被取代后共轭体系延长时，ε_{max} 可大于 10 000。

6. 充分利用溶剂效应和介质 pH 影响与光谱变化的相关规律。增加溶剂的极性将导致 K 带红移、R 带蓝移，特别是 ε_{max} 发生很大的变化时，可预测有互变异构体存在。若只有改变介质的 pH 光谱才有显著的变化，则表示有可离子化的基团，并与共轭体系有关：由中性变为碱性，谱带发生较大的红移，酸化后又会恢复原位表明有酚羟基、烯醇或不饱和羧酸存在；反之，由中性变为酸性时谱带蓝移，加碱后又恢复原位，则表明有氨（胺）基与芳环相连。

二、紫外光谱解析实例

紫外光谱对于结构的最基本信息的寻求是很有用的，它可以提供 λ_{max} 和 ε_{max} 这两类重要的数据和变化规律，有助于解决很多问题。但是它只能反映共轭体系的特征，而不能给出整个分子的结构，特别是对于没有吸收的饱和烷烃类。因此，单靠紫外光谱得到大量精准的信息是困难的。但经过对大量化合物的紫外光谱的研究，归纳和积累了许多经验规律，有很多可用的经验公式，这些经验与红外光谱（infrared spectrum，IR）和核磁共振谱（nuclear magnetic resonance spectrum，NMR）的数据联用是相当有意义的。

（一）确定未知化合物是否含有与某一已知化合物相同的共轭体系

带有发色团的有机化合物的紫外吸收峰的波长和强度已作为一般的物理常数，用于鉴定工作。当有已知化合物（模型化合物）时，可以通过将未知化合物的紫外光谱与已知化合物的谱图进行比较，若两者的紫外光谱走向一致，可以认为两者有相同的共轭体系。但由于紫外光谱只能表现化合物的发色团和显色的分子母核，所以即使紫外光谱相同，分子结构也不一定完全相同。

当没有模型化合物时，可查找有关文献进行核对，此时一定要注意测定溶剂等条件与文献要保持一致。常用的文献如下。

1. *Organic Electronic Spectral Data* Vol. I~IX，由 J. M. Kamlet 等主编，Interscience 公司于 1946 年出版，从分子式索引可查到化合物的名称、λ_{max}、lgε、溶剂等。

2. *Ultraviolet Spectra of Aromatic Compounds*，由 A. Friedel 等主编，纽约的 John Wiley 公司于 1951 年出版。

3. *CRC Atlas of spectral Data and Physical Constants for Organic Compounds* Vol. I~VI，Vol. I 为名称索引，Vol. V 为分子式索引。

4. *The Sadtler Standard Spectra Ultra-Voilet*，由 Sadtler Research Laboratory 编写，书中给出化合物的名称、分子式、试样来源、熔点或沸点、测定溶剂及全部光谱索引。

例2-7 维生素 K_1 结构的确证。维生素 K_1 有如下吸收带：λ_{max} 为 249nm（lgε 4.28）、260nm（lgε 4.26）和 325nm（lgε 3.38）。选择一个模型化合物 1,4-萘醌（A）的紫外光谱与之对照；1,4-萘醌的吸收带的 λ_{max} 为 250nm（lgε 4.6）和 330nm（lgε 3.8）。后来还发现该化合物与 2,3-二烷基-1,4-萘醌（B）更为相似，因此推测该化合物具有上述骨架，最后通过其他多种方法确证了它的结构（C）。

（A） （B）

（C）

当化合物本身不发色而在紫外光区无吸收时，或化合物本身结构十分复杂时，可以使其降解，并脱氢生成具紫外吸收的芳烃，从而推定原化合物的骨架。

例2-8 贝母甲素结构的推定。朱子清、黄文魁等在20世纪50年代推定植物碱贝母甲素的骨架就是采用这个方法。

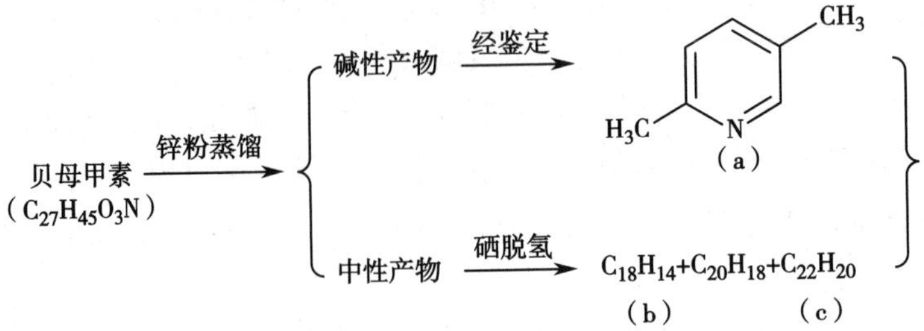

贝母甲素（$C_{27}H_{45}O_3N$）——锌粉蒸馏→ 碱性产物 ——经鉴定→ (a)；中性产物 ——硒脱氢→ $C_{18}H_{14}+C_{20}H_{18}+C_{22}H_{20}$ (b) (c)

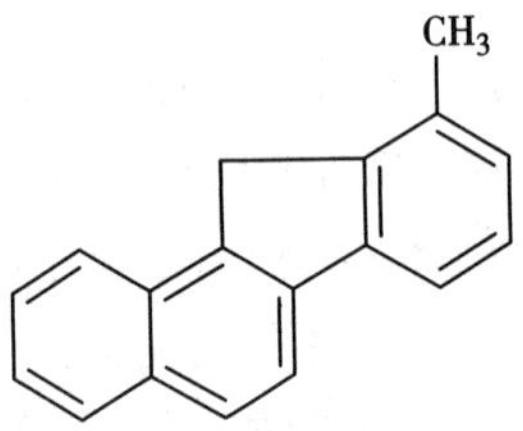

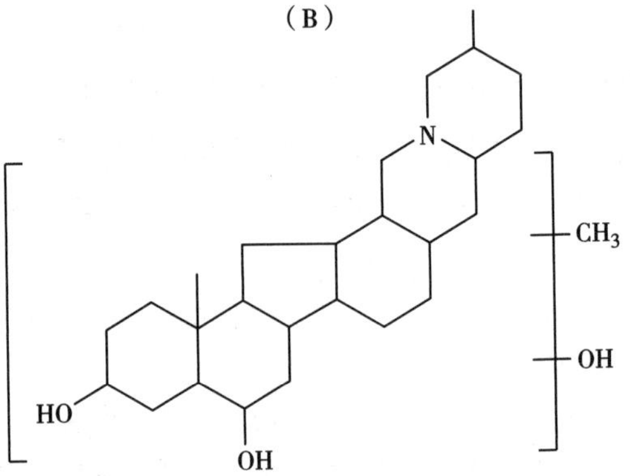

CH_3 H_3C N (a)

CH_3 (A)　　C_5H_9 (B)

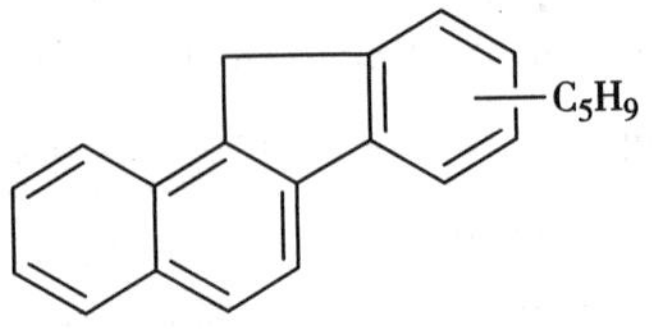

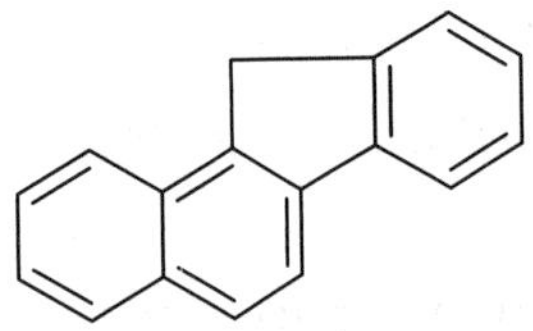

(C)　　N CH_3 OH HO OH (D)

为了确证生成的芳烃 $C_{18}H_{14}$(b)、$C_{20}H_{18}$、$C_{22}H_{20}$(c) 的结构，寻找到模型化合物1,2-苯并芴(C)，将其紫外光谱与中性产物的两个降解物(b)、(c)的紫外光谱进行比较，发现它们的紫外光谱非常相似。经过进一步鉴定，证明 $C_{18}H_{14}$(b) 为8-甲基-1,2-苯并芴(A)，故可根据模型化合物和碱性产物(a)推定贝母甲素的骨架为(D)。

当有机化合物分子含两组发色团，而它们彼此之间被一个以上的饱和原子团隔开，不能发生共轭时，这个化合物的紫外光谱可以近似地等于两组发色团光谱的叠加，这个原理称为“叠加原则”。叠加原则用于骨架的推定是很有用处的。

例2-9 二甲噻嗪的合成过程中使用二硫化碳与乙醛反应，其产物的结构可能是(A)和(B)两种结构。

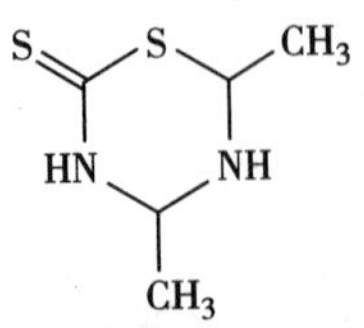

S S CH_3 HN NH CH_3 (A)　　H_3C S NH HN S CH_3 (B)

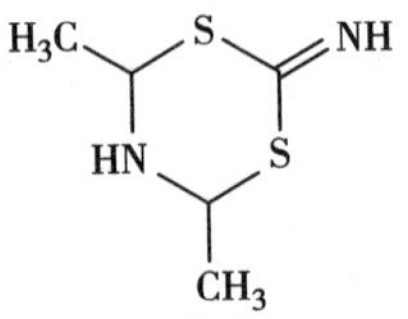

从这两个结构来看，具有紫外吸收的官能团其中一个是硫酮(C)，另一个是甲亚胺(D)，这时可以选取两个模型化合物，利用文献数据与之对比。

（C）　　（D）

由文献数据得出(C)结构的 λ_{max}=276nm(ε_{max} 21 000)和 246nm(ε_{max} 8 000),d 结构的 λ_{max}=217nm(ε_{max} 8 000)。测定反应产物的紫外光谱,结果为 λ_{max}=288nm(ε_{max} 12 800)和 243nm(ε_{max} 8 000),因此结构(A)是反应产物。

由以上三个例子可知,骨架推定的关键在于选择好的模型化合物。选择好的模型化合物时要注意考虑可能存在的是否共平面的影响。例如在鉴定马钱子碱的结构[如下图的(A)]时,如果选用结构(B)就不合适。如选用结构(C)作为模型化合物,则两者的光谱非常吻合。马钱子碱[图(A)]的 λ_{max}=257nm(ε_{max} 16 000)、281nm(ε_{max} 3 700)和 290nm(ε_{max} 3 400);模型化合物(C)的 λ_{max}=257nm(ε_{max} 16 000)、281nm(ε_{max} 3 400)和 290nm(ε_{max} 3 200)。

（A）　　（B）　　（C）

(二) 确定未知结构中的共轭结构单元

紫外光谱是研究不饱和有机化合物的结构的常用方法之一,对于确定分子中是否含有某种发色团(即不饱和部分的结构骨架)是很有帮助的。具体方法如下。

1. 将 λ_{max} 的计算值与实测值进行比较　当用其他物理和化学方法判断某化合物的结构为(A)或(B)时,则可分别计算出(A)和(B)的 λ_{max},再与实测值进行对照。

例 2-10　甲、乙型两种强心苷的苷元的结构分别为(A)和(B),现测得紫外光谱的 λ_{max}(EtOH)=218nm,试问其为何结构?

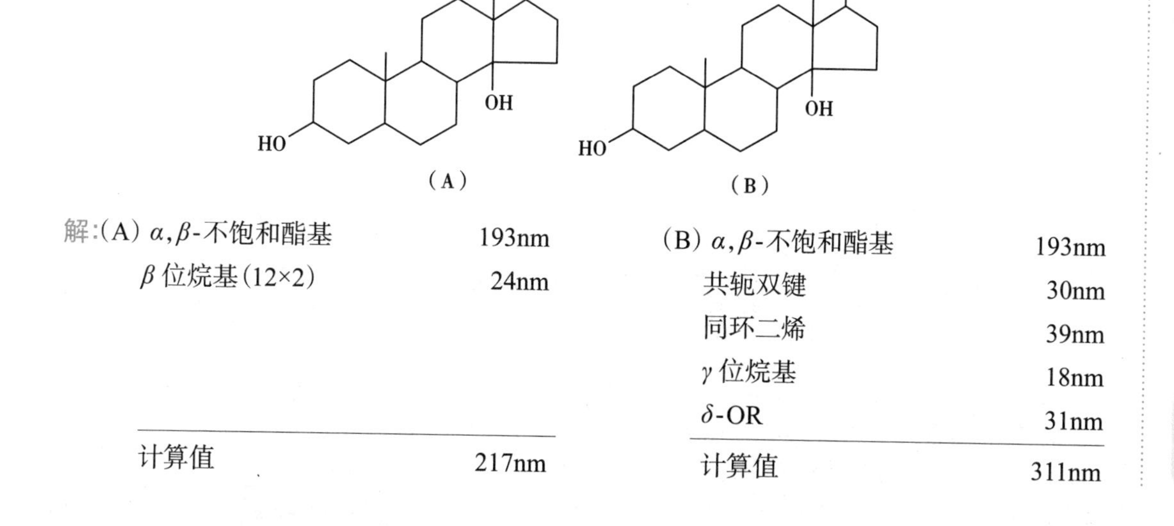

（A）　　（B）

解:(A) α,β-不饱和酯基　193nm
β 位烷基(12×2)　24nm
计算值　217nm

(B) α,β-不饱和酯基　193nm
共轭双键　30nm
同环二烯　39nm
γ 位烷基　18nm
δ-OR　31nm
计算值　311nm

2. 与同类型的已知化合物的紫外光谱图进行比较　结构复杂的有机化合物，尤其是天然有机化合物难以精确地计算出它们的 λ_{max}，故在结构分析时经常将被检品的紫外光谱与同类型的已知化合物的紫外光谱进行比较。根据该类型化合物的结构-紫外光谱变化规律，作出适宜的判断。现在，很多类型的化合物如黄酮类、蒽醌类、香豆素类等，其结构与紫外光谱特征之间的规律比较清楚。同类型的化合物在紫外光谱上既有共性，又有个性。其共性可用于化合物类型的鉴定，个性可用于具体化合物结构的判断。例如黄酮类化合物具有两个较强的吸收带：300~400nm（谱带Ⅰ）和 240~285nm（谱带Ⅱ），这是黄酮类化合物的共性；但具体化合物又因为结构不同，其紫外光谱也各不相同。现以芦丁为例，说明紫外光谱在测定黄酮类化合物的结构中的应用。谱带Ⅰ与 B 环的桂皮酰系统有关，而谱带Ⅱ则与 A 环的苯甲酰系统有关。

B环　桂皮酰系统　　　　A环　苯甲酰系统

芦丁的甲醇溶液及加入各种鉴定试剂后的紫外光谱图和 λ_{max} 见图 2-6 及表 2-8。

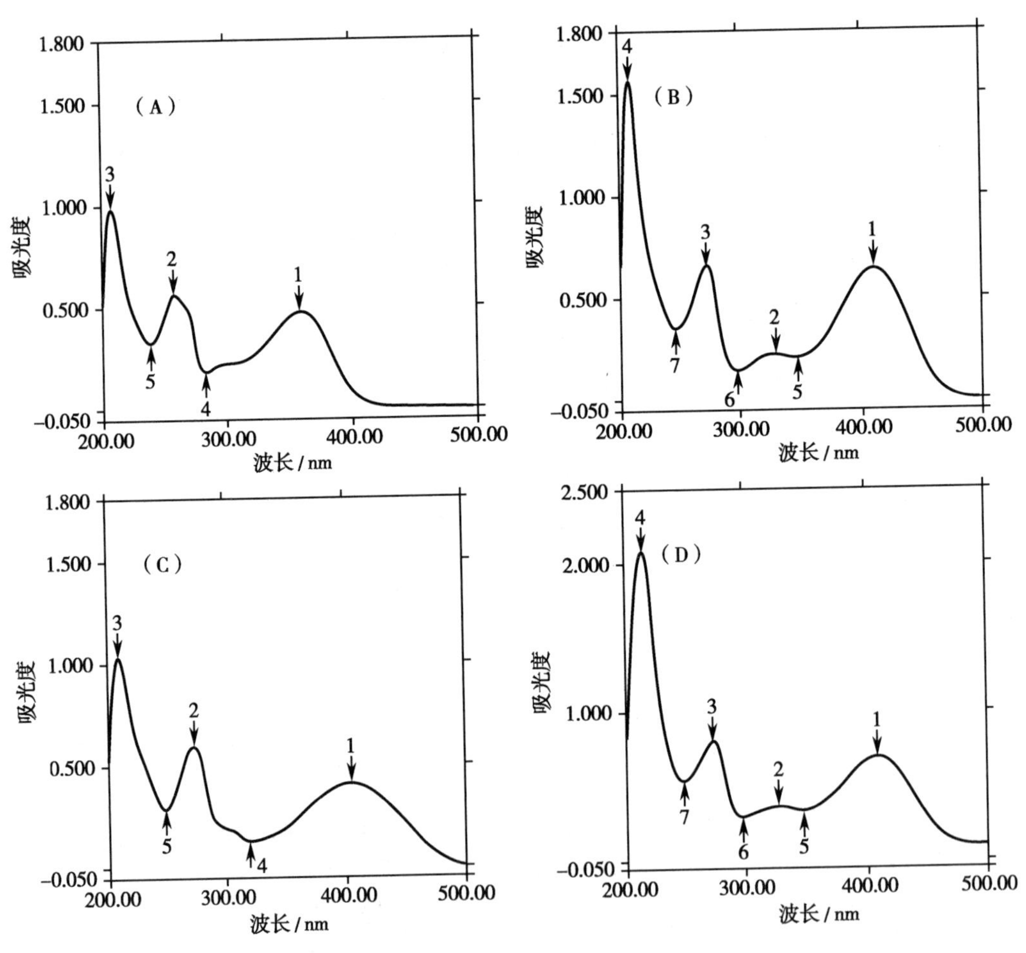

(A) 芦丁的甲醇溶液；(B) 芦丁的甲醇溶液 + 甲醇钠；(C) 芦丁的甲醇溶液 + 三氯化铝；(D) 芦丁的甲醇溶液 + 乙酸钠。

图 2-6　芦丁的甲醇溶液及加入各种鉴定试剂后的紫外光谱图

表 2-8　芦丁的甲醇溶液及加入各种鉴定试剂后的 λ_{max}

试剂	λ_{max}/nm	
	谱带Ⅰ	谱带Ⅱ
甲醇	359（ε_{max}=17 700）	259（ε_{max}=20 900）
+ 甲醇钠	410（ε_{max}=23 800）	272（ε_{max}=24 800）
+ 三氯化铝	433（ε_{max}=15 000）	275（ε_{max}=21 900）
+ 乙酸钠	393（ε_{max}=25 800）	271（ε_{max}=30 400）

以上芦丁的紫外光谱行为可以做如下解释。

（1）甲醇钠是强碱，可以使所有的酚羟基解离，使吸收峰红移。芦丁由于 B 环 3′、4′-位两个酚羟基的解离可使谱带Ⅰ红移 51nm（与甲醇中测定的紫外光谱比较）；又由于 A 环上 5、7-位两个羟基的解离而使谱带Ⅱ也向长波方向移动。

（2）$AlCl_3$ 可与 B 环的邻二酚羟基及 A 环和 C 环的（近位）结构形成螯合物，故分别引起谱带Ⅰ和谱带Ⅱ红移。这说明，比较黄酮类化合物的甲醇溶液加 $AlCl_3$ 试剂前后测得的紫外光谱，对判断结构中是否具有邻二酚羟基及近位等结构是有用的。

（3）乙酸钠为弱碱，仅能使酸性较强的 7-OH 和 4′-OH 解离。若加入该试剂后谱带Ⅰ红移，说明 B 环上有 4′-OH（如芦丁）；谱带Ⅱ红移则表明有 7-OH 存在。

以上说明紫外光谱不但可用于推定不饱和结构骨架，而且有助于判断在共轭系统中取代基的位置、种类和数目。

（三）确定构型（configuration）和构象（conformation）

对于具有相同官能团和类似骨架的各种异构体，如位置异构和顺反异构等，用其他光谱法往往难以区别，而运用紫外光谱可以得到满意的结果。

1. 确定构型　有机分子的构型不同，其紫外光谱的重要参数 λ_{max} 和 ε_{max} 也会不同。通常，反式异构体的 λ_{max} 和 ε_{max} 较相应的顺式异构体大，这是由立体障碍引起的。例如反式均二苯代乙烯的分子是平面型，烯烃上的双键与同一平面上的苯环容易发生共轭，故 λ_{max}（295.5nm）较大，ε_{max}（29 000）也较大；而顺式均二苯代乙烯则由于立体障碍，苯环与乙烯双键未能完全在同一平面上，因此相互共轭程度比反式异构体要小，故顺式异构体 λ_{max}（280nm）和 ε_{max}（10 500）值均较小。一些化合物的构型与其紫外光谱的关系见表 2-9。

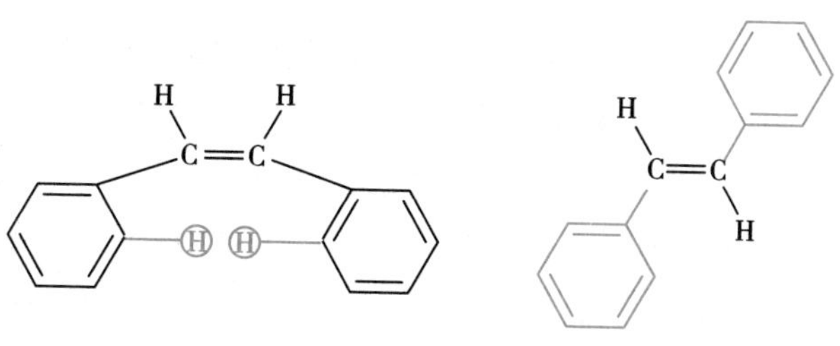

顺式均二苯代乙烯　　反式均二苯代乙烯

表 2-9　一些化合物的构型与其紫外光谱的关系

化合物	顺式异构体		反式异构体	
	λ_{max}/nm	ε_{max}	λ_{max}/nm	ε_{max}
均二苯代乙烯	280	10 500	295.5	29 000
甲基均二苯代乙烯	260	11 900	270	20 100
1-苯基丁二烯	265	14 000	280	28 300
肉桂酸	280	13 500	295	27 000
β-胡萝卜素	449	92 500	452（全反式）	152 000
丁烯二酸	198	26 000	214	34 000
偶氮苯	295	12 600	315	50 100

2. 确定构象

(1) 共轭二烯类化合物的构象：共轭二烯类化合物围绕其单键旋转可生成两种构象异构体，即相对于单键的反式（*s-trans*）和顺式（*s-cis*）。

s-trans　　*s-cis*

反式比顺式稳定，所以 1,3-丁二烯和大多数无环二烯类一样主要以反式存在。但对于一些环状二烯结构和有环的 α,β-不饱和酮类化合物，则可能具有顺式和反式两种构象，且顺式异构体比相应的反式异构体的吸收波长增加，但吸收强度减弱。

	s-cis	*s-trans*
λ_{max}	270nm	234nm
ε_{max}	5 000~15 000	12 000~28 000

(2) α-卤代环己酮的构象：α-卤代环己酮有以下（A）和（B）两种构象。

（A）　（B）

构象（A）中，卤原子处在直立键，有利于卤原子的 n 轨道与羰基的 π 轨道重叠，形成 p-π 共轭，因此吸收波长较长；构象（B）中，由于场效应（F 效应），使羰基的氧碳结合加强，羰基氧对其未成键的 n 电子拉得更紧，n 轨道的电子能量降低，$n\rightarrow\pi^*$ 跃迁的能力增加，相应的吸收峰蓝移。故在 α-取代环己酮中，a 键取代物的 λ_{max} 都比环己酮长，而 e 键取代物的 λ_{max} 都比环己酮短（表 2-10）。

表 2-10 α-卤代环己酮的 λ_{max} 的取代基位移值

α-取代基	λ_{max} 的位移值		α-取代基	λ_{max} 的位移值	
	直立键(a 键)	平伏键(e 键)		直立键(a 键)	平伏键(e 键)
—Cl	22	-7	—OH	17	-12
—Br	28	-5	—OAc	10	-5

例 2-11 胆甾烷-3-酮的 λ_{max} 为 286nm(lgε 1.36),若在其 2-位取代一个氯原子,其紫外光谱的 λ_{max} 为 279nm(lgε 1.16),则可以确定其氯原子为平伏键构象。

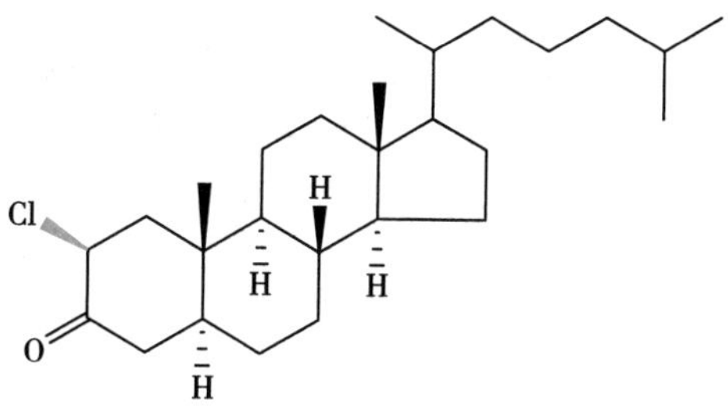

(四)确定互变异构体

紫外光谱可以确定某些化合物的互变异构现象,一般共轭体系的 λ_{max}、ε_{max} 大于非共轭体系(表 2-11)。

表 2-11 某些有机化合物的互变异构体

化合物	共轭(醇式)	非共轭(酮式)
	λ_{max}/nm(ε)	λ_{max}/nm(ε)
亚油酸	232	无吸收
苯甲酰乙酸乙酯	308	245
乙酰乙酸乙酯	245(18 000)	240(110)
乙酰丙酮	269(12 100)(水中)	277(1 900)(己烷中)
4-甲基-3-戊烯-2-酮	235(12 000)	220

1. 苯甲酰乙酰苯胺有酮型(A)和烯醇型(B)互变现象,如下所示。

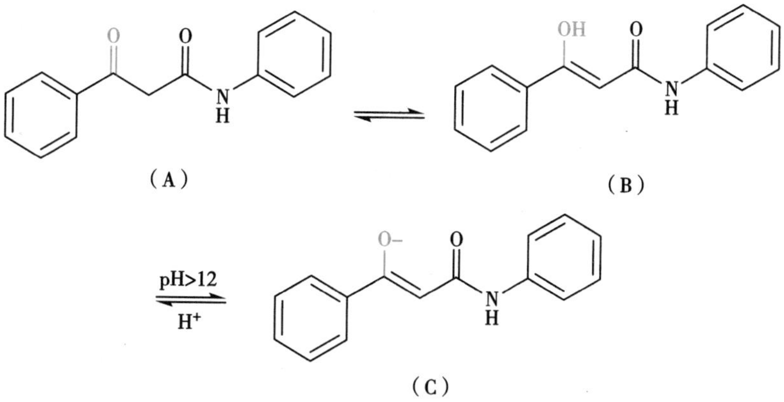

(A)　　(B)

pH>12 / H^+

(C)

该化合物的两种互变异构体经紫外分析得到确认，在环己烷中测定时 λ_{max} 分别为 245nm 和 308nm，其 308nm 峰在 pH 12 的情况下红移至 323nm。这些实验结果说明 245nm 处的谱带为酮型异构体（A），308nm 峰是烯醇型异构体（B）。在 pH 12 时烯醇烃基失去质子变为烯醇离子（C），故该峰在 pH 12 时红移至 323nm。

2. 乙酰乙酸乙酯有下述互变异构现象，如下所示。

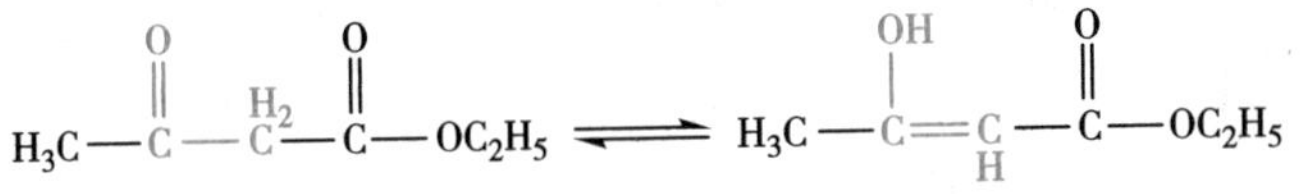

酮型　　　烯醇型

在极性溶剂中测定乙酰乙酸乙酯，出现一个弱峰，λ_{max}=272nm（ε_{max}=16），说明该峰由 n→π* 跃迁引起，故可确定在极性溶剂中该化合物主要是以酮型异构体存在。这是由于酮型与极性溶剂（水）形成氢键，故稳定。在非极性溶剂（己烷）中测定时，形成 λ_{max}=243nm 的强峰，表明此时为烯醇型（分子内可形成氢键）。

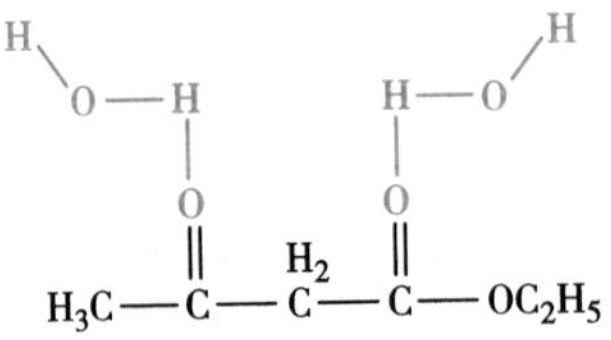

酮型与水形成分子间氢键 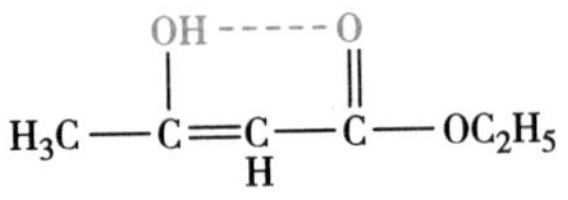　　　烯醇型形成分子内氢键

α 或 γ 位羟基取代于氮杂芳环化合物也可产生互变异构现象。在水溶液中主要以内酰胺或内硫酰胺的形式存在，其光谱与未取代的母体或其他位置取代的羟基化合物不同。例如 2-羟基吡啶[λ_{max}(EtOH)=293nm]与 3-羟基吡啶[λ_{max}(EtOH)=279nm]的光谱不同，而与 α-吡喃酮的光谱[λ_{max}(EtOH)=289nm]相似。溶液中异构体的比例随溶剂（乙醇有利于烯醇式）或其他取代基的存在而不同。巯基取代氮杂芳环化合物也可产生类似的互变异构现象。理论上，氨基应与羟基有类似的互变，但事实上却不同，氨基取代化合物以氨基而不以亚胺形式存在。

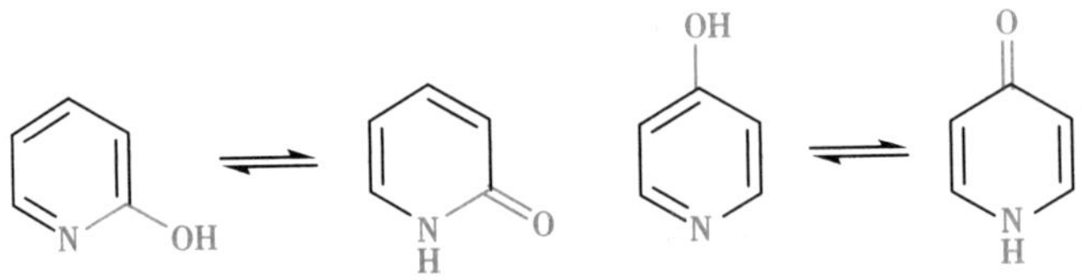

烯醇型　　　酰胺型

第二章
目标测试

习 题

1. 紫外光谱是怎样产生的？为什么吸收光谱是带状光谱？

2. 分子的价电子跃迁有哪些类型？哪几种类型的跃迁能在紫外光谱中反映出来？

3. 什么是发色团？什么是助色团？分别具有什么样的结构或特征？

4. 紫外光谱能提供哪些分子结构信息？紫外光谱在化合物的结构分析中有什么用途？又有何局限性？

5. 摩尔吸光系数有什么物理意义？

6. 为什么助色团能使烯双键的 $n \to \pi^*$ 跃迁波长红移，而使羰基的 $n \to \pi^*$ 跃迁波长蓝移？

7. 为什么共轭多烯中的双键数目越多，其 $\pi \to \pi^*$ 跃迁吸收带的波长越长？请解释其原因。

8. pH 对某些化合物的吸收带有一定的影响，例如苯胺在酸性介质中其 K 吸收带和 B 吸收带发生蓝移，而苯酚在碱性介质中其 K 吸收带和 B 吸收带发生红移，为什么？

9. 苯甲醛能发生几种类型的电子跃迁？在近紫外区能出现几个吸收带？

10. 化合物 A 在紫外区有两个吸收带，用 A 的乙醇溶液测得吸收带的波长 λ_1=256nm、λ_2=305nm，而用 A 的己烷溶液测得吸收带的波长 λ_1=248nm、λ_2=323nm。这两个吸收带分别是何种电子跃迁所产生的？A 属于哪一类化合物？

11. 某化合物的紫外光谱有 B 吸收带，还有 λ=240nm，$\varepsilon=13\times10^4$ 及 λ=319nm，ε=50 两个吸收带。此化合物中有何电子跃迁？含有什么基团？

12. 某酮类化合物当溶于极性溶剂中（如乙醇）时，溶剂对 $n \to \pi^*$ 及 $\pi \to \pi^*$ 跃迁有何影响？

13. 已知化合物的分子式为 $C_7H_{10}O$，可能具有 α,β-不饱和羰基结构，其 K 吸收带的波长 λ=257nm（乙醇中），请推测其结构。

14. 已知氯苯在 λ=265nm 处的 $\varepsilon=1.22\times10^4$，现用 2cm 的吸收池测得氯苯在己烷中的吸光度 A=0.448，求氯苯的浓度。

15. 试估计下列化合物中哪一种化合物的 λ_{max} 最大、哪一种化合物的 λ_{max} 最小。为什么？

OH　CH3　CH3
O　O　O
A　B　C

16. 2-(环己-1-烯基)-2-丙醇在硫酸存在下加热处理，得到的主要产物的分子式为 C_9H_{14}，产物经纯化，测得 UV 的 λ_{max}(EtOH)=242nm（ε_{max}=10 100）。推断这个主要产物的结构，并讨论其反应过程。

CH3
OH
CH3

（周应军）

参 考 文 献

[1] 黄量，于德泉 . 紫外光谱在有机化学中的应用 . 北京：科学出版社，1988.

[2] DONALD L P, GARY M L, GEORGE S K. Introduction to spectroscopy. 3rd ed. Washington：Thomson Learning

Inc.,2001.
[3] 吴立军. 有机化合物波谱解析. 3 版. 北京:中国医药科技出版社,2009.
[4] 李发美. 分析化学. 7 版. 北京:人民卫生出版社,2011.
[5] 万家亮,李耀仓. 仪器分析(附实验). 武汉:华中师范大学出版社,2008.
[6] 叶宪曾,张新祥. 仪器分析教程. 2 版. 北京:北京大学出版社,2007.
[7] 谭仁祥. 植物成分分析. 北京:科学出版社,2002.
[8] 高卫东,吴立蓉,江珊. 防己与伪品的紫外光谱鉴别. 中国民族民间医药,2014,23(19):18.

第三章

红 外 光 谱

学习目标

1. 掌握 红外光谱的吸收峰位置和峰强的影响因素；主要有机化合物类型的红外光谱特征；红外光谱在有机化合物结构测定中的作用。

2. 熟悉 分子的振动类型、振动自由度及吸收峰的数目与振动自由度的关系；红外光谱中的重要区段及主要官能团的特征吸收频率。

3. 了解 红外光谱的基本原理及产生的基本条件。

第三章
教学课件

第一节　红外光谱的基本原理

红外光谱（infrared spectrum，IR）属于分子振动-转动光谱，它与紫外光谱一样是一种分子吸收光谱。当样品受到频率连续变化的红外光照射时，若分子中某个基团的振动或转动频率与某一波长红外光的频率相同，分子就会吸收该频率的红外辐射，并通过振动或转动运动引起偶极矩的净变化，导致能级由原来的基态振（转）动能级跃迁到能量较高的振（转）动能级，使相应于这些吸收区域的透射光强度减弱。记录红外光的百分透射比与波长（λ）或波数（$\tilde{\nu}$）关系的曲线，就得到红外光谱。

红外光谱法是有机化合物结构鉴定最常用的方法之一。根据红外光谱的峰位、峰强及峰形，可以判断化合物中可能存在的官能团，从而推断未知物的结构。有共价键的化合物都有其特征的红外光谱。红外光谱具有“指纹性”，即除光学异构体及长链烷烃同系物外，几乎没有两种化合物具有相同的红外光谱。

总的来说，红外光谱具有下列特点：①特征性强，可用于定性分析和结构鉴定，特别是有助于判别化合物的官能团；②应用范围广，可用于从气体、液体到固体，从无机物到有机物，从高分子到低分子化合物的分析；③分析速度快，样品用量少，不破坏样品，测试和维护费用低。

一、红外吸收产生的条件

在红外光谱分析中，只有照射光的能量 E（$E=h\nu$）等于两个振动能级的能量差 ΔE 时，分子才能由低振动能级跃迁到高振动能级，产生红外光谱。

红外光谱产生的第二个条件是红外光与分子之间有偶合作用。为了满足这个条件，分子振动时其偶极矩必须发生变化。只有能引起分子偶极矩（μ）变化（$\Delta\mu \neq 0$）的振动才能观察到红外光谱，这种振动称为红外活性振动。非极性分子在振动过程中无偶极矩变化，故观察不到红外光谱。不产生红外吸收的振动称为非红外活性振动。

单质的双原子分子（如 H_2、O_2、Cl_2、N_2……）只有伸缩振动。这类分子的伸缩振动过程不发生偶极矩变化，因此没有红外吸收。对称性分子的对称伸缩振动（如 CO_2 的 $\nu_{O=C=O}$）也没有偶极矩变化，也不产生红外吸收。

二、红外光区的划分

根据红外线的波长，习惯上将红外光谱分成三个区域。

近红外区：0.78~2.5μm（12 820~4 000cm^{-1}），主要用于研究分子中的 OH、NH、CH 键的振动倍频与组频。

中红外区：2.5~25μm（4 000~400cm^{-1}），主要用于研究大部分有机化合物的振动和转动。

远红外区：25~300μm（400~33cm^{-1}），主要用于研究分子的转动及重原子成键的振动。

其中，由于绝大多数有机化合物基团的振动频率处于中红外区，故对中红外光谱研究得最多，仪器和实验技术最为成熟，应用最为广泛。通常所说的红外光谱即是指中红外区的红外光谱。

红外光谱图多以波长 λ（μm）或波数 $\tilde{\nu}$（cm^{-1}）为横坐标，表示吸收峰的位置。其中以波数作横坐标的居多。波数是频率的一种表示方法（表示每厘米长的光波中波的数目），它与波长的关系为：

$$\tilde{\nu}(\mathrm{cm^{-1}})=\frac{10^4}{\lambda(\mu\mathrm{m})} \qquad 式(3\text{-}1)$$

纵坐标吸收峰的强度可以用吸光度（A）或透光率（T%）表示，现多以 T% 表示。峰的强度遵守朗 Lambert-Beer 定律。吸光度与透过率的关系为：

$$A=\lg(1/T) \qquad 式(3\text{-}2)$$

所以在红外光谱中"谷"越深（T% 越小），吸光度越大，吸收强度越强。

图 3-1 是药物青霉素（penicillin）的红外光谱图。

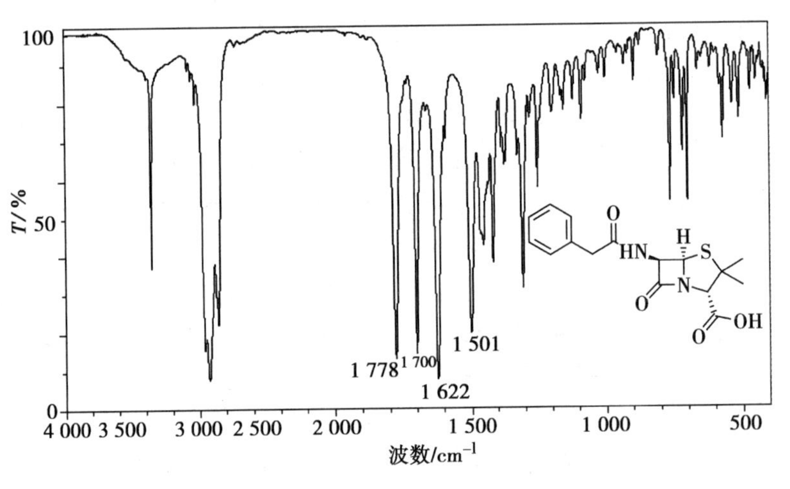

图 3-1　青霉素的红外光谱图

三、分子振动模型

分子是非刚性的，具有柔曲性，因而可以发生振动。绝大多数分子是由多原子构成的，其振动方式非常复杂。但是多原子分子可以看成双原子分子的集合。为简单起见，把分子的振动模拟成简谐振动，即无阻尼的周期线性振动。把组成分子的不同原子看成各种不同质量的小球，把不同类型的化学键看成各种不同强度的弹簧，由此组成谐振子体系，进行简谐振动。

（一）双原子分子的振动及其频率

如果把化学键看成是质量可以忽略不计的弹簧，把 A、B 两原子看成两个小球，弹簧的长度 r 就是分子化学键的长度。双原子分子的化学键振动可以模拟为连接在一根弹簧两端的两个小球在其平衡位置做伸缩振动（图 3-2）。

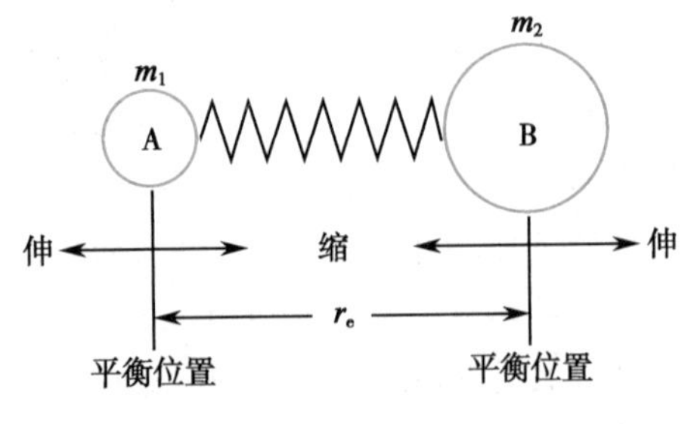

图 3-2　双原子分子振动示意图（r_e 为平衡时的核间距）

根据胡克定律(Hooke law),其谐振子的振动频率为:

$$\nu=\frac{1}{2\pi}\sqrt{\frac{k}{m}} \tag{式(3-3)}$$

式中,k—力常数,单位为牛顿/米(N/m);m—折合质量,$m=\frac{m_A m_B}{m_A+m_B}$。若表示双原子分子的振动时,$k$以毫达因/埃(mD/Å)为单位;$m$以原子的摩尔质量表示,单位为克(g)。

红外光谱中常用波数($\tilde{\nu}$)表示频率。

$$\tilde{\nu}=\frac{1}{2\pi c}\sqrt{\frac{k}{m}}=1\ 307\sqrt{\frac{k}{m}}=1\ 307\sqrt{\frac{k}{\frac{m_A m_B}{m_A+m_B}}} \tag{式(3-4)}$$

式中,k—化学键常数,为两个原子由平衡位置伸长1Å后的恢复力;m_A、m_B—A、B原子的摩尔质量,单位为克(g)。

实验结果表明,不同的化学键具有不同的力常数。单键力常数(k)的平均值为5mD/Å,双键和三键的力常数分别为单键力常数的2倍和3倍,即双键的k=10mD/Å、三键的k=15mD/Å。

(二)双原子分子的核间距与位能

真实的双原子分子不严格遵循谐振子规律。实际的双原子分子的势能曲线并不是抛物线,而要做些修正。图3-3所示的实线曲线为修正后的双原子分子的实际势能曲线。

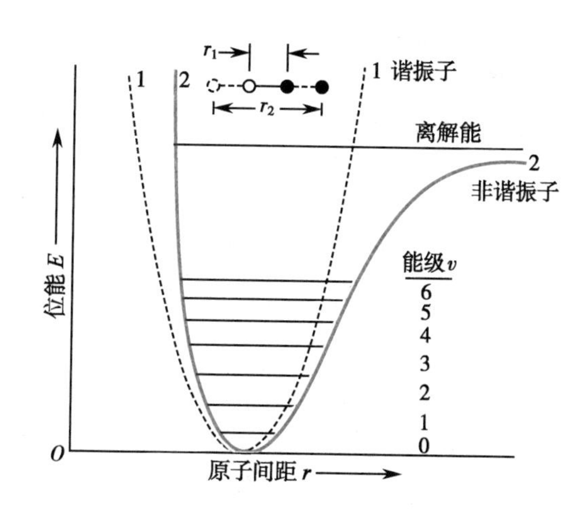

图3-3 双原子分子的势能曲线

由图3-3可知:

1. 振动能(势能)是原子间距离的函数。振幅加大,原子间距离加大,振动能也相应增加。

2. 在常态下,分子处于较低的振动能级,化学键振动与简谐振动模型极为相似。只有当能级v达到3或4时,分子振动势能曲线才逐渐偏离简谐振动的势能曲线。通常的红外光谱主要讨论从基态(v=0)跃迁到第一激发态(v=1)或第二激发态(v=2)引起的红外吸收,因此可以利用简谐振动的运动规律近似讨论化学键的振动。

3. 振动量子数越大,振幅越宽,势能曲线的能级间隔将越来越密。

4. 从基态(v_0)跃迁到第一激发态(v_1)时所引起的一个强的吸收峰称为基频峰(fundamental band)。基频峰的强度大,是红外光谱的主要吸收峰基。基频峰的峰位等于分子的振动频率。

从基态(v_0)跃迁到第二激发态(v_2)或更高激发态(v_3)时所引起的弱的吸收峰称为倍频峰(overtone band)。此外还包括合频峰和差频峰等。泛频峰是倍频峰、合频峰和差频峰的统称。它们之间的关系如下:

泛频峰：
- 倍频峰
  - 二倍频峰（$\nu=0\longrightarrow\nu=2$）
  - 三倍频峰（$\nu=0\longrightarrow\nu=3$）
- 合频峰 $\nu_L=\nu_1+\nu_2$
- 差频峰 即$\nu=1\longrightarrow\nu=2,3$……产生的峰

5. 振幅超过一定值时，化学键断裂，分子离解，能级消失，势能曲线趋近于一条水平直线，此时E_{max}等于离解能。

（三）双原子分子的振动能量

分子的振动能量为：

$$E_v=\left(\upsilon+\frac{1}{2}\right)h\nu \qquad \text{式(3-5)}$$

常温下，大多数分子处于振动基态（$\upsilon=0$），分子在基态的振动能量为 $E_0=\frac{1}{2}h\nu$；分子受激发后，处于第一激发态（$\upsilon=1$）的能量为$E_1=\frac{3}{2}h\nu$。分子由振动基态（$\upsilon=0$）跃迁到振动激发态的各个能级，需要吸收一定的能量来实现，这种能量由照射体系红外光来供给。由振动基态（$\upsilon=0$）跃迁到振动第一激发态所产生的吸收峰为基频峰。光子能量为 $E_L=h\nu_L$，而基态和第一激发态的能级差为 $\Delta E=E_1-E_0=h\nu$。分子吸收能量是量子化的，即分子吸收红外光的能量 E_L 必须等于分子振动基态和激发态能级差的能量 ΔE。

$$\Delta E=E_L，即\ h\nu_L=h\nu，\nu_L=\nu \qquad \text{式(3-6)}$$

由此可见，分子由基态（$\upsilon=0$）跃迁到第一激发态（$\upsilon=1$）吸收的红外光的频率 ν_L 等于分子的化学键的振动频率 ν。由前文可知，分子的振动频率（波数 $\tilde{\nu}$）取决于键的力常数（k）和形成分子的两原子的折合质量（m）。

$$\tilde{\nu}=1\,307\sqrt{\frac{k}{m}} \qquad \text{式(3-7)}$$

从上式可知，k 越大，两原子的折合质量(m)越小，振动频率(波数，$\tilde{\nu}$)就越大；反之，k 越小，m 越大，振动频率 $\tilde{\nu}$ 就越小。由此可以得出：

1. 由于 $k_{C\equiv C}>k_{C=C}>k_{C-C}$，故红外振动波数为 $\tilde{\nu}_{C\equiv C}>\tilde{\nu}_{C=C}>\tilde{\nu}_{C-C}$。

2. 与C原子成键的其他原子随着原子质量增加，折合质量 m 增加，相应的红外振动波数减小。即 $\tilde{\nu}_{C-H}>\tilde{\nu}_{C-C}>\tilde{\nu}_{C-O}>\tilde{\nu}_{C-Cl}>\tilde{\nu}_{C-Br}>\tilde{\nu}_{C-I}$。

3. 与氢原子相连的化学键的红外振动波数由于折合质量 m 小，均出现在高波数区，如 $\tilde{\nu}_{C-H}$ 2 900cm^{-1}、$\tilde{\nu}_{O-H}$ 3 600~3 200cm^{-1}、$\tilde{\nu}_{N-H}$ 3 500~3 300cm^{-1}。

4. 弯曲振动比伸缩振动容易，其力常数小于伸缩振动的力常数，故弯曲振动在红外光谱的低波数区，如 δ_{C-H} 1 340cm^{-1}、$\gamma_{=CH}$ 1 000~650cm^{-1}；伸缩振动则位于红外光谱的高波数区，如 ν_{C-H} 3 000cm^{-1}。

此外，利用此式还可近似计算出各种化学键的基频波数。例如不同类型的C—C键的伸缩振动引起的基频峰波数计算如下。

C—C 键的折合质量 $m=\frac{m_A m_B}{m_A+m_B}=\frac{12\times12}{12+12}=6$。

C—C 的键常数 k=5mD/Å，其伸缩振动波数为：$\tilde{\nu}=1\,307\sqrt{\frac{k}{m}}=1\,307\sqrt{\frac{5}{6}}=1\,190\text{cm}^{-1}$。

C═C 的键常数 k=10mD/Å，其伸缩振动波数为：$\tilde{\nu}=1\,307\sqrt{\frac{k}{m}}=1\,307\sqrt{\frac{10}{6}}=1\,690\text{cm}^{-1}$。

C≡C 的键常数 k=15mD/Å，其伸缩振动波数为：$\tilde{\nu}=1\,307\sqrt{\frac{k}{m}}=1\,307\sqrt{\frac{15}{6}}=2\,060\text{cm}^{-1}$。

四、分子振动方式

(一) 基本振动形式

有机化合物分子在红外光谱中的基本振动形式可分为两大类，一类是伸缩振动(ν)，另一类为弯曲振动(δ)。

1. 伸缩振动(stretching vibration) 是沿键轴方向发生周期性变化的振动，以 ν 表示。具体可分为：

(1) 对称伸缩振动(symmetrical stretching vibration)：以 ν_s 表示。

(2) 不对称伸缩振动(asymmetrical stretching vibration)：以 ν_{as} 表示。

2. 弯曲振动(bending vibration) 是使键角发生周期性变化的振动，以 δ 表示。其振动形式可分为：

(1) 面内弯曲振动(in-plane bending vibration，β)：指弯曲振动在几个原子所构成的平面内进行。又可分为：

1) 剪式振动(scissoring vibration，δ)：是在振动过程中键角发生变化的振动。

2) 平面摇摆振动(rocking vibration，ρ)：是基团作为一个整体，在平面内摇摆的振动。

(2) 面外弯曲振动(out-of-plane bending vibration，γ)：指弯曲振动在垂直于几个原子所构成的平面外进行，分为非平面摇摆振动(wagging vibration，ω)和扭曲振动(twisting vibration，τ)。

如图 3-4 以亚甲基为例来说明各种振动形式。

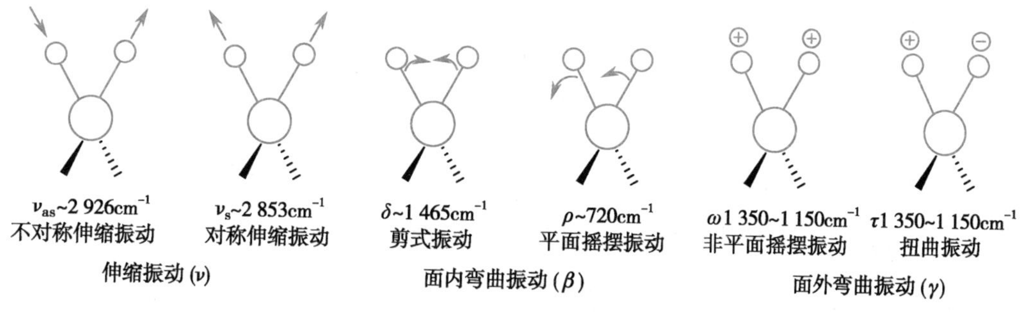

图 3-4 亚甲基的振动形式及相应的振动频率(箭头表示纸面上的振动，⊕和⊖表示纸面前、后的振动)

以上几种振动形式出现较多的是伸缩振动(ν_s 和 ν_{as})、剪式振动(δ)和面外弯曲振动(γ)。按照能量高低顺序排列，一般为 $\nu_{as}>\nu_s>\delta>\gamma$。

对于 AX_3 型分子或基团如甲基(CH_3)，其弯曲振动还分为对称弯曲振动(δ_s)和不对称弯曲振动(δ_{as})。δ_s 是指三个 C—H 键与轴线的夹角同时变大或变小的振动，δ_{as} 是指三个 C—H 键与轴线的夹角变化不一致的振动。甲基的弯曲振动见图 3-5。

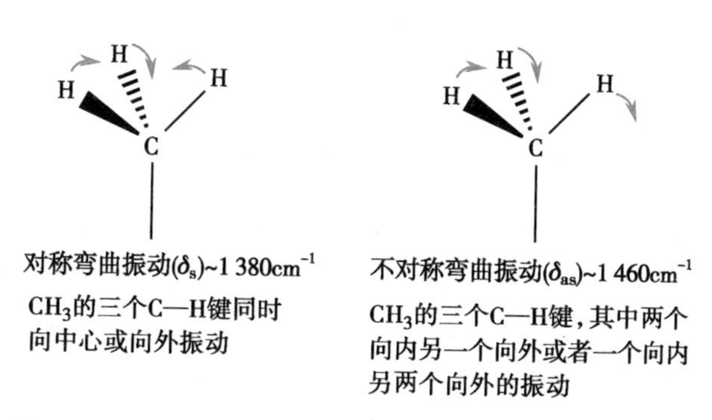

图 3-5 甲基的对称及不对称弯曲振动及相应的振动频率

（二）分子的振动自由度

双原子分子只有一种振动方式（伸缩振动），所以只可以产生一个基本振动吸收峰。多原子分子随着原子数目增加，可以出现一个以上的基本振动吸收峰，并且吸收峰的数目与分子的振动自由度有关。

在研究多原子分子时，常把多原子的复杂振动分解为许多简单的基本振动。这些基本振动的数目称为分子的振动自由度，简称分子自由度。分子自由度数目与分子中的各原子在空间坐标中的运动状态的总和紧密相关。

原子在三维空间中的位置可用 x、y 和 z 三个坐标表示，称原子有三个自由度。当原子结合成分子时，自由度数目不损失。对于含有 N 个原子的分子，分子自由度的总数为 $3N$ 个。分子的总自由度是由分子的平动（移动）、转动和振动自由度构成的，即分子的总自由度 $3N$= 平动自由度 + 转动自由度 + 振动自由度。

分子的平动自由度：分子在空间的位置由 x、y 和 z 三个坐标决定，所以有三个平动自由度。

分子的转动自由度：分子通过其重心绕轴旋转产生，故只有当转动时原子在空间的位置发生变化的才产生转动自由度。

1. 线型分子　线型分子的转动有以下（A）、（B）和（C）三种情况（图 3-6）。（A）方式转动时原子的空间位置未发生变化，没有转动自由度，因而线型分子只有两个转动自由度。

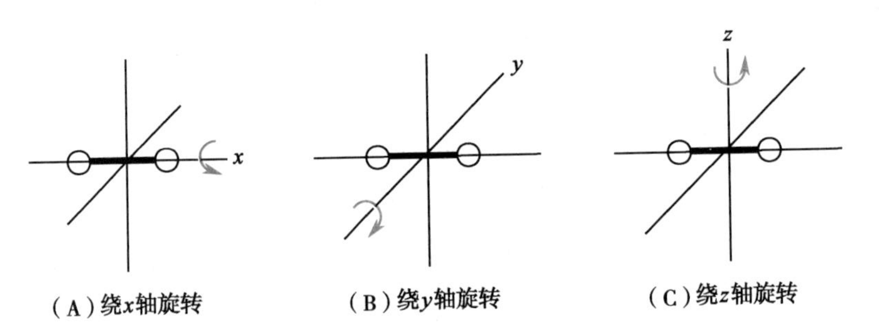

图 3-6　线型分子的转动自由度

所以线型分子的振动自由度 = 分子自由度 -（平动自由度 + 转动自由度）$=3N-3-2=3N-5$。

2. 非线型分子　有上述三种转动方式，每种方式转动原子的空间位置均发生变化，因而非线型分子的转动自由度为 3（图 3-7）。

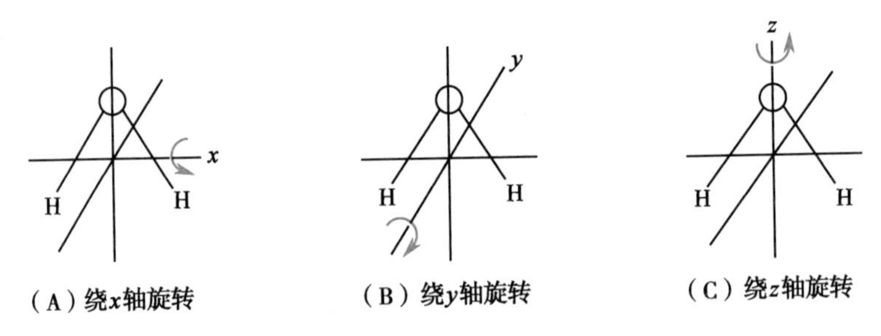

图 3-7　非线型分子的转动自由度

所以非线型分子的振动自由度 = 分子自由度 -（平动自由度 + 转动自由度）$=3N-3-3=3N-6$。

理论上讲，每个振动自由度（基本振动数）在红外光谱区应产生一个吸收峰。但是实际上峰数往往少于基本振动的数目，其原因包括：①当振动过程中分子不发生瞬间偶极矩变化时不引起红外吸收；②频率完全相同的振动彼此发生简并；③弱的吸收峰位于强、宽吸收峰附近时被覆盖；④吸收峰太弱，以致无法测定；⑤吸收峰有时落在红外区域（4 000~400cm^{-1}）以外。

也有些因素会使峰数增多，如有泛频峰存在时，但泛频峰一般很弱或超出红外区。

例 3-1　计算 H_2O 分子的振动自由度。

H_2O 分子为非线型分子，其振动自由度 =3×3－6=3，其三种振动形式见图 3-8。

例 3-2　计算 CO_2 分子的振动自由度。

CO_2 为线型分子，振动自由度 =3×3－5=4，其四种振动形式见图 3-9。但在实际红外光谱图中，只出现 $666cm^{-1}$ 和 $2\ 349cm^{-1}$ 两个基频吸收峰。这是因为 CO_2 的对称伸缩振动的偶极矩变化为 0，不产生吸收。另外 CO_2 的面内弯曲振动（δ）和面外弯曲振动（γ）频率完全相同，谱带发生简并。

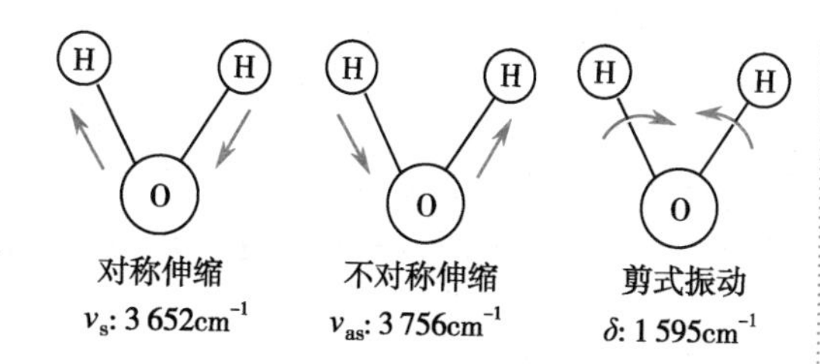

图 3-8　水分子的三种振动形式

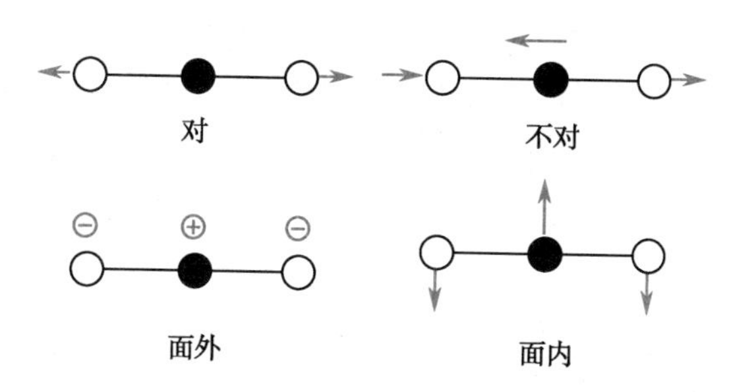

图 3-9　二氧化碳分子的振动形式

五、影响吸收峰的因素

（一）影响吸收谱带位置的因素

分子内各基团的振动不是孤立的，而是受到邻近基团和整个分子的其他部分结构的影响。了解峰位的影响因素有利于对分子结构的准确判定。

影响基团频率位移的因素大致可分为内部因素和外部因素。

1. 内部因素

（1）电子效应（electronic effect）

1）诱导效应（inductive effect，I 效应）：由于电负性取代基的静电诱导作用引起分子中电子分布的变化，从而引起化学键力常数的变化并使基团的特征频率发生位移，这种作用称为诱导效应。诱导效应沿化学键传递，可分为给电子诱导效应（+I 效应）和吸电子诱导效应（－I 效应）。

如羰基的伸缩振动频率（$\nu_{C=O}$），随着取代基的电负性增大，吸电子诱导效应（－I 效应）增加，使羰基的双键性加大，$\nu_{C=O}$ 向高波数移动。以下是不同取代类型的 $\nu_{C=O}$ 的波数。

	R—C(=O)—R′ (δ^- O, δ^+ C)	R—C(=O)—Cl	Cl—C(=O)—Cl	F—C(=O)—F
$\nu_{C=O}/cm^{-1}$	1 715	1 800	1 828	1 928

	R—C(=O)—R′	R—C(=O)—OR′	R—C(=O)—Cl	R—C(=O)—F
$\nu_{C=O}/cm^{-1}$	1 715	1 735	1 800	1 870

又如甲酸（HCOOH）、乙酸（CH_3COOH）和硬脂酸[$CH_3(CH_2)_{16}COOH$]的 $\nu_{C=O}$ 分别为 $1\ 739cm^{-1}$、

1 722cm^{-1} 和 1 703cm^{-1},这是由于烷基的 +I 效应影响的结果。

2) 共轭效应(conjugated effect,C 效应或 M 效应):对于双键来说,共轭效应使 π 电子离域增大,即共轭体系中的电子云密度平均化,使双键的键强度降低(即电子云密度降低)、力常数减小,双键基团的吸收频率向低波数方向移动。例如酮羰基与双键或苯环共轭而使羰基的力常数减小,振动频率降低。

R—C(=O)—R′　　R—C(=O)—CH═C(CH$_3$)$_2$　　R—C(=O)—Ph　　Ph—C(=O)—Ph

$\nu_{C=O}$/cm^{-1}　1 715　　1 690　　1 680　　1 665

值得注意的是,苯环上不同类型(给电子或吸电子)的取代基具有不同的共轭效应。一般来说,给电子共轭效应(+C 效应)使吸收频率降低,吸电子共轭效应(-C 效应)使吸收频率升高。

如在下列化合物中,NO_2 显示吸电子共轭效应,使 $\nu_{C=O}$ 升高;$N(CH_3)_2$ 显示给电子共轭效应,使 $\nu_{C=O}$ 减小。

O_2N—C$_6$H$_4$—CHO　　C$_6$H$_5$—CHO　　$(H_3C)_2N$—C$_6$H$_4$—CHO

$\nu_{C=O}$/cm^{-1}　1 710　　1 695　　1 655

3) 诱导效应和共轭效应的共同影响:当诱导效应和共轭效应同时存在时,则要看哪一种效应的影响更大。例如酰胺R—C(=O)—NH_2氮原子上的孤对电子与羰基形成 p-π 共轭,使 $\nu_{C=O}$ 红移;同时氮的电负性比碳大,吸电子诱导效应使 $\nu_{C=O}$ 蓝移。因共轭效应大于诱导效应,总的结果是 $\nu_{C=O}$ 红移到 1 689cm^{-1} 左右。而在脂肪族酯中也同时存在共轭和诱导两种效应,但诱导效应占主导地位,所以酯的 $\nu_{C=O}$ 出现在较高的频率处。

(2) 空间效应(steric effect)

1) 场效应(field effect,F 效应):场效应是通过空间作用使电子云密度发生变化的,通常只有在立体结构上相互靠近的基团之间才能发生明显的场效应。如:

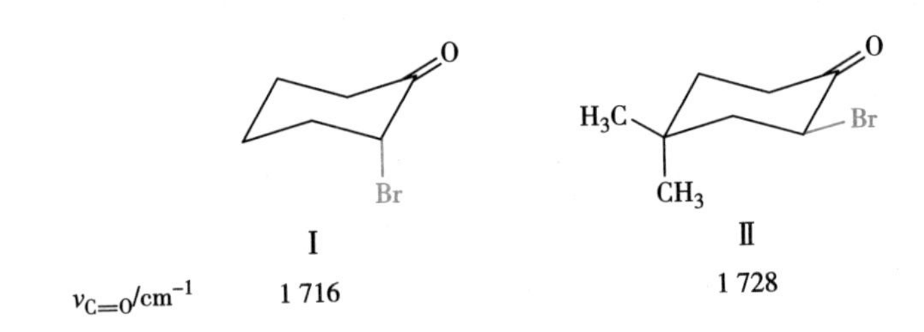

Ⅱ中 C-Br 键处于平伏状态而与 C═O 靠得较近,与 C═O 键产生同电荷的反拨,致使 Br 与 O 的电负性减小(C—Br 与 C═O 的极性减小),C═O 的双键性增加,结果 $\nu_{C=O}$ 较Ⅰ大。

2) 空间位阻效应(steric repulsion effect):共轭体系具有共平面的性质。如果因邻近基团体积大或位置太近而使共平面性偏离或破坏,就使共轭体系受到影响,原来因共轭效应而处于低频的振动吸收向高频位移。如下列化合物Ⅱ的立体障碍比较大,阻碍环上的双键与 C═O 的平面性,故Ⅱ的双键性强于Ⅰ,吸收峰出现在高波数区。

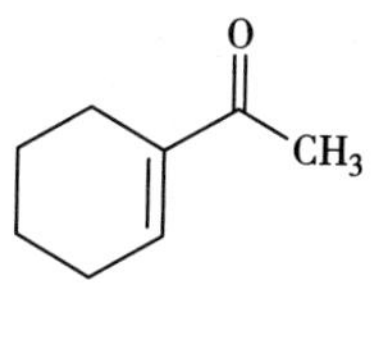

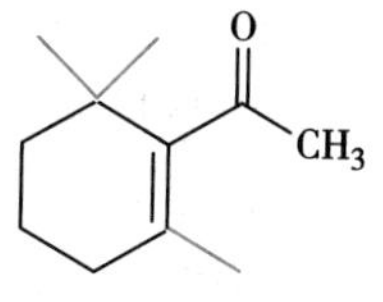

	I	II
$\nu_{C=O}/cm^{-1}$	1 663	1 715

(3) 跨环效应(transannular effect):生物碱隐品碱中的 $\nu_{C=O}$ 为 1 675cm^{-1},比正常饱和酮的 $\nu_{C=O}$ 吸收(1 715cm^{-1})低,这是因为隐品碱存在以下共振关系,使得 C═O 有趋于单键的性质,力常数减小。如果隐品碱与高氯酸成盐,则 $\nu_{C=O}$ 峰消失,而在 3 365cm^{-1} 处出现 ν_{OH} 的吸收峰。

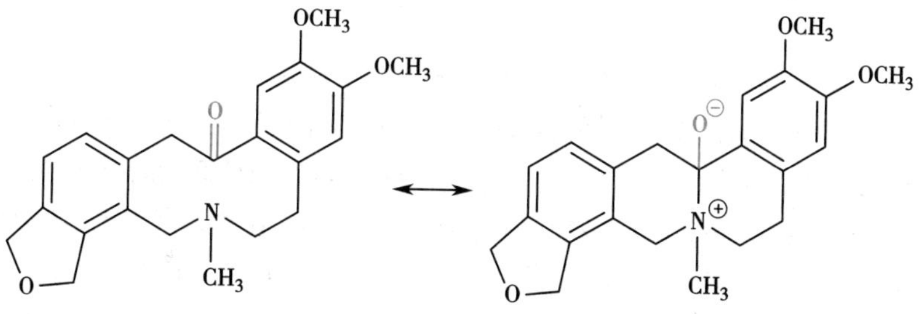

隐品碱

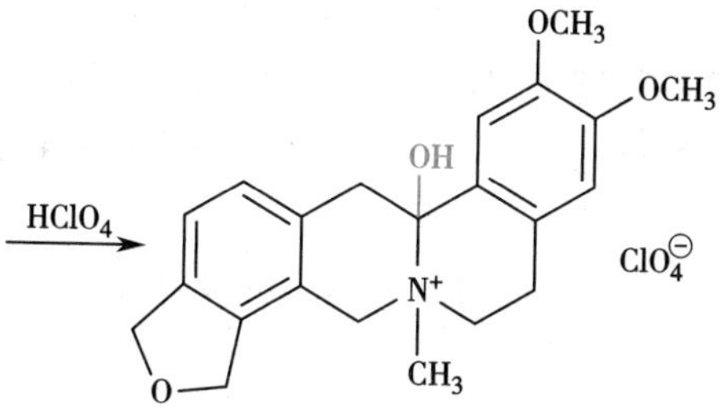

$HClO_4$

隐品碱高氯酸盐

(4) 环张力(ring strain):环上羰基从没有张力的六元环开始,每减少一个碳原子,使 $\nu_{C=O}$ 吸收频率升高 30cm^{-1}。这是由于构成小环的 C—C 单键为了满足小内角的要求,需要 C 原子提供较多的 p 轨道成分(键角越小碳键的 p 轨道成分越多,如 sp 杂化轨道间的夹角为 180°、sp^2 杂化为 120°、sp^3 杂化为 109°),从而使 C—H 键有多的 s 轨道成分,C 与 H 形成分子轨道时电子云重叠增加,C—H 键的强度增加、吸收频率升高。同样形成环外双键时,双键 σ 键的 p 轨道成分相应减少,而 s 轨道成分增加,C═C 力常数增加、频率升高。

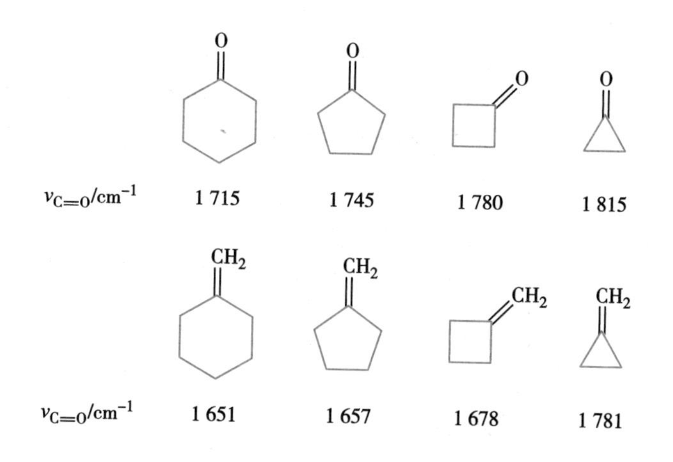

环内双键的 $\nu_{C=C}$ 则随环张力增加或环内角变小而降低，环丁烯（内角为 90°）达最小值，环内角继续变小（环丙烯内角为 60°），吸收频率反而升高。

$\nu_{C=O}$/cm^{-1} 1 650 1 646 1 611 1 566 1 641

H_2C CH 90° a b CH_2 C H CH 120°

这一现象可用 C═C 双键的振动与键合的 C—C 单键的振动偶合得到解释。当 C—C 单键与 C═C 双键相垂直（环丁烯中）时，C—C 键的振动与 C═C 键的振动正交因而不能偶合；而当内角 >（或 <）90°时，ν_{C-C} 可分解成 a、b 两个矢量，其中 a 与 $\nu_{C=C}$ 在一条直线上，两种振动的偶合导致吸收频率增高。

（5）氢键效应（hydrogen bond effect）：氢键的形成使参与形成氢键的原有化学键的力常数降低，吸收频率向低频移动。氢键形成程度不同，对力常数的影响不同，使吸收频率有一定范围，从而使吸收峰变宽。形成氢键后，相应基团振动时偶极矩变化增大，因此吸收强度增大。例如醇、酚的 ν_{OH}，当分子处于游离状态时，其振动频率为 3 640cm^{-1} 左右，呈现一个中等强度的尖锐吸收峰；当分子因氢键而形成缔合状态时，振动频率红移到 3 300cm^{-1} 附近，谱带增强、加宽。因此，在气相或非极性稀溶液中测定醇或酸的红外光谱，得到的是游离分子的红外光谱，此时没有氢键的影响；如果以液态的纯物质或浓溶液测定，得到的是有氢键缔合分子的红外光谱。

1）分子内氢键（intramolecular hydrogen bond）：分子内氢键的形成可使吸收带明显向低频方向移动。

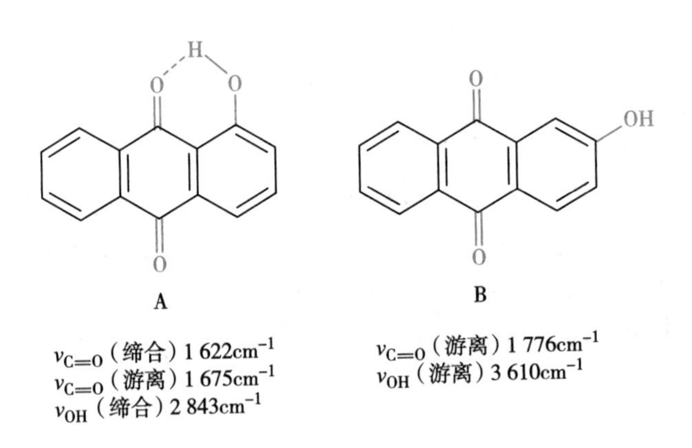

2）分子间氢键（intermolecular hydrogen bond）：分子内氢键不受浓度影响，分子间氢键则受浓度影响较大。在羧酸类化合物中，分子间氢键的生成使 ν_{OH} 移向低频至 3 200~2 500cm^{-1}，而且 $\nu_{C=O}$ 也向低频方向移动。游离羧酸的 $\nu_{C=O}$ 在 1 760cm^{-1} 左右，而缔合状态（固体或液体中）时由于羧酸形成二聚体，因氢键作用使 $\nu_{C=O}$ 出现在 1 700cm^{-1} 附近。

游离 $\nu_{C=O}$ 1 760cm^{-1}

二聚体 $\nu_{C=O}$ 1 700cm^{-1}

(6) 互变异构(tautomerism):分子发生互变异构时,吸收峰也将发生位移,在红外光谱图上能够看出各互变异构的峰形。如乙酰乙酸乙酯的酮式和烯醇式互变异构,酮式 $\nu_{C=O}$ 1 738cm^{-1}、1 717cm^{-1},烯醇式 $\nu_{C=O}$ 1 650cm^{-1}、ν_{OH} 3 000cm^{-1}。

(7) 振动偶合效应(vibrational coupling effect):当相同的两个基团在分子中靠得很近时,其相应的特征吸收峰常发生分裂,形成两个峰,这种现象称为振动偶合。

常见的振动偶合有以下几种:

1) 如酸酐、丙二酸、丁二酸及其酯类由于两个羰基的振动偶合,使 $\nu_{C=O}$ 吸收峰分裂成双峰,丙二酸 $\nu_{C=O}$ 1 740cm^{-1}、1 710cm^{-1},丁二酸 $\nu_{C=O}$ 1 780cm^{-1}、1 700cm^{-1};又如二氧化碳分子中,$\nu_{as\ O=C=O}$(2 350cm^{-1})吸收峰位置不同于一般羰基的吸收峰,这是因为在二氧化碳分子中两个羰基伸缩振动产生偶合作用的缘故。

2) 当化合物中存在有—CH$(CH_3)_2$(异丙基)或—C$(CH_3)_3$(叔丁基)时,由于振动偶合,使甲基的对称面内弯曲振动(1 380cm^{-1})峰发生分裂,出现双峰。详见本章第二节烷烃类化合物的特征吸收。

3) 伯胺或伯酰胺在 3 500~3 100cm^{-1} 有两个吸收带,是由于胺基中的两个 N—H 键振动偶合的结果。

4) 费米共振(Fermi resonance)。当倍频峰(或泛频峰)出现在某个强的基频峰附近时,弱的倍频峰(或泛频峰)的吸收强度常常被增强,甚至发生分裂,这种倍频峰(或泛频峰)与基频峰之间的振动偶合现象称为费米共振。

如环戊酮的 $\nu_{C=O}$ 在 1 746cm^{-1} 和 1 728cm^{-1} 处出现双峰,这是由于环戊酮的骨架伸缩振动 889cm^{-1} 的二倍频峰为 1 778cm^{-1},与环戊酮的 $\nu_{C=O}$(1 745cm^{-1})峰离得很近,两峰产生费米共振,使倍频峰的吸收强度大大增大。当用重氢氘代后,由于环戊酮的骨架伸缩振动变成 827cm^{-1},其倍频峰变为 1 654cm^{-1},离 C═O 伸缩振动较远,故不产生费米共振,结果此区域仅出现 $\nu_{C=O}$ 的单峰。

又如苯甲醛分子在 2 830cm^{-1} 和 2 730cm^{-1} 处产生两个特征吸收峰,这是由于苯甲醛中 ν_{CH}(2 800cm^{-1})的基频峰和 δ_{CH}(1 390cm^{-1})的倍频峰(2 780cm^{-1})费米共振形成的。

苯甲酰氯分子的 1 770cm^{-1} 和 1 730cm^{-1} 峰则是羰基的 $\nu_{C=O}$ 和苯环的 γ_{CH} 的倍频峰费米共振形成的。

(8) 样品的物理状态:气态下测定红外光谱,可以提供游离分子的吸收峰情况;液态和固态样品由于分子间缔合和氢键的产生,常常使峰位发生移动。如丙酮气态 $\nu_{C=O}$ 1 738cm^{-1},液态 $\nu_{C=O}$ 1 715cm^{-1}。

2. 外部因素

(1) 溶剂效应:极性基团的伸缩振动频率常随溶剂的极性增加而降低。如羧酸中 $\nu_{C=O}$ 的伸缩振动在气态、非极性溶剂、乙醚、乙醇和碱液中的振动频率分别为 1 780cm^{-1}、1 760cm^{-1}、1 735cm^{-1}、1 720cm^{-1} 和 1 610cm^{-1}。

(2) 制样方法:对于固态样品,通常有压片法、糊装法、溶液法和薄膜法;液态样品有液体池法和液膜法;气态样品可在气体吸收池内进行测定。同一样品用不同的制样方法测试,得到的光谱可能不同。化合物的红外光谱图应注明其测试方法。

(3) 仪器的色散元件:棱镜与光栅的分辨率不同,棱镜光谱与光栅光谱有很大不同,在 4 000~2 500cm^{-1} 波段内尤为明显。

(二) 影响吸收带强度的因素

1. 峰强度的表示 物质对红外光的吸收符合 Lambert-Beer 定律(参见紫外光谱部分的相关叙述),峰强可用摩尔吸光系数 ε 表示。通常 ε>100 时为很强吸收,用 vs(very strong)表示;ε=20~100 时为强吸收,用 s(strong)表示;ε=10~20 时为中强吸收,用 m(middle)表示;ε=1~10 时为弱吸收,用 w(weak)表示;ε<1 时为很弱吸收,用 vw(very weak)表示。

2. 影响吸收带强度的因素 主要有分子振动过程中的偶极矩变化和能级跃迁概率。

(1) 偶极矩变化：分子振动时偶极矩的变化不仅决定了该分子能否吸收红外光产生红外光谱，而且还关系到吸收峰的强度。根据量子理论，红外吸收峰的强度与分子振动时偶极矩变化的平方成正比。因此，振动时偶极矩变化越大，吸收强度越强。而偶极矩变化大小主要取决于下列四种因素。

1) 原子的电负性：化学键两端连接的原子若它们的电负性相差越大（即基团极性越大），瞬间偶极矩的变化也越大，在伸缩振动时引起的红外吸收峰也越强（有费米共振等因素时除外）。如 $\nu_{C=O}$ 吸收峰强于 $\nu_{C=C}$ 吸收峰，$\nu_{C\equiv N}$ 吸收峰强于 $\nu_{C\equiv C}$ 吸收峰，ν_{C-X} 吸收峰强于 ν_{C-C} 吸收峰。

2) 振动形式：振动形式不同对分子的电荷分布影响不同，故吸收峰的强度也不同。通常不对称伸缩振动比对称伸缩振动的影响大（$\nu_{as}>\nu_s$），而伸缩振动又比弯曲振动的影响大（$\nu>\delta$）。

3) 分子的对称性：对称性越高的分子在振动过程中瞬间偶极矩变化越小，吸收峰的强度越小。完全对称的分子在振动过程中偶极矩始终为 0，不吸收红外光，没有吸收峰出现。如 CO_2 的对称伸缩振动 $\overleftarrow{O{=}}C\overrightarrow{{=}O}$ 没有红外吸收。

4) 其他因素

① 费米共振：频率相近的泛频峰与基频峰相互作用产生费米共振，结果使泛频峰的强度大大增加或发生分裂。费米共振的相关介绍见前文。

② 氢键的形成：氢键的形成往往使吸收峰的强度增大、谱带变宽，因为氢键的形成使偶极矩发生明显的变化。

③ 与偶极矩变化大的基团共轭：如 C=C 键的伸缩振动过程偶极矩变化很小，吸收峰的强度很弱。但它与 C=O 键共轭时，则 C=O 与 C=C 两个峰的强度都增强。又如当 C=C 基团与 O 连接成烯醇键（C=C—O—）结构时，$\nu_{C=C}$ 强度有明显增加。

(2) 能级跃迁概率：由于发生 $\Delta\upsilon=\pm1$ 的能级跃迁概率最大，一般基频峰的强度大于泛频峰强度。倍频峰虽然跃迁时振幅加大、偶极距变化加大，但由于能级跃迁概率减少，结果峰反而很弱。此外，测试样品的浓度加大，峰强随之加大，这也是跃迁概率增加的结果。

第二节 特征基团与吸收频率

按照红外光谱与分子结构的特征，红外光谱可大致分为两个区域，即特征区（官能团区）(4 000~1 300cm^{-1}) 和指纹区 (1 300~4 00cm^{-1})。

一、特征区

特征区又称官能团区（functional region），波数在 4 000~1 300cm^{-1}，是化学键和基团的特征振动频率区。在该区出现的吸收峰一般用于鉴定官能团的存在，在此区域的吸收峰称为特征吸收峰或特征峰。

1. 4 000~2 500cm^{-1} 为 O—H、N—H、C—H 的伸缩振动区。
2. 2 500~1 600cm^{-1} 为 C≡N、C≡C、C=O、C=C 等不饱和基团的特征区。
3. 1 600~1 450cm^{-1} 是由苯环骨架振动引起的特征吸收区。
4. 1 600~1 300cm^{-1} 区间主要有—CH_3、—CH_2—、—CH 及—OH 的面内弯曲振动引起的吸收峰，该区域对判断和识别烷基十分有用。

二、指纹区

红外光谱的 1 300~400cm^{-1} 的低频区称为指纹区（fingerprint region）。指纹区的峰多而复杂，没有强的特征性，主要是由一些单键 C—O、C—N 和 C—X（卤素原子）等的伸缩振动及 C—H、O—H 等含氢基团的弯曲振动和 C—C 骨架振动产生的。当分子结构稍有不同时，该区的吸收就有细微的

差异，就像每个人都有不同的指纹一样，因而称为指纹区。

指纹区的峰常作为某些基团存在的凭证，也常用于帮助确定化合物的取代类型和顺反异构等。在鉴定某一化合物是否为某“已知物”时，指纹区起到的“指纹”作用具有较大的说服力。

三、相关峰

一个基团有数种振动形式，每种红外活动的振动都通常相应给出一个吸收峰，这些相互依存、相互佐证的吸收峰称为相关峰。主要基团可能产生数种振动形式，如羧酸中羧基基团的相关峰有五种：ν_{OH}、$\nu_{C=O}$、δ_{OH}、ν_{C-O} 和 ν_{OH}。

在确定有机化合物是否存在某种官能团时，首先应当注意有无特征峰，而相关峰的存在也常常是一个有力的旁证。

四、有机化合物官能团的特征吸收

（一）烷烃类化合物

烷烃主要有 C—H 伸缩振动（ν_{CH}）和弯曲振动（δ_{CH}）吸收峰。

1. ν_{CH}　直链饱和烷烃的 ν_{CH} 在 3 000~2 800cm^{-1} 范围；环烷烃随着环张力增加，ν_{CH} 向高频区移动。具体表现为：

—CH_3：ν_{CH}^{as} 2 970~2 940cm^{-1}（s）　ν_{CH}^{s} 2 875~2 865cm^{-1}（m）

—CH_2：ν_{CH}^{as} 2 932~2 920cm^{-1}（s）　ν_{CH}^{s} 2 855~2 850cm^{-1}（m）

—CH：在 2 890cm^{-1} 附近，但通常被—CH_3 和—CH_2—的伸缩振动所覆盖。

—CH_2—(环丙烷)：3 100~2 990cm^{-1}（s）

2. δ_{CH}　甲基、亚甲基的面内弯曲振动多出现在 1 490~1 350cm^{-1}，甲基显示出对称与不对称面内弯曲振动两种形式。

—CH_3：δ_{CH}^{as} ~1 450cm^{-1}（m）δ_{CH}^{s} ~1 380cm^{-1}（s）

—CH_2—：δ_{CH} ~1 465cm^{-1}（m）

图 3-10 是正己烷的红外光谱图。其中 2 959cm^{-1} 和 2 928cm^{-1} 分别为甲基和亚甲基的 ν_{CH}^{as} 吸收峰，2 875cm^{-1} 和 2 862cm^{-1} 分别为甲基和亚甲基的 ν_{CH}^{s} 吸收峰。

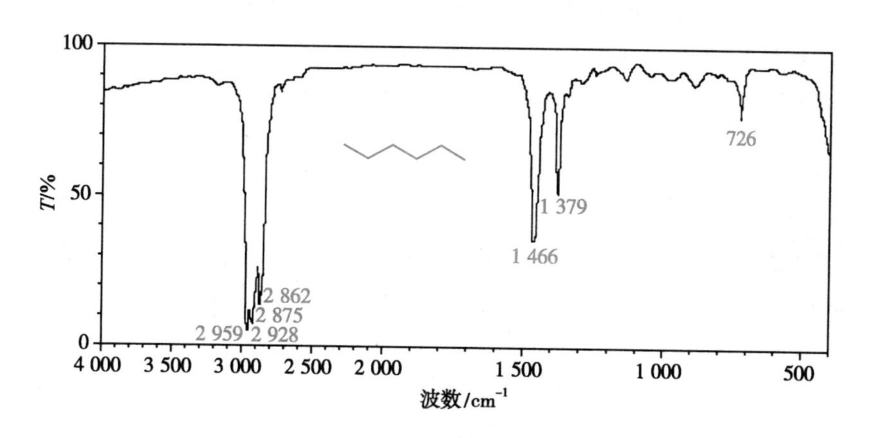

图 3-10　正己烷的红外光谱图

当化合物中存在有—$CH(CH_3)_2$（异丙基）或—$C(CH_3)_3$（叔丁基）时，由于振动偶合，使甲基的对称面内弯曲振动（1 380cm^{-1}）峰发生分裂，出现双峰。如异丙基由 1 380cm^{-1} 分裂为 1 385cm^{-1}（s）附近和 1 370cm^{-1}（s）附近的两个吸收带，强度基本相等。叔丁基由 1 380cm^{-1} 分裂为 1 390cm^{-1}（s）附近和 1 365cm^{-1}（s）附近的两个吸收带，且 1 365cm^{-1} 附近的谱带强度约为 1 390cm^{-1} 附近的谱带强度的

两倍。

图 3-11 是 2,4-二甲基戊烷的红外光谱图,异丙基分裂为 1 386cm^{-1}(s)和 1 368cm^{-1}(s)两个峰。

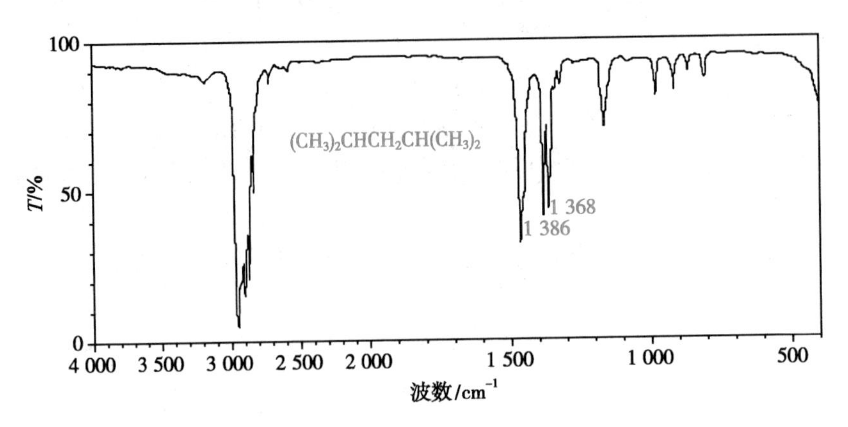

图 3-11 2,4-二甲基戊烷的红外光谱图

此外,甲氧基的 C—H 伸缩振动出现在 2 835~2 815cm^{-1} 范围,且呈现出尖锐的中等强度的吸收,具有很强的鉴别意义。乙酰基中的甲基以 1 430cm^{-1} 和 1 360cm^{-1} 的两个吸收带为特征吸收。当结构中含有—$(CH_2)_n$—,且 n>4 时在 720cm^{-1} 处出现吸收峰;但当 n>15 时,此类化合物的红外光谱不能给出特征的吸收峰,失去鉴别意义。

(二) 烯烃类化合物

烯烃主要有 $\nu_{=CH}$、$\nu_{C=C}$ 和 $\gamma_{=CH}$ 吸收峰。

1. $\nu_{=CH}$ 烯烃类化合物的 $\nu_{=CH}$ 多大于 3 000cm^{-1},一般在 3 100~3 010cm^{-1},强度都很弱,很容易与饱和烷烃的 ν_{CH} 区分开。

2. $\nu_{C=C}$ 无共轭的 $\nu_{C=C}$ 一般在 1 690~1 620cm^{-1},强度较弱。共轭 $\nu_{C=C}$ 向低频方向移动发生至 1 600cm^{-1} 附近,强度增大。$\nu_{C=O}$ 也发生在这一区域附近,但前者的强度弱且峰尖,后者由于氧原子的电负性大于碳原子的电负性,振动过程中 C═O 的偶极矩变化大于 C═C 的偶极矩变化,故峰强度很强。

3. $\gamma_{=CH}$ 多位于 1 000~690cm^{-1},是烯烃类化合物的最重要的振动形式,可用来判断双键的取代类型。取代类型与 $\gamma_{=CH}$ 发生的振动频率的关系见表 3-1。

图 3-12 和图 3-13 分别为顺式-2-戊烯和反式-2-戊烯的红外光谱图。其中顺式-2-戊烯的 $\gamma_{=CH}$ 位于 698cm^{-1},反式-2-戊烯的 $\gamma_{=CH}$ 位于 966cm^{-1},可用于鉴别。

表 3-1 不同取代类型的 $\gamma_{=CH}$

取代类型	振动频率/cm^{-1}	吸收峰的强度
$RCH=CH_2$	900 和 910	s
$R_2C=CH_2$	890	m~s
RCH=CR′H(顺)	690	m~s
RCH=CR′H(反)	970	m~s
$R_2C=CRH$	840~790	m~s

(三) 炔烃类化合物

炔烃主要有 $\nu_{\equiv CH}$ 和 $\nu_{C\equiv C}$ 吸收峰。

1. $\nu_{\equiv CH}$ 位于 3 360~3 300cm^{-1},吸收峰强且尖锐,易于辨认。$\nu_{\equiv CH}$>$\nu_{=CH}$>ν_{-CH} 可用 C—H 中的

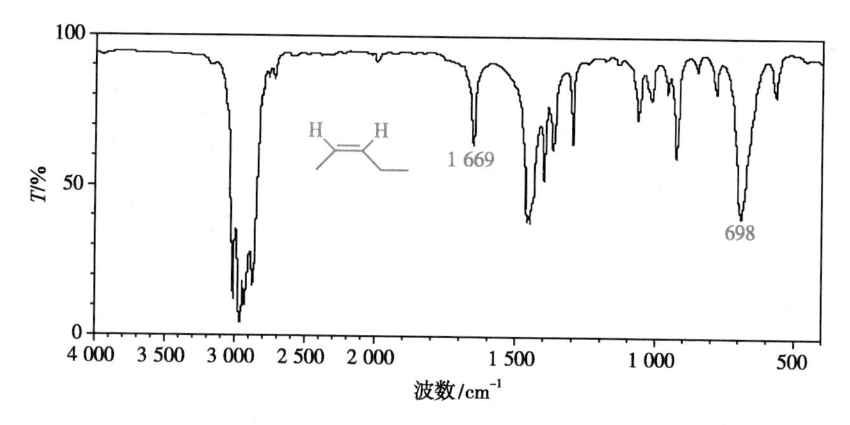

图 3-12 顺式-2-戊烯的红外光谱图

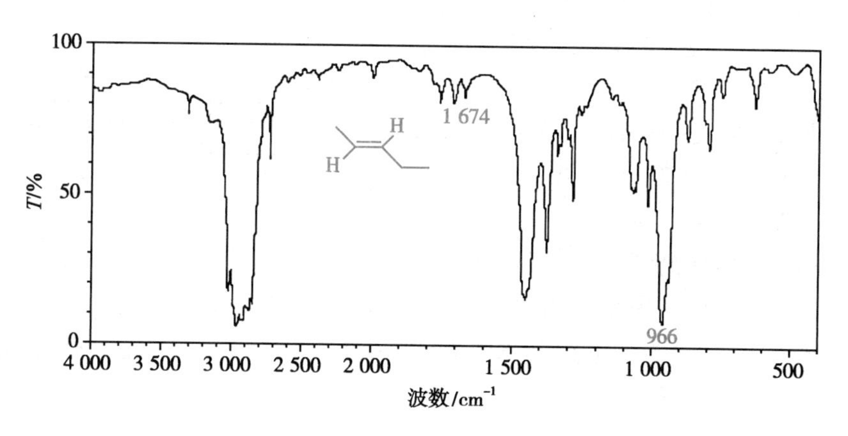

图 3-13 反式-2-戊烯的红外光谱图

C 原子的杂化类型不同进行解释，C 原子的杂化中 s 轨道的成分越多，与 H 原子的 s 轨道成键形成分子轨道时重叠的部分就越多，化学键就越稳定，键常数就越大，振动频率就越高。

2. $\nu_{C\equiv C}$ 位于 2 260~2 100cm^{-1}。$\nu_{C\equiv N}$ 也发生在这一区域附近，但 $\nu_{C\equiv N}$ 峰很强，可以加以区分。RC≡CH 的 $\nu_{C\equiv C}$ 在 2 140~2 100cm^{-1} 区间；R′C≡CR 的 $\nu_{C\equiv C}$ 在 2 260~2 190cm^{-1}(w)区间。图 3-14 是 1-戊炔的红外光谱图，其中 3 307cm^{-1} 是 $\nu_{\equiv CH}$ 吸收峰，2 120cm^{-1} 是 $\nu_{C\equiv C}$ 吸收峰。

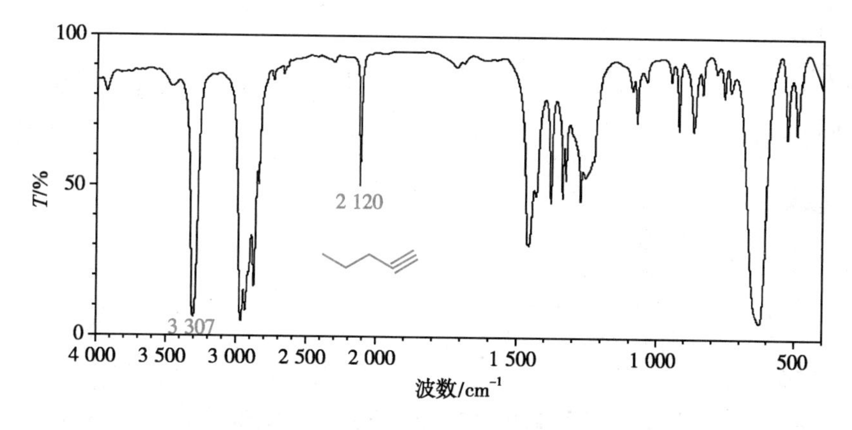

图 3-14 1-戊炔的红外光谱图

(四) 芳香化合物

芳香化合物主要有 $\nu_{=CH}$、$\nu_{C=C}$、泛频区、δ_{CH} 和 $\gamma_{=CH}$ 五种振动形式。

1. $\nu_{=CH}$ 苯环的 =CH 伸缩振动的中心频率通常发生在 3 030cm^{-1}，中等强度。

2. $\nu_{C=C}$(苯环骨架振动) 在 1 650~1 450cm^{-1} 区间常常出现四重峰,其中~1 600cm^{-1} 和~1 500cm^{-1} 两谱带最重要,它们与苯环的 ═CH 伸缩振动结合,可作为芳香环存在的依据。此二峰的强度变化较大,非共轭时强度较小,有时甚至以其他峰的肩峰存在。当苯环与其他共轭时,这些峰的强度大大增强。其他两个谱峰为~1 580cm^{-1}(vw)和~1 450cm^{-1},后者与—CH_2 弯曲振动重叠,两者都不易识别,结构信息不明显,意义不大。

3. 泛频区 芳香化合物出现在 2 000~1 666cm^{-1} 区间的吸收峰称为泛频峰,其强度很弱,但这一范围内的吸收峰的形状和数目可以作为芳香化合物取代类型的重要信息,它与取代基的性质无关。这个区域内典型的各种取代形式见图 3-15。

4. δ_{CH} 出现在 1 225~955cm^{-1} 区间,该区域内的吸收峰的特征性较差,对结构解析的意义不大。

5. $\gamma_{=CH}$ 芳香环的碳氢面外弯曲振动在 900~690cm^{-1} 区间出现强的吸收峰,它们是由芳香环的相邻氢振动强烈偶合而产生的,因此它们的位置与形状由取代后剩余氢的相对位置与数量来决定,与取代基的性质基本无关。常见的苯环的各种取代形式见表 3-2 及图 3-15。

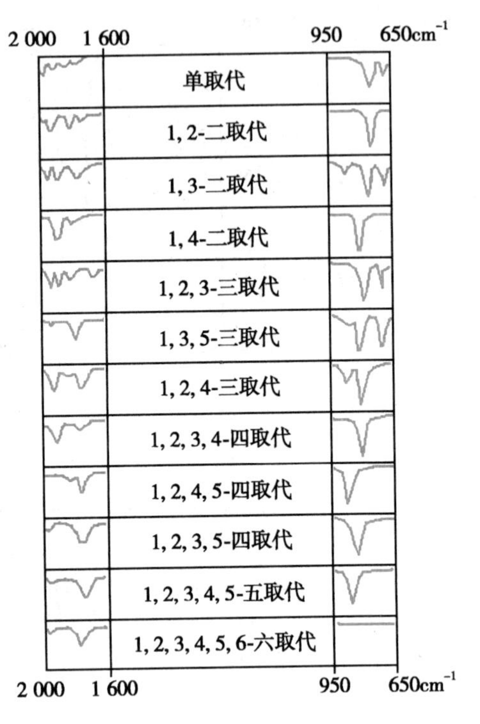

图 3-15 不同取代的苯类化合物在 2 000~1 666cm^{-1} 的泛频峰和在 900~690cm^{-1} 的 C—H 面外弯曲振动吸收峰

表 3-2 不同取代类型的苯衍生物的 $\gamma_{=CH}$

取代类型	剩余氢形式	振动频率/cm^{-1}	强度
单取代	五个相邻氢	~750,~690	s,s
1,2-二取代	四个相邻氢	~750	s
1,3-二取代	孤立氢	900~860	m
	三个相邻氢	810~750,725~680	s,m~s
1,4-二取代	两个相邻氢	860~800	s
1,2,3-三取代	三个相邻氢	810~750,725~680	s,m 或 s
1,3,5-三取代	孤立氢	865~810,730~675	s,m
1,2,4-三取代	孤立氢	900~860	m
	两个相邻氢	860~800	s
1,2,3,5-四取代	孤立氢	875~860	m 或 s
1,2,4,5-四取代	孤立氢	875~860	m 或 s
1,2,3,4-四取代	两个相邻氢	~800	s
五取代	孤立氢	875~860	m

图 3-16 是甲苯、邻二甲苯、间二甲苯和对二甲苯的红外光谱图。由图 3-16 可以看到不同取代类型的苯环的面外弯曲振动有明显不同。

(五) 醇类和酚类化合物

醇类和酚类化合物的主要特征吸收为 ν_{OH}、ν_{C-O} 和 δ_{OH}。

1. 游离的醇或酚 ν_{OH} 位于 3 650~3 600cm^{-1} 区间,强度不定,但峰形尖锐。形成氢键后,ν_{OH} 向

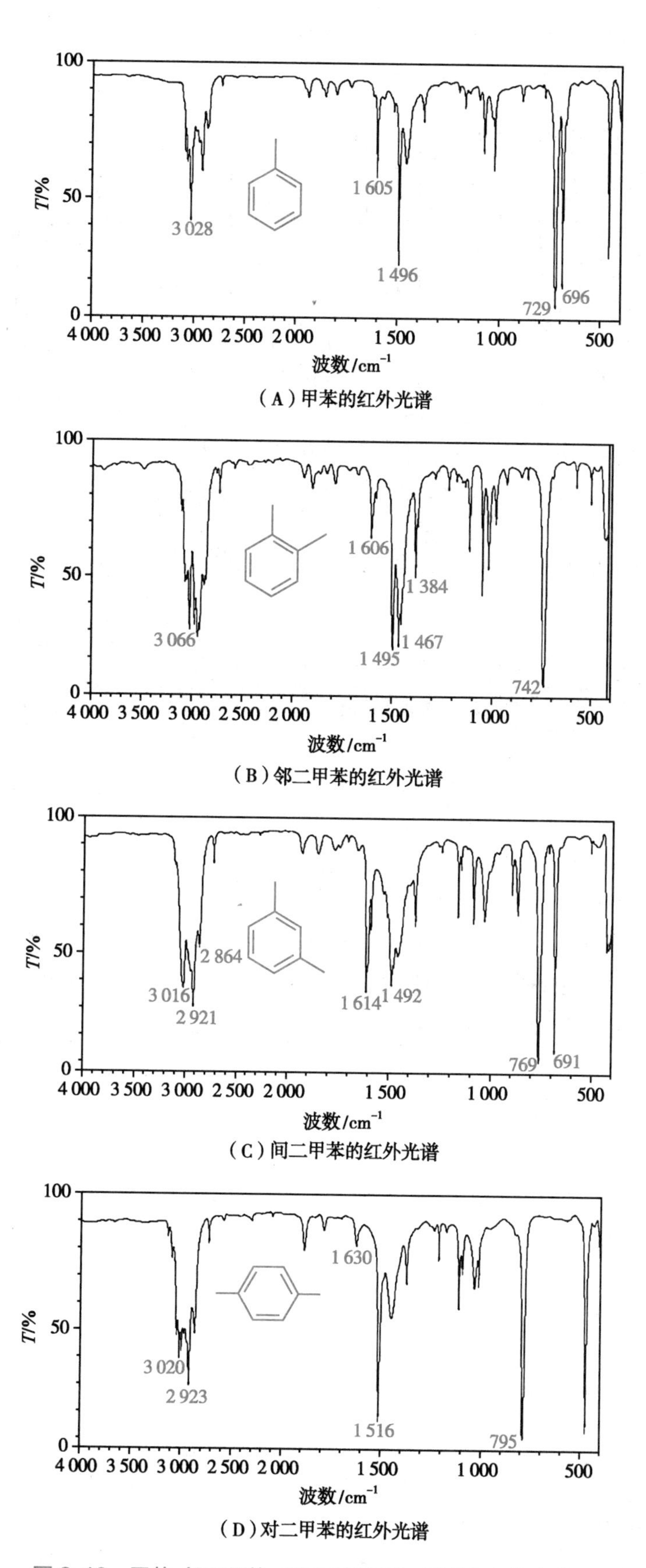

图 3-16　甲苯、邻二甲苯、间二甲苯和对二甲苯的红外光谱图

低频区移动，在 3 500~3 200cm^{-1} 区间产生一个强的宽峰。游离峰和氢键峰见图 3-17，样品中有微量水分时在 3 650~3 500cm^{-1} 区间有干扰。

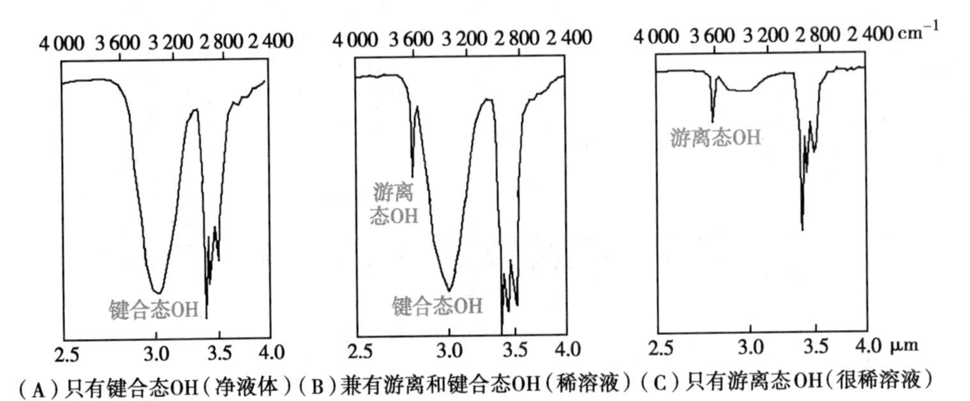

图 3-17 羟基伸缩区的红外光谱图

2. ν_{C-O} 位于 1 250~1 000cm^{-1} 区间，可用于区别醇类的伯、仲和叔结构。醇类和酚类化合物的 ν_{OH}、ν_{C-O} 见表 3-3。

表 3-3 醇类和酚类的 C—O 和 O—H 伸缩振动

化合物	C—O 伸缩振动/cm^{-1}	O—H 伸缩振动/cm^{-1}
酚类	1 220	3 610
叔醇	1 150	3 620
仲醇	1 100	3 630
伯醇	1 050	3 640

3. δ_{OH} 位于 1 400~1 200cm^{-1} 区间，与其他峰相互干扰，应用受到限制。图 3-18 是正丁醇的红外光谱图，其中 3 333cm^{-1} 是 ν_{OH} 峰，1 073cm^{-1} 是 ν_{C-O} 峰。图 3-19 是苯酚的红外光谱图，其中 3 320cm^{-1} 是 ν_{OH} 峰，1 235cm^{-1} 是 ν_{C-O} 峰。

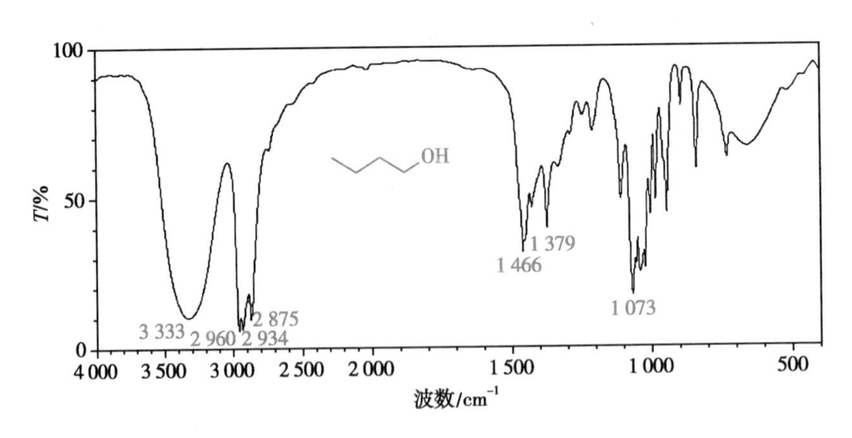

图 3-18 正丁醇的红外光谱图

（六）醚类化合物

醚类化合物主要是 ν_{C-O} 形式。脂肪族醚类化合物的 ν_{C-O} 一般发生在 1 150~1 050cm^{-1} 区间；而芳香族醚类化合物的 ν_{C-O} 表现出对称与不对称两种振动形式，分别出现在 ν^{s}_{CO} 1 275~1 200cm^{-1}（s）和 ν^{as}_{CO} 1 075~1 020cm^{-1} 处。

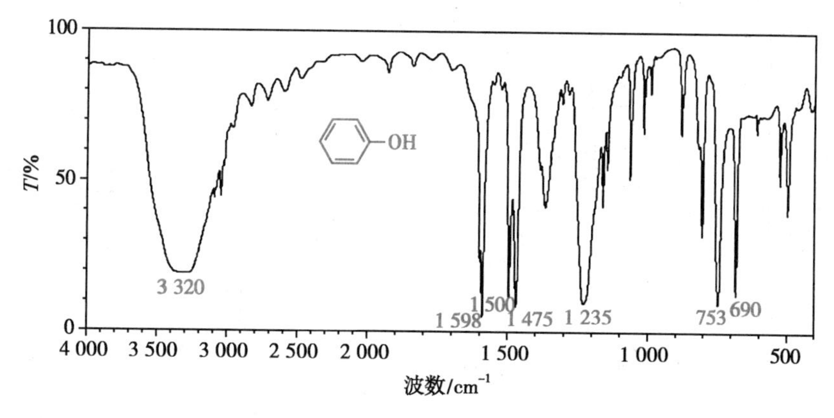

图 3-19　苯酚的红外光谱图

图 3-20 是乙醚的红外光谱图，1 126cm^{-1} 是 ν_{C-O} 峰。

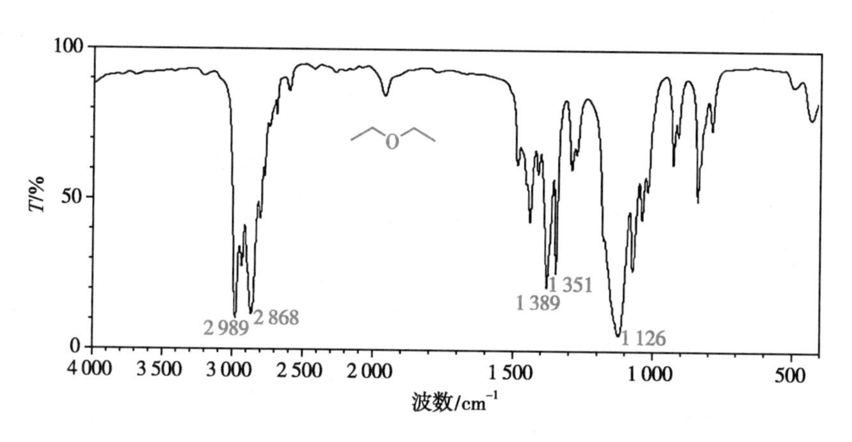

图 3-20　乙醚的红外光谱图

（七）羰基化合物

羰基的伸缩振动是羰基的主要振动形式，$\nu_{C=O}$ 多在 1 850~1 650cm^{-1}。由于在振动过程中偶极矩变化大，羰基的伸缩振动的吸收强度很大，$\nu_{C=O}$ 是羰基存在的有力证据。羰基化合物主要包括醛、酮、羧酸、酸酐、酯、酰卤、酰胺，各种羰基化合物的 $\nu_{C=O}$ 的具体峰位见表 3-4。

表 3-4　各种羰基化合物的羰基伸缩振动频率/cm^{-1}

酸酐 I	酰氯	酸酐 II	酯	醛	酮	羧酸	酰胺
1 810	1 800	1 760	1 735	1 725	1 715	1 710	1 690

下面分别介绍各种不同类型的羰基化合物的红外吸收特征。

1. 醛类化合物　醛羰基的伸缩振动 $\nu_{C=O}$ 多位于 1 725cm^{-1} 附近，共轭时吸收峰向低频方向移动。醛类化合物中最典型的振动是 C—H 伸缩振动（ν_{CH}），这是其他羰基化合物中所没有的。出现的两个特征吸收峰分别位于~2 820cm^{-1} 和~2 720cm^{-1} 处，~2 720cm^{-1} 峰尖锐，与其他 C—H 伸缩振动互不干扰，很易识别。

图 3-21 是苯甲醛的红外光谱图。其中醛基的 C—H 伸缩振动出现在 2 820cm^{-1} 和 2 736cm^{-1} 处，醛羰基的伸缩振动 $\nu_{C=O}$ 位于 1 703cm^{-1}。

2. 酮类化合物　正常酮中的羰基的伸缩振动 $\nu_{C=O}$ 发生在 1 715cm^{-1} 附近，共轭时吸收峰向低频方向移动。醛中的 $\nu_{C=O}$> 酮中的 $\nu_{C=O}$，这是由于烃基比氢基的给电子效应大，使酮基中的羰基 C═O

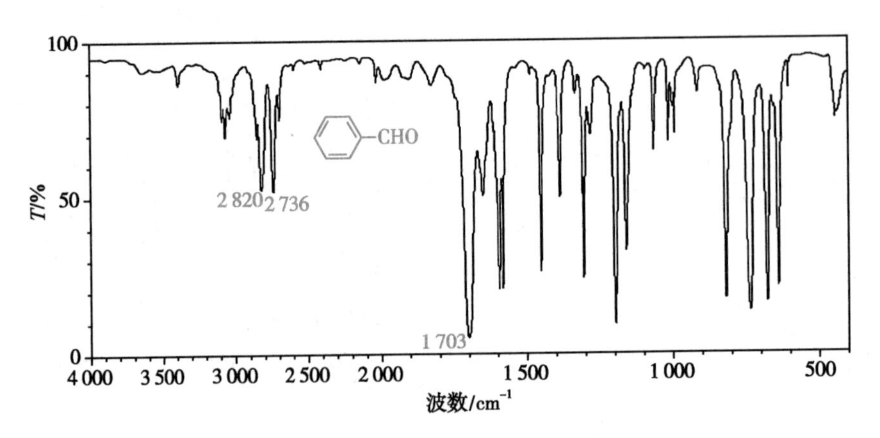

图 3-21 苯甲醛的红外光谱图

的极性增大，键常数减小，振动频率减小。在环酮中，随着环张力增大，吸收向高频方向移动。

图 3-22 是薄荷酮的红外光谱图，其羰基出现在 1 711cm^{-1} 处。

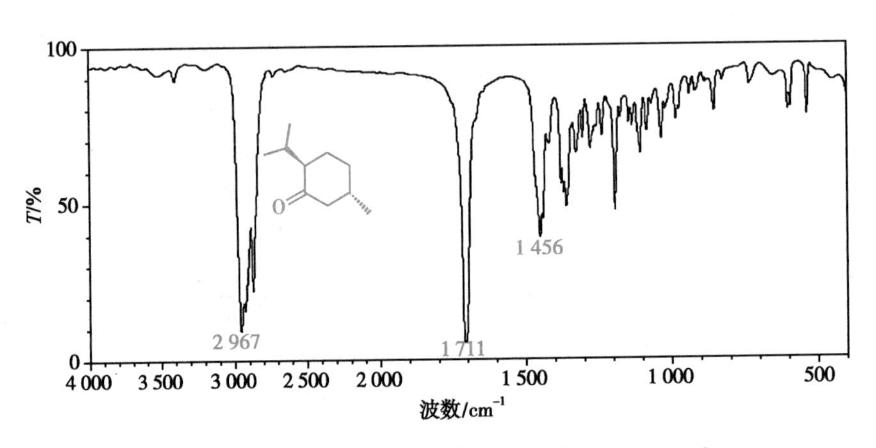

图 3-22 薄荷酮的红外光谱图

3. 羧酸及羧酸盐　羧酸类化合物的主要特征吸收为 ν_{OH}、$\nu_{C=O}$、ν_{C-O} 和 γ_{OH}。

(1) ν_{OH}：游离羟基的 ν_{OH} 一般位于 3 550cm^{-1} 处，峰形尖锐；缔合羟基的 ν_{OH} 由于氢键的形成，O—H 的键常数减小，向低频方向移动，一般发生在 3 000~2 500cm^{-1}，峰宽且强，常与脂肪族的 C—H 伸缩振动重叠。

(2) $\nu_{C=O}$：游离 $\nu_{C=O}$ 一般发生在 1 760cm^{-1} 附近。缔合 $\nu_{C=O}$ 由于氢键的形成，一般发生在 1 725~1 705cm^{-1}，峰宽且强，比醛或酮的 $\nu_{C=O}$ 更强、更宽。如果发生共轭，使 $\nu_{C=O}$ 向低频方向移动，如芳香羧酸的 $\nu_{C=O}$ 一般发生在 1 690cm^{-1} 左右。

(3) ν_{C-O}：在 1 320~1 200cm^{-1} 产生中等强度的多重峰。

(4) γ_{OH}：多位于 950~900cm^{-1}，强度变化很大，可作为羧基是否存在的旁证。

图 3-23 是正丁酸的红外光谱图。ν_{OH} 位于 3 500~2 400cm^{-1}，峰宽且强；$\nu_{C=O}$ 位于 1 712cm^{-1}；ν_{C-O} 是 1 285cm^{-1} 和 1 222cm^{-1} 的峰；γ_{OH} 位于 937cm^{-1}。

羧酸盐的羰基的伸缩振动位置有着显著变化，有着对称的伸缩振动和不对称的伸缩振动，其对称的伸缩振动位于 100cm^{-1} 左右；不对称的伸缩振动位于 1 610~1 550cm^{-1}，吸收峰都比较强，具有鉴别意义。

4. 酯类化合物　酯类化合物 $R-\overset{O}{\overset{\|}{C}}-OR'$ 的主要特征吸收为 $\nu_{C=O}$ 和 ν_{C-O}。

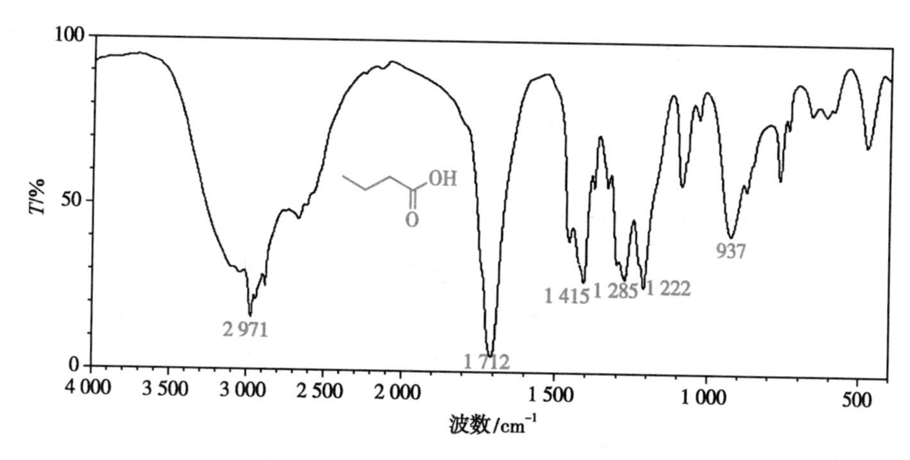

图 3-23　正丁酸的红外光谱图

(1) $\nu_{C=O}$：一般酯类化合物的 $\nu_{C=O}$ 出现在 1 745~1 725cm^{-1}。如果羰基与 R 部分共轭，峰向右移动；如果单键氧与 R′部分共轭，峰向左移动；内酯环张力增大时，$\nu_{C=O}$ 向高波数位移。

(2) ν_{C-O}：位于 1 300~1 050cm^{-1}。

图 3-24 为乙酸乙酯的红外光谱图。其中 $\nu_{C=O}$ 位于 1 743cm^{-1}，ν_{C-O} 位于 1 243cm^{-1} 和 1 048cm^{-1}。

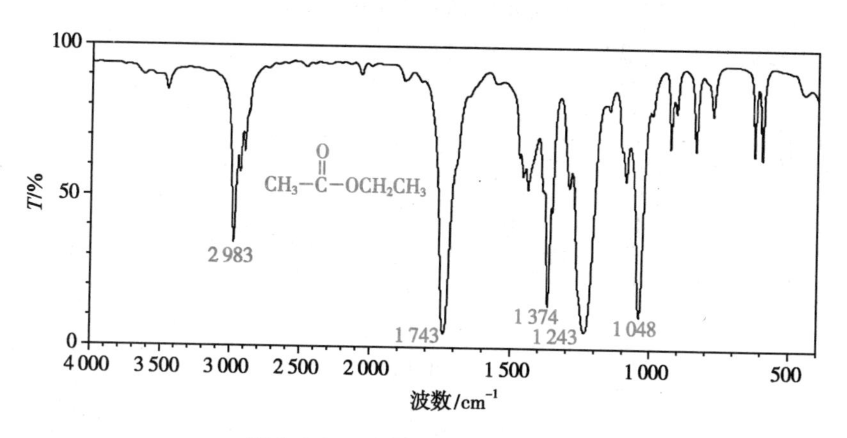

图 3-24　乙酸乙酯的红外光谱图

5. 酰胺类化合物　酰胺类化合物的主要特征吸收为 ν_{NH}、$\nu_{C=O}$(酰胺Ⅰ峰)、δ_{NH}(酰胺Ⅱ峰)和 ν_{C-N}(酰胺Ⅲ峰)。

(1) ν_{NH}：多位于 3 500~3 100cm^{-1} 区间。伯酰胺在游离状态时 ν_{NH} 在 3 500cm^{-1} 和 3 400cm^{-1} 两处出现强度大至相等的双峰；缔合状态时使得此双峰向低频方向移动，位于~3 300cm^{-1} 和~3 180cm^{-1} 处。仲酰胺在游离状态时 ν_{NH} 在 3 500~3 400cm^{-1} 区间出现一个峰，缔合状态时一般位于 3 330~3 060cm^{-1}。叔酰胺中没有 N—H，故不出现 ν_{NH}。无论游离的还是缔合的 N—H 伸缩振动的峰都比相应的氢键缔合的 O—H 伸缩振动的峰弱而尖锐。

(2) $\nu_{C=O}$(酰胺Ⅰ峰)：伯酰胺在游离状态~1 690cm^{-1}，缔合状态~1 650cm^{-1}；仲酰胺在游离状态~1 680cm^{-1}，缔合状态~1 640cm^{-1}；叔酰胺在游离状态~1 650cm^{-1}。酰胺中的 $\nu_{C=O}$ 较一般羰基的 $\nu_{C=O}$ 在低频区，这是由于氮上的孤对电子与羰基发生共轭使电子云平均化，羰基的双键性减弱而单键性增强，键常数减小的缘故。环内酰胺随着环张力增大，$\nu_{C=O}$ 向高波数区位移。

(3) δ_{NH}(酰胺Ⅱ峰)：伯酰胺的 δ_{NH} 出现在 1 640~1 600cm^{-1}，游离状态在高波数区，缔合状态在低波数区。仲酰胺的 δ_{NH} 出现在 1 570~1 510cm^{-1}，特征性非常强，足以区分伯、仲酰胺的存在。

(4) ν_{C-N}(酰胺Ⅲ峰)：伯酰胺的 ν_{C-N} 出现在 1 400cm^{-1} 左右，仲酰胺的 ν_{C-N} 出现在 1 300cm^{-1} 左右，

这些峰都很强。

图 3-25 是丙酰胺的红外光谱图。ν_{NH} 在 3 363cm^{-1} 和 3 192cm^{-1} 处；酰胺Ⅰ峰 $\nu_{C=O}$ 位于 1 650cm^{-1} 处，与酰胺Ⅱ峰的 δ_{NH} 合并；ν_{C-N} 出现在 1 420cm^{-1} 处。

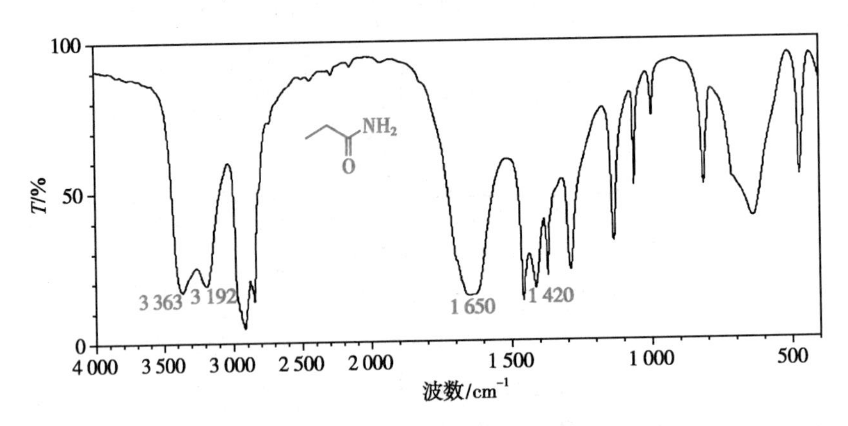

图 3-25　丙酰胺的红外光谱图

6. 酰卤类化合物　脂肪酰卤的 $\nu_{C=O}$ 在 1 800cm^{-1} 附近，如果 C═O 与不饱和键共轭，吸收在 1 850~1 765cm^{-1}；ν_{C-X} 吸收在 1 250~910cm^{-1} 区间，峰形较宽。

图 3-26 是丙酰氯的红外光谱图。其中 1 792cm^{-1} 是 $\nu_{C=O}$ 吸收峰，917cm^{-1} 是 ν_{C-Cl} 吸收峰。

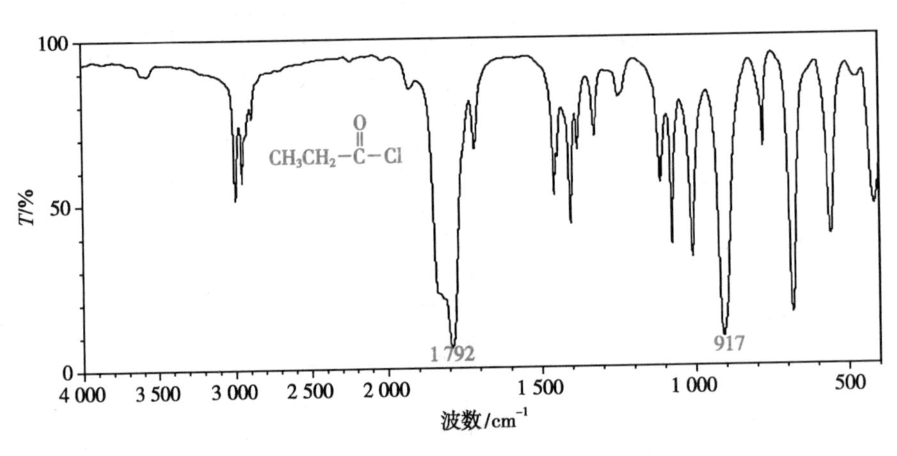

图 3-26　丙酰氯的红外光谱图

7. 羧酸酐类化合物　羧酸酐中由于两个羰基的振动偶合，在 1 860~1 800cm^{-1} 区间和 1 775~1 740cm^{-1} 区间有两个强的吸收带，前者为 ν_{CO}^{as}，后者为 ν_{CO}^{s}。ν_{C-O} 位于 1 300~900cm^{-1} 区间，是一宽而强的吸收带。

图 3-27 是乙酸酐的红外光谱图。$\nu_{C=O}$ 位于 1 827cm^{-1} 和 1 766cm^{-1}，ν_{C-O} 位于 1 124cm^{-1}。

（八）胺类化合物

胺类化合物的主要特征吸收为 ν_{NH}、δ_{NH} 和 ν_{C-N}。

1. ν_{NH}　伸缩振动在 3 500~3 300cm^{-1} 区间。伯胺在游离状态时 ν_{NH} 在约 3 490cm^{-1} 和 3 400cm^{-1} 两处出现双峰。仲胺在游离状态时 ν_{NH} 在 3 500~3 400cm^{-1} 区间出现单峰。脂肪仲胺的强度弱，难以辨认；芳香仲胺的强度则很强。叔胺中没有 N—H，故不出现 ν_{NH}。ν_{NH} 与 ν_{OH} 的比较见图 3-28。

2. δ_{NH}　伯胺的 δ_{NH} 出现在 1 650~1 570cm^{-1}，仲胺的 δ_{NH} 出现在~1 500cm^{-1}。

3. ν_{C-N}　脂肪族胺的 ν_{C-N} 出现在 1 250~1 020cm^{-1}，芳香族胺的 ν_{C-N} 出现在 1 380~1 250cm^{-1}。

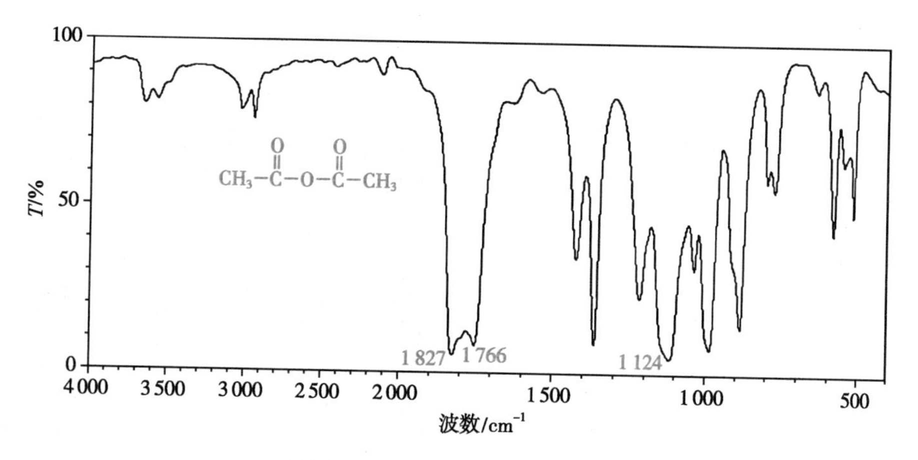

图 3-27　乙酸酐的红外光谱图

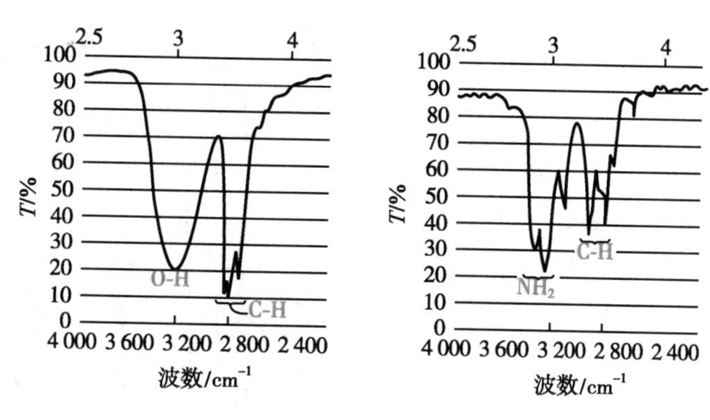

图 3-28　ν_{NH} 与 ν_{OH} 的比较

图 3-29 是二乙胺的红外光谱图。ν_{NH} 在 3 281cm^{-1} 处；δ_{NH} 位于 1 462cm^{-1} 处；$\nu_{C—N}$ 出现在 1 138cm^{-1}。

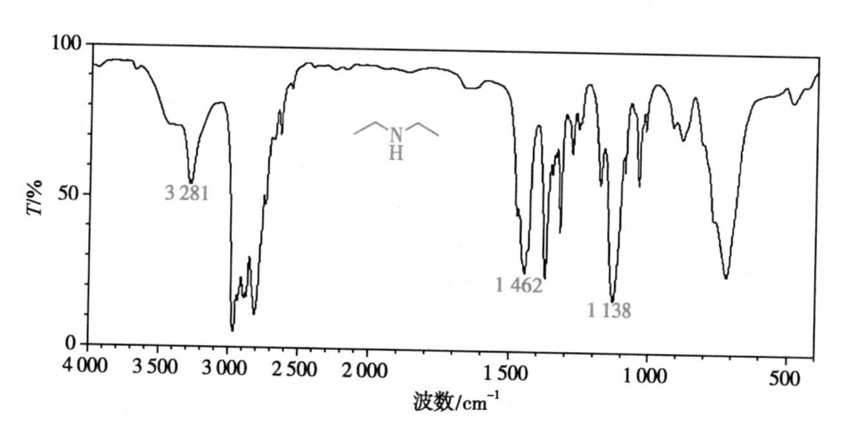

图 3-29　二乙胺的红外光谱图

图 3-30 是苯胺的红外光谱图。ν_{NH} 在 3 429cm^{-1} 和 3 354cm^{-1} 两处出现双峰，δ_{NH} 位于 1 621cm^{-1}，$\nu_{C—N}$ 出现在 1 277cm^{-1}。

（九）硝基类化合物

硝基类化合物的主要特征吸收为 $\nu_{N=O}$ 和 $\nu_{C—N}$。

1. $\nu_{N=O}$　产生两个强吸收峰，一个在 1 600~1 500cm^{-1}（$\nu^{as}_{N=O}$），另一个在 1 390~1 300cm^{-1}（$\nu^{s}_{N=O}$）。
2. $\nu_{C—N}$　多位于 920~800cm^{-1}。

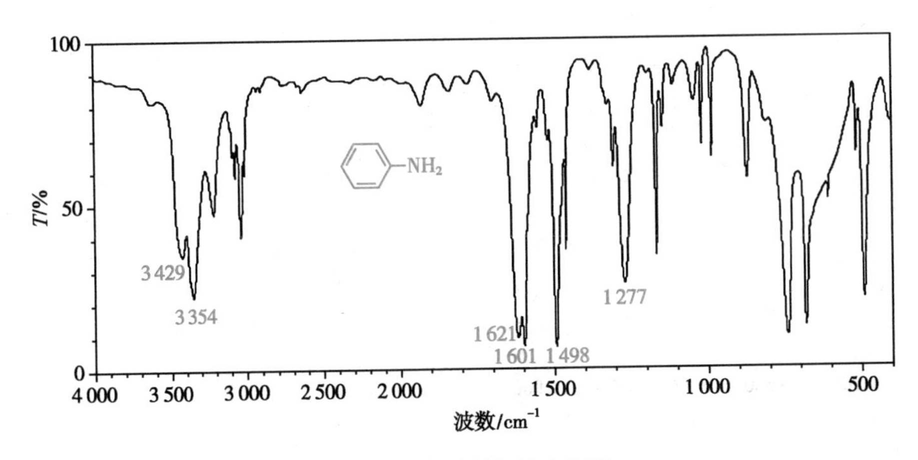

图 3-30　苯胺的红外光谱图

图 3-31 是硝基苯的红外光谱图。其中 $\nu_{N=O}$ 位于 1 523cm^{-1} 和 1 347cm^{-1}，ν_{C-N} 位于 852cm^{-1}。

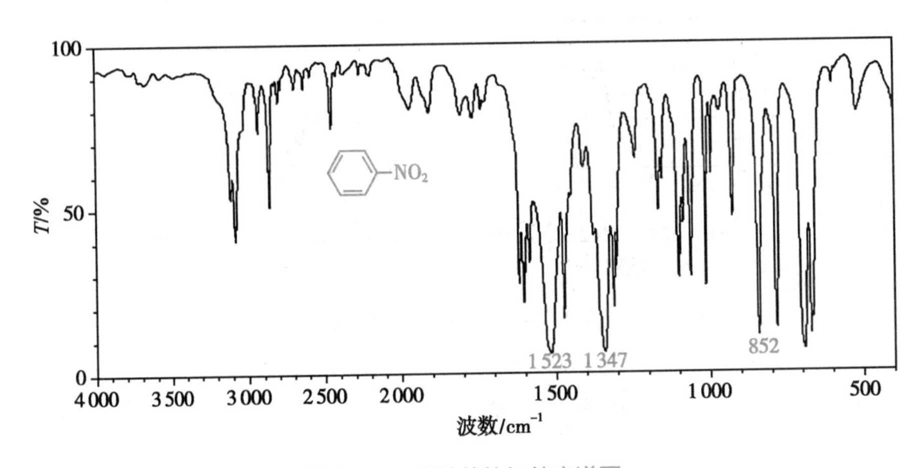

图 3-31　硝基苯的红外光谱图

（十）氰类化合物

氰类化合物的 $\nu_{C\equiv N}$ 在 2 260~2 215cm^{-1} 产生一个中等强度的尖峰，特征性较强，与双键或苯环共轭时峰向低频方向移动。

图 3-32 是苯甲腈的红外光谱图，$\nu_{C\equiv N}$ 在 2 230cm^{-1} 处。

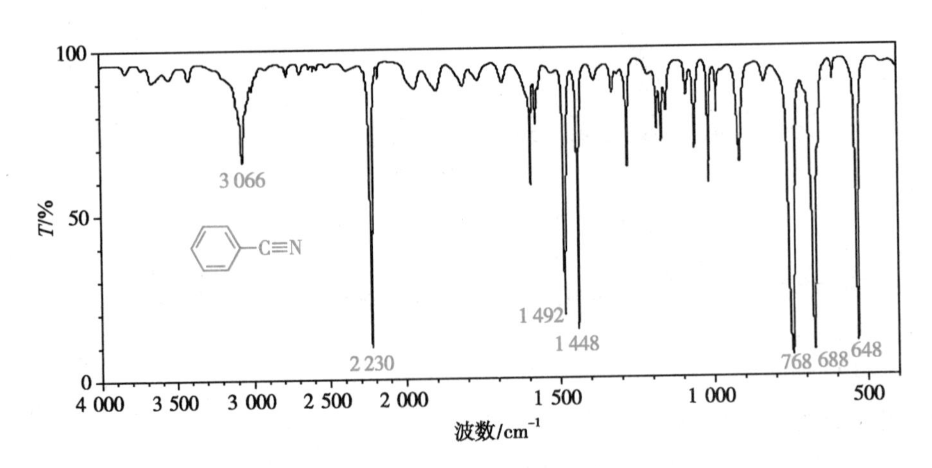

图 3-32　苯甲腈的红外光谱图

第三节 红外光谱在结构解析中的应用

一、样品制备技术

红外光谱的试样可以是液体、固体或气体，一般应要求：①试样应是单一组分的纯物质，纯度应 >98%。②试样的浓度和测试厚度应选择适当，以使光谱图中的大多数吸收峰的透射比处于 15%~70%。浓度太小，厚度太薄，会使一些弱的吸收峰和光谱的细微部分不能显示出来；浓度过大，厚度太厚，又会使强的吸收峰超越标尺刻度而无法确定它的真实位置。③试样中不应含有游离水。水分的存在不仅会侵蚀吸收池的盐窗，而且水分本身在红外区有吸收，会对样品的红外光谱图产生干扰。

（一）固体样品的制备

1. 溴化钾压片法　粉末样品常采用压片法，一般取 2~3mg 样品与 200~300mg 干燥的 KBr 粉末在玛瑙研钵中混匀，充分研细至颗粒的直径＜ 2μm，用不锈钢铲取 70~90mg 放入压片模具内，在压片机上用 $(5\sim10)\times10^7$Pa 的压力压成透明薄片，即可用于测定。

2. 糊装法　将干燥处理后的试样研细，与液体石蜡或全氟代烃混合，调成糊状，加在 2 块 KBr 盐片中间进行测定。液体石蜡自身的吸收带简单，但此法不能用来研究饱和烷烃的吸收情况。

3. 溶液法　对于不宜研成细末的固体样品，如果能溶于溶剂，可制成溶液，按照液体样品测试的方法进行测试。

4. 薄膜法　一些高聚物样品一般难于研成细末，可制成薄膜直接进行红外光谱测定。薄膜的制备方法有两种，一种是直接加热熔融样品，然后涂制或压制成膜；另一种是先把样品溶解在低沸点的易挥发溶剂中，涂在盐片上，待溶剂挥发后成膜来测定。

（二）液体样品的制备

1. 液体池法　沸点较低、挥发性较大的试样可注入封闭液体池中，液层厚度一般为 0.01~1mm。

2. 液膜法　沸点较高的试样直接滴在 2 块盐片之间，形成液膜。对于一些吸收很强的液体，当用调整厚度的方法仍然得不到满意的谱图时，可用适当的溶剂配成稀溶液来测定。

（三）气态样品的制备

气态样品可在气体吸收池内进行测定，它的两端粘有红外透光的 NaCl 或 KBr 窗片。先将气体池抽真空，再将试样注入。

二、红外光谱的九个重要区段

为便于红外光谱的解析，可将整个中红外区域进一步细分为九个重要区段，见表 3-5。

表 3-5　红外光谱的九个重要区段

波数/cm^{-1}	波长/μm	振动类型
3 750~3 000	2.7~3.3	ν_{OH}、ν_{NH}
3 300~3 000	3.0~3.4	ν_{CH}（≡C—H、═C—H、Ar—H）
3 000~2 700	3.3~3.7	ν_{CH}（—CH_3、饱和 CH_2 及 CH、—CHO）
2 400~2 100	4.2~4.9	$\nu_{C\equiv C}$、$\nu_{C\equiv N}$
1 900~1 650	5.3~6.1	$\nu_{C=O}$（酸酐、酰氯、酯、醛、酮、羧酸、酰胺）
1 675~1 500	5.9~6.2	$\nu_{C=C}$、$\nu_{C=N}$
1 475~1 300	6.8~7.7	δ_{CH}（各种面内弯曲振动）
1 300~1 000	7.7~10.0	ν_{C-O}（酚、醇、醚、酯、羧酸）
1 000~650	10.0~15.4	$\gamma_{=C-H}$、γ_{Ar-H}（不饱和 C—H 面外弯曲振动）

三、红外光谱的应用

1. 鉴定是否为某一已知化合物

(1) 待鉴定样品与标准品在同样的条件下测定红外光谱，完全一致可初步断定为同一化合物（也有例外，如对映异构体）。

(2) 无标准品，但有标准谱图时，也可与标准谱图对照。但要注意所用的仪器是否相同，测绘条件（如检品的物理状态、浓度及使用的溶剂）是否一致。

2. 化合物构型与立体构象的研究 如化合物 $CH_3HC{=}CHCH_3$ 具有顺式与反式两种构型，这两个化合物的红外光谱在 1 000~650cm^{-1} 区间有显著不同，顺式 $\gamma_{=CH}$ 在~690cm^{-1} 出现吸收峰(s)，反式 $\gamma_{=CH}$ 在~970cm^{-1} 出现吸收峰(vs)。

顺式(cis) $\gamma_{=CH}$~690cm^{-1}　　反式(trans) $\gamma_{=CH}$~970cm^{-1}

又如1,3-环己二醇和1,2-环己二醇的优势构象的确定。此二化合物在红外光谱的 3 450cm^{-1}(ν_{OH}) 处都有一宽而强的吸收峰，用四氯化碳稀释后，两者的谱带位置和强度都不改变，说明这两个化合物均可能形成分子内氢键，据此可以断定第一种化合物的优势构象是双直立键优势，而第二种化合物的优势构象是双平伏键优势。

顺式1,3-环己二醇　　反式1,2-环己二醇

3. 检验反应是否进行，某些基团的引入或消去 对于比较简单的化学反应，基团的引入或消去可根据红外光谱图中该基团的相应特征峰的存在或消失加以判定。对于复杂的化学反应，需与标准谱图比较作出判定。

4. 未知化合物的结构确定 红外光谱可用于确定比较简单的未知有机化合物的结构。对复杂的全未知化合物的结构测定，则必须配合 UV、NMR、MS、元素分析及理化性质综合确定。

四、红外光谱解析程序和实例

（一）红外光谱解析的一般程序

首先检查红外光谱图是否符合基本要求，即基线透过率在 90% 左右，吸收峰的透过率适当，不应有吸收峰的强度过弱或过强的现象。

其次要排除可能出现的“假谱带”。如样品含水时，在 3 400cm^{-1}、1 640cm^{-1} 和 650cm^{-1} 有可能出现水的吸收峰；大气中的二氧化碳在 2 350cm^{-1} 和 667cm^{-1} 有吸收峰，解析谱图时应排除其干扰。图 3-33 是水和二氧化碳的红外光谱图。

接下来就可以对谱图进行解析。根据红外光谱图的特征，把红外光谱图分为特征区（4 000~1 300cm^{-1}）和指纹区（1 300~400cm^{-1}）两大部分。

特征区可帮助确定化合物是芳香族还是脂肪族、饱和烃还是不饱和烃，主要通过 C—H 伸缩振动来判断。C—H 伸缩振动多发生在 3 100~2 800cm^{-1} 区间，以 3 000cm^{-1} 为界，高于 3 000cm^{-1} 多

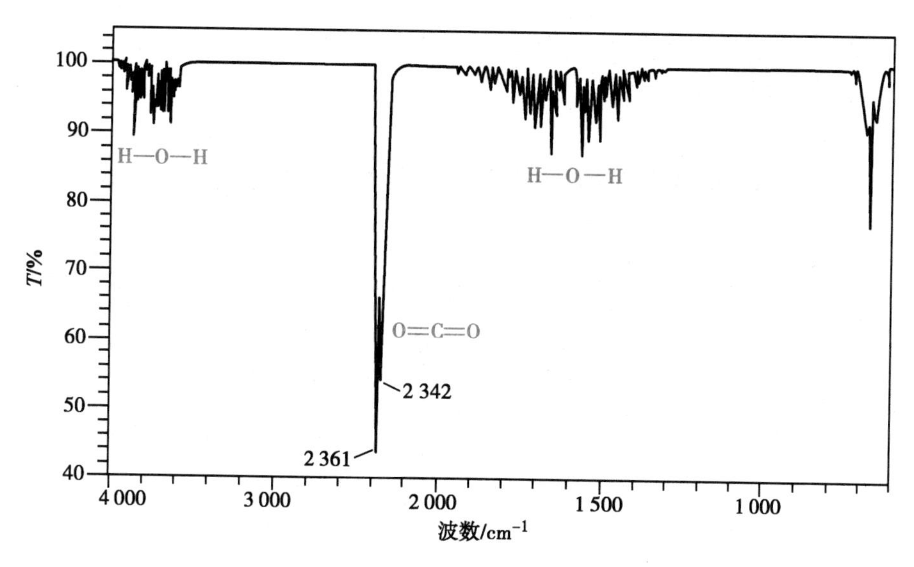

图 3-33 水和二氧化碳的红外光谱图

为不饱和烃，低于 3 000cm^{-1} 为饱和烃。芳香化合物的苯环骨架振动吸收在 1 620~1 470cm^{-1}，若在(1 600±20) cm^{-1}、(1 500±25) cm^{-1} 有吸收，可确定化合物含有芳香族结构单元。

指纹区是作为化合物含有什么基团的旁证，可以帮助确定化合物的细微结构。指纹区的许多吸收峰都是特征区吸收峰的相关峰。

总的谱图解析可归纳为先特征，后指纹；先最强峰，后次强峰；先粗查，后细找；先否定，后肯定；一抓一组相关峰。

"先特征，后指纹；先最强峰，后次强峰"是指先由特征区的第一强峰入手，因为特征区峰疏，易于辨认。然后找出与第一强峰相关的峰。第一强峰确认后，再依次解析特征区的第二、第三强峰，方法同上。对于简单的光谱，一般解析一两组相关峰即可确定未知物的分子结构。

"先粗查"是指按上述强峰的峰位查找光谱的九个重要区段(表 3-5)，初步了解该峰的起源与归属。"后细找"是指根据这种可能的起源与归属，细找主要基团的红外特征吸收峰。若找到所有相关峰，此峰的归属便可基本确定。

"先否定，后肯定"是因为吸收峰的不存在对否定官能团的存在比吸收峰的存在对肯定官能团的存在要容易得多，根据也确凿得多。因此，在解析过程中采取先否定的办法，以便逐步缩小未知物的范围。

总之是先识别特征区的第一强峰的起源(由何种振动所引起)及可能的归属(属于什么基团)，而后找出该基团的所有或主要相关峰进一步确定或佐证第一强峰的归属。以同样的方法解析特征区的第二强峰及相关峰、第三强峰及相关峰等。有必要再解析指纹区的第一强峰、第二强峰及其相关峰。无论解析特征区还是指纹区的强峰都应掌握"抓住"一个峰解析一组相关峰的方法，它们可以互为佐证，提高谱图解析的可信度，避免孤立解析造成结论的错误。简单的谱图一般解析 3~4 组谱图即可解析完毕，但结果的最终确定还需与标准谱图进行对照。

在解析谱图时有时会遇到特征峰归属不清的问题。如化合物中含有若干个羰基(C═O)、碳碳双键(C═C)或芳环时，它们的吸收峰均出现在 1 850~1 600cm^{-1} 区间，此时需通过其他辅助手段来区别，如改变溶剂。溶剂的极性增加，极性的 $\pi\rightarrow\pi^*$ (C═O) 跃迁的吸收向低频方向移动，而非极性的 $\pi\rightarrow\pi^*$ (C═C) 跃迁的吸收不受影响。也可以利用化学手段进行一些官能团的归属及酯化、酰化、水解、还原等方法对化合物的结构进行辅助测定。

上述解析谱图的程序只适用于较简单的红外光谱图的解析。复杂化合物的红外光谱由于各种官能团之间的相互影响，最后要与标准红外光谱图进行对照后进行结构确认。

目前常用的红外光谱图集有由国家药典委员会编写的《药品红外光谱集》、Sadtler 红外光谱图集、Aldrich 红外光谱谱图库等。

(二) 红外光谱解析实例

例 3-3　图 3-34 是含有 C、H、O 的有机化合物的红外光谱图，试问：

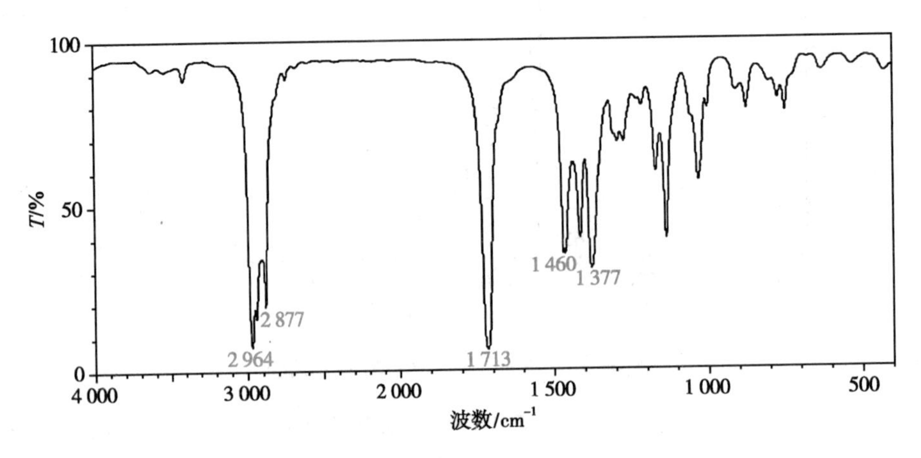

图 3-34　例 3-3 未知化合物的红外光谱图

(1) 该化合物是脂肪族还是芳香族？

(2) 是否为醇类？

(3) 是否为醛、酮、羧酸类？

(4) 是否含有双键或三键？

解：(1) 在 3 000cm^{-1} 以上无 ν_{CH} 伸缩振动，在 1 600~1 450cm^{-1} 无芳环骨架振动，所以不是芳香化合物。2 960~2 930cm^{-1} 的 ν_{CH} 峰提示是脂肪族化合物。

(2) 在 3 500~3 300cm^{-1} 区间无任何吸收，故此化合物不是醇类化合物。

(3) 在 1 713cm^{-1} 有一强吸收，示可能为醛、酮、羧酸类化合物。但在 2 830cm^{-1} 和 2 730cm^{-1} 处没有醛基 C—H 的特征吸收峰，故可否定是醛类化合物；又在 3 000cm^{-1} 没有 COOH 伸缩振动的宽而强的吸收峰，故也可否定羧酸的存在。故该化合物只能是酮类化合物。

(4) 在 1 680~1 610cm^{-1}($\nu_{C=C}$)及 2 200cm^{-1}($\nu_{C\equiv C}$)附近没有明显的吸收，说明此化合物除 C═O 外，无其他双键或三键。

综上所述，该化合物应该是脂肪族酮类。

例 3-4　由元素分析某化合物的分子式为 $C_4H_6O_2$，测得红外光谱图如图 3-35 所示，试推测其结构。

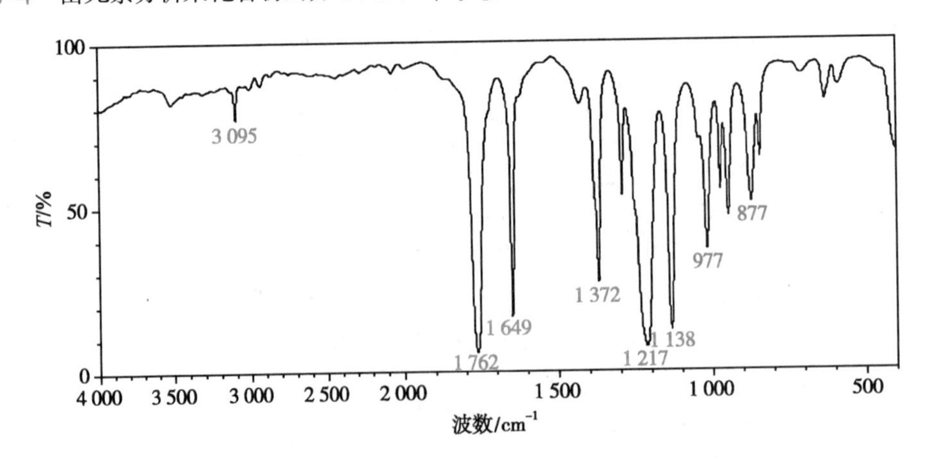

图 3-35　例 3-4 未知化合物的红外光谱图

解：由分子式计算不饱和度$\Omega=\frac{2\times4+2-6}{2}=2$。

特征区：3 095cm^{-1} 有弱的不饱和 C—H 伸缩振动吸收，与 1 649cm^{-1} 的 $\nu_{C=C}$ 谱带对应表明有烯键存在，谱带较弱，是被极化的烯键。

1 762cm^{-1} 强吸收谱带表明有羰基存在，结合最强吸收谱带 1 217cm^{-1} 和 1 138cm^{-1} 的 C—O—C 吸收应为酯基。

这个化合物属不饱和酯，根据分子式有如下结构：

(1) CH_2═CH—COO—CH_3　　丙烯酸甲酯

(2) CH_3—COO—CH═CH_2　　乙酸乙烯酯

这两种结构的烯键都受到邻近基团的极化，吸收强度较高。

普通酯的 $\nu_{C=O}$ 在 1 745cm^{-1} 附近，结构(1)由于共轭效应而 $\nu_{C=O}$ 频率较低，估计在 1 700cm^{-1} 左右，且甲基的对称弯曲振动频率在 1 440cm^{-1} 处，与谱图不符。谱图的特点与结构(2)一致，$\nu_{C=O}$ 频率较高及甲基对称弯曲振动吸收向低频位移(1 372cm^{-1})，强度增加，表明有 CH_3COC—结构单元；ν^{s}_{C-O-C} 升高至 1 138cm^{-1} 处，且强度增加，表明是不饱和酯。

指纹区：δ═CH 出现在 977cm^{-1} 和 877cm^{-1}，由于烯键受到极化，比正常的乙烯基 δ═CH 的位置(990cm^{-1} 和 910cm^{-1})稍低。

由上谱图分析，化合物的结构为(2)。

例 3-5　某无色或淡黄色有机液体具有刺激性臭味，沸点为 145.5℃，分子式为 C_8H_8，其红外光谱图如图 3-36 所示，试判断该化合物的结构。

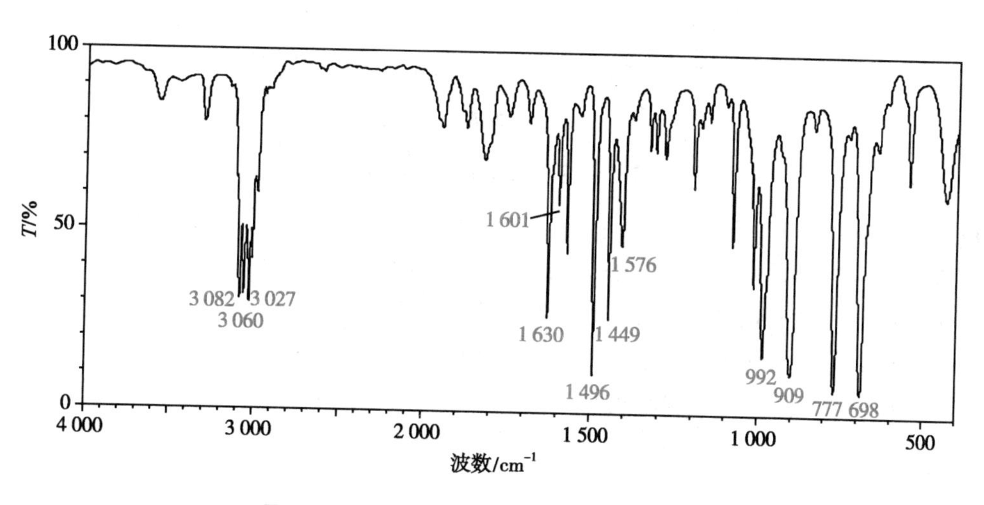

图 3-36　例 3-5 未知化合物的红外光谱图

解：

1. $\Omega=\frac{2\times8+2-8}{2}=5$ (可能有苯环)。

2. 粗查：特征区的第一强峰 1 496cm^{-1} 是由苯环的 $\nu_{C=C}$ 伸缩振动引起的。

细找：取代苯的五种相关峰如下。

(1) ν_{Ar-H}：3 082cm^{-1}、3 060cm^{-1} 和 3 027cm^{-1}。

(2) 泛频峰：2 000~1 667cm^{-1} 的峰表现为单取代峰形。

(3) $\nu_{C=C}$(苯环骨架振动)：1 601cm^{-1}、1 576cm^{-1}、1 496cm^{-1} 和 1 449cm^{-1}(共轭环)。

(4) δ_{Ar-H}：1 250~1 000cm^{-1}，弱峰。

(5) γ_{Ar-H}：777cm^{-1} 和 698cm^{-1}(双峰)为苯环单取代峰形。

故可判定该化合物具有单取代苯基团。

3. 粗查：特征区的第二强峰 1 630cm^{-1} 起源于烯烃。

细找：烯烃的四种振动形式相关峰如下。

(1) $\nu_{=CH}$：3 082cm^{-1}、3 060cm^{-1} 和 3 027cm^{-1}。

(2) $\nu_{C=C}$：1 630cm^{-1}。

(3) $\delta_{=CH}$：1 430~1 260cm^{-1} 出现中等强度峰。

(4) $\gamma_{=CH}$：992cm^{-1} 和 909cm^{-1} 为乙烯基单取代。

由此可知未知物的可能结构为苯乙烯。

$$\text{C}_6\text{H}_5-\text{CH}=\text{CH}_2$$

查 Sadtler 光谱对照与苯乙烯的光谱完全一致。

例 3-6 某化合物的红外光谱图如图 3-37 所示，试判断是下述三个化合物中的哪一个？

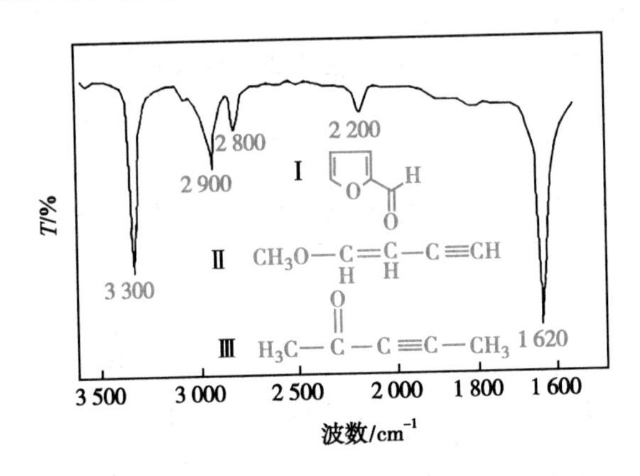

图 3-37 例 3-6 未知化合物的红外光谱图

(1) 因存在 3 300cm^{-1} 峰（$\nu_{C\equiv CH}$），故排除 Ⅰ 和 Ⅲ。

(2) 又因缺少 $\nu_{C=O}$ 峰（1 900~1 650cm^{-1}），故进一步排除 Ⅰ 和 Ⅲ。

(3) 2 200cm^{-1} 处出现的弱峰是 $\nu_{C\equiv C}$ 引起的振动吸收峰。

(4) 2 900cm^{-1} 和 2 800cm^{-1} 为饱和 ν_{CH} 伸缩振动吸收峰，否定 Ⅰ。

(5) 1 620cm^{-1} 由 $\nu_{C=C}$ 振动引起，故此化合物中同时存在 C═C 和 C≡CH，正确的结构是 Ⅱ。

例 3-7 某化合物的分子式为 C_8H_8O，红外光谱图见图 3-38，沸点为 202°C，试推断其结构。

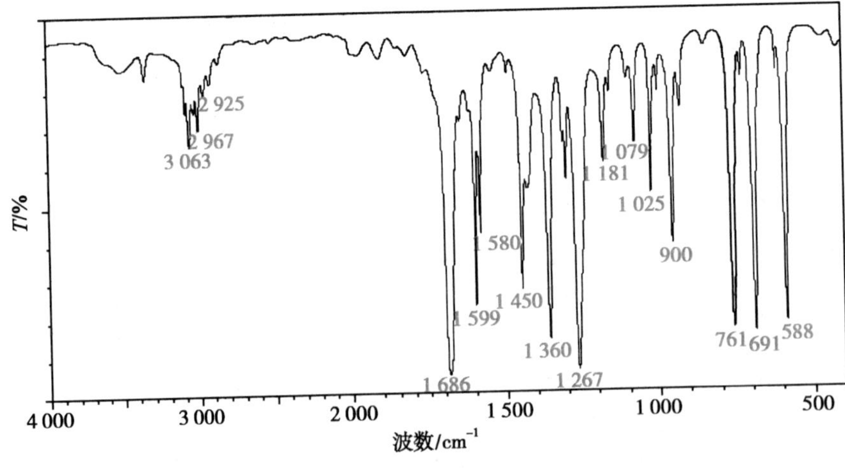

图 3-38 例 3-7 未知化合物的红外光谱图

解：$\Omega=\dfrac{2\times8+2-8}{2}=5$（可能有苯环）。

在 3 500~3 000cm^{-1} 无任何吸收（3 400cm^{-1} 附近的吸收为水干扰峰），证明分子中无—OH。1 686cm^{-1} 是共轭的酮羰基。

3 000cm^{-1} 以上的 ν_{Ar-H} 及 1 599cm^{-1}、1 580cm^{-1}、1 450cm^{-1} 等峰的出现，泛频区弱的吸收证明为芳香化合物；而 ν_{Ar-H} 的 761cm^{-1} 及 691cm^{-1} 的出现提示为单取代苯。2 967cm^{-1}、2 925cm^{-1} 及 1 360cm^{-1} 的出现提示有—CH_3 存在。

综上所述，结合分子式，说明化合物只能是苯乙酮，结构式为：

经与标准谱图核对，并对照沸点等数据，证明结构推断正确。

例 3-8　某化合物的分子式为 C_7H_9N，其红外光谱图见图 3-39，试判断该化合物的结构。

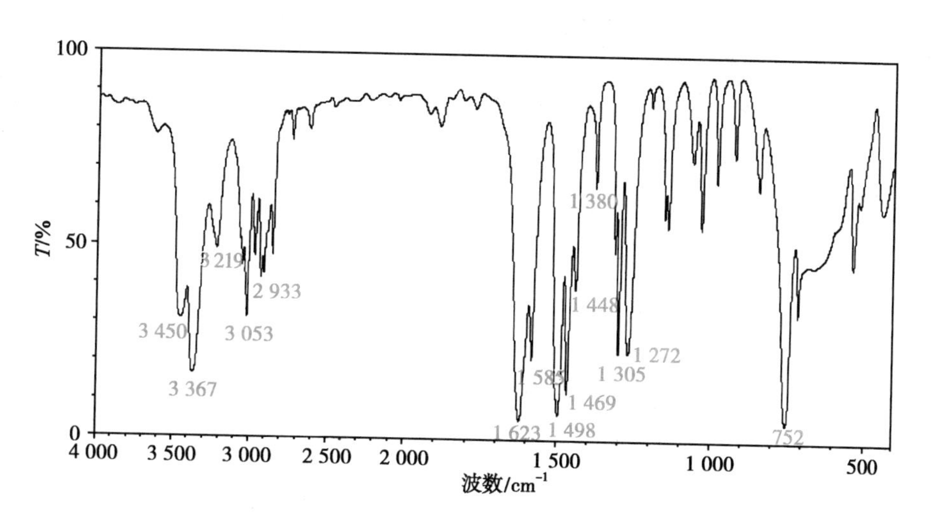

图 3-39　例 3-8 未知化合物的红外光谱图

解：$\Omega=\dfrac{2\times7+2-9+1}{2}=4$，推测可能有苯环。

在特征区 1 585cm^{-1}、1 498cm^{-1} 和 1 469cm^{-1} 的三个强峰及泛频区弱峰提示有苯环存在，同时在 752cm^{-1} 出现单峰提示为苯环邻二取代化合物。

3 450cm^{-1} 和 3 367cm^{-1} 的双峰提示为—NH_2 基团的伸缩振动吸收峰，与苯环的 ν_{CH} 峰重叠；1 623cm^{-1} 的 δ_{NH} 吸收峰佐证—NH_2 的存在。

2 933cm^{-1} 为 CH_3 的伸缩振动吸收峰，1 448cm^{-1} 和 1 380cm^{-1} 为 CH_3 的面内弯曲振动吸收峰。

1 305cm^{-1} 和 1 272cm^{-1} 可能为 C—N 键的弯曲振动吸收峰。

综合上述分析，该化合物的可能结构是邻甲基苯胺。

与标准谱图核对，结论完全正确。

习 题

1. 下列化合物(A)与(B)在C—H伸缩振动区域中有何区别?

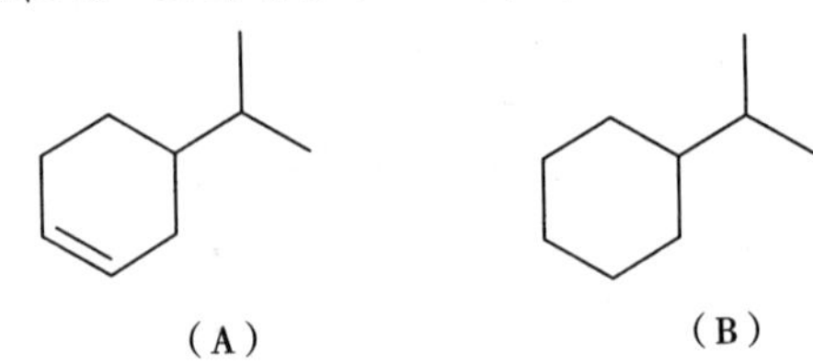

(A) (B)

2. 下列化合物(A)与(B)的红外光谱有何不同?

$CH_3-CH=CH-CH_3$ (A)　　$CH_3-CH=CH_2$ (B)

3. 下列化合物(A)与(B)的红外光谱有何不同?

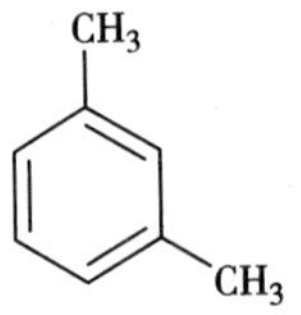

CH_3 CH_3 (A)　　CH_3 CH_3 (B)

4. 下列(A)、(B)、(C)三个化合物在3 650~1 650cm^{-1}区间的红外光谱有何不同?

$CH_3CH_2-C(=O)-OH$ (A)　　$CH_3CH_2-C(=O)-H$ (B)　　$CH_3-C(=O)-CH_3$ (C)

5. 判断下列各分子的碳-碳对称伸缩振动在红外光谱中是活性的还是非活性的。

(1) CH_3-CH_3　(2) CH_3-CCl_3　(3) $HC\equiv CH$

(4) 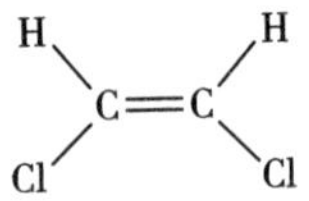 H(Cl)C=C(H)Cl　(5) 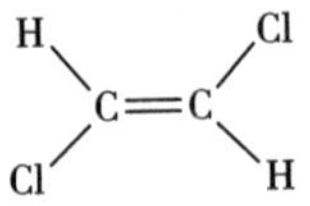 H(Cl)C=C(Cl)H

6. 试用红外光谱法区别下列异构体。

(1) $CH_3CH_2CH_2CH_2OH$　　$CH_3CH_2OCH_2CH_3$

(2) CH_3CH_2COOH　　CH_3COOCH_3

(3) 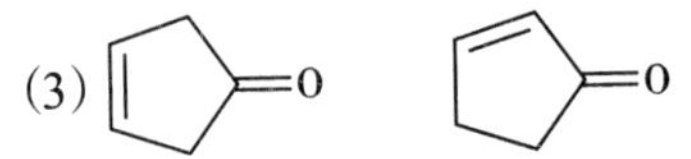

(4) O CHO

(5)

7. 已知一化合物的分子式为 $C_{10}H_{10}O_2$，它的红外光谱图（稀溶液）在 1 685cm^{-1} 和 3 360cm^{-1} 处有吸收，推测其结构式可能为下列(A)、(B)、(C)三种。你认为哪一种结构式最符合？为什么？

OH O　　OH O　　OH O

(A)　　(B)　　(C)

8. 某化合物的分子式为 $C_8H_8O_2$，根据图 3-40，判断该化合物为苯乙酸、苯甲酸甲酯还是乙酸苯酯。

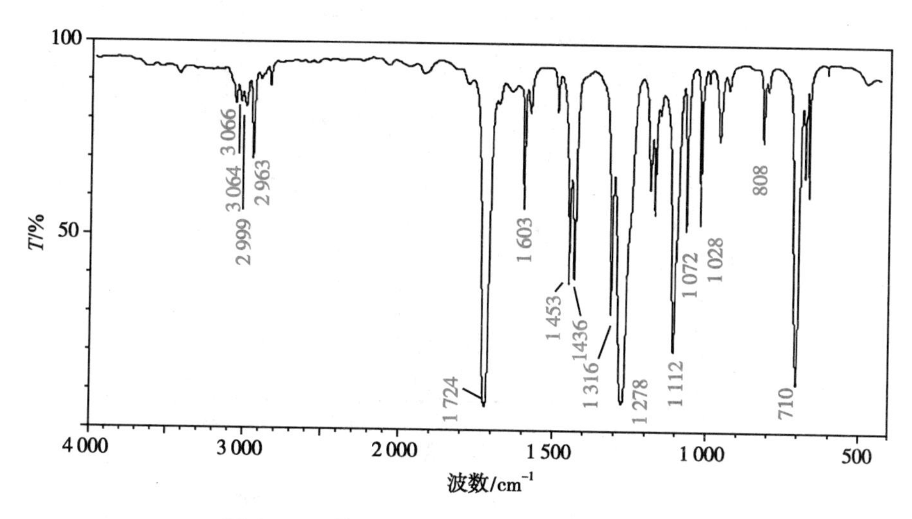

图 3-40　第三章习题 8 化合物的红外光谱图

9. 根据图 3-41 推断化合物 C_8H_7N 的结构，熔点为 29.5°C。

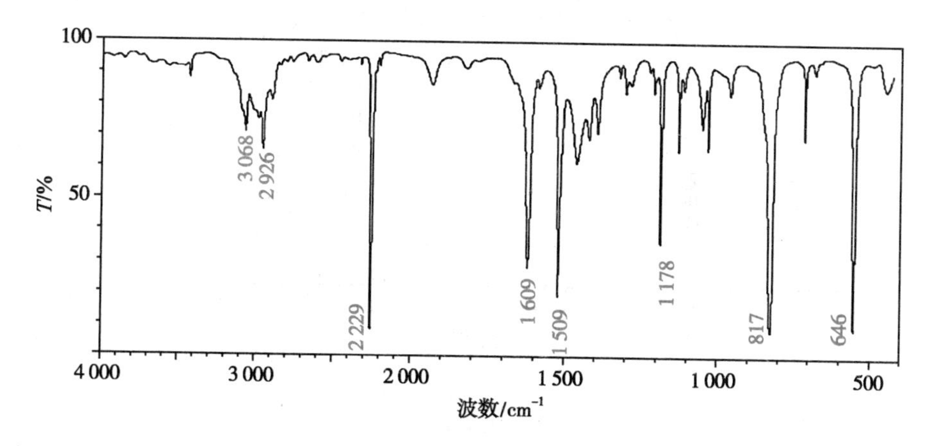

图 3-41　第三章习题 9 化合物的红外光谱图

10. 某化合物的分子式为 C_3H_7NO,试根据图 3-42 推断其结构。

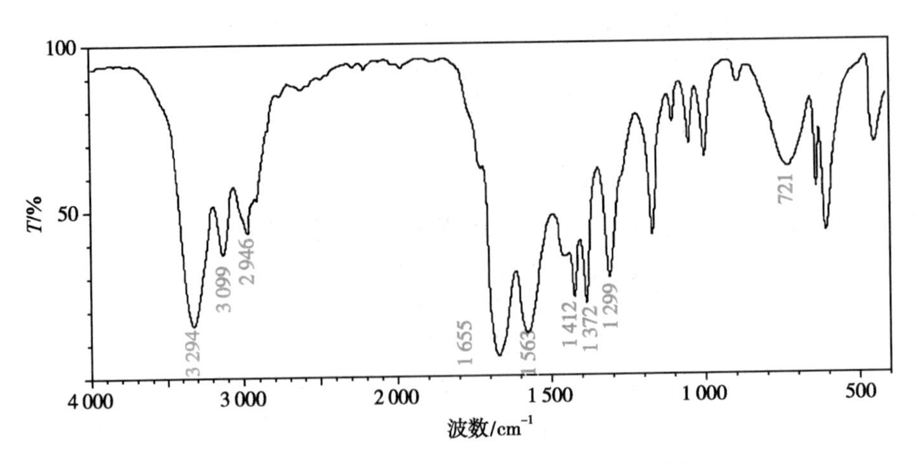

图 3-42 第三章习题 10 化合物的红外光谱图

11. 某化合物的分子式为 C_3H_5NO,根据图 3-43 解析其结构。

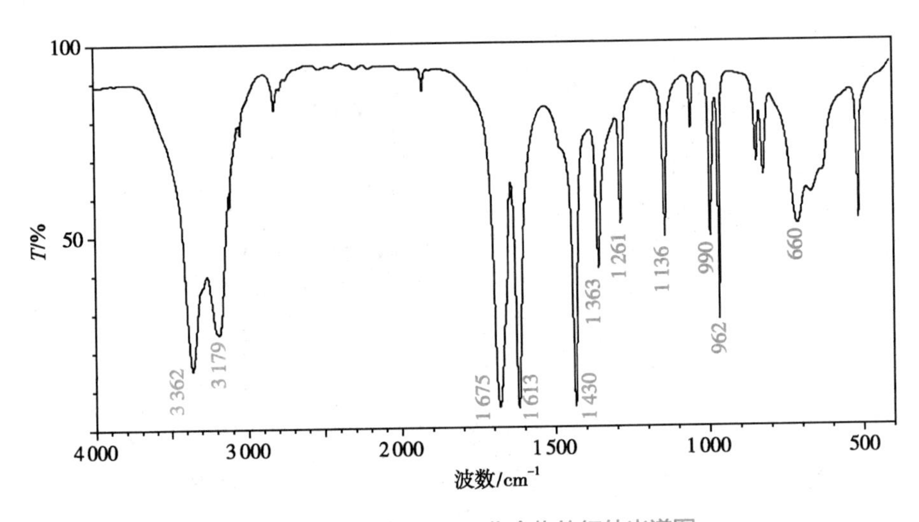

图 3-43 第三章习题 11 化合物的红外光谱图

12. 某化合物的分子式为 $C_7H_8O_2$,其红外光谱图见图 3-44,推测其结构。

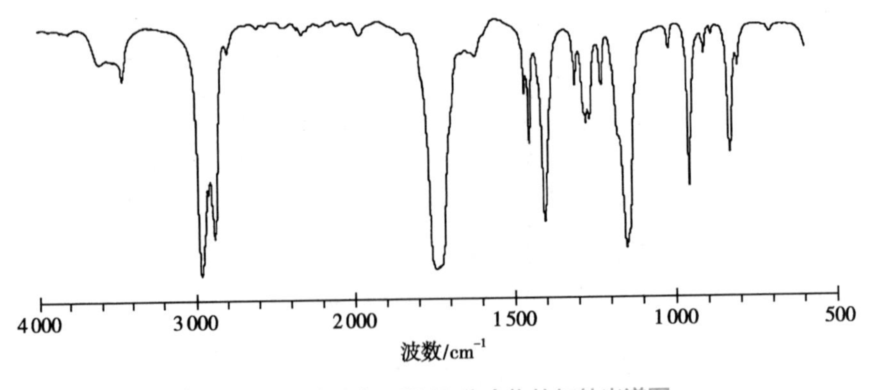

图 3-44 第三章习题 12 化合物的红外光谱图

13. 某化合物的分子式为 C_5H_8O,其红外光谱图见图 3-45,推测其结构。

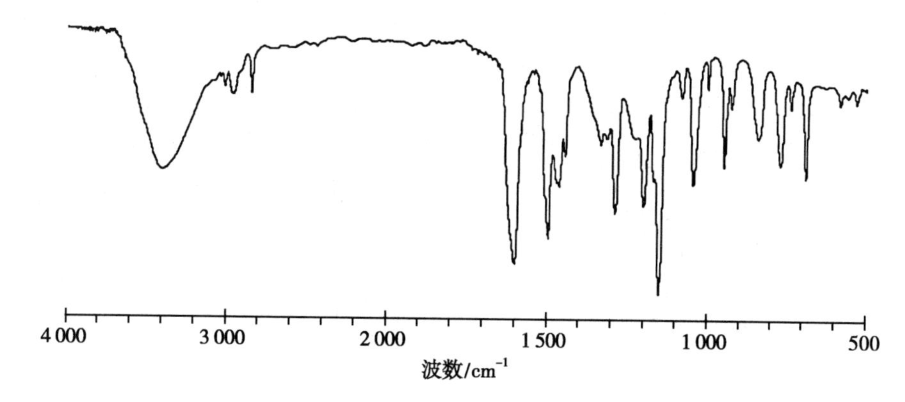

图 3-45 第三章习题 13 化合物的红外光谱图

14. 找出下列化合物(A)~(F)对应的红外光谱图(图 3-46~图 3-51)。

(A) 联苯

(B) 邻二甲苯（苯环上两个 CH_3）

(C) $C_6H_5-CH_2-CH=CH_2$

(D) $CH_3CH_2CH_2CH_2CH_3$

(E) $C_6H_5-CH_2-CH_2-C_6H_5$

(F) $C_6H_5-CH_2CH_2CH_2CH_3$

(1)

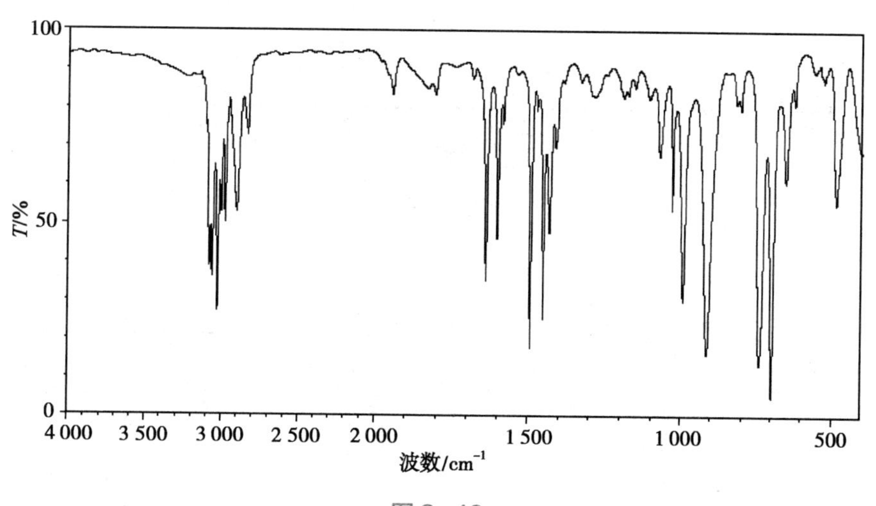

图 3-46

(2)

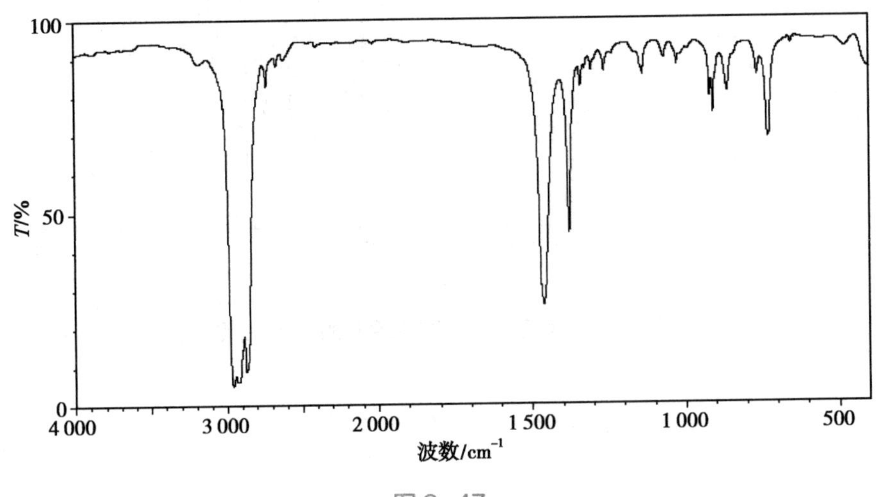

图 3-47

(3)

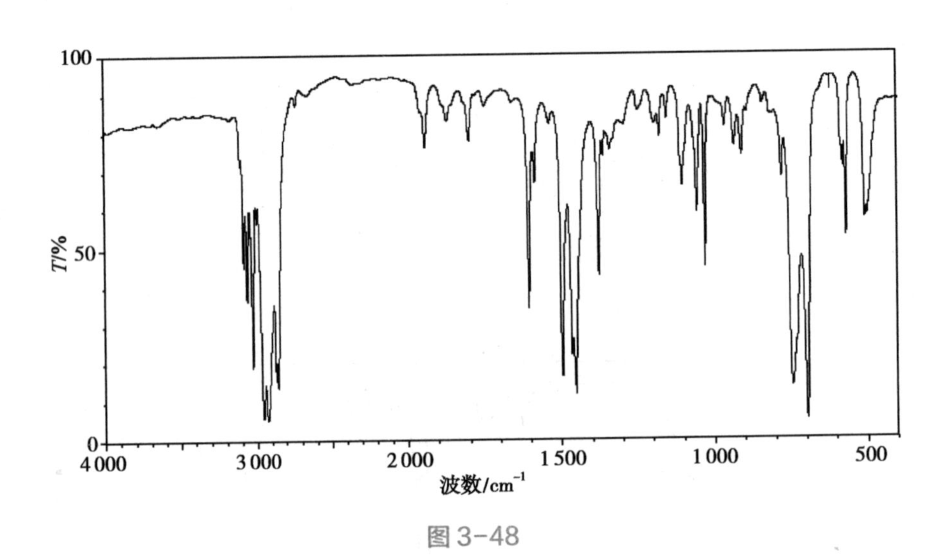

图 3-48

(4)

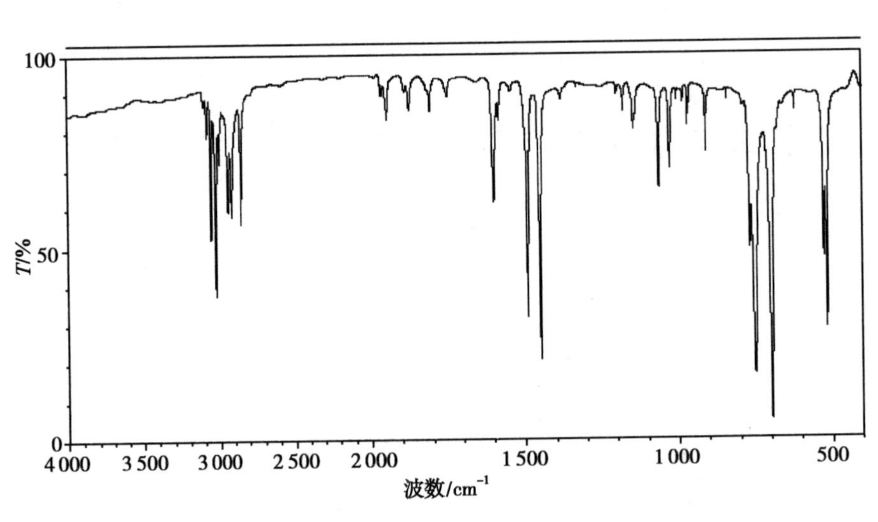

图 3-49

（5）

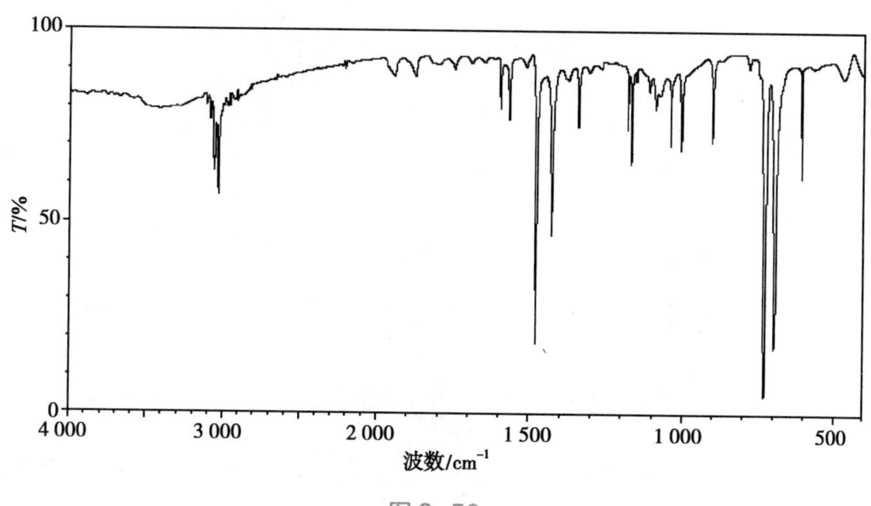

图 3-50

（6）

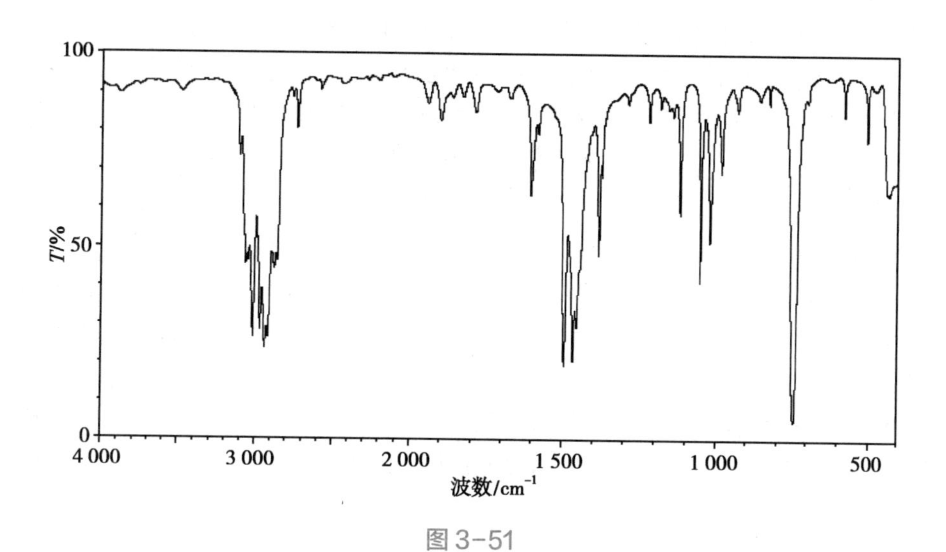

图 3-51

（阮汉利）

参 考 文 献

[1] 谢晶曦．红外光谱在有机化学和药物化学中的应用（修订版）．北京：科学出版社，2001.

[2] 张正行．有机光谱分析．北京：人民卫生出版社，2009.

[3] 姚新生．有机化合物波谱分析．北京：中国医药科技出版社，2004.

[4] 中西香尔，P. H. 索罗曼．红外光谱分析 100 例．王绪明，译．北京：科学出版社，1984.

[5] 宁永成．有机化合物结构鉴定与有机波谱学．2 版．北京：科学出版社，2000.

[6] SILVERSTEIN R M，WEBSTER F X，KIEMLE D J. 有机化合物的波谱解析．药明康德新药开发有限公司分析部，译．上海：华东理工大学出版社，2007.

第四章

氢核磁共振谱

第四章
教学课件

学习目标

1. **掌握** 氢核磁共振谱在结构解析中的一般程序和应用;简单化合物的氢信号归属。
2. **熟悉** 原子基团在氢核磁共振谱中的大致峰位;影响化学位移的因素;氢信号的偶合裂分。
3. **了解** 氢核磁共振谱在谱图测定中的注意事项及核磁共振测试技术。

核磁共振波谱法(nuclear magnetic resonance spectroscopy,NMR)是20世纪中叶起步并发展起来的。1946年,Harvard大学的珀塞尔(Purcell)和Stanford大学的布洛赫(Bloch)两个研究小组各自首次独立观测到水、石蜡中质子的核磁共振信号,并于1952年因该项发现二人分享了诺贝尔物理学奖。此后,核磁共振谱学技术发展迅速,目前已成为有机化合物结构研究的有力工具。20世纪80年代,瑞士物理化学家恩斯特(Ernst)完成了在核磁共振发展史上具有里程碑意义的一维、二维乃至多维脉冲傅里叶变换核磁共振的相关理论,为脉冲傅里叶变换核磁共振技术的发展奠定了坚实的理论基础。现今,核磁共振已成为化学、医药、生物、物理等领域必不可少的研究手段。由于脉冲傅里叶变换核磁共振在化学领域中的巨大贡献,恩斯特本人荣获1991年诺贝尔化学奖。

在核磁共振技术中,氢核磁共振谱(^{1}H nuclear magnetic resonance spectroscopy,^{1}H-NMR)是有机化合物分子结构测定的重要工具。它可提供有关分子中的氢类型、相对个数、周围化学环境乃至空间排列等结构信息,在确定有机化合物分子的结构中发挥巨大作用。目前,对于分子量在1 000以下的不到1mg的微量有机化合物即可测试其完整的氢核磁共振谱,有时仅用氢核磁共振谱技术即可确定它们的分子结构。本章将主要介绍核磁共振谱的基本原理及氢核磁共振谱解析的相关基本知识。

第一节 核磁共振的基本理论

一、核磁共振的基本原理

核磁共振系指原子核的核磁共振现象。将磁性原子核放入强磁场后,用适宜频率的电磁波照射,它们会吸收能量,发生原子核能级跃迁,同时产生核磁共振信号,从而能观察到原子核的核磁共振现象。然而,并不是元素周期表中的所有元素的原子核都能产生这种现象。只有显示磁性的原子核才会产生核磁共振现象,成为核磁共振的研究对象。本节围绕具有哪些特性的原子核在满足什么条件时产生磁共振的问题,着重讲述核磁共振的几个基本概念。

(一)原子核的自旋与自旋角动量、核磁矩及磁旋比

部分同位素的原子核(如^{1}H、^{13}C等)之所以能够产生核磁共振现象,是因为这些核显示磁性,而产生磁性的内在根本原因在于这些核具有本身固有的“自旋”这一运动特性。

众所周知,原子核是由质子和中子组成的带正电荷的粒子。原子核的自旋会导致正电荷在同一

轴心圆面上沿同一方向高速旋转，其效果相当于逆向产生旋转电流，从而会因感应沿自旋轴方向产生磁场（图 4-1），这是自旋核显示磁性的原因所在。

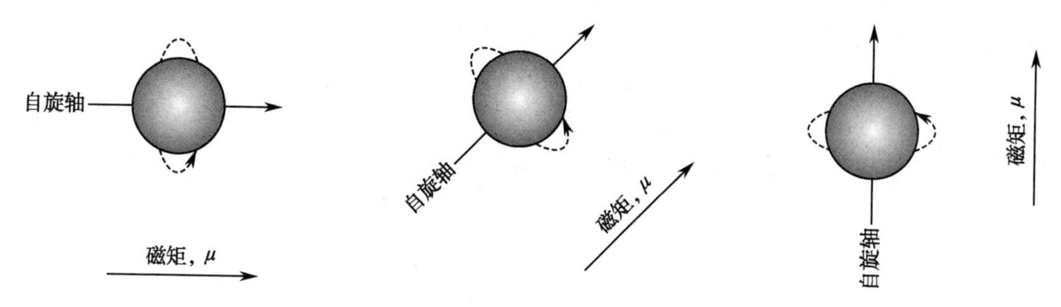

图 4-1　核的自旋与核磁矩

自旋运动的原子核具有自旋角动量 P（spin angular momentum，P），同时也具有由自旋感应产生的核磁矩（nuclear magnetic moment，μ）。自旋角动量 P 是表述原子核自旋运动特性的矢量参数，而核磁矩 μ 是表示自旋核磁性强弱特性的矢量参数。矢量 P 与矢量 μ 方向一致，且具有如下关系。

$$\mu=\gamma P \qquad \text{式(4-1)}$$

式中，γ 称为磁旋比（magnetogyric ratio）或旋磁比（gyromagnetic ratio），是核磁矩 μ 与自旋角动量 P 之间的比例常数，也是原子核的一个重要特性常数。

自旋角动量 P 的数值大小可用核的自旋量子数 I（spin quantum number，I）来表述，如式(4-2)所示。

$$P=\sqrt{I\cdot(I+1)}\cdot h/2\pi \qquad \text{式(4-2)}$$

式中，h—普朗克（Planck）常数；I—量子化的参数，不同的核具有 0、1/2、1、3/2……不同的固定数值。

一种原子核有无自旋现象，可用自旋量子数 I 判断。自旋量子数 I=0 时，原子核的自旋角动量 P 等于 0，核磁矩 μ 也等于 0，从而没有自旋现象，不显示磁性，不产生磁共振现象。例如 ^{12}C、^{16}O 等属于这种无磁性的原子核，不产生核磁共振信号。因此，在有机化合物的氢核磁共振谱中就观测不到分子中的某一质子与其相邻的 ^{12}C 或 ^{16}O 之间的相互偶合作用。只有 $I>0$ 的原子核才有自旋角动量，具有磁性，并成为核磁共振研究的对象。自旋量子数（I）与质量数（A）及原子序数（Z）之间存在如表 4-1 所示的相互关系。可参照表 4-1，由某个原子的质量数（A）及原子序数（Z）推断该原子核的自旋量子数 I 为 0、半整数还是整数，并可推断它有无自旋角动量。

表 4-1　自旋量子数与质量数及核的原子序数的关系

质量数（A）	原子序数（Z）	自旋量子数（I）	举例
偶数	偶数	0	^{12}C，^{16}O，^{32}S
偶数	奇数	整数（1，2，3……）	^{2}H，^{14}N
奇数	奇数或偶数	半整数（1/2，3/2，5/2……）	^{13}C，^{1}H，^{19}F，^{31}P，^{15}N，^{17}O，^{35}Cl，^{79}Br，^{125}I

原子序数等于该原子核内的质子数，相对原子质量等于该原子的质子数和中子数之和。如果质子和中子个数的总和为偶数，I 为 0 或整数（0，1，2，3……），其中质子和中子个数均为偶数者 I 为 0；如果质子和中子个数的总和为奇数，I 为半整数（1/2，3/2，5/2……）。在有机化合物中最常见的 ^{1}H、^{13}C 核及较常见的 ^{19}F、^{31}P 核的自旋量子数 I 为 1/2，并具有均匀的球形电荷分布。这类核不具有电四极矩，核磁共振的谱线窄，能够反映出核之间的偶合裂分，易于检测。自旋量子数 I 为 1 或大于 1 的原子核具有非球形电荷分布，具有电四极矩，导致核磁共振的谱线加宽，反映不出偶合裂分的真实情

况，不利于结构解析。

总之，部分原子核固有的自旋运动特性是使这些自旋核显示磁性，成为核磁共振研究对象的内在根本原因。只有自旋量子数 I>0 的原子核才具有自旋运动特性，具有角动量 P 和核磁矩 μ，显示出磁性，可以成为核磁共振的研究对象，而目前主要研究 I=1/2 的核。

（二）磁性原子核在外加磁场中的行为特性

原子核的自旋运动通常是随机的，因而自旋产生的核磁矩在空间随机无序排列、相互抵消，在一般情况下对外不呈现磁性。但当把自旋核置于外加静磁场中时，核的磁性将会在外加磁场的影响下表现出来。

1. 核的自旋取向、自旋取向数与能级状态　当把自旋核置于外加静磁场中时，在外加磁场强大的磁力作用下，无数个核磁矩 μ 将由原来的无序随机排列状态趋向有序的排列状态，最终使每个核的自旋空间取向被迫趋于整齐有序。

根据量子理论，磁性核在外加磁场中的自旋取向数可按式(4-3)计算。

$$自旋取向数=2I+1 \qquad 式(4\text{-}3)$$

每个自旋取向将分别代表原子核的某个特定的能级状态，并可以用磁量子数 m 来表示，$m=I$，$I-1\cdots\cdots-I$，共有 $2I+1$ 种自旋取向。以有机化合物中常见的 ^{1}H 及 ^{13}C 核为例，因 I=1/2，故自旋取向数 =2×(1/2)+1=2，m=−1/2、+1/2，即有两种自旋相反的取向。如果某个原子核的 I=1，则其 m=−1、0、+1，即有三种自旋取向，以此类推。如图 4-2 所示。

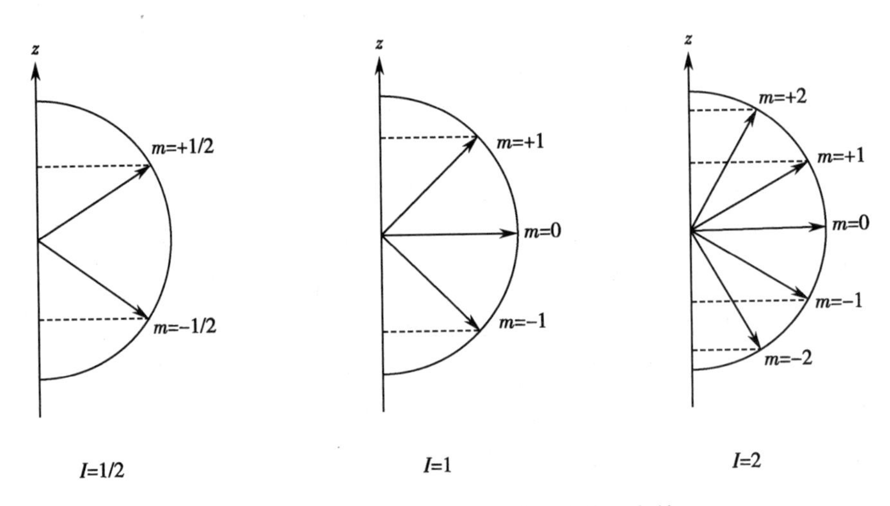

图 4-2　磁性核在外加磁场中的自旋取向数

图 4-3 中，I=1/2 的核的每种自旋取向都有特定的能量，当自旋取向与外加磁场 H_0 方向一致（↑或 α）时，m=+1/2，核处于一种低能级状态，$E_1=-\mu H_0$；相反时（↓或 β），m=−1/2，核则处于一种高能级状态，$E_2=+\mu H_0$。两种取向之间的能级差 ΔE 可用式(4-4)表示。

$$\Delta E=E_2-E_1=2\mu H_0 \qquad 式(4\text{-}4)$$

式中，μ—核磁矩在 H_0 方向的分量；H_0—磁场强度。

式(4-4)表明，核（^{1}H 及 ^{13}C）由低能级向高能级跃迁时需要的能量（ΔE）与外加磁场强度（H_0）及核磁矩（μ）成正比。显然，随着 H_0 增大，发生核跃迁时需要的能量也相应增大；反之，则相应减少。

2. 核在能级间的定向分布与核跃迁　以 I=1/2 的核为例，在外磁场中，核自旋仅能取核磁矩 μ 与外磁场 H_0 方向一致的低能状态（$-\mu H_0$）或相反的高能状态（$+\mu H_0$），形成核自旋的两种能级状态。如果这些核平均分配在高能态和低能状态，就无法实现核磁共振信号的测定。但实际上，在热力学温度零度时，所有氢核都处于低能态，而在常温下两种能态都有核存在，且在热力学平衡条件下自旋核

在两个能级间的定向分布数目遵从 Boltzmann 分配定律，低能态的核数目比处于高能态的核数目多，但由于两个能级之间能差很小（仅百万分之几），这微弱的优势恰恰正是能够检测到核磁共振信号的主要基础。

在一定的条件下，低能态的核能够吸收外部能量从低能态跃迁到高能态，并给出相应的吸收信号即核磁共振信号。

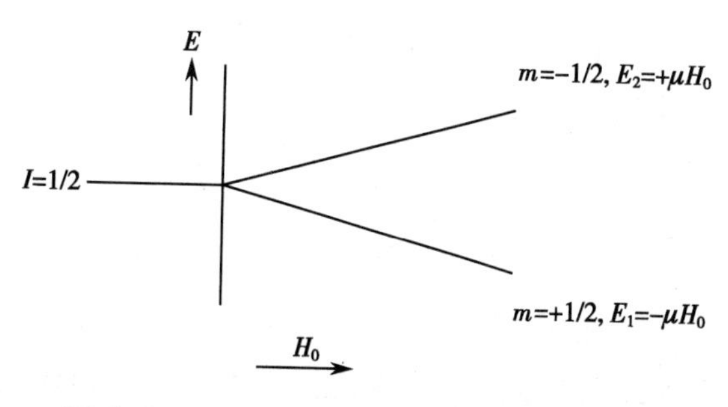

图 4-3　I=1/2 的核在外加磁场中的两种能级

3. 饱和（saturation）与弛豫（relaxation）

如前所述，自旋量子数 I=1/2 的核（^{1}H 及 ^{13}C）在外加磁场中分为 m=+1/2（低能态）及–1/2（高能态）两个能级。在热平衡状态下，处于 +1/2 能级的核数要稍稍多一些，如图 4-4（A）所示。当对此体系采用共振频率的电磁辐射照射时，即发生能量吸收，+1/2 能级的核将跃迁至 – 1/2 能级，如图 4-4（B）所示。

当 +1/2 能级的核与–1/2 能级的核数量相等时，不再吸收能量，这种状态称为饱和，如图 4-4（C）所示。另外，比热平衡状态多的–1/2 能级的核又可通过释放能量回到 +1/2 能级，直至恢复到 Boltzmann 分布的热平衡状态，这种现象称为弛豫，如图 4-4（D）所示。正是核的“弛豫”特性才使得检测核磁共振的连续吸收信号成为可能。

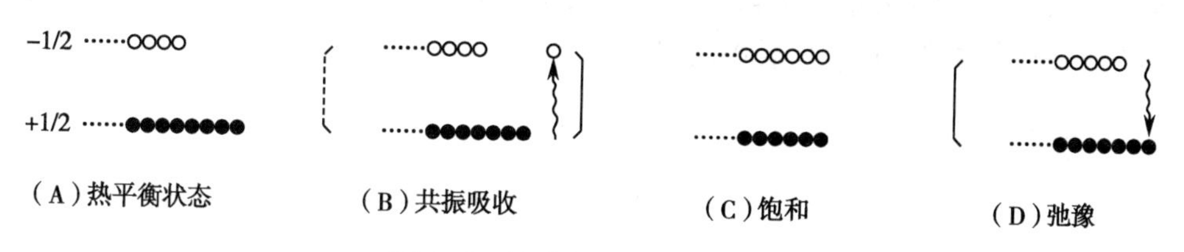

图 4-4　核磁共振过程的示意图

上述“弛豫”过程主要有两种，即自旋-晶格弛豫（spin-lattice relaxation）和自旋-自旋弛豫（spin-spin relaxation）。

自旋-晶格弛豫（又称纵向弛豫）是指处于高能态的核自旋体系与其周围环境之间的能量交换过程。其结果是部分核由高能态回到低能态，核的整体能量下降。

一个体系通过自旋-晶格弛豫过程达到热平衡状态所需要的时间称为自旋-晶格弛豫时间，用 T_1 表示。T_1 越小表明弛豫过程的效率越高，T_1 越大则效率越低。T_1 值的大小与核的种类、样品的状态、温度有关。固体样品的振动、转动频率较小，纵向弛豫时间 T_1 较长，可达几小时。对于气体或液体样品，T_1 一般只有 10^{-4}~10^2 秒。

自旋-自旋弛豫（又称横向弛豫）是指一些高能态的自旋核把能量转移给同类的低能态核，同时一些低能态的核获得能量跃迁到高能态的过程。其结果是各种取向的核的总数并没有改变，核的整体能量也不改变，但是影响具体的（任一选定的）核在高能级停留的时间。自旋-自旋弛豫时间用 T_2 来表示。对于固体样品或黏稠液体，核之间的相对位置较固定，利于核间能量传递转移，T_2 较短，约 10^{-3} 秒；非黏稠液体样品的 T_2 较长，约 1 秒。

4. 核的进动与拉莫尔频率（Larmor frequency）　自旋核形成的核磁矩可以看成是个小磁针，当置于外加磁场中时，将被迫对外加磁场自动取向，并且核会在自旋的同时绕外磁场的方向进行回旋，这种运动称为拉莫尔进动（Larmor procession）或称拉莫尔旋进。如图 4-5 所示，在外加磁场 H_0 作用下，核磁矩 μ 与外加磁场方向呈一夹角（θ）进行拉莫尔进动，这恰与自旋的陀螺在与地球重力场的重力线倾斜时进动的情况相似。

核的进动频率或称拉莫尔频率 ω（Larmor frequency，ω）可用式（4-5）表示。

$$\omega=\gamma H_0/2\pi \qquad 式(4\text{-}5)$$

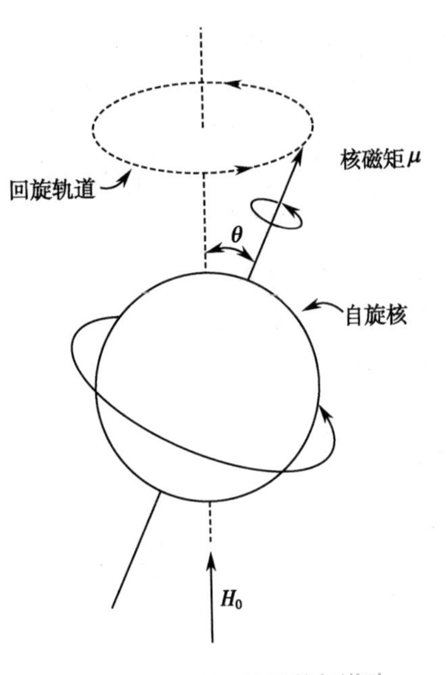

图 4-5　核磁距的拉莫尔进动

二、产生核磁共振的必要条件

已知在外加静磁场中，核从低能级向高能级跃迁时需要吸收一定的能量。通常，这个能量可由照射体系的电磁辐射来供给。对处于进动中的核来说，只有当照射用电磁辐射的频率与自旋核的进动频率（或称拉莫尔频率）相等时，能量才能有效地从电磁辐射向核转移，使核由低能级跃迁至高能级，实现核磁共振。

如图 4-6 所示，具体做法是在与外加磁场垂直的平面上沿 x 轴设置一振荡线圈，由振荡线圈沿其轴心（x 轴）方向施加一直线振荡的磁场（在振荡线圈中施以交变电流即可）。直线振荡的磁场可分解成两个在 xy 平面上回旋的强度相等、方向相反的旋转磁场 H_1。如果在外磁场强度 H_0 保持不变的情况下改变振荡线圈的振荡频率，旋转磁场 H_1 的频率就会随着振荡频率的变化而变化。当旋转磁场 H_1 的频率和方向与核的拉莫尔进动的频率和方向一致时，磁性核即从 H_1 中吸收能量并产生能级跃迁。此时，在 y 轴上的接收线圈就会感应到 NMR 信号。

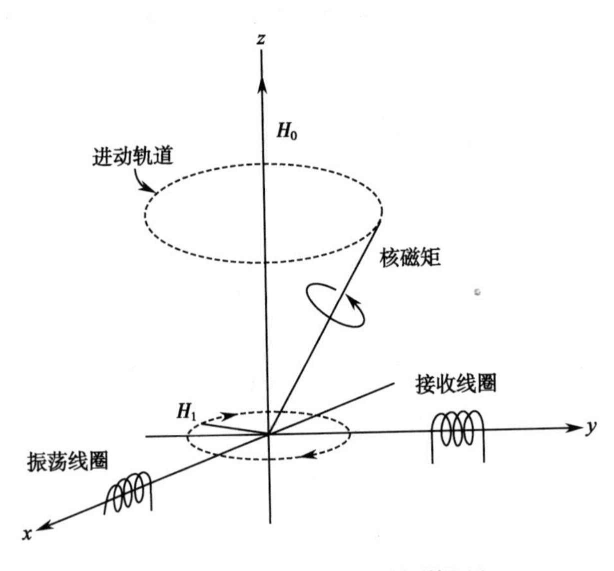

图 4-6　振荡线圈产生旋转磁场 H_1

因为核的跃迁能 $\Delta E=2\mu H_0$，电磁辐射的能量 $\Delta E'=h\nu$，而在发生 NMR 时 $\Delta E=\Delta E'$，故 $h\nu=2\mu H_0$。由此可得到满足核磁共振所需的辐射频率和外加磁场强度之间的关系式：

$$\nu=(2\mu/h)H_0 \qquad 式(4\text{-}6)$$

或

$$H_0=h\nu/2=(h/2\mu)\nu \qquad 式(4\text{-}7)$$

由上可知：

(1) μ 与 h 均为常数，最初实现 NMR 有下列两种方法：①固定外加磁场强度（H_0），逐渐改变电磁辐射频率（ν），处于不同环境的原子核在不同的频率处发生共振，这种方法称为扫频（frequency sweep）；②固定电磁辐射频率（ν），逐渐改变磁场强度（H_0），处于不同环境的原子核在不同的磁场强度

处发生共振，这种方法称为扫场（field sweep）。

（2）对不同种类的核来说，因核磁矩各异（表 4-2），故即使是置于同一强度的外加磁场中，发生共振时所需要的辐射频率也不相同。

以 I=1/2 的 ^{1}H 及 ^{13}C 核为例，两者的核磁矩相差 4 倍（^{1}H 的 μ=2.79，^{13}C 的 μ =0.70），故 ^{1}H-NMR 所需的射频约为 ^{13}C 核的 4 倍。当外加磁场强度（H_0）为 2.35T 时，^{1}H-NMR 所需的射频（ν）为 100MHz，而 ^{13}C-NMR 只需要约 25MHz（表 4-2）。同理，若固定射频（ν），则不同原子核的共振信号将会出现在不同强度的磁场区域。因此，在某一磁场强度和与之相匹配的特定射频条件下只能观测到一种核的共振信号，不存在不同种类的原子核信号相互混杂的问题。

表 4-2　同位素的天然丰度、磁性及共振频率与场强的比较

同位素	天然丰度/%	磁距 μ/β_N	磁旋比 γ/[A·m²/(J·s)]	NMR 频率 ν/MHz	
				H=1.409 2T	H=2.350 0T
^{1}H	99.985	2.79	26.753×10⁴	60.0	100
^{2}H	0.015	0.86		9.21	15.4
^{12}C	98.893	—		—	—
^{13}C	1.107	0.70	6.728×10⁴	15.1	25.2
^{14}N	99.634	0.40			
^{15}N	0.366	−0.283	−2.712×10⁴		
^{16}O	99.759	—		—	—
^{17}O	0.037	−1.89			
^{18}O	0.204	—		—	—
^{19}F	100	2.63	25.179×10⁴	56.4	94.2
^{31}P	100	1.13	10.840×10⁴	24.3	40.5

三、核的能级跃迁

由前述似乎可以得出这样的结论：有机化合物中的同一类磁性核（如 ^{1}H 核）不论其所处的化学环境如何，只要电磁辐射的照射频率相同，共振吸收峰就将出现在同一强度的磁场中。如果是这样，那么 NMR 对有机化学家来说就毫无用处了。事实并非如此，以 CH_4 及 H^+ 为例，CH_4 上的氢核外围均有电子包围，而 H^+ 则可看成一个“裸露的”氢核（当然，这样的氢核实际上不可能存在，只能是以 H_3O^+、RO^+H_2 等形式存在），外围没有电子。实践中发现，核外电子在与外加磁场垂直的平面上绕核旋转同时将产生一个与外加磁场相对抗的第二磁场，如图 4-7 所示。结果对氢核来说，等于增加一个免受外加磁场影响的防御措施。这种作用称为电子屏蔽效应（shielding effect）。CH_4 中的氢核因电子屏蔽效应较大，故实受磁场比外加磁场低；而 H^+ 因电子屏蔽效应较小，故实受磁场比 CH_4 中的氢核高。

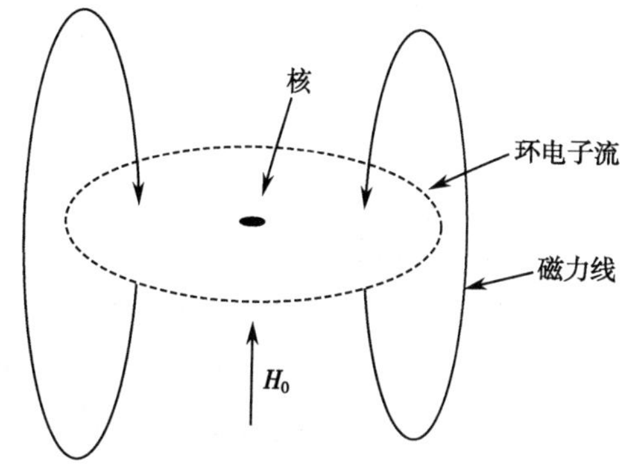

图 4-7　核外电子流动产生对抗磁场

假如用 H_0 代表外加磁场强度，σH_0 代表电子对核的屏蔽效应，H_N 代表核的实受磁场。

则
$$H_N=H_0-\sigma H_0$$

故
$$H_N=H_0(1-\sigma) \qquad 式(4\text{-}8)$$

式中，σ—屏蔽常数（shielding constant）。

屏蔽常数 σ 表示电子屏蔽效应的大小，其数值取决于核外的电子云密度，而后者又取决于其所处的化学环境，如相邻基团（原子或原子团）的亲电能力或供电能力等。例如在 CH_3CH_2Br 分子中，因 Br 的吸电子诱导效应影响，$—CH_2—$上的电子云密度比$—CH_3$ 低，电子屏蔽作用减弱，故$—CH_2—$氢核的实受磁场比$—CH_3$ 高，共振峰将出现在低场，而$—CH_3$ 氢核的共振峰则出现在高场。两者的区别如图 4-8 所示。

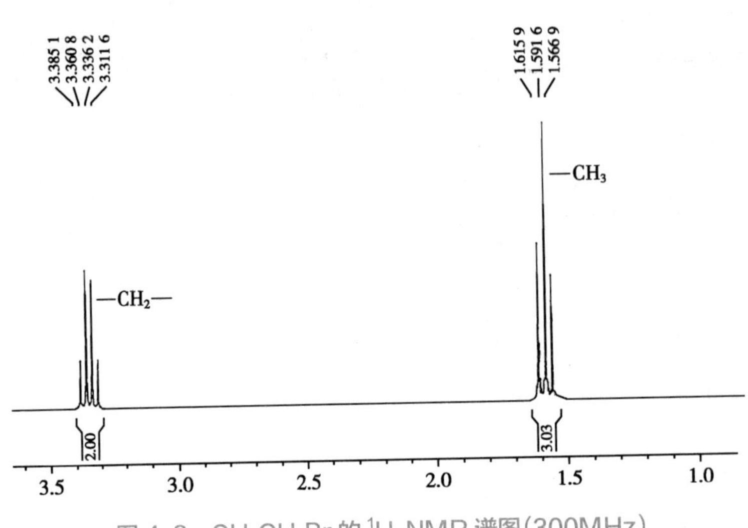

图 4-8　CH_3CH_2Br 的 ^1H-NMR 谱图（300MHz）

显然，核的能级跃迁所需的能量因有无电子屏蔽作用及这种屏蔽作用的强弱而不同。如图 4-9 所示，$I=1/2$ 的核在外加磁场中在有屏蔽效应时两个能级之间的能级差为：

$$\Delta E=2\mu H_N \qquad 式(4\text{-}9)$$

将式（4-8）代入其中，则

$$\Delta E=2\mu H_0(1-\sigma) \qquad 式(4\text{-}10)$$

显然，屏蔽效应越强，核跃迁能越小；反之，则核跃迁能越大。当 $\sigma=0$，即无电子屏蔽效应时，$\Delta E=2\mu H_0$。

因发生 NMR 时，核跃迁能（ΔE）= 照射用电磁辐射能（$\Delta E'$）。

故
$$2\mu H_0(1-\sigma)=h\nu$$
$$H_0=h\nu/[2\mu(1-\sigma)] \qquad 式(4\text{-}11)$$

在有机化合物分子中，即使是同类型的核，每个核也因所处的化学环境不同，而所受的电子屏蔽效应强弱不同（σ 值大小不同）。因此，由式（4-11）可知，即使在同一频率的电磁辐射照射下，同类型的不同核也因所处的化学环境不同而在强度稍有差异的不同磁场区域给出共振信号，从而提供有用的结构信息。当然，屏蔽效应越强，即 σ 值越大，共振信号越在高磁场出现；而屏蔽效应越弱，共振信号越在低磁场出现。图 4-10 为常见不同类型的氢核共振峰位的大致情况，可

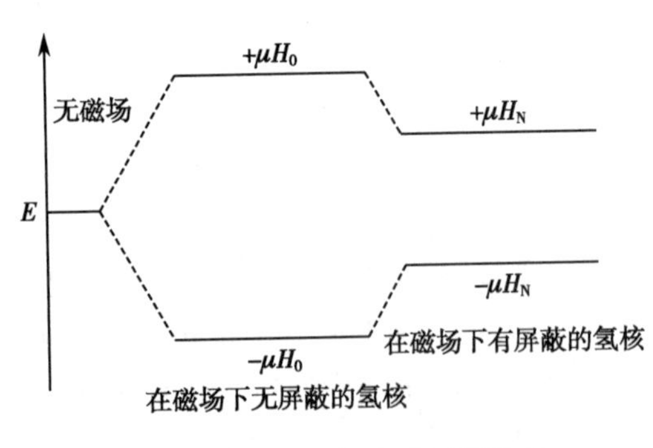

图 4-9　核跃迁与电子屏蔽效应

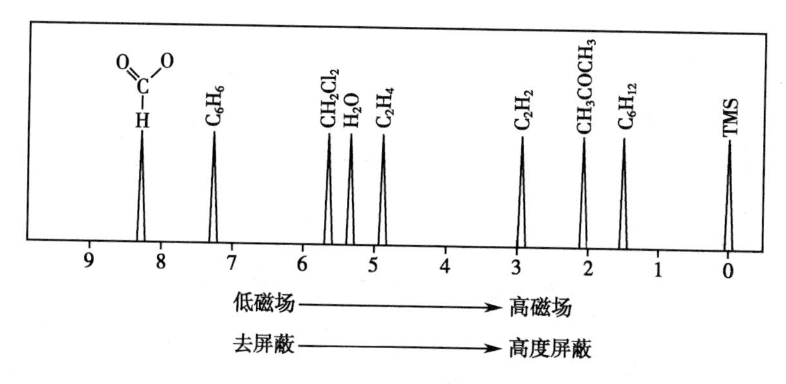

图 4-10　不同类型的氢核共振峰的大致情况

供确定氢核类型时参考。

四、核磁共振仪

核磁共振仪按磁体可分为永久磁体、电磁体和超导磁体。按照射频率可分为 60MHz、100MHz、300MHz、400MHz、600MHz、800MHz 和 900MHz 等。按照射源又可分为连续波核磁共振仪（CW-NMR）和脉冲傅里叶变换核磁共振仪（PFT-NMR）。

（一）连续波核磁共振仪（CW-NMR）

连续波（continuous wave，CW）是指射频频率和外磁场强度是连续变化的，即进行连续扫描，直至被观测的核依次被激发产生核磁共振。

连续波核磁共振仪的组成见图 4-11。

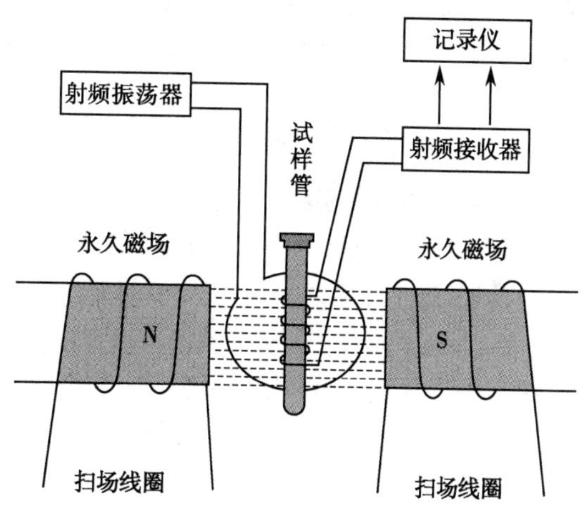

图 4-11　连续波核磁共振仪示意图

1. 磁铁　用来产生一个强的外加磁场，按磁场的种类分为永久磁铁、电磁铁、超导体三种。前两种磁铁的仪器最高可以做到 100MHz，超导磁铁可高达 950MHz。

2. 射频振荡器　用来产生射频。一般情况下射频频率是固定的，在测定其他核如 ^{13}C、^{15}N 时要更换其他频率的射频振荡器。

3. 射频接收器和记录仪　产生核磁共振时，射频接收器能检出被吸收的电磁波能量。此信号被放大后，用仪器记录下来就是 NMR 谱图。

4. 探头和样品管座　射频线圈和射频接收线圈都在探头中。样品管座能够旋转，使样品受到均匀的磁场。

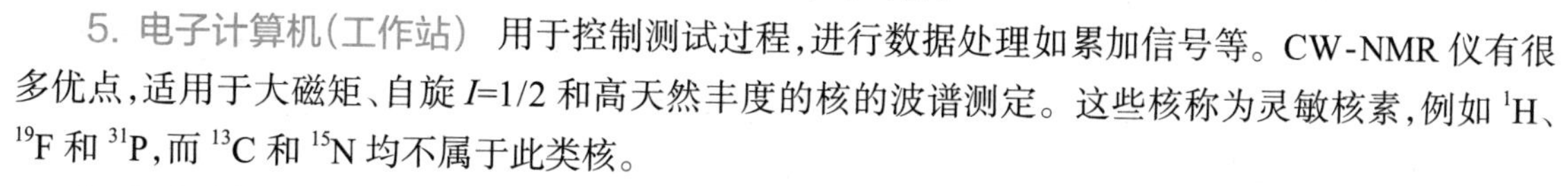

5. 电子计算机（工作站）　用于控制测试过程，进行数据处理如累加信号等。CW-NMR 仪有很多优点，适用于大磁矩、自旋 I=1/2 和高天然丰度的核的波谱测定。这些核称为灵敏核素，例如 ^{1}H、^{19}F 和 ^{31}P，而 ^{13}C 和 ^{15}N 均不属于此类核。

（二）脉冲傅里叶变换核磁共振仪（PFT-NMR）

一般连续波核磁共振仪是在核进动的频率范围内用扫频或扫场的方式来观察 NMR 信号的。由于每一时刻只能观察到一条谱线，所以效率低。为了解决这一问题，目前采用脉冲傅里叶变换核磁共振仪（pulsed Fourier transform NMR spectrometer，PFT-NMR）（图 4-12）。在 PFT-NMR 中采用恒定的磁场，用一定频率宽度的射频强脉冲辐照试样，激发全部欲观测的核，得到全部共振信号。当脉冲发射时，试样中的每种核都对脉冲中的单个频率产生吸收。接收器得到自由感应衰减（free induction decay，FID）信号，这种信号是复杂的干涉波，产生于核激发态的弛豫过程。FID 信号是时间的函数，

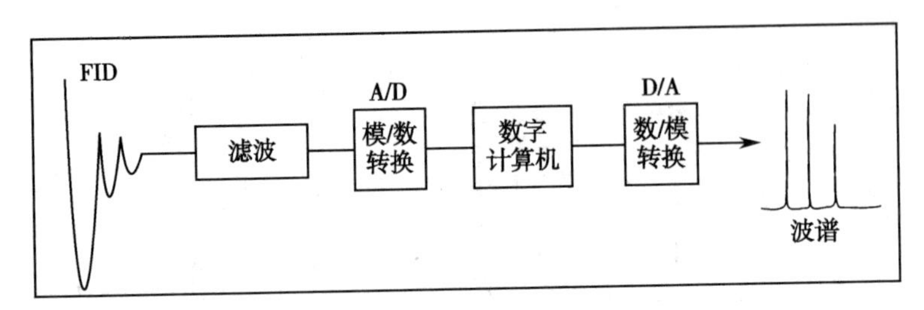

图 4-12 脉冲傅里叶变换核磁共振仪示意图

经滤波、转换数字化后被计算机采集，再由计算机进行傅里叶变换转变成频率的函数，最后经过数模转换器变成模拟量，显示到屏幕上或记录在记录纸上，得到通常的 NMR 谱图。

现在生产的脉冲傅里叶变换核磁共振仪大多是超导核磁共振仪，采用超导磁铁产生高的磁场。超导线圈浸泡在液氦中，为了减少液氦的蒸发，液氦外面用液氮冷却。这样的仪器可以做到 200~900MHz，仪器性能大大提高，但消耗也大大增加。

第二节 氢核磁共振谱的主要参数

氢核磁共振谱（^{1}H-NMR）是目前研究最充分的核磁共振谱，已经总结了很多规律用于化合物的分子结构研究。质子的化学位移和偶合常数反映质子所处的化学环境，即分子的部分结构及其邻近基团的性质。从 ^{1}H-NMR 中可以得到如下结构信息：从化学位移判断分子中存在的基团的类型；从积分曲线计算每种基团中氢的相对数目；从偶合裂分判断各基团之间的连接关系。

一、化学位移及影响因素

（一）化学位移的定义

不同类型的氢核因所处的化学环境不同，共振峰将分别出现在磁场的不同区域。当照射频率为 60MHz 时，这个区域约为（14 092±0.114 1）G，即只在一个很小的范围内变动，故精确测定其绝对值相当困难，而且不同仪器测得的数据难以直接比较。因此，实际工作中多将待测氢核共振峰所在的位置（以磁场强度或相应的共振频率表示）与某基准物质氢核共振峰所在的位置进行比较，求其相对距离，称为化学位移（chemical shift），以 ppm 为单位表示。

$$\delta=[(\nu_{sample}-\nu_{ref})/\nu_0]\times10^6 \qquad 式(4-12)$$

式中，ν_{sample}—试样的吸收频率；ν_{ref}—基准物质氢核的吸收频率；ν_0—照射试样用的电磁辐射频率。

（二）基准物质

理想的基准物质氢核应是外围没有电子屏蔽作用的“裸露”氢核，但这在实际上是做不到的。常用四甲基硅烷（tetramethylsilane，TMS）加入试样中作为内标准应用。TMS 因其结构对称，在 ^{1}H-NMR 中只给出一个尖锐的单峰；加以屏蔽作用较强，共振峰位于高磁场，绝大多数有机化合物的氢核共振峰均将出现在它的左侧，故作为参考标准十分方便。此外，它还有沸点较低（26.5℃）、化学性质不活泼、与试样不发生缔合、易于溶解等优点。

根据国际纯粹与应用化学联合会（IUPAC）的规定，通常把 TMS 的共振峰位规定为 0，待测氢核的共振峰位则按“左正右负”的原则分别用 $+\delta$ 及 $-\delta$ 表示。以 1,2,2-三氯丙烷为例，其 ^{1}H-NMR（60MHz）如图 4-13 所示。

由图 4-13 可见，在 60MHz 仪器测得的 ^{1}H-NMR 谱上，CH_3 的氢核峰位与 TMS 相差 134Hz，CH_2 则与 TMS 相差 240MHz，故两者的化学位移值分别为：

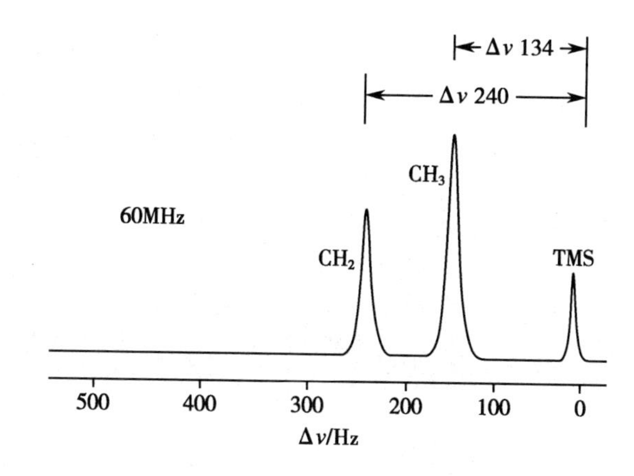

图 4-13　1,2,2-三氯丙烷的 ^{1}H-NMR 谱图(60MHz)

$$\delta(CH_3)=[(134-0)/60\times10^6]\times10^6=2.23$$
$$\delta(CH_2)=[(240-0)/60\times10^6]\times10^6=4.00$$

同一化合物在 100MHz 仪器测得的 ^{1}H-NMR 谱图(图 4-14)上,两者的化学位移值(δ)虽无改变,但它们与 TMS 峰的间隔及两者之间的间隔($\Delta\nu$)却明显增大了,—CH_3 为 223Hz,—CH_2—则为 400Hz。由此可见,随着外加磁场强度的增强和照射用电磁辐射频率的增大,共振峰频率及 NMR 谱中横坐标的幅度也相应增大,但化学位移值并无改变。

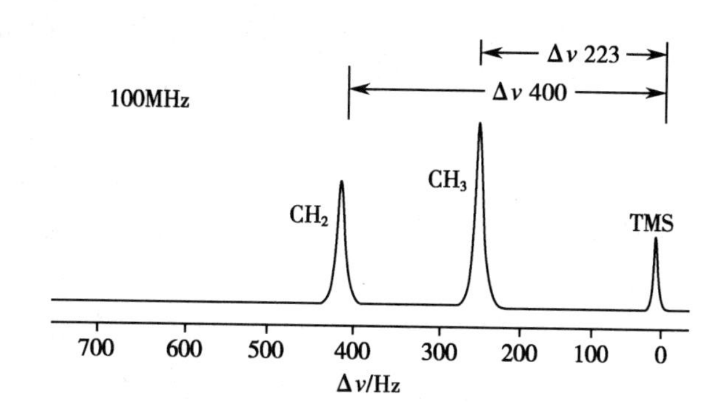

图 4-14　1,2,2-三氯丙烷的 ^{1}H-NMR 谱图(100MHz)

对于糖等水溶性化合物,当测定溶剂采用重水时,可选用 2,2-二甲基-2-硅杂戊烷-5-磺酸钠(DSS)、叔丁醇、丙酮等其他基准物质。另外,苯、三氯甲烷、环己烷等有时也可用作化学位移的参照标准。高温下测定时可用六甲基二硅氧烷(HMDS)。常用的基准物质见表 4-3。

表 4-3　常用的基准物质

缩写	全名	结构式	δ
TMS	四甲基硅烷	$(CH_3)_4Si$	0.00
DSS	2,2-二甲基-2-硅杂戊烷-5-磺酸钠	$(CH_3)_3Si(CH_2)_3SO_3Na$	0.00~2.90*
HMDS	六甲基二硅氧烷	$(CH_3)_3SiOSi(CH_3)_3$	0.04

注:* 除甲基外还出现亚甲基信号。

(三) 化学位移的影响因素

1. 电负性对化学位移的影响　化学位移(δ)受电子屏蔽效应的影响,而电子屏蔽效应的强弱则取决于氢核外围的电子云密度,后者又受与氢核相连的原子或原子团的电负性强弱的影响。相连基团电负性的影响即诱导效应,是通过化学键传递的,相隔的化学键增加,诱导效应减弱。

表 4-4 为与不同电负性基团连接时—CH_3 的氢核的化学位移值。显然，随着相连基团电负性的增加，CH_3 氢核外围的电子云密度不断降低，相应的化学位移值不断增大。当电负性原子与氢核的距离增大时，氢核外围的电子云密度增高，相应的化学位移值减小。当电负性原子增多时，氢核外围的电子云密度降低，相应的化学位移值增大。因此，可根据 ^{1}H-NMR 中共振峰的化学位移数值大体推断氢核所在的碳与何种取代基相连。

表 4-4　取代烃中的取代基对氢核化学位移值的影响

化合物	氢核的化学位移	化合物	氢核的化学位移
$(CH_3)_4Si$	0.0	CH_3NO_2	4.3
$(CH_3)_3Si(CD_2)_2CO_2^-Na^+$	0.0	CH_2Cl_2	5.5
CH_3I	2.2	$CHCl_3$	7.3
CH_3Br	2.6	CH_3CH_2Br	1.6
CH_3Cl	3.1	$CH_3(CH_2)_2Br$	1.0
CH_3F	4.3	$CH_3(CH_2)_3Br$	0.9

2. 磁各向异性效应对化学位移的影响　在 $CH_3—CH_3$、$CH_2═CH_2$ 及 CH≡CH 中，如果仅就电子屏蔽效应而言，理论上根据碳原子的电负性强弱即 sp(CH≡CH) > sp^2($CH_2═CH_2$) > sp^3($CH_3—CH_3$)，将氢化学位移值可排列为 δ(CH≡CH) >δ($CH_2═CH_2$) > δ($CH_3—CH_3$)，然而氢核化学位移值的实际排列顺序却为 δ(═CH_2) > δ(≡CH) > δ(—CH_3)。又如苯的芳香氢核的共振峰应在与烯烃氢核相似的频率处出现，因为两者均为 sp^2 杂化碳上的氢原子。但实际上芳香氢核出现在远比烯烃氢核共振峰低的磁场处，其原因在于化学键尤其是 π 键，因其电子的流动将产生一个小的诱导磁场，并通过空间影响邻近的氢核。在电子云分布不是球形对称时，这种影响在化学键周围也是不对称的，有的地方与外加磁场方向一致，将增强外加磁场，并使该处的氢核共振峰向低磁场方向位移（负屏蔽效应，deshielding effect），故化学位移值（δ ）增大；有的地方则与外加磁场方向相反，将会削弱外加磁场，并使该处的氢核共振峰移向高场（正屏蔽效应，shielding effect），故化学位移值（δ）减小，上述两种效应称为磁各向异性效应（magnetic anisotropic effect）。π 电子环流产生的磁各向异性效应是通过空间传递的，不是通过化学键传递的。

(1) C═X 基团（X═C，N，O，S）中的磁各向异性效应：以烯烃为例，在外加磁场中，双键的 π 电子环流产生的磁各向异性效应如图 4-15 所示。

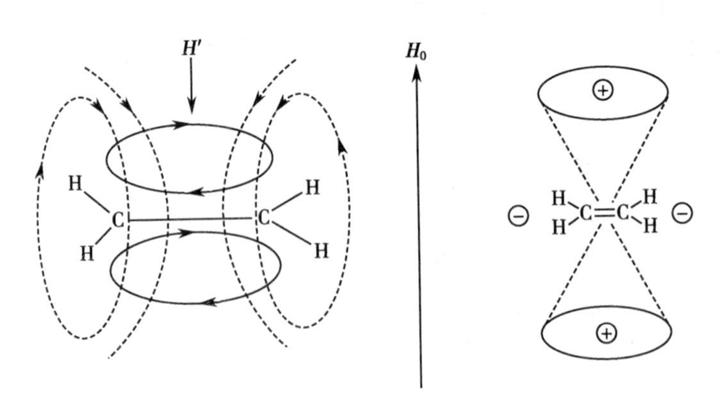

图 4-15　双键的磁各向异性效应

即双键平面的上下方为正屏蔽区(+)，平面周围则为负屏蔽区(－)。烯烃氢核因正好位于 C═C 键 π 电子云的负屏蔽区(－)，故其共振峰移向低场，δ 值较大，为 4.5~5.7。

醛基氢核除与烯烃氢核相同位于双键 π 电子环流的负屏蔽区外，还受相连氧原子的强烈电负性（吸电子诱导效应）的影响，故其共振峰位将移向更低场，δ 值在 9.4~10.0 处，易于识别。

(2) 芳环的磁各向异性效应：以苯环为例，情况与双键类同（图 4-16）。苯环的 6 个 π 电子形成一个首尾闭合的大 π 键。苯环平面的上下方为正屏蔽区，平面周围为负屏蔽区。苯环的氢核因位于负屏蔽区，故共振峰也移向低场，δ 值较大。与孤立的 C═C 双键不同，苯环是环状的离域 π 电子形成的环电流，其磁各向异性效应要比双键强得多，故其 δ 值比一般烯氢更大，为 6.0~9.0。

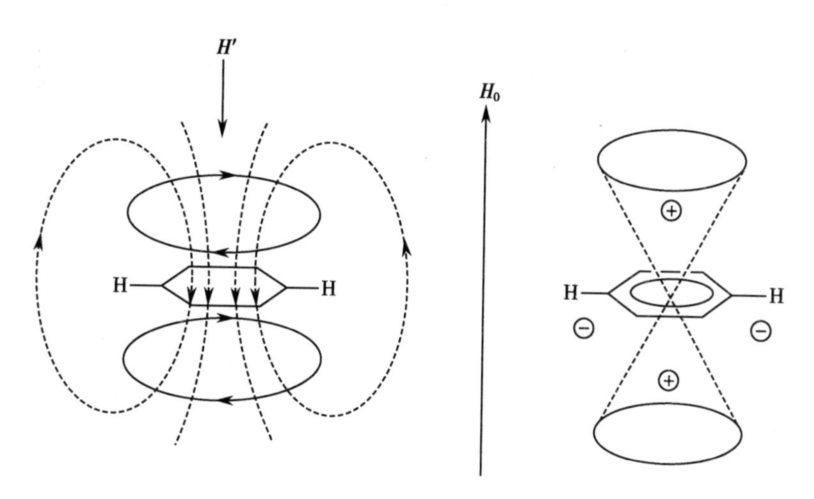

图 4-16　苯的磁各向异性效应

(3) C≡C 三键的磁各向异性效应：炔烃分子为直线型，形成对称的圆筒状的 π 电子环流，其上的氢核正好位于 π 电子环流形成的诱导磁场的正屏蔽区，如图 4-17 所示，故 δ 值移向高场，小于烯氢，为 1.8~3.0。

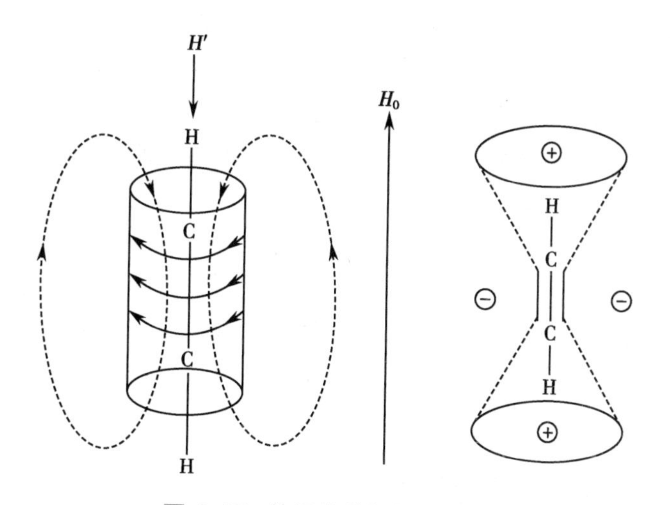

图 4-17　炔烃的磁各向异性效应

(4) 单键的磁各向异性效应：C—C 单键也有磁各向异性效应，但比上述 π 电子环流引起的磁各向异性效应要小得多。

如图 4-18 所示，因 C—C 键为负屏蔽圆锥的轴，故当烷基相继取代甲烷的氢原子后，剩下的氢核所受的负屏蔽效应即逐渐增大，故 δ 值移向低场。

又如环己烷在 −89℃稳定的椅式构象（图 4-19）中，平伏键上的 H_a 及直立键上的 H_b 受 C_1—C_2 及 C_1—C_6 键的影响大体相似，但受 C_2—C_3 及 C_5—C_6 键的影响则并不相同。H_a 因正好位于 C_2—C_3 键及 C_5—C_6 键的负屏蔽区，故共振峰将移向低场，δ 值比 H_b 大 0.2~0.5，结果出现两个峰，如图 4-20(A)所示；

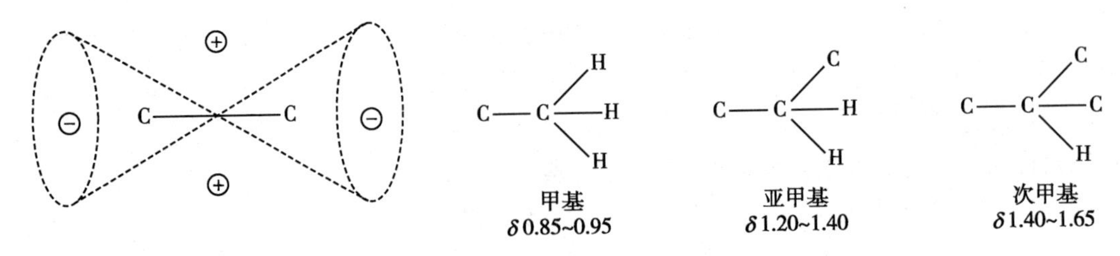

图 4-18　单键的磁各向异性效应

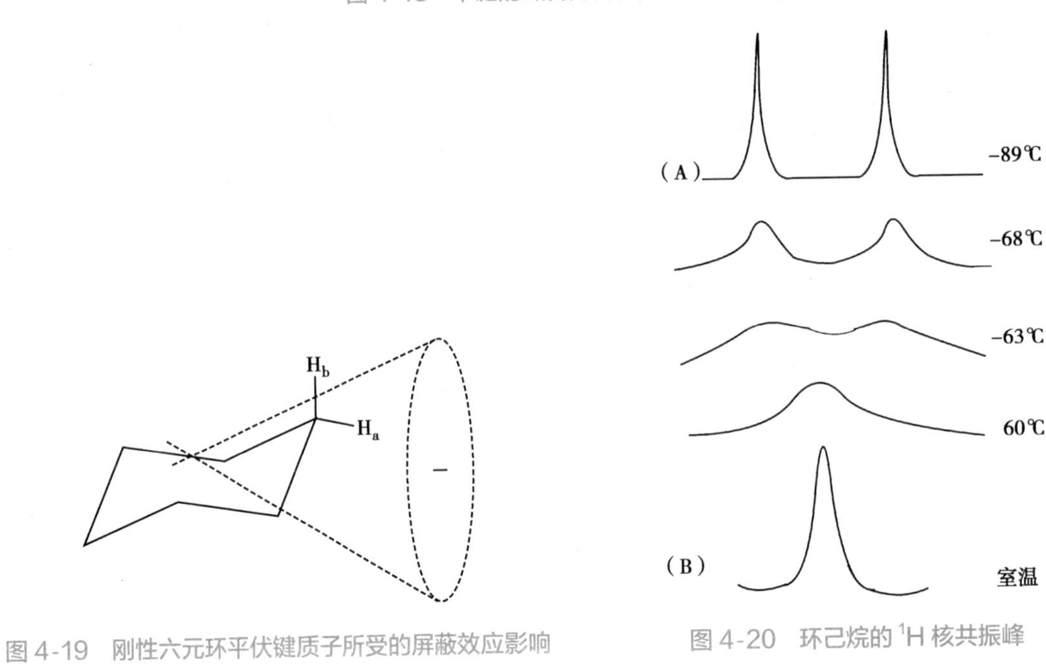

图 4-19　刚性六元环平伏键质子所受的屏蔽效应影响

图 4-20　环己烷的 ^{1}H 核共振峰

但当温度升高至室温时，因构象式之间的快速翻转平衡，将只表现为一个单峰，如图 4-20（B）所示。

3. 共轭效应对化学位移的影响　在具有多重键或共轭多重键的分子体系中，由于 π 电子的转移导致某基团电子云密度和磁屏蔽的改变，此种效应称为共轭效应（conjugated effect，C 效应）。共轭效应主要有 p-π 共轭和 π-π 共轭两种类型，值得注意的是这两种效应的电子转移方向是相反的，所以对化学位移的影响是不同的。例如：

(A) π-π共轭（从β位吸电子）：6.38 H，5.82 H，COOCH₃，H 6.20

(B) p-π共轭（斥电子给β位）：4.74 H，4.43 H，OCOCH₃，H 7.18

(C)：H 5.25

在化合物（B）的结构中，由于 O 原子具有孤对 p 电子，与乙烯（C）双键构成 p-π 共轭，电子转移的结果使 β 位的 C 和 H 的电子密度增加，磁屏蔽也增加，产生正磁屏蔽效应，因而 β 位的 δ 值减小［（C），乙烯的 δ 值为 5.25］；在化合物（A）的结构中，羰基与双键构成 π-π 共轭，电子转移的结果使 β 位的 C 和 H 的电子密度和磁屏蔽也减少，产生去屏蔽效应，因而 δ 值也增加。

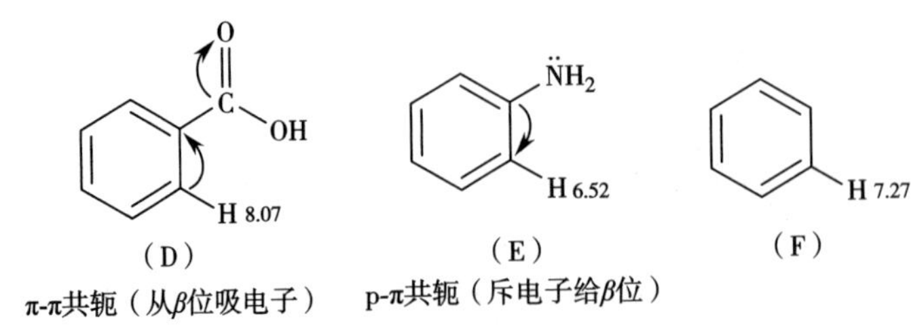

在化合物(E)中具有 p-π 共轭的结构，使邻位 H 的电子密度增加，产生正屏蔽，因而 δ 值减小[(E)，苯的 δ 值为 6.52]。化合物(D)的结构正好与之相反，π-π 共轭的结果使邻位 H 的电子密度减少，产生去屏蔽作用，δ 值增加。当芳环或 C═C 与—OR、—C═O、—NO_2 等吸电子、给电子基团相连时，δ 值发生相应的变化，而且这种效应具有加和性。例如：

OCH_3：6.81、7.11、6.86　　　NO_2：8.21、7.45、7.66

4. 氢核交换对化学位移的影响　有些酸性氢核，如与 O、N、S 等电负性较大的原子相连的活泼氢(—OH、—COOH、—NH_2、—SH 等)，彼此之间可以发生如下所示的氢核交换过程。

$$ROH_{(a)}+R'OH_{(b)} \rightarrow ROH_{(b)}+R'OH_{(a)}$$

交换过程的进行与否及速度快慢对氢核吸收峰的化学位移及峰的形状都有很大的影响。一般来说，交换速度为—OH > —NH_2 > —SH。

以乙酸水溶液为例，乙酸和水的 ^{1}H-NMR 谱模式图分别如图 4-21(A)和(B)所示。与水比较，乙酸—OH 中的氢核吸收出现在强度很低的磁场处，而—CH_3 氢核则出现在较高的磁场处。当两者以 1∶1 等摩尔混合时，如图 4-21(C)所示，—CH_3 峰虽然可以看到，但来自水和乙酸的两种—OH 吸收却看不到了，在相应的两个峰位之间出现一个新峰，该峰代表由乙酸及水中的两种—OH 氢核快速交换所产生的平均峰。

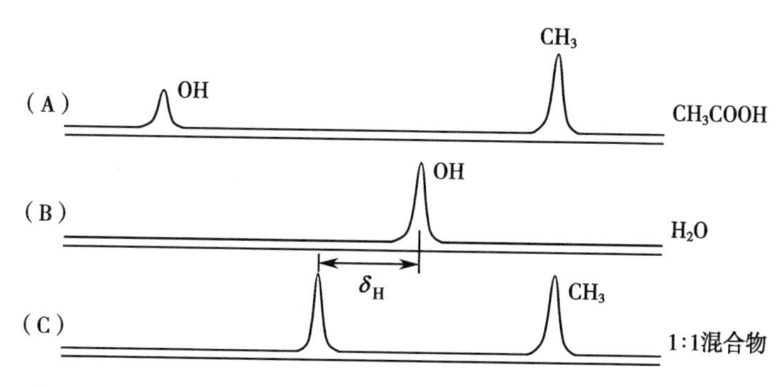

图 4-21　乙酸、水和 1∶1 的乙酸与水的混合物的 ^{1}H-NMR 谱图

通常，由酸性氢核快速交换产生的平均峰的化学位移是两种酸性氢核的化学位移的摩尔平均值。酸性氢核的化学位移是不稳定的，它取决于氢核交换反应是否进行及交换速度的快慢。通常，在系统中加入酸或碱，或者加热，即可对氢核交换过程起催化作用，使交换速度大大加快。

分子中存在的酸性氢核通过加入含有活泼氢的氘代试剂(或在含有活泼氢的氘代试剂中测定)即可以消除。例如利用活泼氢与 D_2O 的 D 核的快速交换，可以方便地确认活泼氢核的存在。在试样中加入重水(D_2O)，使酸性氢核通过下列反应与 D_2O 交换而使其信号得以消除。

$$ROH+D_2O \rightarrow ROD+HOD$$

图 4-22 为加入 D_2O 前[图 4-22(A)]、后[图 4-22(B)]测得的 2,4-二羟基苯乙酮的 ^{1}H-NMR 谱图。加入 D_2O 后从图上消失的信号即为 2,4-二羟基苯乙酮分子中的 OH 信号。

5. 氢键缔合对化学位移的影响　如前所述，当化合物分子中含有—OH、—COOH、—NH、—SH 等活泼氢基团时，这些活泼氢的 δ 值和峰形随测试条件的变化(如温度、浓度、溶剂等)而有较大的变动。例如活泼氢是否出现信号与测试用溶剂的种类有直接关系，通常用惰性溶剂如氘代二甲基亚砜

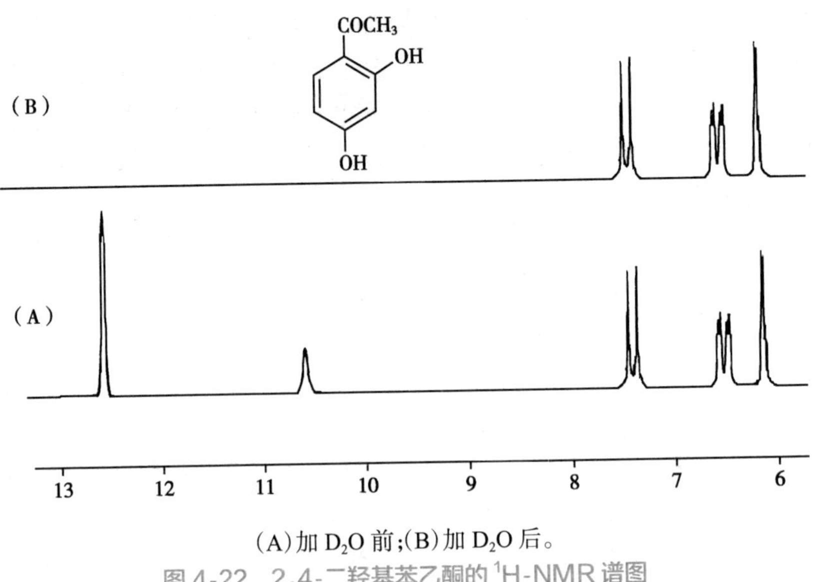

(A)加 D_2O 前;(B)加 D_2O 后。

图 4-22 2,4-二羟基苯乙酮的 ^{1}H-NMR 谱图

(DMSO-d_6)、氘代吡啶(C_5D_5N)、氘代丙酮[$(CD_3)_2CO$,acetone-d_6]等测定时容易观测到活泼 H 信号,还可能出现活泼氢因与相邻碳上的氢之间偶合而产生的裂分峰;用活泼溶剂如重水(D_2O)、氘代甲醇(CD_3OD)测定时不易观测到活泼 H 信号。

氢键的形成将氢核拉向形成氢键的给予体,从而使氢被去屏蔽,如羧酸强氢键的形成使羧基氢的 δ 值超过 10,醇—OH 的 δ 0.5~5。无论分子内还是分子间氢键的形成都使氢受到去屏蔽作用,吸收峰将移向低场,δ 值增大。分子间氢键的形成及缔合程度取决于试样浓度、溶剂性能、温度等。显然,试样浓度越高,则分子间氢键缔合程度越大,δ 值也越大。而当试样用惰性溶剂稀释时,则因分子间氢键缔合程度降低,吸收峰将相应向高场方向位移,故 δ 值不断减小。温度的变化也会影响相应氢核的化学位移,高温下分子热运动加剧,不利于氢键的形成。以苯酚为例,在溶液中存在下列平衡。

$$2C_6H_5OH \rightleftharpoons C_6H_5OH—\underset{}{\overset{H}{\overset{|}{O}}}—C_6H_5$$

未缔合　　　　氢键缔合

如表 4-5 所示,在 CCl_4 中测定苯酚的 ^{1}H-NMR 谱时,苯基吸收始终表现为一组多重峰,位于 δ 7.0 左右,而酚羟基的吸收则因在氢键缔合及非缔合形式之间建立的快速平衡,将表现为一个单一的共振峰,且峰位随着惰性溶剂(CCl_4)的不断稀释而移向高场。

表 4-5 在 CCl_4 溶液中不同浓度的苯酚羟基的化学位移值

苯酚浓度	100%	20%	10%	5%	2%	1%
δ_{OH}	7.45	6.75	6.45	5.96	4.89	4.35

除分子间氢键外,分子内氢键的形成也对氢核的化学位移有很大的影响。例如 β-二酮有酮式和烯醇式两种互变异构体,其烯醇式结构由于能形成共轭六元环分子内氢键,故其烯醇质子的化学位移很大,可以达到 δ 16.0 左右。因此,乙酰丙酮和二苯甲酰甲烷的烯醇式羟基上氢核的共振峰分别位于 δ 15.0 和 16.6 处。

例如木犀草素-7-O-β-D-葡萄糖苷的 ^{1}H-NMR 谱图（在氘代二甲基亚砜中测定）中，5-OH（δ 13.0）由于和 4-位羰基形成分子内氢键，相对于 3′-OH（δ 9.4）和 4′-OH（δ 10.0）出现在更低场；同样，在大黄素的结构中有三个羟基，两个 α-OH（δ 12.0、12.1）均与羰基形成氢键，故比 β-OH（δ 10.2）出现在更低场（在氘代丙酮中测定）。

木犀草素-7-O-β-D-葡萄糖苷　　大黄素

对于分子内氢键缔合，浓度的变化并不影响形成氢键的两个基团的碰撞概率，故对氢键强度的影响甚微，据此可与分子间氢键缔合相区别。但温度升高将使基团的振动加剧，不利于氢键的形成，因此随温度升高，活泼氢的化学位移将向高场移动。在低温下活泼氢与邻近质子有偶合会产生信号峰的裂分，但在常温下一般不考虑活泼氢与其他质子的偶合。

除上述几种主要影响因素外，氢核的化学位移还可能受其他一些因素的影响，如溶剂效应及试剂位移、分子内范德华力、不对称因素等，有些以后还会介绍。

（四）化学位移与官能团类型

综上所述，各类型氢核因所处的化学环境不同，共振信号将分别出现在磁场的某个特定区域，即具有不同的化学位移值，故由实际测得的化学位移值可以帮助推断氢核的结构类型。常见的重要类型氢核的化学位移值如表 4-6 所示。

—OH、—NH—、—SH 的氢核的化学位移值受溶剂及温度、浓度的影响较大，并可因加入重水而消失。它们的一般特征如表 4-7 所示。

以上只是一个大致范围。现在，在大量实践与统计的基础上，已经积累了许多经验规律。以烯烃为例，其上氢核的化学位移值（δ_{H}）可按下列公式，参照表 4-8 进行计算。

$$\delta_{H}=5.28+Z_{gem}+Z_{cis}+Z_{trans}$$

其中，Z_{gem}、Z_{cis} 及 Z_{trans} 分别为处于偕位、顺式或反式位上的取代基对烯氢化学位移的影响。

例如某烯烃化合物除 C═C 双键外，其上的四个基团分别为—H、—CH_3×2 及—Cl，^{1}H-NMR 上于 δ 5.78 处有一烯氢信号，试推测其结构式。

解：上述四个基团可能排列出下列三种结构。

（A）　　（B）　　（C）

表 4-6　不同类型氢核的化学位移值(δ)的大致范围

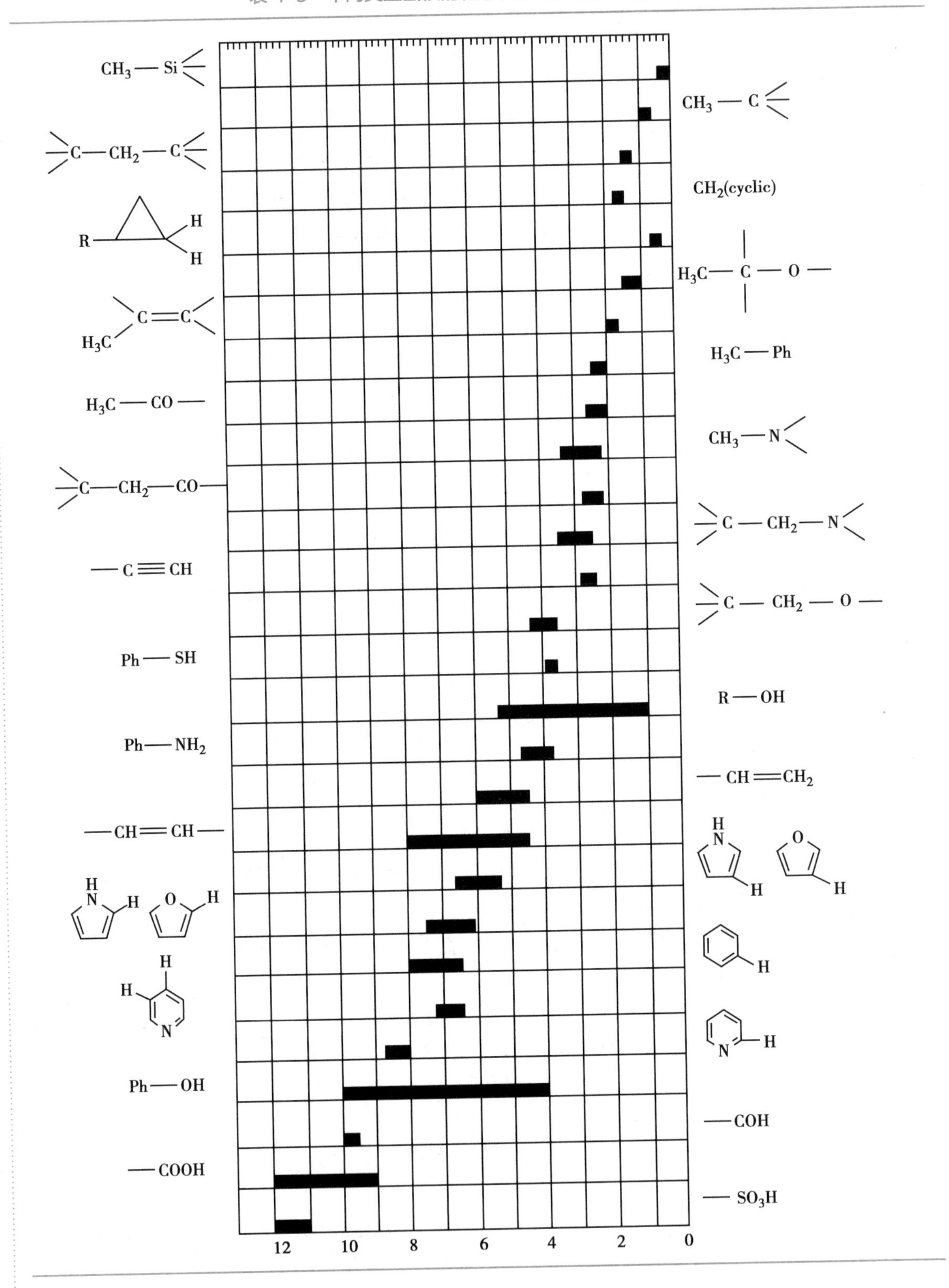

表 4-7　—OH、—NH—、—SH 的氢核的化学位移值范围及特征

基团	δ	特征
ROH	0.5~5.0	烯醇的化学位移值较大，可达 11.0~16.0，易形成宽峰
ArOH	4.0~10.0	形成分子内氢键时可移至 12.0 左右
RCOOH，ArCOOH	10.0~13.0	通常矮宽
RNH_2，RNHR′	0.4~3.5	通常矮宽
$ArNH_2$，ArNHR′	3.5~6.0	通常矮宽，位移也大
$RCONH_2$，RCONHR′	5.0~8.5	通常矮宽而无法观测
RCONHCOR′	9.0~12.0	矮宽
RSH	1.0~2.0	矮宽
ArSH	3.0~4.0	矮宽
═NOH	10.0~12.0	通常矮宽

表 4-8　取代乙烯上的取代基对烯氢化学位移的影响

取代基	取代基位移值			取代基	取代基位移值		
R	*gem*	*cis*	*trans*	R	*gem*	*cis*	*trans*
—H	0	0	0	$\diagdown$N$\diagup$ | —C═O	1.37	0.93	0.35
—R	0.44	−0.26	−0.29				
$—CH_2O$，$—CH_2I$	0.67	−0.02	−0.07	Cl | —C═O	1.10	1.41	0.99
$—CH_2Cl$，$—CH_2Br$	0.72	0.12	0.07				
$—CH_2S$	0.53	−0.15	−0.15	—OCOR	2.09	−0.40	−0.67
—C≡C—	0.50	0.35	0.10	—Ar	1.35	0.37	−0.10
—C≡N	0.23	0.78	0.58	—Cl	1.00	0.19	0.03
—C═C—	0.98	−0.04	−0.21	—Br	1.04	0.40	0.55
—C═O	1.10	1.13	0.81	$—NR_2$	0.69	−1.19	−1.31
—COOH	1.00	1.35	0.74	| $—NCH_2—$	0.66	−0.05	−0.23
—COOR	0.84	1.15	0.58	—SR	1.00	−0.24	−0.04
H | —C═O	1.03	0.97	1.21	$—SO_2$	1.58	1.15	0.95

按上述公式计算得:

$$\delta(H_a)=5.28+0.44\ [Z_{gem}(CH_3)]+0.19\ [Z_{cis}(Cl)]-0.29\ [Z_{trans}(CH_3)]=5.62$$

$$\delta(H_b)=5.28+0.44\ [Z_{gem}(CH_3)]-0.26\ [Z_{cis}(CH_3)]+0.03\ [Z_{trans}(Cl)]=5.49$$

$$\delta(H_c)=5.28+1.00\ [Z_{gem}(Cl)]-0.26\ [Z_{cis}(CH_3)]-0.29\ [Z_{trans}(CH_3)]=5.73$$

显然,$\delta(H_c)$与给出的条件最为相符,故结构式(C)应为该化合物的正确结构。

二、峰的裂分及偶合常数

(一)峰的裂分

在 ^{1}H-NMR 谱图上,共振峰并不总表现为一个单峰,而是二重峰、三重峰、四重峰或多重峰。以 CH_3 及 CH_2 为例,在 $ClCH_2C(Cl)_2CH_3$ 中(图 4-13)都表现为一个单峰,但在 CH_3CH_2Br 中(图 4-8)却分别表现为相当于三个氢核的一组三重峰(CH_3)及相当于两个氢核的一组四重峰(CH_2),这种情况称为峰的裂分现象。

1. 共振峰裂分的原因 相邻的两个(组)磁性核的共振峰发生裂分是由它们之间的自旋-自旋偶合(spin-spin coupling)或自旋-自旋干扰(spin-spin interaction)引起的。为了简化起见,先以 HF 分子为例说明如下。

氟核(^{19}F)的自旋量子数 I 等于 1/2,与氢核(^{1}H)相同,在外加磁场中也应有两个方向相反的自旋取向。其中,一种取向与外加磁场平行(自旋↑或 α),m=+1/2;另一取向与外加磁场反平行(自旋↓或 β),m=−1/2。在 HF 分子中,因 ^{19}F 与 ^{1}H 挨得特别近,故 ^{19}F 核的这两种不同的自旋取向将通过键合电子的传递作用,对相邻 ^{1}H 核的实受磁场产生一定影响。如图 4-23 所示。

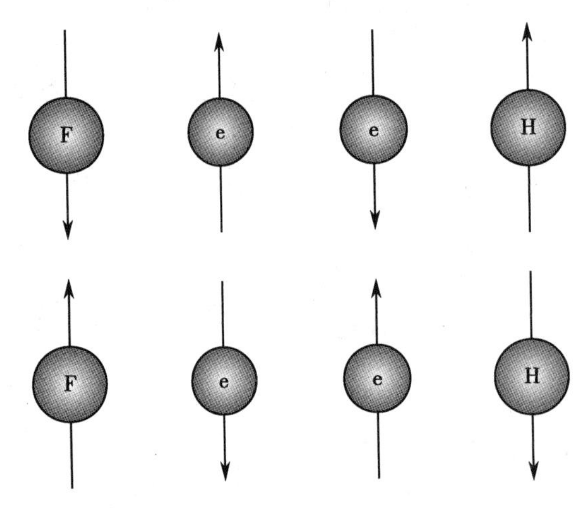

图 4-23 HF 中 ^{19}F 核的不同自旋取向对 ^{1}H 核实受磁场的影响

当 ^{19}F 核的自旋取向为 α(↑)、m=+1/2 时,因与外加磁场方向一致,传递到 ^{1}H 核时将增强外加磁场,使 ^{1}H 核的实受磁场增大,故 ^{1}H 核的共振峰将移向强度较低的外加磁场区;反之,当 ^{19}F 核的自旋取向为 β(↓)、m=−1/2 时,则因与外加磁场方向相反,传递到 ^{1}H 核时将削弱外加磁场,故 ^{1}H 核的共振峰将向高磁场方向位移。由于 ^{19}F 核的这两种自旋取向(↑、↓或 α、β)的概率相等,故 HF 中 ^{1}H 核的共振峰将如图 4-24 所示,表现为一组二重峰(doublet)。该二重峰中分裂的两个小峰面积或强度相等(1 : 1),总和正好与无 ^{19}F 核干扰时未分裂的单峰面积一致,峰位则对称、均匀地分布在未分裂的单峰的左右两侧。其中一个在强度较高的外加磁场区,因 ^{19}F 核的自旋取向为↓(β)、m=−1/2 所引起;另一个在强度较低的外加磁场区,因 ^{19}F 核的自旋取向为↑(α)、m=+1/2 所引起。两个小峰间的距离称为自旋-自旋偶合常数(spin-spin coupling constant),简称偶合常数 J,用以表示两个核之间相互干扰的强度,单位以赫兹(Hz)或 c/s 表示。偶合常数和化学位移、偶合裂分都是结构解析的重要信息。偶合常

数是代表自旋核之间的相互作用的常数，与外加磁场强度无关。相互偶合的自旋核的峰间距相等，即偶合常数相等。

偶合常数 J 的物理意义可用图 4-24 和图 4-25 进一步说明。

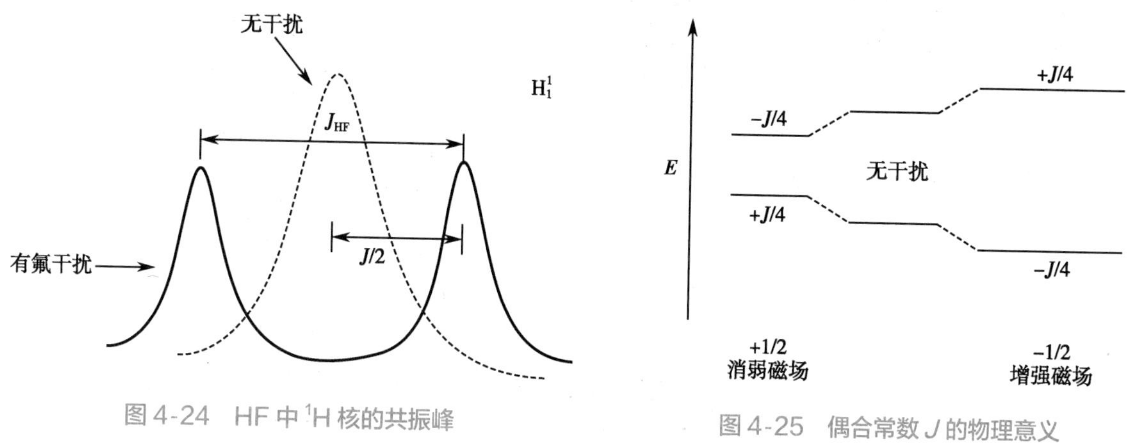

图 4-24 HF 中 ^{1}H 核的共振峰

图 4-25 偶合常数 J 的物理意义

如图 4-25 所示，在 HF 中因有 ^{19}F 核的自旋干扰，^{1}H 核的能级差可增强或削弱 $J/4$，并相应伴有两种类型的核跃迁。与无 ^{19}F 核干扰时相比较，一种类型跃迁将增强 $J/2$ 的能量，另一种类型跃迁则减少 $J/2$ 的能量，两者的能量差为 J。显然，核跃迁能小，H_0 也小，共振峰将出现在低磁场区；核跃迁能大，H_0 也大，共振峰将出现在高磁场区。因此，在 ^{1}H-NMR 谱中，HF 分子中的 ^{1}H 核共振峰将均裂为强度或面积相等的两个小峰，小峰间的距离（偶合常数）为 J_{HF}，位置则正好在无干扰峰的左右两侧（图 4-24）。

同理，HF 中的 ^{19}F 核也会因相邻 ^{1}H 核的自旋干扰，偶合裂分为类似的图形，如图 4-26 所示。但是，如前所述，由于 ^{19}F 核的磁矩与 ^{1}H 核不同，故在同样的电磁辐射频率照射下，在 HF 的 ^{1}H-NMR 中虽可看到 ^{19}F 核对 ^{1}H 核的偶合影响，却不能看到 ^{19}F 核的共振信号。

2. 对相邻氢核有自旋偶合干扰作用的原子核 并非所有原子核对相邻氢核都有自旋偶合干扰作用。I=0 的原子核，如有机物中常见的 ^{12}C、^{16}O 等因无自旋角动量，也无磁矩，故对相邻氢核将不会引起任何偶合干扰。

^{35}Cl、^{79}Br、^{127}I 等原子核虽然 $I \neq 0$，预期对相邻氢核有自旋偶合干扰作用，但因它们的电四极矩（electric quadrupole moment）很大，会引起相邻氢核的自旋去偶（spin decoupling）作用，因此依然看不到偶合干扰现象。

^{13}C、^{17}O 虽然 I=1/2，对相邻氢核可以发生自旋偶合干扰，但因两者的自然丰度比甚小（^{13}C 为 1.1%，^{17}O 仅约为 0.04%），故影响甚微。以 ^{13}C 为例，由其自旋干扰产生的影响在 ^{1}H-NMR 谱中只在主峰两侧表现为“卫星峰”的形式，如图 4-27 所示，非氘代的三氯甲烷常会在其氢信号的两旁看到

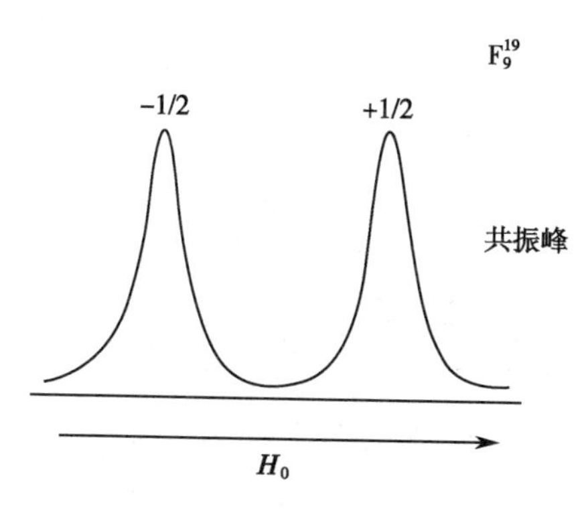

图 4-26 HF 中 ^{19}F 核的共振峰

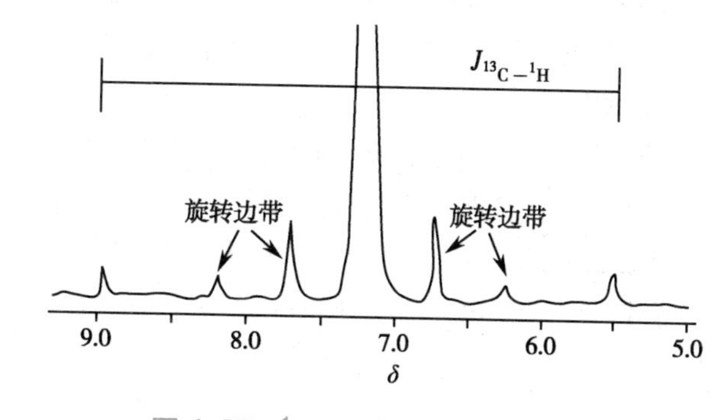

图 4-27 ^{1}H-NMR 谱中的卫星信号

^{13}C-^{1}H 偶合产生的对称 ^{13}C 卫星峰，强度甚弱，常被噪声所掩盖，氢信号两侧的旋转边带是由于试样管旋转所致的受力磁场不均匀引起的。^{17}O 则更是如此，故通常均可不予考虑。当然，在用 ^{13}C、^{17}O 人工标记的化合物中则又另当别论。

氢核相互之间也可发生自旋偶合，这种偶合称为同核偶合(homo-coupling)，在 ^{1}H-NMR 谱中的影响最大。以图 4-28 的结构为例，假定 H_a 及 H_b 分别代表化学环境不同（化学不等价）的两种类型氢核，则两者因相互自旋偶合将分别作为二重峰出现在 ^{1}H-NMR 谱的不同区域。其中，$J_{H_a,H_b}=J_{H_b,H_a}$。

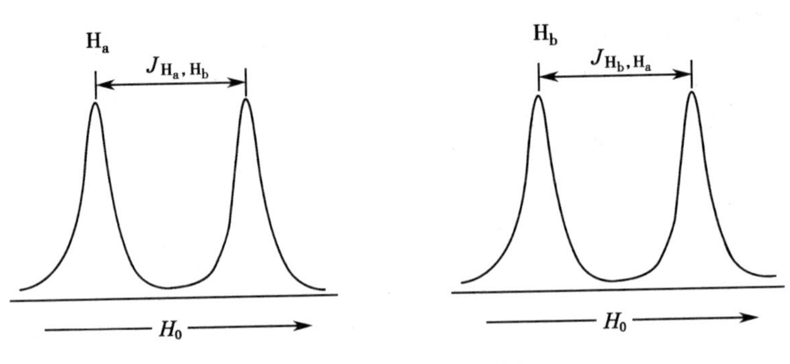

图 4-28　同核偶合裂分

3. 相邻干扰核的自旋组合及对共振峰裂分的影响　对某个（组）氢核来说，其共振峰的裂分或小峰数目取决于干扰核的自旋方式共有几种排列组合。以 1,1,2-三氯乙烷为例，共有 H_a 及 H_b 两种类型氢核。对 H_a 来说，起干扰作用的相邻氢核 H_b 有 2 个。如以"↑"代表 +1/2 自旋，"↓"代表 −1/2 自旋，则它们总共可能有下列 4 种自旋组合，见表 4-9。

表 4-9　1,2,2-三氯乙烷中的 H_b 对 H_a 的综合影响

自旋组合(spin combination)				总的影响(total effect)
		H_{b1}	H_{b2}	
Cl—C(Ha)(Cl)—C(Hb₁)(Cl)—Hb₂	(a)	↑	↑	$J/2+J/2=J$
	(b)	↓	↓	$-J/2+(-J/2)=-J$
	(c)	↑	↓	$J/2+(-J/2)=0$
	(d)	↓	↑	$-J/2+J/2=0$

因(c)、(d)两种自旋偶合给出的综合影响结果相同，故归纳起来只有 3 种，H_a 共振峰将裂分为如图 4-29 所示的相当于一个质子的三重峰。其中，自旋组合的综合影响为 0 时(↑↓及↓↑)得到的小峰面积是另两种自旋组合(↑↑及↓↓)的 2 倍，故小峰的相对面积比为 1∶2∶1。

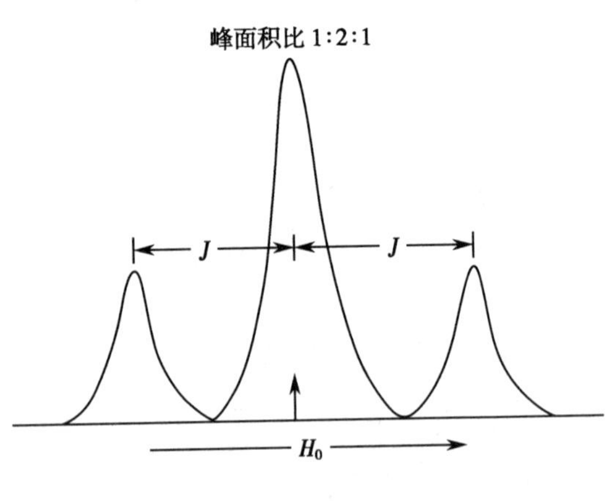

图 4-29　H_a 的共振峰形

同理，对两个 H_b 来说，因为是磁等同氢核，相互之间的自旋偶合不会表现裂分，对它们偶合并使之裂分的只有 H_a，故两个 H_b 将综合表现为相当于两个质子的一组二重峰。见表 4-10 和图 4-30。

表 4-10　1,2,2-三氯乙烷中的 H_a 对 H_b 的综合影响

自旋组合 H_a	总的影响
↑	$+J/2$
↓	$-J/2$

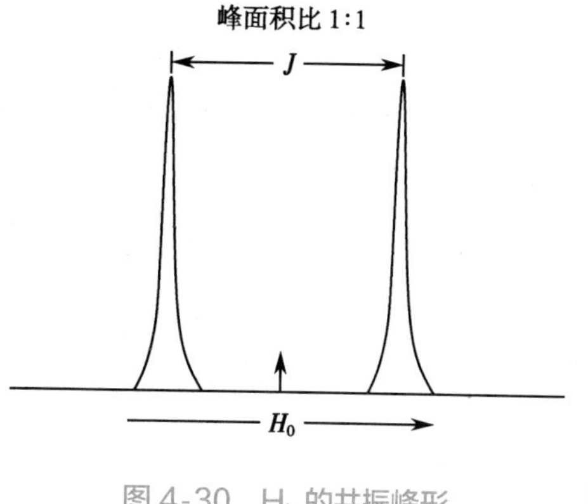

图 4-30　H_b 的共振峰形

综上所述，氢核因自旋偶合干扰而裂分的小峰数（N）可按式（4-13）求算。

$$N=2nI+1 \qquad 式(4\text{-}13)$$

式中，I—干扰核的自旋量子数；n—干扰核的数目。

因氢核的 $I=1/2$，故 $N=n+1$，即有 n 个相邻的磁不等同氢核时将显示“$n+1$”个小峰，这就是“$n+1$”规律。可见，裂分成多重峰的数目和与基团本身的氢核数目无关，而与其邻接基团的氢核数目有关。

另外，共振峰精细结构中小峰的相对面积比或强度可按下列二项式展开后取每项前的系数来表示。

$$(X+1)^m \qquad 式(4\text{-}14)$$

式中，$m=N-1$。

以上规律可用 Pascal 三角图表示，如图 4-31 所示。

n	小峰的相对强度比
0	1
1	1 : 1
2	1 : 2 : 1
3	1 : 3 : 3 : 1
4	1 : 4 : 6 : 4 : 1
5	1 : 5 : 10 : 10 : 5 : 1
6	1 : 6 : 15 : 20 : 15 : 6 : 1

图 4-31　Pascal 三角图（n 为相邻干扰核的数目）

例如在 CH_3CH_2Br 中，试求 CH_3（H_a）及 CH_2（H_b）吸收峰精细结构上的小峰数（N）及各小峰的相对面积比。

解：（1）求 N。

$$N(H_a)=2nI+1=2\times2\times1/2+1=3$$

$$N(H_b)=2nI+1=2\times3\times1/2+1=4$$

（2）求各小峰的相对面积比。

H_a：$(X+1)^2=X^2+2X+1$　　小峰的面积比 =1 : 2 : 1

H_b：$(X+1)^3=X^3+3X^2+3X+1$　　小峰的面积比 =1 : 3 : 3 : 1

综上所述，H_a 将表现为相当于三个氢核的一组三重峰，小峰的相对面积比为 1 : 2 : 1；H_b 则表现为相当于两个氢核的一组四重峰，小峰的相对面积比为 1 : 3 : 3 : 1。如图 4-8 所示。

例如 $CHCl_2CH_2Cl$ 中，试表示其上氢核吸收峰的精细结构及小峰相对强度。

解：上述两组氢核的化学环境不同，间隔又在三个单键以下，故彼此均有自旋干扰，结果如表 4-11 所示。

表 4-11　$CHCl_2CH_2Cl$ 中氢核的相互偶合情况

待测氢核	相邻干扰核	n	N	小峰相对面积比
$CHCl_2$—	—CH_2Cl	2	3	1 : 2 : 1
—CH_2Cl	$CHCl_2$—	1	2	1 : 1

以上结果还可用自旋-自旋偶合图（spin-spin coupling diagram）表示，如图 4-32 所示。

通常，两个（组）相互偶合的信号多是相应的“内侧”峰偏高，而“外侧”峰偏低。如图 4-33 所示。

据此，再结合偶合常数相同等特征，常能有助于识别谱图中的哪些氢核之间发生偶合。但是，在有多重偶合影响时，由于峰的裂分图形非常复杂，故对偶合体系的识别还需要借助各种去偶（decoupling）方法。

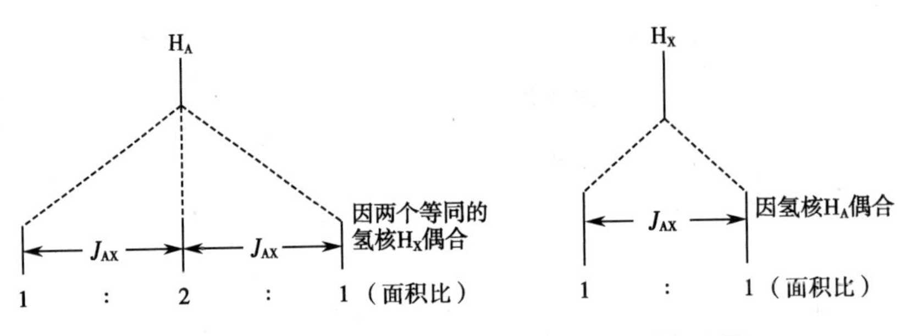

图 4-32 $CHCl_2CH_2Cl$ 中氢核的自旋-自旋偶合图

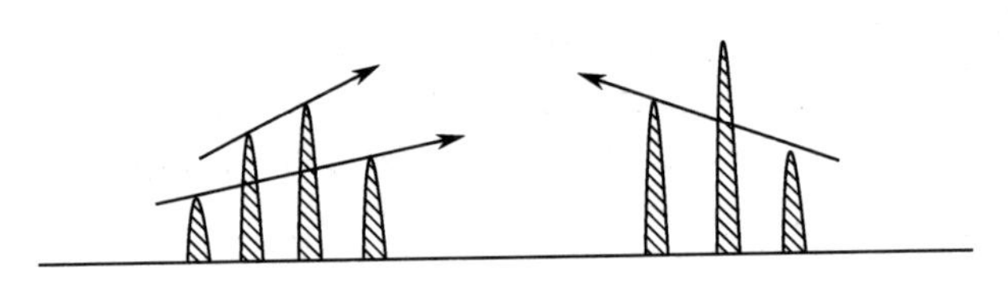

图 4-33 两个互相偶合的信号峰形

（二）偶合常数

两个（组）氢核之间相互偶合产生氢信号裂分，其裂距称为偶合常数（coupling constant），用 J 值表示，单位通常以赫兹（Hz）表示。质子之间的偶合是通过成键电子传递的，相互偶合的质子根据相隔的化学键的数目，偶合常数可表示为 ^2J、^3J、^4J……。

偶合常数的计算方法：常见的氢核磁共振谱中的各个信号峰上标注的是其化学位移值，包括各个裂分小峰的 J 值，因此从谱图中并不能直接看到裂分峰的 J 值。那么 J 值怎样得到呢？根据 J 值的表示方法，知道 J 值可以通过计算得到，即 $J=(\delta_\alpha-\delta_\beta)\times$ 测试仪器的兆数。例如在某化合物中—CH—CH_3 的结构单元中，—CH_3 受—CH—上氢的影响裂分为二重峰，当用 500MHz 的核磁共振仪测定时，其 δ 值分别为 3.808 6 和 3.792 3，计算—CH_3 的 J 值为 (3.808 6−3.792 3)×500=8.15Hz。又如在图 4-34（400MHz）中，该氢为单质子双二重峰（dd），有 2 种偶合常数，计算 J_1 值为（7.153−7.133）×400=8.0Hz，或者（7.149−7.128）×400=8.4Hz，取平均值 8.2Hz；J_2 值为（7.153−7.149）×400=1.6Hz，或者（7.133−7.128）×400=2.0Hz，取平均值 1.8Hz。

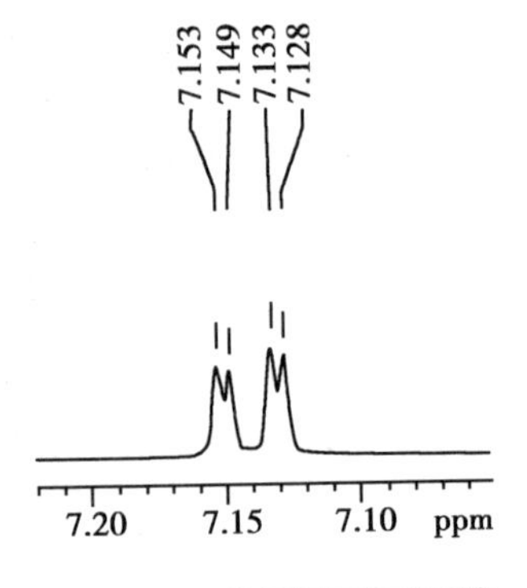

图 4-34 单质子双二重峰（dd）偶合常数的计算

根据 J 值大小可以判断偶合氢核之间的相互干扰强度，推测氢核之间的相互关系；再结合峰的裂分情况、化学位移即可推断化合物中的结构单元。常见的偶合体系如下。

1. 偕偶（geminal coupling） 是指位于同一碳原子上的两个氢核因相互干扰所引起的自旋偶合，也称同碳偶合。偶合常数用 $J_{偕}$（J_{gem}）或 ^2J 表示，一般为负值，双键上的偕偶常数可为正值。自旋偶合是始终存在的，由它引起的峰裂分只有当相互偶合的自旋核的化学位移值不等时才能表现出来。偕偶的偶合常数变化范围较大，并与结构密切相关，通常其绝对值在 0~17Hz。详见表 4-12。

表 4-12 同碳氢核之间的偶合常数

类型	J_{ab}/Hz	类型	J_{ab}/Hz
$>C(H_a)(H_b)$	12.0~18.0	$>C=C(H_a)(H_b)$	0.5~3.0

续表

类型	J_{ab}/Hz	类型	J_{ab}/Hz
H_a, H_b C=N—OH	7.6~10.0 (取决于溶剂)	—N=C H_a, H_b	7.6~17.0
C—C(O) H_a H_b	5.4~6.3	H_a H_b	12.6

2. 邻偶(vicinal coupling)　是指位于相邻的两个碳原子上的两个(组)氢核之间产生的相互偶合,其偶合偶合常数可用 $J_{邻}$(J_{vic})或 ^3J 表示,邻偶偶合常数的符号一般为正值。邻位偶合在氢核磁共振谱中占有突出的位置,常为化合物的结构与构型确定提供重要信息。$J_{邻}$值的大小与许多因素有关,如键长、取代基的电负性、二面角及 C—C—H 间的键角大小等,见表 4-13。

表 4-13　邻碳氢核之间的偶合常数($J_{邻}$,Hz)

类型	J_{ab}	类型	J_{ab}
CH_a—CH_b (自由旋转) H_a H_b	6.0~8.0	H_a H_b (*cis* 或 *trans*)	0.0~7.0
ax.-ax ax.-eq aq.-eq	6.0~14.0 0.0~5.0 0.0~5.0	H_a H_b (*cis* 或 *trans*)	6.0~10.0
H_a H_b (*cis* 或 *trans*)	3.0~5.0	H_a O H_b	4.0
H_b H_a O	2.5	H_a H_b C=C (ring) 3mem. 4mem. 5mem. 6mem. 7mem. 8mem.	 0.5~2.0 2.5~4.0 5.1~7.0 8.8~11.0 9.0~13.0 10.0~13.0
H_a C—CH_b	1.0~3.0	C=CH_a—CH_b=C	9.0~13.0
H_a C=C H_b	12.0~18.0	H_a H_b C=C	6.0~12.0

$J_{邻}$与二面角(ϕ)的关系对决定分子的立体化学结构具有重要意义，并可由下列 Kaplus 公式计算求得。

$$J_{邻}(\mathrm{Hz})=4.2-0.5\cos\phi+4.5\cos2\phi \qquad 式(4\text{-}15)$$

如图 4-35 所示，ϕ=90°时，$J_{邻}$值最小，约为 0.3Hz；而 ϕ 为 0°或 180°时，$J_{邻}$值最大。葡萄糖等多数单糖及它们的苷类化合物中因糖上的 H-2 位于直立键上，故端基上的氧取 β-构型时，端基质子与 H-2 的二面角为 180°，$^3J_{H\text{-}1,H\text{-}2}$ 值为 6~8Hz；取 α-构型时，二面角为 60°，$^3J_{H\text{-}1,H\text{-}2}$ 值为 1~3Hz，如图 4-36(A)所示。对 H-2 位于直立键的吡喃糖可根据 ^{1}H-NMR 谱上测得的端基氢的 $^3J_{H\text{-}1,H\text{-}2}$ 值判断糖的端基构型。但是在甘露糖及鼠李糖苷中，因 H-2 位于平伏键上，在端基为 α-及 β-构型中，两质子的二面角均为 60°，如图 4-36(B)所示，故无法根据 $^3J_{H\text{-}1,H\text{-}2}$ 值进行区别。

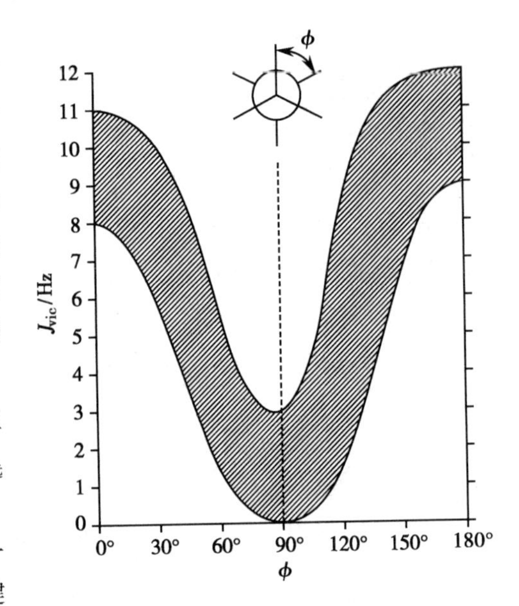

图 4-35　$J_{邻}$与二面角的关系

3. 远程偶合(long range coupling)　是指间隔三根以上的化学键的原子核之间的偶合，其偶合常数用 $J_{远}$表示。远程偶合的作用较弱，偶合常数一般在 0~3Hz。

在饱和化合物中，间隔三根以上的单键时 $J_{远}\approx 0$，一般可以忽略不计。但常可以发现间隔三根以上的化学键的远程偶合。

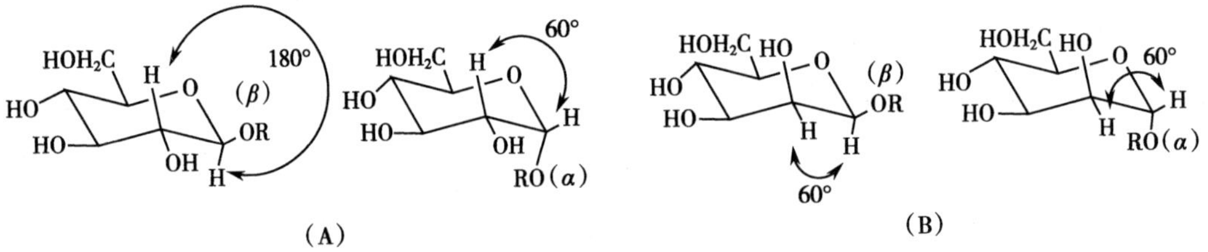

图 4-36　端基氢的 $^3J_{H\text{-}1,H\text{-}2}$ 值与糖苷的构型

(1) 当两个氢核正好位于英文字母“W”的两端时，虽然间隔四根单键，相互之间仍可发生远程偶合。但 J 值很小，仅约为 1Hz，称为 W 型偶合，如图 4-37 所示。

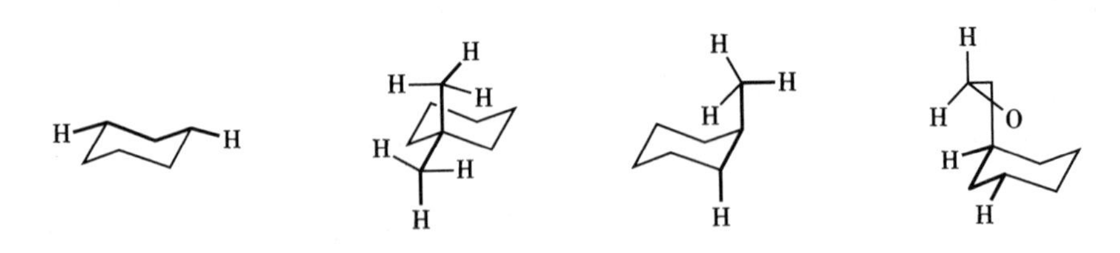

图 4-37　W 型偶合(^4J)

(2) π 系统，如烯丙基、高烯丙基及芳环系统中因为 π 电子的存在，其电子的流动性较大，故即使是间隔四根或五根化学键，相互之间仍可发生偶合，但作用较弱($J_{远}$为 0~3Hz)，见表 4-14。在低分辨 ^{1}H-NMR 谱中多不易观测出来，但在高分辨 ^{1}H-NMR 谱上则比较明显。

表 4-14　π 系统中的远程偶合常数

类型		J_{ab}/Hz	类型		J_{ab}/Hz
H_a, H_b	$J_{邻}$	6.0~10.0	4, 5, 3, 6, N, 2	$J_{2\text{-}3}$	5.0~6.0
	$J_{间}$	1.0~3.0		$J_{3\text{-}4}$	7.0~9.0
	$J_{对}$	0.0~1.0		$J_{2\text{-}4}$	1.0~2.0
				$J_{3\text{-}5}$	1.0~2.0
4, 3, 5, 2, N, H	$J_{1\text{-}2}$	2.0~3.0		$J_{2\text{-}5}$	0.0~1.0
	$J_{1\text{-}3}$	2.0~3.0		$J_{2\text{-}6}$	0.0~1.0
	$J_{2\text{-}3}$	2.0~3.0	4, 3, 5, 2, O	$J_{2\text{-}3}$	1.3~2.0
	$J_{3\text{-}4}$	3.0~4.0		$J_{3\text{-}4}$	3.1~3.8
	$J_{2\text{-}5}$	1.5~2.5		$J_{2\text{-}4}$	0.0~1.0
				$J_{2\text{-}5}$	1.0~2.0
H_a—C=C—CH_b	J_{ab}	0.0~3.0	H_aC—C=C—CH_b	J_{ab}	0.0~3.0
H_a—C=C—CH_b	J_{ab}	0.0~3.0			

（三）自旋偶合系统

1. 磁不等同氢核　分子中相同种类的氢核处于相同的化学环境，其化学位移相同，它们是化学等同的氢核。所谓“磁等同”的氢核，即化学环境相同，且对组外氢核表现出相同偶合作用强度的氢核，相互之间虽有自旋偶合却并不产生裂分；只有那些“磁不等同”的氢核之间才会因自旋偶合而产生裂分。

磁不等同氢核包括：

(1) 化学环境不同的氢核一定是磁不等同的。

(2) 处于末端双键上的两个氢核由于双键不能自由旋转，也是磁不等同的。以 1,1-二氟乙烯为例，H_a 及 H_b 两个氢核虽然在化学上等价，但对两个氟核的偶合作用并不相同。H_a 对 F_1 的偶合为顺式偶合，对 F_2 的偶合为反式偶合；H_b 对 F_1 及 F_2 的偶合则恰好相反。故 H_a 及 H_b 是磁不等同氢核，相互之间也可因自旋偶合而产生裂分。

$$(H_a)(H_b)C{=}C(F_1)(F_2)$$

(3) 若单键带有双键性质时也会产生磁不等同氢核。如在下列酰胺化合物中，因 p-π 共轭作用使 C—N 键带有一定的双键性质，自由旋转受阻，故 N 上的两个 CH_3 氢核也是磁不等同氢核，共振峰分别出现在不同的位置。

$$\text{O=C(H)—}\ddot{\text{N}}\text{(CH}_3\text{(a))(CH}_3\text{(b))} \rightleftharpoons \text{O}^{\delta-}\text{=C(H)=N}^{\delta+}\text{(CH}_3\text{(b))(CH}_3\text{(a))}$$

(4) 与手性碳原子（C*）相连的 CH_2 上的两个氢核也是磁不等同氢核。以 1-溴-1,2-二氯乙烷为例，虽然碳碳单键可以任意旋转，但与 C*（X、Y、Z）相连的 CH_2 上的两个 H 在下列 Newman 投影式表示的任一种构象式中所处的化学环境均不相同，故为非磁等价氢核，化学位移也不相同。如图 4-38 所示。

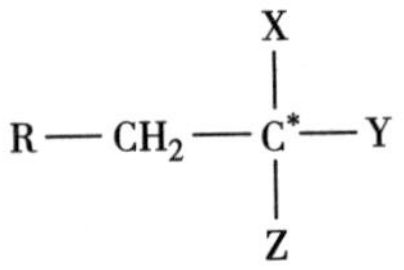

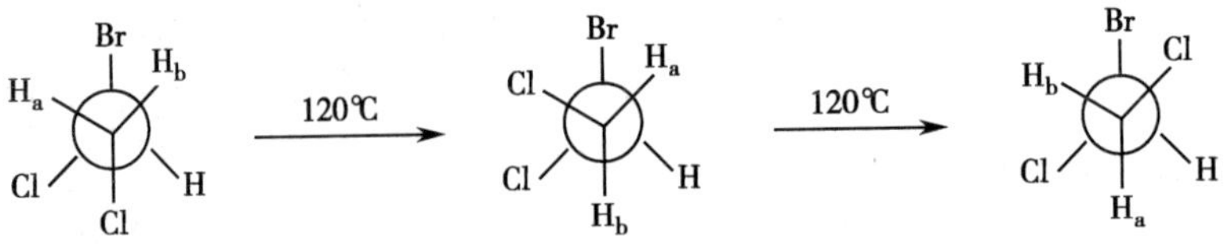

图 4-38　Cl(Br)CH—CH_2Cl 的 Newman 投影式

(5) CH_2 上的两个氢核位于刚性环上或不能自由旋转的单键上，也为磁不等同氢核。

(6) 芳环上取代基的邻位质子也可能是磁不等同的。例如在下列对二取代苯中，H_A 与 $H_{A'}$ 的化学位移虽然相同，但 H_A 与 H_X 是邻位偶合，$H_{A'}$ 与 H_X 则为对位偶合，$J_{H_A,H_X} \neq J_{H_{A'},H_X}$，故 H_A 与 $H_{A'}$ 也为磁不等同。

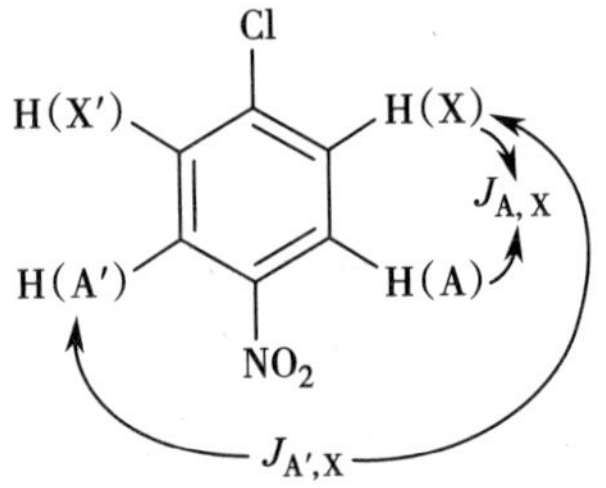

但是，磁不等同氢核之间并非一定存在自旋偶合作用。由于自旋偶合作用是通过键合电子间传递而实现的，故间隔的键数越多，偶合作用越弱。通常，磁不等同的两个(组)氢核当间隔超过三根单键以上时(如下列系统中的 H_a 与 H_b)，相互自旋干扰作用很弱，通常可以忽略不计。

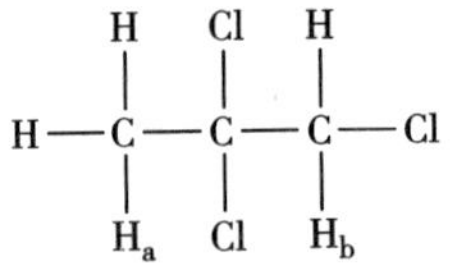

2. 低级偶合与高级偶合　几个(组)相互偶合的氢核可以构成一个偶合系统。自旋干扰作用的强弱与相互偶合的氢核之间的化学位移差距有关。若系统中两个(组)相互干扰的氢核的化学位移差距 Δv(单位为 Hz)比偶合常数 J 大得多，即 $\Delta v/J > 6$ 时干扰作用较弱，称为低级偶合；反之，若 $\Delta v \approx J$ 或 $\Delta v < J$ 时则干扰作用比较严重，称为高级偶合。

(1) 低级偶合系统的特征及其表示方法：低级偶合系统因偶合干扰作用较弱，故裂分的图形比较简单，分裂的小峰数符合 $n+1$ 规律，小峰的面积比大体可用二项式展开后各项前的系数表示，δ 或 v 值可由图上直接读取。低级偶合图谱又称一级图谱。

偶合系统中涉及的氢核用英文字母表上相距较远的字母如 A、M、X 等表示。这里，A、M 及 X 分别代表化学位移彼此差距较大的各个(组)氢核。

常见的低级偶合系统及其特征如表 4-15 所示。

表 4-15　常见的低级偶合系统及其特征

系统名称	实例	引起吸收的氢核数	相邻的干扰氢核数	裂分[a]
A	ns—C(HA)(ns)—ns	1	0	s
A_2	ns—C(HA)(ns)—HA	2	0	s
AX	ns—C(HA)(ns)—C(HX)(ns)—ns	1(HA) 1(HX)	1(HX) 1(HA)	d d
AX_2	ns—C(HA)(ns)—C(HX)(ns)—HX	1(HA) 2(HX)	2(HX) 1(HA)	t d
AMX	ns—C(HA)(ns)—C(HM)(ns)—C(HX)(ns)—ns	1(HA) 1(HM) 1(HX)	1(HM) 2(HA,HX) 1(HM)	d[b] dd d[b]

注：[a] s=singlet(单峰),d=doublet(二重峰),t=triplet(三重峰),q=quartet(四重峰),m=multiplet(多重峰),dd=double doublet(双二重峰);[b] 在用低分辨 NMR 仪测试时，所示 AMX 系统中的 J_{AX}(J_{AX}=J_{XA})可以忽略不计。

此外，还有 A_2X_2、A_3X、A_3X_2 及 AA′XX′等系统。其中，英文字母右下角的数字分别代表该类型的磁等同氢核的数目。在 AA′XX′系统中，AA′及 XX′分别代表化学等同，但磁不等同的氢核。如 1,1-二氟乙烯中的两个氢核及对氯硝基苯中的两组氢核。

(2) 高级偶合系统的特征及其表示方法：在高级偶合中，由于自旋核的相互干扰作用比较严重，故分裂的小峰数将不符合 n+1 规律，峰强变化也不规则，且裂分的间隔各不相等，δ 及 J 值多不能由图上简单读取，而需要通过一定的计算才能求得。

1) 二旋系统(AB 系统)：如表 4-15 所示，在低级偶合的 AX 系统中共有 4 条谱线(图 4-39)，其中 H_A 及 H_X 各有两条线，两线的间隔等于偶合常数 J_{AX} 或 J_{XA}；H_A 及 H_X 的化学位移 $\delta(H_A)$ 及 $\delta(H_X)$ 各位于所属两线的中心；图中 4 条谱线的高度大体相等，即强度比为 1∶1∶1∶1。但在高级偶合的 AB 系统中则不然(图 4-40)，谱线虽然仍为 4 根，即组成两组二重峰，中心点周围的 4 个小峰也大体呈对称分布，但强度并不相等。

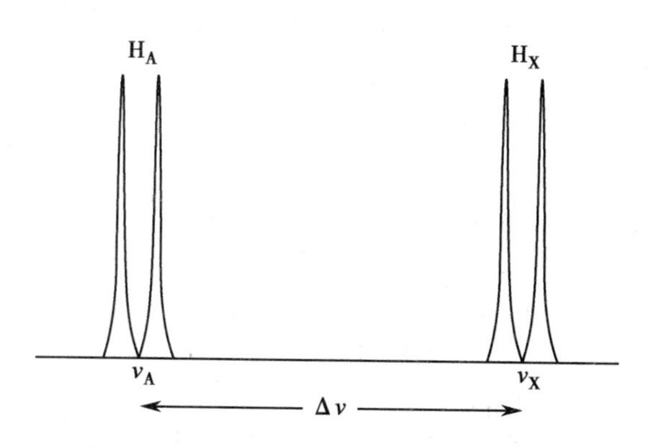

图 4-39　AX 系统的谱图特征($\Delta\nu/J$>6)

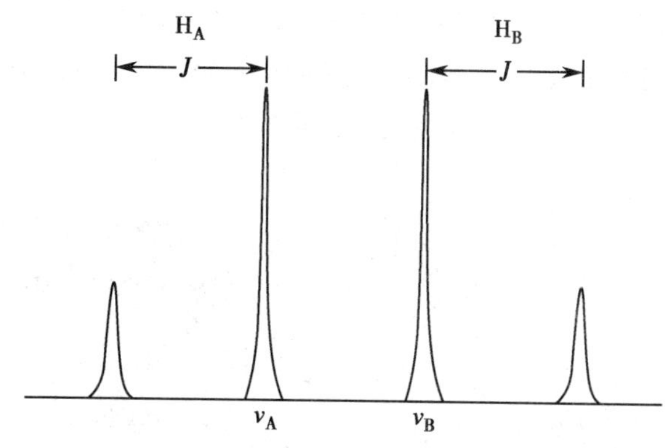

图 4-40　AB 系统的谱图特征($\Delta\nu/J \leq 6$)

如图 4-41 所示，随着 $\Delta\nu_{AB}/J_{AB}$ 值减小，内侧两根谱线的强度逐渐增加，外侧两根谱线的强度相应减弱。此时偶合常数虽仍可由图上直接读得（这一点与 AX 系统一致），但化学位移的差距（$\Delta\nu_{AB}$）却缩小了。有关数据可由下列计算获得。

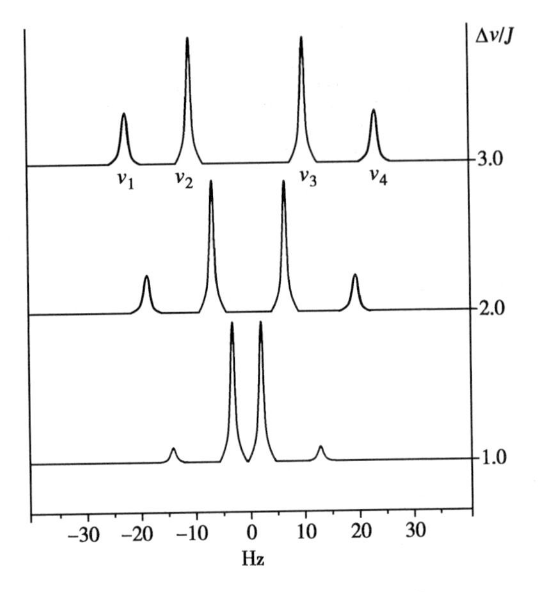

图 4-41　AX 系统→AB 系统

偶合常数：　$J_{AB}=\nu_1-\nu_2=\nu_3-\nu_4$

化学位移差距：　$\Delta\delta_{AB}=\sqrt{(\nu_1-\nu_4)(\nu_2-\nu_3)}$

谱线的相对强度比：$I_2/I_1=I_3/I_4=(\nu_1-\nu_4)/(\nu_2-\nu_3)$

H_A 的化学位移：　$\delta_A=\nu_1-[(\nu_1-\nu_4)-\Delta\nu_{AB}]/2$

H_B 的化学位移：　$\delta_B=\delta_A-\Delta\delta_{AB}$

2）三旋系统（ABX、ABC 系统等）

① ABX 系统：在低级偶合的 AMX 系统中，因三个氢核均为非磁等同氢核，且 $\Delta\nu/J$ 值较大，显示三种化学位移及三种偶合常数（J_{AM}、J_{MX} 及 J_{AX}），故理论上应能给出由 12 个小峰组成的三组双二重峰，如图 4-42 所示。在较低分辨率的 ^{1}H-NMR 谱图上，有时因远程偶合较小，只能看到由两组二重峰（分别为 H_A 及 H_X 给出）及一组双二重峰（H_M）组成的八根谱线。

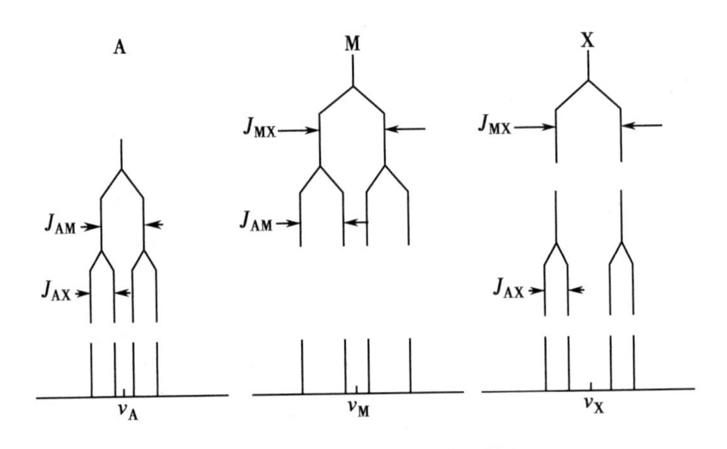

图 4-42　AMX 系统的谱图特征

从 AMX 系统出发，若其中两个氢核的化学位移相距较近时，即构成高级偶合的 ABX 系统。谱线裂分情况与 AMX 系统相似，最多可得 14 条谱线，但因其中两个综合峰（相当于两个核同时跃迁）往往难以观测，通常只显 12 个小峰。其中，氢核 A、B 分别由两组对称的 AB 四重峰所组成，各占四根谱线，它们的相对位置及强度遵从 AB 系统计算公式；而氢核 X 则由 4~6 个小峰组成。有时因部分重叠或简并，ABX 系统显示的小峰数甚至可以少于 12 个。如图 4-43 所示。

能给出 ABX 系统偶合谱图的化合物有 2-氯-3-氨基吡啶、2，3-二氯吡啶等。

H_B　H_A　NH_2　H_X　N　Cl

2-氯-3-氨基吡啶

H_B　H_A　Cl　H_X　N　Cl

2，3-二氯吡啶

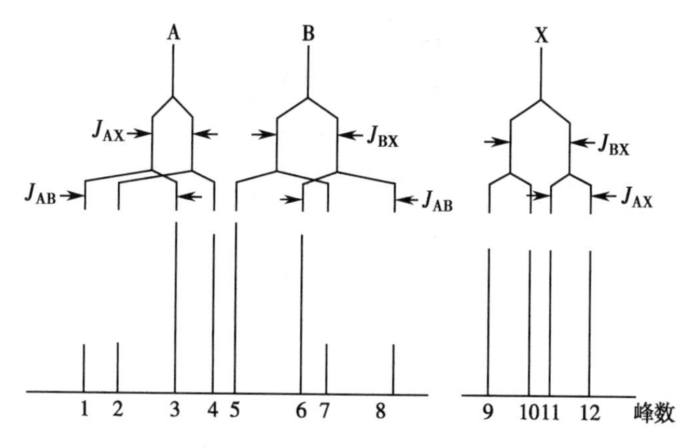

图 4-43　ABX 系统的谱图特征

② ABC 系统：此类系统在有机化合物中比较多见，因 $\Delta\nu_{AB} \approx \Delta\nu_{BC}$，故图形比较复杂，小峰最多可以给出 15 个。如图 4-44 所示，丙烯腈的谱图中给出 14 条谱线。

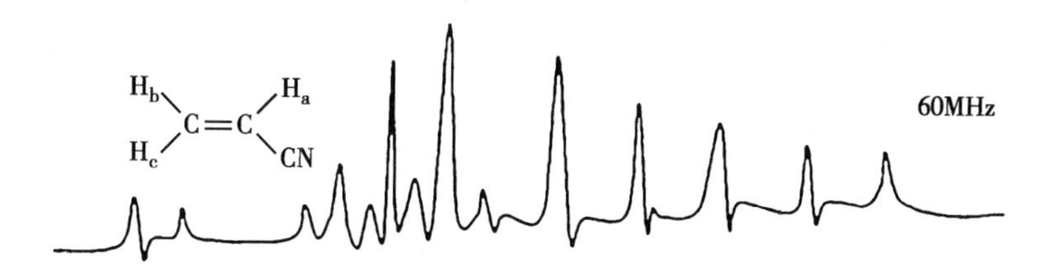

图 4-44　丙烯腈的 ^{1}H-NMR 谱图

单取代乙烯因取代基 R 的性质不同，可能构成 ABX 系统，也可能构成 ABC 系统。苯乙烯、丙烯酸乙酯及氯乙烯等均构成 ABC 系统。

ABX系统　　ABC系统

3）四旋系统（AA′XX′、AA′BB′系统等）：对二取代苯中，取代基邻位上的两个质子为磁不等同氢核（$J_{AX} \neq J_{A'X}$ 或 $J_{AX} \neq J_{AX'}$），构成 AA′XX′ 系统，谱图特征以图 4-45（A）所示的对羟基苯甲酸为例。峰

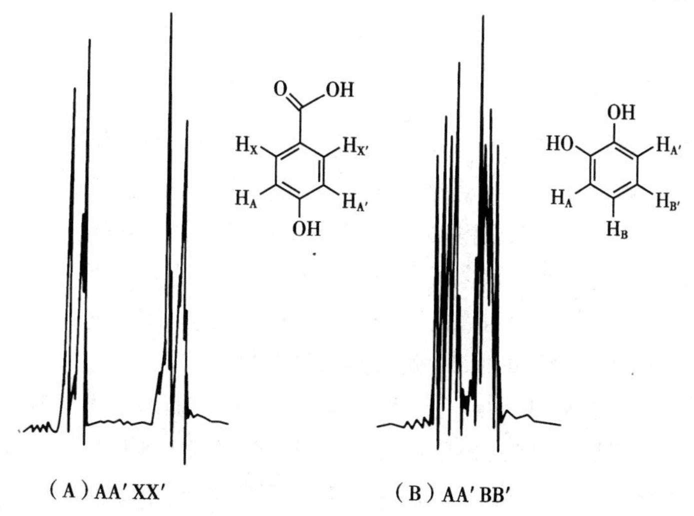

（A）对二取代苯上芳环分子的 ^{1}H-NMR 谱图特征；（B）对称的邻二取代苯上芳环分子的 ^{1}H-NMR 谱图特征。

图 4-45　四旋系统的 ^{1}H-NMR 谱图特征

形表现对称、简单，若仔细观察可见大峰两侧还有一些小的裂分，且峰面积相当于四个氢核。若两个取代基对两组对称取代的四个芳香氢核的影响接近，则AA′XX′系统变为AA′BB′系统。

事实上，对称邻二取代苯上的四个芳香氢核多构成AA′BB′系统，谱图特征如图4-45(B)所示。

ZCH_2CH_2Y 型结构在Newman投影式中可以看到下列三种构象，如图4-46所示，应为AA′XX′系统，但常表现为 A_2X_2 系统的谱图特征。

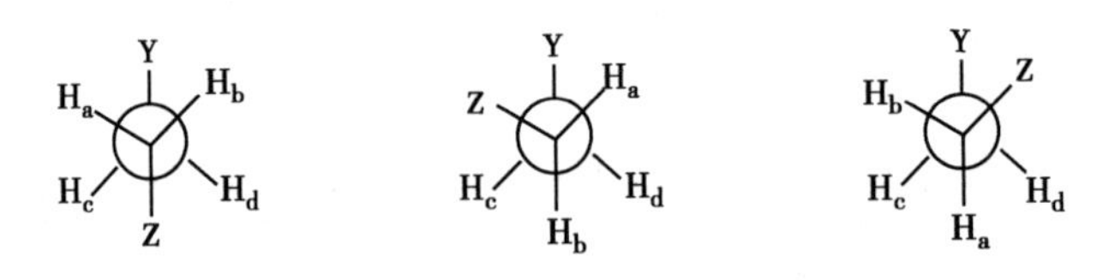

图4-46　ZCH_2CH_2Y 型结构的Newman投影式

以2-二甲氨乙醇基乙酸酯为例，其中的—CH_2CH_2—部分即呈现出AA′XX′或 A_2X_2 系统的谱图特征，如图4-47(A)所示。但当 $\Delta\nu/J$ 值逐渐降低，吸收峰相互靠近时，即变为AA′BB′系统，表现为内侧峰增强，并出现一些新的裂分，外侧峰逐渐减弱，一些裂分可能消失在基线或噪声之中，如图4-47(B)、(C)、(D)所示。若 $\Delta\nu/J$ 值再小，直至2个 CH_2 的化学位移完全相等时，即成为 A_4 系统。

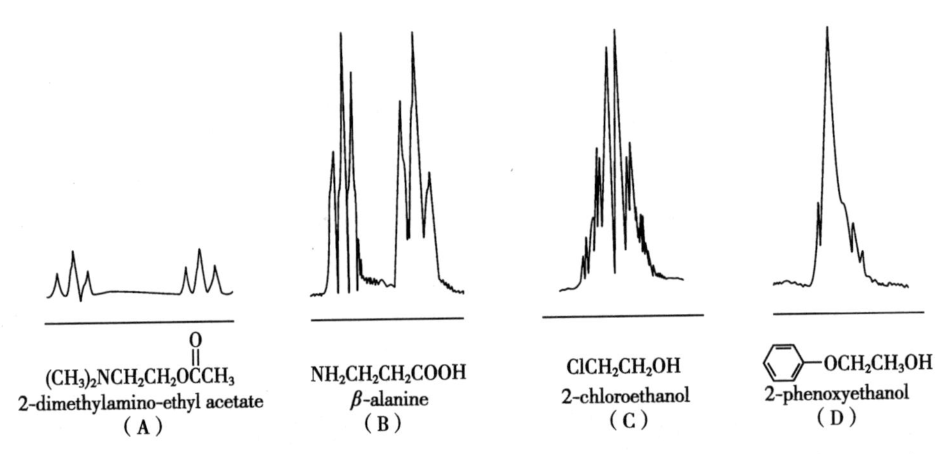

图4-47　ZCH_2CH_2Y 型结构中的AA′XX′系统转变为AA′BB′系统的过程(60MHz)

三、峰面积及氢核数目

在 ^{1}H-NMR谱图上，各吸收峰覆盖的面积与引起该吸收的氢核数目成正比。核磁共振仪都配有自动积分仪，对每组峰的峰面积进行自动积分，在谱中以积分高度或数字显示。积分曲线的总高度(用cm或小方格表示)和吸收峰的总面积相当，即相当于氢核的总个数；而每一阶梯高度则取决于引起该吸收的氢核数目。对于非活泼氢信号而言，通常各组峰的积分面积之比代表相应的氢核数目之比。如图4-48从左至右，两组峰的积分面积之比为2∶3，其氢核数目之比也为2∶3。在分析谱图时，只要通过比较共振峰的面积，就可判断氢核的相对数目；当化合物的分子式已知时，就可求出每个吸收峰所代表的氢核的绝对个数。目前氢核的峰面积已很少采用积分曲线的画法，更多的是利用计算机工作站自动给出积分数值。例如在前述 CH_3CH_2Br 的300MHz ^{1}H-NMR谱图(图4-8)中，工作站的软件系统自动给出各个峰的相对积分数值。此外，在决定峰面积时，同型氢核应当归纳在一起考虑。因此，必须首先学会判断氢核类型是否相同及一个分子中含有几个类型的氢核。

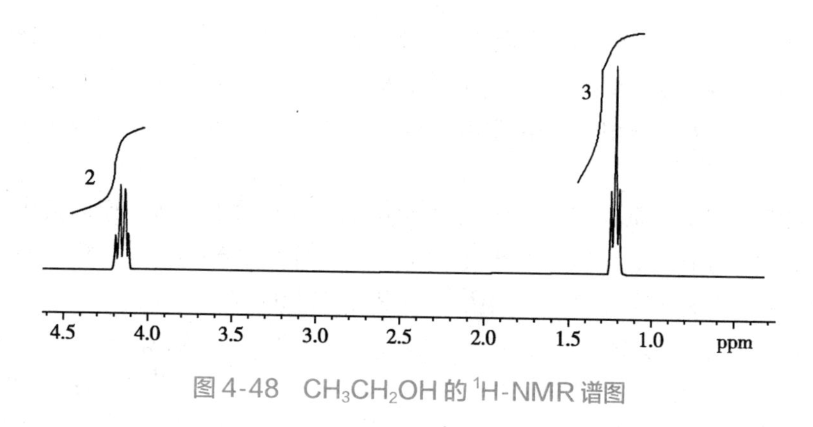

图 4-48　CH_3CH_2OH 的 ^1H-NMR 谱图

第三节　氢核磁共振谱测定技术

一、样品制备

试样纯度须预先进行确认，并注意尽可能把样品干燥好，避免含有较大量的水分或其他有机溶剂，这些都会对测试结果有一定的影响。随后选择适当氘代溶剂溶解样品，在选择氘代溶剂时，试样中的活泼 H 信号有时会与溶剂中的氘发生交换而从谱图上消失，因此在需要观察活泼氢信号的情况下，则要选用不含活泼氢的氘代试剂溶解，如氘代二甲基亚砜、氘代丙酮等。为了测出效果最佳的谱图，配制的样品浓度要适宜，通常在 10~50mmol/L 区间即可，浓度过低或过高都不利于完整氢信号的观察。但对碳核磁共振谱测试则因 ^{13}C 的自然丰度较低，通常是样品浓度越大越好。样品溶液加入试样管中，至液层高 35~40mm，加入 TMS 等基准物质后，加塞并贴上标签待用。

试样管预先用溶剂或洗涤剂洗净，干燥备用；污染严重的试样管可加入浓硫酸洗液浸泡数天后，再洗净、干燥备用。

市售 ^1H-NMR 测定用试样管一般为外径（5±0.01）mm、内径 4.2mm、长 180mm 的硬质细玻璃管，管口可用聚氟乙烯塑料塞塞住。试样量少时，可用图 4-49 所示的底部抬起的管（A）、内套管（B）或小形

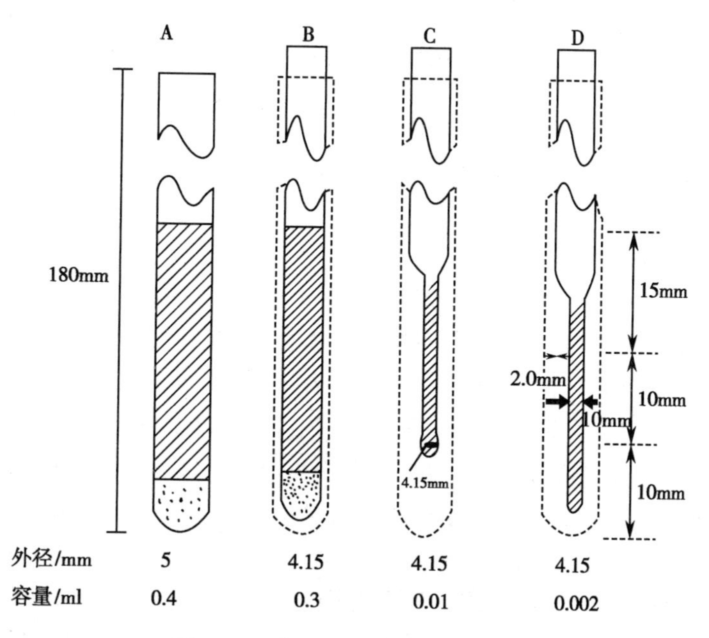

图 4-49　^1H-NMR 测定用试样管

内套管(C)等。另外,试样与基准物质互不混合时,可将基准物质装入毛细管中放入试样管(D)内测试。

溶解试样用的溶剂要求溶解性能强,与试样不发生作用,对试样的谱图不会带来干扰。常用溶剂的性能如表 4-16 所示,实践中可根据试样的溶解度、测定目的、观测范围及测定条件等因素灵活运用。

^{1}H-NMR 测定中多采用氘代溶剂,目的是避免溶剂自身信号的干扰。但因氘代程度难于达到 100%,溶剂中残存的约 1% 的 ^{1}H 信号在谱图上仍可看到,且因化学位移各不相同,将分别出现在不同的位置,如表 4-16 所示,在解析谱图时须注意与试样信号相区别。

测试样品信号的化学位移常因所用的溶剂种类不同而发生改变,故在信号重叠时,有时改变溶剂重新测定,往往会收到意想不到的效果。某些类型的化合物其信号的化学位移有一定的规律,可据以判断取代基的位置。在测定已知化合物时,为了方便与文献数据或标准谱图进行对比,宜尽量选用与文献报道相同的溶剂。

表 4-16 ^{1}H-NMR 谱测定用溶剂及性状

溶剂名称	结构式	bp[a]/℃	mp[a]/℃	^{1}H[a] (δ)	备注
四氯化碳	CCl_4	76.6	−22.6	—	通用
二硫化碳	CS_2	46.5	−112.0	—	通用,用于低温
氘代丙酮	$(CD_3)_2CO$	56.3	−94	2.1	通用,用于极性物质
氘代三氯甲烷	$CDCl_3$	61.2	−63.5	7.3	用于小极性物质
氘代二氧六环	$C_4D_8O_2$	101.4	11.8	3.5	用于难溶性物质
氘代环己烷	C_6D_{12}	80.7	6.5	1.4	用于脂溶性物质
氘代二甲基亚砜	$(CD_3)_2SO$	189	18.5	2.5	用于难溶性物质及高温
重水	D_2O	101.4	1.1	4.7	用于水溶性物质
氘代二氯甲烷	CD_2Cl_2	40.2	−96.8	5.3	用于低温
氘代苯	C_6D_6	80.1	5.5	7.2;7.0	用于芳香物质[c]
氘代吡啶	C_5D_6N	116	−41.8	7.3;8.5	用于芳香物质等
氘代甲醇	CD_3OD	64.7	−97.8	3.3;4.8[b]	通用,用于低温

注:[a] 除 D_2O 外,均为未氘代溶剂的常数;[b] 因溶质而改变;[c] 溶剂中有苯的吸收,应予注意。

因条件限制须委托他人测试时,应向操作者详细介绍有关情况,如溶剂及试样的浓度、基准物质的种类及添加数量、测试目的及测定条件等,以取得较好的结果。

二、高分辨核磁共振技术

^{1}H-NMR 谱中,不同类型的氢核信号分布范围在 δ 0~20(主要在 δ 0~10),加之相互可能偶合裂分,故信号之间有时重叠严重,难以分辨。对初学者来说,从谱图中准确识别出不同类型的氢核自旋偶合系统,判断其信号的化学位移及偶合常数并非易事。这种情况在有高级偶合存在时尤为严重。

前已述及,已知偶合常数(J)是一定值,不受磁场强度的影响,但信号之间的间距则随着外加磁场强度(H_0)的增强而拉大,谱图的分辨率也明显得到提高。故一些原来用低磁场 NMR 仪测定时分离度不好,且可能表现为复杂难辨的高级偶合谱图的试样,在改用强磁场 NMR 仪测定时,因信号之间的分离度得到改善,可能简化为类似于一级偶合的谱图。如图 4-50 所示,(A)为丙烯腈采用 60MHz 的核磁共振仪测得的结果,产生 14 条谱线,各个质子的吸收峰重叠严重,无法分辨;(B)为 100MHz 的核磁共振仪测定的结果,分离度有一定的改善;(C)为 300MHz 的核磁共振仪测定的结果,共产生 12

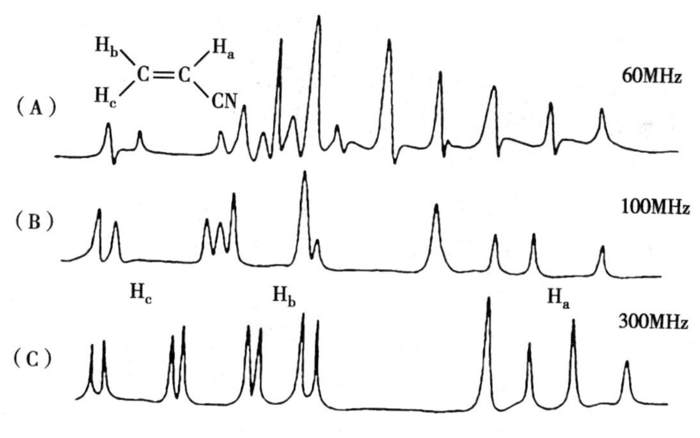

图 4-50　丙烯腈用不同场强的仪器测试的 ^{1}H-NMR 谱图

条谱线，三组氢信号的分离度得到明显改善，识别起来十分容易。

三、去偶试验、核的 Overhauser 效应及去偶差谱

1. 去偶试验　^{1}H-NMR 谱中，因相邻氢核之间的自旋偶合造成的信号裂分包含化合物结构的许多重要信息。通常，相互偶合的氢核信号其偶合常数或裂分大小相等，故通过仔细测量并比较裂分间距，可以对哪些氢核之间偶合相关作出一定的判断。但因为这种方法不是直接证明，所以在谱图复杂尤其有多重偶合影响时易出现判断失误。此时，可以采用去偶试验方法。

^{1}H-NMR 中采用的是同核去偶(homonuclear decoupling)试验，即通过选择照射偶合系统中的某个(组)(单照射)或某几个(组)(双重照射或多重照射)质子并使之饱和，则由该质子造成的偶合影响将会消除，原先受其影响而裂分的质子信号在去偶谱上将会变为单峰(在只有单重偶合影响时)，或者得到简化(当还存在其他偶合影响时)。以正丁醇为例，其 300MHz ^{1}H-NMR 谱图如图 4-51 所示。

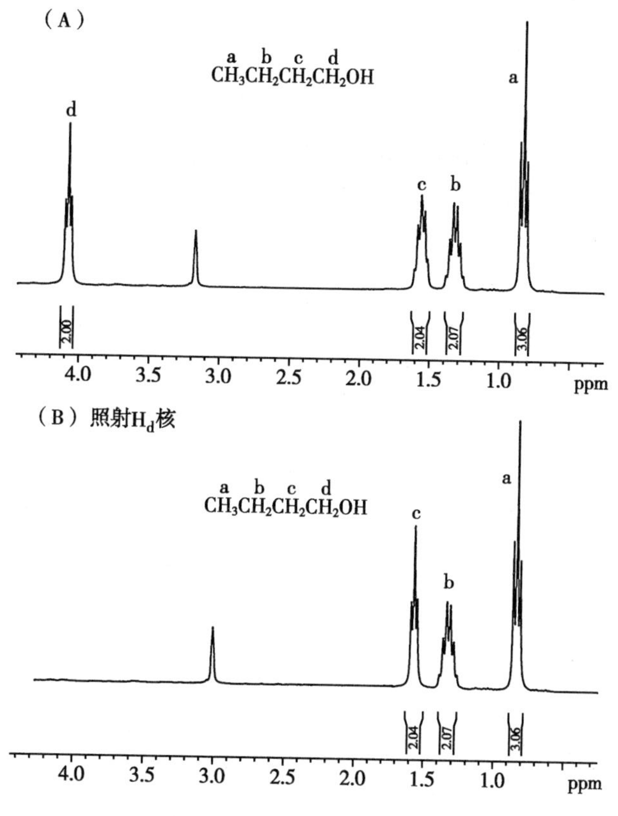

图 4-51　正丁醇的去偶试验

(A)为正常谱图，其上出现四组信号，按磁场由低到高顺序，分别为—CH_3(H_a，三重峰)、—CH_2—(H_b，多重峰)、—CH_2—(H_c，多重峰)及—CH_2OH(H_d，三重峰)；(B)为照射 H_d 核后测得的去偶谱，照射 H_d 核后，消除 H_d 核对 H_c 核的偶合作用，H_c 变为三重峰。去偶试验显示 H_d 与 H_c 偶合相关，构成一组自旋偶合系统。

2. 核 Overhauser(NOE)效应及去偶差谱　两个(组)不同类型的质子即使没有偶合，若空间距离较接近，照射其中的一个(组)质子会使另一个(组)质子的信号强度增强。这种现象称为核 Overhauser 效应，简称 NOE。

NOE 通常以照射后信号增强的百分率表示。图 4-52 以 2-羟基-4-甲氧基苯乙酮为例，照射 δ 3.8 处的—OCH_3 质子时，其邻位 H_a 和 H_b 核因在空间距离与之相近，发生 NOE 效应，信号强度较照射前增加约 30%。

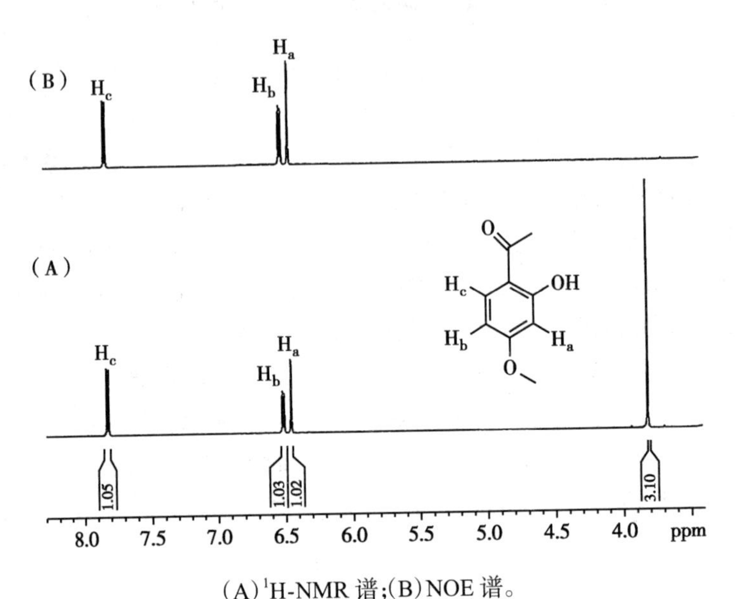

(A) ^{1}H-NMR 谱；(B) NOE 谱。

图 4-52　2-羟基-4-甲氧基苯乙酮的 NOE 谱

NOE 与空间距离的 6 次方成反比，故其数值大小直接反映相关质子的空间距离，可据此确定分子中的某些基团的空间相对位置、立体构型及优势构象，对研究分子的立体化学结构具有重要意义。

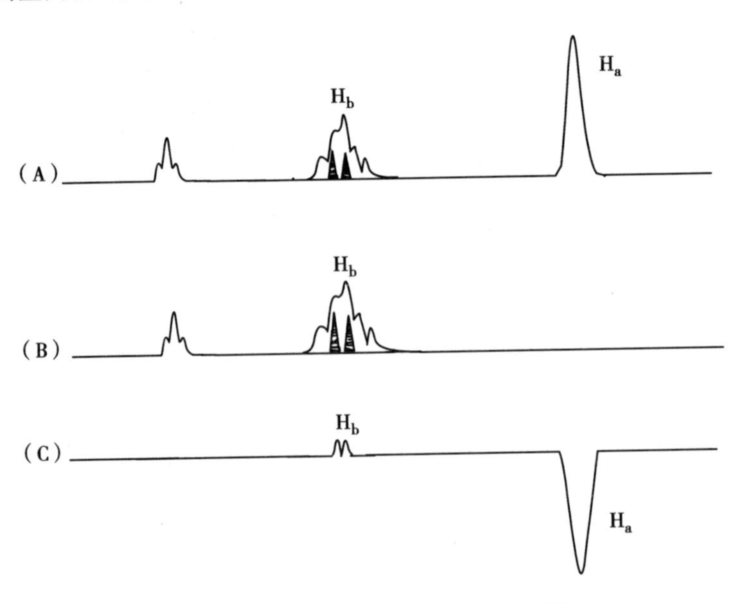

图 4-53　NOE 差光谱的示意模式图

实际工作中，当信号相互重叠且 NOE 效应较小时，观测信号强度的微小变化十分困难，可采用 NOE 差光谱测定技术，原理可用模式图简单表示。如图 4-53 所示，H_b 与 H_a 在空间相近，但 H_b 与其他信号重叠(A)；照射 H_a 后，H_b 信号强度因 NOE 效应增强，H_a 信号因饱和而消失(B)；从谱图(B)扣除(A)后，仅表现 H_b 信号增强的部分。在测定 NOE 差光谱时，因为 FT-NMR 技术可以方便地进行信号强度的加减运算，故照射前后强度没有改变的信号在光谱中将全部扣去，剩下的信号中，朝下伸出的为被照射质子，朝上伸出的即为照射后强度增加的质子信号。

四、位移试剂

含氧或含氮的化合物，如醇、胺、酮、醚、酯等其中的某些质子信号可因加入特殊的化学试剂而发生位移，位移的程度随质子和官能团之间距离的增加而减弱。这类试剂称为位移试剂，多为镧系金属化合物，见表 4-17。

表 4-17 常用的位移试剂

缩写名	结构	全名	mp/℃	位移方向
$Eu(dpm)_3$ $[Pr(dpm)_3]$	$[(CH_3)_3C-C(-O)=CH-C(=O)-C(CH_3)_3]_3Eu[Pr]$ (HC、O、O 与 Eu[Pr] 螯合；上下取代基均为 $C(CH_3)_3$)	Tris[a] (dipivalomethanato) europium [praseodymium]	188 220	低磁场 高磁场
$Eu(fod)_3$ $[Pr(fod)_3]$	$[C_3F_7-C(-O)=CH-C(=O)-C(CH_3)_3]_3Eu[Pr]$ (HC、O、O 与 Eu[Pr] 螯合；上取代基 C_3F_7，下取代基 $C(CH_3)_3$)	Tris(1,1,1,2,2,3,3-heptafluoro-7,7-dimethyl-4,6-octanedionato) [praseodymium]	100~200 180~225	低磁场 高磁场

注：[a] 或命名为 Tris(2,2,6,6-tetramethyl-3,5-heptanedionato) europium, $Eu(thd)_3$。

图 4-54 为正戊醇在 $CDCl_3$ 中于 60MHz 仪器上测得的 ^{1}H-NMR 谱图。(A) 为未加入 $Eu(dpm)_3$ 时测得的谱图；(B) 为加入 $Eu(dpm)_3$ 时测得的谱图。显然，质子信号将按它们与含氧基团(—OH)的距离远近而位移不同的幅度。距离越近，位移幅度越大；距离越远，位移幅度越小，甚至不发生位移，因而相互间得到良好分离。

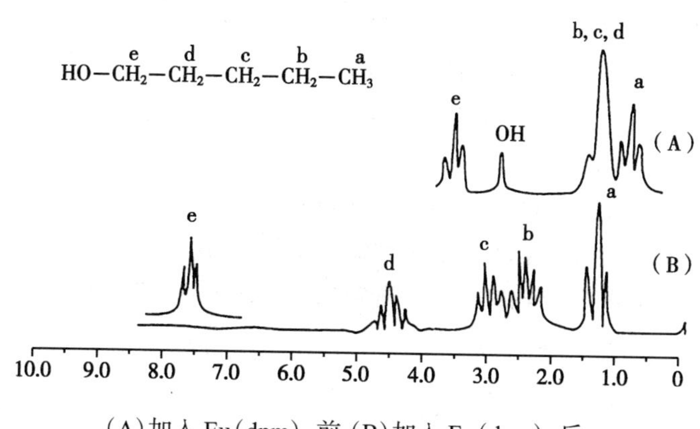

(A) 加入 $Eu(dpm)_3$ 前；(B) 加入 $Eu(dpm)_3$ 后。

图 4-54 正戊醇的 ^{1}H-NMR 谱图(60MHz)

第四节 氢核磁共振谱在结构解析中的应用

一、氢核磁共振谱解析的一般程序

1. 首先注意检查基准物质 TMS 等信号是否正常，底线是否平坦，溶剂相关基团的 ^{1}H 信号是否出现在预定的位置，以及信噪比（S/N）是否符合要求（一般希望 S/N>30 为宜）。如有问题，解析谱图时应当注意，必要时应重新处理谱图或重新测定。

2. 根据积分曲线高度算出各个信号对应的 H 数，目前的氢核磁共振谱利用计算机处理可直接获得相对氢核数。可能条件下宜在 $\delta<4.5$ 的区域先找出如 CH_3O—、CH_3—Ar、CH_3CO—、CH_3—$\overset{|}{\underset{|}{C}}$—等孤立 CH_3—（3H，s）的信号，并按其积分曲线高度去复核其他信号相应的氢核数目。

3. 把滴加 D_2O 后测得的谱图与加 D_2O 前比较，解析消失的活泼氢信号。但须注意，有些—$CONH_2$ 或具有分子内氢键的—OH 基信号不会消失；相反，有时某些 >CH— 信号却会消失。

4. 解析在 δ 10~16 的低磁场区域出现的—COOH 及具有分子内氢键缔合的—OH 信号等。

5. 参考化学位移、峰裂分数目及偶合常数，解析低级偶合系统。

6. 解析芳香氢核信号及高级偶合系统。

7. 必要时，可以采用更换溶剂、加入位移试剂或采用去偶试验、NOE 测定等特殊技术，或改用强磁场 NMR 仪测定，以利于简化谱图，方便解析。

8. 对推测出的结构再利用取代基位移加和规律，或结合化学方法，或 UV、IR、MS、^{13}C-NMR 等情报信息进行反复推敲加以确定，并对信号的归属一一作出确认。

以上程序可供未知化合物的结构测定时参考。已知化合物的谱图解析比较容易，应参照标准谱图或文献数据进行结构确定。

二、氢核磁共振谱解析实例

例 4-1 一未知化合物的分子式为 $C_6H_8O_4$，IR 在 3 078cm^{-1}、1 721cm^{-1}、1 700cm^{-1}、1 638cm^{-1}、1 635cm^{-1}、1 313cm^{-1}、1 176cm^{-1}、994cm^{-1} 和 776cm^{-1} 处有吸收，^{1}H-NMR 谱图（300MHz，$CDCl_3$）如图 4-55 所示，试解析并推断其结构。

解析：(1) 不饱和度 $\Omega=(2\times6+2-8)/2=3$。

(2) 红外光谱有两个羰基吸收峰，位于 1 721cm^{-1} 和 1 700cm^{-1} 处。

(3) ^{1}H-NMR 谱峰的归属：δ 1.33，3H，三重峰（t），J=7.2Hz，为 CH_3 信号，与两个质子偶合，可能为—CH_2CH_3；δ 4.28，2H，四重峰（q），J=7.2Hz，为 CH_2 信号，与三个质子偶合，可能为—CH_2CH_3，结合化学位移值，推测应为—OCH_2CH_3 结构单元（A）；δ 6.95 和 6.85，2H，分别为二重峰（d），J=15.9Hz，为典型的反式双键 CH═CH 上的氢信号，两个氢信号可以看作是 AB 系统，根据化学位移值，结合红外光谱，该双键应与羰基相连，即—CO—CH═CH—CO—结构单元（B）。

(4) 结构单元(A)和(B)相加后为 $C_6H_7O_3$，而该化合物的分子式为 $C_6H_8O_4$，因此还应有—OH 基团(C)。

综上所述，将（A）、（B）和（C）连接在一起，确定未知化合物的化学结构为：

HO—C(=O)—CH═CH—C(=O)—O—CH_2CH_3（反式）

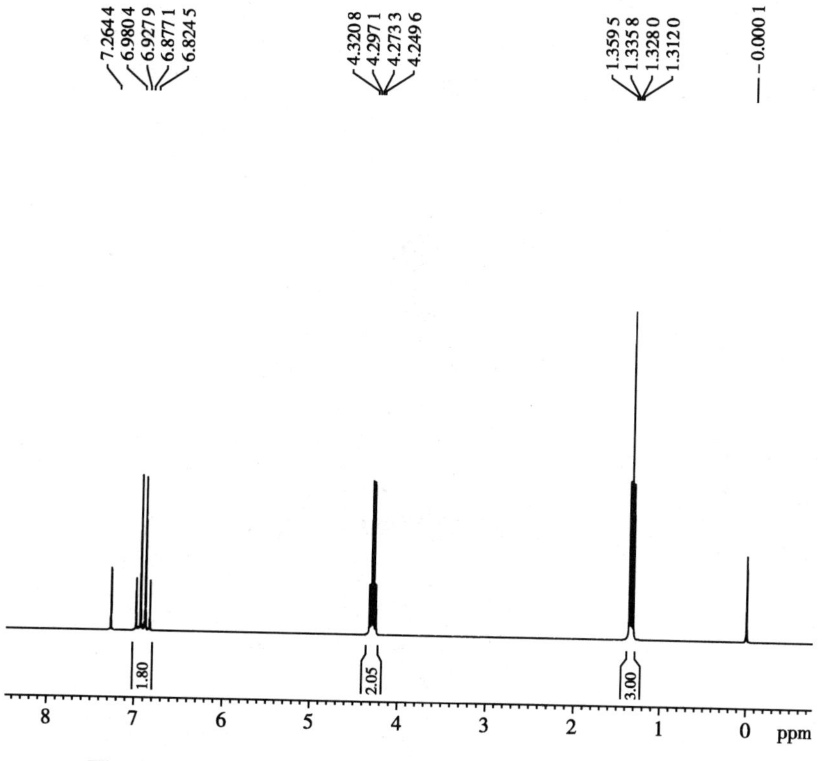

图 4-55　例 4-1 化合物的 ^{1}H-NMR 谱图(300MHz，$CDCl_3$)

经与文献的核磁共振谱数据对照确认无误。

例 4-2　一晶形固体，分子式为 $C_8H_8O_3$，^{1}H-NMR 谱图(300MHz，DMSO-d_6)如图 4-56 所示，试解析并推断其结构。

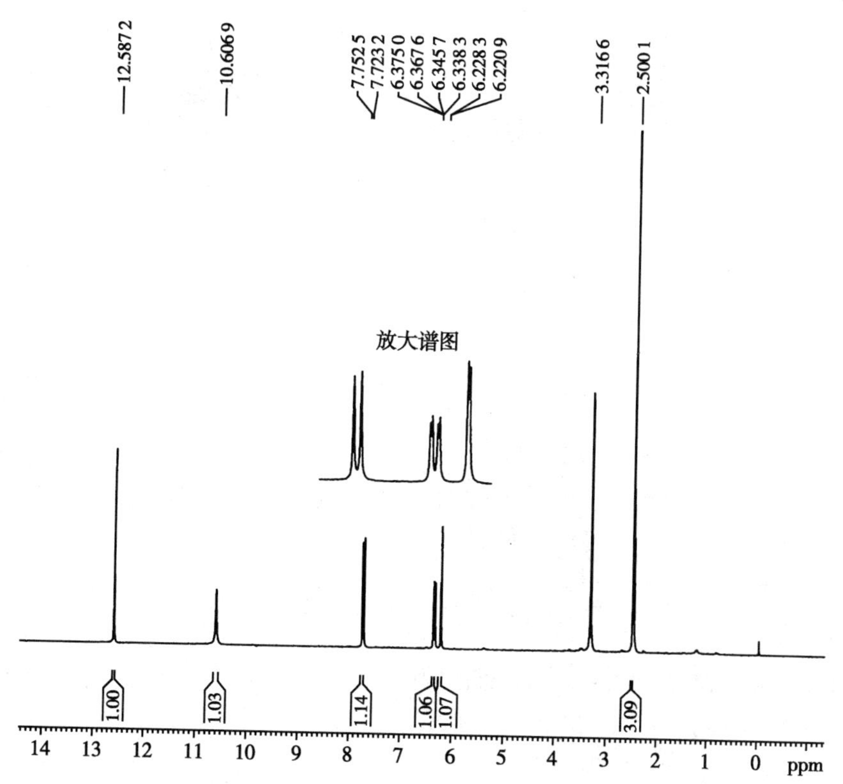

图 4-56　例 4-2 化合物的 ^{1}H-NMR 谱图(300MHz，DMSO-d_6)

解析:(1) 不饱和度 $\Omega=(2\times8+2-8)/2=5$,推测应该有苯环存在。

(2) ^{1}H-NMR 谱峰的归属:δ 2.50,3H,单峰(s),为 CH_3 信号,结合化学位移值,推测 CH_3 应与 CO 连接,即—$COCH_3$(A)。δ 6.22,1H,二重峰(d),J=2.1Hz;δ 6.35,1H,双二重峰(dd),J=9.0Hz、2.1Hz;δ 7.74,1H,二重峰(d),J=9.0Hz 为苯环上的 ABX 系统氢信号,如结构单元(B)。

(B)

δ 10.61 和 12.59 的两个氢信号为苯环上的两个活泼氢信号,其中 δ 12.59 处的信号应为与羰基形成分子内氢键的活泼氢。

综上所述,将结构中的各个基团连接在一起,推测未知化合物的化学结构为:

经与文献的核磁共振谱数据对照确认无误。

例 4-3　一晶形固体,分子式为 $C_9H_8O_4$,^{1}H-NMR 谱图(500MHz,CD_3OD)如图 4-57 所示,试解析并推断其结构。

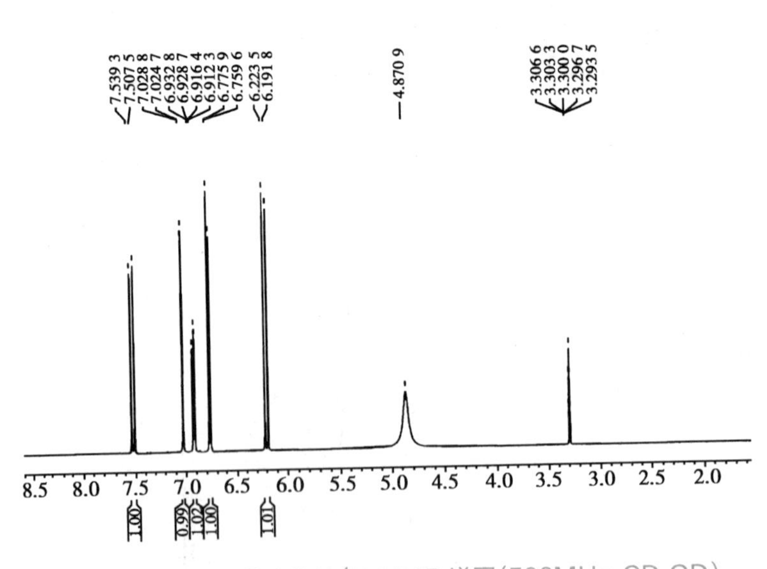

咖啡酸的氢核磁共振谱解析(微课)

图 4-57　例 4-3 化合物的 ^{1}H-NMR 谱图(500MHz,CD_3OD)

解析:(1) 不饱和度 $\Omega=(2\times9+2-8)/2=6$,推测应该存在苯环和双键。

(2) 分析 ^{1}H-NMR 谱图,除在 3.30 处的溶剂峰外,共有 5 个氢信号,分别在 δ 7.52、7.02、6.92、6.76 和 6.21。

(3) 其中 6.92 处的峰为双二重峰(dd),提示有 2 个不同的氢对该质子产生偶合。4 个裂分小峰的化

学位移值分别为 6.932 8、6.928 7、6.916 4 和 6.912 3。该 dd 峰有 2 个偶合常数，大的偶合常数为(6.932 8－6.916 4)×500=8.2Hz，或者(6.928 7－6.912 3)×500=8.2Hz；小的偶合常数为(6.932 8－6.928 7)×500=2.1Hz，或者(6.916 4－6.912 3)×500=2.1Hz。

(4) 其他 4 个峰均为二重峰，δ 7.02(1H，d，J=2.1Hz)，δ 6.76(1H，d，J=8.2Hz)，δ 6.21(1H，d，J=15.9Hz)，δ 7.52(1H，d，J=15.9Hz)。

(5) 根据 δ 6.21(1H，d，J=15.9Hz)和 δ 7.52(1H，d，J=15.9Hz)这 2 个峰的偶合常数，推测为反式双键的 2 个氢，2 个氢的化学位移相差较大，提示可能与羰基相连；其他 3 个氢根据峰形和偶合常数推断，应为苯环上的 ABX 系统氢信号。

(6) 根据分子式推断，其结构应为咖啡酸。

例 4-4　某化合物为白色片状结晶，分子式为 $C_{20}H_{40}O_2$，EI-MS m/z 311 $(M-1)^+$，^{1}H-NMR 谱图(500MHz，$CDCl_3$)如图 4-58 所示，试解析并推断其结构。

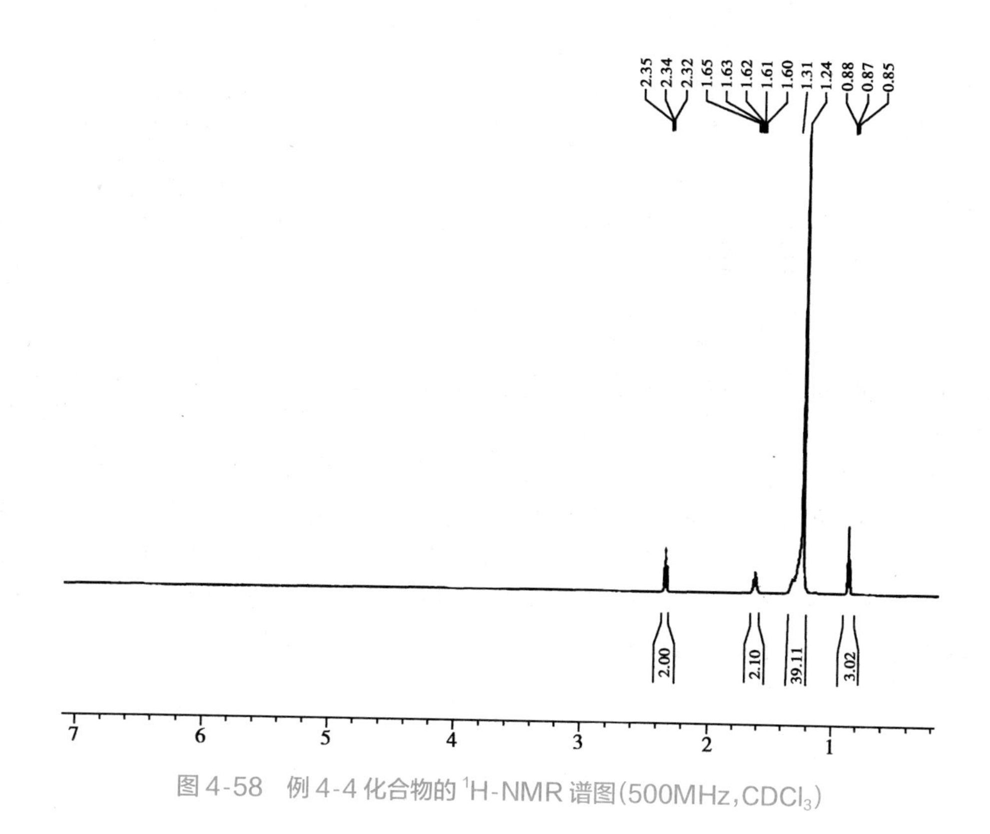

图 4-58　例 4-4 化合物的 ^{1}H-NMR 谱图(500MHz，$CDCl_3$)

解析：(1) 不饱和度 Ω=(2×20+2－40)/2=1，推测应该有 1 个双键存在。

(2) 分析 ^{1}H-NMR 谱图，在 δ 1.24 处有一组氢信号，积分值为 19，是脂肪族化合物中的多个亚甲基信号；另外在 δ 2.34 和 1.62 处有 2 个亚甲基信号，前者为三重峰，提示与—CH_2—相连。δ 0.87 处有 1 个甲基氢信号，呈现三重峰，提示与—CH_2—相连。这是脂肪族化合物的典型特征。

(3) δ 2.34 处的—CH_2—处于较低场，推断与吸电子基—COOH 相连。

(4) 根据分子式为 $C_{20}H_{40}O_2$，推测为花生酸(二十烷酸)。

^{1}H-NMR 谱：δ 2.34(2H，t，J=7.2Hz，H-2)，δ 1.62(2H，m，H-3)，δ 1.24(16×CH_2)，δ 0.87(3H，t，J=7.2Hz，H-16)。

例 4-5 某化合物为白色片状结晶，分子式为 $C_7H_6O_2$，^{1}H-NMR 谱图(500MHz，CD_3OD)如图 4-59 所示，试解析并推断其结构。

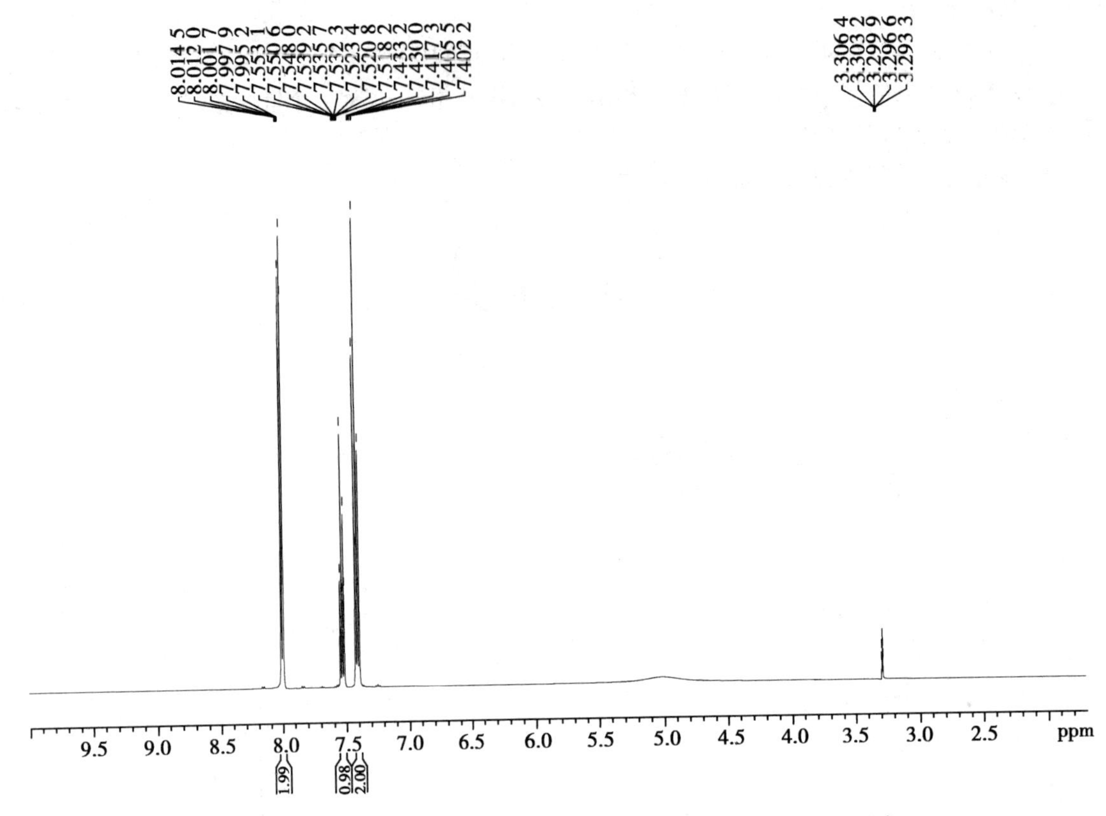

图 4-59 例 4-5 化合物的 ^{1}H-NMR 谱图(500MHz，CD_3OD)

解析：(1) 不饱和度 Ω=(2×7+2−6)/2=5，推测应该有 4 个双键存在。根据分子式推算，含有 1 个苯环和 1 个双键。

(2) 分析 ^{1}H-NMR 谱图，在 δ 8.1~7.4 区间有 5 个氢质子出现，说明有 1 个单取代苯环，δ 8.01(2H，m)、7.55(1H，m)和 7.43(2H，m)为苯环单取代的特征信号峰。结合含有 2 个氧原子和 1 个双键，说明为苯甲酸，因化合物结构中的羰基与双键产生 π-π 共轭，从 β 位吸电子，电子转移的结果使得 2，6-位氢的电子密度和磁屏蔽减少，产生去屏蔽效应，化学位移值较大。即 δ 8.01(2H，m)为 2，6-位氢信号，7.43(2H，m)为 3，5-位氢信号，7.55(1H，m)为 4-位氢信号。结构式如下：

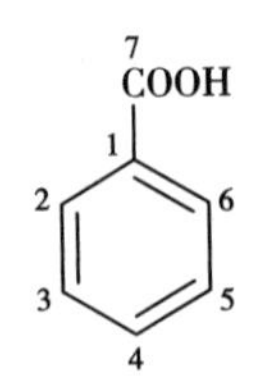

例 4-6 某化合物为白色针状结晶，分子式为 $C_9H_{10}O_5$，^{1}H-NMR 谱图(500MHz，CD_3OD)如图 4-60 所示，试解析并推断其结构。

解析：(1) 不饱和度 Ω=(2×9+2−10)/2=5，推测结构中可能存在苯环。

(2) 分析 ^{1}H-NMR 谱图，在芳香区出现 2 个氢质子信号峰 δ 7.32(2H，s)，推测苯环上处于对称位置的 2 个氢信号，高场区出现 2 个甲氧基信号 δ 3.87(6H，s)，为苯环上处于对称位置的 2 个甲氧基氢

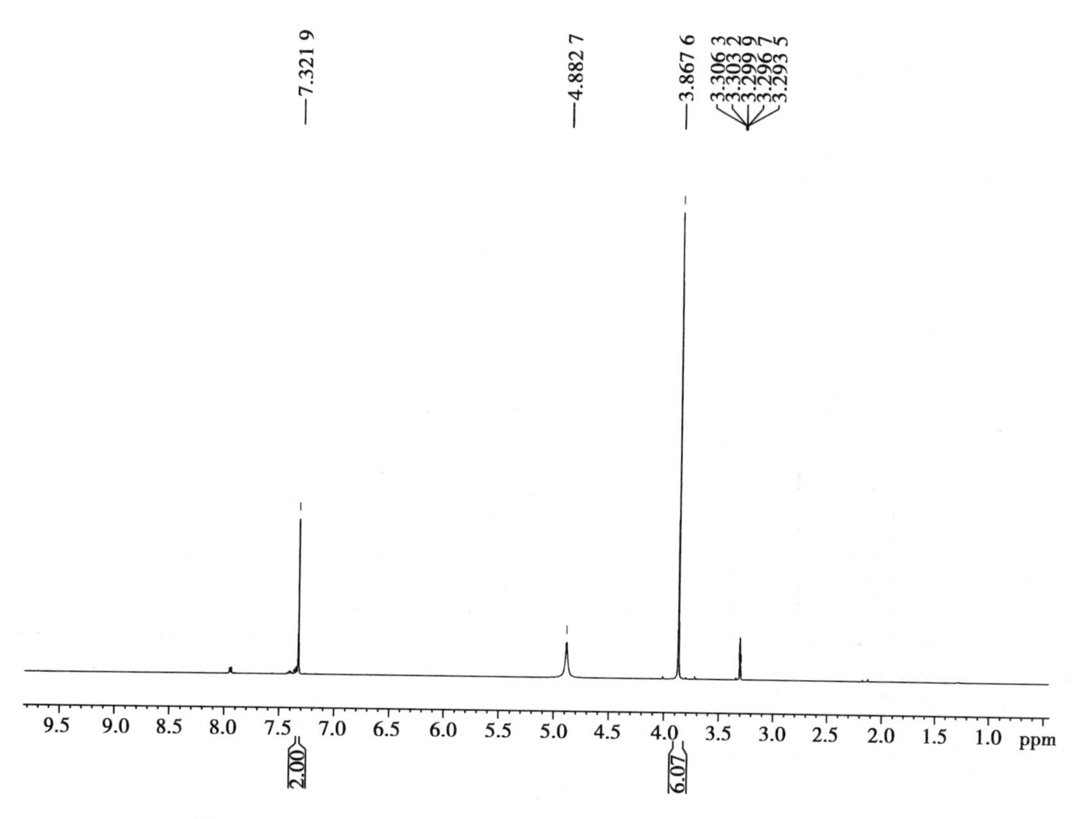

图 4-60　例 4-6 化合物的 ^{1}H-NMR 谱图（500MHz，CD_3OD）

质子信号。

（3）结合化合物的分子式，推测其结构为丁香酸。

例 4-7　某化合物为白色固体，分子式为 $C_9H_8O_3$，^{1}H-NMR 谱图（500MHz，CD_3OD）如图 4-61 所示，试解析并推断其结构。

解析：(1) 不饱和度 $\Omega=(2\times9+2-8)/2=6$，推测结构中可能存在苯环。

对香豆酸的氢核磁共振谱解析（微课）

（2）分析 ^{1}H-NMR 谱图的芳香区，δ 7.60（1H，d，J=15.9Hz）和 6.29（1H，d，J=15.9Hz）出现两组单氢质子二重峰，偶合常数为 J=15.9Hz，推测含有反式双键；同时根据两个氢质子的化学位移可推断与强吸电子基相连，形成 π-π 共轭。δ 7.44（2H，d，J=8.6Hz）和 6.80（2H，d，J=8.6Hz）出现两组对称氢质子信号，推测苯环对位二取代结构，即苯环 AA′BB′取代系统。

（3）结合化合物的分子式，推测其结构为对香豆酸。

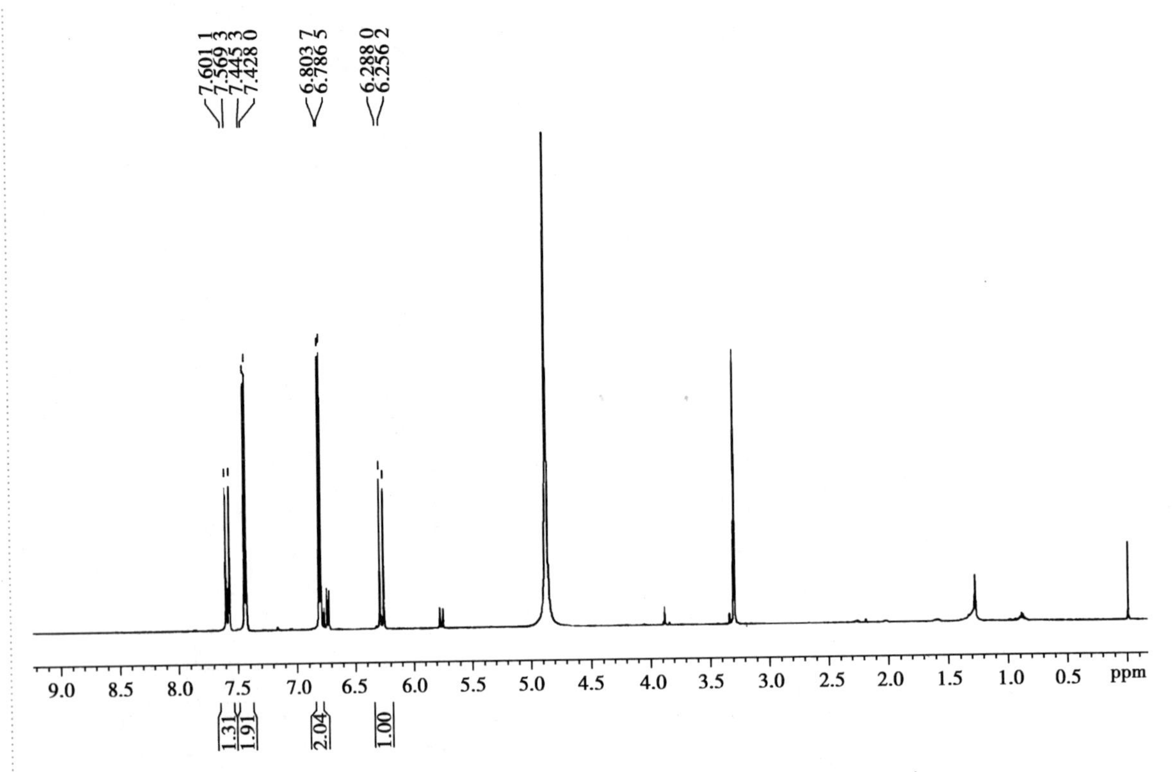

图 4-61　例 4-7 化合物的 ^{1}H-NMR 谱图（500MHz，CD_3OD）

习　题

1. 简答下列问题。

(1) 化学位移的影响因素有哪些？

(2) 如何从一个化合物的氢核磁共振谱读取氢信号的化学位移数值？

(3) 如何计算某个裂分氢信号的偶合常数？

2. 请归属乙醇（图 4-62）和对羟基苯甲酸（图 4-63）的氢核磁共振谱中的各氢信号（写出结构中各氢的化学位移和偶合常数）。

3. 某化合物的分子式为 $C_7H_6O_2$，根据其 ^{1}H-NMR 谱图（图 4-64）推定其化学结构，并写出推导过程。

4. 某化合物的分子式为 $C_4H_{10}O$，根据其 ^{1}H-NMR 谱图（图 4-65）推定其化学结构，并写出推导过程。

5. 某化合物的分子式为 $C_9H_{11}NO$，其 ^{1}H-NMR 谱图如图 4-66 所示，解析该谱图，并推导出其化学结构。

6. 某化合物的分子式为 $C_{10}H_{10}O_4$，试根据其 ^{1}H-NMR 谱图（图 4-67）推导其可能的化学结构，并写出其推导过程。

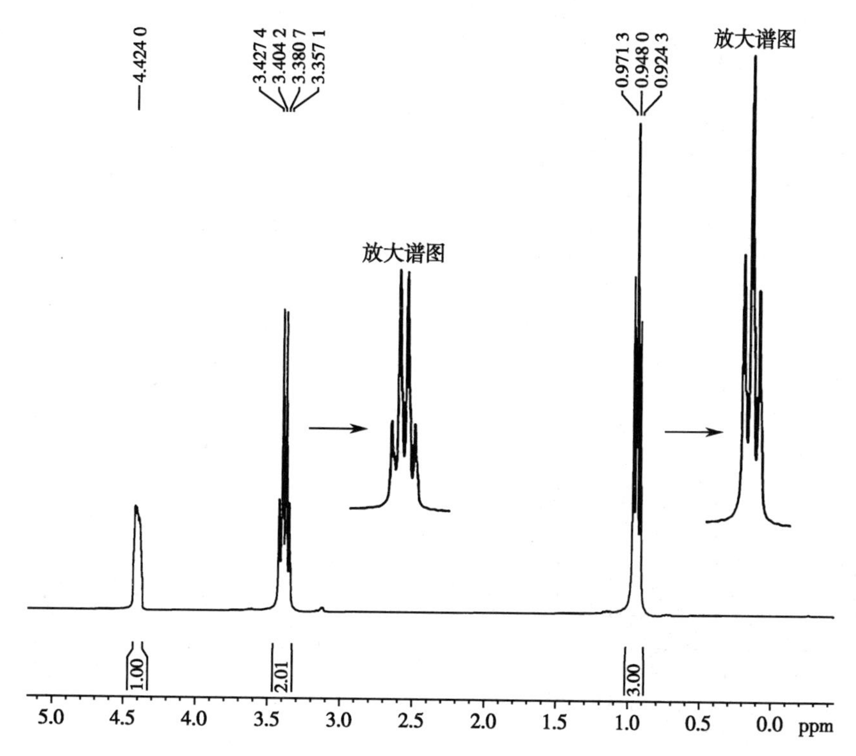

图 4-62　乙醇的 ^{1}H-NMR 谱图(300MHz，$CDCl_3$)

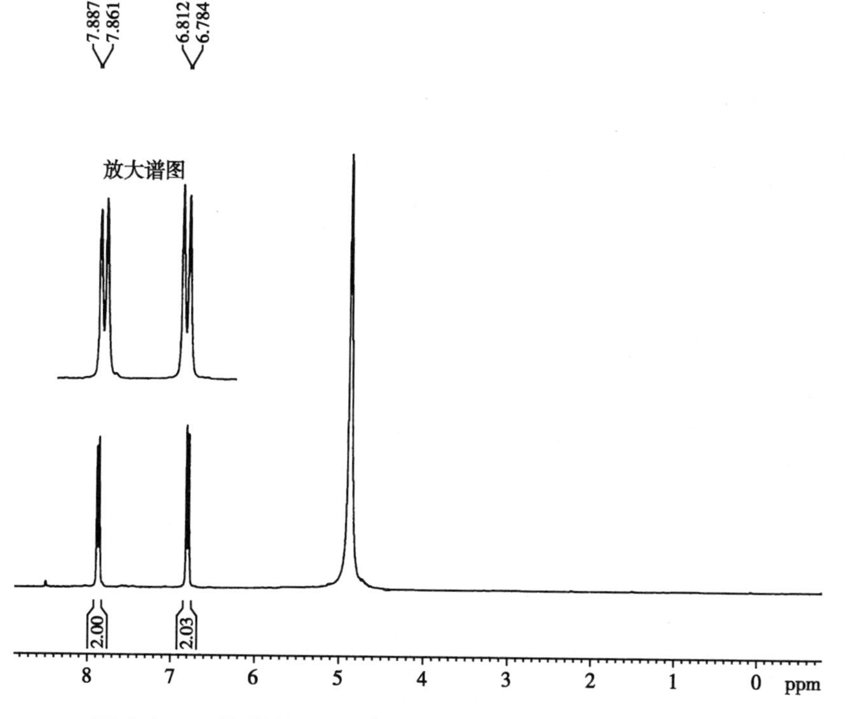

图 4-63　对羟基苯甲酸的 ^{1}H-NMR 谱图(500MHz，CD_3OD)

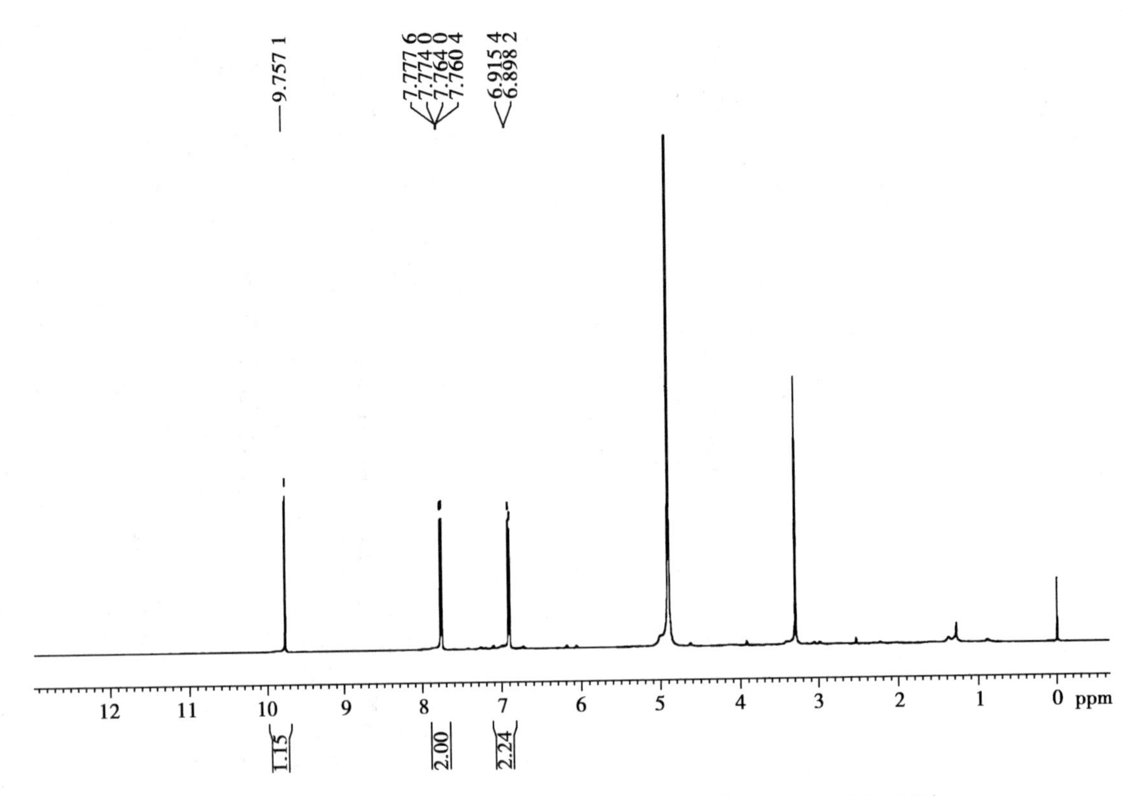

图 4-64 第四章习题 3 化合物的 ^{1}H-NMR 谱图(500MHz,CD_3OD)

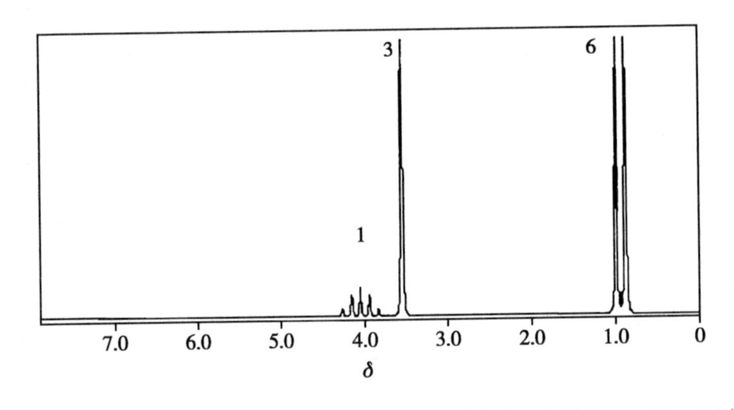

图 4-65 第四章习题 4 化合物的 ^{1}H-NMR 谱图(300MHz,CD_3OD)

7. 某化合物的分子式为 $C_{10}H_{12}O_4$,试根据其 ^{1}H-NMR 谱图(图 4-68)推导其可能的化学结构,并写出其推导过程。

8. 某化合物的分子式为 $C_9H_{10}O_3$,试根据其 ^{1}H-NMR 谱图(图 4-69)推导其可能的化学结构,并写出其推导过程。

9. 白藜芦醇为白色片状结晶,分子式为 $C_{14}H_{12}O_3$,图 4-70 为其 ^{1}H-NMR 谱图,分析谱图并归属氢质子信号。

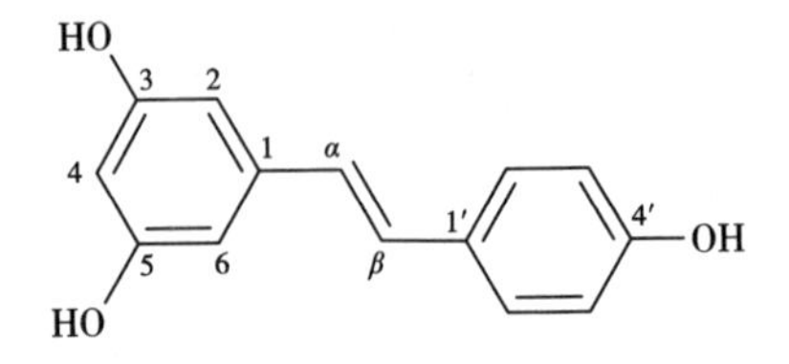

白藜芦醇

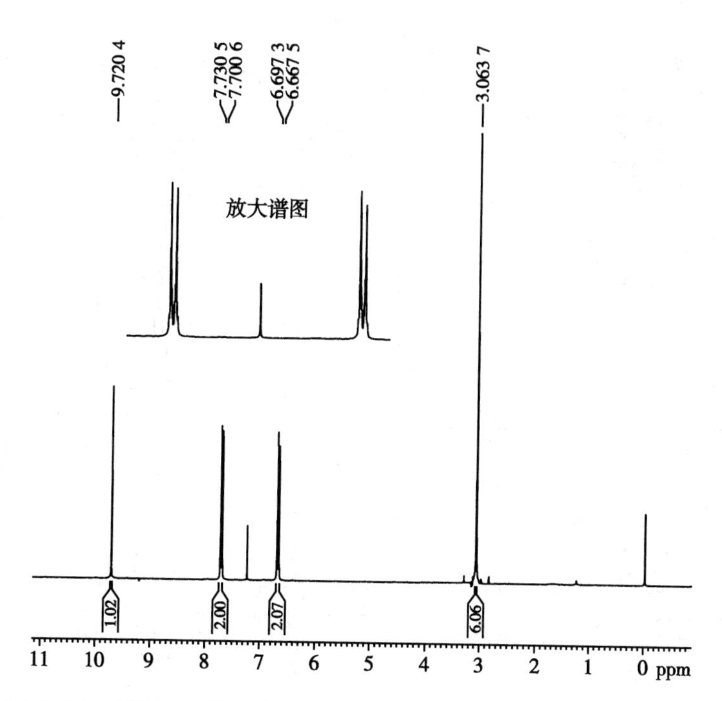

图 4-66　第四章习题 5 化合物的 ^{1}H-NMR 谱图(300MHz, $CDCl_3$)

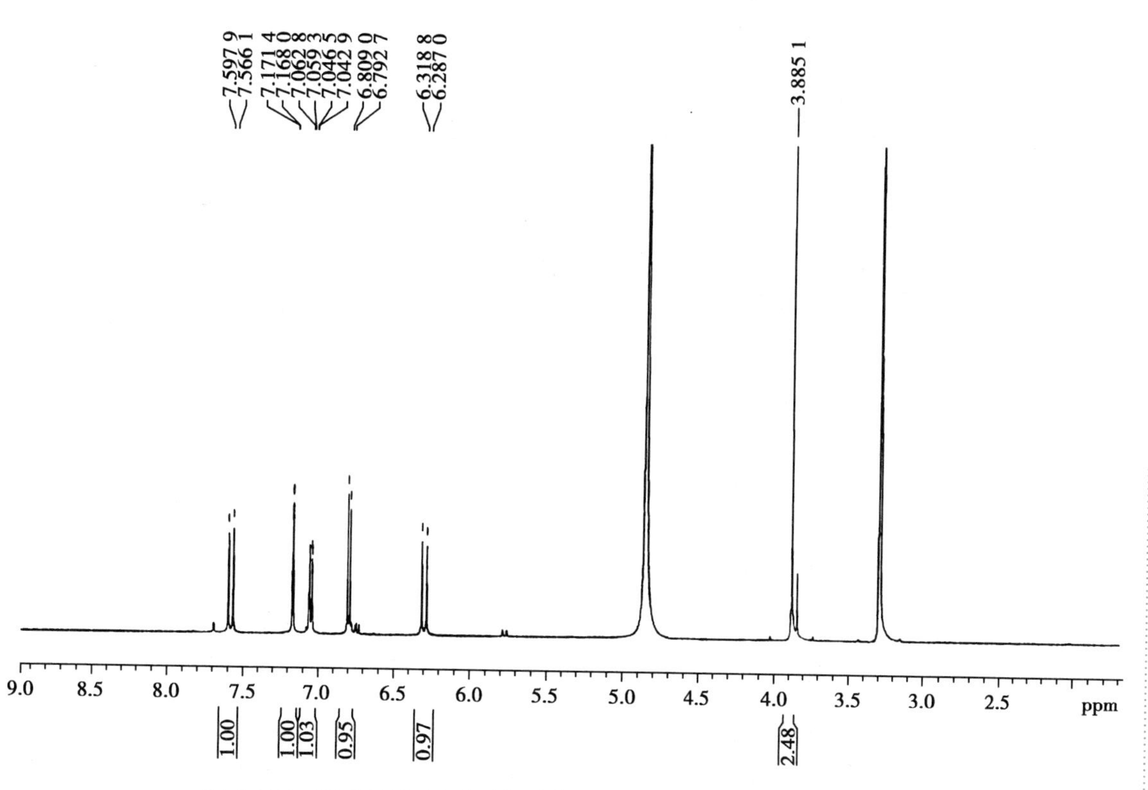

图 4-67　第四章习题 6 化合物的 ^{1}H-NMR 谱图(500MHz, CD_3OD)

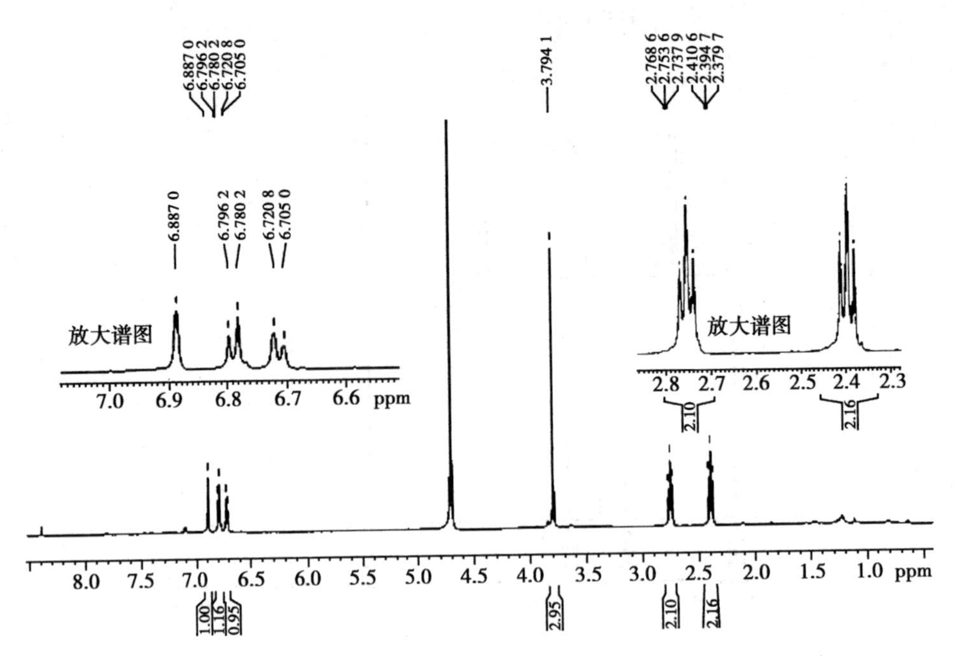

图 4-68 第四章习题 7 化合物的 ^{1}H-NMR 谱图(500MHz, D_2O)

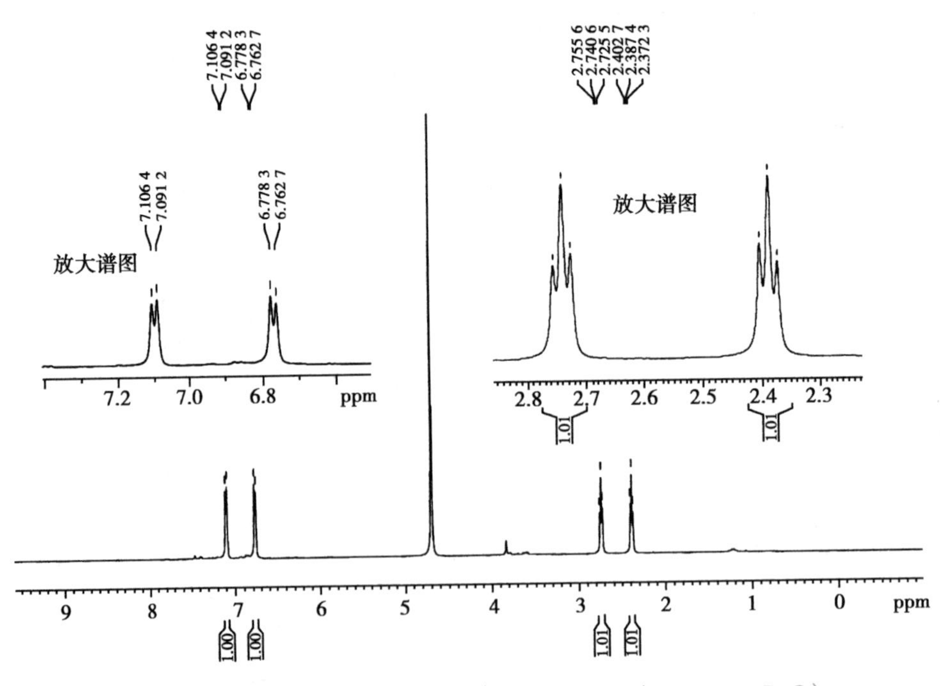

图 4-69 第四章习题 8 化合物的 ^{1}H-NMR 谱图(500MHz, D_2O)

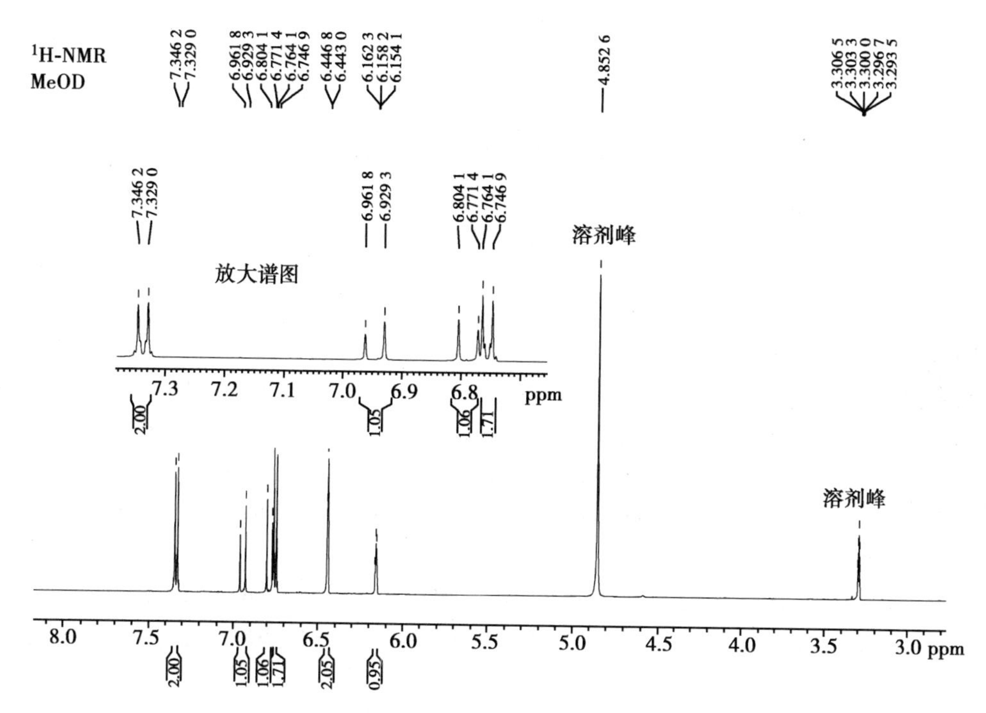

图 4-70　第四章习题 9 白藜芦醇的 ^{1}H-NMR 谱图（500MHz，CD_3OD）

（张艳丽）

参考文献

[1] 孟令芝，龚淑玲，何永炳．有机化合物波谱分析．3 版．武汉：武汉大学出版社，2009.

[2] 宁永成．有机化合物结构鉴定与有机波谱学．2 版．北京：科学出版社，2000.

[3] 吴立军．有机化合物波谱解析．3 版．北京：中国医药科技出版社，2009.

[4] 梁晓天．核磁共振：高分辨氢谱的解析和应用．北京：科学出版社，1976.

[5] JACOBSEN N E. NMR Spectroscopy explained: simplified theory, applications and examples for organic chemistry and structural biology. New York: Wiley-Interscience, 2007.

[6] MACOMBER R S. A complete introduction to modern NMR spectroscopy. New York: Wiley-Interscience, 1998.

[7] SILVERSTEIN R M, WEBSTER F X, KIEMLE D J. Spectrometric identification of organic compounds. 7th ed. New York: John Wiley & Sons. Inc., 2005.

[8] BECKER E D. High resolution NMR: theory and chemical applications. 3rd ed. New York: Academic Press, 2000.

[9] PASCUAL C, MEIER J, SIMON W. Regel zur Abschätzung der chemischen Verschiebung von Protonen an einer Doppelbindung. Helvetica chimica acta, 1966, 49(1): 164-168.

第五章

碳核磁共振谱

第五章
教学课件

学习目标

1. **掌握** 碳核磁共振谱中不同类型碳的化学位移范围；影响碳化学位移的主要因素及简单有机化合物的碳的信号归属。
2. **熟悉** 碳核磁共振谱在结构解析中的一般程序和应用。
3. **了解** 常用的确定碳原子级数的碳核磁共振测试技术及其应用。

碳原子构成有机化合物的骨架，碳核磁共振谱（^{13}C nuclear magnetic resonance spectroscopy，^{13}C-NMR）能提供碳原子的信息，因此碳核磁共振谱在有机化合物的结构鉴定中起着非常重要的作用。

虽然氢核磁共振谱的灵敏度高，能给出化学位移、共振峰的偶合常数和裂分情况及峰面积等信息，并且积累了丰富的经验和数据，但是由于常见有机化合物的氢核磁共振谱的化学位移范围比较小（δ_H 0~10），不同化学环境氢的化学位移差距小，再加上偶合作用产生的谱线裂分，经常出现谱线重叠甚至严重重叠的情况，影响结构解析。而碳核磁共振谱的化学位移范围比较大（δ_C 0~220），化合物结构上的细小差异在碳核磁共振谱中可以反映出来，分子量 <500 的化合物如果分子无对称性，去除碳和氢之间的偶合，理论上分子中的每个碳原子都会在碳核磁共振谱上找到一条尖锐的、可分辨的谱线与之对应。其次，由于季碳上没有氢，氢核磁共振谱中得不到季碳的直接信息，碳核磁共振谱则可以直接给出季碳的信号。另外，^{13}C 核的弛豫时间比较长，可以准确测定，不同类型的碳原子的弛豫时间不同，因此可以通过测定碳原子的弛豫时间得到更多的结构信息。

碳核磁共振谱虽然很重要，但是由于自然界中存在的碳同位素中只有天然丰度仅占 1.1% 的 ^{13}C 核能产生核磁共振信号（I=1/2），且其灵敏度只有 ^{1}H 核的 1/5 700，早期用连续波扫描的实验方法需要的样品量大、扫描时间长，使得碳核磁共振谱的应用受到限制。直到 20 世纪 70 年代脉冲傅里叶变换核磁共振仪问世后，碳核磁共振谱才开始用于常规分析，通过调整脉冲序列等测定技术，采用 DEPT 等方法解决了测定碳原子级数（伯碳、仲碳、叔碳和季碳）的难题。

常见的碳核磁共振谱指的是全去偶谱，每一种化学等价的碳原子只有一条谱线，原来被氢偶合裂分的几条谱线去偶合并为一条谱线，谱线强度增加，同时由于存在异核 NOE 效应，信号更为增强。但是，由于不同碳原子的弛豫时间不等及去偶造成的 NOE 效应大小不同，因此全去偶谱中的峰高不能定量地反映碳原子数量。

^{1}H 和 ^{13}C 核的共振频率比约为 4∶1，因此对于一台核磁共振仪，其氢核磁共振谱和碳核磁共振谱也是 4∶1 的关系。如一台 600MHz 的核磁共振仪，^{1}H-NMR 为 600MHz，^{13}C-NMR 为 150MHz。

第一节　碳核磁共振谱的主要参数

碳核磁共振谱的样品制备和氢核磁共振谱类似，需要配制适当浓度的、黏度小的样品。但是因为碳核磁共振谱的灵敏度远低于氢核磁共振谱，所以碳核磁共振谱的样品浓度要适当大于氢核磁共振谱的样品浓度。具体用量与核磁共振仪的频率、样品的相对分子量和结构特点及累加时间等有关。

虽然碳核磁共振谱不受溶剂中氢的干扰，但是为了兼顾氢核磁共振谱的测定及锁场的需要，仍采用氘代试剂作溶剂。在测定碳核磁共振谱时，尽量选择氘代试剂的碳信号与待测样品的化学位移不重叠的氘代试剂溶解样品。常用氘代试剂的 ^{13}C 信号及谱线多重性见表 5-1。

表 5-1　常用氘代试剂的 ^{13}C 信号及谱线多重性

名称	结构	δ	谱线多重性
三氯甲烷-d_1	$CDCl_3$	77.0	三重峰
甲醇-d_4	CD_3OD	49.0	七重峰
丙酮-d_6	$(CD_3)_2CO$	29.8	七重峰
		206.5	多重峰
二甲基亚砜-d_6	$(CD_3)_2SO$	39.7	七重峰
苯-d_6	C_6D_6	128.0	三重峰
吡啶-d_5	C_6D_5N	123.5	三重峰
		135.5	三重峰
		149.2	三重峰

一、化学位移

碳核磁共振谱的频率轴和氢核磁共振谱一样被转换成无单位的标量，共振峰以 δ 表示化学位移（本章除特殊标明外，δ 均代表碳化学位移），一般以 TMS 为内标（δ 0），出现在 TMS 左侧（低场）的共振峰为正值，出现在 TMS 右侧（高场）的共振峰为负值。碳化学位移范围一般在 δ 0~220。除用 TMS 作内标外，也可以用 CS_2（δ 192.5）和氘代试剂的碳信号作内标。

碳核磁共振谱的化学位移范围广，去偶峰尖锐，各峰重叠的可能性很小，碳化学位移能直接反映碳核周围的电子云分布即屏蔽情况，因此对分子构型、构象的微小差异也很敏感。

氢处在分子外部，邻近分子对其影响较大，如氢键缔合等；而碳处在分子骨架上，所以分子间效应对碳化学位移的影响很小。碳化学位移主要受分子内相互作用影响，包括结构因素和外部因素，即主要取决于碳原子的杂化类型、碳原子周围的化学环境对其电子云密度的影响及磁各向异性效应、分子内空间效应和溶剂效应等。

（一）影响碳化学位移的结构因素

碳化学位移主要与碳核周围的电子云密度有关，碳负离子核外的电子云密度增大，屏蔽效应增强，δ 向高场位移。当碳原子失去电子时，产生强烈的去屏蔽效应，化学位移移向低场，如碳正离子的化学位移在 δ 300 左右。

	$CH_3\overset{+}{C}(C_2H_5)_2$	$(CH_3)_2\overset{+}{C}C_2H_5$	$(CH_3)_3\overset{+}{C}$	$(CH_3)_2\overset{+}{C}H$
δ	334.7	333.8	330.0	319.6

当碳正离子与含未共享孤电子对的杂原子相连时，碳化学位移向高场移动。

	$(CH_3)_2\overset{+}{C}OH$	$CH_3\overset{+}{C}(OH)C_6H_5$	$CH_3\overset{+}{C}(OH)OC_2H_5$
δ	250.3	220.2	191.1

由于羰基碳存在下述可逆关系，因此羰基碳化学位移处于较低场。

影响碳核周围的电子云密度的因素主要有碳原子杂化状态及碳原子连接基团的诱导效应、共轭效应和空间效应等，其中影响最大的是碳原子杂化状态。

1. 碳原子杂化状态 碳原子杂化状态是影响碳化学位移的重要因素。一般来说，碳化学位移与该碳上氢的化学位移次序基本平行。碳原子杂化轨道有 sp^3、sp^2 和 sp 三种，其化学位移范围见表 5-2。

表 5-2 不同杂化碳原子的化学位移范围

碳原子杂化	δ	所在的基团
sp^3	0~60	CH_3<CH_2<CH< 季 C（无杂原子取代）
sp	60~90	—C≡C—（无杂原子取代）
sp^2	100~167	烯碳和芳碳
sp^2	160~220	羰基

2. 诱导效应 吸电子基团会使邻近的碳核去屏蔽而使其化学位移向低场移动，这种位移随取代基的电负性增大而增加，并且随着与电负性基团的距离增大而减小。

	CH_3F	CH_3Cl	CH_3Br	CH_4	CH_3I
δ	75.4	24.9	10.0	−2.5	−20.7

取代基的 α 位影响最大，β 位次之，γ 位反而向高场移动，这是由 γ-效应引起的（后面介绍）。一般情况下，对于 γ 位以上的碳，诱导效应可以忽略不计。

$$CH_3—CH_2—CH_2—CH_2—CH_2—CH_3$$
δ 14.1 23.1 32.2 32.2 23.1 14.4

$$\overset{}{F}\overset{\alpha}{C}H_2—\overset{\beta}{C}H_2—\overset{\gamma}{C}H_2—CH_2—CH_2—CH_3$$
δ 84.2 30.9 25.4 32.2 23.1 14.1

$$ClCH_2—CH_2—CH_2—CH_2—CH_2—CH_3$$
δ 45.1 33.1 27.1 31.7 23.1 14.1

烷基虽然是给电子基团，但是由于碳的电负性比氢大，所以烷基取代也会使该碳的化学位移向低场移动。一般来说，碳上的烷基或吸电子取代基数目增加，引起该碳的化学位移向低场移动增加。

	CH_4	CH_3CH_3	$CH_2(CH_3)_2$	$CH(CH_3)_3$	$C(CH_3)_4$
δ	−2.5	5.7	15.4	24.3	31.4

	CH_3Cl	CH_2Cl_2	$CHCl_3$	CCl_4
δ	23.8	52.8	77.7	95.5

另外，邻位碳上取代的甲基数目越多，由于碳的电负性比氢大，所以该碳的化学位移也越大。

$$\delta\ RCH_2C(CH_3)_3 > RCH_2CH(CH_3)_2 > RCH_2CH_2CH_3 > RCH_2CH_3$$

3. 共轭效应 共轭效应使得电子在共轭体系中分布不均匀，导致碳化学位移向低场或高场移动。如与 1-丁烯相比，1，3-丁二烯共轭体系中双键的离域作用引起键极减小，导致中心碳原子的屏蔽作用增大，化学位移向高场移动。

140.2 112.8 137.2 116.6

在羰基碳邻位引入双键（α，β-不饱和醛或酮）或含孤对电子的杂原子（羧酸、酰胺、酰氯等），由于

形成共轭体系，羰基碳上的电子云密度相对增加，屏蔽作用增大，使得羰基碳的化学位移向高场移动。

在共轭体系中除羰基碳受影响外，双键上的碳也受影响，共轭体系中的共轭链上交替出现 δ+和 δ–电子分布，使得反式 2-丁烯醛中的 α,β-不饱和羰基的 β 位烯碳带有部分正电荷（δ+）而出现在较低场，α 位烯碳带有部分负电荷（δ–）而出现在较高场。

苯环取代后，苯环上碳原子的化学位移变化是有规律的。如果苯环上取代—NH_2 或—OH 等饱和杂原子基团，则这些基团的孤对电子将离域到苯环的 π 电子体系上，增加邻位和对位碳上的电荷密度，屏蔽增加，δ 变小；如果苯环上取代吸电子共轭基团—CN 或—NO_2，苯环上的 π 电子将离域到这些吸电子基团上，减少邻位和对位碳的电荷密度，屏蔽减小，δ 变大。这些基团对间位的影响都很小。

4. 空间效应　相隔几个键的碳如果空间上接近也会产生相互作用，进而影响碳化学位移。可以理解为空间上接近的碳上氢之间的斥力作用使碳上的电子云密度有所增加，从而增大屏蔽效应，化学位移向高场移动。

链状结构中 α 位上的取代基与 γ-碳原子的空间距离较近，相互排斥，将电子云推向双方的核附近，使其化学位移向高场移动，这就是链烃的 γ-效应，又称 γ-旁氏效应或 γ-邻位交叉效应（γ-gauche 空间效应）。γ-效应比较普遍，当环己烷的 1-位取代基处于直立键时，对 γ 位(3-位和 5-位)产生 γ-效应，使其化学位移向高场移动；同样，直立键甲基比平伏键甲基位于较高场。如齐墩果烷型五环三萜类化合物的 29-位甲基为平伏键，化学位移出现在低场 δ 33.1；30-位甲基为直立键，由于 γ-效应出现在较高场 δ 23.6。刚性构象的 2-甲基降冰片烷中也可以观察到典型的 γ-效应。

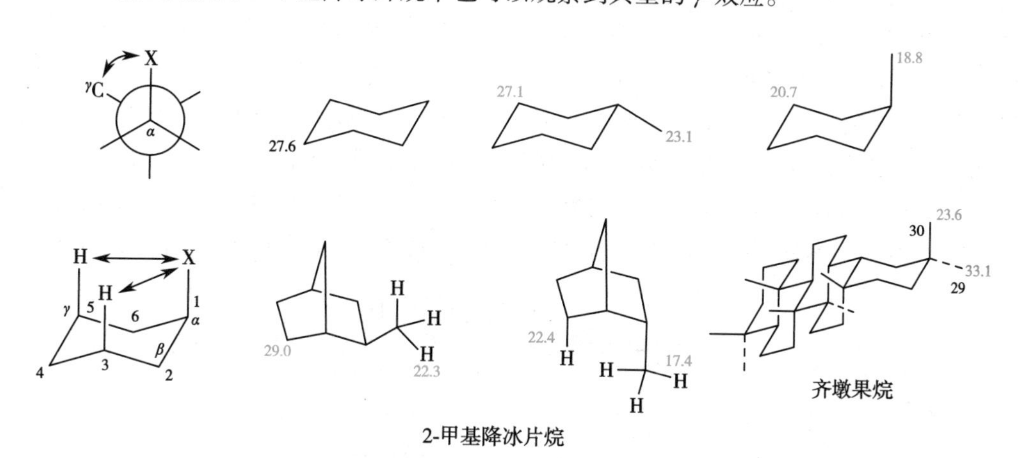

在烯类化合物中，处于顺式的两个取代基也有这种空间效应。如顺式丁二烯中的1-位碳比反式丁二烯中的1-位碳出现在较高场。

11.4　　16.8

如果分子存在空间位阻导致共轭程度降低，也会影响化学位移。如苯乙酮邻位引入甲基，空间位阻增大，导致苯环和羰基所在平面的扭转角(ϕ)增大，共轭下降，羰基碳的化学位移向低场移动。

197.6　　199.0　　205.5

ϕ=0°　　$\phi\approx28°$　　$\phi\approx50°$

5. 重原子效应　大多数电负性基团的作用是去屏蔽的诱导效应，但对于较"重"的卤素，除诱导效应外，还存在重原子效应，即随着原子序数增加，抗磁屏蔽增大。如 CH_3I 由于碘原子核外围有丰富的电子，碘原子引入对与其相连的碳原子产生抗磁性屏蔽作用，其 δ 值比 CH_4 位于较高场，碘取代越多，作用越大。

CH_4	CH_3I	CH_2I_2	CHI_3	CI_4
−2.5	−20.7	−54.0	−139.9	−292.5

6. 分子内氢键　邻羟基苯甲醛和邻羟基苯乙酮中的羟基和羰基形成分子内氢键，使得羰基碳去屏蔽，δ 值增大。

192.4　　196.9　　197.6　　204.1

（二）影响碳化学位移的外部因素

1. 介质效应　溶剂不同、样品浓度不同或pH不同都会引起碳化学位移改变，变化范围由几个至十几个 δ 单位。由溶剂不同引起的化学位移的变化称为溶剂效应，通常是样品中的氢与极性溶剂通过氢键缔合产生去屏蔽作用的结果。一般来说，溶剂对碳化学位移的影响要大于对氢化学位移的影响。如苯乙酮的羰基碳在 $CDCl_3$ 中的共振峰比在 CCl_4 中向低场位移 δ 2.4。

当碳原子附近有易随pH变化而影响其离解度的基团(如—OH、—COOH、—NH_2、—SH等)时，这些基团上的电子云密度随pH变化会影响该碳原子的屏蔽作用，从而使该碳原子的化学位移发生变化。如胺、羧酸盐阴离子和 α-氨基羧酸等在质子化时产生相当大的高场位移，特别是在质子化基团的 β 位置上，主要是由核电基团的电场造成的，在 α 和 γ 位置上主要是诱导和空间效应起作用。

$\Delta\alpha\sim-1.5$

$\Delta\beta\sim-5.5$

$\Delta\gamma\sim-0.5$

溶液稀释可引起碳化学位移变化几个 δ 单位，但对于不易离解的化合物，这种稀释效应可忽略不计。

2. 温度效应 温度变化可使碳化学位移有几个 δ 单位的变化。当分子中有构型、构象变化或有交换过程时，温度变化直接影响动态过程的平衡，从而使谱线的数目、分辨率、峰形发生明显变化。因此，改变温度可以改善谱图的质量，便于解析。

一般来说，温度升高，溶液黏度减小，可以减轻谱峰的宽化程度；温度升高，样品的溶解度增加，可以提高溶解度小的样品的核磁共振谱的信噪比。反之，温度降低，可降低交换速度，有利于观察可交换质子及与其他核的偶合。

此外，分子的内部运动常常受温度影响，从而使碳核磁共振谱产生一些微妙的变化。如化合物 *N*，*N*-二甲基甲酰胺中的 N—C 键有部分 π 键的性质和部分 δ 键的性质。在室温时，N—C 键的旋转受到限制，N 上的两个甲基是不等同的，谱图上出现两个甲基峰。当温度逐渐升高时，N—C 键的旋转加快，两个甲基变得等同起来，于是两个甲基峰逐渐靠近。当温度继续升高时，最后两个甲基峰变为一个峰。从中药酸枣仁中分离得到一个黄酮类化合物 spinosin，TLC 检识和 HPLC 检识均为单一成分，但是碳核磁共振谱（298K）（图 5-1）显示数据成对出现，进行变温试验，当温度升高到 393K 时（图 5-2）变为一组信号，温度降到室温时又成对出现，是因为 spinosin 结构中的黄酮 C-6 位与糖基形成 C-苷，受到 C-5 位羟基和 C-7 位甲氧基的位阻，旋转受到阻滞形成一对阻转异构体。

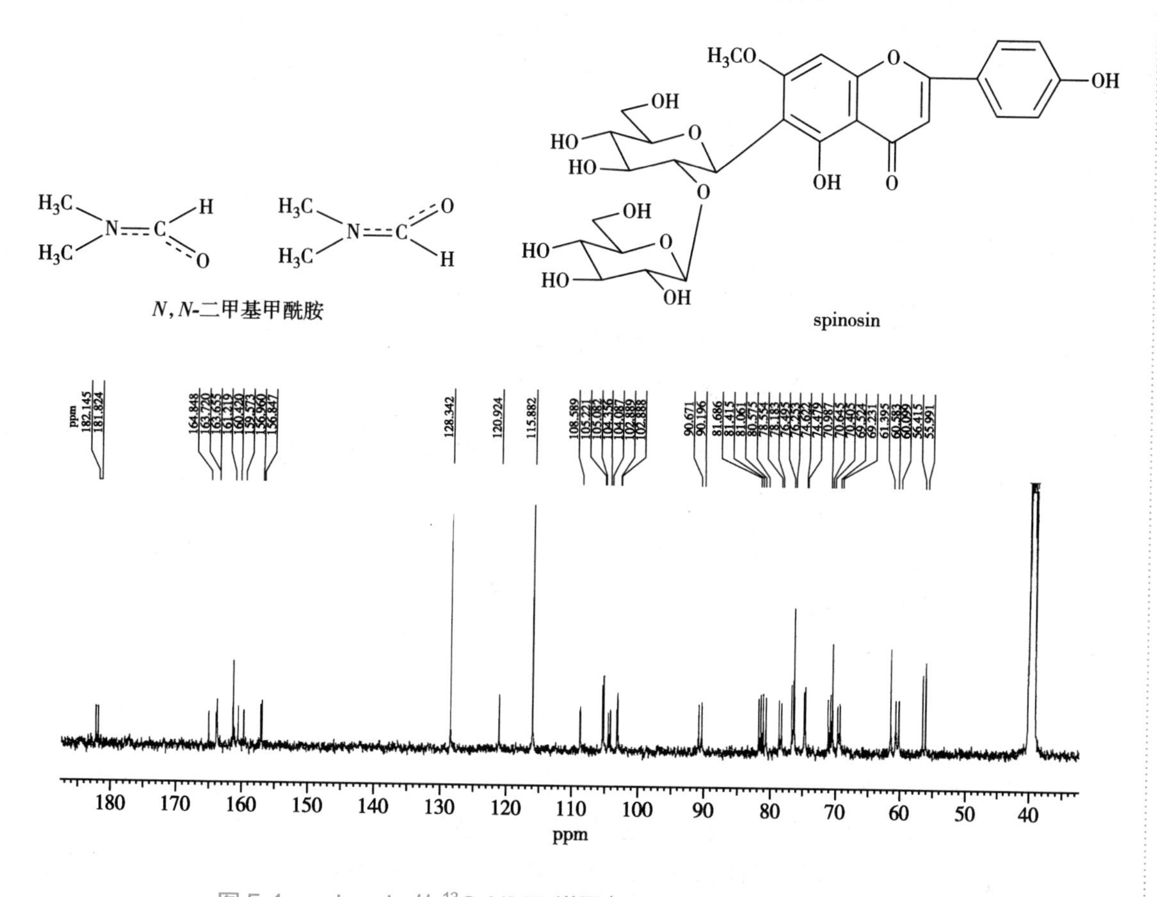

图 5-1 spinosin 的 ^{13}C-NMR 谱图（125MHz，DMSO-d_6，298K）

二、偶合常数

^{13}C 和 ^{1}H 均为磁性核，在间隔一定的键数范围内均可以通过相互自旋偶合干扰，使得对方的信号产生一定的裂分。由于 ^{13}C 核的天然丰度很低，氢核磁共振谱中不显示 ^{13}C 核对 ^{1}H 核的偶合，在不

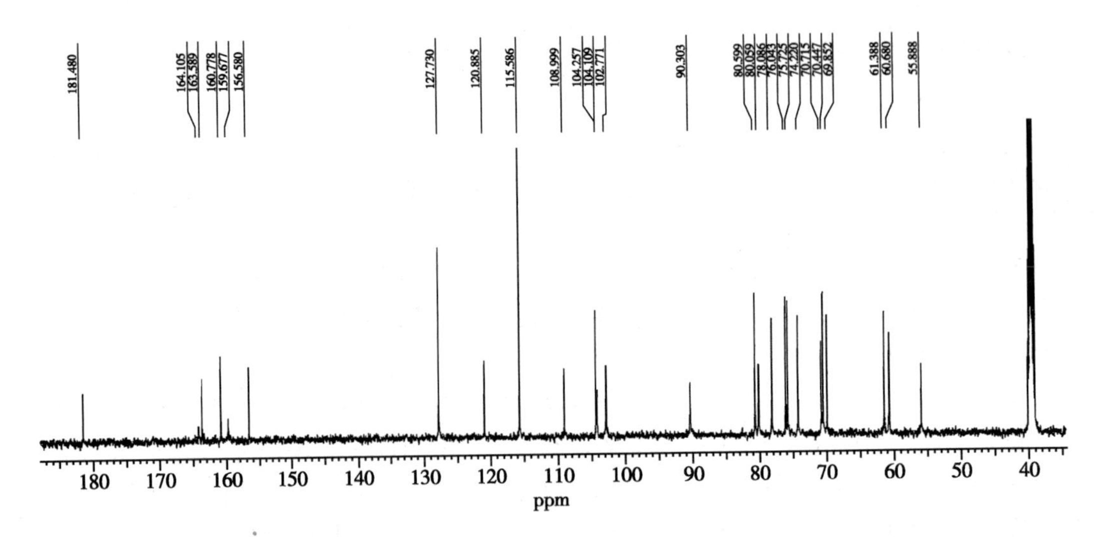

图 5-2　spinosin 的 ^{13}C-NMR 谱图(125MHz，DMSO-d_6，393K)

去偶的碳核磁共振谱中也不显示 ^{13}C 核对相邻 ^{13}C 核的偶合(^{13}C-^{13}C 偶合)。但 ^{1}H 核的天然丰度很高(>99%)，^{1}H 核对 ^{13}C 核有很强的偶合作用。

(一) 直接碳-氢偶合($^{1}J_{CH}$)

在不去偶的碳核磁共振谱中，直接相连的 ^{13}C-^{1}H 偶合具有很大的偶合常数($^{1}J_{CH}$ 为 110~320Hz)。CH_n 中的 ^{1}H 核对 ^{13}C 核的偶合裂分数目遵守 $n+1$ 规律，在只考虑一键偶合时，^{13}C 信号将分别表现为四重峰 q(CH_3)、三重峰 t(CH_2)、二重峰 d(CH)及单峰 s(C)。影响 $^{1}J_{CH}$ 的因素如下。

1. $^{1}J_{CH}$ 与杂化轨道的 s 电子成分有关　$^{1}J_{CH}$ 值与 s 电子成分占的比例(%S)的近似经验见关系式(5-1)。

$$^{1}J_{CH}=500\times(\%S)\text{Hz} \qquad 式(5\text{-}1)$$

在杂化轨道中，%S 越大，$^{1}J_{CH}$ 越大。如乙烷中的碳 sp^3 杂化，%S 为 25%，$^{1}J_{CH}$ 约为 125Hz；乙烯中的碳 sp^2 杂化，%S 为 33%，$^{1}J_{CH}$ 约为 165Hz；乙炔中的碳 sp 杂化，%S 为 50%，$^{1}J_{CH}$ 约为 250Hz。

2. $^{1}J_{CH}$ 与键角有关　碳环越小，键角越小，$^{1}J_{CH}$ 越大。

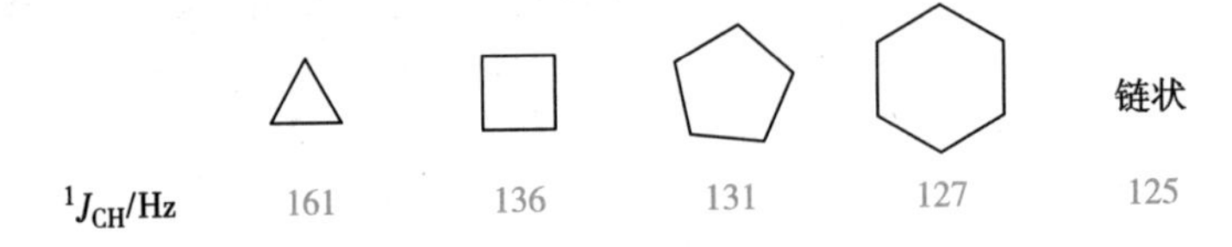

3. $^{1}J_{CH}$ 受取代基的电负性影响　取代基的电负性越大，碳核的有效核电荷增加越多，$^{1}J_{CH}$ 也增加越多。

	CH_4	CH_3Cl	CH_3F	CH_2F_2	CHF_3
$^{1}J_{CH}$/Hz	125.0	150.0	149.1	184.5	239.1

(二) 远程碳-氢偶合($^{2}J_{CH}$ 和 $^{3}J_{CH}$)

在不去偶的碳核磁共振谱中，间隔 2 个键以上的碳-氢偶合都称为远程偶合，主要指间隔 2 个键和间隔 3 个键的碳-氢偶合。一般情况下，间隔 4 个键以上的碳-氢偶合常数非常小，很难分辨，往往形成一个单峰。

1. 间隔 2 个键的碳-氢偶合($^{2}J_{CH}$)　间隔 2 个键(^{13}C—C—^{1}H)的碳-氢偶合常数 $^{2}J_{CCH}$(简写为 $^{2}J_{CH}$)范围为−5~60Hz，遵循直接碳-氢偶合的一般规律，即杂化轨道的 s 特征增加时 $^{2}J_{CH}$ 增大，偶合碳上的吸电子杂原子或取代基使 $^{2}J_{CH}$ 增大。

	$H_3C—CH_3$	$Cl_2CH—CH_3$	$C=CH$	$HC\equiv CH$	$H_3C—CHO$
$^2J_{CH}$/Hz	-4.5	5.9	1~16	49.3	26.7

总的说来，$^2J_{CH}$ 与杂化轨道有关，与相连的电负性基团也有关，具体大小比较难预测。

2. 间隔 3 个键的碳-氢偶合（$^3J_{CH}$）　间隔 3 个键（$^{13}C—C—C—^1H$）的碳-氢偶合常数 $^3J_{CCCH}$（简写为 $^3J_{CH}$）除与杂化类型和相连的电负性基团有关外，还与基团的几何构型有关。sp^3 杂化碳原子的 $^3J_{CH}$ 值和 $^2J_{CH}$ 值大致相等，芳香环中 $^3J_{CH}$ 的特征值比 $^2J_{CH}$ 大，如苯环的 $^3J_{CH}$=7.6Hz、$^2J_{CH}$=1.0Hz。$^3J_{CH}$ 和 $^3J_{HH}$ 类似，也与二面角 ϕ 有关，因此可提供分子几何构型方面的信息。

	H / Cγ（邻位交叉）	H / Cγ（对位交叉）	C / H（顺式）	C / H（反式）
$^3J_{CH}$/Hz	~0	5~7	≤12	≤18

（三）其他核对 ^{13}C 核的偶合

全去偶谱只是去掉 ^1H 核对 ^{13}C 核的偶合，其他核（如 D、^{31}P 和 ^{19}F 等）对 ^{13}C 核的偶合仍存在，了解其他核对 ^{13}C 核的偶合有助于解析碳核磁共振谱信号。对于任意原子构成的 CX_n 系统，计算裂分峰的通式为（$2nI_X+1$）。当 X 为 ^1H 时，I_H=1/2，（$2nI_H+1$）=n+1。

1. D 对 ^{13}C 的偶合　D 的自旋量子数 I_D=1，n 个 D 使碳裂分为（$2n$+1）重峰。例如 $CDCl_3$ 在碳全去偶谱中 δ 77 出现三重峰（2×1+1=3），CD_3COCD_3 的甲基碳原子在 δ 29.8 出现七重峰（2×3+1=7），$^1J_{CD}$ 为 20~30Hz。

2. ^{19}F 对 ^{13}C 的偶合　氟没有同位素，只有 ^{19}F 一种核，^{19}F 的自旋量子数 I_F=1/2，n 个 F 使碳裂分为（n+1）重峰。$^1J_{CF}$ 为 158~370Hz，$^2J_{CF}$ 为 30~45Hz，$^3J_{CF}$ 为 0~8Hz。

3. ^{31}P 对 ^{13}C 的偶合　磷没有同位素，只有 ^{31}P 一种核，^{31}P 的自旋量子数 I_P=1/2，n 个 P 使碳裂分为（n+1）重峰。磷与碳的偶合常数大小与磷的价态、化合物种类及相隔的键数有关，一般 $^1J_{CP}$ 为 -14~150Hz。

三、峰强度

与氢核磁共振谱不同，碳核磁共振谱中的信号强度（峰面积或峰高）与碳的数目不完全呈定量关系，主要受两大因素影响。

1. 自旋-晶格弛豫时间　不同种类的碳原子的自旋-晶格弛豫时间（纵向弛豫，即 T_1）不同。一般碳核上直接相连的质子数越多，T_1 越小，峰强度越大。如 CH_3 的 T_1 只有几秒，季碳的 T_1 近 1 分钟。因此，甲基峰最强，季碳峰最弱。

2. 质子对直接相连碳原子的 NOE 增益　由质子宽带去偶产生的异核 NOE 效应表现为与氢相连的碳原子谱峰增强。对于季碳，因为没有 ^{13}C-^1H 偶极弛豫，NOE 效应为 0，因此季碳表现为低峰。

第二节　碳核磁共振谱测定技术

由于 ^{13}C-^1H 具有很大的 $^1J_{CH}$（110~320Hz）及 $^2J_{CH}$ 和 $^3J_{CH}$，通过解析偶合裂分情况虽然可以给出丰富的结构信息，但是与质子偶合的谱图常常表现为难以解释的复杂重叠的多重峰，谱线交叠严重，信噪比低，很难解析。为了解决这个问题，采用一些技术使得碳核磁共振谱变得简单，更容易解析。一种方法是采用去偶技术，包括全去偶、偏共振去偶和选择去偶。全去偶谱去除所有氢对碳的偶合，谱图简单、清晰，但缺乏碳原子级数（伯碳、仲碳、叔碳和季碳）的信息；偏共振去偶（off resonance decoupling）降低 $^1J_{CH}$，改善因偶合产生的谱线重叠而保留碳原子级数信息，缺点是谱图还会有重叠，解析仍然有难度；选择去偶（selective decoupling）是偏共振去偶的特例，调节去偶频率正好等于某种氢的共振频率，与该氢相连的碳原子被完全去偶，产生单峰，其他碳信号则是偏共振去偶，这种方法可以确定某个碳原子的级数，但是需要测定多次，操作麻烦。另一种方法是通过调整脉冲序列等技术测定碳原子级数（伯碳、仲碳、叔碳和季碳），包括 DEPT、INEPT 和 APT，这些方法操作比较简单，解析容易。这些技术在解析有机化合物的结构时起到不同的作用，最常用的是全去偶谱和 DEPT 谱。

一、全去偶谱

全去偶是简称，全称为质子宽带去偶（proton broadband decoupling），也称质子噪声去偶（proton noise decoupling）或全氢去偶（proton complete decoupling）。在测定全去偶谱时，采用宽频的电磁辐射（包括样品中所有氢核的共振频率，一般去偶频率采用 1 000Hz 以上的宽频带）照射样品以去除所有 ^{1}H 核对 ^{13}C 核的偶合影响，这是碳核磁共振谱测试时最常采用的去偶方式。如没有特别说明，本教材及文献和各种标准碳核磁共振谱图中给出的均是全去偶谱，图 5-3 是川贝酮的全去偶谱。全去偶谱中只是去掉 ^{1}H 核对 ^{13}C 核的偶合，^{19}F、^{31}P、D 等核对碳的偶合仍然存在。

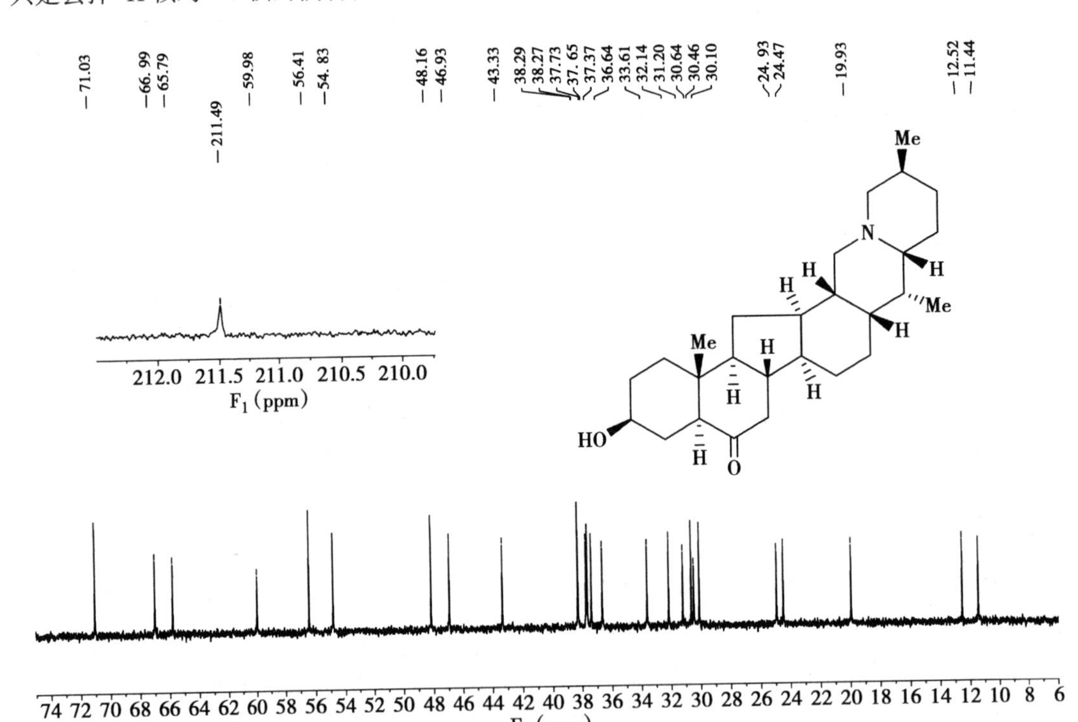

图 5-3 川贝酮的 ^{13}C-NMR 谱图（全去偶谱）（125MHz，$CDCl_3$）

全去偶谱中，每一种化学等价的碳原子均表现为单峰（有 D、F、P 等原子时会有多重峰），谱图大大简化，可以准确判断磁不等同碳原子数目及其化学位移，但是不能区分碳原子级数。一般如果分子中没有对称因素并且不含 D、F、P 等会使碳裂分的原子时，每个碳对应一个峰，互不重叠，但偶尔也会有两个磁不等同碳的化学位移相同而重叠的情况。

由于不同碳原子的弛豫时间不等及去偶造成的 NOE 效应大小不同，全去偶谱中的峰高不能定量地反映碳原子数量。由于异核 NOE 效应，伯碳、仲碳和叔碳的信号比较强，季碳的信号最低。

二、DEPT 谱

全去偶谱虽然谱图简单，能给出所有碳的信号，但是失去某些有用的结构信息，如碳原子级数和偶合情况等。DEPT 谱、APT 谱和 INEPT 谱能解决碳原子级数的问题。

DEPT（distortionless enhancement by polarization transfer）直译为“无畸变极化转移增强”，通过改变质子脉冲角度 θ，从而调节 CH、CH_2、CH_3 信号的强度，检测不到季碳信号。θ 角设为 45°，得到 DEPT 45 谱，CH_3、CH_2 和 CH 均为正信号；θ 角设为 90°，得到 DEPT 90 谱，CH 为正信号，CH_3 和 CH_2 检测不到；θ 角设为 135°，得到 DEPT 135 谱（图 5-4），CH_3 和 CH 为正信号，CH_2 为负信号。通过分析全去偶谱及 DEPT 45 谱、DEPT 90 谱和 DEPT 135 谱，可以确定所有碳原子的级数。实际工作中测定全去偶谱和 DEPT 135 谱即能解决碳原子级数的问题。有时也对测定的 DEPT 谱进行加减处理，分别给出甲基、亚甲基和次甲基的碳信号（图 5-5）。

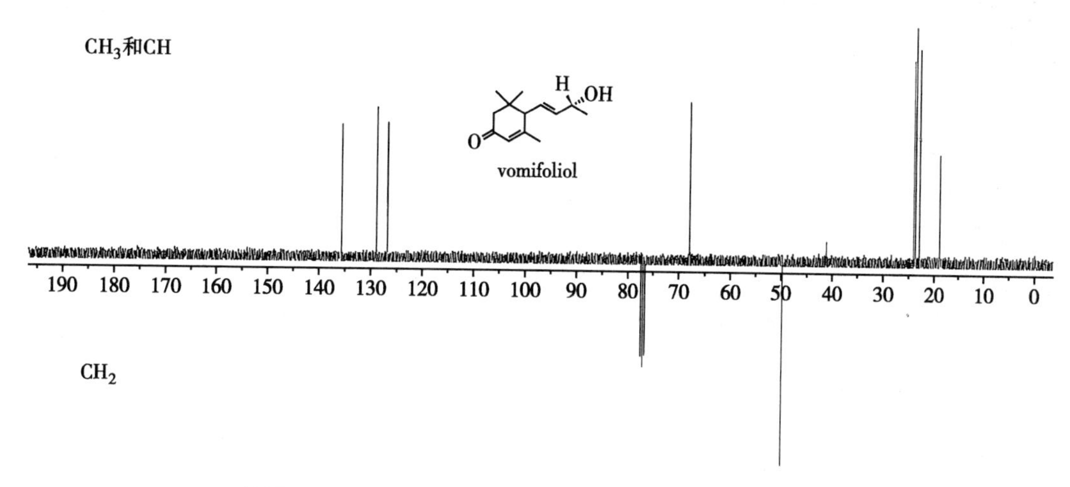

图 5-4　vomifoliol 的 DEPT 135 谱（125MHz，$CDCl_3$）

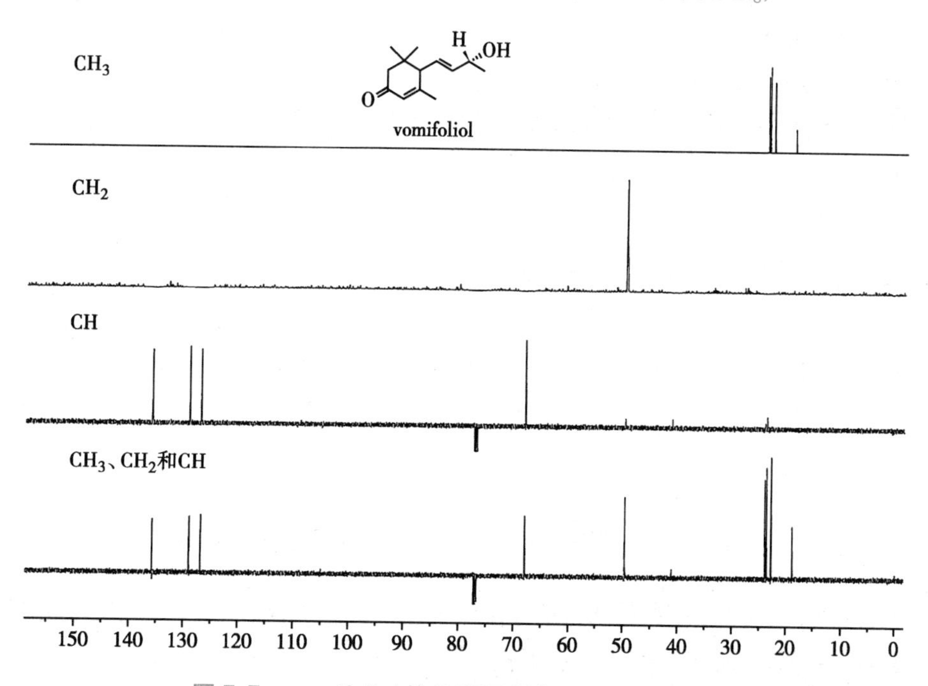

图 5-5　vomifoliol 的 DEPT 谱（125MHz，$CDCl_3$）

DEPT 法的优点是 J 值在一定范围内变化对结果影响不大，且有极化转移增强。配合全去偶谱可以鉴别各种碳原子的级数，脉冲序列不复杂，因此 DEPT 法应用最多。

三、APT 谱

APT（attached proton test）直译为“连接质子测试”，是以次甲基、亚甲基和甲基这些不同级数的 ^1H-^{13}C 偶合为基础，在脉冲序列中通过调整脉冲序列的时间间隔，使 CH_3 和 CH 基团相位朝上（正信号）而季碳和 CH_2 基团相位朝下（负信号），见图 5-6。因为相位是任意调节的，所以这个规律也可相反。

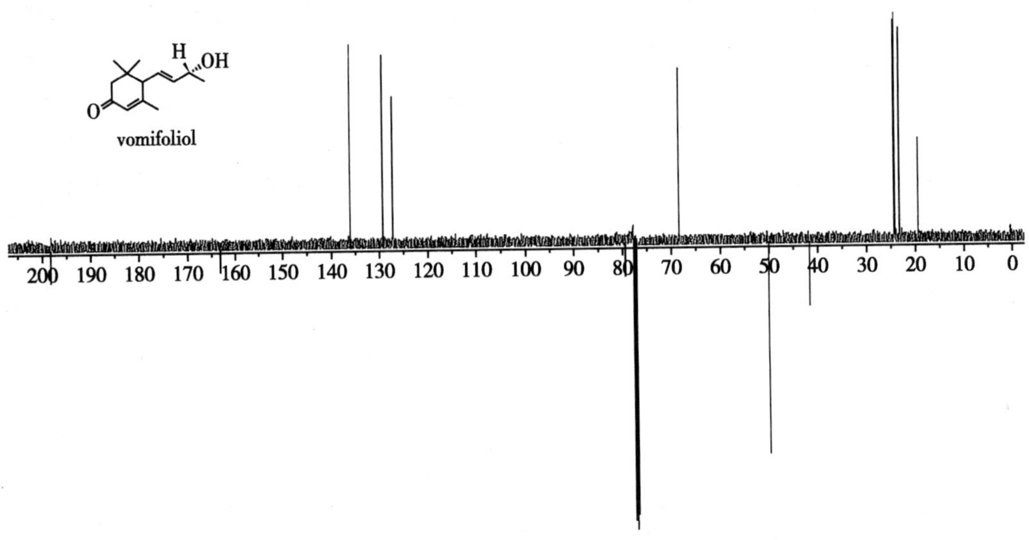

图 5-6　vomifoliol 的 APT 谱（125MHz，$CDCl_3$）

APT 法脉冲序列最简单，有季碳信号；缺点是 CH 和 CH_3 难分辨，$^1J_{CH}$ 变化对结果有影响。

四、INEPT 谱

INEPT（insensitive nuclei enhanced by polarization transfer）可译为“低敏核极化转移增强”，通过调节脉冲序列中的时间 τ（1/4J、2/4J、3/4J）来调节 CH、CH_2、CH_3 信号的强度，检测不到季碳信号。INEPT 谱与 DEPT 谱-的形状类似，其对应关系见表 5-3。

INEPT 法的脉冲序列比较复杂，$^1J_{CH}$ 变化对结果有影响，优点是信号增强与 γ_H/γ_X 成正比，适宜测定 γ 小的核。

表 5-3　DEPT 谱和 INEPT 谱的关系

DEPT（θ）	INEPT（τ）	谱图
45°	1/4J	CH、CH_2 和 CH_3 峰向上
90°	2/4J	CH 峰向上
135°	3/4J	CH 和 CH_3 峰向上，CH_2 峰向下

第三节　各种类型 ^{13}C 核的化学位移

碳核磁共振谱中各种类型 ^{13}C 核的化学位移顺序与氢核磁共振谱中各类碳上对应质子的化学位移顺序有很好的一致性。如果氢核磁共振谱中质子在高场，则碳核磁共振谱中该质子连接的碳也在高场；反之，质子在低场，该质子连接的碳也在低场。根据经验，碳核磁共振谱大致可分为 6 个区，碳类型与化学位移范围见表 5-4，常见基团的 ^{13}C-NMR 化学位移范围见表 5-5 和图 5-7。

表 5-4　碳核磁共振谱中的碳类型与化学位移范围

δ	碳类型
0~60	烷烃的甲基、亚甲基、次甲基、季碳等
40~60	甲氧基或氮甲基
60~85	连氧脂肪碳（—OCH 或—OCH_2，包括糖上的碳信号，糖端基碳信号除外）
100~135	未取代的芳碳及烯碳
123~167	取代的芳碳或烯碳
160~220	羰基碳

表 5-5　常见基团的 ^{13}C-NMR 化学位移范围（TMS 为内标）

基团	δ	基团	δ
—CH_3 仲碳	0~30 10~50	—Ar（未取代芳碳）	110~135
$\overset{\vert}{\underset{\vert}{—C—}}$H（叔碳）	31~60	—Ar—y（取代芳碳）	123~167
$\overset{\vert}{\underset{\vert}{—C—}}$（季碳）	36~70	—COOR（酯）	155~175
CH_3—O—	40~60	—CONHR（酰胺）	158~180
—CH_2—O—	40~70	—COOH	158~185
$\overset{\vert}{\underset{\vert\atop H}{—C—}}$O—	60~76	—CHO	175~205
—C≡C—	70~100	α,β-不饱和醛	175~196
$\overset{\vert\quad\vert}{—C=C—}$	110~150	α,β-不饱和酮	180~213

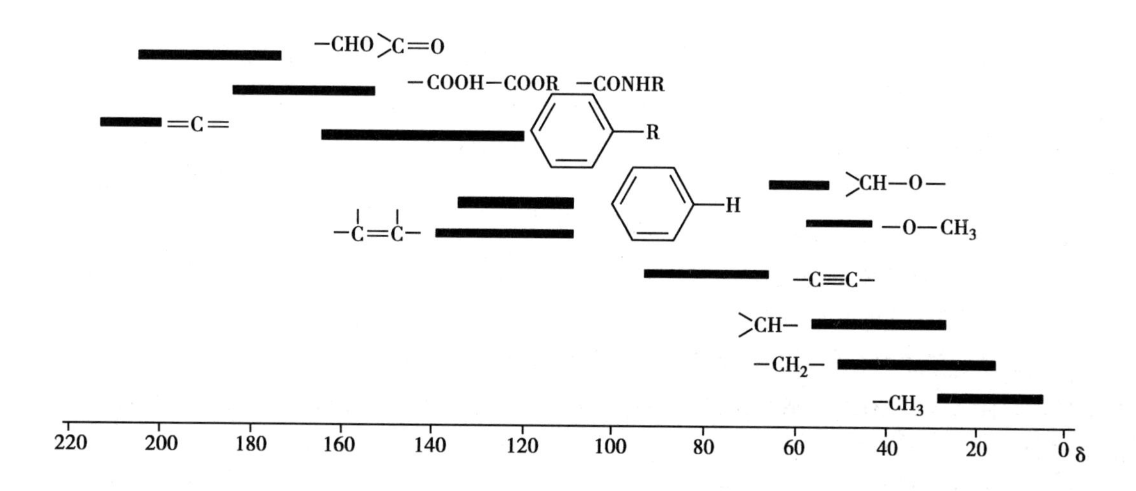

图 5-7　常见基团的 ^{13}C-NMR 化学位移范围示意图

一、脂肪烃类

(一) 链状烷烃

未被杂原子取代的烷烃的 δ 0~60。在链状烷烃中，每一个碳的化学位移与它直接相连的碳原子数和相近的碳原子数有关，伯碳在较高场，季碳在较低场。一般可以应用取代基加和位移效应得到计算值。

取代基加和位移效应：未被杂原子取代的烷烃的 δ 0~60（甲烷的 δ –2.5）。在此范围内，可以根据化学位移计算公式[式(5-2)]和加和位移参数（表 5-6）计算每个碳的化学位移。

$$\delta=-2.5+\Sigma nA \qquad 式(5\text{-}2)$$

式中，δ—碳原子预测值；A—加和位移参数；n—具有相同加和位移参数的碳原子个数；-2.5—甲烷的化学位移。

表 5-6 加和位移参数

^{13}C 原子	$A(\delta)$	^{13}C 原子	$A(\delta)$
α	9.1	2° (3°)	−2.5
β	9.4	2° (4°)	−7.2
γ	−2.5	3° (2°)	−3.7
δ	0.3	3° (3°)	−9.5
ε	0.1	4° (1°)	−1.5
1° (3°)	−1.1	4° (2°)	−8.4
1° (4°)	−3.4		

注：1° (3°) 表示与叔碳邻接的甲基；2° (4°) 表示与季碳邻接的仲碳；4° (2°) 表示与亚甲基碳邻接的季碳。

下面以 3-甲基己烷为例介绍计算各个碳的预测值的方法。

$$\overset{1}{CH_3}-\overset{2}{CH_2}-\overset{3}{CH}(\overset{7}{CH_3})-\overset{4}{CH_2}-\overset{5}{CH_2}-\overset{6}{CH_3}$$

在 3-甲基己烷中，C_1 有一个 α 基团(C_2)、一个 β 基团(C_3)、两个 γ 基团(C_4 和 C_7)、一个 δ 基团(C_5) 和一个 ε 基团(C_6)，因此 δ_1=−2.5+(9.1×1)+(9.4×1)+(−2.5×2)+(0.3×1)+(0.1×1)=11.4；C_3 有三个 α 基团(C_2、C_4 和 C_7)、两个 β 基团(C_1 和 C_5)、一个 γ 基团(C_6)，C_3 本身是叔碳与两个仲碳(C_2 和 C_4)相连，即两个 3° (2°)，因此 δ_3=−2.5+(9.1×3)+(9.4×2)+(−2.5×1)+(−3.7×2)=33.7；以此类推，δ_2=29.8，δ_4=38.9，δ_5=20.4，δ_7=19.6。查阅文献，上述计算值与实测值基本吻合。

取代基的影响是各种因素的综合结果，当多个取代基或多种取代基存在时，取代基加和位移效应会使问题复杂，导致计算值与实测值之间的误差较大，但是计算结果仍有较高的参考价值。

直链和支链烷烃中的氢被其他基团取代后的取代效应见表 5-7，取代基对 α-碳原子的影响与取代基的电负性有关，所有取代基对 β-碳原子的影响相当稳定，γ-碳原子向高场位移是由 γ-邻位交叉效应引起的。

表 5-8 给出一些常见直链和支链烷烃的碳化学位移，在后面学习各种类型碳的化学位移时可以同烷烃数据进行对比。

表 5-7　烷烃中的取代基 Y 的加和位移参数（δ）

Y	α		β		γ
	端位	侧链	端位	侧链	
CH_3	9	6	10	8	−2
$CH{=}CH_2$	20		6		−0.5
$C{\equiv}CH$	4.5		5.5		−3.5
COOH	21	16	3	2	−2
COOR	20	17	3	2	−2
C_6H_5	23	17	9	7	−2
OH	48	41	10	8	−5
OR	58	51	8	5	−4
OCOR	51	45	6	5	−3
NH_2	29	24	11	10	
Cl	31	32	11	10	−4
Br	20	25	11	10	−3
NO_2	63	57	4	4	

表 5-8　常见烷烃的 ^{13}C 化学位移（TMS 为内标）

化合物	C-1	C-2	C-3	C-4
甲烷	−2.5			
乙烷	5.7			
丙烷	15.8	16.3		
丁烷	13.4	25.2		
戊烷	13.9	22.8	34.7	
己烷	14.1	23.1	32.2	
庚烷	14.1	23.2	32.6	29.7
辛烷	14.2	23.2	32.6	29.9
异丁烷	24.5	25.4		
异戊烷	22.2	31.1	32.0	11.7
2,2-二甲基丁烷	29.1	30.6	36.9	8.9
2,2,3-三甲基丁烷	27.4	33.1	38.3	16.1

（二）环烷烃

环烷烃中的碳化学位移与环大小无明显的内在关系，除环丙烷外，环烷烃中的碳化学位移变化幅度不会超过 δ 6。一些常见环烷烃的化学位移如下。

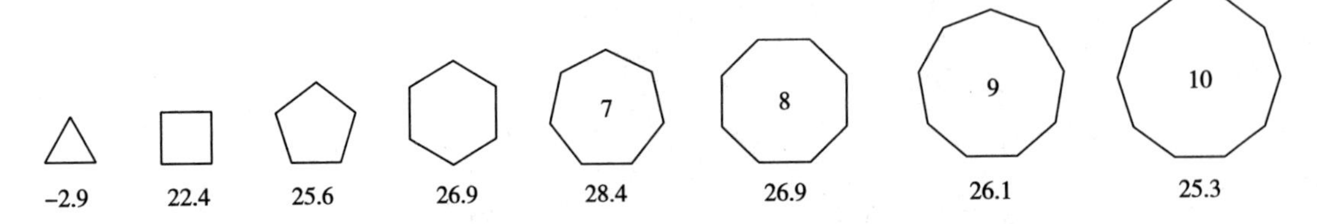

环烷烃为张力环时，δ 位于较高场。如果在环上引入烷基取代基后，可使环烷烃的 α-碳和 β-碳向低场位移、γ-碳向高场位移。

（三）烯烃

烯碳为 sp^2 杂化，未被杂原子取代的烯碳的化学位移在 δ 110~150，通常末端烯碳（$=CH_2$）比与烷烃相连的烯碳（$=CH-$）的 δ 小 10~40，顺式烯碳比反式烯碳的 δ 小。烯碳也符合烷烃的规律，即烯碳的 δ 为季碳 > 叔碳 > 仲碳。

（四）炔烃

炔碳为 sp 杂化，仅被烷基取代的炔烃的 δ 60~90，与极性基团直接相连的炔碳的 δ 20~95。与炔碳直接相连的 sp^3 杂化碳原子和相应的烷烃碳相比向高场位移 δ 5~15，端基炔碳比中间炔碳在较高场。

二、芳环化合物

在 $CDCl_3$ 或 CCl_4 中，苯环上的碳原子在 δ 128.5，取代基效应可使与其相连的碳原子的化学位移变化 $\Delta\delta$ ±35。一般情况下，未取代芳香碳的 δ 110~135，取代芳香碳的 δ 123~167。表 5-9 列出常见单取代苯的取代参数，应用取代基加和性原则[式(5-3)]，可近似求出多取代苯环上碳原子的化学位移。

$$\delta=128.5+\Sigma nA$$　式(5-3)

式中，δ—碳原子的预测化学位移；A—加和位移参数；n—具有相同加和位移参数的碳原子个数；128.5—苯的化学位移。

表 5-9　单取代苯环上常见取代基的加和位移参数及取代基上碳原子的化学位移（TMS 为内标）

取代基 X	加和位移参数（δ）				取代基上碳的 δ
	相连位（i）	邻位（o）	间位（m）	对位（p）	
CH_3	9.3	0.7	−0.1	−2.9	21.3
—CH=CH_2	9.1	−2.4	0.2	−0.5	137.1（CH），113.3（CH_2）
—C≡CH	−5.8	6.9	0.1	0.4	84.0（C），77.8（CH）
C_6H_5	12.1	−1.8	−0.1	−1.6	
COOH	2.9	1.3	0.4	4.3	168
CH_2OH	13.3	−0.8	−0.6	−0.4	64.5
OH	26.6	−12.7	1.6	−7.3	
OCH_3	31.4	−14.4	1.0	−7.7	54.1
NH_2	19.2	−12.4	1.3	−9.5	
NO_2	19.6	−5.3	0.9	6.0	
F	35.1	−14.3	0.9	−4.5	
Cl	6.4	0.2	1.0	−2.0	
Br	−5.4	−3.4	2.2	−1.0	

在 4-羟基甲苯中，C_1 有一个相连位甲基(9.3)和一个对位羟基(−7.3)，因此 δ_1=128.5+(9.3×1)+(−7.3×1)=130.5；C_2 有一个邻位甲基(0.7)和一个间位羟基(1.6)，因此 δ_2=128.5+(0.7×1)+(1.6×1)=130.8；C_3 有一个间位甲基(−0.1)和一个邻位羟基(−12.7)，因此 δ_3=128.5+(−0.1×1)+(−12.7×1)=115.7；C_4 有一个对位甲基(−2.9)和一个相连位羟基(26.6)，因此 δ_4=128.5+(−2.9×1)+(26.6×1)=152.2。

三、醇和醚

（一）醇

烷烃中的 H 被 OH 取代后，α-碳向低场位移+$\Delta\delta$ 35~52，β-碳向低场位移+$\Delta\delta$ 5~12，γ-碳向高场位

移$-\Delta\delta$ 0~6；离羟基更远的碳受羟基影响较小，可以忽略不计。在脂环醇中，由于空间效应使γ-碳向高场位移，当羟基为直立键时高场位移更明显。

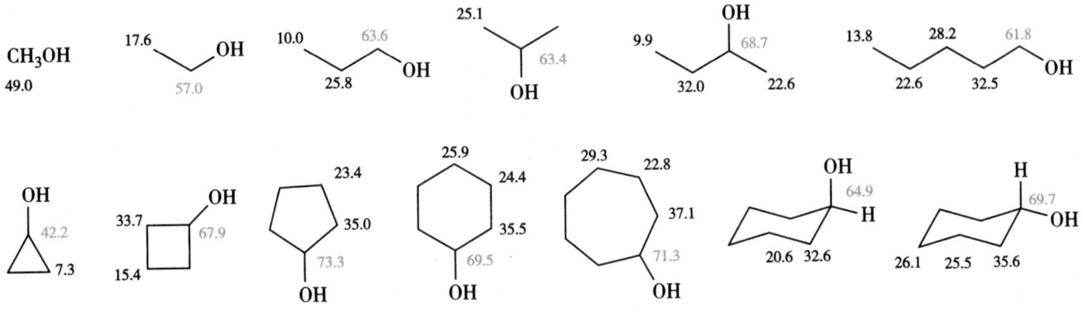

单糖中的CH_2OH在δ 62左右，环醇CHOH的δ 68~85，单糖端基半缩醛碳的δ 90~105。

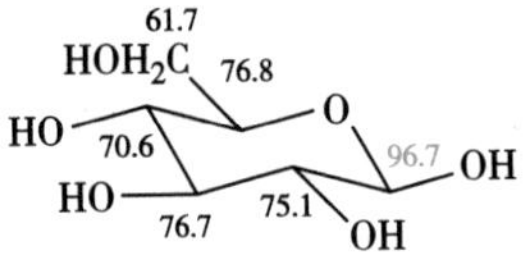

β-D-葡萄糖 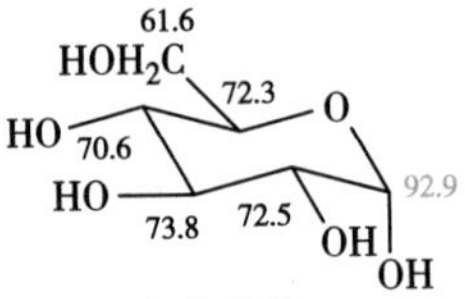　　α-D-葡萄糖

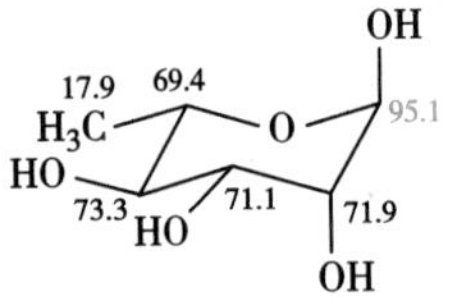

α-L-鼠李糖 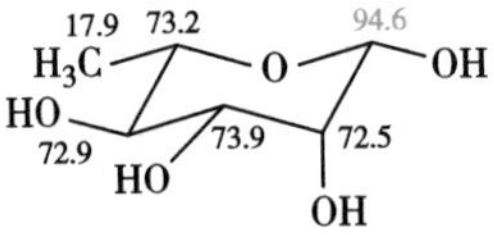　　β-L-鼠李糖

醇羟基酰化（通常乙酰化）后，C-1向低场位移$+\Delta\delta$ 2.5~4.5，C-2以相近的数量向高场位移，1，3-二直立键的相互作用引起C-3略向低场位移$+\Delta\delta$ 1.0，这种化学位移的变化称为酰化位移。叔醇乙酰化C-1向更低场位移$+\Delta\delta$ 10，C-2位移同上。糖的部分羟基被乙酰化形成的乙酰化糖苷在天然产物中比较常见，通过上述规律可以确定乙酰化糖苷的结构。

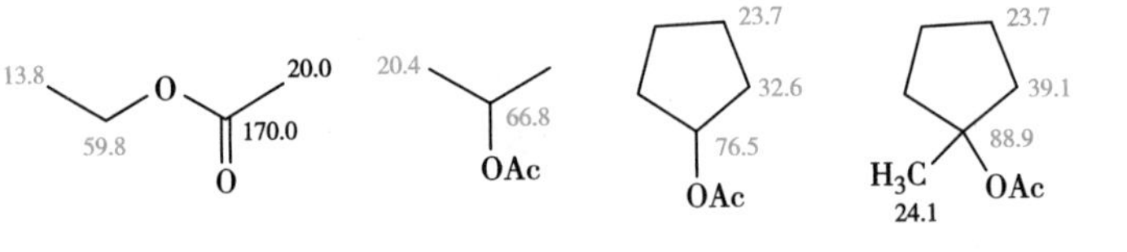

糖与苷元成苷后，苷元的α-C、β-C和糖端基碳的化学位移均发生改变，这种改变称为苷化位移（glycosidation shift）。苷化位移大小与苷元的结构有关，与糖的种类无关。

糖与醇羟基成苷时，糖端基碳向低场位移，位移幅度与苷元的醇种类有关。苷元为甲醇时，糖端基碳向低场位移最大（$+\Delta\delta$ 7）；苷元为伯醇（$+\Delta\delta$ 6）、仲醇（$+\Delta\delta$ 4）、叔醇（$+\Delta\delta$ 0）时，糖端基碳向低场位移的幅度依次减小。醇成苷后，一般情况下苷元的α-C向低场位移$+\Delta\delta$ 5~10，β-C向高场位移约$-\Delta\delta$ 4。但是当苷元结构为环仲醇时，苷化位移大小还与苷元羟基β位有无烷基取代、苷元α-C和糖端基碳的构型等有关，这里不详细讨论。

糖与羧基、酚羟基、烯醇羟基形成苷时，苷化位移比较特殊，苷元α-C向高场位移$-\Delta\delta$ 0~4；糖端基碳在酚苷和烯醇苷中向低场位移、在酯苷中向高场位移，位移幅度不大，为$\Delta\delta$ 0~4。见齐墩果酸葡萄糖苷和芹菜素7-O-葡萄糖苷。

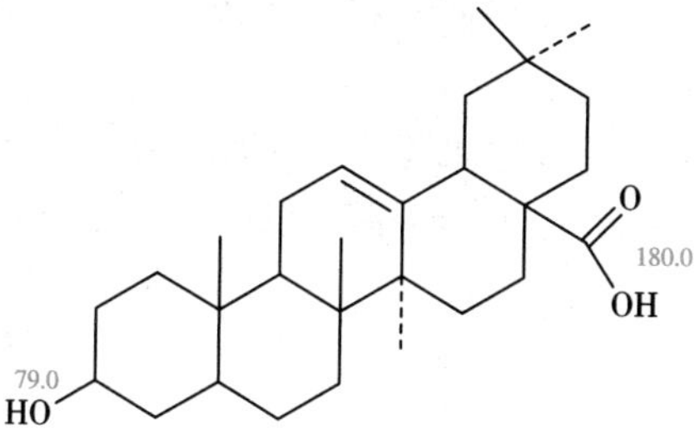

齐墩果酸 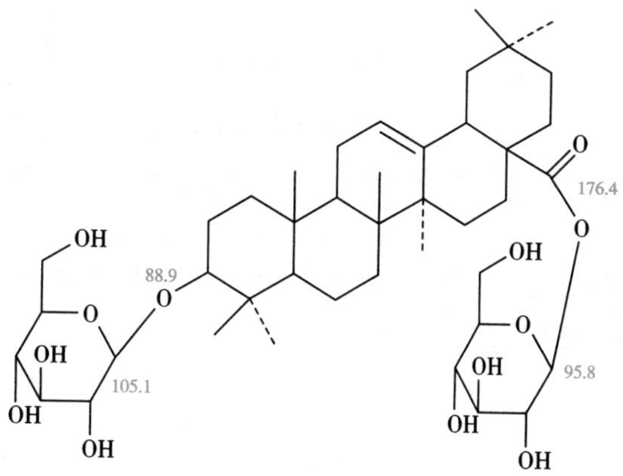　　齐墩果酸葡萄糖苷

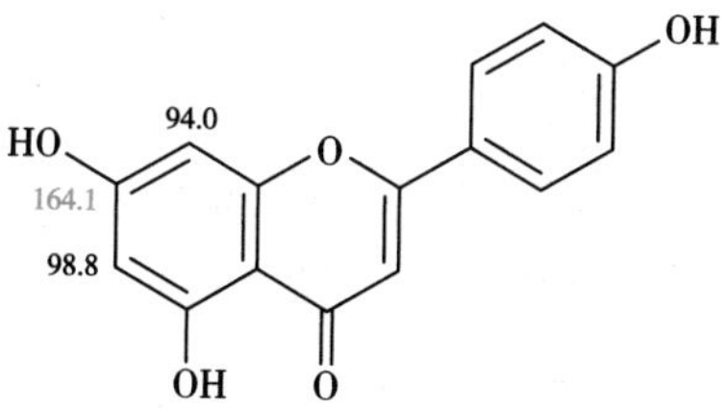

芹菜素 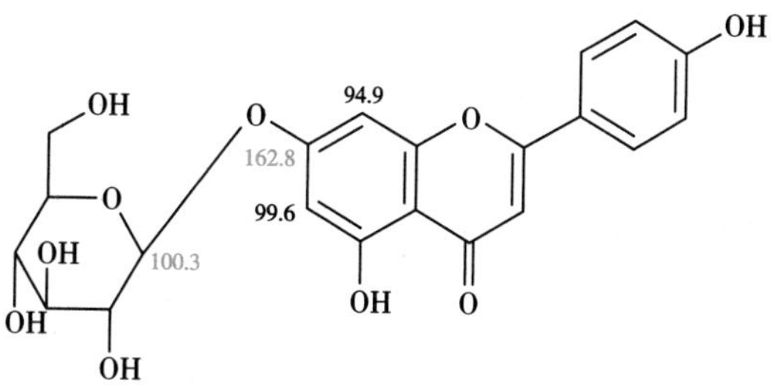　　芹菜素7-*O*-葡萄糖苷

（二）醚

与 OH 相比，烷氧取代基会引起 C-1 较大的低场位移+Δδ 11，见甲醚和甲乙醚。此外，也存在 γ-效应。如甲乙醚中，O 原子可看成是 C-1′的"α-C"，乙氧基上的 C-2 可看成是 C-1′的 γ-C，C-2 存在 γ-效应，向高场位移。

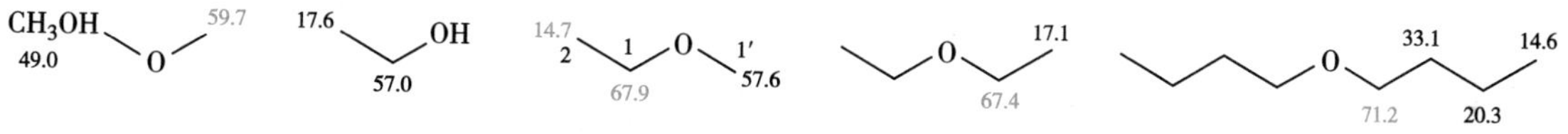

四、羰基

羰基碳的 δ 160~220。除醛羰基碳在偏共振去偶谱中以二重峰出现外，其余的羰基碳均以单峰出现。在全去偶谱中由于无 NOE 效应，羰基碳的信号都很弱。各类化合物的羰基碳的化学位移顺序为 δ-酮、醛 > 酸 > 酯≈酰氯≈酰胺 > 酸酐。

（一）醛和酮

醛的羰基碳 δ 200±5，酮的羰基碳 δ 210±5。随着 α-碳上的取代基数目增加，羰基碳的 δ 向低场位移，羰基与苯环相连会使羰基碳的 δ 向高场位移。α,β-不饱和醛及 α,β-不饱和酮由于π-π共轭作用，羰基碳的 δ 向高场位移−Δδ 5~10。

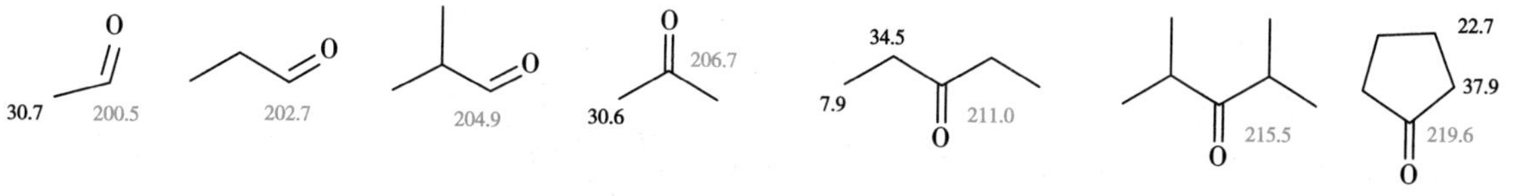

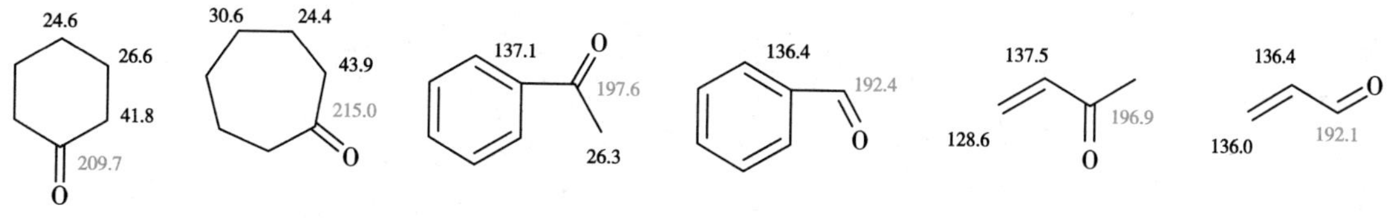

（二）羧酸及其衍生物

羧酸及其衍生物（如酯、酰胺、酰氯）的羰基与杂原子（O、N、Cl）相连，由于 p-π 共轭作用，使羰基碳的化学位移（δ 150~185）比酮和醛的羰基碳在较高场，相应的阴离子向低场位移+$\Delta\delta$ 3~5。当羧酸及其衍生物与不饱和基团相连时，羰基碳的 δ 向高场位移。

羧基碳的 δ 160~185，羧基使烷基部分的 α-碳和 β-碳的 δ 向低场位移，使 γ-碳向高场位移；α，β-不饱和有机酸与饱和有机酸相比，羰基碳向高场位移 $-\Delta\delta$ 8~10。有机酸酯羰基碳的 δ 163~179，酰胺羰基碳的 δ 158~180。

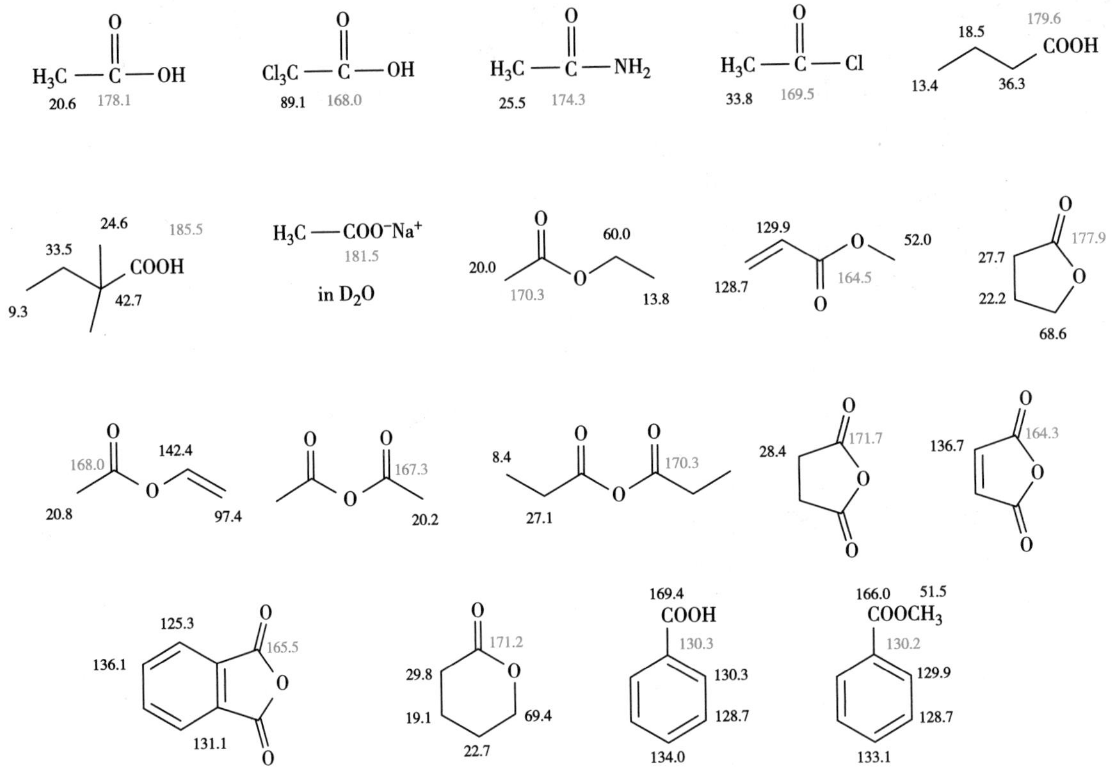

五、含杂原子化合物

（一）杂环化合物

环烷烃环上引入杂原子，会使与杂原子相邻的碳原子（C-2）向低场位移，C-3 也向低场位移，C-4 向高场位移。不饱和杂环化合物中，含氧和含氮杂环上的 C-2 比 C-3 在较低场。

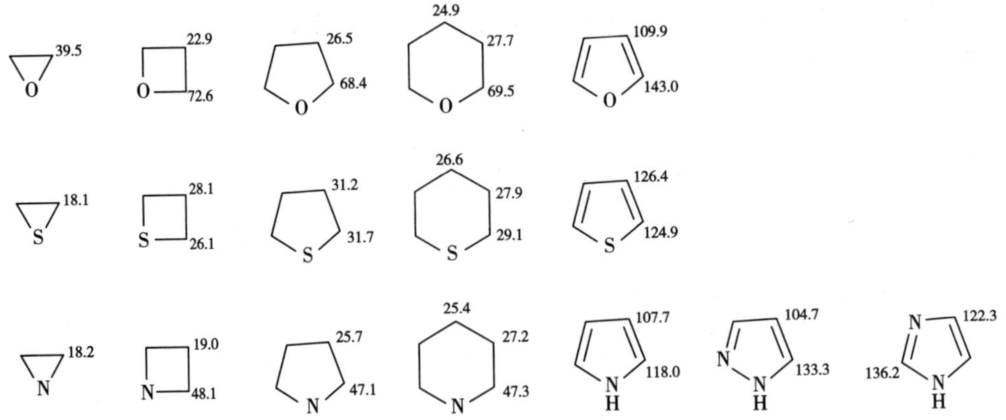

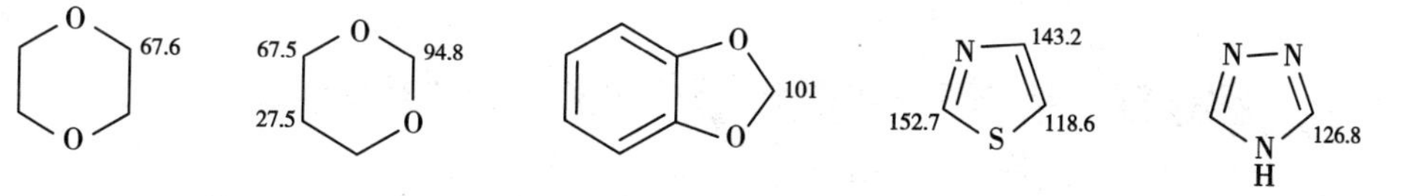

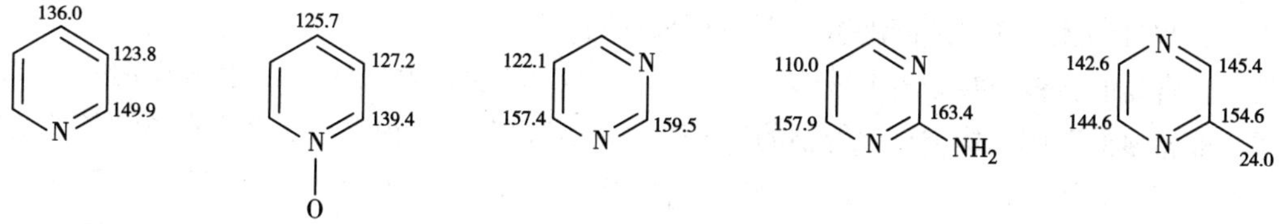

（二）卤化物

卤素的取代效应很复杂。从电负性考虑，在甲烷中引入一个氟原子会引起很大的低场位移。引入氯原子也会引起低场位移，随着引入的氯原子数目增多，碳化学位移会向低场位移。在引入溴和碘原子时，除考虑电负性效应（向低场位移）外，还应考虑重原子效应（向高场位移），从 CH_3I 开始向高场位移，其化学位移比甲烷小。氯和溴对 C-3 有 γ-效应（碘没有），使其向高场位移。表 5-10 给出常见卤化物的化学位移。

表 5-10　常见卤化物的化学位移

化合物	C-1	化合物	C-1	化合物	C-1	C-2	C-3
CH_4	−2.5	CH_2Br_2	21.4	CH_3CH_2F	79.3	14.6	
CH_3F	75.4	$CHBr_3$	12.1	CH_3CH_2Cl	39.9	18.7	
CH_3Cl	24.9	CBr_4	−28.5	CH_3CH_2Br	28.3	20.3	
CH_2Cl_2	54.0	CH_3I	−20.7	CH_3CH_2I	−0.2	21.6	
$CHCl_3$	77.5	CH_2I_2	−54.0	$CH_3CH_2CH_2Cl$	46.7	26.5	11.5
CCl_4	96.5	CHI_3	−139.9	$CH_3CH_2CH_2Br$	35.7	26.8	13.2
CH_3Br	10.0	CI_4	−292.5	$CH_3CH_2CH_2I$	10.0	27.6	16.2

（三）胺

NH_2 与烷基相连使 C-1 向低场位移约 $+\Delta\delta$ 30，C-2 向低场位移约 $+\Delta\delta$ 11，C-3 向高场位移约 $-\Delta\delta$ 4。*N*-烷基化使 N 邻位的 C-1 向低场位移增加。

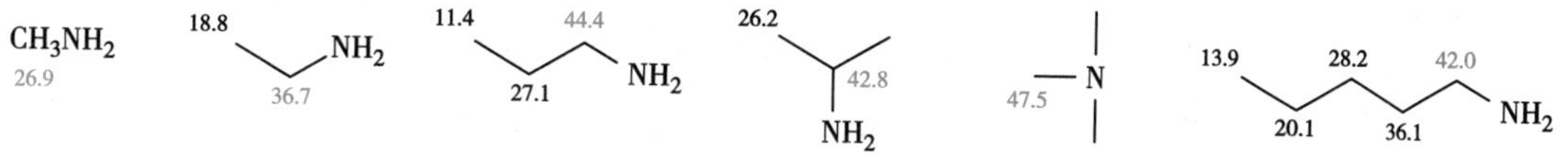

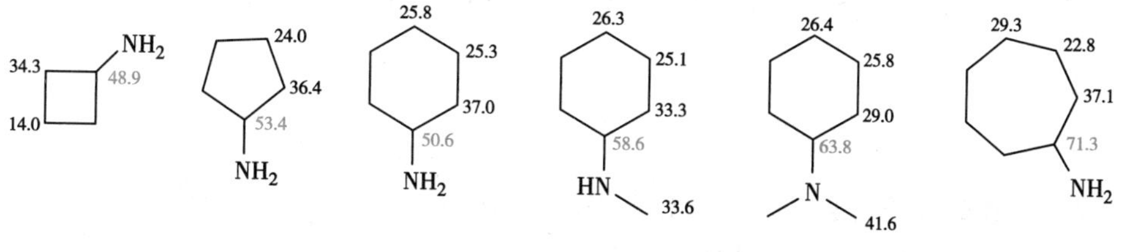

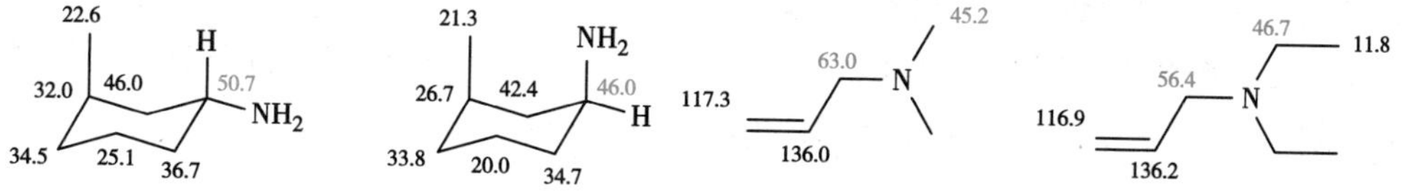

第四节 碳核磁共振谱在结构解析中的应用

碳核磁共振谱在有机化合物的结构鉴定、有机反应机理研究、动态过程和平衡过程研究等方面均有应用，其中在有机化合物的结构鉴定中的应用最普遍。

已知化合物的碳核磁共振谱中碳信号的归属主要依靠与文献对照的方法，目前国内外的文献已经积累了非常多的不同结构类型化合物的碳核磁共振谱数据，也有很多综述性文章总结各种结构类型化合物的碳核磁共振谱规律。因此，在解析化合物碳核磁共振谱前，首先要了解不同类型化合物的碳化学位移范围及影响化学位移的因素。需要注意的是，不同氘代溶剂测定的碳核磁共振谱数据可能有差异。另外，早期文献中使用不同的基准物质，也可能导致化学位移有差别。对于新化合物的碳核磁共振谱数据归属，常综合采用二维核磁共振技术，后面的章节有详细介绍。

一、碳核磁共振谱解析的一般程序

1. 利用其他方法提供的信息

(1) 通过质谱分析可获得分子量信息，参考元素分析或结合 ^{1}H-NMR 和 ^{13}C-NMR 所给出的氢原子和碳原子数可推测分子式。如果测定高分辨质谱，则可以直接给出分子式。

(2) 通过分子式计算不饱和度 Ω。

(3) 根据 IR、UV、MS 和 ^{1}H-NMR 所提供的数据初步判断可能存在哪些特征基团，用于分析 ^{13}C-NMR 信息。

2. 利用全去偶谱提供的信息

(1) 全去偶谱中的每条谱线与一种类型的碳原子相对应，因此当谱线数目与分子式中的碳原子数相等时，说明分子无对称性；如果谱线数目小于分子式中的碳原子数，表明分子有一定的对称性。需要说明的是，化学环境不完全等同的碳原子的信号也有可能重合。

(2) 观察低场区域的碳信号，常常可以确定羧基、羰基、烯基和芳香基等基团。

(3) 根据常见基团的化学位移范围可以初步确定化合物中可能存在的基团，也可以根据各共振峰的 δ 值确定碳原子的杂化情况。一般不连接杂原子的 sp^3 杂化碳的 δ 0~60，sp 杂化碳的 δ 60~90，sp^2 杂化的烯碳和芳碳的 δ 100~167，sp^2 杂化的羰基碳的 δ 160~220。

3. 利用 DEPT 等实验提供的信息 通过分析 DEPT（INEPT 或 APT）谱，确定各个谱线所对应的碳原子级数（伯碳、仲碳、叔碳或季碳）。

综合上述分析，对于简单的小分子化合物，基本可以确定存在哪些结构单元并合理组合成一个或几个可能的结构式。根据化学位移经验计算公式验证并确定可能性较大的结构式。查阅文献，与文献报道的波谱数据对比确定结构。在与文献数据对比时，需要注意氘代溶剂是否相同。

如果是复杂化合物，有必要根据后面介绍的 HSQC、HMBC 及各种二维核磁共振谱的综合解析确定结构。

二、碳核磁共振谱解析实例

例 5-1 某化合物的分子式为 $C_5H_{10}O_2$，^{13}C-NMR（75MHz，$CDCl_3$）给出 5 个碳信号 δ 174.0、51.2、36.0、18.5 和 13.5。试推测该化合物的结构并归属碳信号。

解析：通过该化合物的分子式计算不饱和度 Ω=1，^{13}C-NMR 给出 δ 174.0，说明结构中有羧基或酯基，δ 51.2 是与氧相连的碳信号。因此，确定该化合物的结构为丁酸甲酯。

例 5-1　化合物的结构式

例 5-2　某化合物的分子式为 $C_5H_{10}Br_2$，^{13}C-NMR（75MHz，$CDCl_3$）给出 3 个碳信号 δ 33.2、31.9 和 26.8。试推测该化合物的结构并归属碳信号。

解析：通过该化合物的分子式计算不饱和度 Ω=0，^{13}C-NMR 给出 3 个碳信号，说明该化合物为对称结构，可能的结构有 a 或 b，根据取代基加和位移效应计算的数值与 a 接近。因此，确定该化合物的结构为 1，5-二溴戊烷。

例 5-2　化合物的结构式

例 5-3　某化合物为白色块状结晶（甲醇），UV λ_{max}（MeOH）275nm；^{1}H-NMR（300MHz，acetone-d_6）δ 7.69（1H，d，J=15.9Hz）、6.68（2H，m）、7.44（3H，m）和6.55（1H，d，J=15.9Hz）；^{13}C-NMR（75MHz，acetone-d_6）见图 5-8。试推测该化合物可能的结构并归属碳信号。

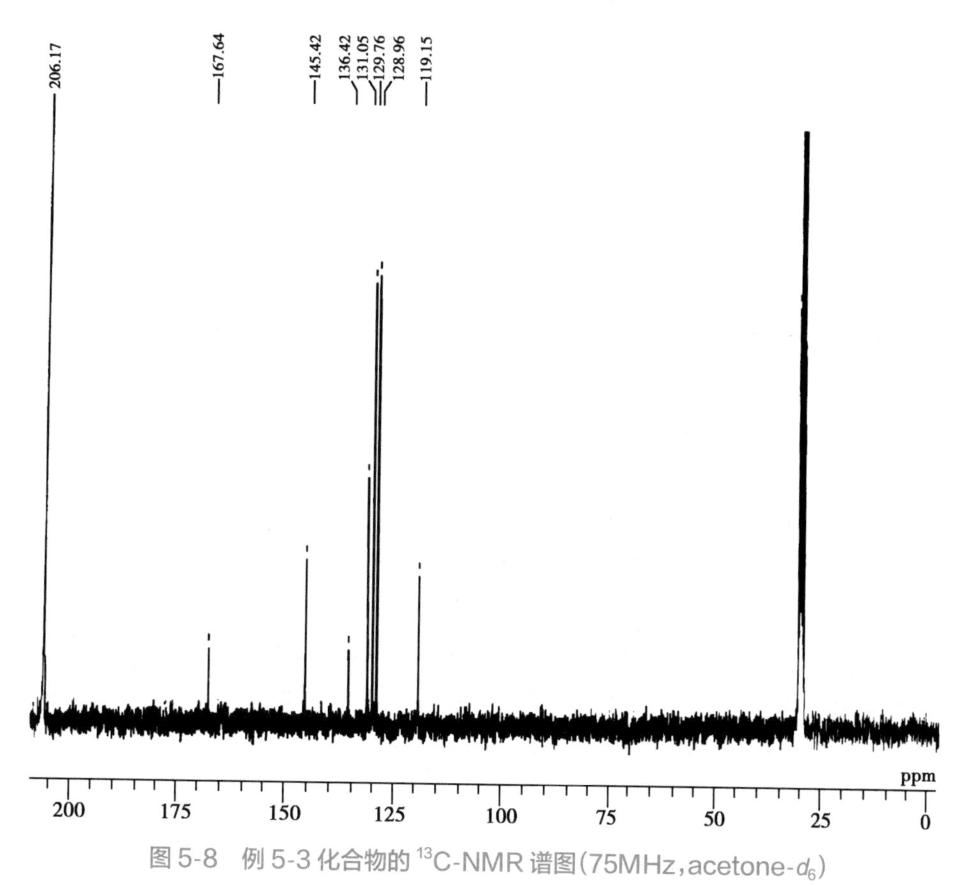

图 5-8　例 5-3 化合物的 ^{13}C-NMR 谱图（75MHz，acetone-d_6）

解析：从氢核磁共振谱可知该化合物有 2 个偶合的反式烯氢信号 δ 7.69（1H，d，J=15.9Hz）和 6.55（1H，d，J=15.9Hz）及 5 个单取代苯环的芳氢信号 δ 6.68（2H，m）和 7.44（3H，m），从碳核磁共振谱可知有 7 个芳（烯）碳信号，结合氢核磁共振谱及紫外吸收数据，推测该化合物分子中有部分对称结构，碳

核磁共振谱中的 δ 167.6 可能为 α,β-不饱和羧基碳信号。因此，确定该化合物的结构为反式肉桂酸。

归属 ^{13}C-NMR 数据：δ 167.6(C-9), 145.4(C-7), 136.4(C-1), 131.1(C-4), 129.8(C-3, 5), 129.0(C-2, 6), 119.2(C-8)。以上数据与文献报道的反式肉桂酸（*trans*-cinnamic acid）一致。

例 5-3 化合物的结构式

例 5-4 某化合物为白色无定形粉末，UV λ_{max}(MeOH)251nm 和 295nm；^{1}H-NMR (300MHz, acetone-d_6) δ 12.78 (1H, s)、9.67 (1H, s)、8.07 (1H, d, J=5.7Hz)、6.40 (1H, d, J=1.8Hz)、6.26 (1H, d, J=1.8Hz) 和 6.23(1H, d, J=5.7Hz)；^{13}C-NMR(75MHz, acetone-d_6)见图 5-9。试推测该化合物可能的结构。

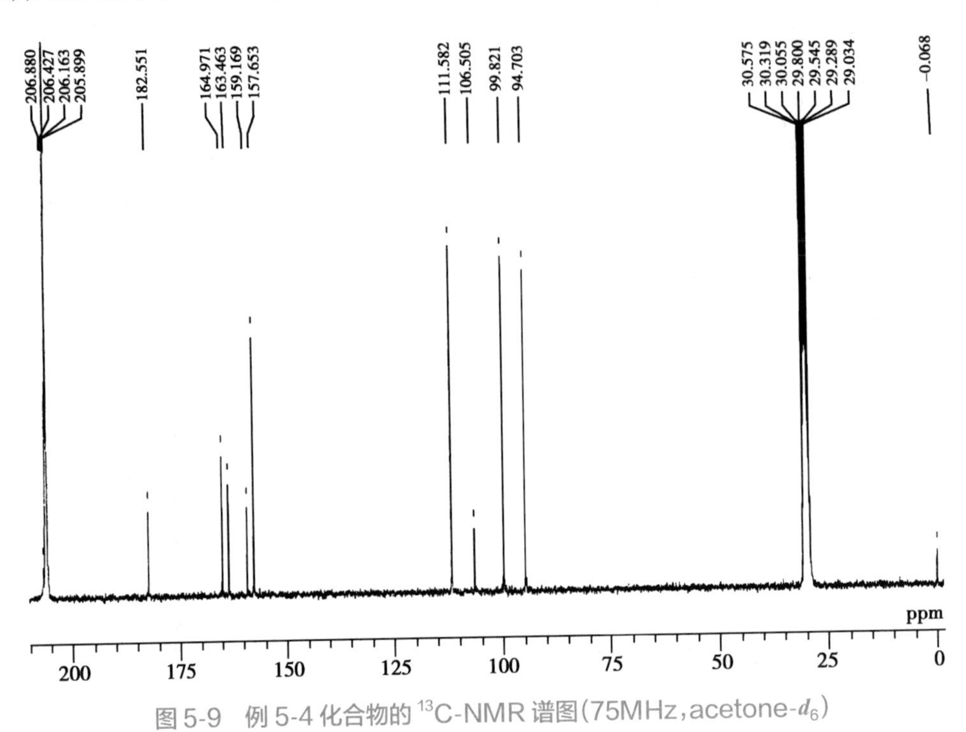

图 5-9 例 5-4 化合物的 ^{13}C-NMR 谱图(75MHz, acetone-d_6)

解析：从氢核磁共振谱可知该化合物有 2 个酚羟基，其中 1 个酚羟基的 δ 12.78 处于羰基负屏蔽区；有 2 个间位偶合的芳香质子信号 δ 6.40 (1H, d, J=1.8Hz) 和 6.26 (1H, d, J=1.8Hz)；2 个互相偶合的顺式烯氢信号 δ 8.07 (1H, d, J=5.7Hz) 和 6.23 (1H, d, J=5.7Hz)。碳核磁共振谱给出 9 个碳信号，其中 1 个羰基碳信号 δ 182.6，4 个连氧芳(烯)碳信号 δ 165.0、163.5、159.2 和 157.7，4 个未取代芳(烯)碳信号 δ 111.6、106.5、99.8 和 94.7。综合分析 UV、氢核磁共振谱和碳核磁共振谱，推测其结构为 5,7-二羟基色原酮。以上数据与文献报道的数据一致。

例 5-4 化合物的结构式

例 5-5 某化合物为白色针晶，mp 87~89℃，碘化铋钾反应阳性。EI-MS m/z 233（M^+）。^{1}H-NMR（500MHz，$CDCl_3$）δ 6.61（1H，s），6.57（1H，s），3.85（3H，s），3.84（3H，s），3.48（1H，m），3.18（1H，m），3.07（1H，m），3.01（1H，m），2.75（1H，m），2.67（1H，m），2.61（1H，m），2.34（1H，m），1.94（1H，m），1.88（1H，m），1.73（1H，m）。^{13}C-NMR 和 DEPT 见图 5-10 和图 5-11。试推测该化合物可能的结构。

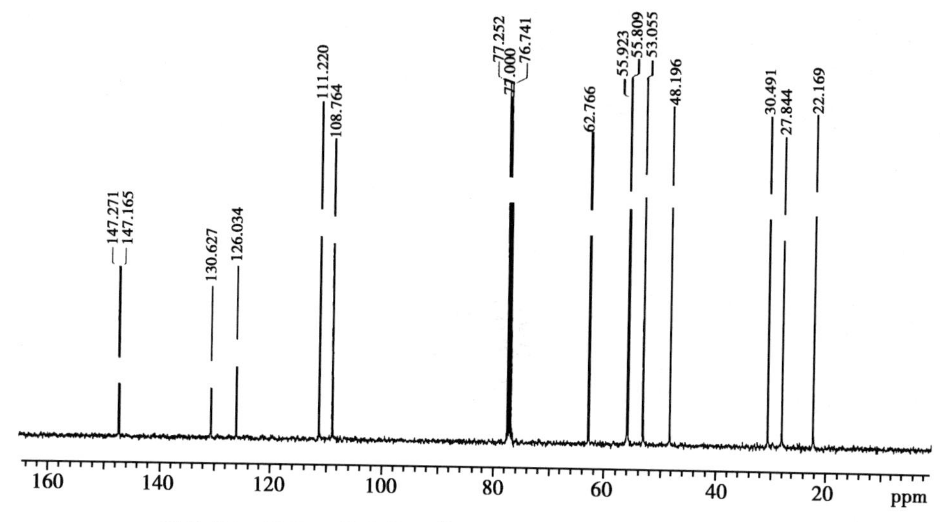

图 5-10 例 5-5 化合物的 ^{13}C-NMR 谱图（125MHz，$CDCl_3$）

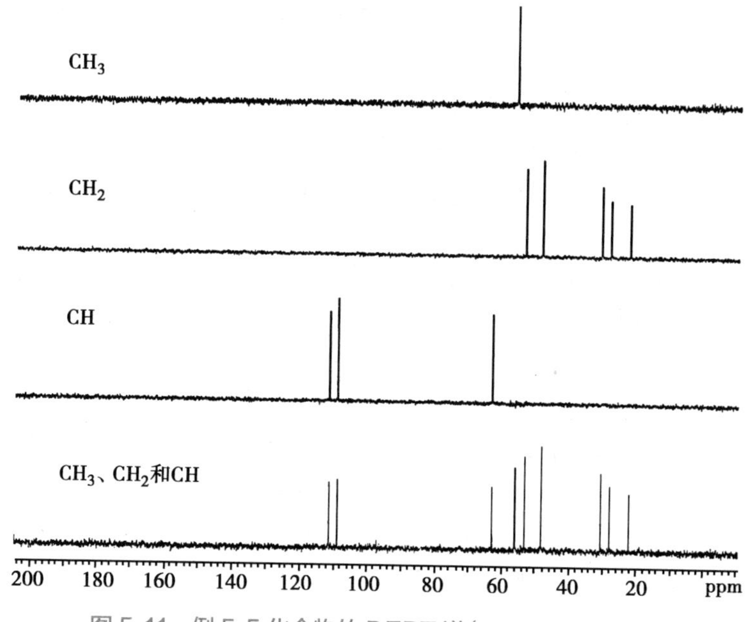

图 5-11 例 5-5 化合物的 DEPT 谱（125MHz，$CDCl_3$）

解析：该化合物为白色针晶，mp 87~89℃，碘化铋钾反应阳性。EI-MS 给出分子离子峰 233（M^+），提示可能为生物碱类化合物，结合氢核磁共振谱和碳核磁共振谱，推测分子式为 $C_{14}H_{19}O_2N$，不饱和度为 6。^{1}H-NMR 给出 2 个芳香质子信号 δ 6.61（1H，s）和 6.57（1H，s），推测结构中有一个 1，2，4，5-四取代苯环；给出 2 个甲氧基信号 δ 3.85（3H，s）和 3.84（3H，s）、11 个脂肪质子信号 δ 1.73~3.48。^{13}C-NMR 结合 DEPT 给出 14 个碳信号，其中 2 个甲氧基碳信号 δ 55.8 和 55.9，说明结构中有 2 个甲氧基取代；5 个 CH_2 碳信号 δ 53.1、48.2、30.5、27.8 和 22.2；1 个脂肪 CH 碳信号 δ 62.8；2 个芳香 CH 碳信号 δ 111.2 和 108.8；剩余 4 个芳香季碳信号 δ 147.3、147.2、130.6 和 126.0。根据上述推测结构中有 1，2，4，5-四取代苯环和 2 个甲氧基取代，剩余分子式为 $C_6H_{11}N$，剩余 Ω=2。因为碳核磁共振谱在 δ 100~160

只有 6 个芳(烯)碳信号，所以除苯环外没有双键，剩余的不饱和度 2 形成 2 个饱和脂肪环。由于脂肪叔碳信号在较低场 δ 62.8，推测结构母核为四氢异喹啉，剩余的 3 个亚甲基成环，结合 2D NMR 谱图分析(略)，确定该化合物的结构为飞廉碱 A(crispine A)。

例 5-5　化合物的结构式

第五章
目标测试

习　题

1. 某化合物的分子式为 $C_7H_{14}O$，^{13}C-NMR(75MHz，$CDCl_3$)给出 4 个碳信号 δ 212.0、44.5、17.8 和 13.5。试推测该化合物的结构并归属碳信号。

2. 某化合物的分子式为 $C_7H_{14}O$，^{13}C-NMR(75MHz，$CDCl_3$)给出 5 个碳信号 δ 79.5、55.0、32.1、25.9 和 24.9。试推测该化合物的结构并归属碳信号。

3. 某化合物的分子式为 C_5H_{10}，^{13}C-NMR(75MHz，$CDCl_3$)给出 5 个碳信号 δ 114.7、138.9、36.7、22.8 和 13.7。试推测该化合物的结构并归属碳信号。

4. 某化合物的分子式为 C_5H_{10}，^{13}C-NMR(75MHz，$CDCl_3$)给出 5 个碳信号 δ 133.2、123.2、25.8、17.3 和 13.6。试推测该化合物的结构并归属碳信号。

5. 某化合物的分子式为 C_6H_7ON，^{13}C-NMR(75MHz，$CDCl_3$)给出 4 个碳信号 δ 164.9、150.7、109.4 和 55.0。试推测该化合物的结构并归属碳信号。

6. 某化合物的分子式为 C_7H_9ON，^{13}C-NMR(75MHz，$CDCl_3$)给出 5 个碳信号 δ 153.3、140.7、115.8、115.1 和 55.0。试推测该化合物的结构并归属碳信号。

7. 某化合物的分子式为 $C_8H_{10}O$，^{13}C-NMR(75MHz，$CDCl_3$)给出 6 个碳信号 δ 159.0、129.3、120.4、114.5、63.2 和 14.9。试推测该化合物的结构并归属碳信号。

8. 某化合物的分子式为 $C_8H_{10}O$，^{13}C-NMR(75MHz，$CDCl_3$)给出 6 个碳信号 δ 157.6、130.7、130.0、114.2、55.8 和 21.3。试推测该化合物的结构并归属碳信号。

9. 某化合物的分子式为 $C_8H_{14}O$，^{13}C-NMR(75MHz，$CDCl_3$)结合 DEPT 给出 8 个碳信号 δ 208.0(s)、133.0(s)、123.0(d)、43.5(t)、29.5(q)、26.5(q)、22.5(t)和 17.0(q)。试推测该化合物的结构并归属碳信号。

10. 某化合物的分子式为 $C_7H_{12}O$，^{13}C-NMR(125MHz，$CDCl_3$)及 DEPT 见图 5-12。试推测该化合物的结构并归属碳信号。

11. 某化合物的分子式为 $C_{16}H_{22}O_4$，^{13}C-NMR(125MHz，$CDCl_3$)及 DEPT 见图 5-13。试推测该化合物的结构并归属碳信号。

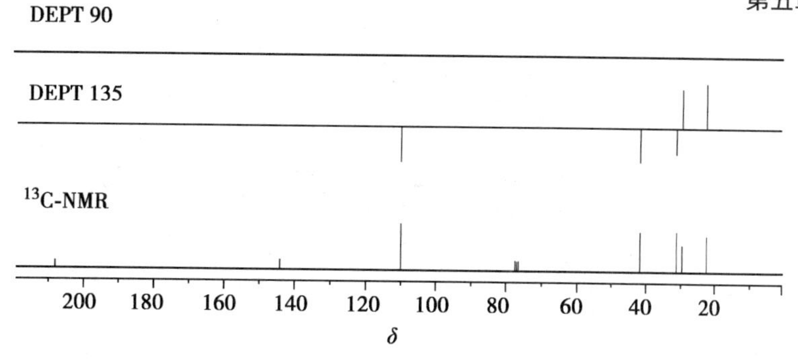

图 5-12　第五章习题 10 化合物的 ^{13}C-NMR 及 DEPT 谱(125MHz，$CDCl_3$)

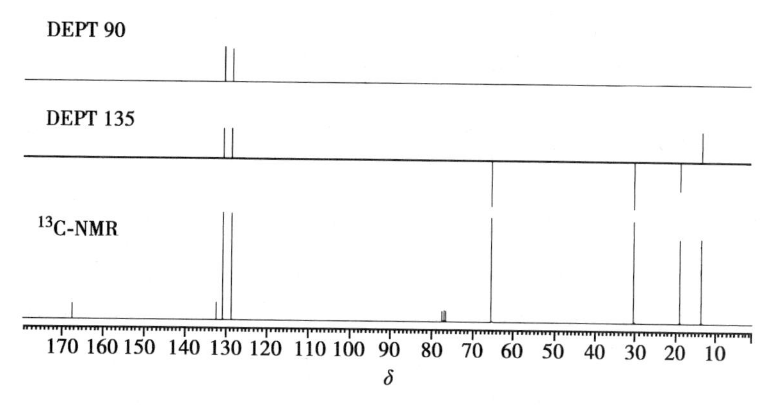

图 5-13　第五章习题 11 化合物的 ^{13}C-NMR 及 DEPT 谱(125MHz，$CDCl_3$)

(梁　鸿)

参考文献

[1] SILVERSTEIN R M，WEBSTER F X，KIEMLE D J. 有机化合物的波谱解析 . 药明康德新药开发有限公司分析部，译 . 上海：华东理工大学出版社，2007.

[2] E·布里特梅尔，W·沃尔特 . 碳-13 核磁共振波谱学 . 刘立新，田雅珍，译 . 大连：大连工学院出版社，1986.

[3] 宁永成 . 有机化合物结构鉴定与有机波谱学 . 2 版 . 北京：科学出版社，2000.

[4] 朱淮武 . 有机分子结构波谱解析 . 北京：化学工业出版社，2005.

[5] 常建华，董绮功 . 波谱原理及解析 . 2 版 . 北京：科学出版社，2005.

[6] 斯蒂芬·勃格，希格玛·布朗 . 核磁共振实验 200 例——实用教程：第 3 版 . 陶家洵，李勇，杨海军，译 . 北京：化学工业出版社，2008.

[7] 吴立军 . 有机化合物波谱解析 . 3 版 . 北京：中国医药科技出版社，2009.

[8] 于德泉，杨峻山 . 分析化学手册(第七分册)：核磁共振波谱分析 . 北京：化学工业出版社，1999.

[9] 龚运淮 . 天然有机化合物的 ^{13}C 核磁共振化学位移 . 昆明：云南科技出版社，1986.

[10] 彭师奇 . 药物的波谱解析 . 北京：北京大学医学出版社，1998.

第六章

二维核磁共振谱

第六章
教学课件

学习目标

1. **掌握** 几种常用二维核磁共振谱的特征及提供的结构信息参数。
2. **熟悉** 综合应用几种二维核磁共振谱的参数解决有机化合物的结构问题。
3. **了解** 几种常见二维核磁共振技术的基本原理及基本脉冲序列。

二维核磁共振(two-dimensional nuclear magnetic resonance,2D NMR)方法是由比利时布鲁塞尔自由大学(Université Libre de Bruxelles)教授让·吉纳(Jean Jeener)于1971年首先提出的。二维核磁共振谱可看成是一维核磁共振谱(one-dimensional nuclear magnetic resonance spectrum,1D NMR)的自然推广。实验表明,核的自旋具有某种记忆能力,在不同的演化期内进行测量,所给出的信息的质和量皆不相同。因此,引入一个新的维数必然会从另一方面给出相关信息,从而会大大增加创造新实验的可能性。但在较长的时间内,这种设想没被人们理解和重视。1976年R. R. Ernst确立了2D NMR的理论基础,并用实验加以证明。其后Ernst和Freeman等研究小组又对2D NMR的发展和应用进行了深入研究,迅速发展了多种二维方法并把它们应用到物理化学和生物学的研究中,使之成为近代NMR中一种广泛应用的新方法。2D NMR谱是在1D NMR的基础上引入第二维后,使得在1D NMR谱中拥挤在一起的共振信号在2D NMR谱的一个平面上展开,减少共振信号的重叠,提供核与核之间相互关联的新信息。因此,2D NMR是近代核磁共振波谱学的最重要的里程碑,极大地方便了复杂化合物的核磁共振谱图解析和化学结构鉴定。这些方法已成功地用于有机化合物,特别是用于解析溶液中的结构复杂的生物大分子的结构,可测定中等大小的蛋白质及分子量高达15 000Da的核苷酸片段,并能测定蛋白质在溶液中的立体结构。1991年Ernst因创立脉冲傅里叶变换核磁共振(FT-NMR)及发展二维核磁共振(2D NMR)这2项杰出的贡献荣获诺贝尔化学奖。

第一节 基本原理

一维核磁共振谱(1D NMR)的信号是一个频率的函数,可记为$S(\omega)$,共振信号分布在一个频率轴上。二维核磁共振谱是两个独立频率(或磁场)变量的函数,记为$S(\omega_1,\omega_2)$,有两个时间变量,经两次傅里叶变换得到两个独立的频率,变量图一般用第二个时间变量t_2表示采样时间,第一个时间变量t_1则是与t_2无关的独立变量,是脉冲序列中的某个变化的时间间隔,共振信号分布在两个频率轴组成的平面上。二维核磁共振谱的特点是将化学位移、偶合常数等核磁共振参数展开在二维平面上,这样在一维谱中重叠在一个频率坐标轴上的信号分别在两个独立的频率坐标轴上展开,不仅减少谱线的拥挤和重叠,而且提供自旋核之间相互作用的信息。二维核磁共振谱对于解析、确定有机化合物的结构,尤其是用一维核磁共振谱难以解析的复杂化合物的结构具有重要作用。

二维核磁共振的基本原理(动画)

一、一维核磁共振谱到二维核磁共振谱的技术发展

（一）一维核磁共振谱

一维核磁共振谱（1D NMR）的信号是一个频率（或磁场）的函数，共振峰分布在一个频率轴（或磁场）上，记为 $S(\omega)$。一维核磁共振的脉冲如图 6-1 所示。图 6-2 是阿魏酸的 ^{1}H-NMR 谱图。

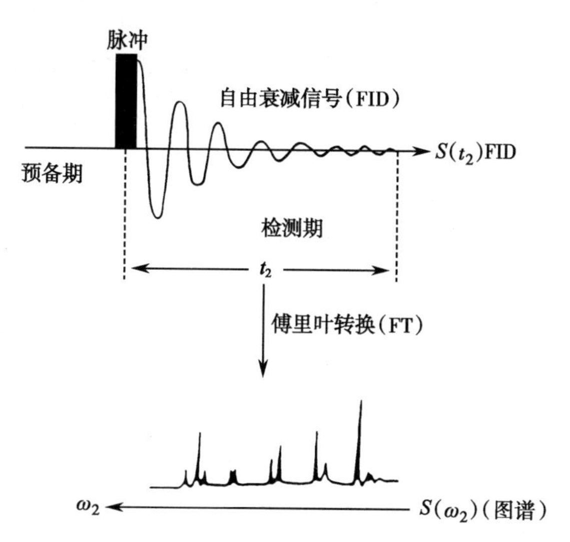

图 6-1　一维核磁共振的脉冲示意图

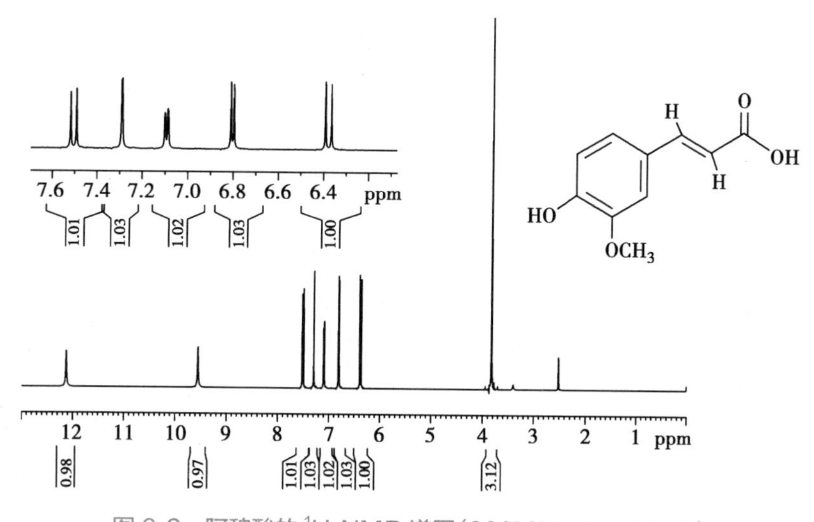

图 6-2　阿魏酸的 ^{1}H-NMR 谱图（600MHz，DMSO-d_6）

（二）二维核磁共振谱

1. 基本脉冲序列　二维核磁共振实验的脉冲序列一般可划分为下列几个区域：准备期（preparation period）—演化期 t_1（evolution period）—混合期 t_m（mixing period）—检测期 t_2（detection period）。检测期完全对应于一维核磁共振的检测期，在对时间域 t_2 进行傅里叶变换后得到 F_2 频率域的频率谱。

二维核磁共振的关键是引入第二个时间变量演化期 t_1。当样品中的核自旋被激发后，它以确定的频率进动，并且这种进动将延续相当长的一段时间。在这个意义上讲，可以把核自旋体系看成有记忆能力的体系。Jeener 就是利用这种记忆能力，通过检测其间接演化期中核自旋的行为，即在演化期内用固定的时间增量 Δt_1 进行一系列实验，每一个 Δt 产生一个单独的 FID，在检测期 t_2 被检测，得到多个 FID。这里每个 FID 所用的脉冲序列完全相同，只是演化期内的延迟时间逐渐增加。这样获得

的信号是两个时间变量 t_1 和 t_2 的函数 S,对每个这样的 FID 进行通常的傅里叶变换可得到多个在频率域 F_2 中的频率谱 $S(t_1,F_2)$。对不同的 Δt_1 增量,它们的频率谱的强度和相位不同,在 F_2 域的每一个化学位移从某个不同的谱中得到不同的数据点,它们组成一个在 t_1 方向的"准 FID"或干涉图,然后再进行第二次傅里叶变换,就得到两个频率的二维谱 $S(F_1,F_2)$。

(1) 准备期:$t<0$,通常由较长的延迟时间 t_d 和激发脉冲组成。t_d 的作用是等待核自旋体系达到热平衡,使核自旋体系处于某种适当的初始平衡状态,在准备期末加一个或多个射频脉冲,以产生所需要的单量子或多量子相干。其中可能涉及饱和、极化传递和各种激发技术。

(2) 演化期:$0<t<t_1$。此时间系控制磁化强度运动,并根据各种不同的化学环境的不同进动频率对它们的横向磁化矢量作出标识,以便在检测期检测信号、采样累加。在此期间用来标记要间接测定的核或相干。

(3) 混合期:$t_1<t<t_1+\tau$,由一组固定长度的脉冲和延迟组成。在此期间通过相干或极化传递,建立检测条件,但有时也可以不设混合期。

(4) 检测期:$t>t_1+\tau$。在此期间检测作为 t_2 函数的各种横向矢量 FID 的变化,它的初始相及幅度则受到 t_1 函数的调制。

用固定时间增量 Δt_1 依次递增 t_1 进行一系列实验,反复累加。因 t_2 时间检测的信号 $S(t_2)$ 的振幅或相位受到 t_1 的调制,则接收机接收到的信号不仅与 t_2 有关,还与 t_1 有关,每改变一个 t_1,记录 $S(t_2)$,由此得到分别以时间变量 t_1、t_2 为行、列排列的数据矩阵,即在检测期内获得一组 FID 信号,组成二维时间域信号 $S(t_1,t_2)$。因 t_1、t_2 是两个独立的时间变量,可以分别对它进行傅里叶变换,一次对 t_2,另一次对 t_1,两次傅里叶变换的结果可得到两个频率变量的函数 $S(\omega_1,\omega_2)$,如图 6-3 所示。

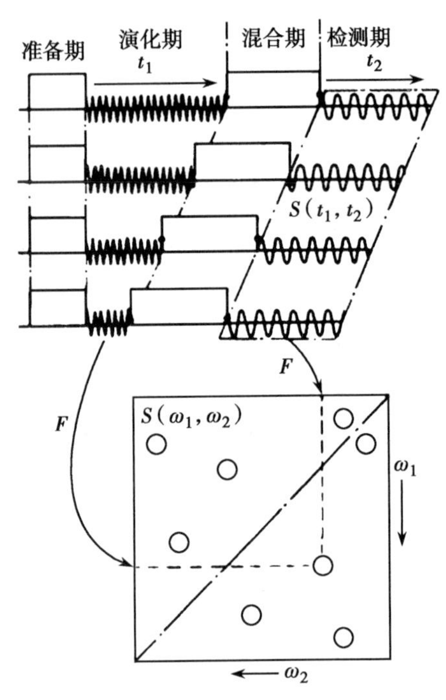

图 6-3　2D NMR 脉冲及实验示意图

2. 实验方法　应用 2D NMR 可根据具体研究和解决的问题,采用不同的脉冲序列。因此,必须备有脉冲持续时间、等待时间和相位等均能自由改变的脉冲程序。此外,由于二维实验需要快速处理实验数据,数据处理和记录都较费时,须用大存贮量的辅助记忆装置、陈列数据处理器、梯度场探头等新技术装备,它们对实验操作至关重要。通常 2D NMR 实验需要进行较长时间的测定,要求磁场能长期稳定,并采用分辨率高的超导核磁共振仪,以获得更多的信息。在做 2D NMR 实验之前,一定要把一维谱尽可能地做好并进行分析。

二、常用的二维核磁共振谱图的表现形式

2D NMR 实验的记录主要采用两种谱图类型。

1. 堆积图(stacked plot)　多线记录法,如图 6-4 是准三维表示,看起来富有立体感,两个频率变量表示二维,信号强度为第三维。它实际上是一组固定增量 F_1(或 F_2)所对应的 $S(F_2)$[或 $S(F_1)$],其记录方法与 t_1 测量时所用的方法基本相同,其区别是在软件上配备"白洗程序",它可以使运行中的笔在遇到前次画出的峰轨迹时自动抬起不画,避免线条重叠,得到"纯净"的显示,看起来非常清晰悦目。但由于峰的频率坐标很难确定,实际上很难获得正确的定量信息。其另一缺点是大峰后面的小峰完全被淹没。

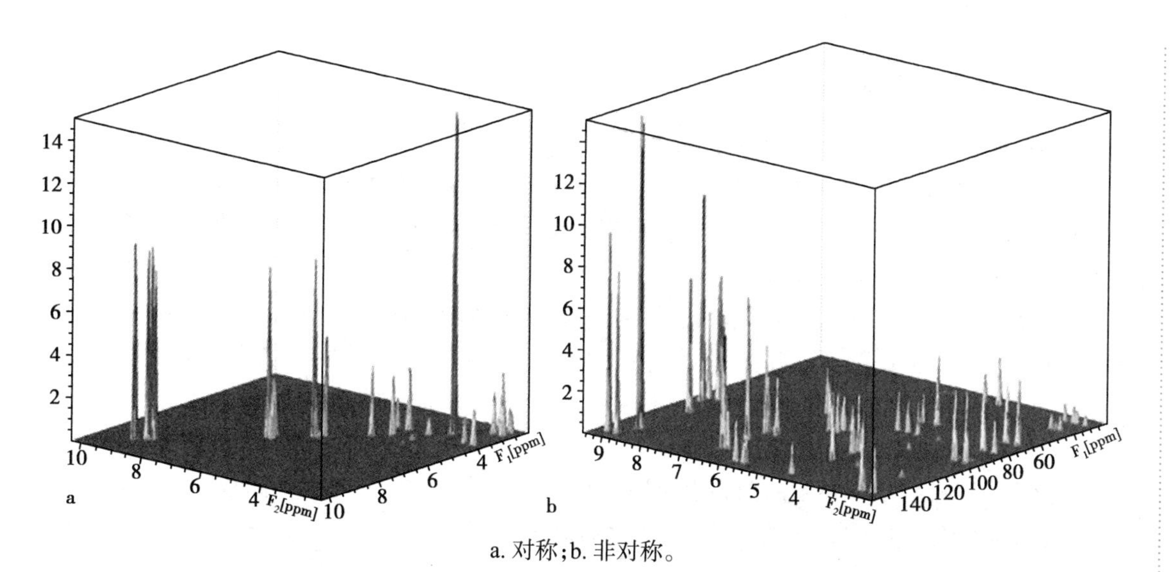

a. 对称；b. 非对称。

图 6-4　2D NMR 堆积图

2. 等高线图（contour plot）　等高线图又称平面等高线图或俯视图，一般 2D NMR 常使用这种图。它是把堆积图在两个频率轴组成的平面上画共振峰强度的等高线图，从每个等高线图能提取有关频率的定量数据，只要数一下等高线的圈数即可得到峰的幅度值。因此，只用较少的等高线即可表示动态范围大的信号，而且作一幅图所花的时间远少于堆积图。其缺点是强信号的最低等高线可能会波及很宽的范围，并掩盖掉附近的弱信号，因此在解析二维谱时最好将这两种方法结合使用。见图 6-5。

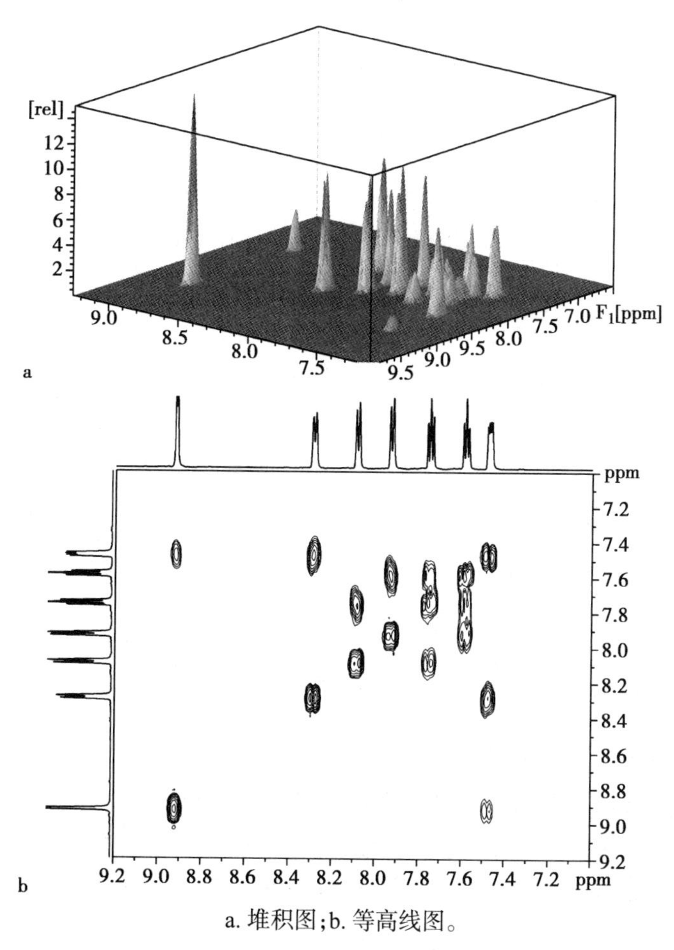

a. 堆积图；b. 等高线图。

图 6-5　喹啉的 ^{1}H-^{1}HCOSY 谱图[600MHz，$(CD_3)_2CO$]

三、二维谱共振峰的命名

根据共振峰在二维核磁共振谱中的位置可以分为：

1. 对角峰（diagonal peak） 位于对角线（ω_1，ω_2）上的峰称为对角峰。这意味着在演化期和检测期的进动频率相同，而且在混合期中未发生相干转移。对角峰在 F_2 和 F_1 轴的投影视不同的实验方案而得到常规的偶合谱或去偶谱。

2. 交叉峰（cross peak） 也称相关峰，出现在 $\omega_1 \neq \omega_2$ 处（即非对角线上），它表明存在相干转移，在演化期的进动频率不等于检测期的进动频率。从峰之间的位置关系可以判定哪些峰之间有偶合关系，从而得到哪些核之间有偶合作用。交叉峰是二维谱中最有用的部分。

3. 轴峰（axis peak） 出现在 F_2 轴（ω_1=0）上的峰称为轴峰。轴峰是由演化期在 Z 方向的磁化矢量转化成为检测期可观测的横向磁化分量，它不受 t_1 函数的调制，不含任何偶合关系的信息，但它含有在演化期中纵向弛豫过程的信息。由于轴峰的信号很强，尾部又长，使谱中许多有用的小信号被淹没而不能分辨，因此应尽量设法抑制轴峰。

磁化矢量的传递包括极化传递和相干传递。极化通常指不同能级间的粒子数之差，可用 Mz 表示。极化传递即把从氢核的自旋极化传递到另一个核（如 ^{13}C）上去。相干传递是通过核间的某种相互作用（通常是 J-偶合作用）实现的。

从图 6-6 中可以看到两组对角峰和交叉峰可以组成一个正方形，并且由此来推测这两组核 A（δ_A，δ_A）和 X（δ_X，δ_X）有偶合关系。

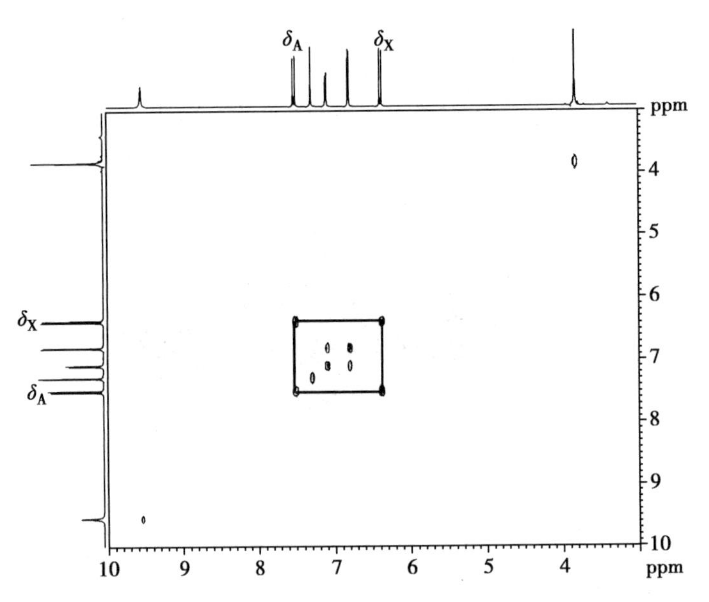

图 6-6 阿魏酸的 ^{1}H-^{1}H COSY 谱图（等高线图，600MHz，DMSO-d_6）

第二节 二维 J 分解谱

无混合期的二维核磁共振谱称为二维分解谱。由于无混合期，不存在不同核之间相干或极化等转移。因此，与一维核磁共振谱相比，这种二维核磁共振谱不增加信息量，仅仅把一维核磁共振谱的信号按一定规律在二维空间内展开，使原来重叠的谱线扩展分离，达到谱图简化的目的，从而获得原来无法或难以得到的偶合常数和化学位移的信息。最常见的二维分解谱有同核二维 J 分解谱和异核二维 J 分解谱。

一、同核二维 H-H *J* 分解谱

（一）脉冲序列

同核二维 H-H *J* 分解谱（homonuclear 2D H-H *J*-resolved spectrum）的脉冲序列如下。

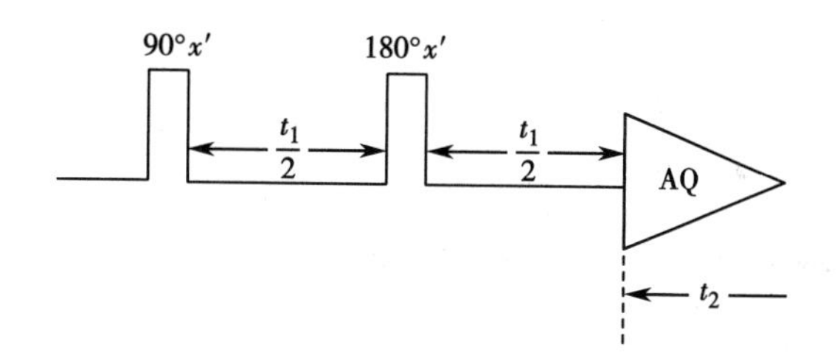

同核二维 H-H *J* 分解谱是最早开发的二维核磁共振技术之一，是把化学位移（δ）和偶合常数（J）以二维坐标方式分开的谱图。如图 6-7 和图 6-8 所示。

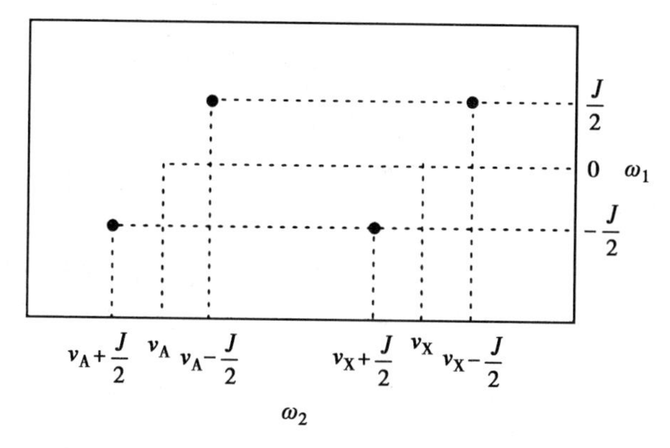

图 6-7　同核 AX 自旋体系二维 *J* 分解谱分析图

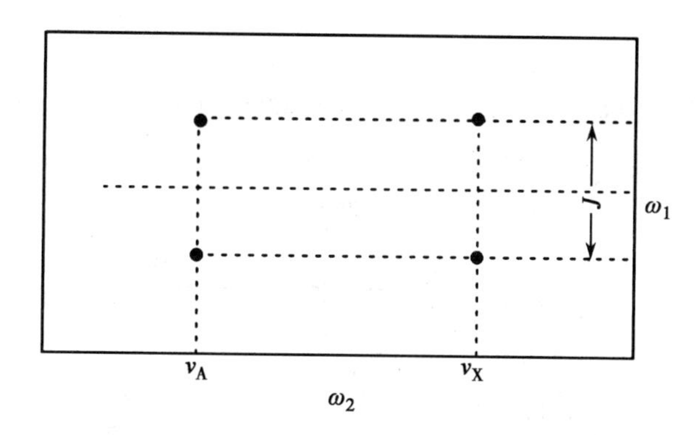

图 6-8　同核 AX 自旋体系二维 *J* 分解谱

在通常的一维谱中，往往由于 δ 值相差不大，谱带相互重叠（或部分重叠）。静磁场的不均匀性引起峰的变宽，加重峰的重叠现象。由于峰组的相互重叠，每种核的裂分峰形通常是不能清楚反映的，偶合常数也不易读出。在二维 *J* 分解谱中，只要 δ 值略有差别（能分辨开），峰组的重叠即可避免，因此二维 *J* 分解谱完美地解决了上述问题。

（二）谱图举例

图 6-9 是 β-紫罗兰酮的二维 H-H *J* 分解谱。化合物 2-位的平伏键 H 和直立键 H 相互偶合，裂分为二重峰，后又进一步被 3-H 裂分而显示六重峰。同样，3-位的平伏键 H 和直立键 H 首先裂分为二重峰，再被邻位 2-H 和 4-H 进一步裂分为十二重峰，但由于有些峰相互重叠，在 *J* 分解谱中只显示 10 个点。5-位甲基没有受到偶合，因此只在 F_1=0 轴上显示单峰。

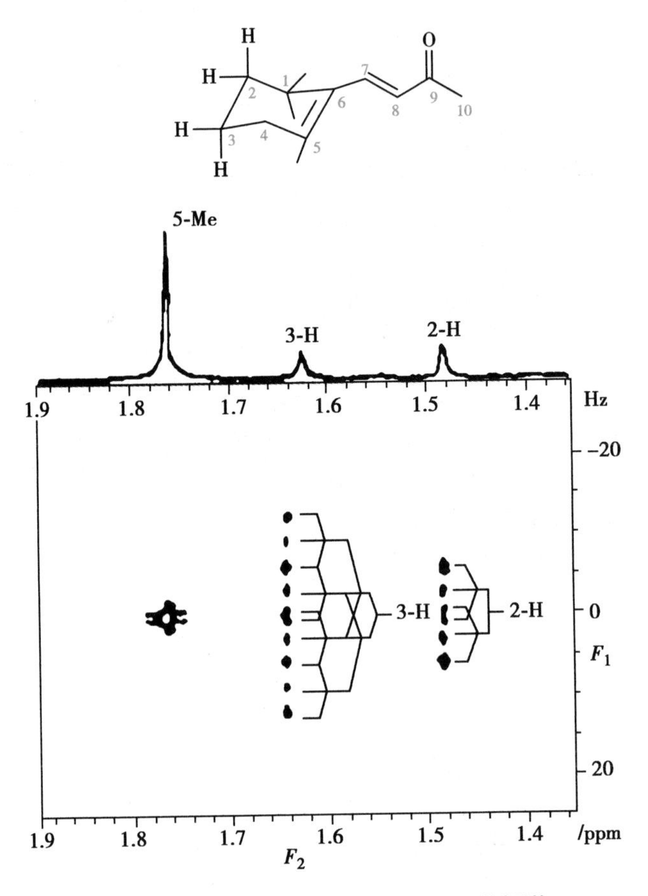

图 6-9　β-紫罗兰酮的二维 H-H J 分解谱

二、异核二维 C-H J 分解谱

（一）脉冲序列

异核二维 C-H J 分解谱（heteronuclear 2D H-H J-resolved spectrum）的脉冲序列如下。

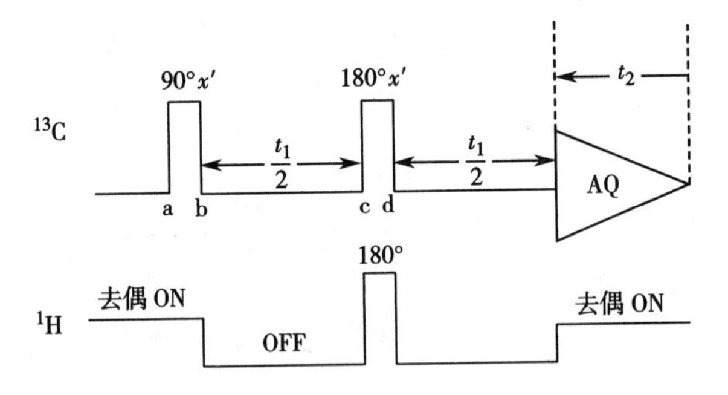

异核 J 分解谱的 ω_2 方向的投影如同全去偶碳核磁共振谱；ω_1 方向反映各个碳原子的谱线被直接相连的氢原子产生的偶合裂分：CH_3 显示四重峰，CH_2 显示三重峰，CH 显示二重峰，季碳显示单峰。如图 6-10 所示。

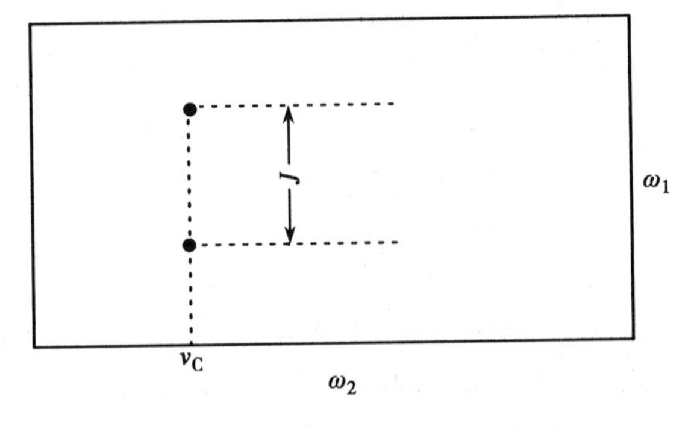

图 6-10　异核二维 C-H J 分解谱

一维不去偶碳核磁共振谱由于 C-H 偶合常数较大，所以多重峰交叠，不易辨认。因此，对于测定复杂结构化合物的不去偶碳核磁共振谱的 J_{CH} 值，异核二维 C-H J 分解谱是最佳选择，它可以将

多重峰的偶合信息和化学位移完全分离，并可得到所有 J_{CH} 值。由于 DEPT 等测定碳原子级数的方法能代替异核 J 分解谱，前者操作方便也省时，因此异核 J 分解谱已经被 DEPT 谱取代。

（二）谱图举例

图 6-11 是薄荷醇的二维 C-H J 分解谱，横坐标表示 δ_C，纵坐标表示 1/2 J_{CH} 值。根据碳原子显示的多重峰的数目可以判断碳原子级数。

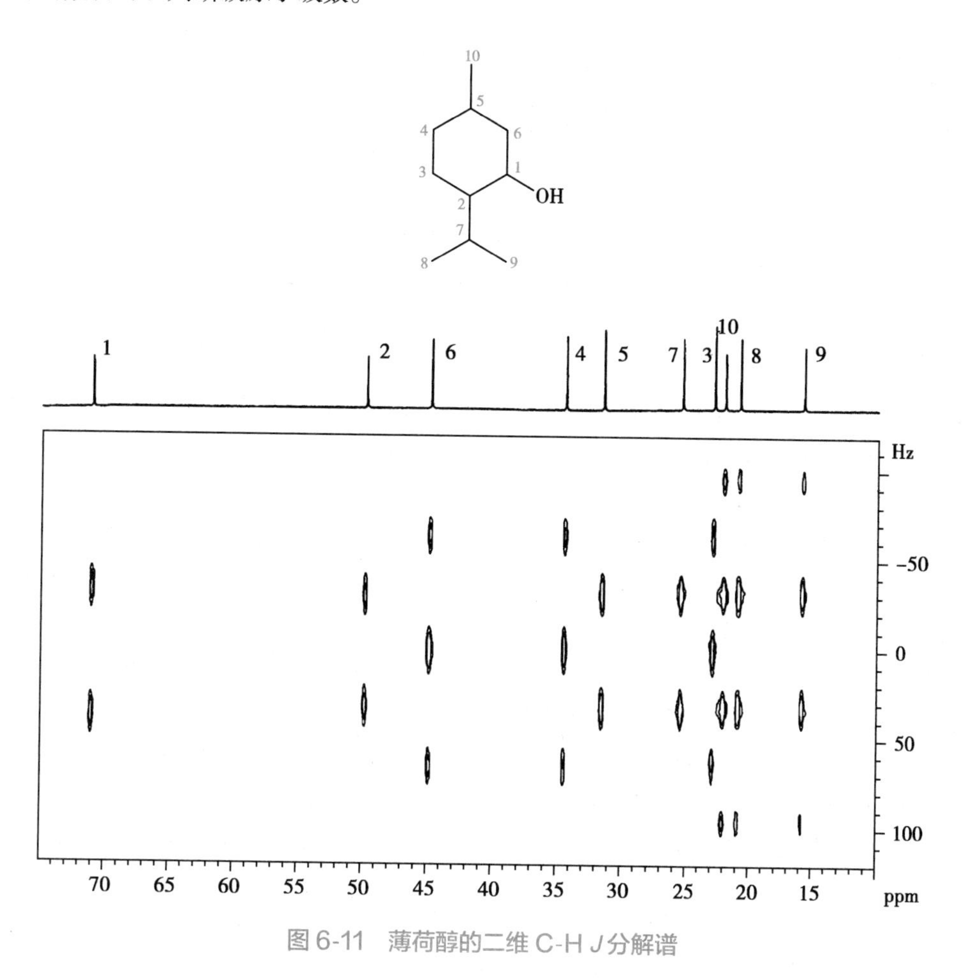

图 6-11　薄荷醇的二维 C-H J 分解谱

第三节　同核化学位移相关谱

一、基本概念和原理

同核化学位移相关谱（homonuclear chemical shift correlation spectrum）是 1971 年 Jeener 在一次未公开发表的演讲中首次描述的二维实验技术之一。对于二维相关谱，若 t_1 和 t_2 期之间存在混合期和混合脉冲，不同核的磁化之间有转移，这种实验得到的就是二维相关谱；若不同核的磁化之间的转移是由 J-偶合作用传递的，即相干转移是由标量偶合作用传递的，则称为二维化学位移相关谱（two-dimensional chemical shift correlation spectrum，2D-COSY 或 COSY）。二维相关谱提供新的结构信息，可直接表明某一核跃迁与其他核跃迁有偶合。

二、氢-氢化学位移相关谱

氢-氢化学位移相关谱（^{1}H-^{1}H COSY）是应用最广泛和最早的一种二维核磁共振谱，谱中的二维坐标都表示质子的化学位移。氢-氢化学位移相关就是指同一自旋偶合系统中的质子之间的偶合相

关,这种方法把复杂的自旋系统中有关自旋偶合的信息用二维谱的形式绘制出来。因此,若从某一确定的质子着手分析,即可依次对其自旋系统中的各质子的化学位移进行精确归属。^{1}H-^{1}H COSY 可提供 ^{1}H-^{1}H 之间通过成键作用的相关信息,类似于一维谱中的同核去偶,不仅能提供全部偶合核之间的关联,相敏 COSY 还可根据相位信息确定偶合常数,其最大的改进是把众多的信息量放入第二维,许多重叠峰的偶合关系可以由此确定。^{1}H-^{1}H COSY 可提供全部 ^{1}H-^{1}H 之间的关联,是归属谱线、推导及确定结构的有力工具。

(一)脉冲序列

^{1}H-^{1}H 化学位移相关谱的基本脉冲序列(COSY-90°)如下。

$$\pi/2—t_1—\pi/2—\text{收集信号}$$

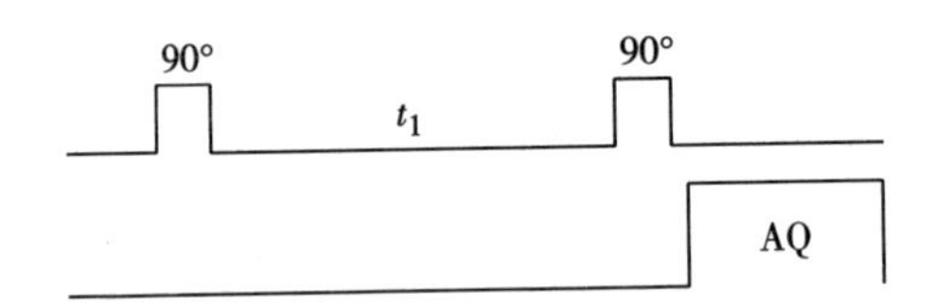

这是做 ^{1}H-^{1}H COSY 常用的脉冲序列。第一个 90°脉冲为准备脉冲;第二个 90°脉冲为混合脉冲,在此期间不同核的跃迁之间产生极化转移,通过偶合,磁化强度由 A(X)核转移给 X(A)核,经检测 t_2 后进行 FT,结果在 $\omega_1=\omega_2$ 的对角线上找到同一维 NMR 相对应的共振信号。^{1}H-^{1}H COSY 谱图的两个轴都是 ^{1}H 的 δ 值,在 $\omega_1=\omega_2$ 的对角线上可找到同一维 ^{1}H 谱相对应的谱峰信号。通过任一交叉峰分别作垂线及水平线与对角线相交,即可找到相应的偶合的氢核。因此从一张同核化学位移相关谱可找出所有偶合体系,即它等价于一整套双照射实验的谱图。若对角峰为色散型时,交叉峰为正负交替的吸收型,应通过实验尽量压低对角峰,以突出交叉峰。为便于分析,通过计算机把图画成平面等高线图(俯视图),如图 6-12 所示,图中的每对交叉峰与对角峰上的两个对应峰组成若干个正方形图案(表示不同质子间的相互偶合);图 6-13 中同样每对交叉峰与对角线上的两个对应峰组成若干个正方形图案,即在非对角线上出现的点只要与对角线上的点能构成一个正四边形,则表示对角线上的两点代表的信号间有偶合作用。因而各组峰间的相互偶合关系一目了然,给复杂谱的解析带来很大的方便。

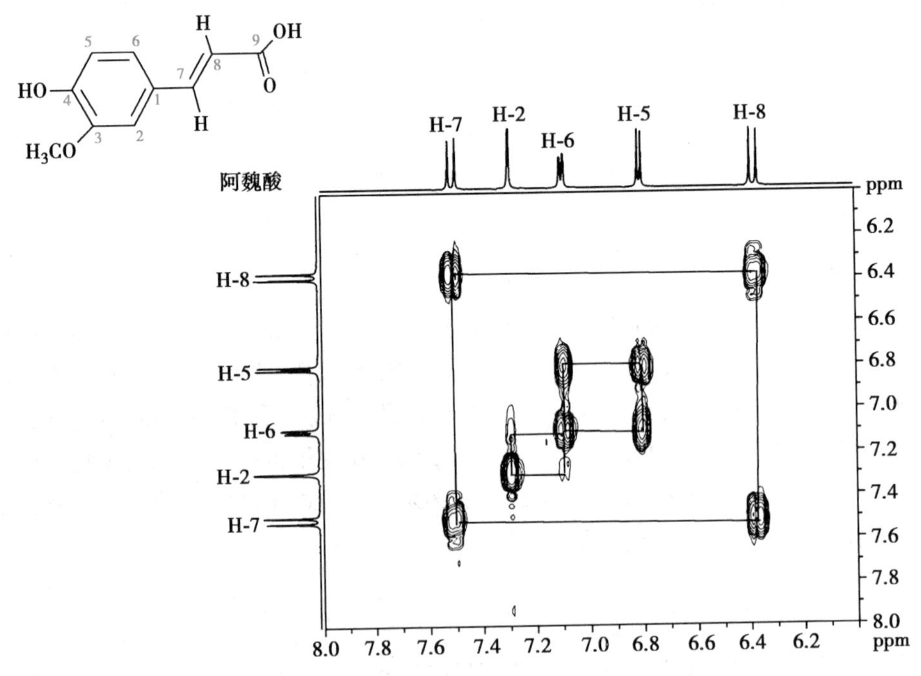

图 6-12 阿魏酸的 ^{1}H-^{1}H COSY 部分谱图(600MHz,DMSO-d_6)

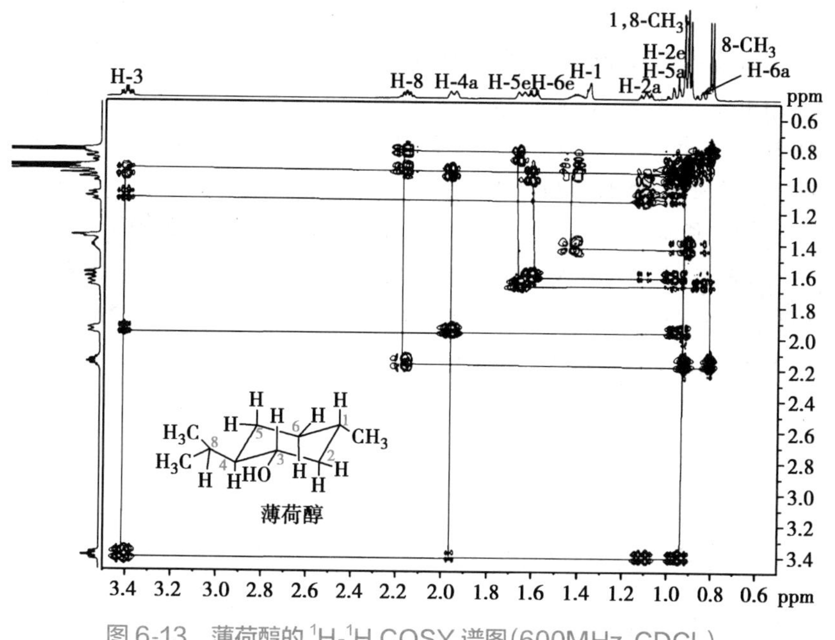

图 6-13　薄荷醇的 ${}^{1}H$-${}^{1}H$ COSY 谱图(600MHz,$CDCl_3$)

（二）谱图举例

图 6-14 是从中国水仙中分离得到的黄烷衍生物 tazettone D 的 ${}^{1}H$-${}^{1}H$ COSY 谱图。根据谱图

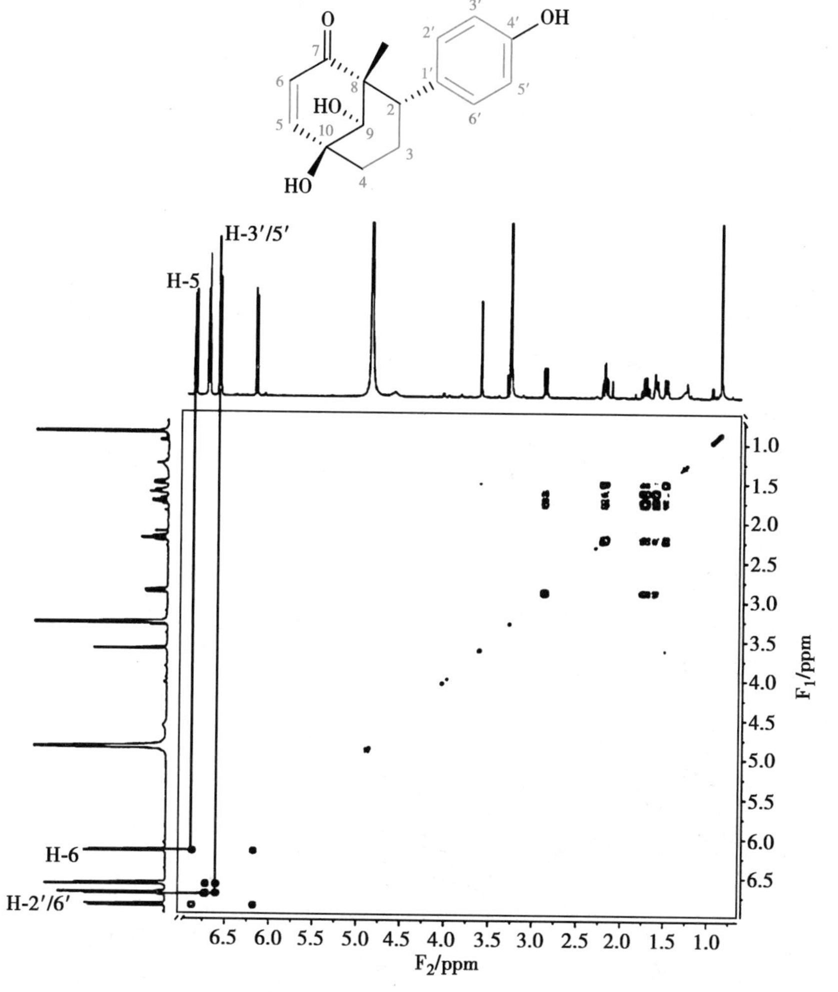

图6-14　tazettone D的 ${}^{1}H$-${}^{1}H$ COSY谱图；横坐标和纵坐标为常规一维 ${}^{1}H$-NMR谱图

0603

tazettone D 的^{1}H-^{1}H COSY 谱图讲解（视频）

中的相关峰，可以找出各质子之间的偶合关系。^{1}H-^{1}H COSY 谱图中，AABB 自旋偶合系统的 δ_H 6.77（2H，d，J=8.6Hz）和 δ_H 6.64（2 H，d，J=8.6Hz）表明 1,4- 二取代苯基的存在；δ_H 2.72（H-2，dd，J=12.7Hz、4.0Hz），δ_H1.75（H-3a，qd，J=13.7Hz、4.7Hz），δ_H 1.63（H-3b，dtd，J=14.7Hz、4.8Hz），δ_H 2.22（H-4a，td，J=12.9Hz、4.9Hz）和 δ_H 1.51（H-4b，ddd，J=12.9Hz、2.5Hz、1.6Hz）的相关性推断出含有 1,1,3- 三取代丙烷；δ_H 7.08（1H，d，J=10.0Hz）和 δ_H 6.41（1H，d，J=10.0Hz）的相关性得到烯烃结构单元。

图 6-15 是从菊科大丁草属植物大丁草中分离得到的一个新香豆素-单萜复合化合物 gerberiarin A26 的 ^{1}H-^{1}H COSY 谱图（500MHz，CD_3OD）。谱图中可以清楚地看到 H-5 和 H-6、H-6 和 H-7、H-12 和 H-13 的相关信号，根据确定的偶合关系可以确定结构单元。

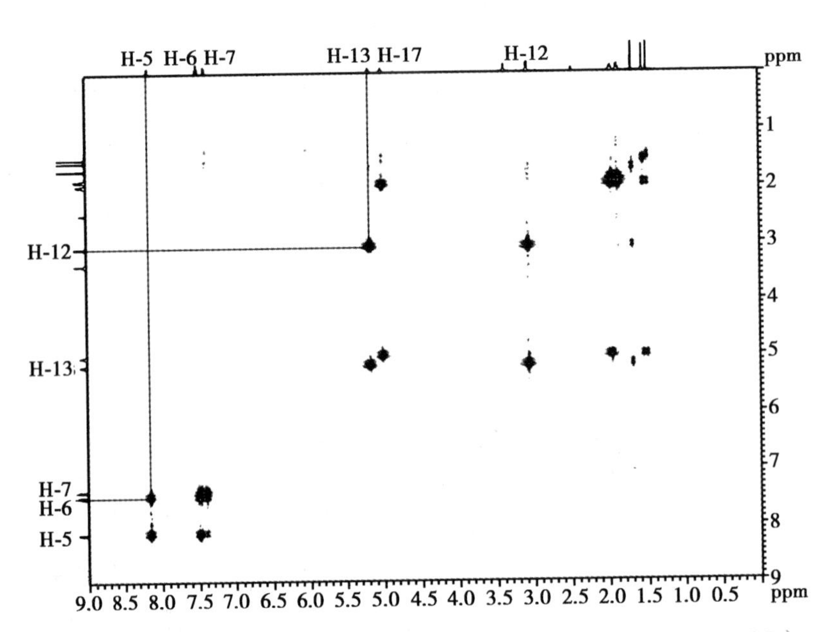

图 6-15 gerberiarin A26 的 ^{1}H-^{1}H COSY 谱图（500MHz，CD_3OD）

图 6-16 是从中药鬼针草中发现的一个葡萄糖-1,6-双肉桂酸衍生物的 ^{1}H-^{1}H COSY 谱图（600MHz，DMSO-d_6）。根据 COSY 谱图上的相关峰可以明确各组峰之间的相互偶合关系，对确定化学结构非常有用，也是该技术的主要用途。

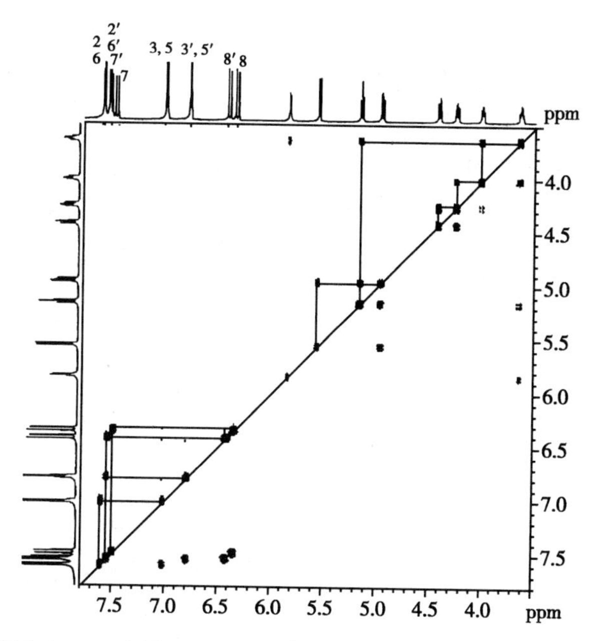

图 6-16　葡萄糖-1,6-双肉桂酸衍生物的 ^{1}H-^{1}H COSY 谱图(600MHz,DMSO-d_6)

三、总相关谱

在一个 ^{1}H-^{1}H 自旋偶合系统中,若其中的若干氢核之间的偶合常数为 0,从某个氢核的谱峰出发,仍能找到与它处于同一自旋偶合系统的所有氢核谱峰的相关峰,延伸到整个自旋体系,这样的二维谱是很有用的。Braunschweiler 和 Ernst 根据其脉冲序列的功能,将这样的二维谱称为总相关谱(total correlation spectroscopy,TOCSY),是化学位移相关谱的延伸。其后 Bax 和 Davis 实现同核的 Hartmann-Hahn 交叉极化,得到同核 Hartmann-Hahn 谱(homonuclear Hartmann-Hahn spectroscopy,HOHAHA)。HOHAHA 紧密相关于 TOCSY,在一般文献中常称为 TOCSY 或 HOHAHA,HOHAHA 的外观与 TOCSY 相同。

(一) 脉冲序列

TOCSY 的脉冲序列如下所示。90°脉冲之后开始演化期(t_1),各个横向磁化强度矢量以固有偏置(ν_i-ν_0)在 $X'Y'$ 平面上自由进动,达到自旋标记的作用。此处的 ν_i 为第 i 个氢核的共振频率,ν_0 为旋转坐标系相对于实验室坐标系的相对频率。在 t_1 演化期内,各氢核相互之间是弱偶合作用。到等频混合期(τ_m),化学位移的差别[即(ν_i-ν_0)]被暂时去除,相互之间发生强偶合作用;当 τ_m 较短时,偶合作用在直接偶合的核间发生;当 τ_m 加长时,则偶合作用可传递到整个偶合系统。在检测期(t_2)即可将每个偶合系统的整个相关峰检出,即从任一氢核的谱峰出发,可以找到好几个相关峰,它们表示与该氢核均处于同一自旋系统。

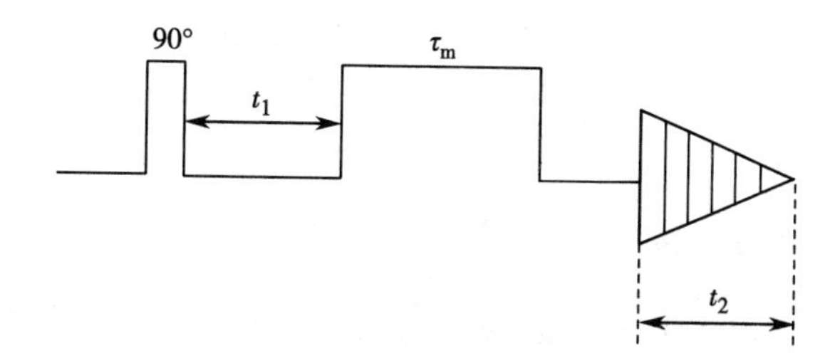

在许多自旋偶合系统的质子峰重叠严重时,仅靠 ^{1}H-^{1}H COSY 难以解析,TOCSY 则可以发挥重要作用。例如在多糖苷中,糖质子信号重叠严重,此时 TOCSY 在推断单糖的种类和数量方面具有一定的指导意义。它可显示糖上偶合常数较大(J=5.0~8.0Hz)的较为完整的相关系统,如葡萄糖、木糖、

阿拉伯糖等；对于鼠李糖，由于 $J_{1,2}$ 较小（J=0~2.0Hz），Rha-H_1~H_2 和 Rha-H_3~H_6 形成 2 个系统，极易识别；对于半乳糖，由于 $J_{3,4}$ 和 $J_{5,6}$ 较小，阻碍从 H_1 到 H_6 的相关传递，由此可判断半乳糖的存在。

（二）谱图举例

图 6-17 是中药黄芪中的有效成分黄芪甲苷（astragaloside Ⅳ）的 2D ^{1}H-^{1}H TOCSY 谱图，该图类似于 COSY 谱图。该化合物结构中的 3-位上连接一个木糖，木糖上端基氢的 δ 4.77，依次可以观察到其他 4 个碳上氢的交叉峰（其中有重叠峰）；在 6-位上连接一个葡萄糖，葡萄糖上端基氢的 δ 4.72，依次可以观察到其他 5 个碳上氢的交叉峰（有部分重叠峰）。

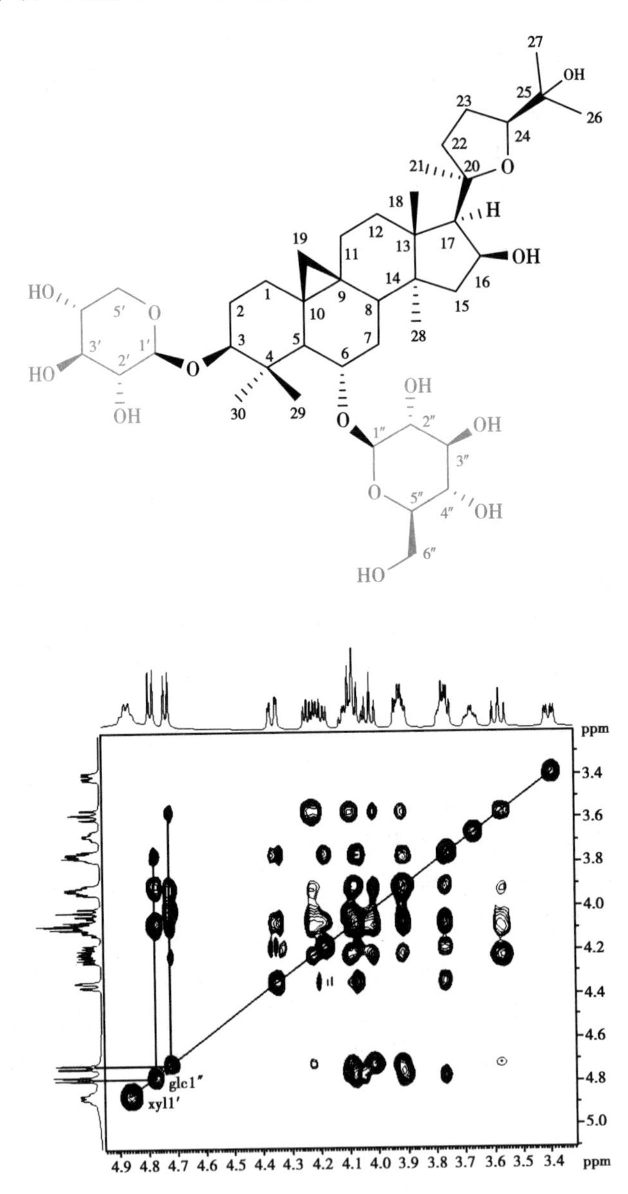

图 6-17 黄芪甲苷的 2D ^{1}H-^{1}H TOCSY 谱图

四、碳-碳化学位移相关谱

碳-碳化学位移相关亦属同核化学位移相关，测定碳-碳化学位移相关谱（^{13}C-^{13}C COSY）一般采用 INADEQUATE（incredible natural abundance double quantum transfer experiment）方法，属于一种双量子相关实验方法，它检测的信号是碳核磁共振谱中的碳与碳（^{13}C-^{13}C）之间的偶合。在天然丰度的样品中，由于 ^{13}C 核的天然丰度很低（约 1.1%），所以 ^{13}C 信号很弱，^{13}C-^{13}C 直接相连而相互偶合的概率更低，故做

该实验需要较多的样品和很长时间的扫描累加，才能得到较理想的谱图。由于该实验测定的是 $J_{^{13}C-^{13}C}$ 的偶合信息，所以对于确定被测样品的碳骨架结构很有用。图 6-18 是正丁醇的 INADEQUATE 谱图。

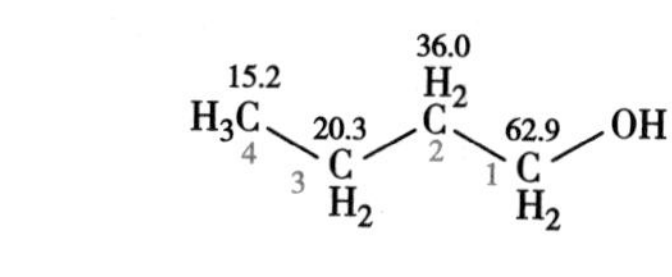

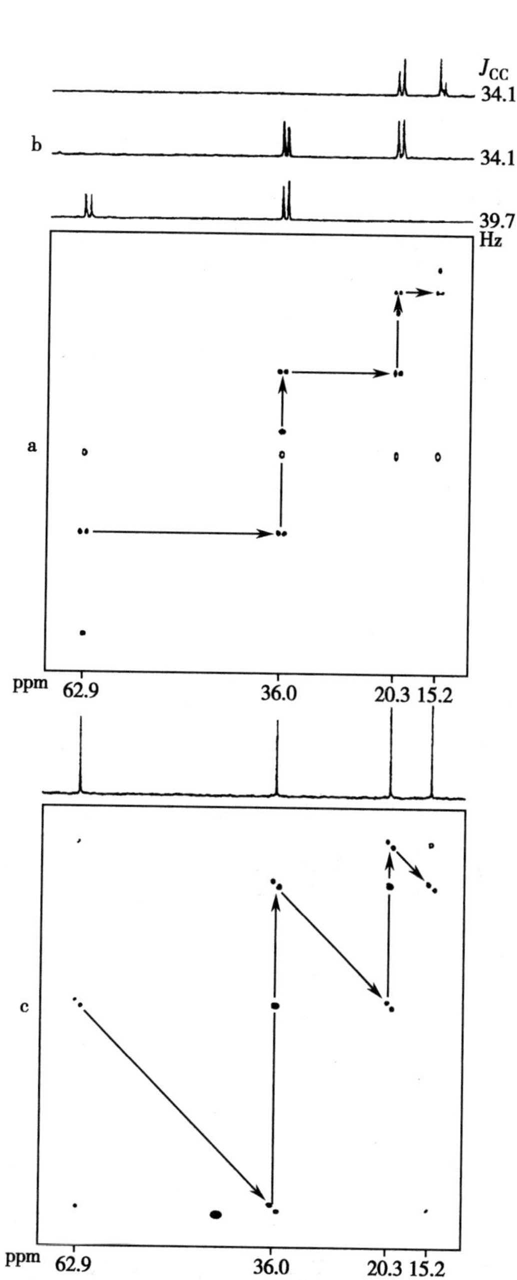

a. 具有 AB 系统偶合的碳原子在水平轴上的等高线图；b. 来自 a 图分子中的 3 个 J_{CC} AB 偶合系统说明；c. 表现为碳-碳键合对称的 INADEQUATE 实验等高线图。

图 6-18 正丁醇的 INADEQUATE 谱图[50MHz，$(CD_3)_2CO$]

（一）脉冲序列

INADEQUATE 的脉冲序列如下。

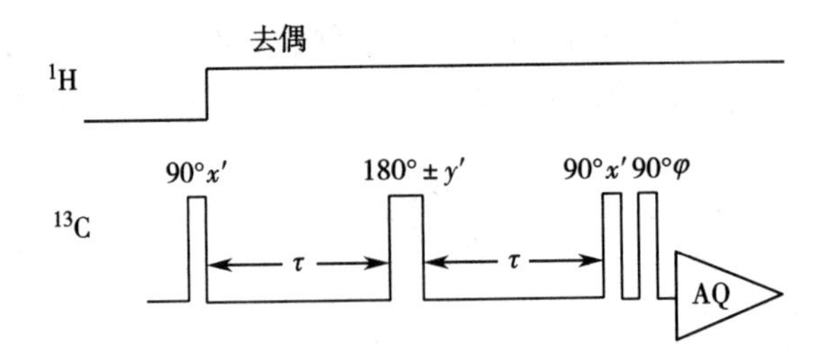

（二）谱图举例

甾族化合物中碳的化学位移差较小，¹H-NMR 谱中的多数氢的共振信号重叠在一起，欲解析结构比较困难。如进行碳-碳相关实验分析，就比较容易确定该类化合物的碳骨架结构。图 6-19 是黄体酮（progesterone）的 INADEQUATE 谱图，横坐标为碳的化学位移（δ，ppm），纵坐标是碳-碳（$^1J_{CC}$）偶合常数。根据各碳的化学位移及偶合裂分，可找到碳-碳彼此间的连接。

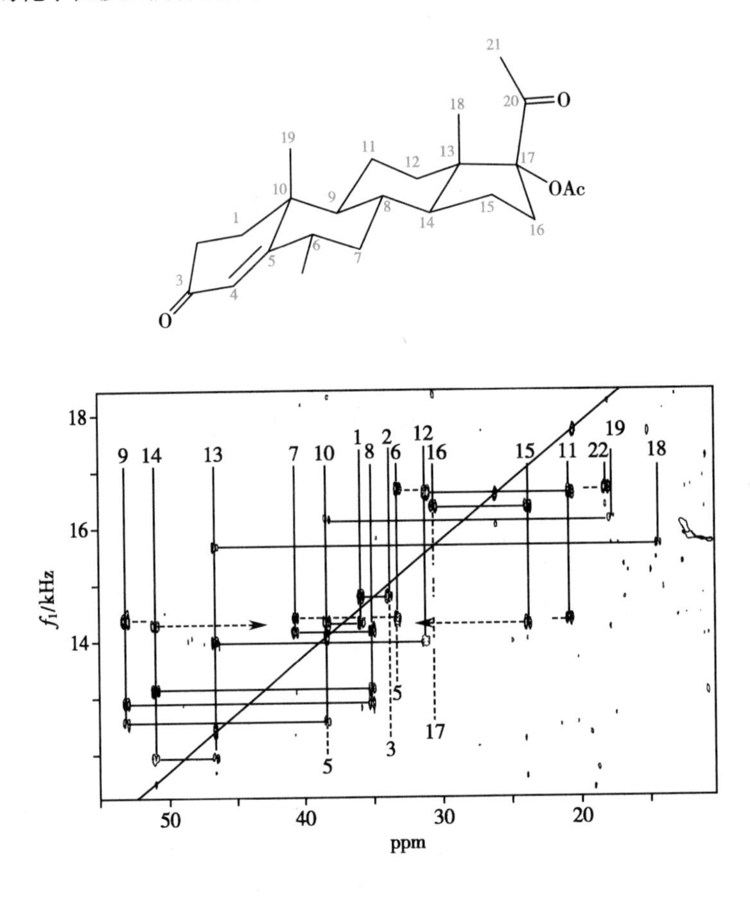

图 6-19　黄体酮的高场区的 INADEQUATE 谱图（100MHz，C_6D_6）

第四节　异核化学位移相关谱

一、基本概念和原理

异核化学位移相关谱（heteronuclear chemical shift correlation spectrum，X-H COSY）即两种不同核的拉莫尔频率通过标量偶合建立起来的相关谱，以 $\delta_{^{13}C}$-$\delta_{^1H}$ 的应用最广。谱中的质子多重线按照 ^{13}C 的化学位移很好地分开，它在同一实验中把两种核的所有关系都建立起来，得到直接偶合的 ^1H 和 ^{13}C 之间的化学位移相关关系，即 ^{13}C-^1H 直接相关，在去偶谱中由图中的各点在两条轴上的投

影即可得到直接键合的 C-H 原子之间的相关关系。图 6-20 中的一个轴是 ^{13}C 的 δ_C 值，另一个轴是 ^{1}H 的 δ_H 值，在确定 ^{1}H 信号归属的同时也确定 ^{13}C 信号的归属。异核化学位移相关谱在 t_1 期间异核去偶，去掉碳-氢之间的 J-偶合，保留 ^{1}H-^{1}H 之间的偶合，并按照 δ_C 值显示出来。即以碳的化学位移为标尺，显示出连接在该碳上的质子的偶合谱，即使两种氢的化学位移完全相同，只要所连碳的化学位移不同，谱线仍可分开。这种二维间接 J 分解谱的 F_1 轴上的谱宽一般不超过 30Hz，故可得到相当好的分辨率，但在解谱时要注意氢核磁共振谱中强偶合的二维间接 J 分解谱可能变成弱偶合，而在氢核磁共振谱中不属于强偶合的却可能变成强偶合。基本的异核化学位移相关（X-H COSY）与 ^{1}H-^{1}H COSY 是二维谱中的两个最基本、最重要的方法，它能提供 X 与 H 核的化学位移的关联信息。

目前，新的高分辨 NMR 仪都采用反转探头进行质子检测异核相关谱（proton detected heteronuclear correlation spectrum），灵敏度比常规方法提高几倍，对于解决较复杂的有机结构十分有用，如溶液状态的蛋白质、核酸、糖蛋白及其他生物分子的结构。异核二维相关实验对于在 $\omega_1=\omega_2$ 反射是非对称的，因为在 t_1 检测的核不同于 t_2 检测的核，为了得到高分辨率需要在检测期完成对选择核的检测。在演化期分辨率受到实验核限制，因此质子检测方法即试图对于相关异核共振在演化期增加分辨率，最常用的实验技术是 ^{1}H 检测的异核多量子相干谱（heteronuclear multiple quantum coherence spectroscopy，HMQC）和 ^{1}H 检测的异核多键相关谱（heteronuclear multiple bond correlation spectroscopy，HMBC）。由于反转模式的灵敏度很高，在确定 C-H 相关时，一般不再用 C，H-COSY，而是用 HMQC 或 HSQC；而 HMBC 取代过去常用的远程 ^{13}C-^{1}H COSY（COLOC）。

二、碳-氢化学位移相关谱

常规的 ^{13}C-^{1}H COSY 是指直接键连的 C-H 之间的偶合相关（$^1J_{CH}$），对于碳-氢信号的指定非常有效。若取 $^1J_{CH}$=130~150Hz，Δ_1=3~4ms，Δ=1/2Δ_1，谱图中的各类 ^{13}C-^{1}H 相关峰均较强，两域清除异核偶合，以便简化谱峰和获得最佳灵敏度。随着二维核磁共振技术的发展，目前 ^{13}C-^{1}H COSY 已被 HMQC 和 HSQC 代替。

（一）脉冲序列

^{13}C-^{1}H COSY 的脉冲序列如下。

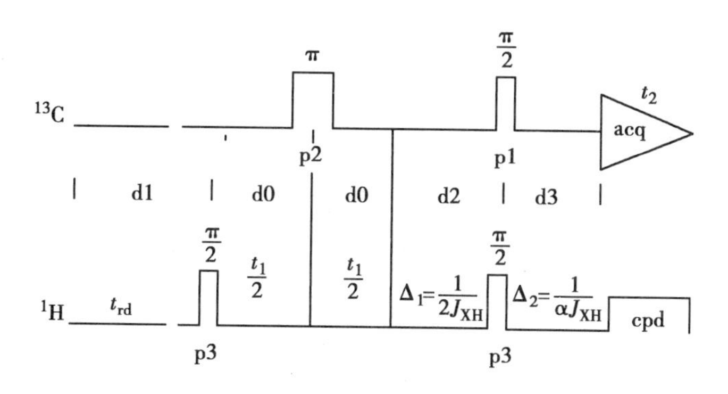

该实验的关键是选择一个合适的混合期，以使 ^{13}C 和 ^{1}H 核的信息充分转移，使 ^{1}H 核的极化转移到 ^{13}C 核上。^{13}C-^{1}H COSY 的分辨率问题不十分突出，但灵敏度却相当重要。由 ^{13}C-^{1}H COSY 可以方便地得到全部 ^{13}C-^{1}H 偶合信息，若由 COSY 谱已得到 ^{1}H 谱线的归属，则可归属 ^{13}C 谱线；反之，若可以确定一条或几条 ^{13}C 谱线，由 ^{13}C-^{1}H 相关峰（交叉峰）找到相应的 ^{1}H 谱线，从 COSY 找到 ^{1}H-^{1}H 偶合相关，反过来再由 ^{13}C-^{1}H 相关峰（交叉峰）找到全部 ^{13}C 谱线的归属。

（二）谱图举例

图 6-20 中的横坐标为 ^{13}C 化学位移，纵坐标为 ^{1}H 化学位移，没有对角峰，其相关峰（交叉峰）表

明 ^{13}C-^{1}H 偶合信息。从 ^{1}H 信号出发，根据相关关系，即可找到与之相连的 ^{13}C 信号；反之亦然。

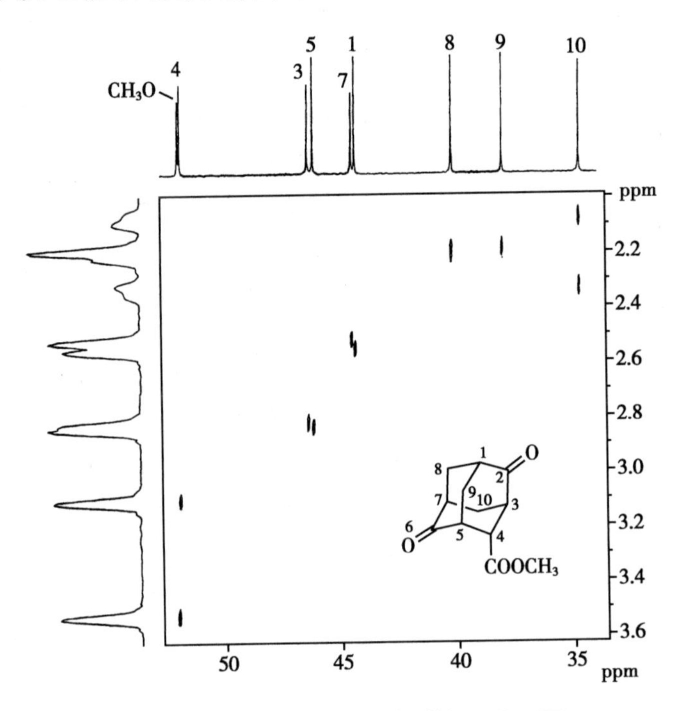

图 6-20 4-甲氧基羰基-金刚烷-2,6-二酮
(4-methoxyladamantane-2,6-dione)的 ^{13}C-^{1}H COSY 谱图

三、^{1}H 检测的异核多量子相干谱

异核多量子相干谱(HMQC)的特点为仅仅检测直接相连的 ^{13}C-^{1}H 相关，其谱图上仅显示 ^{13}C-^{1}H 直接相关信号。HMQC 的优点是脉冲序列较简单，参数设置容易。反转式检测氢核磁共振谱的一维(F_2)分辨率较高，灵敏度较高；缺点为碳核磁共振谱的一维(F_1)分辨率低。对 ^{15}N-^{1}H 相关谱而言，其主要缺点是由于 t_1 演化期是多量子信号，故 t_1 期间弛豫更快，得到的峰在 t_1 维都较宽，峰的质量差。对 ^{13}C-^{1}H 相关谱而言，单量子和多量子的大的弛豫速率差别就不明显，所以 HMQC 一般用于测定 ^{13}C-^{1}H 相关谱。HMQC 的优点是压水峰简单。

(一) 脉冲序列

HMQC 的脉冲序列如下。

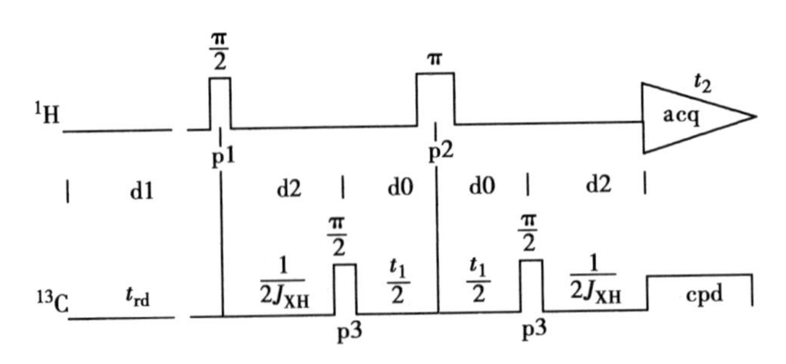

HMQC 即用脉冲技术将 ^{1}H 信号的振幅及相位分别依 ^{13}C 化学位移及 ^{1}H 之间的同核标量偶合信息调节，并通过直接检测调制后的 ^{1}H 信号来获得有关 ^{13}C-^{1}H 化学位移的相关数据。HMQC 所提供的信息与 ^{13}C-^{1}H COSY 完全相同，即图上的两个轴别为 ^{1}H 及 ^{13}C 化学位移，直接相连的 ^{13}C 与 ^{1}H 将在对应的 ^{13}C 化学位移与 ^{1}H 化学位移的交点处给出相关信号。因而，如同 ^{13}C-^{1}H COSY 一样，由相关信号分别沿两轴平行线即可将相连的 ^{13}C 及 ^{1}H 信号予以直接归属。它只是提供直接相连的 ^{13}C 与

^{1}H之间的相关信号，不能得到有关季碳的结构信息，目前应用较普遍。

（二）谱图举例

图6-21是lanceolatin E的HMQC谱图，横坐标是一维氢核磁共振谱，纵坐标为一维宽带去偶碳核磁共振谱。Lanceolatin E的17-位和20-位是两个连氧原子的亚甲基，这两个亚甲基质子不等价，所以谱图中的17-位和20-位碳原子分别与两个氢信号相关。HMQC谱图对于归属不等价的亚甲基碳氢信号非常有帮助。

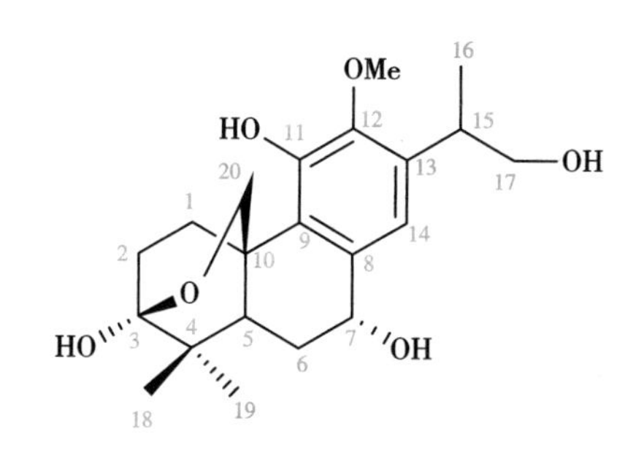

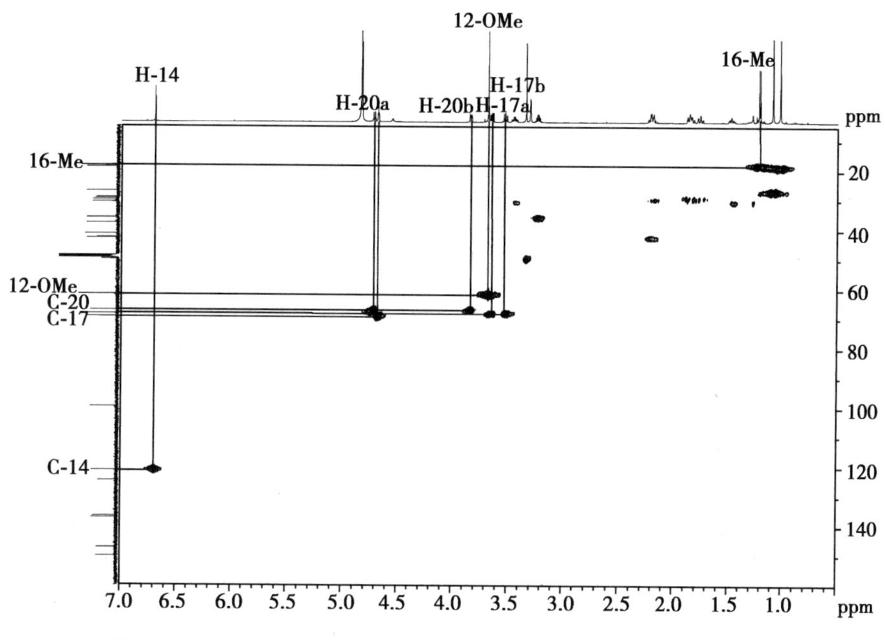

图6-21　lanceolatin E的HMQC谱图（500MHz，DMSO-d_6）

四、^{1}H检测的异核单量子相干谱

^{1}H检测的异核单量子相干谱（heteronuclear single quantum coherence spectroscopy，HSQC）的优点是反转式检测氢核磁共振谱的一维（F_2）分辨率高，灵敏度高，且碳核磁共振谱的一维（F_1）分辨率比HMQC高，相关峰的强度差大（如单峰甲基的交叉峰远高于多重峰CH_2的交叉峰），要求参数设置较精确。HSQC谱图提供的信息与HMQC完全一样，当样品量少时测定HSQC更好。一般来说，有机小分子通常用HMQC测试较多；生物大分子常用HSQC，无论是^{13}C-^{1}H还是^{15}N-^{1}H。对于生物大分子通常使用的HSQC称为增敏HSQC（sensitivity enhancement HSQC），脉冲序列中增加重聚焦INEPT（refocusing INEPT），可以把部分在普通HSQC中不能被检测的信号转化为可检测的信号，从而提高灵敏度。

（一）脉冲序列

HSQC的脉冲序列如下。

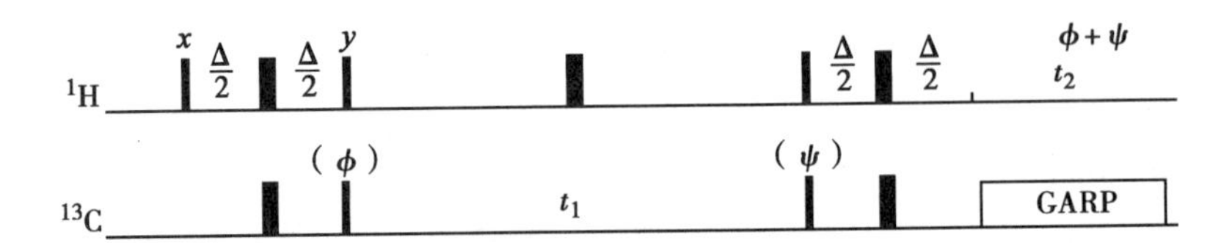

（二）谱图举例

在 HSQC（或 HMQC）谱中，凡是非等价的亚甲基的碳核磁共振谱谱线都有两个相关峰，对于识别非等价的亚甲基十分有效。如图 6-22 是 tazettone D 的 HSQC 谱图，化合物的 3，4-位亚甲基上的两个氢原子是不等价的，有较大的化学位移差值。谱图中可以看到 δ 2.22（H-4a，td，*J*=12.9Hz、4.9Hz），1.51（H-4b，ddd，*J*=12.9Hz、2.5Hz、1.6Hz）处两个氢的多重峰与 δ 29.6 的 4-位碳有相关信号；δ 1.75（H-3a，qd，*J*=13.7Hz、4.7Hz），1.63（H-3b，dtd，*J*=14.7Hz、4.8Hz）处两个氢的多重峰与 δ 28.5 的 3-位碳有相关信号。据此可以很好地把两个亚甲基的碳氢信号进行归属。

tazettone D 的HSQC 谱图讲解（视频）

图 6-23 是阿魏酸的 HSQC 谱图。谱图中的 δ 116.5 处有两个重叠的碳信号，分别与 δ 6.33（1H，d，15.9）和 6.81（1H，d，8.6）处的两个氢信号相关，据此可以很好地归属 5-位和 8-位的碳氢信号。

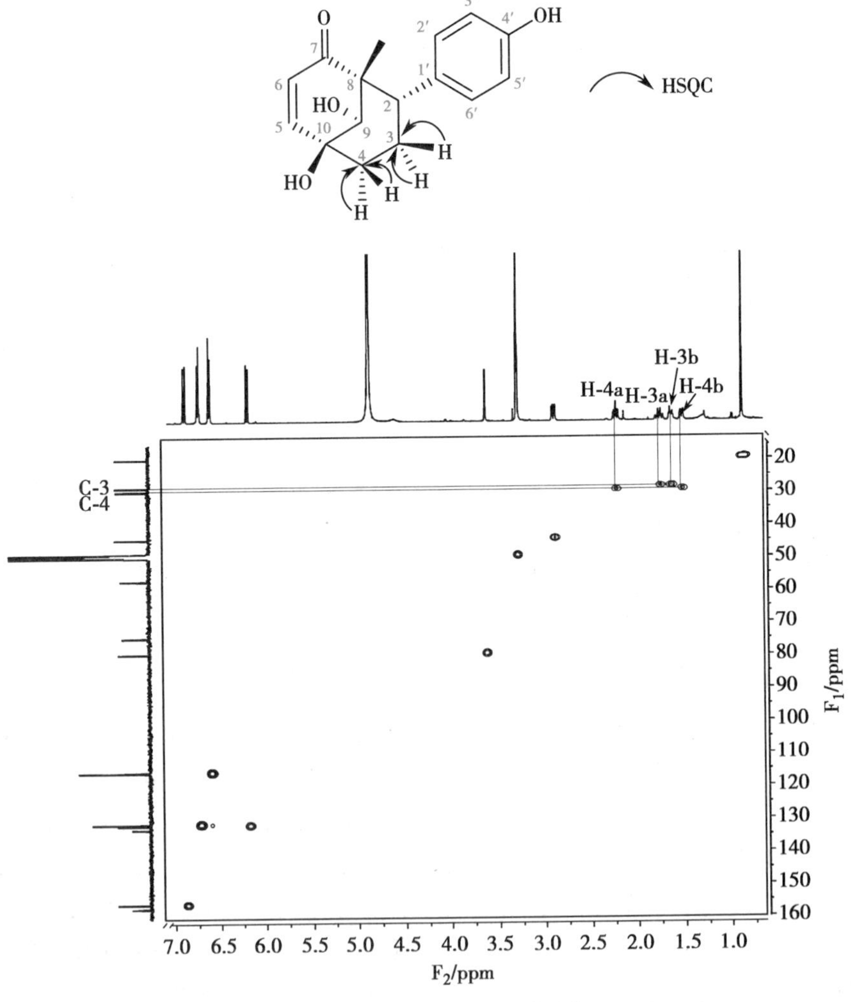

图 6-22 tazettone D 的 HSQC 谱图（DMSO-d_6）

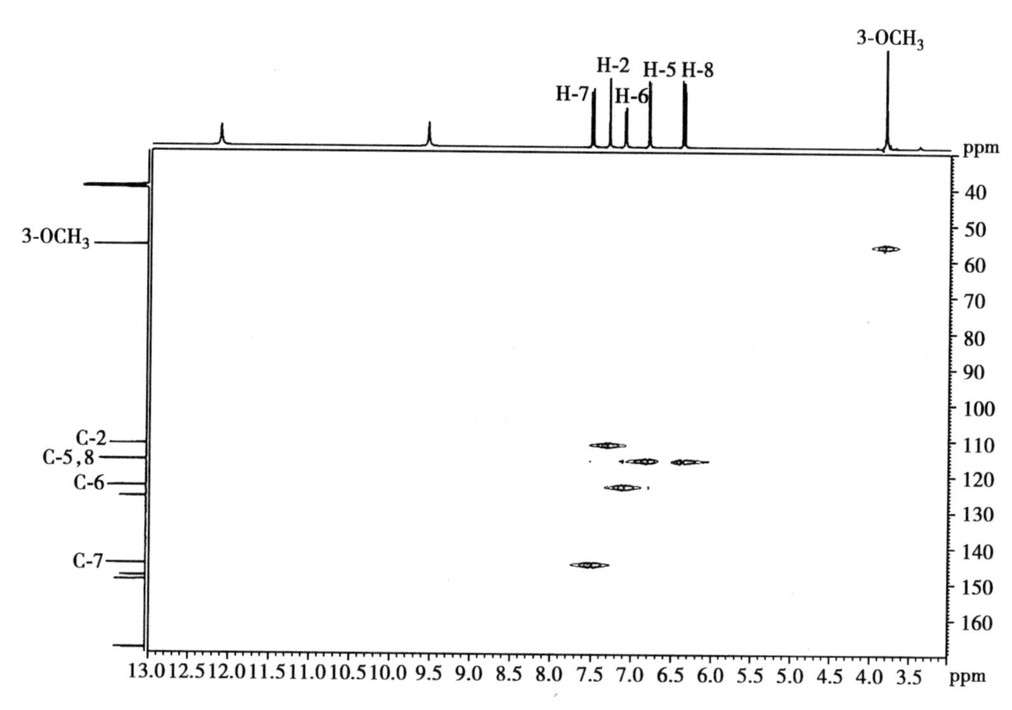

图 6-23　阿魏酸的 HSQC 谱图

五、^{1}H 检测的异核多键相关谱

^{1}H 检测的异核多键相关谱（HMBC）是一种用反转探头测定的远程 ^{13}C-^{1}H 相关的方法，其灵敏度为常规探头的 6 倍，它给出远程 ^{13}C-^{1}H（$^2J_{CH}$、$^3J_{CH}$）相关信息。其基本原理是通过 ^{1}H 检测异核多量子相干调制，选择性地增加某些碳信号的灵敏度，使孤立的自旋体系相关联，从而组成一个整体分子。由于甲基的 3 个质子的协同作用，对于与甲基质子相隔 2~3 个键（$^2J_{CH}$，$^3J_{CH}$）的碳提供有效的极化转移而得到强的相关信息，却抑制直接偶合信息（$^1J_{CH}$），使得到的相关谱大为简化（有时可见旋转边峰产生的相关信号），其灵敏度高于一般 COSY 的相敏二维相关谱。HMBC 可高灵敏度地检测 ^{13}C-^{1}H 远程偶合（$^2J_{CH}$、$^3J_{CH}$），由此可得到有关季碳的结构信息及因杂原子或季碳存在而被切断的 ^{1}H 偶合系统之间的结构信息。它也是通过测定灵敏度高的 ^{1}H 核来检测 ^{13}C-^{1}H 之间的远程偶合相关信号，因而灵敏度比传统的远程偶合 ^{13}C-^{1}H COSY 高得多。在远程 ^{13}C-^{1}H COSY（COLOC）中，检测 ^{1}H-^{13}C 远程偶合相关信号时往往需要检测季碳信号，其测定的灵敏度特别低，对分子量大的化合物，当样品量少时很难测得满意的结果。HMBC 则由于通过灵敏度高的 ^{1}H 核的信号来检测 ^{13}C 核之间的远程偶合信息，故对大分子化合物即便用少量样品也可以在较短的时间内测得可靠的数据。另外，在 HMBC 谱图中，若不用 ^{13}C（X 核）去偶器时，在直接相连的 ^{13}C 与 ^{1}H 之间残留的相关信号对应的 ^{13}C 与 ^{1}H 信号的交点处，以该 ^{13}C 信号为中心，沿平行于 ^{1}H 化学位移的方向裂分为二重峰，故易与远程偶合信号相区别。HMBC 特别适用于具有众多甲基的天然产物，如三萜类化合物的结构鉴定。定出各结构单元之间通过季碳的相互连接关系，以及各 CH_3 在分子中的位置，从中得到同每一个甲基具有 $^2J_{CH}$、$^3J_{CH}$ 偶合的相关碳。

(一)脉冲序列

HMBC 的脉冲序列如下。

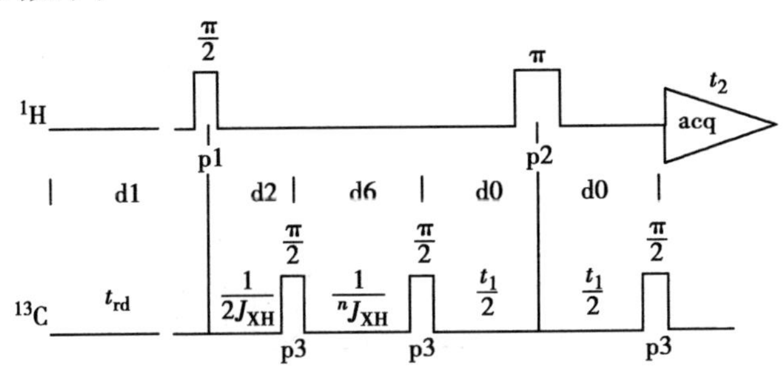

(二)谱图举例

图 6-24 是一个三萜类化合物 lycoclavanol 的^{1}H-NMR 谱图和 HMBC 谱图。该化合物有 6 个甲基,

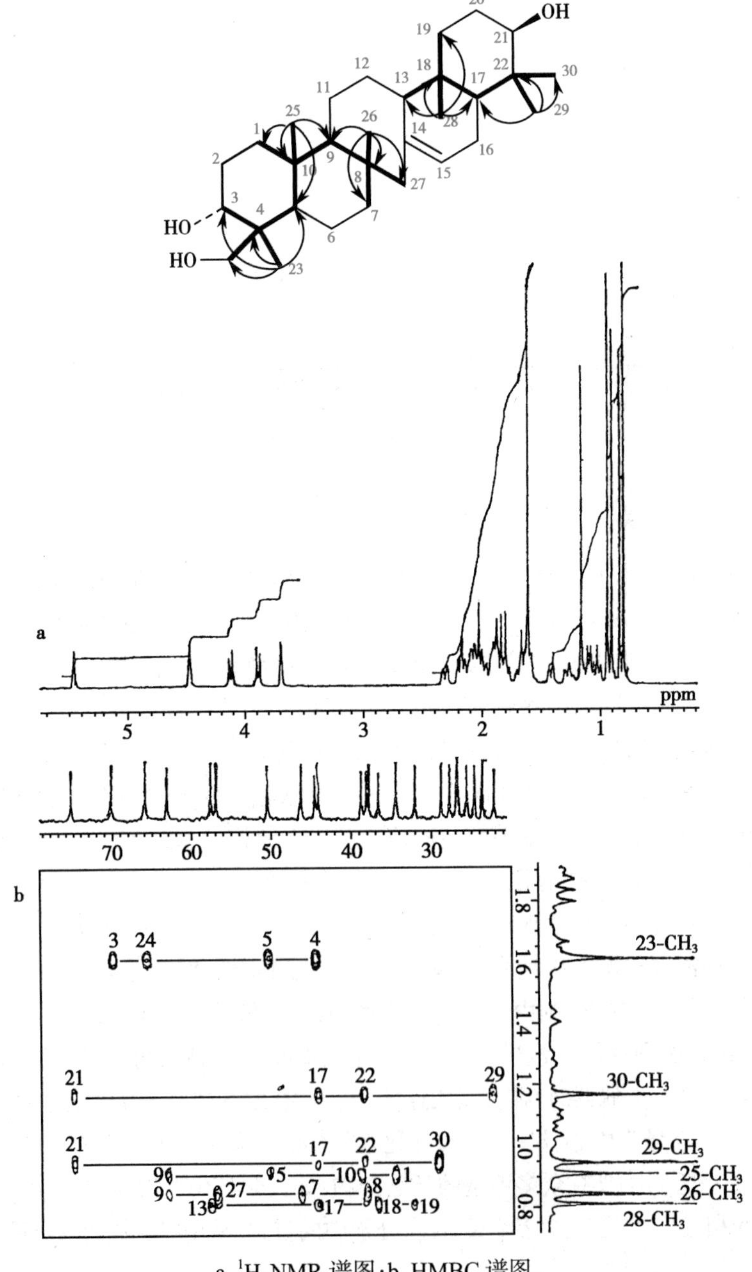

a. ^{1}H-NMR 谱图;b. HMBC 谱图。

图 6-24 一种三萜类化合物 lycoclavanol 的^{1}H-NMR 谱图和 HMBC 谱图

甲基质子与其邻近的碳显示清晰的远程偶合交叉峰，据此即可确定一系列分子骨架结构单元（粗线部分）。例如 23-CH_3（δ 1.61）的质子信号与 C-4、C-5、C-24 和 C-3 有偶合交叉峰，25-CH_3 的质子信号与 C-1、C-10、C-5 和 C-9 有偶合交叉峰，以此类推。

图 6-25 是 tazettone D 的 HMBC 谱图。谱图中 H-2 和 C-2′/6′ 及 H-2′/6′ 和 C-2 的远程相关信号表明 4-羟基苯基团连接在 2-位碳上；δ_H 0.89（3H，s）与 C-7、C-8 和 C-9 的远程相关信号表明 C-8 位上有甲基取代；H-2 与 C-8 和 8-Me、H-3 与 C-8 和 C-10 及 H-4 与 C-9 和 C-10 的远程相关信号提示存在六元环结构（B 环）；H-5 与 C-7 和 C-9 的远程相关信号，以及 H-6 与 C-8 和 C-10 的远程相关信号说明化合物结构中存在 α,β-不饱和六元环酮结构单元（A 环）。上述数据也证明环 A 和 B 是由 C-8、C-9 和 C-10 稠合而成的。

tazettone D 的HMBC 谱图讲解（视频）

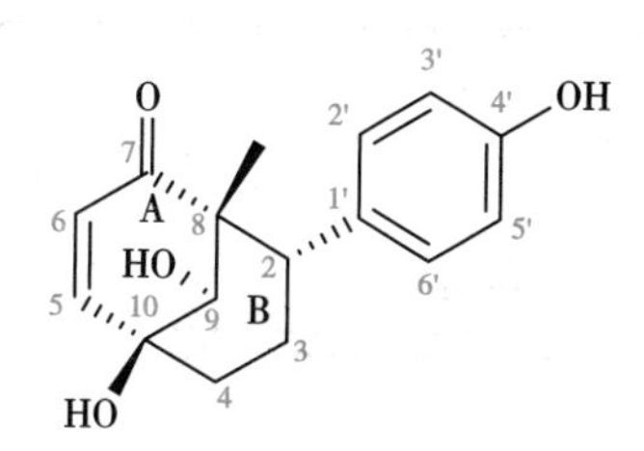

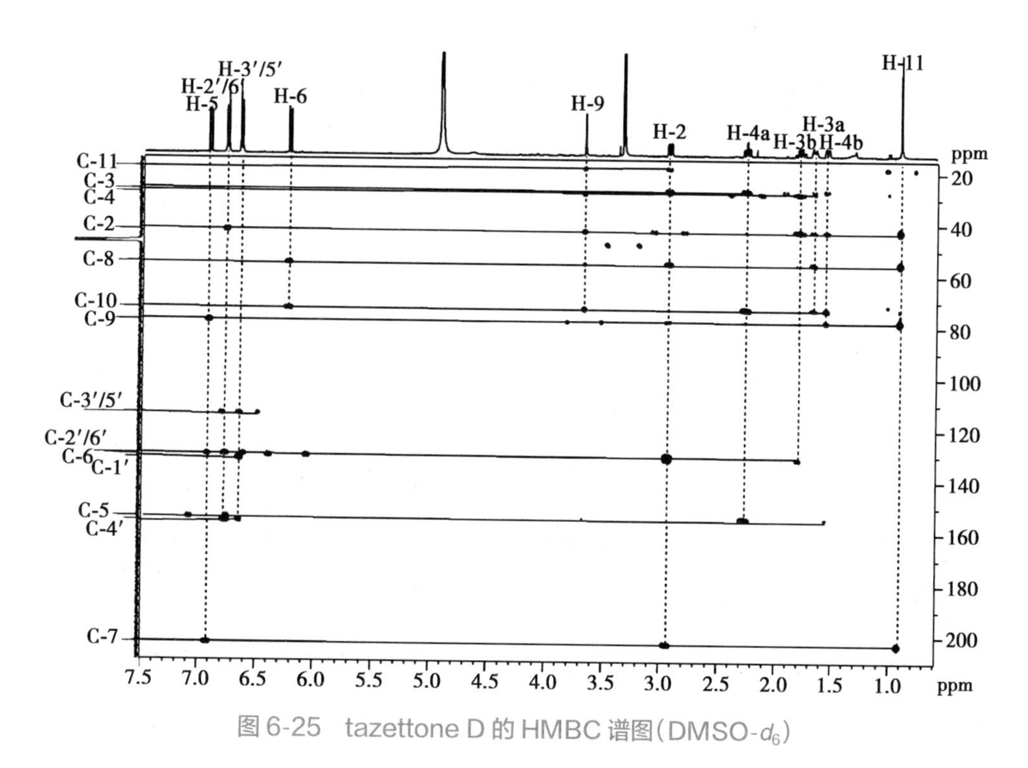

图 6-25　tazettone D 的 HMBC 谱图（DMSO-d_6）

图 6-26 是阿魏酸的 HMBC 谱图。在谱图上可清晰地看到 2 个烯质子（δ 6.33、7.44）分别通过 2 个键和 3 个键与 C═O 碳（δ 167.1）相关，说明双键与羰基相连；δ 7.44（H-7）分别通过 2 个键和 3 个键与 C-1（δ 126.6）、C-2（δ 111.9）、C-6（δ 123.5）相关，说明双键与苯环的 1-位相连接。

图 6-27 是 7-羟基香豆素的 HMBC 谱图。谱图中有多个直接相连的 ^{13}C 与 ^{1}H 之间残留的相关信号，使得谱图信号变得复杂，解析时应注意与远程偶合信号相区分。在 HMBC 谱图中，由于是远程化学位移相关，故显示较多的相关交叉峰。

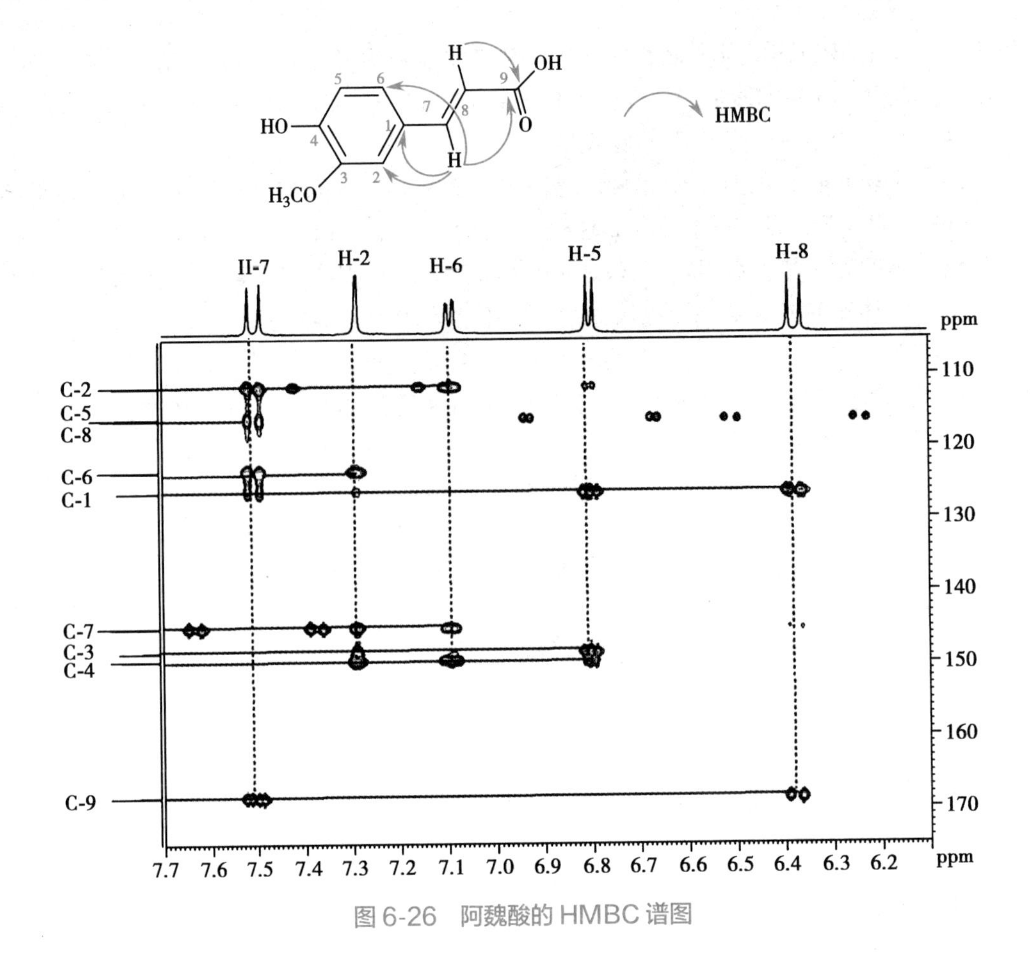

图6-26　阿魏酸的HMBC谱图

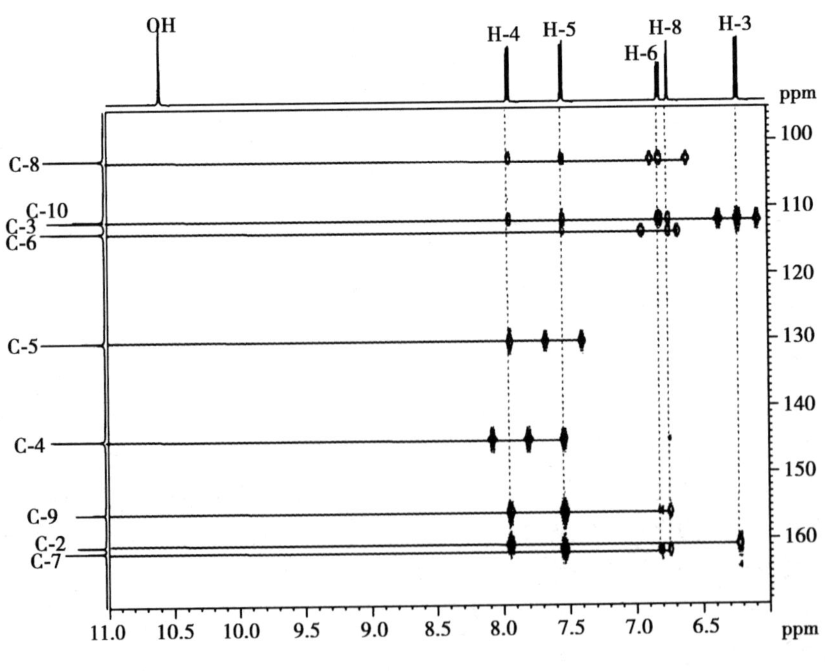

图6-27　7-羟基香豆素的HMBC谱图

六、HMQC-TOCSY

HMQC-TOCSY 是将 ^{1}H-^{1}H TOCSY 和 HMQC 结合起来的一种二维技术。它不但在氢核磁共振谱方向得到独立自旋系统内的每个碳与该系统内的所有氢的相关,而且在碳核磁共振谱方向得到自旋系统内的每个氢核与该系统内的所有碳核的相关。这样只要自旋系统内有一个氢和碳的 NMR 信号与其他系统不重叠,就有可能将各个不同的自旋系统分开,并对谱线进行明确归属。

(一) 脉冲序列

HMQC-TOCSY 的脉冲序列如下。

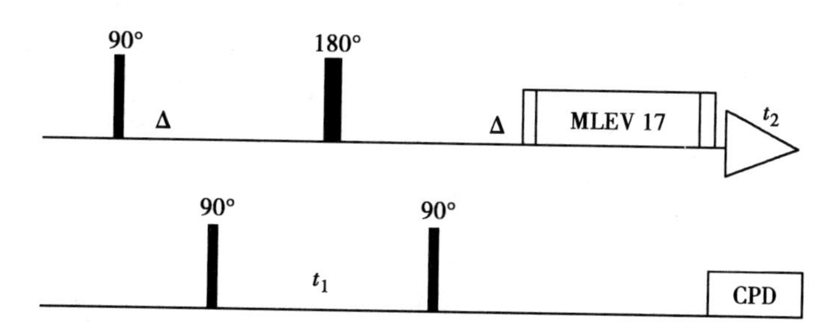

HMQC-TOCSY 的特征与 ^{13}C-^{1}H COSY($^1J_{CH}$)很相似,但在谱图中既可以显示 ^{13}C-^{1}H($^1J_{CH}$)的交叉峰,又可以显示相邻碳上氢与氢的化学位移相关峰,即在一张谱图上既可以确认相连的碳-氢各自的化学位移,又可以找出相邻碳与氢的化学位移,所以该技术对于化合物结构中的部分 CH 结构单元的确定很有用处。

(二) 谱图举例

图 6-28 是黄芪甲苷的 HSQC-TOCSY 谱图。谱图中清楚可见黄芪甲苷中木糖的端基氢(H-1′,δ 4.77)和端基碳(C-1′,δ 105.0)的相关峰,以及与端基氢依次相连的碳上的氢和碳信号;同时可见黄芪甲苷中葡萄糖的端基氢(H-1″,δ 4.72)和端基碳(C-1″,δ 107.5)的相关峰,以及与端基氢依次相连的碳上的氢和碳信号。

图 6-29 是从金粟兰科金粟兰属植物银线草(*Chloranthus japonicus*)中分离到 forenumoside A 的 HMQC-TOCOSY 谱。谱图中清楚可见 forenumoside A 中阿拉伯糖的端基氢(H-1,δ 4.68)和端基碳(C-1,δ 104.6)的相关峰,以及与端基碳依次相连的碳上的氢和碳信号。葡萄糖的端基氢(H-1′,δ 5.37)和端基碳(C-1′,δ 105.1)的相关峰,以及与端基碳依次相连的碳上的氢和碳信号;葡萄糖的端基氢

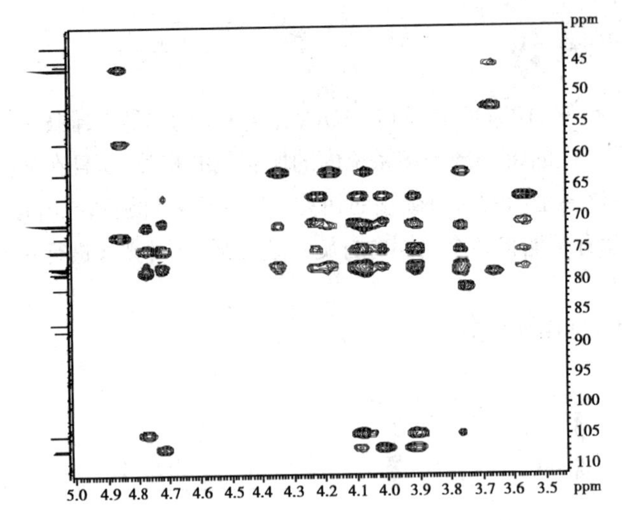

图6-28　黄芪甲苷的HSQC-TOCSY谱图

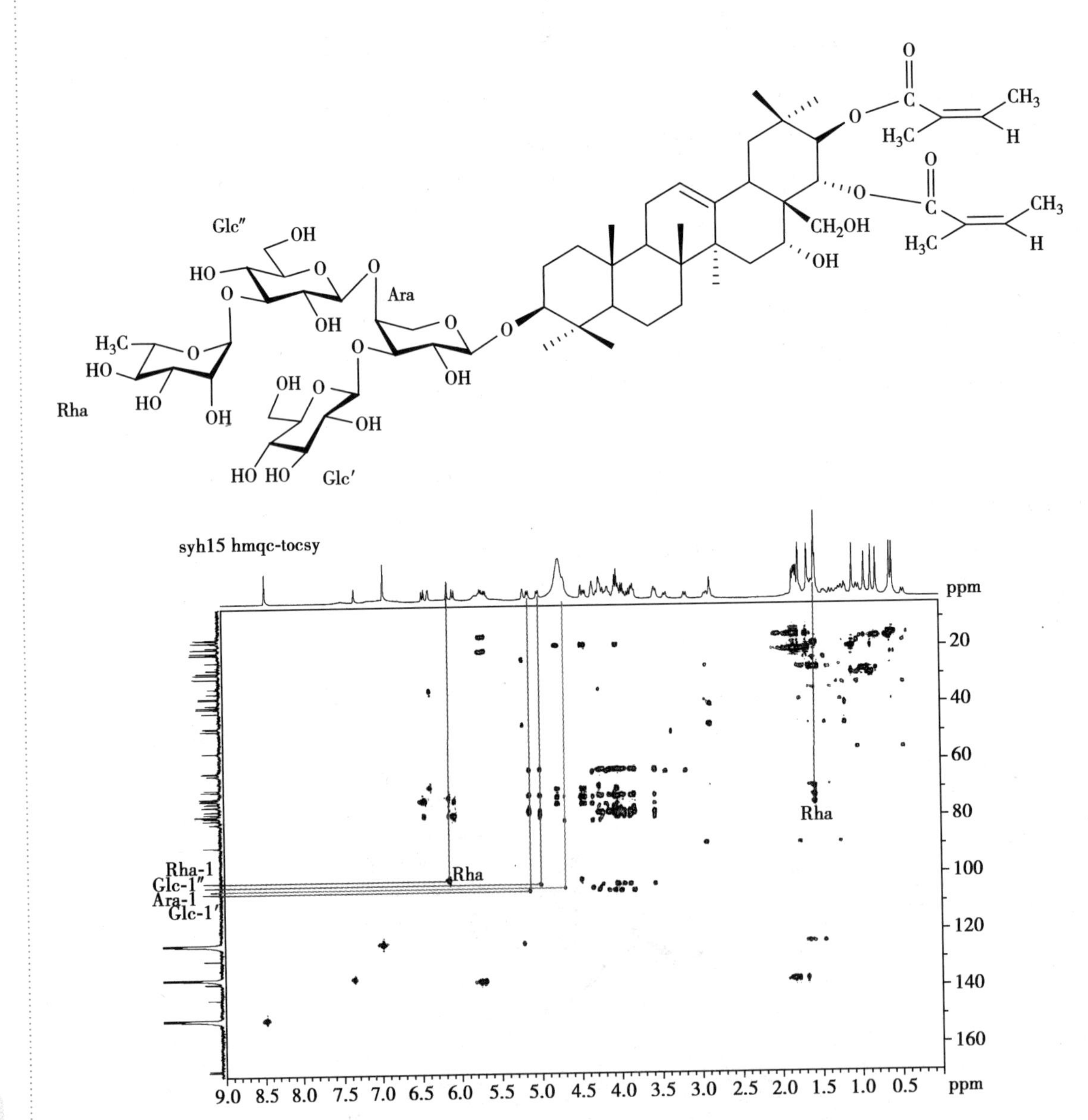

图6-29　forenumoside A的HMQC-TOCOSY谱图

(H-1′,δ 5.25)和端基碳(C-1′,δ 103.1)的相关峰,以及与端基碳依次相连的碳上的氢和碳信号。鼠李糖的端基氢(H-1,δ 6.39)和端基碳(C-1′,δ 103.1)的相关峰,以及与端基碳相连的2-位碳上的氢和碳相互偶合系统;鼠李糖的6-位甲基氢(H-6,δ 1.55)和6-位甲基碳(C-6,δ 19.0)的相关峰,以及与6-位甲基碳相连的3-、4-、5-位碳上的氢和碳形成的另一个偶合体系。

第五节　二维核 Overhauser 效应谱

一、NOESY

二维NOE谱(two-dimensional nuclear Overhauser effect spectroscopy,2D-NOE)即NOESY。相干转移是由交叉弛豫和非各向同性的样品核之间的偶极-偶极偶合传递的,即借助交叉弛豫完成磁化传递而进行的二维实验称为二维NOE谱(NOESY)。它与COSY实验的不同之处在于交叉峰之间不存在正负交替现象,故记录其吸收线型,而不必担心分辨率不够会引起相邻交叉峰之间相互抵消的问题。为了避免普遍存在的偶合作用引起的相干传递的干扰,通常采用相循环测量交叉弛豫。NOE是一种跨越空间的效应,是磁不等价核偶极矩之间的相互作用,它与磁核之间的空间距离有关,当质子之间的空间距离 <4Å 时便可观察到。因此利用NOESY可研究分子内部质子之间的空间距离,分析构型、构象,NOESY可同时在一张谱上描述分子内部各质子之间的空间关系。NOESY技术多应用于生物大分子如较小的蛋白质和寡肽的氨基酸序列测定,以及寡糖和配糖体中糖基的连接顺序和连接位置的测定。由于生物大分子滚动较慢,偶极相互作用不能有效地被平均掉,常引起谱线增宽,但同时也能提供较强的交叉弛豫。蛋白质等生物大分子在溶液中翻转较慢,偶极-偶极弛豫是 W_0(零量子)占主导,NOE值大,且NOE产生的速率也大,为蛋白质的三维结构研究提供非常有利的证据。实验中混合时间 τ_m 的选择十分重要,对小分子应选择 $\tau_m \sim t_1$,以得到最佳的灵敏度。而对于大分子,最好能取几个不同的 τ_m(τ_m=0.05秒、0.1秒和0.3秒)进行实验,第一个实验只给出交叉弛豫速率快的核的交叉峰,核间距相当于2~3Å;而当取较长的 τ_m 值时,因为还包括交叉弛豫速率较慢的质子间的交叉峰,所以交叉峰将明显增加,所包括的核间距可达5Å。NOESY表示的是质子的NOE关系,两个轴均为 ^{1}H 的 δ 值。45°对角线上的各点在两轴上的投影均为一维谱;非对角线上的点如能与对角线上的点构成正四边形,则对角线上的两点所对应的质子间应有NOE相关性,即空间传递的信息。这类谱的最大的优点是在一张谱中同时显示分子中所有质子间的NOE信息,目前这种方法已成为研究有机化合物立体化学的必不可少的工具。NOESY谱图的特征类似于COSY,在化学交换位置上两个化学位移之间出现交叉峰,NOE使得一个核的 Z 磁化矢量变化而导致另一个核的 Z 磁化矢量变化,一维谱中出现NOE的两个核在二维谱中显示交叉峰。NOESY的灵敏度较低,做实验时花费的时间较长。

(一)脉冲序列

NOESY的脉冲序列如下。

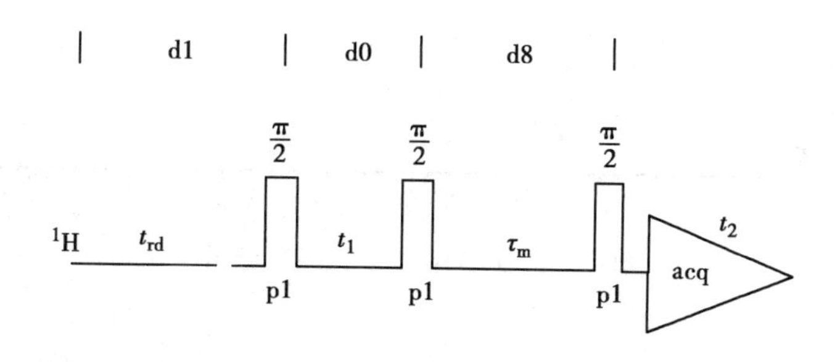

NOESY 的基本脉冲序列就是在 COSY 序列的基础上，加一个固定延迟和第三脉冲，以检测 NOE 和化学交换信息。有化学交换存在时，核的 Z 分量在 t_1 期间受到一个化学位移的调制，在 τ_m 期间该核有可能迁移到另一位置，t_2 期间检测出另一化学位移值。混合时间 τ_m 是 NOESY 实验的关键参数，τ_m 的选择对检测化学交换或 NOESY 效果有很大的影响，选择合适的 τ_m 可在最后一个脉冲采集 Z 磁化矢量之前产生最大的交换或建立最大的 NOE。化学交换可能以任何速率进行，而 NOESY 测的交换过程是慢交换过程，仅仅提供交换途径的定性说明，不能直接得到速率常数的定量信息。如何选择 τ_m 和缺乏定量结果是用 NOESY 研究化学交换存在的问题。NOESY 与化学交换不同，在许多情况下 NOE 的建立受纵向弛豫的制约，比 $1/t_1$ 慢得多，若在 $1/t_1$ 范围内选择 τ_m，就有可能观察到相近核之间的 NOE 交叉峰。

（二）谱图举例

同其他谱图的解析方法一样，分析谱图时也需要找到一个明确的起始点如烯氢或甲基峰等，首先解释与这个信号的相关峰，得到一组新的信息。图 6-30 是阿魏酸的 NOESY 谱图。在谱图中 δ 3.83（OCH_3，s）与 7.25 的 H（1H，d，J=2Hz）相关，说明 OCH_3 应在 3-位；同时还显示 OH 与 5-位氢有相关、5-位与 6-位氢也相关，说明两者互为邻位。谱图中 4-位 OH 与 COOH 上的 OH 相关信号很强，是由于在溶液中分子间缔合造成的。图 6-31 是 lanceolatin E 的 NOESY 谱图。谱图中的连线显示 H-7 与 H-14 有 NOE 相关，H-5 与 H-20a 有 NOE 相关，说明 A、B 环为顺式稠合。

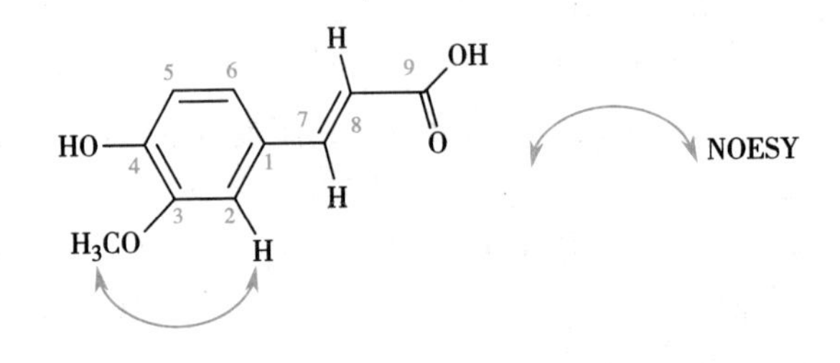

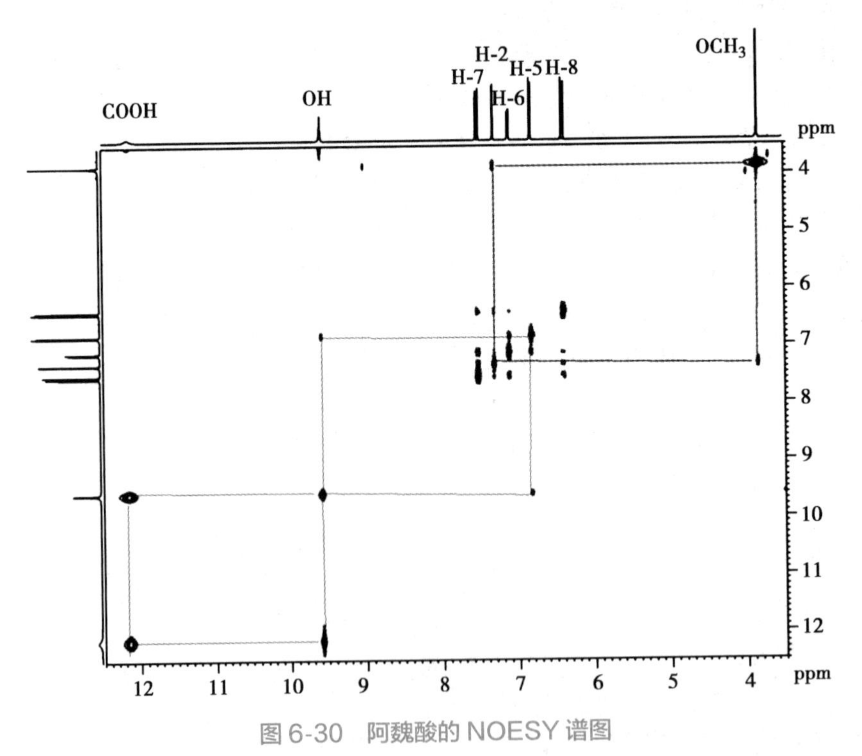

图 6-30　阿魏酸的 NOESY 谱图

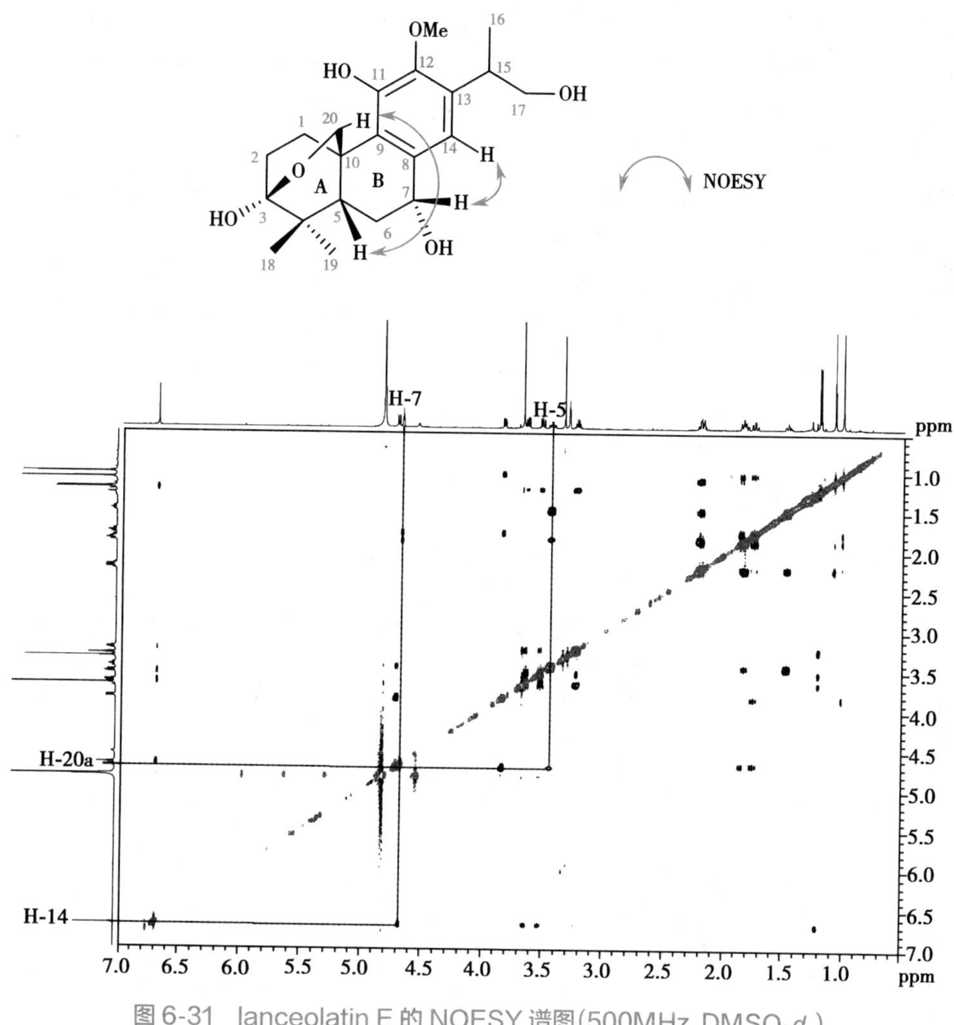

图 6-31　lanceolatin E 的 NOESY 谱图(500MHz, DMSO-d_6)

二、ROESY

ROESY(rotating frame neuclear Overhauser-enhancement spectroscopy)是采用一个弱自旋锁场，在旋转坐标系中产生交叉弛豫 NOE 得到的，也称为 rotating frame NOE enhancement spectroscopy，即旋转坐标系中的 NOE 增强谱。它类似于 NOESY，能提供空间距离相近核的相关信息。基本脉冲序列采用低功率自旋锁定，可由连续波照射或由一系列小脉冲角的硬脉冲组成混合脉冲。

(一) 脉冲序列

ROESY 的脉冲序列如下。

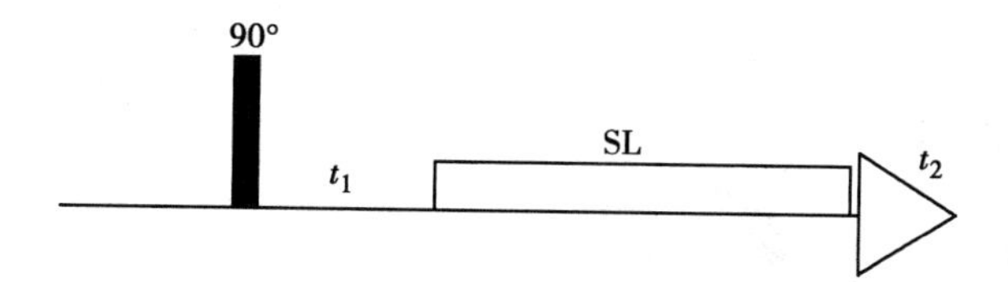

ROESY 与 NOESY 的区别是两者的交叉峰都取决于相关自旋间的交叉弛豫，但 NOESY 是纵向交叉弛豫，而 ROESY 是横向交叉弛豫。小分子快速运动易产生 NOE，大分子或降低温度时可得到负 NOE，而有些中等分子(分子量为 300~1 500)或某些特殊形状分子和金属有机配合物等有时较难产生 NOE，因而在 NOESY 谱中不易得到 NOE 交叉峰，而在上述分子体系中都会出现 ROESY 峰，故 ROESY 特别适宜观测中等分子的交叉弛豫作用；NOESY 交叉峰对分子量大和小的两种极端的分子

体系灵敏度都很大，而 ROESY 交叉峰在不同分子量的分子中变化不大；NOESY 相关峰为反相组分，而 ROESY 相关峰为同相组分，可以检测较小的相互作用。ROESY 实验的关键也是确定自旋锁场强度和设置适当的照射功率，因为它是低功率实验，所需的自旋锁场场强约为 2.5kHz。

（二）谱图举例

tazettone D 的ROESY 谱图讲解（视频）

图 6-32 是 tazettone D 的 ROESY 谱图。谱图中明显可见 H-2 与苯环上 H-2′,6′有 NOE 相关信号，进一步证明对羟基苯基链接在 2-位碳上；8-位甲基氢与 H-2 及 H-9 有 NOE 相关信号、H-2 与 H-4a 有 NOE 相关信号，说明 8-位甲基与对羟基苯基为反式取代，处于六元环的两侧；与 9-OH 也处于六元环的两侧，从而确定化合物的相对构型。

图 6-33 是 gerberiarin A26 的 ROESY 谱图。谱图中的 12-位质子与 21-位甲基质子有 NOE 相关，说明 13,14-位双键为顺式取代。

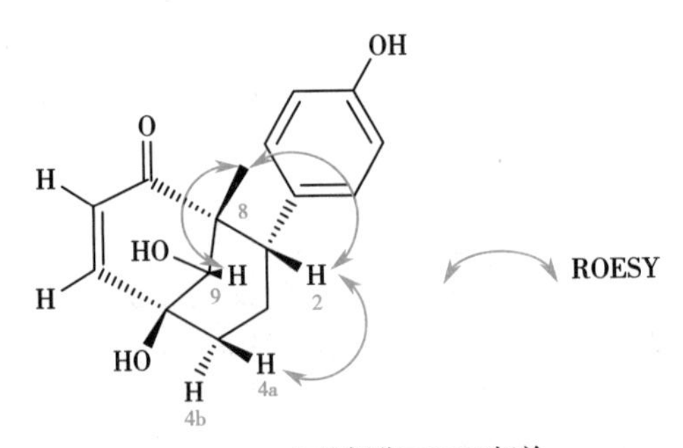

tazettone D的部分ROESY相关

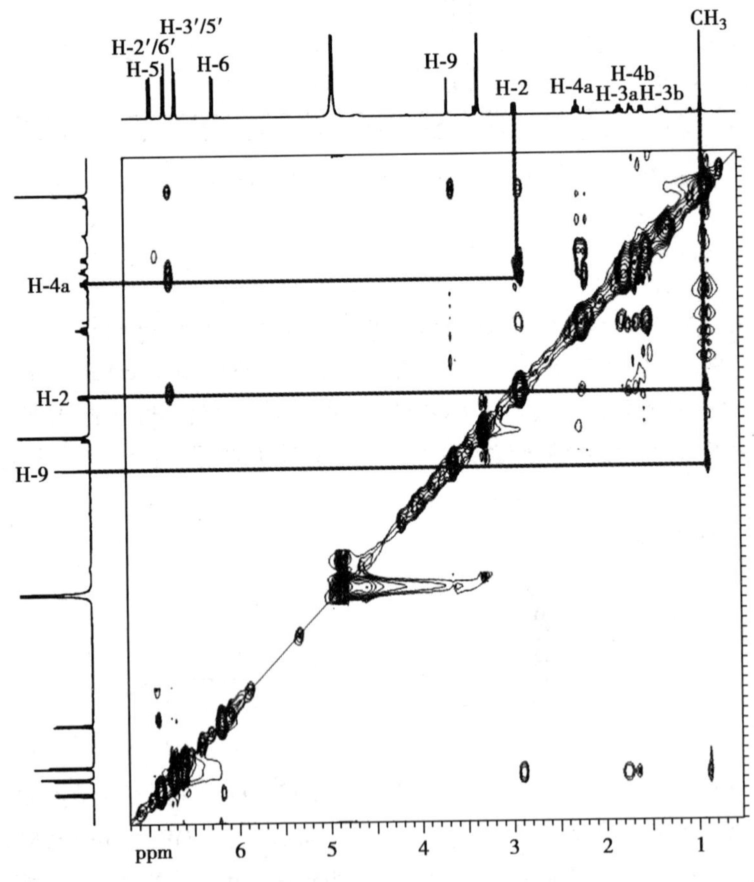

图 6-32　tazettone D 的 ROESY 谱图（500MHz，DMSO-d_6）

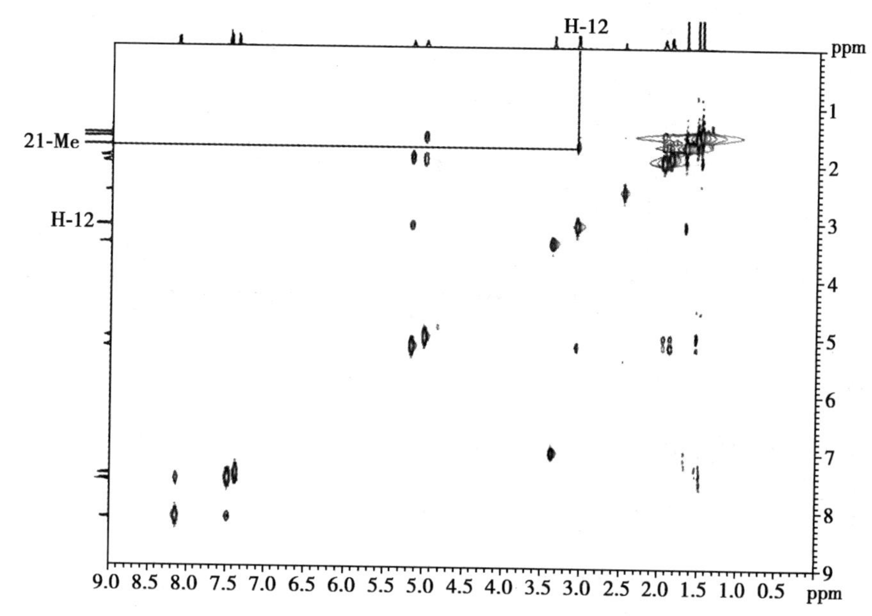

图 6-33 gerberiarin A26 的 ROESY 谱图(500MHz,CD_3OD)

本章主要介绍常用的 2D NMR 技术,这些技术可为有机化合物的结构测定提供重要信息。对于结构较复杂的化合物,当这些技术提供的结构信息还不足以阐明该化合物的结构时,还可进一步采用其他技术获取结构信息。

习 题

1. 2D NMR 与 1D NMR 的脉冲序列主要有何区别?
2. 何为同核化学位移相关谱?主要提供什么结构信息?
3. 何为异核化学位移相关谱?主要提供什么结构信息?
4. HMQC 的主要特征和用途有哪些?
5. HMBC 的主要特征和用途有哪些?
6. NOESY 或 ROESY 能提供什么结构信息?
7. TOCSY 的主要特征和用途有哪些?

8. 根据图 6-34 某化合物的 ^{1}H-^{1}H COSY 谱图，找出各峰之间的相互偶合关系。

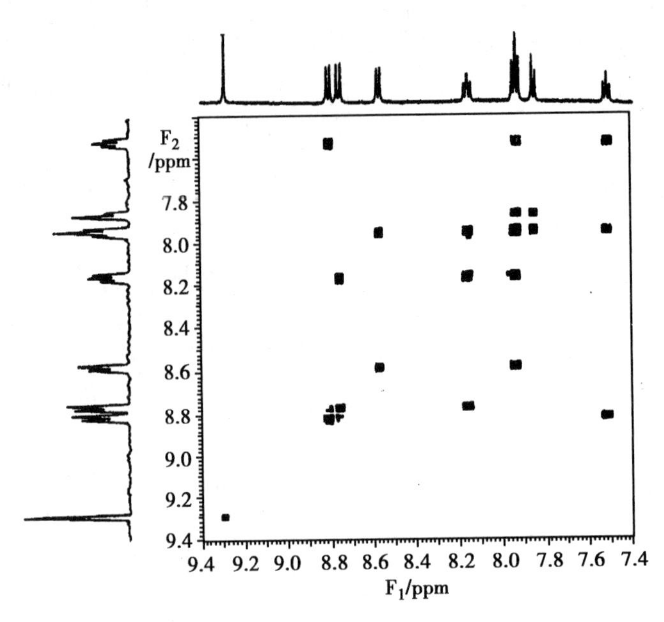

图 6-34　某化合物的 ^{1}H-^{1}H COSY 谱图

9. 请解析图 6-35~图 6-38。

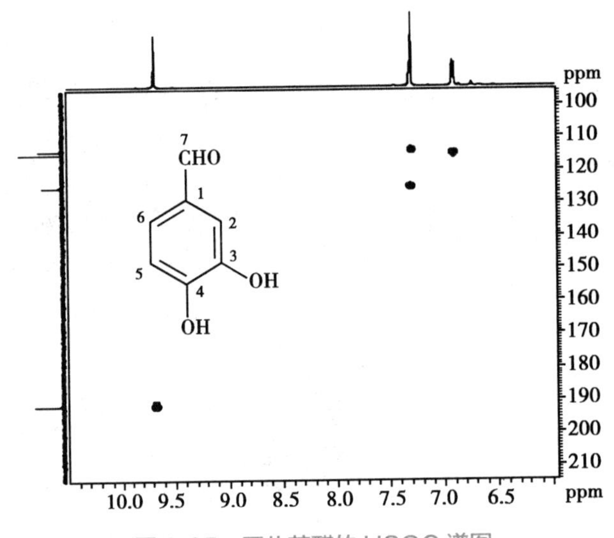

图 6-35　原儿茶醛的 HSQC 谱图

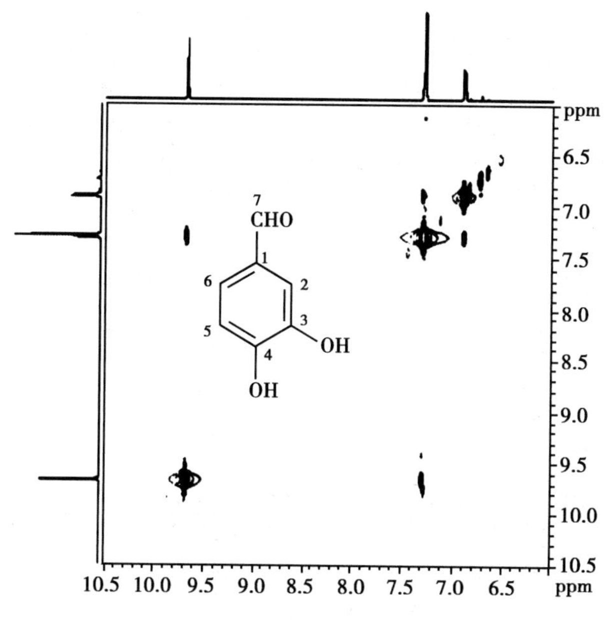

图 6-36　原儿茶醛的 NOESY 谱图

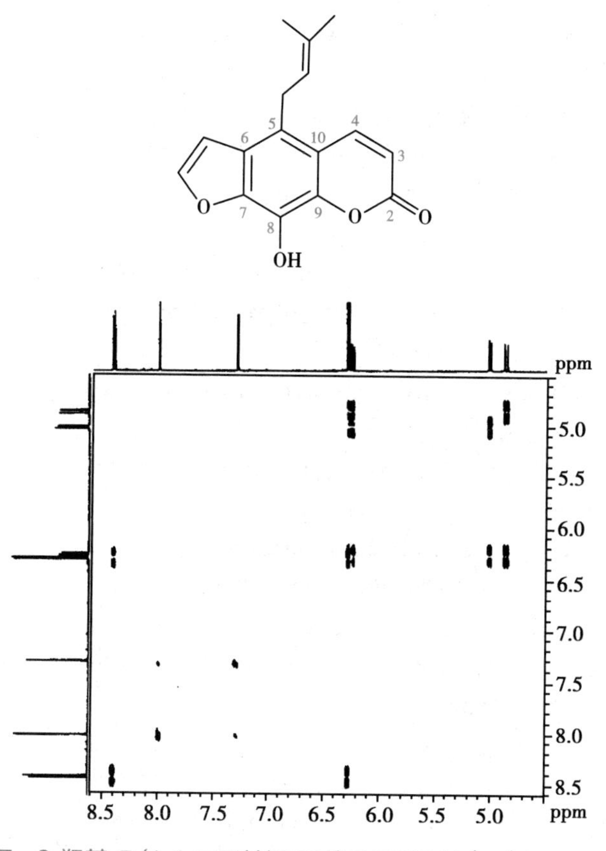

图 6-37　8-羟基-5-(1,1-二甲基烯丙基)补骨脂素的 ^{1}H-^{1}H COSY 谱图

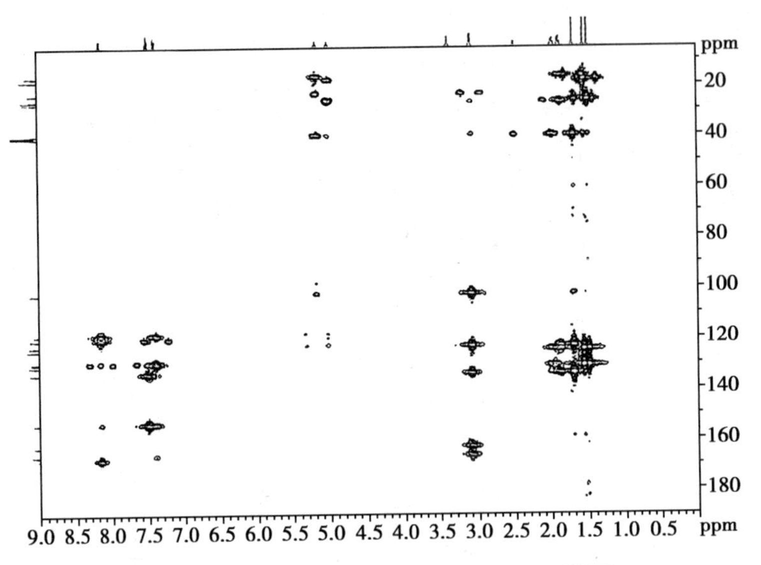

图 6-38 gerberiarin A26 的 HMBC 谱图

（柳润辉）

参考文献

[1] 孔令义 . 波谱解析 . 2 版 . 北京:人民卫生出版社,2016.

[2] 宁永成 . 有机化合物结构鉴定与有机波谱学 . 4 版 . 北京:科学出版社,2018.

[3] 赵天增,秦海林,张海艳,等 . 核磁共振二维谱 . 北京:化学工业出版社,2018.

[4] 陈海生 . 现代光谱分析 . 北京:人民卫生出版社,2010.

[5] FREEMAN R,MORRIS G. For an early history. Magn Reson,1979,1:1-28.

[6] FU K L,SHEN Y H,LU L,et al. Two unusual rearranged flavan Derivatives from *Narcissus tazetta* var. *chinensis*. Helvetica chimica acta,2013,96(2):338-344.

[7] SUN J Y,LOU H X,XU H,et al. Two new indole alkaloids from *Nauclea officinalis*. Chinese chemical letters, 2007,18(9):1084-1086.

[8] LUO X G,CHEN H S,LIANG S,et al. Alkaloids from stems of *Ervatamia yunnanensis*. Chinese chemical letters,2007,18(6):697-699.

[9] HE Y R,SHEN Y H,SHAN L,et al. Diterpenoid lanceolatins A-G from *Cephalotaxus lanceolata* and their anti-inflammatory and anti-tumor activities. RSC advances,2015,5(6):4126-4134.

[10] SHEN Y H,WENG Z Y,ZHAO Q S,et al. Five new triterpene glycosides from Lysimachia foenum-graecum and evaluation of their effect on the arachidonic acid metabolizing enzyme. Planta medica:natural products and medicinal plant research,2005,71(8):770-775.

[11] WU Z L,HUANG P L,WANG Q,et al. Coumarin-monoterpenes from Gerbera anandria(Linn.)Sch.-Bip and their neuroprotective activity. Bioorganic Chemistry,2022,124:105826.

[12] YANG X W,HUANG M Z,JIN Y S,et al. Phenolics from Bidens bipinnata and their amylase inhibitory properties. Fitoterapia,2012,83:1169-1175.

第七章

经典质谱技术

学习目标

1. **掌握** 电子轰击质谱中分子离子峰的判断方法、离子的裂解规律及离子中的电子奇偶数与质荷比之间的关系；会利用给出的质谱图分析和推导化合物的结构式。
2. **熟悉** 各类化合物的质谱裂解特点及利用质谱确定分子式的方法。
3. **了解** 质谱仪的构造和工作原理。

第七章
教学课件

质谱（mass spectrum，MS）是利用一定的电离方法将有机化合物分子进行电离、裂解，并将所产生的各种离子的质量与电荷的比值（*m/z*）按照由小到大的顺序排列而成的谱图。在质谱测定过程中没有电磁辐射的吸收或发射产生，质谱不属于光谱，它检测的是由化合物分子经离子化、裂解而产生的各种离子。

质谱是近一个世纪发展起来的一种技术。在质谱仪的发展过程中，人们发明了多种离子源质谱技术，其中电子轰击质谱（electron impact mass spectrometry，EI-MS）是最早发展起来的质谱技术之一，在有机分析领域得到广泛应用，如在有机化学、石油化学、环境化学等学科中都是重要的分析手段之一。在此期间，离子质量分析技术也得到快速发展，建立了多种离子质量分析方法，离子质量的分析精度也得到大大提高。其中，高分辨双聚焦质量分析器的应用使电子轰击质谱成为确定有机化合物的分子式及分析挥发油的成分组成的有力工具。

EI-MS 作为经典的质谱技术，通过大量实践，积累了丰富的经验，总结了很多有机化合物的电离和裂解规律，为依据质谱分析来推断化合物的结构奠定了基础，也是进一步理解和掌握其他质谱技术的重要基础。

第一节　基本原理与仪器构造

一、质谱的基本原理

以双聚焦质谱仪（double-focusing mass spectrometer）（图 7-1）为例说明质谱仪的工作原理。

如图 7-1 所示，有机化合物样品首先在离子源中气化成为气态，其分子受到高能电子轰击，失去 1 个电子，形成分子离子。一般情况下，轰击电子的能量为 10~15eV 时即可使样品分子电离成分子离子；当轰击电子的能量达到 70eV 时，多余的能量会使分子离子裂解或重排，形成碎片离子，其中有些碎片离子还可以再裂解，形成质量更小的碎片离子，所有这些离子一般仅带一个正电荷。

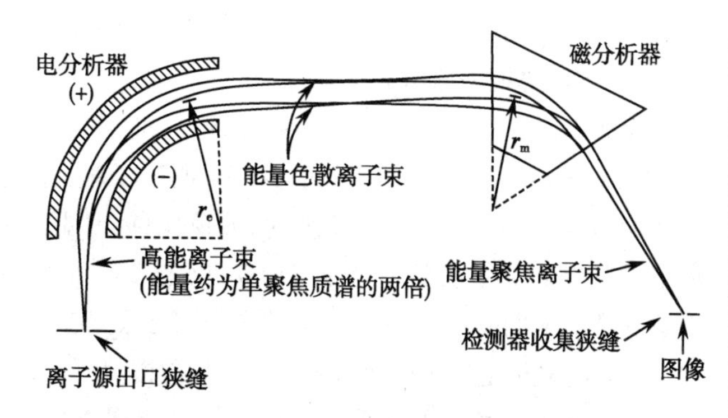

图 7-1　Nier-Johnson 双聚焦质谱仪的原理图

在离子源中形成的离子受离子排斥电极的作用，经离子源出口狭缝离开离子化室，形成离子束，进入加速电场，电场的电势能就转化为离子的动能，使之加速。各种离子的动能与电场的电势能的关系可以表示为式（7-1）。

$$\frac{1}{2}mv^2 = zV \qquad \text{式(7-1)}$$

式中，m—离子的质量；v—离子的运动速度；z—离子所带的正电荷；V—加速电场的电压。

由于绝大多数离子都带一个电荷，在测定过程中加速电场的电压 V 保持不变，所以各种离子在加速电场中的电势能 zV 是一个定值。由式（7-1）可以看出，各种离子因质量不同而在固定的加速电场中获得的运动速度则不同，运动速度的平方与其质量成反比，即其质量越大，其运动速度就越小；反之，质量越小，其运动速度就越大。

由于加速电场的场强通常达 6 000~8 000eV，各种离子获得的动能很大，可以认为这时各种带单位正电荷的离子都具有近似相同的动能。

经加速后的离子进入电分析器，这时带电离子受垂直于运动方向的电场作用而发生偏转，偏转的离心力与静电力平衡，稳态时有：

$$zE = \frac{mv^2}{r_e} = \frac{2}{r_e} \cdot \frac{1}{2}mv^2 \qquad \text{式(7-2)}$$

式中，m、v、z 同式（7-1）；E—电场强度；r_e—离子在电场中的运动轨道半径。

在离子经电分析器偏转后聚焦的位置设置一个狭缝装置，则通过该狭缝的离子（r_e、E 相同）具有非常相近的动能。因此，电分析器的作用是消除由于初始条件有微小差别而导致的动能差别，选择出一束由不同的 m 和 v 组成的具有几乎完全相同动能的离子。

通过狭缝后，这束动能相同的离子进入扇形磁分析器。在磁分析器中，离子的运动方向与磁场的磁力线方向垂直，离子受到一个洛伦兹力的作用，而使之在磁场中发生偏转，做弧形运动，这种运动的离心力为 mv^2/r_m，向心力为 Bzv，两者相等。则：

$$\frac{mv^2}{r_m} = Bzv \qquad \text{式(7-3)}$$

$$v = \frac{Bzr_m}{m} \qquad \text{式(7-4)}$$

式中，m、v、z 同式（7-1）；B—扇形磁场的磁场强度；r_m—离子在磁场中做弧形运动的轨道半径。

将式（7-4）代入式（7-1）中，消去速度 v，得简化式：

$$m/z = \frac{B^2 r_m^2}{2V} \qquad \text{式(7-5)}$$

式（7-5）表达了质谱的基本原理，其左端为离子的质量与其所带的电荷之比，即质荷比（mass-to-charge ratio，m/z），在质谱图中以横坐标来表示质荷比，各种离子的谱线顺序就是按离子的质荷比由小到大的顺序分布的。

根据式（7-5）分析，质谱仪的各种参数之间存在以下关系。

（1）m/z 与 r_m 之间的关系：式（7-5）表明磁场对不同质荷比的离子具有色散作用。即当保持加速电场的电压 V 和磁场强度 B 不变时，质荷比（m/z）不同的离子在磁场中偏转的弧度半径 r_m 不一样，离子的质荷比越大，其轨道半径就越大；反之，其质荷比越小，轨道半径就越小。如在离子的聚焦位置上放置一块感光板，则质荷比相同的离子则会聚集在感光板的同一点上，质荷比不同的离子按照其质量大小在感光板上依次排列起来。这就是质谱仪可以分析各种离子的原理。

（2）m/z 与 B 之间的关系：式（7-5）中，如果保持加速电场的电压 V 和离子在磁场中偏转的轨道半

径 r_m 不变，则离子的 m/z 与磁场强度（B）成正比，因此通过改变磁场强度，可以使不同 m/z 的离子都射向一个固定的收集狭缝，这就是设计质谱仪的原理之一。在质谱仪中，收集狭缝的位置保持不变，由小到大（或由大到小）改变磁场强度，不同质量的离子也由小到大（或由大到小）依次穿过收集狭缝，被检测器记录下来，通过的每种离子都会被记录形成一条谱线（或称之为离子峰），谱线的高度与形成该谱线的离子数量成正比。运行轨道半径小于或大于固定轨道半径的离子就不能通过狭缝而被记录。

（3）m/z 与 V 之间的关系：式（7-5）中，如果磁场强度和离子在磁场中的轨道半径保持不变，加速电场的电压越高，仪器测得的离子质量范围就越小，同时由于离子在加速之前动能较小且运动无序，电压加速越高，离子获得的动能就越大，离子束的动能差别和角偏离就越小，离子束的色散和聚焦作用就越强，且到达检测器的时间就越短，其分辨率和灵敏度就越高；反之，加速电场的电压越低，测得的离子质量范围就越大，其分辨率和灵敏度就越低。因此，现代仪器充分利用 B 和 V 的关系，通过提高磁场强度或改变磁场的参数，可以达到既能满足一定的离子质量测定范围，又可以任意改变加速电场的电压，并获得较高的分辨率。

从以上三个方面的分析可以看出，式（7-5）所表达的各种参数之间的关系在质谱仪的设计工作中具有重要作用。

实际上，其他质谱仪也与双聚焦质谱仪具有类似的设计原理。如在单聚焦质谱仪中，通过改变电分析器的电场强度（电分析器质谱仪）或改变扇形磁分析器的磁场强度（磁分析器质谱仪），使不同质荷比的离子分开，以达到检测目的。

二、质谱的表示方法与重要参数

（一）质谱的表示方法

质谱图是以质荷比（m/z）为横坐标、离子的相对丰度（也即相对强度）为纵坐标来表示化合物裂解所产生的各种离子的质量和相对数量的谱图，也简称为质谱。

在质谱中，横坐标表示质荷比，从左到右质荷比增大。由于绝大多数离子都仅带一个电荷，质谱图记录的一般都是单电荷离子，因此质谱中离子的质荷比也可以看作是该离子的质量。纵坐标表示离子峰的强度，在测定时将最强的离子峰强度定为 100%，称为基峰（base peak），将其他离子的信号强度与基峰进行比较，得到离子的相对强度，也称为相对丰度（relative abundance），它反映该离子在总离子流中的相对含量。

例如在丙酮的质谱（图 7-2）中，m/z 43 的碎片离子峰为基峰，其丰度定为 100%；其他离子峰均与基峰比较，以相对丰度表示，如 m/z 58 离子的相对丰度为 63.7%、m/z 15 离子的相对丰度为 23.0%。

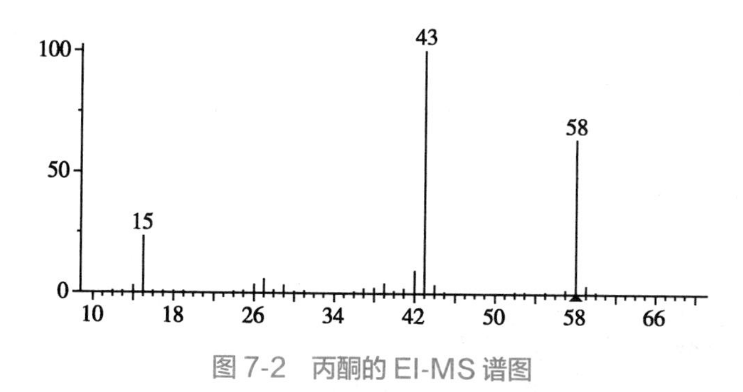

图 7-2　丙酮的 EI-MS 谱图

（二）质谱的重要参数

1. 分辨率（resolution）　是质谱仪的重要指标。分辨率是指质谱仪分离两种相邻离子的能力。质谱中，如果相邻两个离子峰间的峰谷高度低于两个离子峰平均高度的 10% 时，则认为该两个离子被分离。质谱仪的分辨率规定为恰好被分离的两个相邻离子之一的质量数与该两者质量数之差的比

值,可用下式表示。

$$R = \frac{M}{\Delta M} \tag{7-6}$$

式中,R—分辨率;M—相邻两种离子中的任意一个离子的质量;ΔM—被分离的两种离子的质量差。

例如某质谱仪的分辨率为 50 000,当用于分辨质量数为 100 的离子时,根据式(7-6),则

$$50\ 000 = \frac{100}{\Delta M}$$

$$\Delta M = \frac{100}{50\ 000} = 0.002$$

即该质谱仪可以将质量数为 100.000 和 100.002 的两种离子分离。

双聚焦高分辨质谱仪的分辨率通常在 10^4 以上。以同位素纯的 ^{12}C 作为分子量计算中原子量的相对标准,规定 ^{12}C=12.000 000 0amu,如果质谱仪的测量精度可以测准到原子的质量单位 amu 的小数点后第 4 位,这样的质谱称为高分辨质谱(high resolution mass spectrum,HRMS)。

质谱解析的一个重要目的是根据给出的分子离子或准分子离子确定待测化合物的分子组成。采用低分辨质谱仪,测出的分子量通常精确到整数位,由于同分异构体的存在,可推出很多种不同的分子组合方式,因此很难确定化合物的分子组成。例如一个质荷比为 43 的离子可能是以下离子 $C_2H_3O^+$、$C_3H_7^+$、$C_2H_5N^+$、$CH_3N_2^+$、$CHPO^+$ 和 $C_2F_2^+$ 中的任意一种;然而,一个 m/z=43.018 4 的离子最可能是 $C_2H_3O^+$(m/z=43.017 8)离子,而不可能是 $C_3H_7^+$(m/z=43.054 7)、$C_2H_5N^+$(m/z=43.042 1)、$CH_3N_2^+$(m/z=43.029 7)、$CHPO^+$(m/z=43.005 8)和 $C_2F_2^+$(m/z=42.998 4)离子中的一种。

而根据高分辨质谱的测定结果,结合可能组成的元素精确原子质量(表 7-1)的计算值分析,可确定待测化合物的分子离子或碎片离子的化学组成。如天然产物芹菜素的低分辨质谱[图 7-3(A)]和高分辨质谱[图 7-3(B)],其分子离子的质荷比分别为 270 和 270.052 1,而分子量为 270 且不含氮原子的化学式有 $C_{11}H_{10}O_8$(270.037 5)、$C_{13}H_2O_7$(269.980 0)、$C_{14}H_6O_6$(270.016 4)、$C_{15}H_{10}O_5$(270.052 8)和 $C_{16}H_{14}O_4$(270.089 2)。其中,$C_{15}H_{10}O_5$ 的分子离子的质荷比为 270.052 8,与 $C_{15}H_{10}O_5^{+\cdot}$ 的实测值(270.052 1)非常接近,故确定该化合物的分子式为 $C_{15}H_{10}O_5$。同样,根据图 7-3(B)中各碎片离子峰的精确质荷比可以确定这些碎片离子的化学组成分别为 242.059 4($C_{14}H_{10}O_4^{+\cdot}$)、153.018 2($C_7H_5O_4^+$)和 152.011 7($C_7H_4O_4^{+\cdot}$)。

表 7-1 有机化合物常见元素及其同位素丰度表

常见元素(A)	同位素(A)	精确质量数	天然丰度/%	同位素(A+1)	精确质量数	天然丰度/%	同位素(A+2)	精确质量数	天然丰度/%
氢	^1H	1.007 825	99.985 5	^2H	2.014 102	0.014 5			
碳	^{12}C	12.000 00	98.892 0	^{13}C	13.003 35	1.108 0			
氮	^{14}N	14.003 07	99.635	^{15}N	15.000 11	0.365			
氧	^{16}O	15.994 91	99.759	^{17}O	16.999 14	0.037	^{18}O	17.999 16	0.204
氟	^{19}F	18.998 40	100.00						
硅	^{28}Si	27.976 93	92.20	^{29}Si	28.976 49	4.70	^{30}Si	29.973 76	3.10
磷	^{31}P	30.973 76	100						
硫	^{32}S	31.972 07	95.018	^{33}S	32.971 46	0.750	^{34}S	33.967 86	4.215
氯	^{35}Cl	34.968 85	75.557				^{37}Cl	36.965 90	24.463
溴	^{79}Br	78.918 33	50.52				^{81}Br	80.916 30	49.48
碘	^{127}I	126.904 48	100						

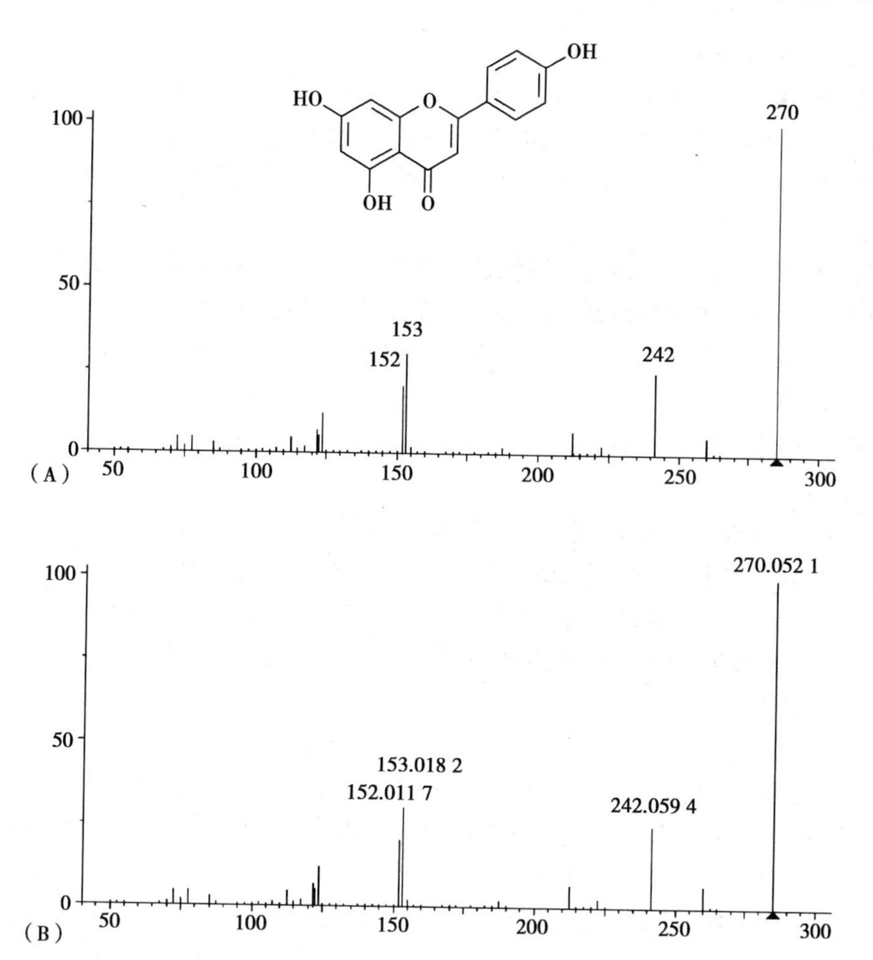

图 7-3　芹菜素的 EI-MS(A)和 HR-EI-MS(B)谱图

2. 灵敏度　是指仪器记录的信号(或离子峰)强度与所用样品量之间的关系。在实际测试中,所用的样品量越少则越好,而记录的信号峰强度越强则越好。一般情况下,质谱对测定样品量的要求较少,有时仅需要 1×10^{-12}g(1pg)样品即可完成样品测定。在天然药物化学、药物体内代谢等研究工作中所获得的样品量一般都很少,测定时所用的样品量越少,则越有利于工作的进行。

仪器的分辨率与灵敏度相互影响,在仪器的调试和测试时是相互制约的。当其他测试条件不变时,要提高分辨率,需要调窄离子源的出口狭缝和检测器的收集狭缝,使离子束尽可能集中、离子的角偏离尽可能减小,但通过的离子数量就会减少,灵敏度就会降低;反之,为了提高灵敏度,需要调宽离子源的出口狭缝和检测器的收集狭缝,使通过的离子数量增多,但分辨率就会降低。因此,在实际工作中,既要照顾到分辨率,又要具有较高的灵敏度,不能片面地追求其中的一项指标而影响另一项指标。

三、仪器的结构与原理

1. 质谱仪的构造　质谱仪是测定质谱的装置。不同的质谱仪设计原理不同,其具体构造也有差别,但一般都由进样系统、电离和加速系统、质量分析器、检测器、数据处理系统等几个部分组成,如图 7-4 所示。

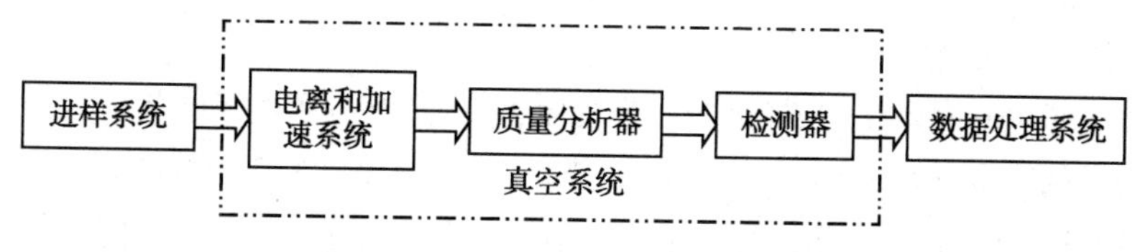

图 7-4　质谱仪的组成单元示意图

(1) 进样系统(sample inlet):待测样品通过进样系统进入位于高真空区域中的电离室。

(2) 电离和加速系统(ionization and ion accelerating room):又称离子源,由电离室和加速电场组成。样品分子在电离室中被电离,离子出电离室即被一个加速电场加速,获得高动能,进入质量分析器。不同的质谱仪具有不同的离子源,电子轰击质谱仪的离子源为电子轰击离子源,其他离子源将在第八章介绍。

(3) 质量分析器(mass analyzer):是质谱仪的最重要的部分,将不同质荷比的离子分开,以供检测器检测。具有不同质量分析器的质谱仪,其工作原理、特点和适用范围也不一样。

(4) 检测器(detector):用于检测和记录经质量分析器分离后各种质荷比的离子及其数量,不同类型的检测器检测原理不同。

(5) 数据处理系统(data processing system):用于采集、存储、处理检测器收集到的有关离子的数据,并可进行谱库检索等。

(6) 真空系统(vacuum system):用于为电离和加速系统、质量分析器和检测器提供所需要的真空环境。质谱仪的类型不同,对真空度的要求也不同。由于质谱仪检测的是具有一定动能的分子离子或碎片离子的离子流,为获得准确的离子信息,在样品分子成为离子至离子被检测的整个过程中应避免离子与气体分子间发生碰撞而造成能量损失,因此电离和加速系统、质量分析器、检测器都应处于高度真空的环境中。

2. 电子轰击离子源　电子轰击离子源(electron impact ion source,EI)由电离室和加速电场组成(图 7-5),是电子轰击质谱仪的重要组成之一。电子轰击电离过程在电离室中进行,样品分子在较高温度和较高真空的电离室内呈气态,热灯丝发射的电子经加速达到 70eV,进入电离室后轰击呈气态的样品分子,使之丢失一个电子而形成分子离子。由于化合物的结构不同,且所用的轰击电子的能量也有差异,因此新生成的分子离子的稳定性也不一样。有的比较稳定,不再裂解,而以分子离子的形式存在;有的稳定性较差,易发生化学键的断裂,形成碎片离子,或进一步裂解成更小的碎片离子。但这些离子一般都带一个正电荷,受到离子排斥电极的排斥,经出口狭缝离开电离室,形成离子束,进入加速电场,经电场加速,获得很大的动能,再进入质量分析器。

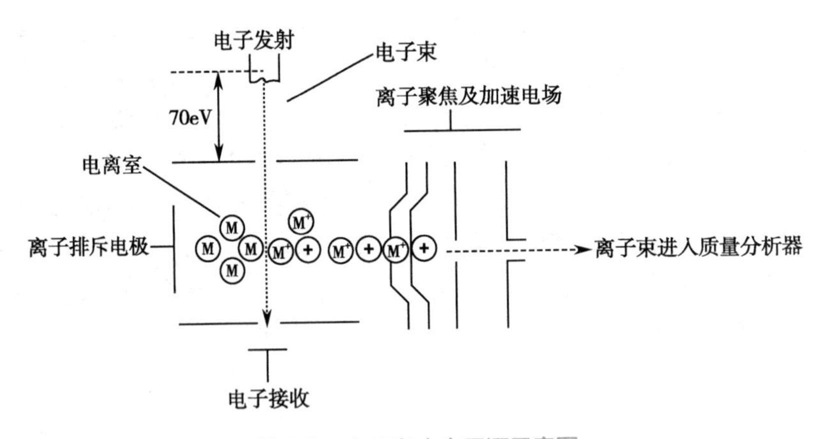

图 7-5　电子轰击离子源示意图

电子轰击离子源的优点:①采用相同能量的电子轰击时,形成的分子离子和碎片离子的重现性好,便于规律总结、谱图比较及利用计算机进行谱库检索;②产生较多与结构密切相关的碎片离子,对推测化合物的结构很有帮助。

电子轰击离子源也有缺点:①当样品分子的稳定性不好时,分子离子峰较低或难以获得,但可以通过降低轰击电子的能量,如采用 10~15eV 的电子轰击,以增加分子离子峰的相对丰度;②当样品分子不能气化或热不稳定时,用电子轰击电离的方法也无法获得分子离子峰,可采用其他软电离的方法

获得分子离子峰，相关内容将在第八章介绍。

第二节　质谱中的有机分子裂解

有机化合物分子在离子源中受高能电子轰击而电离成分子离子。分子离子的稳定性不同，有的进一步裂解或发生重排，生成碎片离子；有些新生成的碎片离子也不稳定，再发生裂解，形成质量更小的碎片离子。因此，在电离室中除分子离子外，还有多种质荷比不同的碎片离子生成。这些离子经电场加速、质量分析器分离，最后被记录下来，形成质谱中许多质荷比不同的离子峰。掌握离子的裂解规律，有助于分析质谱给出的分子离子和碎片离子的裂解过程，以推测化合物的结构。

一、开裂的表示方法

1. 均裂　σ 键开裂时，每一个原子带走一个电子，用单箭头“⌒”表示一个电子的转移过程，有时也可以省去一个单箭头。例如：

$$X—\overset{+\cdot}{Y} \longrightarrow \dot{X} + \overset{+}{Y} \quad 或 \quad X—\overset{+\cdot}{Y} \longrightarrow \dot{X} + \overset{+}{Y}$$

$$R_1—CH_2 \cdot\cdot CH_2—\overset{+\cdot}{O}—R_2 \longrightarrow R_1—\dot{C}H_2 + CH_2{=}\overset{+}{O}—R_2$$

2. 异裂　σ 键开裂时，两个电子均被其中的一个原子带走，用双箭头“⌒”表示两个电子的转移过程。例如：

$$X—\overset{+\cdot}{Y} \longrightarrow \overset{+}{X} + \dot{Y}$$

$$R_1—CH_2 \cdot\cdot \overset{+\cdot}{O}—CH_2—R_2 \longrightarrow R_1—\overset{+}{C}H_2 + \dot{O}—CH_2—R_2$$

3. 半异裂　已电离的 σ 键中仅剩一个电子，裂解时唯一的一个电子被其中的一个原子带走，用单箭头“⌒”表示。例如：

$$X + \cdot Y \longrightarrow \overset{+}{X} + \dot{Y}$$

$$R_1—CH_2 + \cdot CH_2—R_2 \longrightarrow R_1—\overset{+}{C}H_2 + \dot{C}H_2—R_2$$

二、离子的裂解类型

在 EI-MS 中，一般检测的是带正电荷的离子。化合物的裂解与分子中是否存在杂原子、是否含有双键或苯环等不饱和体系有着密切的关系。下面介绍质谱中最基本、最常见的裂解方式，有些离子的形成过程比较复杂，但也是由这些最基本的裂解组成的。

（一）简单裂解

1. σ 键裂解　σ 键裂解（σ-band cleavage，σ）是饱和烷烃类化合物的唯一的裂解方式。烷烃类化合物中不含有 O、N、卤素等杂原子，也不含有 π 键时只能发生 σ 键裂解。如：

$$RCH_2—CH_2 \cdot \overset{c}{\S} \cdot CH_2 \cdot \overset{b}{\S} \cdot CH_2—\overset{a}{\S}—CH_3 \rceil^{+\cdot}$$

$\xrightarrow{a}$ $RCH_2—CH_2—CH_2—\overset{+}{C}H_2 + \dot{C}H_3$　*m/z M*-15

$\xrightarrow{b}$ $RCH_2—CH_2—\overset{+}{C}H_2 + \dot{C}H_2CH_3$　*m/z M*-29

$\xrightarrow{c}$ $RCH_2—\overset{+}{C}H_2 + \dot{C}H_2CH_2CH_3$　*m/z M*-43

在烷烃的质谱中常见到由分子离子峰失去如$\cdot CH_3$、$\cdot CH_2CH_3$、$\cdot CH_2CH_2CH_3$等不同质量的自由基所形成的一系列偶数电子碎片离子峰，这些离子均是由分子中的σ键裂解而成的。反过来，分析这些碎片离子或者形成这些碎片离子所丢失的自由基，可以确定分子中所存在的烷基结构。

2. α-裂解　α-裂解（α-cleavage，α）是由自由基中心引发（radical-site initiation）的一种裂解，是质谱中碎片离子形成的一种最重要的机制。化合物分子在电离室中受高能电子的轰击，生成带有自由基的分子离子或碎片离子，其自由基中心具有强烈的成对倾向，可提供一个电子，与邻接原子（即α-原子）提供的一个电子形成新键，与此同时，这个α-原子的另一个键断裂，因此这个裂解过程通常称为α-裂解。

含杂原子的饱和化合物：

$$R-CR_2-\overset{+\cdot}{Y}R \xrightarrow{\alpha} \dot{R}+CR_2=\overset{+}{Y}R$$

如：

$$\underset{m/z\ 60}{CH_3-CH_2-\overset{+\cdot}{O}CH_3} \xrightarrow{\alpha} \dot{C}H_3+\underset{m/z\ 45}{CH_2=\overset{+}{O}CH_3}$$

$$\underset{m/z\ 73}{CH_3-CH_2-\overset{+\cdot}{N}HCH_2CH_3} \xrightarrow{\alpha} \dot{C}H_3+\underset{m/z\ 58}{CH_2=\overset{+}{N}CH_3CH_3}$$

含杂原子的不饱和化合物：

$$R-CR=\overset{+\cdot}{Y} \xrightarrow{\alpha} \dot{R}+CR\equiv\overset{+}{Y}$$

如：

$$\underset{m/z\ 58}{CH_3-\overset{\overset{+\cdot}{O}}{\overset{\|}{C}}-CH_3} \xrightarrow{\alpha} \dot{C}H_3+\underset{m/z\ 43}{\overset{\overset{+}{O}}{\overset{\|}{C}}-CH_3}$$

含苯环的化合物：

$$C_6H_5CH_2CH_2R^{+\cdot} \xrightarrow{\alpha} \underset{m/z\ 77}{C_6H_5^+} \rightleftharpoons C_6H_5^+$$

杂环类化合物：

$$\underset{m/z\ 100}{\text{2-乙基四氢呋喃}^{+\cdot}} \xrightarrow{\alpha} \underset{m/z\ 71}{C_4H_7O^+} + \dot{C}H_2CH_3$$

α-裂解反应的驱动力与自由基中心的给电子倾向有平行关系，即自由基中心的给电子倾向越强烈，由其引发的这种α-裂解反应就越容易进行。一般情况下，自由基中心的给电子倾向由强到弱的顺序为N>S，O，π，$\dot{R}$ >Cl，Br>H。其中π表示一个不饱和中心，$\dot{R}$表示一个烷自由基。从这个顺序可以看出含N的化合物易发生α-裂解。

醇、胺、醚、醛、酮、酸、酯、酰胺及卤素取代的化合物等均可发生这种由自由基中心引发的 α-裂解。例如苯基离子比较稳定，含有苯环的化合物容易发生自由基中心引发的 α-裂解，生成 m/z 77 的苯基离子。

当一个母体离子存在可以发生 α-裂解的若干个化学键时，这几个化学键都可以断裂，但以脱去较大基团的 α-裂解为主。如 2-丁醇（图 7-6）的质谱裂解中，脱去乙基后生成的碎片离子 m/z 45 为基峰，而脱去甲基后生成的碎片离子 m/z 59 仅为 17.6%。

$$CH_3CH_2—CH(H)(CH_3)—\overset{+\cdot}{O}H\ (M^{+\cdot}\ 74, 0.8\%) \xrightarrow{\alpha} CH_3CH_2—C(CH_3)H═\overset{+}{O}H\ (m/z\ 73, 2.1\%)$$

$$M^{+\cdot} \xrightarrow{\alpha} CH_3CH_2—CH═\overset{+}{O}H\ (m/z\ 59, 17.6\%)$$

$$M^{+\cdot} \xrightarrow{\alpha} CH_3—CH═\overset{+}{O}H\ (m/z\ 45, 100\%)$$

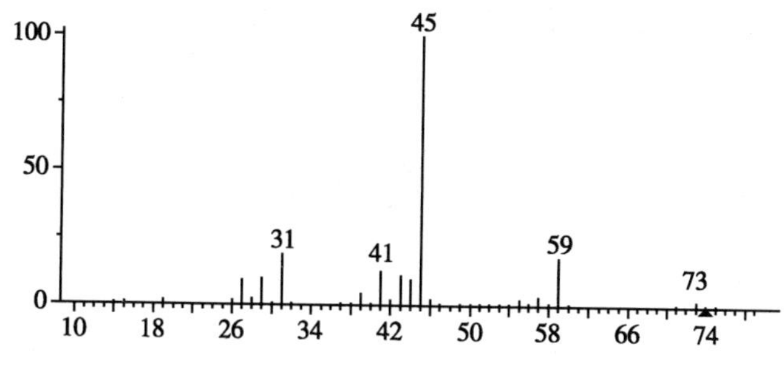

图 7-6　2-丁醇的 EI-MS 谱图

一个烯烃双键或一个苯基 π 系统受电子轰击失去一个 π 电子，剩余的一个 π 电子形成一个自由基中心，此时该自由基中心（单电子）可以在双键的任何一个碳原子上，由其引发 α-裂解反应，产生一个稳定的烯丙基离子或苄基离子。这种裂解通常发生于含有双键的链烃或带有烷基侧链的芳香化合物中，而且是最主要的裂解方式，所产生的离子峰常为基峰。

烯丙型裂解（allylic cleavage）：

$$R—CHR—CR\overset{\cdot +}{—}CHR \xrightarrow{\alpha} R^{\cdot} + CHR═CR—\overset{+}{C}HR$$

如：

$$CH_3—CH_2—CH\overset{\cdot +}{—}CH_2\ (m/z\ 56, 38.3\%) \xrightarrow{\alpha} \dot{C}H_3 + CH_2═CH—\overset{+}{C}H_2\ (m/z\ 41, 100\%)$$

苄基裂解（benzylic cleavage）：

$$C_6H_5CH_2—R^{+\cdot} \xrightarrow{\alpha} C_6H_5=CH_2^{+} \rightleftharpoons C_6H_5CH_2^{+} \rightleftharpoons C_7H_7^{+}\ (m/z\ 91, 100\%)$$

3. *i* 裂解　*i* 裂解（inductive cleavage, *i*）也称诱导裂解，是由电荷中心引发（charge-site initiation）

的一种裂解，也是质谱中碎片离子形成的一种最重要的机制。对于某些含有杂原子的离子，其所带的电荷也可以引发化学键的断裂，且以异裂的方式进行，两个电子同时转移到同一个带正电荷的碎片上，导致正电荷的位置发生迁移，该裂解过程称为 *i* 裂解。*i* 裂解过程的电子转移以双箭头"↷"表示。一般来说，发生 *i* 裂解的顺序为卤素 >O，S≫N，C，即含卤素的化合物易进行 *i* 裂解。

i 裂解和 α-裂解在同一母体离子裂解时可以同时发生，具体以哪一种裂解为主，主要由裂解所产生的离子碎片的结构稳定性来决定。根据上述两种裂解发生的难易顺序可知，一般含氮原子的结构进行 α-裂解，含卤素的结构则易进行 *i* 裂解。

含 O、S、N 的化合物：

$$RCH_2-\overset{+\cdot}{Y}-R \xrightarrow{i} R\overset{+}{C}H_2 + \dot{Y}-R$$

如：

$$\underset{m/z\ 60,\ 25.8\%}{CH_3CH_2-\overset{+\cdot}{O}-CH_3} \xrightarrow{i} \underset{m/z\ 29,\ 49.2\%}{CH_3\overset{+}{C}H_2} + \dot{O}CH_3$$

含卤素的化合物：

$$RCH_2-\overset{+\cdot}{Y} \xrightarrow{i} R\overset{+}{C}H_2 + \dot{Y}$$

如：

$$\underset{m/z\ 156,\ 100\%}{CH_3CH_2-\overset{+\cdot}{I}} \xrightarrow{i} \underset{m/z\ 29,\ 90\%}{CH_3\overset{+}{C}H_2} + \dot{I}$$

含羰基的化合物：

$$(R_1)(R_2)C=\overset{+\cdot}{Y} \left(\longrightarrow (R_1)(R_2)\overset{+}{C}-\dot{Y}\right) \xrightarrow{i} R_1^+ + R_2-\dot{C}=Y$$

如：

$$\underset{m/z\ 72,25\%}{CH_3CH_2-\overset{\overset{+\cdot}{O}\ \Vert}{C}-CH_3} \xrightarrow{i} \underset{m/z\ 29,17.5\%}{CH_3\overset{+}{C}H_2} + \overset{\dot{O}\ \Vert}{C}-CH_3$$

$$CH_3CH_2-\underset{m/z\ 57}{\overset{\overset{+}{O}\ \Vert\Vert}{C}} \xrightarrow{i} \underset{m/z\ 29}{CH_3\overset{+}{C}H_2} + CO$$

（二）重排

在离子裂解过程中，对于结构较为复杂或烃链比较长的化合物，除发生上述简单裂解外，还发生重排。在重排中，一般情况下涉及至少两根化学键的断裂，既有原化学键的断裂，也有新化学键的生成，裂解产物中还常常有原化合物中不存在的结构单元。重排在化合物裂解过程中比较普遍，有时这样的重排比较随意，所产生的离子无法用于推断结构式。但是，很多重排是按照人们熟知的机制发生的，所产生的离子对于推断结构式是很有价值的。

1. 自由基中心引发的重排　自由基中心引发的重排（radical-site rearrangement）是质谱中最重要的一种重排。自由基中心引发的重排一般包括氢原子重排（hydrogen atom rearrangement，*r*H）和置换

反应(displacement reaction, *rd*)等。在重排过程中，氢原子或基团的位置发生迁移，同时自由基中心的位置也发生变化。

(1) 麦氏重排(McLafferty rearrangement, *McL*)：是一种最常见的由自由基中心引发的氢原子重排，由McLafferty于1959年发现。在研究醛酮类化合物的裂解方式时，发现当羰基的β键开裂时γ位碳上的氢原子(γ-H)重排到羰基氧原子上，这个发现也被后来的氘标记实验所证实。从立体化学上看，γ-H的重排是易于发生的，因为当形成六元过渡态时γ-H与羰基的氧原子空间距离很近，约为1.8Å。麦氏重排可用通式表示为：

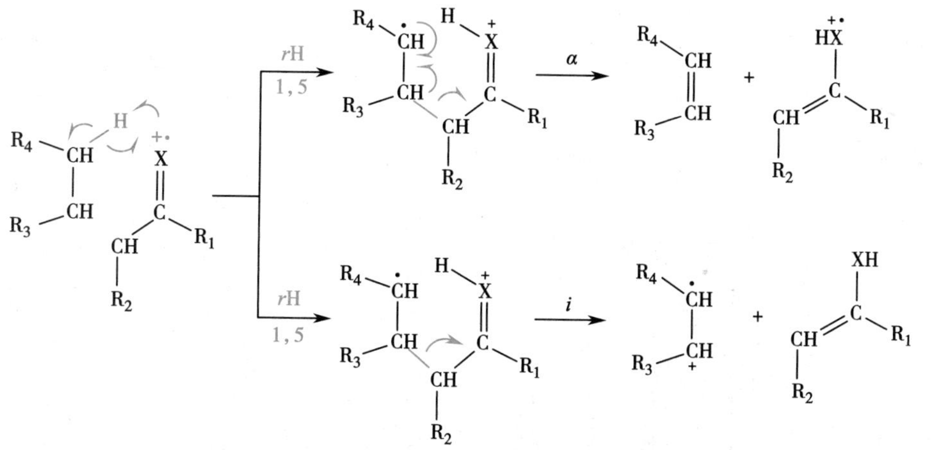

通式中，*r*H表示氢原子重排，氢原子由5-位碳上重排到1-位X原子上，即双键或羰基的γ位碳原子上的氢重排到双键或羰基的X原子上；X为有机化合物中常见的几种元素，如C、N、O、S等。麦氏重排的发生需要具备几个条件：①分子中有不饱和的π键(如羰基、双键、三键、苯环等)；②相对于π键的γ位碳上有氢原子(γ-H)；③可以形成六元环的过渡态。如上述通式所示，重排过程可能发生α-裂解或*i*裂解，产生不同的碎片离子，但原来含π键的一侧带正电荷的可能性较大，同时还生成一个中性碎片。醛、酮、酯、酸、烯烃、炔、腈、芳香化合物等均可以发生麦氏重排，所产生的碎片离子可提供确定化合物的结构信息。

常见的麦氏重排有：

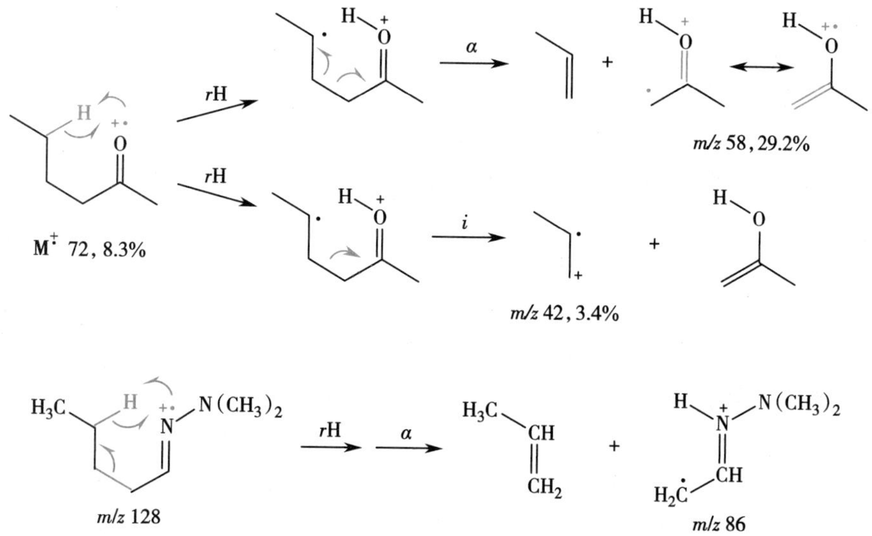

$M^{+\cdot}$ 72, 8.3%　　*m/z* 58, 29.2%　　*m/z* 42, 3.4%

m/z 128　　*m/z* 86

$M^{+\cdot}$ 136，25%　　　　m/z 94，100%

麦氏重排不但在分子离子的裂解过程中发生，而且经简单开裂或重排后生成的碎片离子若符合麦氏重排的条件，还可以再发生麦氏重排。如戊酸丙酯的质谱（图 7-7）。

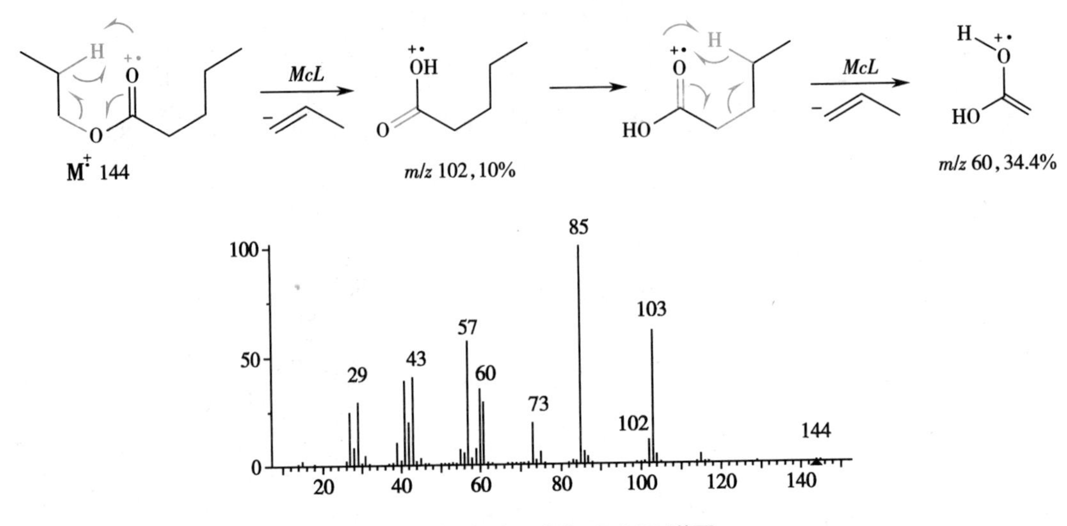

图 7-7　戊酸丙酯的 EI-MS 谱图

（2）含有杂原子的重排：含有杂原子的饱和化合物也可以发生由自由基中心引发的氢原子重排，受到电子轰击后，杂原子失去一个电子，形成分子离子，其未成对电子可以与分子内空间距离较近的氢形成一个新键，并引起这个氢原有的键断裂。

第一步发生重排的氢原子可以是任意位置上的，只要该氢原子在空间距离上与自由基中心最近，即中间过渡态不一定是六元环，也可以是五元环、四元环或三元环等；第二步反应可以是 α-裂解，也可以是 i 裂解，脱去的杂原子碎片是中性小分子，因为该杂原子的电负性较强，接受电子的倾向强，对电荷的争夺力弱，这使得电荷的转移容易发生。一般情况下，脱去的杂原子碎片有 H_2O、C_2H_4、CH_3OH、H_2S、HCl 和 HBr 等。

按照杂原子不同，该类重排可分为以下几种。

1）醇类化合物：在含有氧原子的醇类化合物的质谱中，经常见到因脱水重排而生成的碎片离子峰（M-18 等）。有时，生成的碎片离子还可以进一步发生 i 裂解，产生次级碎片离子。如正庚醇的质谱（图 7-8）。

对于醇类化合物，尤其对于含羟基较多的醇类化合物，热稳定性较差，一般电子轰击前就已脱水，这样的脱水一般为 1，2-脱水，生成烯烃后再在电子轰击下进行电离。对于热稳定性较好的醇类化合物，受电子轰击后易生成脱水离子。因此，醇类化合物的分子离子峰一般较弱，有的甚至不出现分子离子峰。对于多元醇类化合物，有时可以观察到连续的脱水离子碎片。

$M^{+\cdot}$ 116　　rH 1，5　　i $-H_2O$　　m/z 98，5.8%　　i　　m/z 70，100%

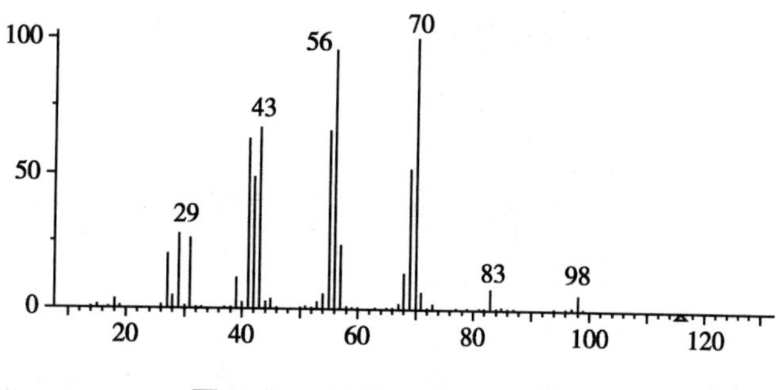

图 7-8　正庚醇的 EI-MS 谱图

2）含氮原子的化合物：对于含有氮原子的胺类化合物，经重排后常发生 α-裂解，电荷保留在含氮结构碎片中。如 *N*-正丁基乙酰胺的质谱（图 7-9）。

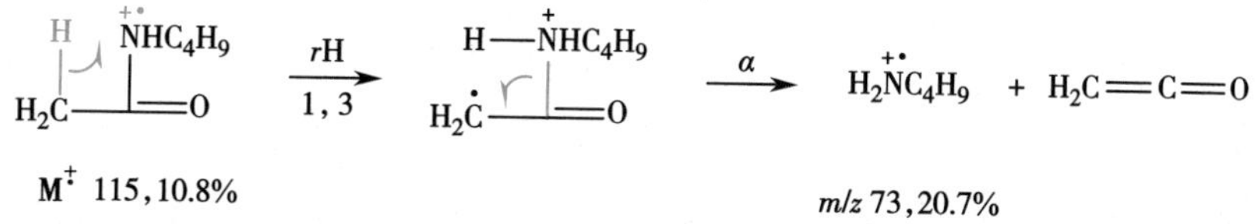

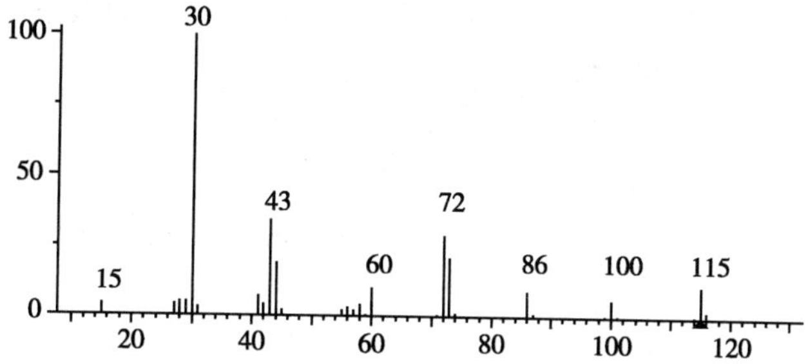

$$\underset{M^{+\cdot}\ 115,10.8\%}{H_2C{-}C(=O){-}\overset{+\cdot}{N}HC_4H_9} \xrightarrow[1,3]{rH} H{-}\overset{+}{N}HC_4H_9\ \ H_2\dot{C}{-}C{=}O \xrightarrow{\alpha} \underset{m/z\ 73,20.7\%}{H_2\overset{+\cdot}{N}C_4H_9} + H_2C{=}C{=}O$$

100 50 0 | 15 30 43 60 72 86 100 115 | 20 40 60 80 100 120

图 7-9　*N*-正丁基乙酰胺的 EI-MS 谱图

3）含氯原子的化合物：与醇类化合物类似，链状的卤代烃易发生脱去卤化氢的重排。如 1-氯己烷的质谱（图 7-10）。

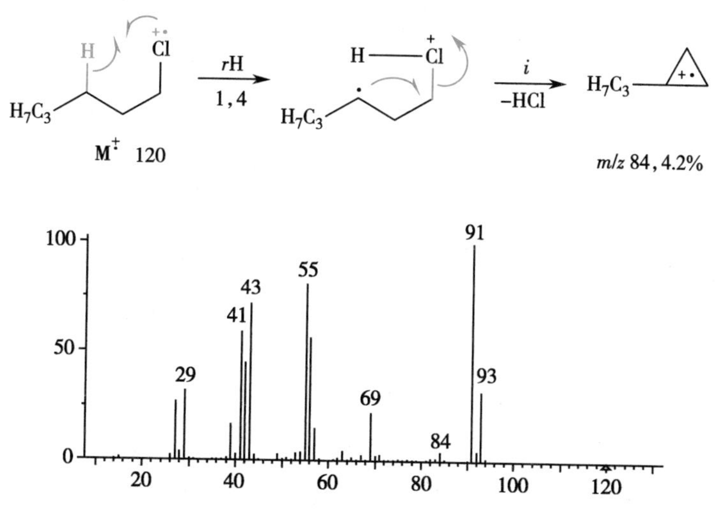

图 7-10　1-氯己烷的 EI-MS 谱图

（3）置换反应：与上述由自由基中心引发的氢原子重排不同，有时自由基也可以引发置换反应（displacement reaction，*rd*），在分子内部两个原子或基团（一般为带自由基的）能够相互作用，形成一个新键，同时伴有另一个键的断裂，失去一个自由基。这种重排在卤代烃中最常见，如1-氯己烷的质谱（图7-10）。

H_5C_2–$(CH_2)_4$–$\overset{+\cdot}{Cl}$ $\xrightarrow{rd}$ 五元环 $\overset{+}{Cl}$ + $\dot{C}_2H_5$

m/z 91/93，100%

因此，在1-氯代（或溴代）长链烷烃的质谱中，含卤素的五元环碎片离子常作为基峰或次强峰出现，是这一类化合物的特征离子峰。

$\overset{+}{Cl}$ 五元环　*m/z* 91/93　　　$\overset{+}{Br}$ 五元环　*m/z* 135/137

（4）其他重排

1）双氢重排（rearrangement of two hydrogen atoms，*r*2H）：是指多个键发生断裂，同时有两个氢发生迁移，并脱去一个烷自由基的重排。如乙二醇（图7-11）通过四元环过渡态发生双氢重排，生成 *m/z* 33的离子，峰强度很大，其质谱裂解过程如下。

$\overset{+\cdot}{O}H$–H_2C–$CH(H)$–O–H　$M^{+\cdot}$ 62 $\xrightarrow{r2H}$ H_3C—$\overset{+}{O}H_2$ + $H\dot{C}$=O

m/z 33，34.2%

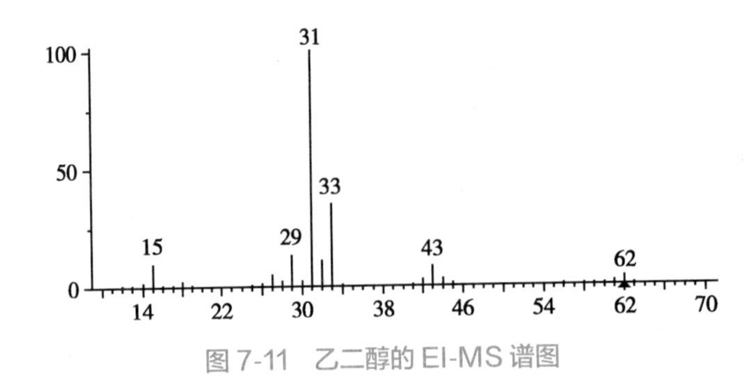

图7-11　乙二醇的EI-MS谱图

2）脱羰基重排：酚类和不饱和环酮类化合物易发生重排开裂，脱去羰基，生成质量数为偶数的碎片离子。

苯酚 $]^{+\cdot}$ ⟷ 环己二烯酮 $]^{+\cdot}$ $\xrightarrow{-CO}$ 环戊二烯 $]^{+\cdot}$ $\xrightarrow{-H^{\cdot}}$ 环戊二烯正离子

$M^{+\cdot}$ 94　　　*m/z* 66　　　*m/z* 65

$-CO$ → $-CO$ →

$M^{+\cdot}$ 108　　m/z 80　　m/z 52

2. 电荷中心引发的重排　电荷中心引发的重排（charge-site rearrangement）也是一种常见的重排。通常，电荷存在于杂原子上，在由其引发的重排中，氢原子重排到杂原子上，同时发生 i 裂解，脱去一个中性小分子。如二乙胺的质谱（图 7-12）中由离子 m/z=58 生成离子 m/z=30 的裂解过程。

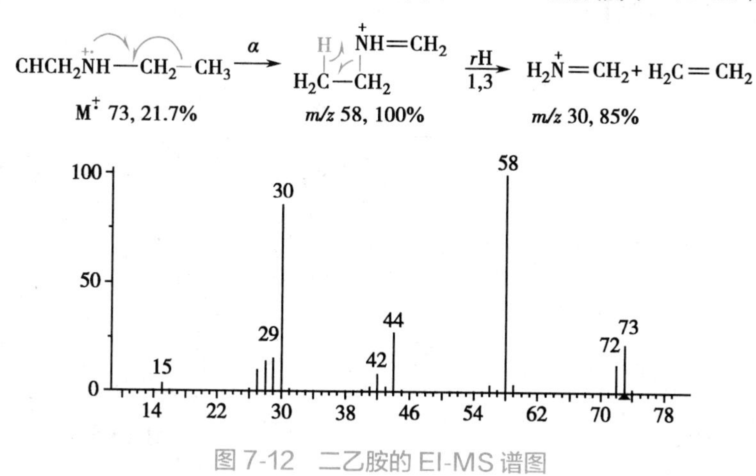

图 7-12　二乙胺的 EI-MS 谱图

在 N-正丁基乙酰胺的质谱（图 7-9）中，基峰 m/z 30 碎片离子的生成过程中也存在电荷中心引发的氢重排。如：

$$\mathrm{H_2C(H)}-\mathrm{C(=O)}-\overset{+\cdot}{\mathrm{N}}\mathrm{H}-\mathrm{CH_2}-\mathrm{C_3H_7} \xrightarrow{\alpha} \mathrm{H_2C(H)}-\mathrm{C}=\mathrm{O}\ \ \overset{+}{\mathrm{N}}\mathrm{H}=\mathrm{CH_2} \xrightarrow[1,3]{rH} \mathrm{H_2\overset{+}{N}}=\mathrm{CH_2} + \mathrm{H_2C}=\mathrm{C}=\mathrm{O}$$

$M^{+\cdot}$ m/z 115, 10.8%　　m/z 30, 100%

(三) 环状结构裂解

环状结构裂解（decomposition of a cyclic structure）是指一个环状结构通过两个键的断裂产生碎片离子的裂解。在环状结构中，一个键的断裂只是改变结构中的自由基与电荷之间的距离，不能引起离子质荷比的变化，要产生新的离子，需要两个或两个以上的键断裂。

1. 逆 Diels-Alder 反应　逆 Diels-Alder 反应（retro Diels-Alder reaction，RDA 反应）是不饱和环状结构裂解的一种最重要的机制。当分子结构中存在一个环己烯结构单元时，π 电子容易失去一个电子而产生自由基和电荷，引发逆 Diels-Alder 反应。如：

EI　a　b　c　α　α　α　α　i

在环己烯的质谱中,丁二烯离子为次强峰。丁二烯离子的产生有 a 途径和 b 途径两个途径,其中 a 途径是主要的。在 a 途径中,两个键同时发生 α-裂解。在 b 途径中,先由自由基中心引发形成烯丙离子的 α-裂解,再由新生成的自由基中心引发第二次 α-裂解。若环己烯先发生由自由基中心引发的 α-裂解,再发生由正电荷中心引发的 i 裂解,即发生正电荷迁移,则产生乙烯离子。

从上述裂解过程可以看出,该重排反应正好是有机合成反应中的 Diels-Alder 反应的逆反应,故称为逆 Diels-Alder 反应。该重排反应是 Biemann 首先发现的,也是一个普遍存在的离子裂解方式。RDA 裂解可以产生丁二烯离子和乙烯离子两种正离子,其中以丁二烯离子为主。在含有环己烯结构化合物的 RDA 反应产物中,正电荷一般保留在丁二烯结构碎片上,但是在质谱中也会经常出现乙烯离子,有时甚至是基峰,这种电荷是保留还是迁移主要取决于环己烯衍生物的取代基及生成的碎片离子的稳定性,可用通式表示如下:

A, B, D; RDA; $CH_2=CH_2$

如 3,5,5-三甲基环己烯的质谱(图 7-13)中离子 m/z=68 和 m/z=56 的生成。

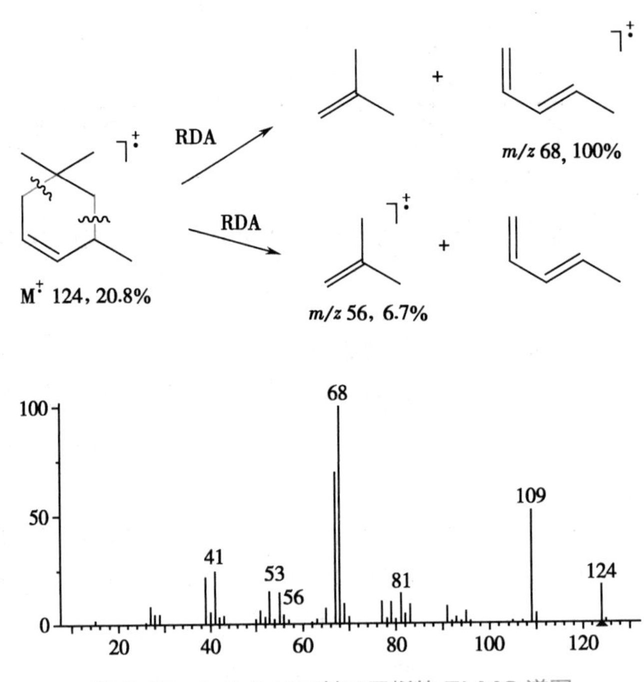

图 7-13　3,5,5-三甲基环己烯的 EI-MS 谱图

氮杂环结构,如:

M+ 113　α, $-{}^{\bullet}CH_3$　m/z 98, 100%　RDA　$CH_2=CH_2$　+　m/z 70, 12%

Δ^{12}-齐墩果烯类结构,如齐墩果酸:

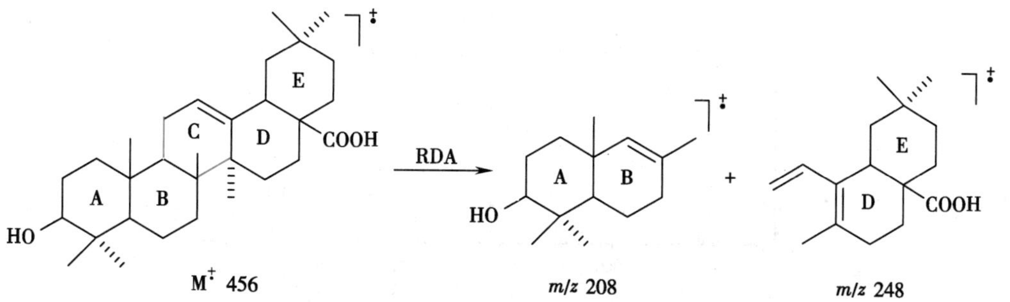

HO　A　B　C　D　E　COOH　RDA　HO　A　B　+　E　D　COOH

$M^{+\cdot}$ 456　　*m/z* 208　　*m/z* 248

2. 饱和环状结构裂解　饱和环状结构裂解也需要断裂两个键才能产生碎片离子，如环己烷、四氢呋喃环的裂解。

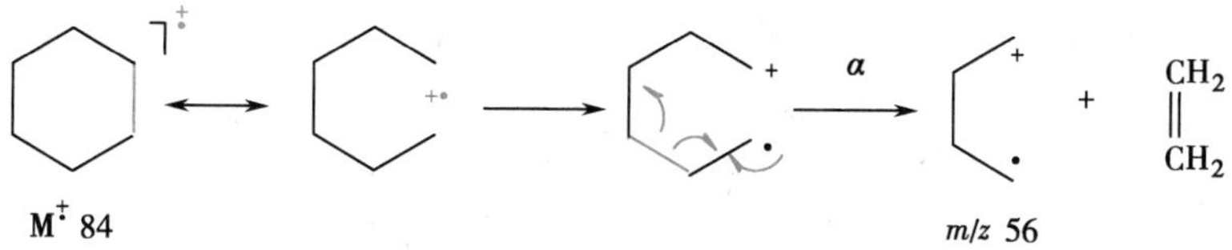

α　+　CH_2=CH_2

$M^{+\cdot}$ 84　　*m/z* 56

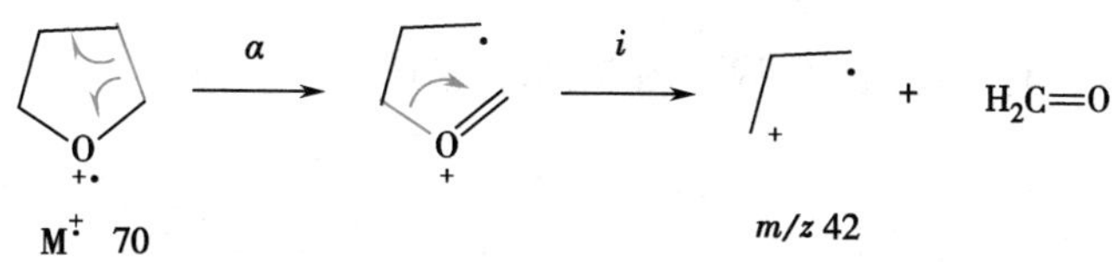

α　*i*　+　$H_2C=O$

$M^{+\cdot}$ 70　　*m/z* 42

3. 杂原子取代环状结构裂解　含有杂原子取代基的环状结构易发生环的裂解，除发生环上 2 个键的断裂外，还常伴有氢重排，可用通式表示如下：

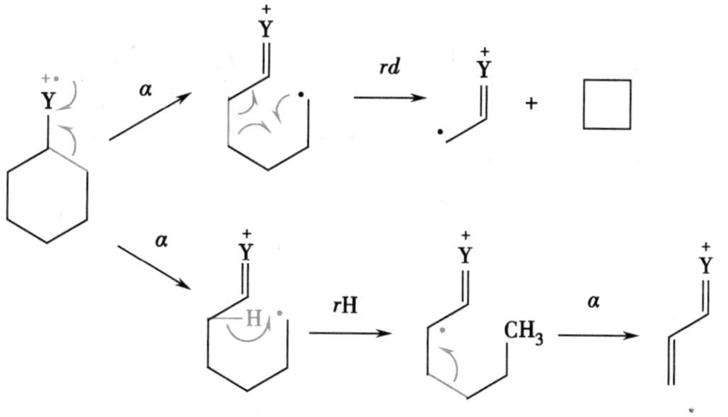

Y　α　*rd*　+　α　*r*H　CH_3　α

含氮原子取代基的环状化合物，如 *N*-乙基环己胺（图 7-14）的裂解：

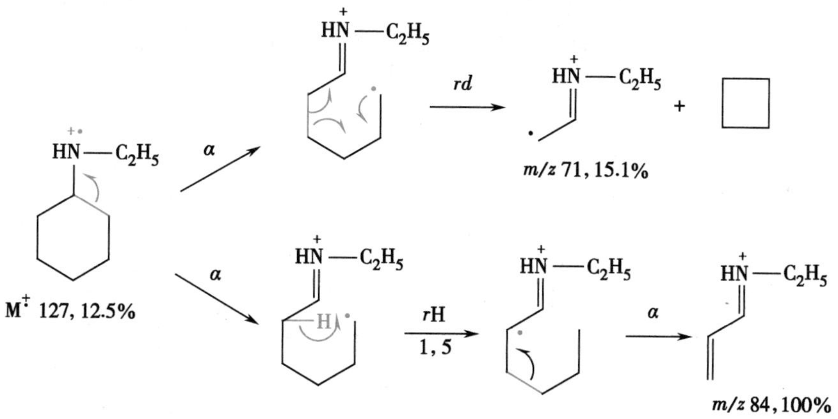

$HN-C_2H_5$　α　*rd*　+

m/z 71, 15.1%

$M^{+\cdot}$ 127, 12.5%　　α　*r*H 1, 5　α

m/z 84, 100%

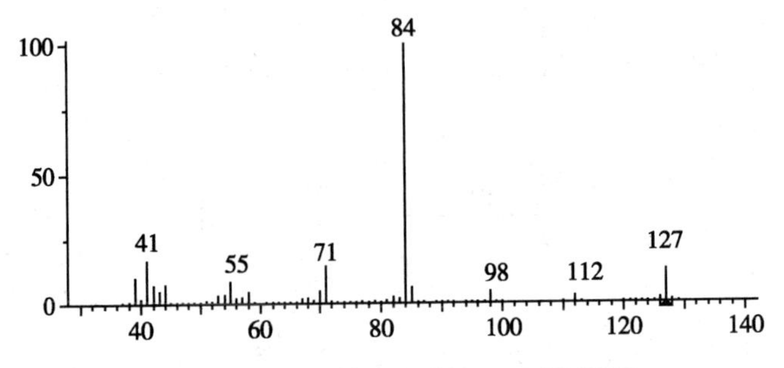

图 7-14 N-乙基环己胺的 EI-MS 谱图

含卤素原子取代的环状化合物，如：

$M^{+\cdot}$ 162 —α→ —rH→ —α→ m/z 119

含氧原子取代的环状化合物，如环己醇(图 7-15)的裂解：

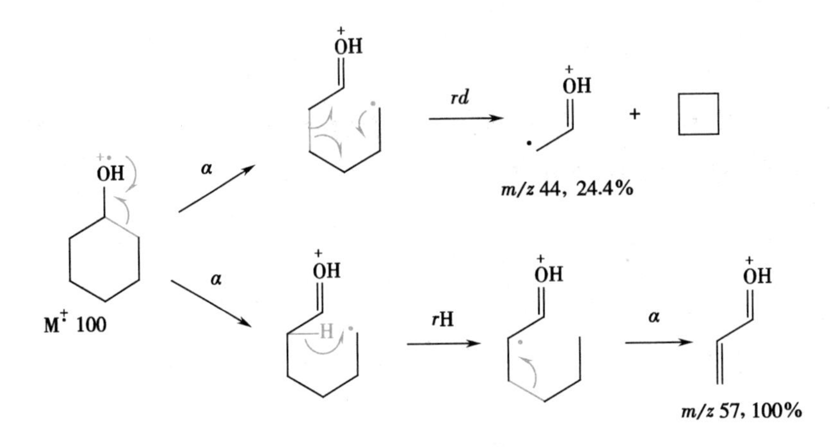

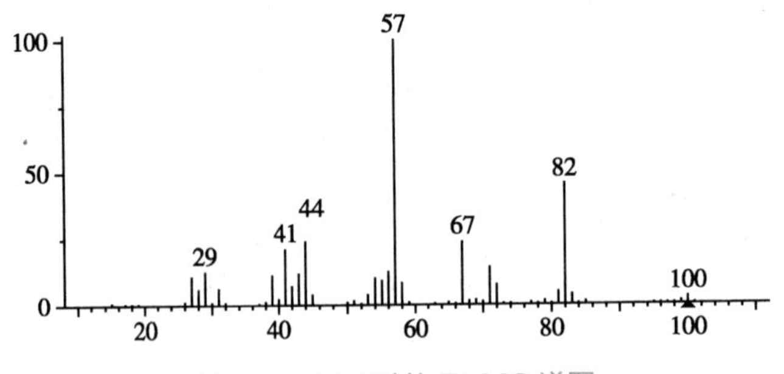

图 7-15 环己醇的 EI-MS 谱图

环酮类化合物，如环己酮衍生物：

$M^{+\cdot}$ 134 —α→ —rH→ —α→ m/z 83, 100% + $\cdot$ CH_3

第三节　质谱中的主要离子

在质谱中，由化合物裂解而来的各种离子基本都能观察到，当然这些离子需要具有一定的丰度。在质谱图中，可观察到的离子峰主要有分子离子峰和碎片离子峰，有时也能见到亚稳离子峰。

一、分子离子

在质谱中，分子离子（molecular ion）是最具有价值的结构信息，可以用于确定化合物的分子量和分子式，在化合物的结构鉴定中具有重要作用。在电子轰击质谱中，一般小分子化合物都能得到它的分子离子峰，但当化合物的热稳定性差或极性大而不易气化或醇羟基较多时，其分子离子峰较弱或不出现。

1. 分子离子峰　在电子轰击质谱（EI-MS）中，双电荷、多电荷的离子峰很少，一般为单电荷离子，因此通常情况下质谱中离子的质荷比在数值上就等于该离子的质量。分子离子是样品分子在电离室中受电子轰击后失去一个电子，且不再裂解所形成的，因此在质谱中找到化合物的分子离子峰，也就确定了化合物的分子量。

在书写有机化合物的分子离子时，应注意电荷的位置与其化学结构有密切的关系。通常 n 电子的能量高于 π 电子，π 电子的能量又高于 σ 电子。当样品分子发生电离时，能量最高的 n 电子最容易失去电子而带正电荷，其次为 π 电子，再次为 σ 电子，也即由易到难失去电子的顺序为 n 电子>π 电子>σ 电子。对于某些有机化合物，可以直接把电荷标在分子离子结构中的某个位置上。

n 电子：

$$R_1—\ddot{N}H—R_2 \xrightarrow{-e} R_1—\dot{\overset{+}{N}}H—R_2$$

π 电子：

$$R_1HC::CHR_2 \xrightarrow{-e} R_1HC\overset{+}{\cdot}CHR_2$$

σ 电子：

$$R_1H_2C:CH_2R_2 \xrightarrow{-e} R_1H_2C\overset{+}{\cdot}CH_2R_2$$

当一些化合物难以确定哪一个键丢失电子时，可采用下列表示方法。

$$H_3C\text{-cyclopentane} \xrightarrow{-e} [H_3C\text{-cyclopentane}]^{+\cdot}$$

$$\text{benzene} \xrightarrow{-e} \text{benzene}^{+\cdot} \longleftrightarrow \text{benzene}^{+\cdot} \longleftrightarrow [\text{benzene}]^{+\cdot}$$

$$\text{n-octane} \xrightarrow{-e} [\text{n-octane}]^{+\cdot}$$

2. 判断分子离子峰的原则　在 EI-MS 谱中，分子离子峰一般为质荷比最大的离子峰，但是质荷比最大的离子峰不一定是分子离子峰。主要有几个方面的原因：①样品难以气化、热稳定性差或在电离时易脱去水等中性小分子，致使质谱中没有分子离子峰；②比样品分子量更大的杂质分子离子峰的存在；③元素同位素离子峰的干扰；④样品有时以［M+1］峰或［M−1］峰的形式存在。

最大质量数的离子峰是否是分子离子峰，应符合分子离子峰的特征，以下几点为判断分子离子峰的原则。

(1) 必须是质谱中质量数最大的离子峰，即为谱中最右端的离子峰（同位素离子峰例外）。

(2) 必须是奇电子离子。

(3) 与其左侧的离子峰之间应有合理的中性碎片（自由基或小分子）丢失，这是判断该离子峰是否是分子离子峰的最重要的依据。

在离子裂解过程中，失去的中性碎片在质量上有一定的规律性，如失去 H(*M*-1)、CH_3(*M*-15)、H_2O(*M*-18)碎片等。质量数在 *M*-3 至 *M*-13 之间和 *M*-20 至 *M*-25 之间都没有合理的中性碎片可解释，因为有机分子中不含这些质量数的基团。当发现质谱中最大质量数的离子峰与其左侧的离子峰之间存在上述不合理的质量差时，说明该最大质量数的离子不是分子离子。常见的容易脱去的中性小分子或自由基见表 7-2。

表 7-2 常见的容易脱去的中性小分子或自由基

质量差	中性分子和自由基	质量差	中性分子和自由基
M-1	·H	*M*-31	$·CH_2OH$，$·OCH_3$
M-2	H_2	*M*-32	CH_3OH
M-15	$·CH_3$	*M*-35	·Cl
M-17	·OH，NH_3	*M*-36	HCl
M-18	H_2O	*M*-43	$·C_3H_7$
M-28	$CH_2{=}CH_2$	*M*-45	$·OCH_2CH_3$
M-29	$·CH_2CH_3$	*M*-57	$·C_4H_9$
M-30	HCHO，$·CH_2NH_2$	*M*-71	$·C_5H_{11}$

(4) 应符合氮规则。即当化合物不含氮原子或含有偶数个氮原子时，其分子离子的质量数为偶数；当化合物含有奇数个氮原子时，其分子离子的质量数为奇数。

其原因在于在有机化合物中除氮元素（^{14}N 的价键数为 3）外，其他所有常见元素最大丰度同位素原子的质量数和价键数均同为偶数（如 ^{12}C 和 ^{28}Si 的价键数为 4，^{16}O 和 ^{32}S 的价键数为 2）或同为奇数（^{1}H、^{19}F、^{35}Cl 和 ^{79}Br 的价键数为 1，^{31}P 的价键数为 3）。

根据氮规则，如果知道化合物不含氮原子或含偶数个氮原子，其质谱中最大质量数的离子质量应为偶数，若为奇数时，则该离子不是分子离子；同样，在含有奇数个（一个或多个）氮原子时，其质谱中最大质量数的离子质量应为奇数，若为偶数时，则该离子不是分子离子。

(5) 分子离子峰与$[M+1]^+$峰或$[M-1]^+$峰的判别。有些化合物在质谱中的分子离子峰较弱或不出现，而是以$[M+1]^+$峰或$[M-1]^+$峰的形式出现，有时甚至很强。如果能正确地判断$[M+1]^+$峰或$[M-1]^+$峰，其结果如同获得分子离子峰一样，也可用来确定化合物的分子量。在电子轰击质谱中，醚、酯、胺、酰胺、氨基酸酯、胺醇、腈化物等可能具有较强的$[M+1]^+$峰，芳醛、某些醇、甲酸与醇或胺形成的酯或酰胺等可能有较强的$[M-1]^+$峰。

质谱中的$[M+1]^+$峰或$[M-1]^+$峰往往也是质荷比最大的离子峰，容易与分子离子峰相混淆，与分子离子峰的区别主要有以下几点：①$[M+1]^+$峰或$[M-1]^+$峰均为偶电子数。②应用氮规则判断时，正好与分子离子峰的特点相反，也即当化合物不含氮或含有偶数个氮原子时，其$[M+1]^+$峰或$[M-1]^+$峰的质量数为奇数；当化合物含有奇数个氮原子时，其$[M+1]^+$峰或$[M-1]^+$峰的质量数为偶数。③在质谱中，与其左侧碎片离子峰的质量数之差，对于$[M+1]^+$峰或$[M-1]^+$峰来说，需要减去 1 或加上 1 才能解释其所丢失碎片的合理性。

通常 EI 离子源中轰击电子的能量为 70eV，当质谱中化合物的分子离子峰很弱或未出现分子离子峰时，可以通过降低轰击电子的能量（如 15eV）增加分子离子峰的相对丰度；或者将待测化合物先甲醚化或乙酰化，再进行 EI 电离；或者采取软电离技术（如电喷雾电离，参见第八章），以直接或间接获得化合物的分子量。

3. 分子离子峰的相对丰度　在质谱中，分子离子峰的相对丰度与化合物的结构密切相关，有些化合物形成的分子离子峰稳定性较强，则其丰度就较大；有些化合物的分子离子峰稳定性较差，易发生进一步的裂解，则其分子离子的相对丰度就较小。

（1）具有 π 电子系统的化合物如芳烃类化合物、共轭多系类化合物等，其分子离子的相对丰度较大。对于这些化合物，受电子轰击时易丢失一个 π 电子，所形成的正电荷能被其共轭系统所分散，从而提高其分子离子的稳定性。如甲苯的分子离子的相对丰度为 78.0%，苄基离子与䓬离子之间是相互转化的，从而增加其分子离子的稳定性，其质谱见图 7-16 和图 7-17。

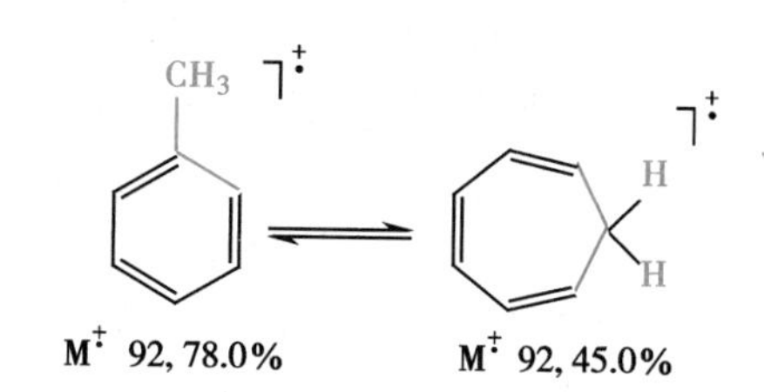

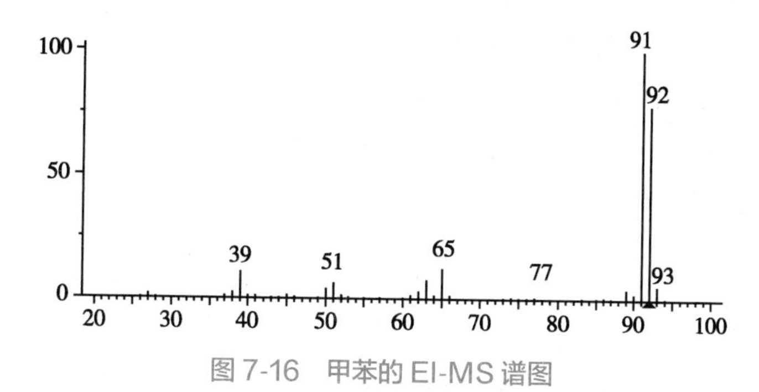

图 7-16　甲苯的 EI-MS 谱图

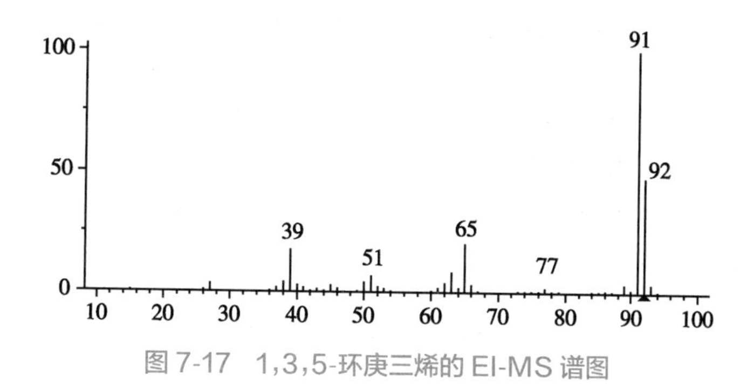

图 7-17　1,3,5-环庚三烯的 EI-MS 谱图

（2）具有环状或多环类结构的化合物也具有较大相对丰度的分子离子峰，这是因为环状化合物需要经过两次或更多次的裂解才能由分子离子分解成碎片离子。

（3）当化合物中存在某些容易失去的基团或失去某些基团所得到的离子更稳定时，其分子离子峰的相对丰度就较小。如某些醇类和卤代烃类化合物。

（4）当分子中的烃基具有高度分支时，其分子离子峰的相对丰度也变小。因为它们裂解所形成的正碳离子较稳定，其稳定性大小为叔正碳离子 > 仲正碳离子 > 伯正碳离子。分支越多，化合物的分子离子就越容易裂解成稳定性更好的碎片离子，分子离子峰就越弱。

因此，在有机化合物的质谱中，分子离子峰的强度与其结构之间的关系可简单总结如下：①芳香

化合物 > 共轭多烯 > 脂环化合物 > 短直链化合物 > 某些含硫化合物，这些化合物均能给出较显著的分子离子峰；②直链的酮、醛、酸、酯、酰胺、醚、卤化物等通常显示分子离子峰；③脂肪族且分子量较大的醇、胺、亚硝酸酯、硝酸酯等化合物及高分支链的化合物没有分子离子峰。

由于化合物结构复杂多样，官能团的种类、数量、位置等变化较多，其质谱裂解也比较复杂，因此不符合上述三点总结的例外者也很多。

二、同位素离子

1. 同位素离子峰　在质谱中，化合物的分子离子及其碎片离子一般都存在同位素离子峰。

自然界中的大多数元素都存在同位素，其中轻质量的同位素一般相对丰度最大，而比轻质量的同位素重 1~2 个质量单位的同位素的相对丰度较小。组成有机化合物的一些主要元素也符合这个规律，如 C、H、O、N、S、Cl、Br 等均存在同位素，其轻同位素与重同位素的天然丰度参见表 7-1。

通常，化合物的分子都是由其元素中丰度最大的轻同位素组成的，以 M 表示。在质谱中，除分子离子峰外，由于重同位素的存在，还会出现比分子离子大 1~2 个质量单位的离子峰，这就是同位素分子离子峰，一般用（M+1）或（M+2）来表示。同理，各碎片离子也存在同位素离子峰。

自然界中同位素的天然丰度是恒定不变的，如 ^{12}C 为 98.9%、^{13}C 为 1.1%，所以在质谱中各离子的同位素离子峰的相对丰度也是一定的。如一氯甲烷（CH_3Cl），质谱中其分子的同位素离子峰有 M、M+1、M+2、M+3 等，其丰度比为：

$M(^{12}CH_3{}^{35}Cl)$ ：$(M+1)(^{13}CH_3{}^{35}Cl)$=1.00：0.011

$M(^{12}CH_3{}^{35}Cl)$ ：$(M+2)(^{12}CH_3{}^{37}Cl)$=1.00：0.324

$M(^{12}CH_3{}^{35}Cl)$ ：$(M+3)(^{13}CH_3{}^{37}Cl)$=1.00：(0.011×0.324)=1.00：0.003 56

如果将 CH_3Cl 的 M 的离子丰度看作 100，则该化合物分子的各同位素离子峰的丰度比为 M：（M+1）：（M+2）：（M+3）=100：1.1：32.4：0.356 4。

根据组成化合物的元素分析，不仅其同位素分子离子峰之间存在一定的比例关系，而且其同位素碎片离子峰之间也存在一定的比例关系。

反过来，根据质谱中化合物同位素分子离子峰簇的比例关系也可以推导出化合物的分子式。

2. 同位素离子峰与分子式的确定　元素 F、P、I 没有同位素，对化合物的同位素分子离子峰没有贡献。

对于只含有 C、H、N、O 且分子量不大的化合物，组成化合物的 H 主要以 ^{1}H 为主，这是由于 ^{2}H 的天然丰度仅为 0.014 5%，在一般分辨率的质谱中 ^{2}H 可以忽略不计。因此，仅含 C、H、N、O 元素的化合物，其同位素分子离子峰簇可以看成主要由 C、N、O 的同位素所贡献。根据大量经验，人们归纳出化其 M、M+1 和 M+2 同位素离子峰之间的关系如下。

$$\frac{M+1}{M}\times 100 = 1.1n_{C} + 0.37n_{N} \qquad 式(7-7)$$

$$\frac{M+2}{M}\times 100 = \frac{(1.1n_{C})^2}{200} + 0.2n_{O} \qquad 式(7-8)$$

根据上述公式可以推断出化合物所含的碳原子数、氮原子数和氧原子数，至于氢原子数则可根据分子量减去所推断出的碳、氮、氧的质量来确定，从而确定化合物的分子式。

对于含有 S、Cl、Br 等元素的化合物，其[M+2]峰的丰度将明显增大，当分子中含有两个或两个以上的重同位素时，在质谱中除[M+2]峰外还会出现[M+4]峰、[M+6]峰。这是因为这些元素都有高 2 个质量单位的重同位素，而且它们的天然丰度也比较大。如含有三个溴原子的三溴甲烷，其同位素离子峰除 m/z=150 外，还有 m/z=152、154、156 的同位素分子离子峰。

由于 Cl 和 Br 都只有一个重同位素、且其重同位素的丰度也比较大，因此对于只含有一个 Cl 或 Br 原子的化合物，其同位素分子离子峰的丰度比较有规律，容易识别。

例如 CH_3Cl 的分子量为 50，其同位素离子峰的丰度比 M∶（M+2）为 3∶1。因为 ^{35}Cl 的天然丰度为 75.557%、^{37}Cl 的天然丰度为 24.463%，其天然丰度比约为 3∶1，故知该化合物中含有一个氯原子。

对于化合物 CH_3Br，其分子量为 94，其同位素分子离子峰的丰度比 M∶（M+2）为 1∶1。因为 ^{79}Br 的天然丰度为 50.52%、^{81}Br 的天然丰度为 49.48%，其天然丰度比约为 1∶1，因此该化合物中含有一个溴原子。

当氯代烃或溴代烃中含有 2 个或 2 个以上的氯原子或溴原子时，其同位素离子峰的丰度比大致可以用 $(a+b)^n$ 二项式的展开项来表示。其中 a 表示轻同位素在同位素丰度比中的比例，b 表示重同位素在同位素丰度比中的比例，n 表示分子中该同位素原子的个数。

例如化合物 CH_2Cl_2，^{35}Cl 的天然丰度为 75.557%，^{37}Cl 的天然丰度为 24.463%，其天然丰度比约为 3∶1，可知 a 为 3、b 为 1，n 则为 2（CH_2Cl_2 中有 2 个 Cl）。

$$(a+b)^n=(3+1)^2=3^2+2\times3\times1+1^2=9+6+1$$

因此，在 CH_2Cl_2 的分子离子峰簇中，各同位素离子峰（$CH_2{}^{35}Cl_2$、$CH_2{}^{35}Cl{}^{37}Cl$、$CH_2{}^{37}Cl_2$）的丰度比为 M∶（M+2）∶（M+4）=9∶6∶1。

当分子中同时含有 Cl 和 Br 两种元素时，可用 $(a+b)^m(c+d)^n$ 的展开项来表示。其中 a 和 b 为其中一种元素的丰度比值，c 和 d 为另一种元素的丰度比值，m、n 分别为分子中两种元素的原子个数。

1963 年，贝农（Beynon）等将质量在 500 以内含有 C、H、O、N、S 原子的各种可能的分子式组合进行排列，并以 M 为 100% 计算同位素分子离子峰丰度比[（M+1）/M]×100 和[（M+2）/M]×100 的数值，编制成表，称为贝农表（一般有关质谱的参考书后都附有简易的 Beynon 表）。根据所测得的各同位素分子离子峰的强度，再结合 Beynon 表进行数据分析，可以确定化合物的分子式。

例如某化合物的质谱中，其分子离子的同位素峰及其相对丰度分别为 m/z=200，27.94%（M）；m/z=201，3.21%（M+1）；m/z=202，2.66%（M+2）。试推测其分子式。

解析：先将各同位素分子离子峰的相对丰度换算成以 M 为 100% 时的相对丰度，则为 m/z=200，100%（M）；m/z=201，11.49%（M+1）；m/z=202，9.52%（M+2）。

化合物的分子量为 200，从（M+2）/M 为 9.52% 分析，该化合物中应有 2 个硫原子（^{34}S），因为 2×4.44%（^{34}S）=8.88%。因此，应从测得的（M+1）和（M+2）值中先扣除 S 元素的贡献值：

$$[M+1]峰：11.49-2\times(0.75\div95.018)\times100=9.91$$

$$[M+2]峰：9.52-2\times(4.215\div95.018)\times100=0.65$$

上式中的 95.018、0.75 和 4.215 分别为硫元素同位素 A、A+1 和 A+2 的天然丰度（表 7-1）。从 M 中扣除 2 个硫原子的质量：

$$200-2\times32=136$$

根据式（7-7）：

$$n_C=\frac{(M+1)/M}{1.1}\times100=\frac{9.91}{1.1}=9$$

可知该化合物中碳原子数约为 9 个。

查 Beynon 表，在分子量 136 项下，（M+1）/M 接近 9.91 的有 6 个化学式，见表 7-3。

由于该化合物的分子量为偶数，因此该化合物中不含有奇数个氮原子，可排除化学式 $C_8H_{10}NO$ 和 $C_9H_{14}N$。在余下的 4 个化学式中，$C_9H_{12}O$ 的（M+1）/M 和（M+2）/M 的计算值与实测值都比较接近，因此确定该化合物的分子式为 $C_9H_{12}S_2O$。

表 7-3 Beynon 表中分子量为 136 且 $(M+1)/M$ 接近 9.91 的化合物的有关数据

化合物的分子式	$(M+1)/M$/%	$(M+2)/M$/%
$C_8H_{10}NO$	9.23	0.58
$C_8H_{12}N_2$	9.60	0.41
$C_9H_{12}O$	9.96	0.64
$C_9H_{14}N$	10.33	0.48
C_9N_2	10.49	0.50
$C_{10}O$	10.85	0.73

三、碎片离子

碎片离子(fragment ion)是指由分子离子经过一次或多次裂解所生成的离子,在质谱中均位于分子离子峰的左侧。碎片离子的形成与化合物的结构密切相关,分析碎片离子的形成有助于推测化合物的结构。

1. EI-MS 主要涉及单分子反应　在电子轰击质谱仪中,电离室的真空度很高,在进样量也很少的情况下,样品分子之间的接触可以忽略,生成的分子离子有些会立即裂解成碎片离子,表现为单分子反应。

不含杂原子的饱和化合物受电子轰击时失去一个 σ 电子,进一步发生单分子内的简单裂解;含有杂原子的饱和化合物,杂原子的 n 电子易失去,进行单分子裂解反应;含有不饱和体系的化合物,π 电子比 σ 电子易失去,发生单分子的简单裂解或重排。

2. 初级裂解与次级裂解　由分子离子裂解产生碎片离子的过程称为初级裂解。由初级裂解产生的离子再进一步裂解生成质量更小的碎片离子的过程称为次级裂解。

裂解的过程可以按简单裂解的方式进行,也可以按重排的方式进行。简单裂解的规律性比较强,得到的碎片离子大多能够提供化合物的结构信息。重排比较复杂,有些离子的重排是无规律的,重排的结果难以预测,通常称为任意重排,对结构测定意义不大;但是,大多数离子的重排是有规律的,尤其是当化合物中含有杂原子、双键等官能团时,分子内氢原子的迁移和化学键的断裂具有一定的规律性,这类重排称为特定重排,如 McLafferty 重排等,所产生的离子能够提供较多的结构信息,对分析化合物的结构很有帮助。

每个化合物都经历初级和次级裂解过程,生成的离子多种多样。如:

$$ABCD \xrightarrow{-e} ABCD^{+\cdot} \longrightarrow A^{+} + BCD\cdot$$
$$\longrightarrow A\cdot + BCD^{+} \;\;(\longrightarrow BC^{+} + D)$$
$$\longrightarrow D\cdot + ABC^{+} \;\;(\longrightarrow A + BC^{+})$$
$$\longrightarrow AD^{+\cdot} + B{=}C$$

3. 离子中电子的奇偶数与质量的关系　带奇数个电子($OE^{+\cdot}$)的分子离子或碎片离子和带偶数个电子(EE^{+})的碎片离子进一步裂解成质量更小的碎片离子时,裂解键的数目不同,形成离子的类型也不同。见表 7-4。

表 7-4 离子的裂解类型

离子	裂解键数	离子类型[a]	
		电荷保留	电荷转移
$OE^{+\cdot}(M^{+\cdot})$	1	$EE^{+}(\alpha)$	$EE^{+}(i)$
$OE^{+\cdot}(M^{+\cdot})$	2	$OE^{+\cdot}(\alpha\alpha)$	$OE^{+\cdot}(\alpha i)$
$OE^{+\cdot}(M^{+\cdot})$	3	$EE^{+}(\alpha\alpha\alpha)$	$[EE^{+}(\alpha\alpha i)]^{b}$
EE^{+}	1	$[OE^{+\cdot}]^{b}$	EE^{+}
EE^{+}	2	EE^{+}	$[OE^{+\cdot}]^{b}$

注:[a] α 和 i 分别表示 α-裂解和 i 裂解;[b] 形成概率较小的离子。

(1) 一次裂解:带奇数个电子($OE^{+\cdot}$)的分子离子或碎片离子仅发生一次单键裂解,一定生成一个带偶数个电子(EE^{+})的碎片离子和一个中性自由基。如:

$$CH_3CH_2 \,\vdots\, CH_3 \longrightarrow CH_3CH_2^{+} + \cdot CH_3$$
$$\longrightarrow CH_3\dot{C}H_2 + {}^{+}CH_3$$

两种碎片离子的形成具有竞争性,所生成的哪个碎片离子的稳定性更好,则该离子的丰度就大。

(2) 二次裂解:相比之下,带有奇数个电子的碎片离子($OE^{+\cdot}$)是分子离子($M^{+\cdot}$)通过两个键的断裂生成的。在环分解形成碎片的过程中,不同的裂解途径都产生 $OE^{+\cdot}$离子。

$$H_2C—CH\overset{+\cdot}{O}H / H_2C—CH_2 \rightarrow H_2C{=}CH\overset{+\cdot}{O}H + 2HC{=}CH_2 \quad (电荷保留)$$
$$\rightarrow H_2C{=}CHOH + 2HC{=}CH_2]^{+\cdot} \quad (电荷转移)$$

$$H\ \ \overset{+\cdot}{O}H / H_2C—CH_2 \rightarrow H\overset{+\cdot}{O}H + H_2C{=}CH_2 \quad (电荷保留)$$
$$\rightarrow HOH + H_2C{=}CH_2]^{+\cdot} \quad (电荷转移)$$

通过上述分析可知,不含氮原子或含有偶数个氮原子的离子如带有奇数个电子,其质量数为偶数;如带有偶数个电子,则其质量数为奇数。与之相反,含奇数个氮原子的离子如带有奇数个电子,其质量数为奇数;如带有偶数个电子,则其质量数为偶数。掌握离子中电子数目与离子质量的关系,有利于判断碎片离子的来源及裂解方式。

(3) 三次裂解

$$CH_3CH_2 \,\wr\, CH_2—CH(H)(H)]^{+\cdot} \longrightarrow CH_3\dot{C}H_2 + H_2C{=}\overset{+}{C}H + H_2$$

(4) 含有偶数电子的离子进一步裂解,更易形成带有偶数电子的离子和中性碎片。如:

$$CH_3CH_2—\overset{+}{O}{=}CH_2 \rightarrow CH_3CH_2^{+} + O{=}CH_2 \quad (电荷转移)$$
$$\rightarrow H_2C{=}CH_2 + H\overset{+}{O}{=}CH_2 \quad (重排,电荷保留)$$
$$\rightarrow CH_3CH_2\cdot + \overset{+\cdot}{O}{=}CH_2 \quad (较小的可能性)$$

$$H_2C—\overset{+}{C}H / H_2C—CH_2 \rightarrow H_2C{=}\overset{+}{C}H + H_2C{=}CH_2 \quad (电荷保留)$$
$$\rightarrow H_2C{=}\dot{C}H + H_2C{=}CH]^{+\cdot} \quad (较小的可能性)$$

四、亚稳离子

样品分子在电离室中生成一定数量的 m_1 离子，由于其包含的内能不同，具有不同的行为。

(1) 一部分 m_1 离子的内能较低，比较稳定，不再裂解，离开电离室，经加速电场、质量分析器到达检测器，被记录下的离子的质荷比为 m_1。

(2) 一部分 m_1 离子的内能较高，不稳定，在电离室中进一步裂解成更小的离子 m_2 和一个中性碎片，m_2 离开电离室，经加速电场、质量分析器到达检测器，被记录下的离子的质荷比为 m_2。

(3) 一部分 m_1 离子的内能介于上述两者之间，离开电离室，经电场加速，但在被质量分析器偏转之前的飞行途中裂解成质量更小的离子 m_2 和一个中性碎片，由于部分能量被新生成的中性碎片带走，m_2 离子的动能减小，在质量分析器中偏转轨道半径变小，在质谱中所处的质荷比位置小于正常的 m_2，往往呈现一个低强度的宽峰（可跨越 2~5 个质量单位），这种离子称为亚稳离子，以 m^* 表示。

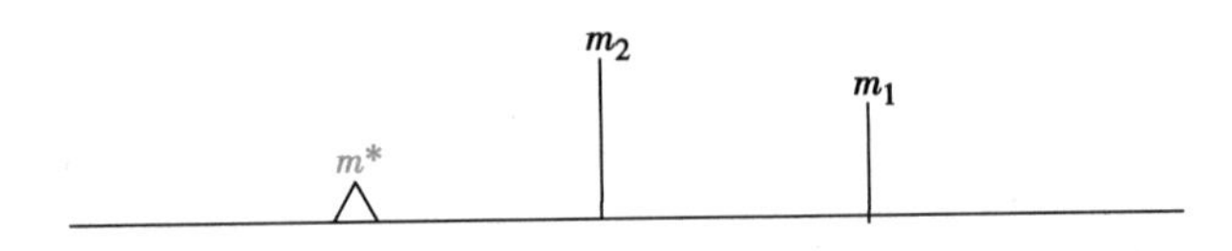

其 m_1、m_2 和 m^* 之间的关系为：

$$m^* = \frac{m_2^2}{m_1} \qquad \text{式(7-9)}$$

亚稳离子峰在谱图解析时是很有意义的。依据式(7-9)的质量关系，根据亚稳离子峰可以寻找出其母离子 m_1（如分子离子），也可以寻找质谱中未出现的相同质荷比的离子 m_2，有利于研究离子的裂解机制和推导化合物的结构等。

例如化合物 2-丁基乙醚的质谱中仅给出两个离子峰 m/z=73（51%）和 m/z=45（100%）、一个亚稳离子峰 m/z=52.2。显然，亚稳离子峰 m/z=52.2 与质量比它大的离子峰 m/z 73（51%）有某种关系。依据式(7-9)可计算出其母离子为 m/z=102，该离子为分子离子，在质谱中未出现，说明其稳定性很差。该化合物的质谱裂解过程为：

$H_3C—CH_2—CH(CH_3)—\overset{+\bullet}{O}—C_2H_5$ $\xrightarrow{\alpha}$ $CH(CH_3)=\overset{+}{O}—CH_2—CH_2(H)$ $\xrightarrow{rH}$ $CH(CH_3)=\overset{+}{O}H$

$M^{+\bullet}$ 102　　　　m/z 73, 51%　　　　m/z 45, 100%

五、多电荷离子

在离子化过程中，有些化合物分子可以失去两个或两个以上的电子，形成多电荷离子。这种离子将在质荷比为 m/nz 处出现（m 为该离子的质量，n 为所带电荷的数目，z 为一个电荷）。当化合物为具有 π 电子的芳烃、杂环或高度共轭的不饱和化合物时，能够从分子中失去两个电子，形成双电荷离子，因此双电荷离子也是这类化合物的质谱特征。

对于双电荷离子，如果它的质量数为奇数，它的质荷比就为非整数，在质谱中易于识别；如果它的质量数为偶数，它的质荷比就为整数，在质谱中难于识别，但它的同位素峰（M+1）的质荷比却为非整数，可用于帮助识别这种离子。

第四节　各类化合物的质谱裂解

在长期和广泛应用的过程中，通过对大量有机化合物的 EI-MS 进行研究，各类有机化合物的结构特点，以及其在质谱中各自生成分子离子、碎片离子的特有的裂解方式和规律已经被人们认识和了解，为人们依据质谱中的离子信息来分析和推断化合物的结构奠定了基础。

一、烃类化合物

1. 饱和烷烃　在直链烷烃的质谱中分子离子峰较弱，且随着分子量增加而降低。其裂解主要是σ键的简单裂解，碎片离子峰成群排列，各离子峰之间相差 14amu，每簇峰中最强的峰为 C_nH_{2n+1}，同时伴有 C_nH_{2n} 和 C_nH_{2n-1} 的峰；其中以含 C_3、C_4、C_5 的低质量离子峰最强，其他离子峰的强度则按离子质量数由低到高逐渐减小，直至分子离子峰，但一般不出现[$M-CH_3$]峰。生成的离子易发生 *i* 裂解，再脱去一分子乙烯。如正十六烷烃（图 7-18）的质谱裂解过程。

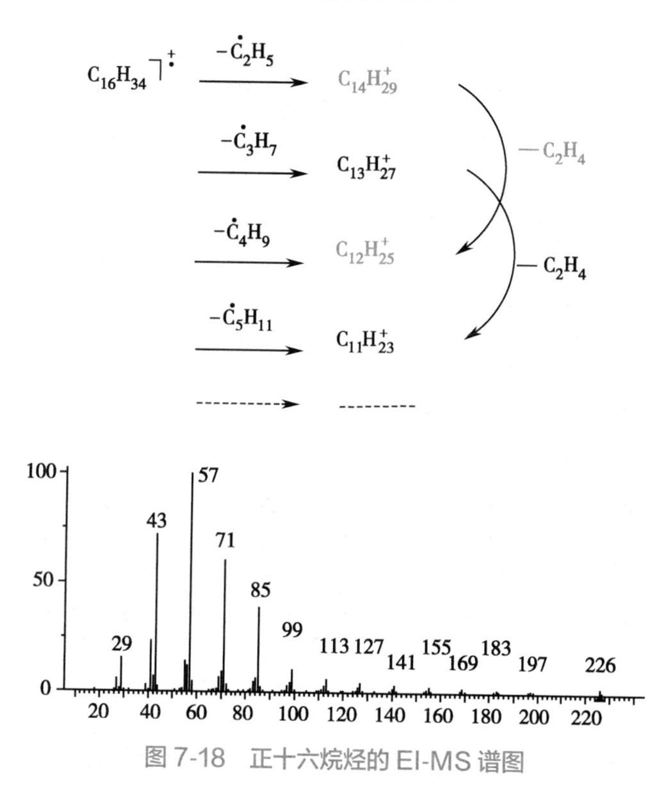

图 7-18　正十六烷烃的 EI-MS 谱图

对于支链烷烃，分子离子峰往往很弱，其裂解与直链烷烃类似，但在支链处易于断裂，生成较稳定的叔碳或仲碳离子。烷基离子的稳定性为 $R_3C^+>R_2CH^+>RCH_2^+>CH_3^+$。质谱的图形与直链烷烃有所不同，呈平滑下降的曲线因支链处的开裂而被打乱，据此可以判断支链烷烃中的支链所在的位置。

2. 烯烃　烯烃的分子离子峰较明显，易识别。由于双键的位置在裂解过程中易发生迁移等，使得质谱图比较复杂。其主要裂解特征如下。

(1) 分子离子的自由基和电荷主要定域在 π 键上，其相对丰度随着分子量增加而降低。

(2) 生成的烯丙离子常为基峰或次强峰，如 1-庚烯的质谱（图 7-19）中的离子 m/z=41；易生成一系列带偶数电子的离子 C_nH_{2n-1}，且丰度较大，如 1-庚烯的质谱中的离子 m/z=41、55、69 和 83。

$-e$

$-\dot{C}_4H_9$　$C_3H_5^+$ (m/z 41)

$-\dot{C}_3H_7$　$C_4H_7^+$ (m/z 55)

$-\dot{C}_2H_5$　$C_5H_9^+$ (m/z 69)

$-\dot{C}H_3$　$C_6H_{11}^+$ (m/z 83)

(3) 当烯烃的链较长(含有 γ-H)时易发生麦氏重排,生成质量数为偶数的离子。如 1-庚烯的质谱中的 m/z=42、56 和 70 离子的生成过程。

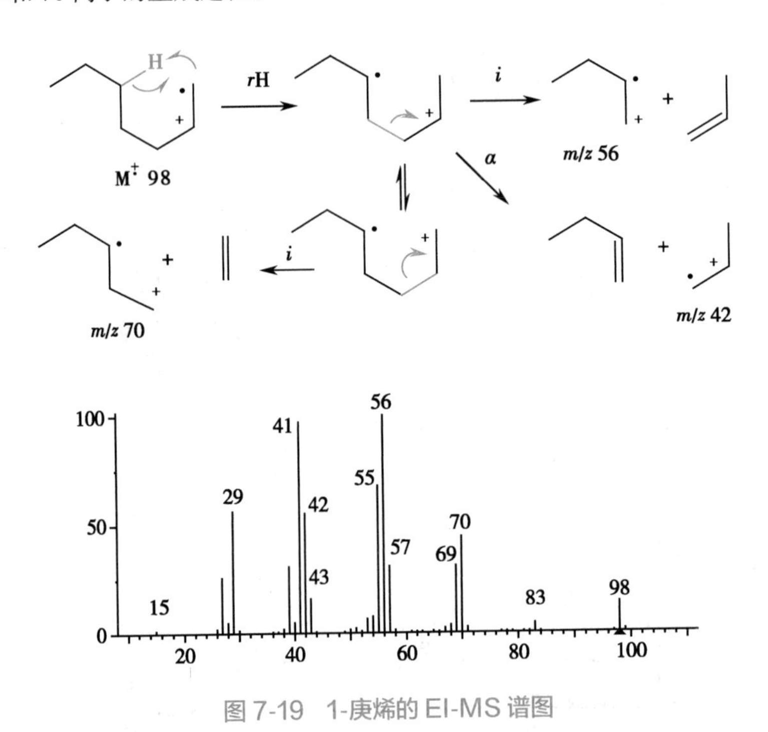

图 7-19　1-庚烯的 EI-MS 谱图

(4) 环己烯易发生 RDA 反应,但有时取代基与环上双键的相对位置的改变会影响质谱的裂解。如 α-紫罗兰酮(图 7-20A),其 RDA 裂解产生的离子 m/z=136 为强峰;而 β-紫罗兰酮(图 7-20B)则因偕二甲基位于环己烯上双键的烯丙基位,其失去一个甲基游离基而形成的离子$[M-CH_3]$ m/z=177 为基峰,利用质谱可以区别两者。

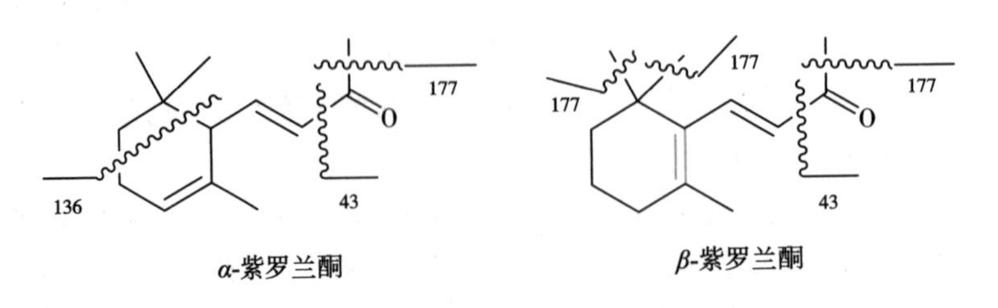

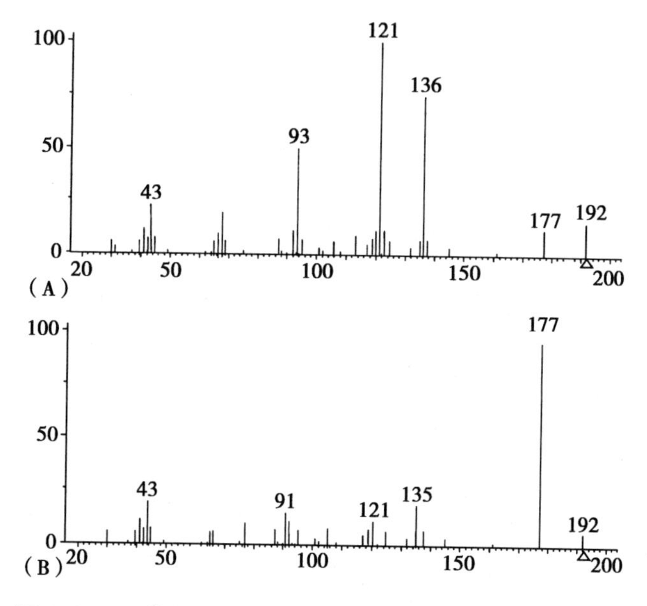

图 7-20　α-紫罗兰酮(A)和 β-紫罗兰酮(B)的 EI-MS 谱图

3. 芳烃　芳烃类化合物的分子离子峰很强，这是由于其苯环结构能够使分子离子稳定的缘故。芳烃类化合物的裂解主要有以下几种。

(1) 侧链易断裂生成苄基离子 m/z=91，重排成草鎓离子，峰较强；再进一步失去乙炔，则生成 m/z=65 和 m/z=39 的特征离子。

$M^{+\cdot}$ 106　m/z 91　−HC≡CH　m/z 65　−HC≡CH　m/z 39

(2) 芳烃也可以直接失去侧链，生成苯基离子，再进一步失去乙炔，形成 m/z=51 的特征离子；芳烃也可以在侧链上断裂，类似于链状烷烃类的裂解，正电荷转移到侧链上，生成质量不同的烷基离子，如乙苯(图 7-21)的裂解。

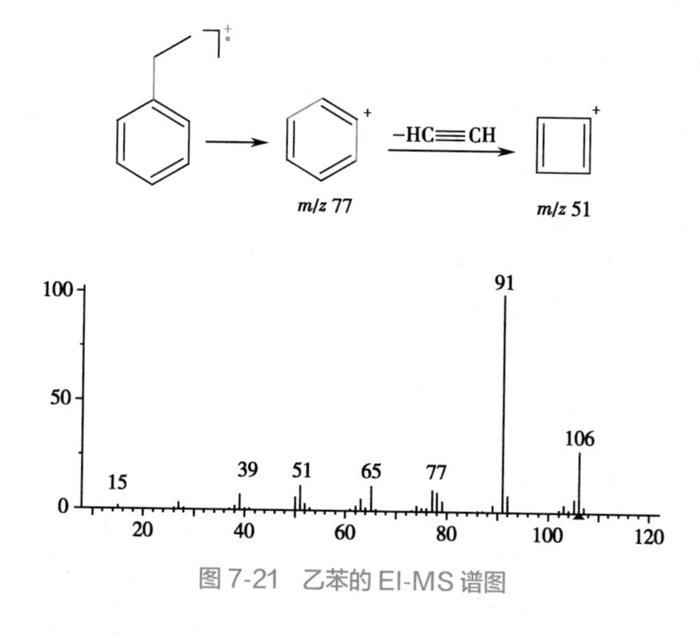

图 7-21　乙苯的 EI-MS 谱图

(3) 当苯环的侧链含有 γ-H 时，可以发生麦氏重排。

(4) 当苯环与饱和环并合六元环时，也可发生 RDA 反应。

二、醇、酚、醚类化合物

1. 醇和醚类化合物　醇的分子离子峰一般很弱或不出现，热脱水或电子轰击导致的脱水都很容易发生，质谱中常有失去一分子或多分子水所形成的离子峰，失水后的离子可进一步裂解。醚与醇类似，其分子离子峰较弱或不出现。其主要裂解特征如下。

(1) 醇类易发生热脱水，失去一分子水，形成烯烃，再进一步发生与烯烃一样的裂解。如 1-己醇的质谱（图 7-22）中的碎片离子 m/z=41、55、69 均是由离子 m/z=84 按照烯烃的裂解方式生成的。

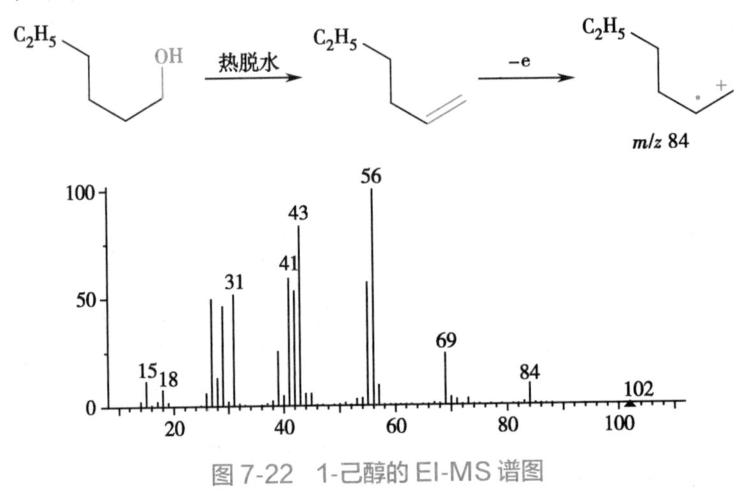

图 7-22　1-己醇的 EI-MS 谱图

(2) 当醇或醚的烷基链较长时，均易发生分子内氢重排，然后发生 i 裂解，脱去一分子水或醇；生成的离子可再脱去一分子乙烯。如 1-己醇的质谱中的离子 m/z=84 和 m/z=56 的生成；乙戊醚的质谱（图 7-23）中的离子 m/z=70 的生成。

而醚类还可以脱去一个含羟基的自由基，生成烷基离子，其中以脱去较大分子醇的 i 裂解占优。如乙戊醚的质谱中的离子 m/z=29 的生成。

(3) 醇和醚均易发生 α-裂解，形成氧鎓离子。如 m/z=31 为伯醇的特征离子(图 7-23)。若为 2-羟基链状仲醇，则 α-裂解形成的 m/z=45 氧鎓离子常为基峰。

C_2H_5　$\overset{+\bullet}{O}H$　$\xrightarrow{\alpha}$　C_2H_5　H　+　$\overset{+}{O}H = CH_2$

m/z 31

而醚类容易发生 α-裂解，电荷保留在氧上；进一步重排裂解，生成 m/z=31 的特征离子。如乙戊醚的质谱中的离子 m/z=59、31 的形成。

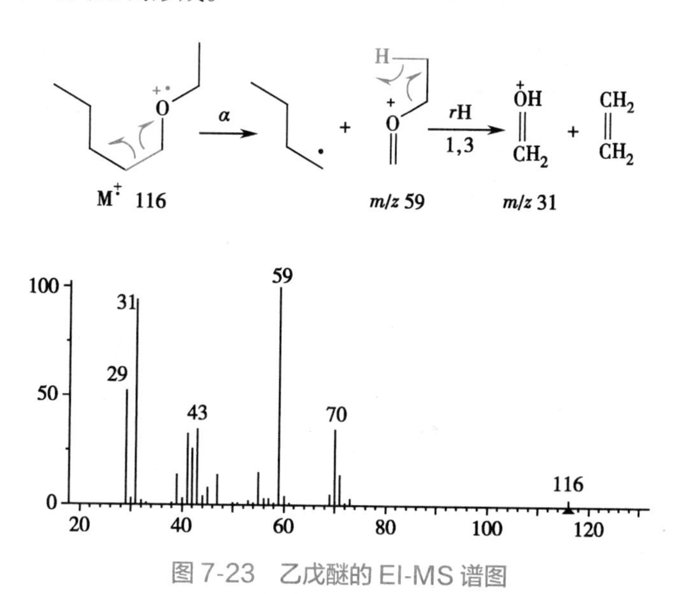

图 7-23　乙戊醚的 EI-MS 谱图

(4) 环醇的裂解较复杂，首先发生环的开裂，形成氧鎓离子；再进一步发生氢重排、α-裂解等，生成一系列碎片离子。如环己醇(图 7-15)的裂解。

2. 酚类化合物　苯酚的分子离子峰较强(图 7-24)，易发生脱羰基反应，然后再脱氢、脱乙炔等，生成一系列碎片离子，其裂解过程如下：

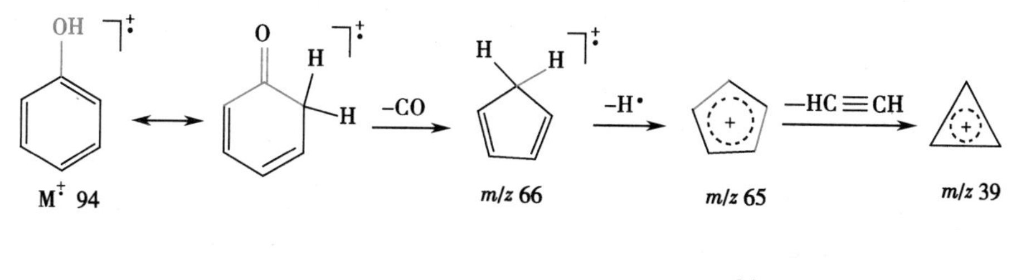

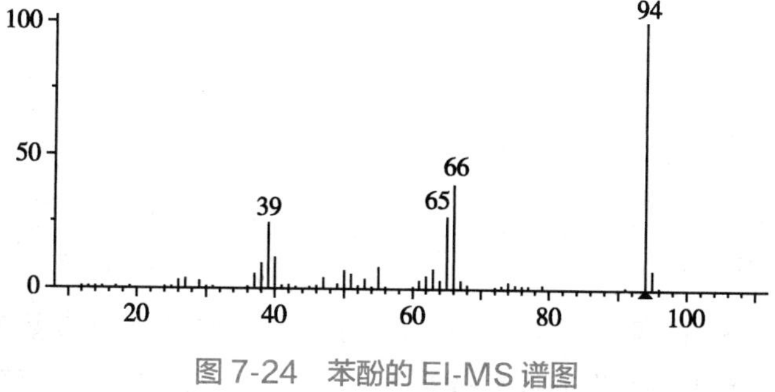

图 7-24　苯酚的 EI-MS 谱图

当苯环上还有其他取代基时易发生重排，如邻羟基苄醇的裂解。

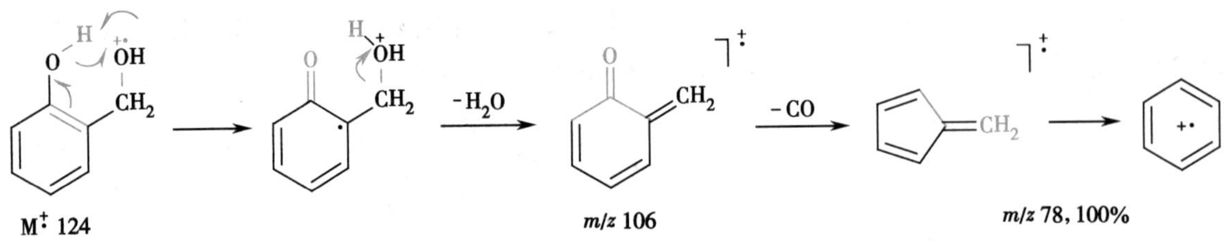

三、含羰基的化合物

醛、酮、酰胺类化合物均具有较强的分子离子峰；直链一元羧酸的分子离子峰较弱，而芳香酸类有较强的分子离子峰；酯类化合物的分子量稍大时分子离子峰较弱，有时不出现；酰胺类化合物具有明显的分子离子峰。由于醛、酮、酸、酯、酰胺类化合物均含有羰基，其裂解规律也具有相似性。

(1) 均易发生 α-裂解。对于醛类化合物，一般在羰基的烷基侧易发生 α-裂解，生成特征的酰基离子 m/z=29（图 7-25）。

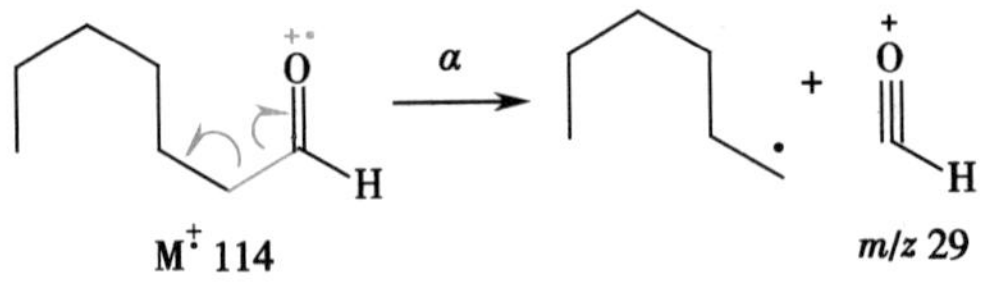

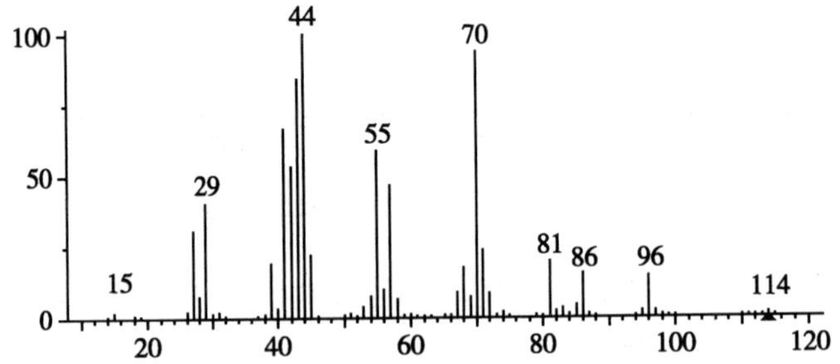

图 7-25　正庚醛的 EI-MS 谱图

羧基可脱去羟基形成酰基离子。如正辛酸的质谱（图 7-28）中的离子 m/z=127 的生成。

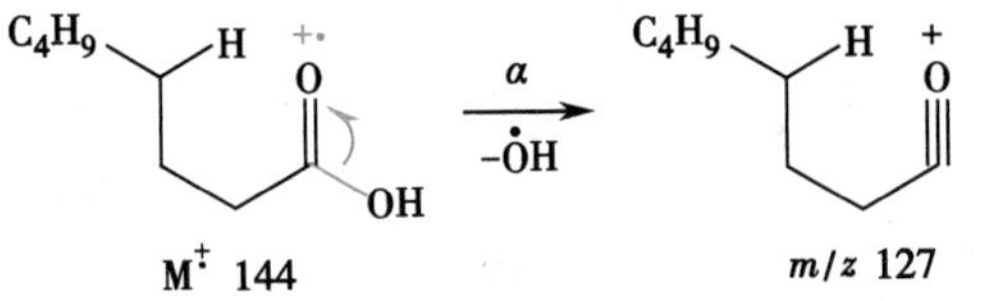

芳香酸易脱去羟基，生成苯甲酰基离子，其峰强度一般较大，有时甚至为基峰。

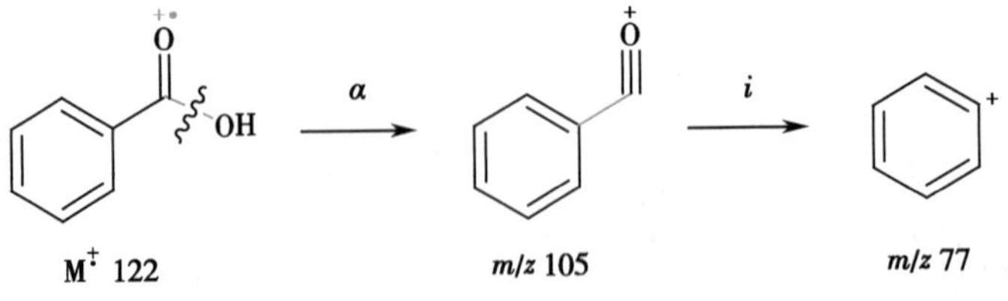

酮、酯和酰胺类化合物的两侧均可发生 α-裂解。酮类化合物中较大的烷基易失去，生成酰基离子，部分酰基离子再脱去一分子 CO，生成烷基离子；也可以发生 i 裂解，直接生成烷基离子。如 3-己酮（图 7-26）的裂解。

图 7-26　3-己酮的 EI-MS 谱图

N-2-丁基乙酰胺的质谱(图 7-27)中的离子 *m*/*z*=43 和 *m*/*z*=100 的生成。

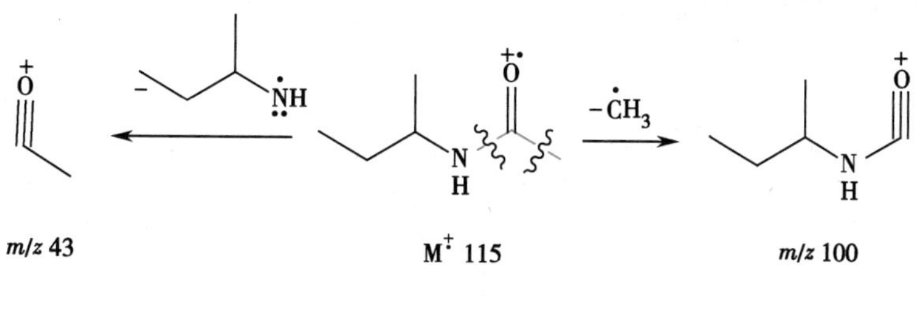

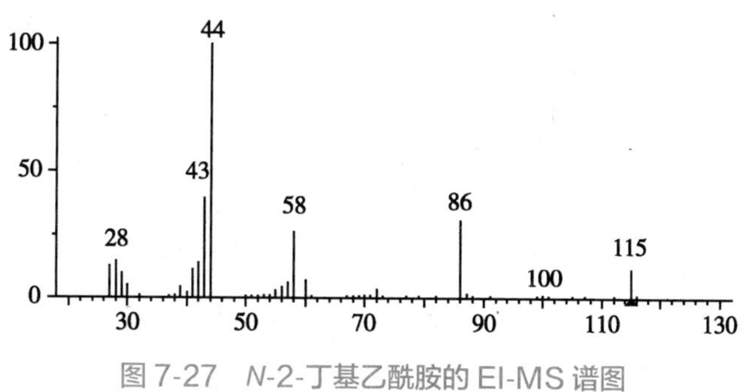

图 7-27　*N*-2-丁基乙酰胺的 EI-MS 谱图

(2) 当烷基链有 γ-H 时发生麦氏重排,生成质量数为偶数的离子,电荷保留在原位置;若羰基两侧都有 γ-H 时可发生两次麦氏重排。如 3-己酮的质谱中的离子 *m*/*z*=72 的生成。

醛则生成特征离子 *m*/*z*=44。如正庚醛的质谱(图 7-25)中的离子 *m*/*z*=44 的生成。

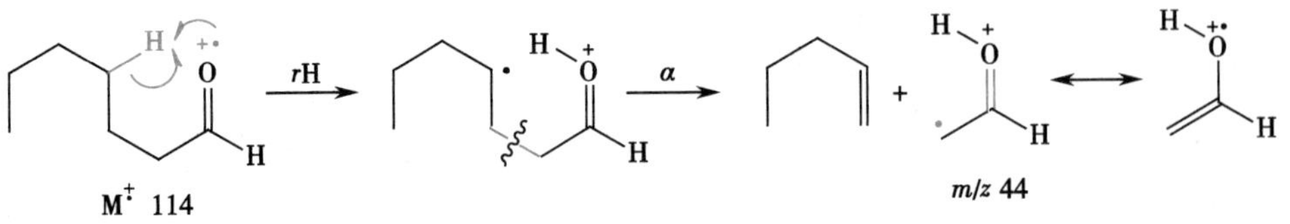

$M^{+\cdot}$ 114 —rH→ —α→ + (m/z 44) ⟷

酸类化合物则生成很强的 m/z=60 的特征离子峰，如烃链长度为 4~10 个碳时，m/z=60 离子常表现为基峰。如正辛酸的质谱(图 7-28)。

$M^{+\cdot}$ 144 —rH→ —α→ C_4H_9 + m/z 60

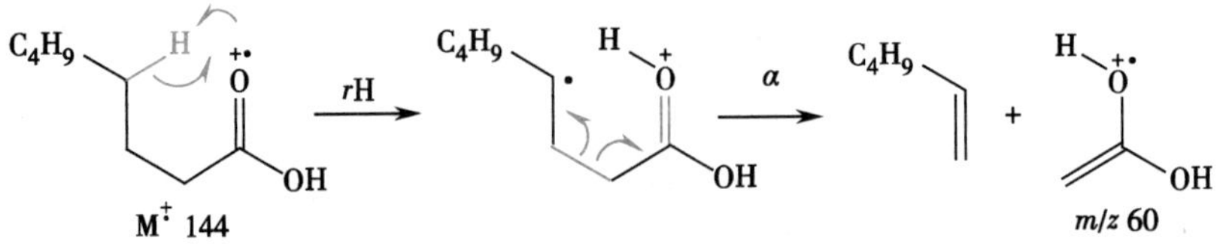

甲酸酯发生麦氏重排，生成离子 m/z=74，且这个离子在含有 6~26 个碳原子的羧酸甲酯中常为基峰。如庚酸甲酯的质谱中的离子 m/z=74 的生成。

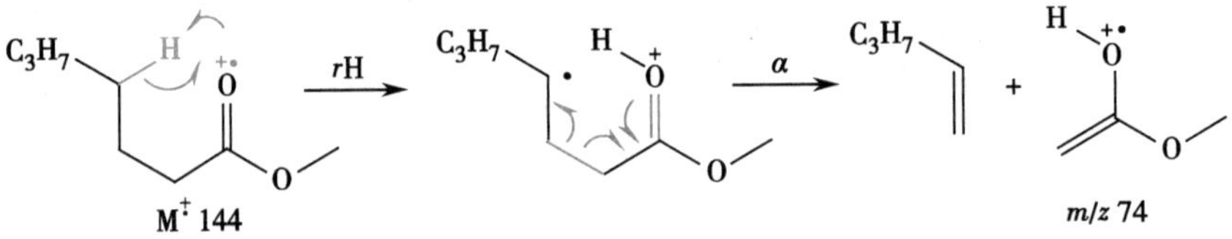

$M^{+\cdot}$ 144 —rH→ —α→ C_3H_7 + m/z 74

酰胺类化合物也可发生麦氏重排。如：

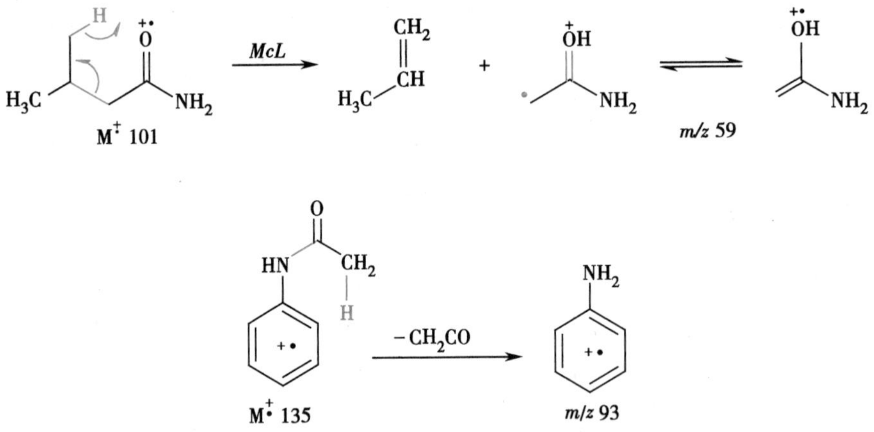

$M^{+\cdot}$ 101 —McL→ CH_2=CH–H_3C + (m/z 59) ⇌

$M^{+\cdot}$ 135 —$-CH_2CO$→ m/z 93

如果烷基链较长，易发生麦氏重排，γ-H 重排后还可以发生 i 裂解，则电荷转移，生成质量数为偶数的烷基离子。如正庚醛的质谱(图 7-25)中的离子 m/z=70 的生成。

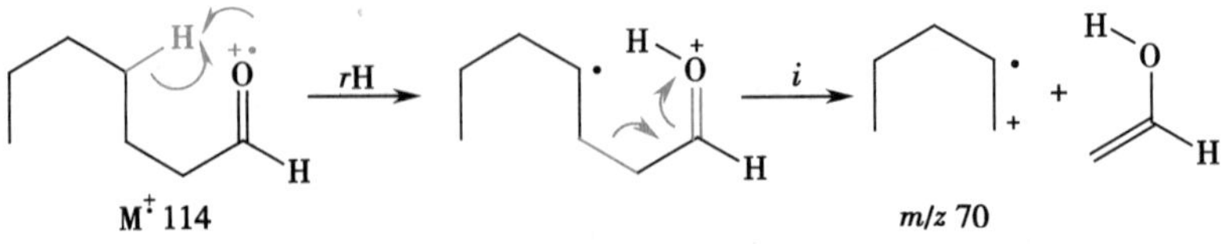

$M^{+\cdot}$ 114 —rH→ —i→ m/z 70 +

(3) 羧酸、酯的烷基链具有与饱和烷烃类似的裂解规律，正电荷可以保留在含羧基部分，也可以保留在烷基上，形成 C_nH_{2n+1} 的一系列碎片离子(如 m/z 为 15、29、43、57、71、85)和 $C_nH_{2n}COOH$ 或 $C_nH_{2n}COOMe$(如 m/z 为 45、59、73、87、101、115)的一系列碎片离子。如正辛酸的质谱(图 7-28)中各离子的生成。

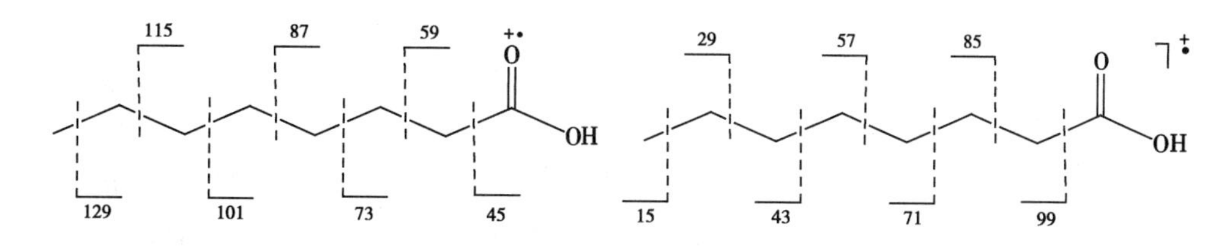

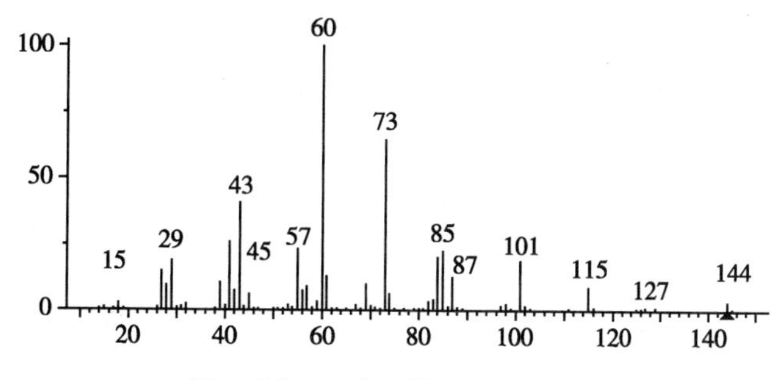

图 7-28　正辛酸的 EI-MS 谱图

庚酸甲酯的质谱(图 7-29)中各离子的生成。

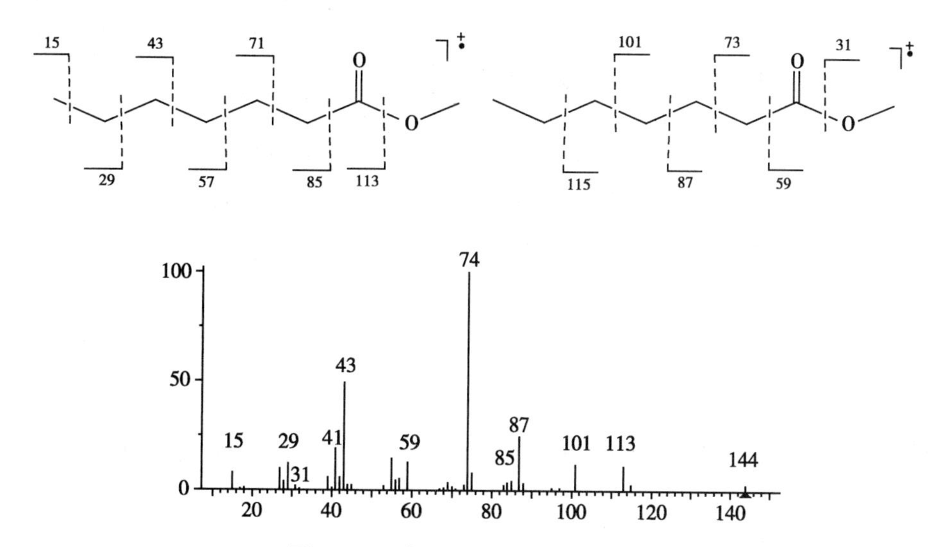

图 7-29　庚酸甲酯的 EI-MS 谱图

(4) 当奇电子离子的电荷中心与游离基中心不定域于同一元素时,也可发生电荷中心诱导的重排反应。如戊酸丙酯的分子离子先通过六元环发生氢重排,游离基中心发生转移,电荷中心和游离基中心分开;然后,电荷中心发生共振从羰基氧转移至酯基氧上,由电荷中心引发 1,3-位氢重排,同时发生 i 裂解,生成离子 m/z=103(图 7-7)。

$M^{+\cdot}$ 144　$\xrightarrow{rH}$　$\longleftrightarrow$　$\xrightarrow[1,3\ rH]{i}$　+

m/z 103, 61.2%

(5) 苯甲酸酯类的裂解主要是 α-裂解,生成酰基离子;或再失去 CO,形成苯基离子。当苯环上含有烷基取代时,除发生 α-裂解外,还发生烷基侧链的裂解、重排等。如:

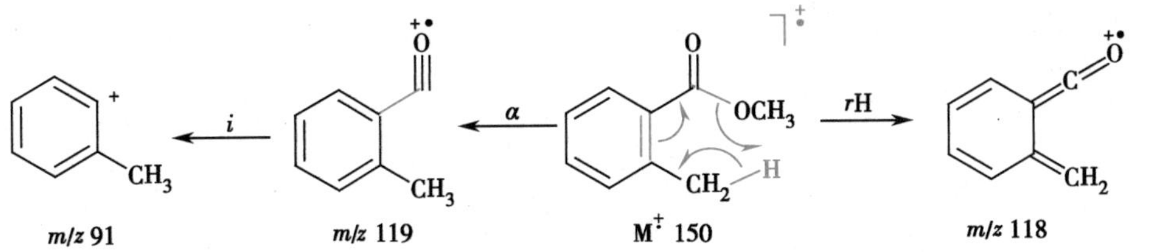

(6) 酰胺类化合物的结构中含有 NR_2(NHR)基，与胺类化合物的裂解类似，易发生胺基的 α-裂解和 β-H 重排反应。如 N-2-丁基乙酰胺(图 7-27)发生 α-裂解，生成离子 m/z=58、86 和 100。

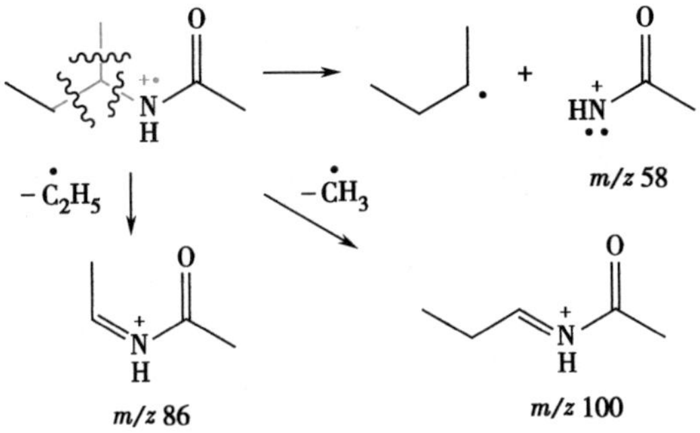

N-2-丁基乙酰胺发生 β-H 重排反应，生成离子 m/z=44。

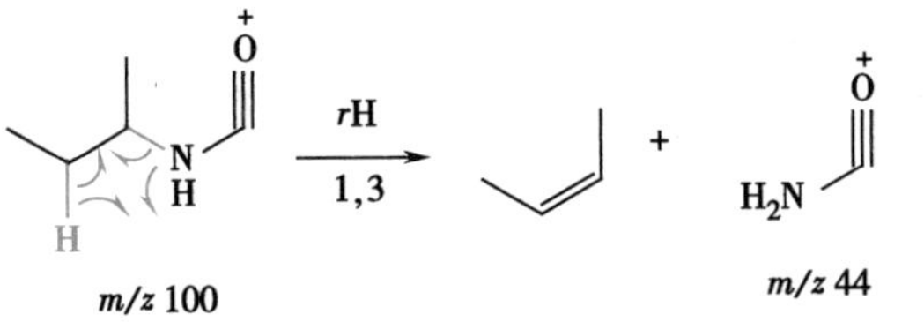

四、几种含杂原子化合物

1. 胺类化合物　链状胺类化合物有较弱的分子离子峰。以丙己胺为例，胺类化合物的质谱(图 7-30)的主要裂解特征如下。

(1) 发生 α-裂解，生成铵离子。

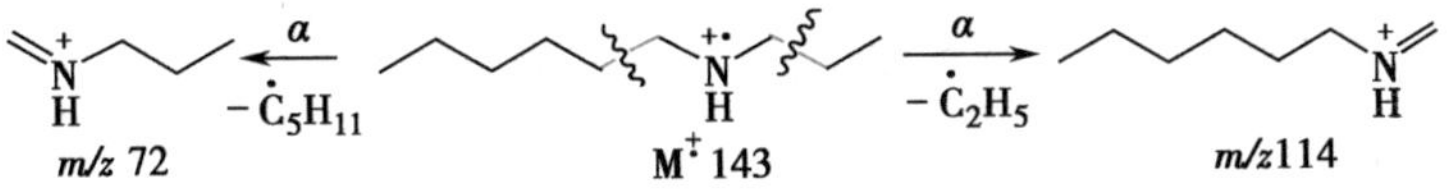

(2) 再进一步发生 β-H 或 γ-H 的重排反应，脱去小分子烯烃，生成 m/z=30 和 m/z=44 的铵离子。

β-H 的重排：

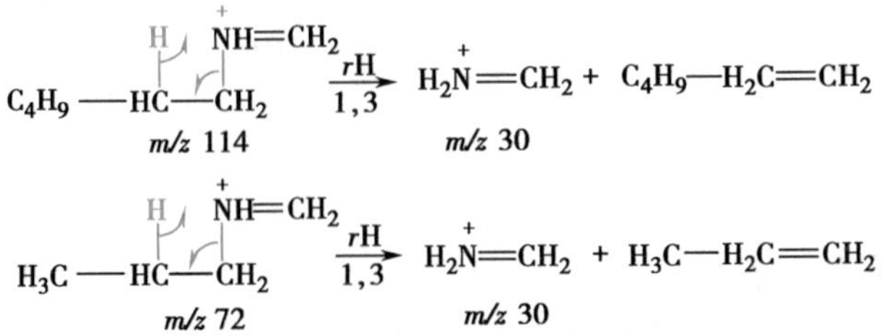

$$C_4H_9-HC(H)-CH_2-\overset{+}{N}H{=}CH_2 \xrightarrow[1,3]{rH} H_2\overset{+}{N}{=}CH_2 + C_4H_9-H_2C{=}CH_2$$

m/z 114　　m/z 30

$$H_3C-HC(H)-CH_2-\overset{+}{N}H{=}CH_2 \xrightarrow[1,3]{rH} H_2\overset{+}{N}{=}CH_2 + H_3C-H_2C{=}CH_2$$

m/z 72　　m/z 30

γ-H 的重排(麦氏重排)：

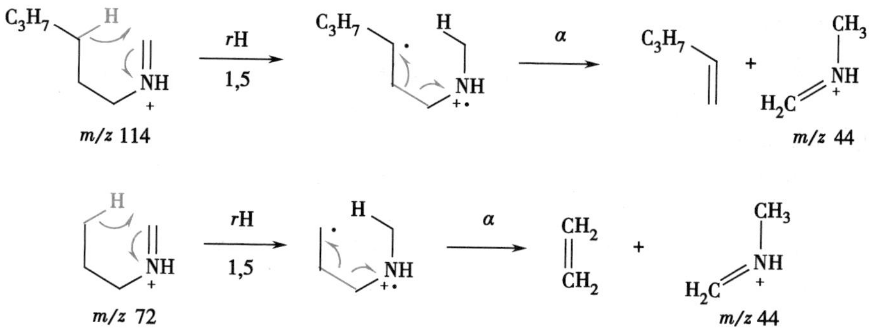

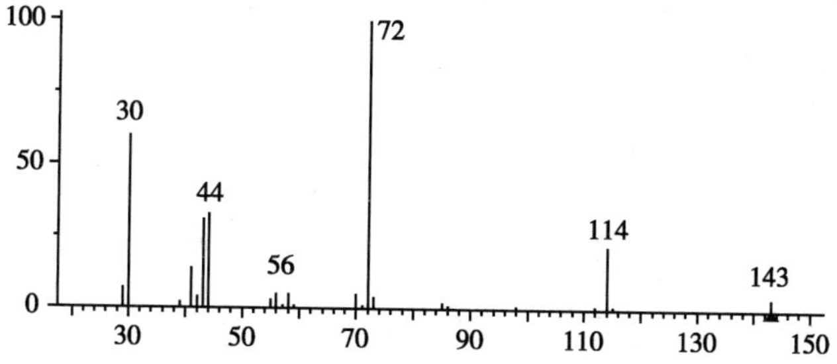

图 7-30　丙己胺的 EI-MS 谱图

（3）苯胺的分子离子峰为基峰，易脱去 HCN 分子生成离子 m/z=66，再脱去 H·生成离子 m/z=65。

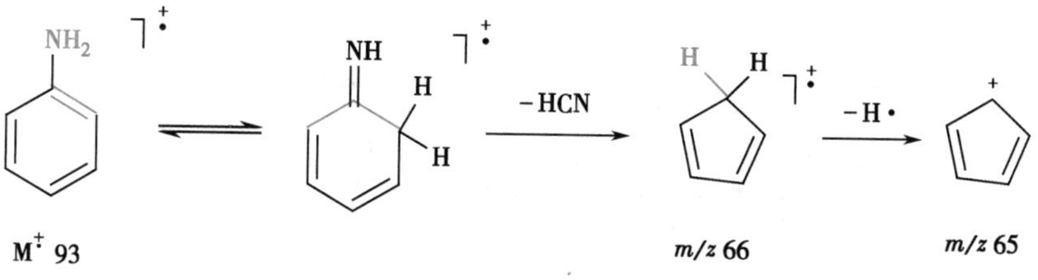

（4）其他芳胺类化合物一般具有较强的分子离子峰。芳胺类化合物易脱去氨基侧链，生成苯基离子 m/z=77。芳胺类仲胺易失去一个 H·，形成的［M−1］峰常为基峰。

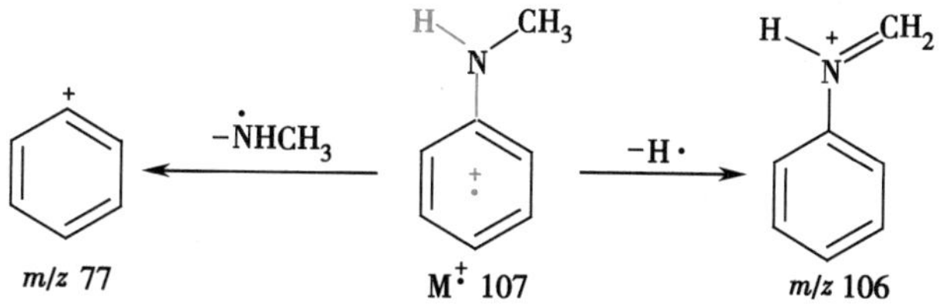

2. 卤代烃　卤代烷烃类化合物的分子离子峰一般不出现。由于氯原子和溴原子存在大两个质量单位的重同位素，且丰度较大，因此质谱中含有氯原子和溴原子离子的［M+2］峰都很强，如 1-氯己烷的质谱中 m/z=91 和 m/z=93 的离子峰。其主要裂解如下。

（1）α-裂解。

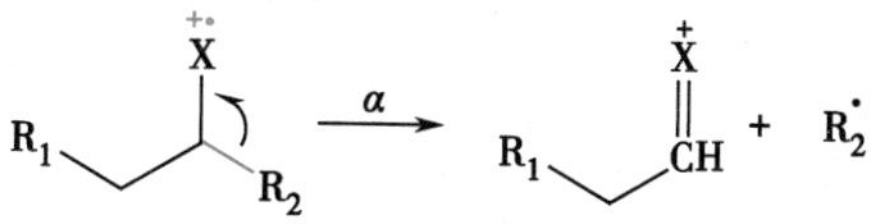

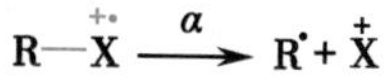

(2) *i* 裂解。

$$R-\overset{+\cdot}{X} \xrightarrow{i} R^{+} + \dot{X}$$

(3) 脱 HX（类似于脱水），发生氢重排。

$$H-CH_2-(CH_2)_n-CH_2-\overset{+\cdot}{X} \xrightarrow{rH} H_2\dot{C}-(CH_2)_n-\overset{+}{C}H_2 + HX$$

(4) 烃基重排。当烃链长度合适时，容易通过五元环的过渡态发生烃基重排，形成含有卤素原子的五元环特征离子，常为基峰或次强峰。如 1-氯己烷（图 7-31）的质谱中的离子 m/z=91/93。

$$\xrightarrow{rd} CH_3CH_2^{\cdot} + \text{(五元环 } \overset{+}{X}\text{)}$$

以 1-氯己烷为例，裂解形成的主要碎片为 $C_nH_{2n}Cl^+$ 系列，即 m/z=91；$C_nH_{2n+1}^+$ 系列，即 m/z=29、43 和 57；$C_nH_{2n}^{+}$ 系列，即 m/z=56；$C_nH_{2n-1}^+$ 系列，即 m/z=27、41、55 和 69。

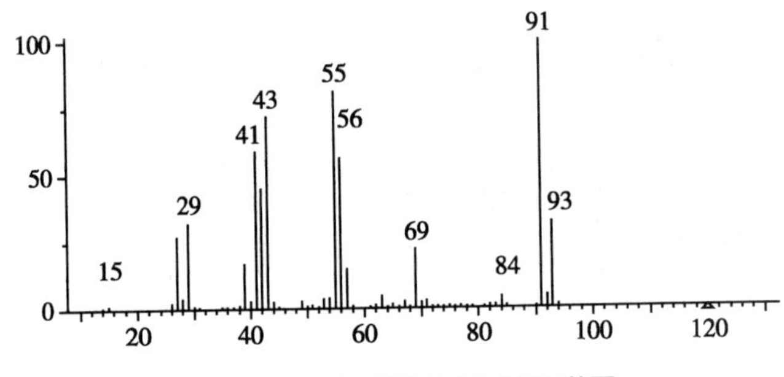

图 7-31　1-氯己烷的 EI-MS 谱图

3. 含硫化合物　由于 ^{34}S 的丰度较大，因此含硫化合物的［M+2］峰较强，易辨认。硫醇与硫醚的分子离子峰一般都较强，含硫化合物的主要裂解如下。

(1) α-裂解。

$$R-CH_2-CH_2-\overset{+\cdot}{S}H \xrightarrow{\alpha} R-\dot{C}H_2 + CH_2=\overset{+}{S}H$$

$$R_1-CH_2CH_2CH_2-\overset{+\cdot}{S}-CH_2-R_2 \xrightarrow{\alpha} R_2^{\cdot} + R_1-CH_2-CH(H)-CH_2-\overset{+}{S}=CH_2 \xrightarrow{rH} R_1-CH_2-CH=CH_2 + H\overset{+}{S}=CH_2$$

$$R_1-\overset{+\cdot}{S}-R_2 \xrightarrow{\alpha} R_1-\overset{+}{S} + R_2^{\cdot}$$

(2) *i* 裂解。

$$CH_3CH_2-\overset{+\cdot}{S}-CH_2CH_3 \;(M^{+\cdot}\ 90) \xrightarrow{i} H_3C-CH_2^{+}\;(m/z\ 29) + \ddot{S}-CH_2CH_3$$

(3) 发生氢重排。如二乙基硫醚的质谱(图 7-32)中的离子 m/z=47 的生成。

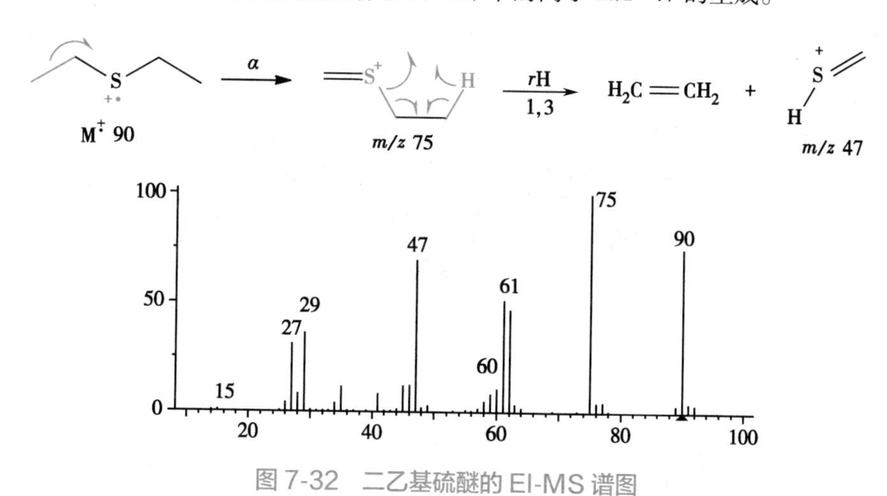

图 7-32 二乙基硫醚的 EI-MS 谱图

硫醇通过氢重排脱去 H_2S(类似于醇脱水)。

4. 硝基化合物 硝基取代的芳氮杂环化合物具有较强的分子离子峰。

(1) 硝基吡啶衍生物易发生重排而脱去自由基·NO,生成的离子还可以再脱去一分子 CO,生成五元芳氮杂环离子。如 2-硝基-3-甲基吡啶(图 7-33)。

(2) 硝基也可以直接脱去,生成的离子若有甲基取代,则易转化成含氮䓬鎓离子,再发生类似于䓬鎓离子的裂解反应,脱去一分子 HCN。

图 7-33 2-硝基-3-甲基吡啶的 EI-MS 谱图

(3) 对于硝基苯胺，氨基的取代位置不同，裂解方式也不同。

间硝基苯胺：

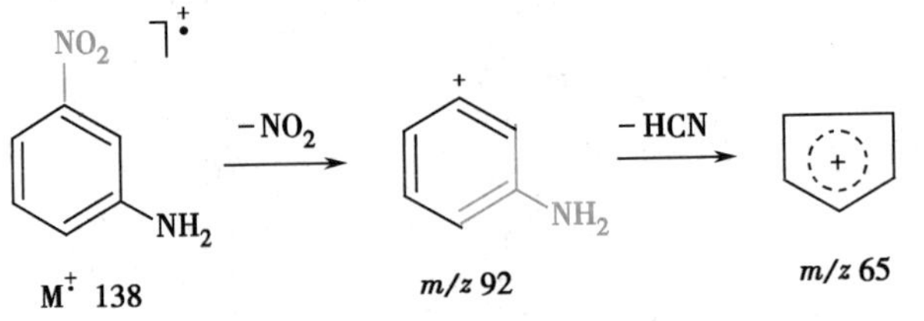

NO_2　$-NO_2$　$-HCN$

$M^{+\cdot}$ 138　m/z 92　m/z 65

对硝基苯胺：

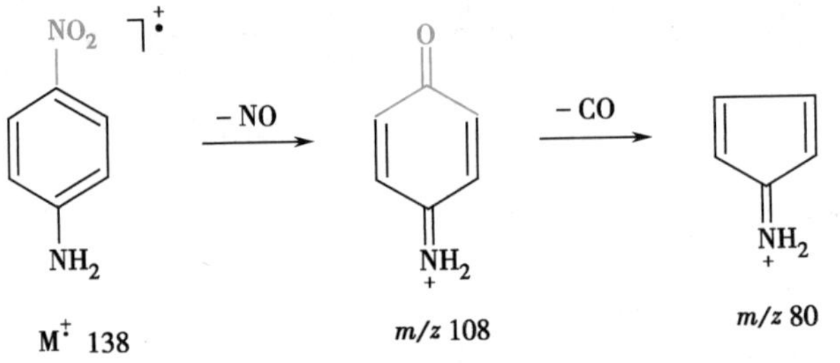

NO_2　$-NO$　$-CO$

$M^{+\cdot}$ 138　m/z 108　m/z 80

第五节　经典质谱技术在结构解析中的应用

有机化合物的质谱中的分子离子峰（或准分子离子峰）、碎片离子峰及亚稳离子峰均能提供很多的结构信息，与其他波谱技术所提供的结构信息可以形成互补，在化合物的结构鉴定中具有很重要的作用。

一、质谱解析程序

解析有机化合物的电子轰击质谱（EI-MS）时，大致可以遵循以下程序。

1. 分子离子峰区域离子峰的解析

(1) 确认分子离子峰（M）或准分子离子峰（M+1 或 M−1），定出分子量。分子离子峰区域是指质谱图中质荷比最大的离子区域，依据判断分子离子峰的原则确认分子离子峰。一般芳烃类化合物、共轭多烯类化合物、环状化合物的分子离子峰较强，有时是基峰；分支多的脂肪族合化合物、多元醇类化合物的分子离子峰较弱或不出现；有些化合物不是以分子离子峰的形式出现，而是以[M+H]峰或[M−H]峰的形式出现，在分析时需多加注意。

(2) 确认是否含有氮原子。根据氮规则进行分析，如样品的分子离子峰为奇数，则含奇数个氮原子；如为偶数，需要根据其他信息判断是否含有氮原子。

(3) 确认是否含有氯、溴、硫元素。根据同位素分子离子峰（M、M+1、M+2）的相对丰度加以分析。

(4) 确定分子式，计算样品的不饱和度。

(5) 采用高分辨质谱仪，测定样品分子离子的精确质荷比，直接确定样品的分子式。

2. 碎片离子区域离子峰的解析

(1) 确定主要碎片离子的组成。碎片离子区域是指由化合物分子离子经一次或多次裂解所产生的碎片离子所在的区域。找出该区域的主要离子峰，根据其质荷比分析其可能的化学组成。注意该区域一些弱的离子峰也可能提供重要的结构信息。

(2) 离去碎片的判断。分析分子离子峰与其左侧低质荷比离子峰之间的质量差，判断离去的自由基或小分子的可能结构，有助于分子结构的确定。

(3) 若存在亚稳离子峰，利用式(7-9)确定具有这种裂解关系的离子 m_1、m_2，有助于确定分子离子或裂解类型。

(4) 对于一些非整数的离子峰或同位素离子峰，分析其是否是由多电荷离子所形成的，有助于分子离子峰或分子量的确定。

(5) 采用高分辨质谱仪测定重要的碎片离子的精确质荷比，直接确定碎片离子的元素组成。

3. 列出部分结构单元

(1) 根据上述分子离子、主要碎片离子及离去碎片的结构分析，列出样品结构中可能存在的结构单元。

(2) 将列出的结构单元与化合物的分子式进行比较，计算剩余碎片的组成和不饱和度，推测剩余碎片的可能结构。

4. 确定样品的结构式

(1) 连接上述推出的结构单元及剩余碎片，组成可能的结构式。

(2) 根据质谱或其他信息排除不合理的结构式，确定样品的结构。

二、解析实例

例 7-1 某未知化合物，经元素分析只含有 C、H、O 三种元素，红外光谱在 3 700~3 200cm^{-1} 区间有一个强而宽的振动吸收峰，其质谱如图 7-34 所示，其中 m/z=136，50.1%(M)和 m/z=137，4.43%(M+1)。试推测其结构。

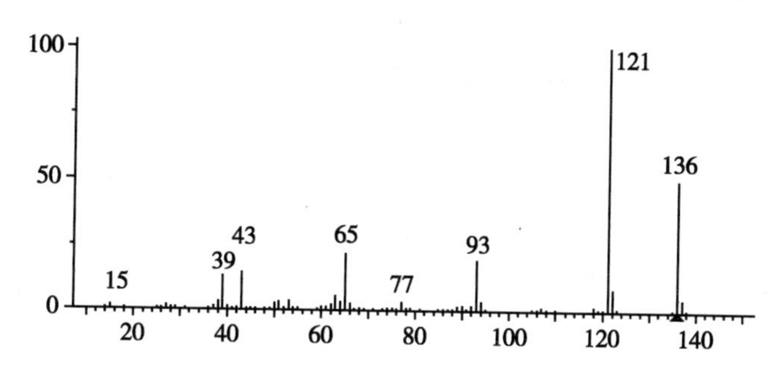

图 7-34 例 7-1 化合物的 EI-MS 谱图

解析：

1. 分子离子峰区域离子峰的解析及分子式的确定

(1) 分子离子峰 m/z=136 为次强峰，说明该化合物的分子离子比较稳定；质谱中还有 m/z=77、65 和 39 的碎片离子，表明该化合物中可能含有苯环。

(2) 查 Beynon 表的分子量 136 项下，含 C、H、O 的化合物有 $C_5H_{12}O_4$(Ω=0)、$C_7H_4O_3$(Ω=6)、$C_8H_8O_2$(Ω=5)和 $C_9H_{12}O$(Ω=4)。

(3) 先将其同位素分子离子峰换算成以 M 为 100% 时的相对丰度，即其 m/z=136，100%(M)，则其[M+1]峰为 m/z=137，8.84%(M+1)。根据式(7-7)可知：

$$[(M+1)\div M]\div 1.1\times 100=(8.84\div 100)\div 1.1\times 100\approx 8$$

说明该化合物中含有的碳原子数约为 8，故其分子式为 $C_8H_8O_2$。

2. 碎片离子峰区域离子峰的解析

(1) m/z=77 是苯环的特征离子峰，表明该化合物中含有苯环；m/z=93，提示该离子为 $C_6H_4OH^+$；该离子重排，脱去一个 CO，则形成 m/z=65，再脱去一分子乙炔，生成离子 m/z=39，证明化合物含有羟基取代的苯环结构。

(2) 分子离子峰(m/z=136)与基峰(m/z=121)的质量差为 15，说明分子离子失去一个·CH_3，其

裂解类型为简单开裂。基峰 m/z=121 与离子峰 m/z=93 之间的质量差为 28，说明脱去一个 CO 或 $CH_2{=}CH_2$。若脱去的为 $CH_2{=}CH_2$，则裂解过程应为重排，但从生成的离子为 $C_6H_4OH^+$ 来看，不应该发生重排，因此脱去的应为 CO，提示 m/z=121 为酚羟基取代的苯甲酰基离子。

3. 列出部分结构单元　根据上述分析，样品中含有结构单元：

O　OH　，　—CH_3

4. 确定样品的结构式

(1) IR 中在 3 700~3 200cm^{-1} 区间有一个强而宽的振动吸收峰，说明有羟基。因此，该样品应为下列结构式（A）、（B）、（C）的一种。

(A)　(B)　(C)

(2) 根据 IR 和质谱均不能确定其羟基的取代位置，需要结合其他波谱数据才能确定羟基的取代位置。该化合物的质谱裂解过程如下。

M$^{+\cdot}$ 136 —α, $-\dot{C}H_3$→ m/z 121 —i, −CO→ m/z 93

M$^{+\cdot}$ 136 —α→ m/z 43

m/z 93 ↔ —−CO→ m/z 65 —−HC≡CH→ m/z 39

例 7-2　某化合物的质谱如图 7-35 所示，高分辨质谱给出其分子量为 88.052 3，红外光谱中在 1 736cm^{-1} 处有一个很强的振动吸收峰。试推测其结构。

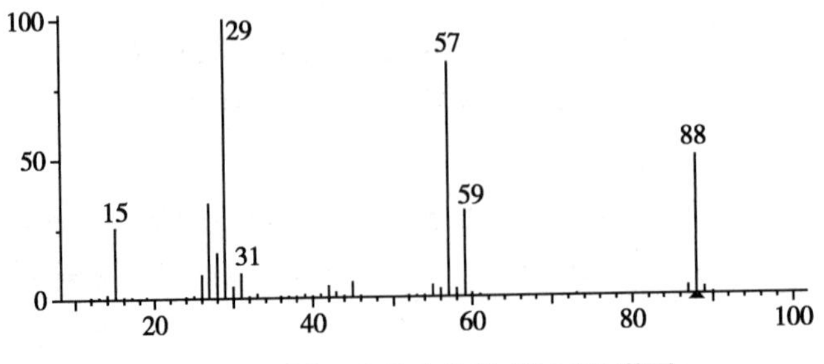

图 7-35　例 7-2 化合物的 EI-MS 谱图

解析：质谱图中的分子离子峰区域的分子离子峰为 m/z=88，根据高分辨质谱给出的精确分子量 88.052 3，化学式 $C_4H_8O_2$ 的计算值为 88.052 2，因此确定该化合物的分子式为 $C_4H_8O_2$，其不饱和度为 1。

红外光谱中在 1 736cm^{-1} 处有一个很强的振动吸收峰，说明该样品含有酯羰基，则其结构可表示为 R—CO—OR′。

酯类化合物易发生 α-裂解。在离子碎片区域的 m/z=57 离子峰为丙酰基正离子 $CH_3CH_2CO^+$，示有结构单元 $CH_3CH_2C(=O)—$；该离子容易再脱去一分子 CO，生成的乙基正离子 m/z=29 为基峰。m/z=59 峰则为 $^+COOCH_3$ 离子峰。

因此，该化合物的结构为：

$CH_3CH_2COOCH_3$

该化合物的质谱裂解过程如下。

$CH_3\overset{+}{C}H_2$ (m/z 29) $\xleftarrow{-CO}$ $CH_3CH_2C{\equiv}\overset{+}{O}$ (m/z 57) $\xleftarrow{-CH_3\dot{O}}$ $CH_3CH_2COOCH_3^{+\cdot}$ (M^{+} 88) $\xrightarrow{-\dot{C}_2H_5}$ $\overset{+}{O}{\equiv}C-OCH_3$ (m/z 59)；M^{+} 88 → CH_3^+ (m/z 15)

例 7-3　从某植物中分离得到的香豆素类化合物东莨菪内酯的结构式如下，其电子轰击质谱如图 7-36 所示，试写出该化合物的主要离子碎片的质谱裂解过程。

（6-H_3CO，7-HO 取代的香豆素结构式）

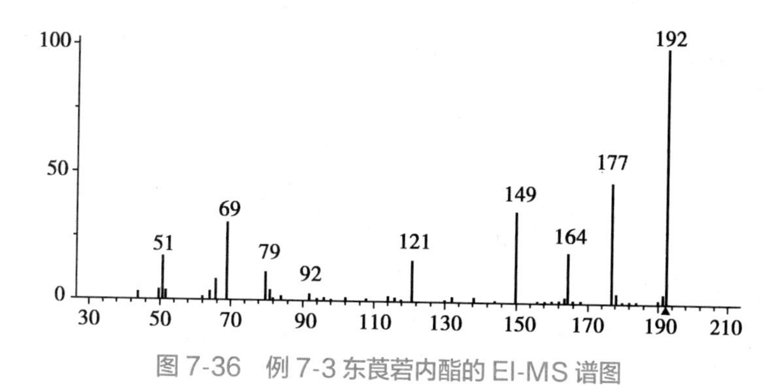

图 7-36　例 7-3 东莨菪内酯的 EI-MS 谱图

解析：该化合物的裂解过程如下。

H_3C—O, HO, $O^{\cdot+}$, O

$-\cdot CH_3$ → O, HO, O^+, O → $-CO$ → O, HO, O^+

$M^{\ddagger}$, m/z 192, 100%　　m/z 177, 58%　　m/z 149, 45%

$-CO$ → H_3C—O, HO, $O^{\cdot+}$ → ; HO, O^+

m/z 164, 36%　　m/z 121, 20%

例 7-4 从某植物中分离得到的一个黄酮类化合物的结构式和电子轰击质谱如图 7-37 所示，试写出该化合物的主要离子碎片的质谱裂解过程。

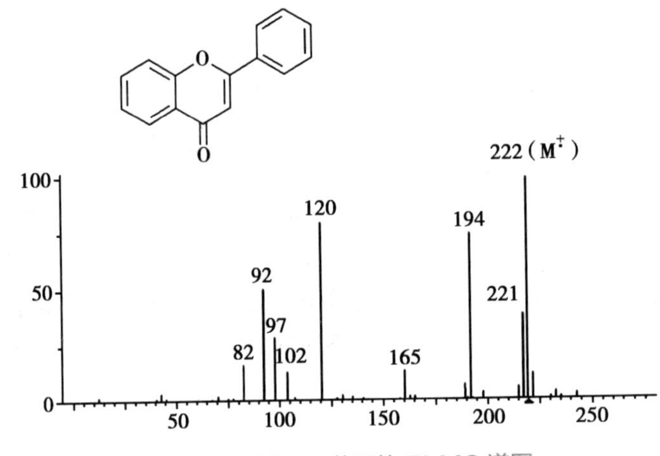

图 7-37 例 7-4 黄酮的 EI-MS 谱图

解析：

(1) 黄酮类化合物的分子离子峰（m/z=222）为基峰，脱去一个羰基而生成碎片离子 m/z=194；其 M−1 离子（m/z=221）不太强，失去一个氢游离基的位置尚未弄清。

A　C　B　O　O　$-CO$ →

$M^{\ddagger}$ 222（100%）　　$[M-28]^{\ddagger}$ 194（48.6%）

(2) 由分子离子的 C 环裂解，产生含有 A 环（m/z=120）和 B 环（m/z=102）的 2 个特征离子峰，可用于鉴别 A 环和 B 环上的取代基团。

RDA

$M^{+\cdot}$ 222(100%)　　　m/z 120(78%)　　　m/z 102(12%)

(3) 上述 m/z=120 的离子脱去一分子 CO,生成更小的离子碎片 m/z=92。

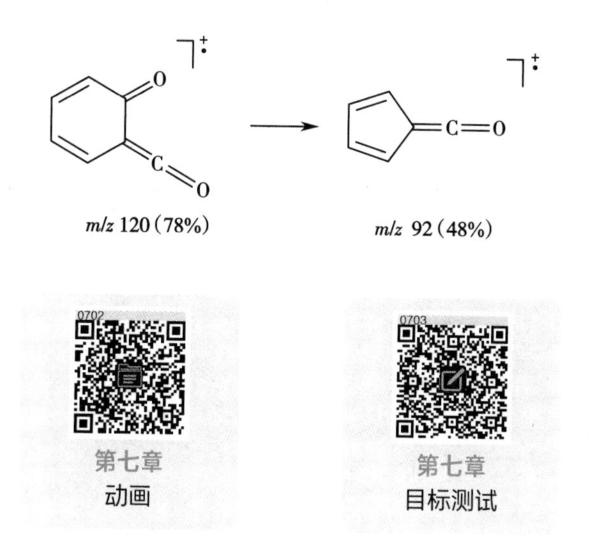

习　　题

1. 采用分辨率为 10 000 的质谱仪测定化合物时,m/z 为 100 的离子可与质荷比(m/z)是多少的离子分开?

2. 某化合物在质谱的高质量区只显示 m/z 172 和 187 两个离子峰及 m/z 170.6 的亚稳离子峰。试回答:该亚稳离子的质量是多少?未检出的母体离子的质量是多少?假设在该质谱中还有一个 m/z 158.2 的亚稳离子,那么这个亚稳离子的质量是多少?其母体离子的质量是多少?

3. 2-丁酮的质谱如图 7-38 所示,试写出其主要离子的裂解过程。

4. 2-丁硫醇的质谱如图 7-39 所示,试回答下列问题。

(a) 写出该化合物的分子离子及其同位素离子峰的质荷比。

(b) 指出该化合物质谱的基峰,并写出该碎片离子的结构。

(c) 写出碎片离子 m/z=61 和 m/z=29 的结构。

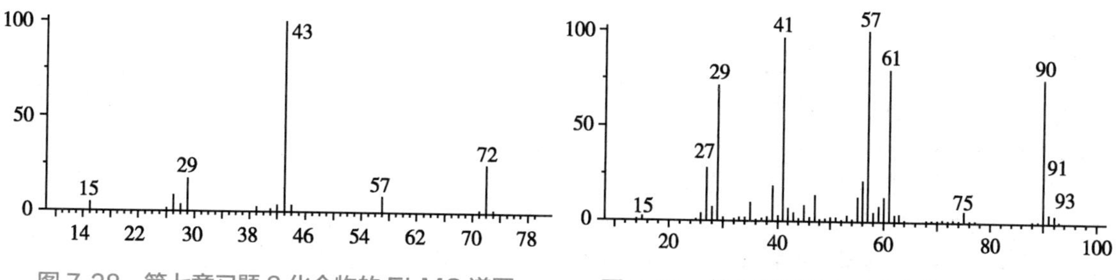

图 7-38　第七章习题 3 化合物的 EI-MS 谱图　　图 7-39　第七章习题 4 化合物的 EI-MS 谱图

5. 丁酸乙酯的质谱如图 7-40 所示，试回答下列问题。

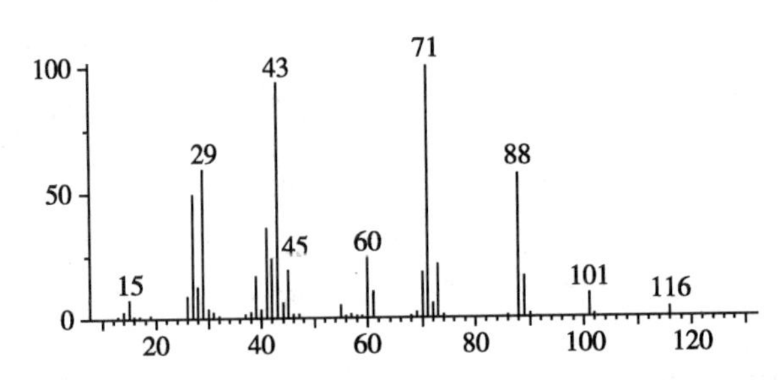

图 7-40 第七章习题 5 化合物的 EI-MS 谱图

(a) 解释碎片离子 m/z=71 和 m/z=43 的生成过程，并注明属于何种裂解类型。

(b) 写出碎片离子 m/z=88 的生成过程，并注明属于何种裂解类型。

6. 某化合物仅含有 C、H、O 元素，熔点为 41℃，质谱中的离子峰有 m/z=184（10%）（M）、m/z=91（100%）、m/z=77（4.5%）和 m/z=65（6.7%）；另有一个亚稳离子峰 m/z=45.0。试写出该化合物的结构。

7. 从某植物中分得一个天然产物单体，经综合分析该化合物的 ^{1}H-NMR、^{13}C-NMR、2D NMR 和 MS 等谱图数据，确定该单体为黄酮类化合物芹菜素，其结构式如下，且其电子轰击质谱如图 7-41 所示。试写出该化合物 EI-MS 中主要碎片离子的裂解过程。

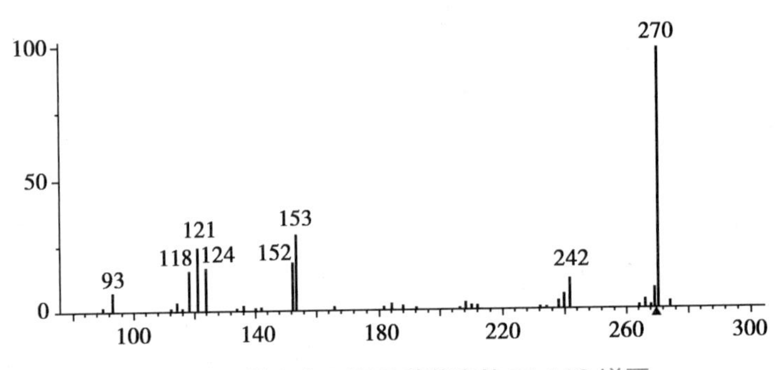

图 7-41 第七章习题 7 芹菜素的 EI-MS 谱图

（孙隆儒）

参考文献

[1] 吴立军 . 有机化合物波谱解析 . 3 版 . 北京：中国医药科技出版社，2009.

[2] 丛浦珠 . 质谱学在天然有机化学中的应用 . 北京：科学出版社，1987.

[3] MCLAFFERTY F W，TUREČEK F. Interpretation of mass spectra. 4th ed. California：University Science Books，1993.

[4] GROSS J H. Mass spectrometry：a textbook. Heidelberg：Springer-Verlag，2004.

[5] 丛浦珠，李笋玉 . 天然有机质谱学 . 北京：中国医药科技出版社，2003.

[6] 王光辉，熊少祥 . 有机质谱解析 . 北京：化学工业出版社，2005.

[7] 丛浦珠，苏克曼 . 分析化学手册（第九分册）：质谱分析 . 北京：化学工业出版社，2000.

第八章

现代质谱技术

学习目标

第八章
教学课件

1. **掌握** 现代质谱离子化、质量分析的常用技术及其应用特点；利用现代质谱的质谱图（MS^1 和 MS^n）分析和推导化合物的相对分子量和结构。
2. **熟悉** 现代质谱离子化、质量分析常用技术的原理及方法；色谱-质谱联用技术。
3. **了解** 质谱技术的发展、现代质谱技术在定量分析及生物大分子分析中的应用。

第一节 质谱技术的发展

质谱分析在灵敏度（sensitivity）、速度（speed）、特异度（specificity）和化学计量（stoichiometry）四个方面表现优异（亦称质谱的 4S 特性），因此质谱成为当今仪器分析的主要方法之一。

质谱仪有很多种，按照应用范围分类有无机质谱、同位素质谱、有机质谱和生物质谱；按照分辨率大小分类有高分辨质谱、中分辨质谱和低分辨质谱；按照离子源类型分类有电子轰击质谱、电喷雾电离质谱、快速原子轰击质谱和基质辅助激光解吸质谱等；按照质量分析器分类有磁质谱、四极杆质谱、离子阱质谱和飞行时间质谱等。不同类型的质谱其功能、用途都不相同，上述名称通常表明该质谱具有的主要特色及功能。但实际上各质谱仪的功能交叉非常多，上述名称并不能概括该仪器的所有功能及应用范围，需了解仪器的配置和主要技术指标方可合理使用质谱仪。

早期的质谱仪主要研究无机质谱和同位素质谱，主要用于同位素测定和无机元素分析。之后出现有机质谱，拓宽了质谱分析的研究范围，尤其是液相色谱-质谱联用仪的出现，使质谱仪广泛应用于化学、化工、药物、材料、环境、地质、能源、刑侦、生命科学、运动医学等各个领域，成为 20 世纪的主要分析仪器。近二十年，随着电喷雾电离质谱和飞行时间质谱等质谱技术的出现，使得质谱技术可以用于生物大分子的研究，随之出现生物质谱。目前，生物质谱已经成为生命科学领域的主要研究工具之一，在探索生命现象、研究生物调控及演化规律方面发挥重要作用。

现代质谱技术的发展主要来源于离子化技术和质量分析技术的不断创新。离子源和质量分析器是质谱仪的两个主要组成部分，相应的离子化技术和质量分析技术一直是现代质谱技术的重点研究内容，例如电喷雾电离技术、快速原子轰击技术、基质辅助激光解吸技术等离子化技术，离子阱技术、四极杆技术、离子漂移技术和离子回旋技术等质量分析技术等。质谱仪器的重要发展阶段均与这两种技术的发展有关，电离技术和质量分析技术也代表着有机质谱和生物质谱的发展方向。

一、电子轰击质谱离子源的局限性

电子轰击（EI）电离是应用最久、发展最成熟的电离方法之一。电子轰击质谱仪仍为当今质谱仪器的类型之一，主要用于易挥发、极性弱的小分子的鉴定和结构分析。电子轰击质谱（EI-MS）的主要

代表仪器为气相色谱-质谱联用仪,具有进样量少、灵敏度高、检测快速、谱图库全等优点。

回顾一下第七章介绍的EI电离过程,呈气态的样品分子在较高真空和较高温度的电离室内受到热阴极发射的电子的轰击,进而失去一个电子产生带正电的离子即分子离子,也可以进一步裂解成碎片离子或亚稳离子等。因此,EI-MS可以同时给出分子离子及碎片离子的信息,对比计算机质谱库结果,可方便地研究有机化合物的裂解规律。随着质谱的应用范围和领域的拓宽,EI电离已经远不能满足人们的需要,其局限性主要体现在如下几个方面。

1. 适合于用EI-MS检测的化合物较少。①不能气化的样品分子不能用EI-MS检测;②气化后不稳定的分子不能得到分子离子峰;③常见的准分子离子如$[M+H]^+$、$[M+Na]^+$和$[M+K]^+$等无法采用电子轰击电离实现。

2. 一些化合物的分子离子峰的判别比较困难,需根据经验推测其分子量,很难直接给出分子量信息。质谱的主要功能之一给出化合物的分子量,这是EI-MS的主要局限性之一。

3. EI-MS无法与高效液相色谱联机,这是EI-MS发展的主要瓶颈之一,限制其应用范围和领域。

多数药物和生物大分子均为极性和中等极性分子,其理化性质决定这些化合物很难气化,无法用EI-MS分析。此外,很多化工产品及中间体、食品添加剂、农药及中间体等也很难用EI-MS分析。因此,相对于EI电离这种硬电离方式,化学电离、电喷雾电离和快速原子轰击电离等软电离方法逐渐成为质谱的主要电离方式。

二、质谱新离子源的发展

1966年,Munson和Field提出化学电离(chemical ionization,CI)的概念,化学电离作为新的离子化技术得到快速发展。

化学电离的基本原理是离子-分子反应(ion-molecule reaction),化学电离时有反应气存在,反应气有很多类型,如甲烷、氨气、异丁烷或甲醇等。以甲烷为例,通常在具有一定能量的电子(50eV)的作用下,反应气的分子电离成CH_4^+;该离子进一步与甲烷分子碰撞,形成甲烷加氢正离子CH_5^+;该正离子与样品分子碰撞,将质子转移到样品分子,形成样品的准分子离子$[M+H]^+$。因此,化学电离生成的与分子量相关的m/z离子峰不是分子离子峰,而是$[M+H]^+$或$[M-H]^-$峰或其他峰,这些峰称为准分子离子峰。在计算分子量时,应注意CI可以是正离子模式,也可以是负离子模式,即由CI产生正离子$[M+H]^+$和负离子$[M-H]^-$。正离子或负离子的产生由离子化模式决定,但与待测分子和电子的亲和力大小有关,也可以看成与样品分子结合质子或离去质子的能力有关。

化学电离原理的特点之一是化学电离产生的准分子离子过剩的能量小,因此进一步发生裂解的可能性小,质谱中的碎片峰较少;同时准分子离子又是偶电子离子,比EI电离产生的$M^{+\cdot}$(奇电子离子)稳定,准分子离子峰较高,非常适合于获得分子量信息,因此受到人们的关注。

EI-MS的缺点之一是电子轰击后形成的分子离子过剩的能量大,易发生进一步的裂解,产生碎片离子,使得分子离子峰很低,难以捕捉,影响分子量的确定;CI的离子源与EI电离相似,主要区别是离子源中含有较高浓度的反应气体,样品分子与反应气分子相比是极少的,进而保证准分子离子的存在,这种技术称为软电离技术。

软电离和硬电离是指离子化方式不同(图8-1)。EI电离为硬电离,该电离方式易产生碎片离子;CI为软电离,主要产生准分子离子,会有少量碎片离子;大气压电离(atmospheric pressure ionization,API)也是一种软电离技术,该电离方式很少产生碎片离子。

现代质谱技术的一个重点是发展离子源新技术。软电离技术是当今的主要发展趋势,化学电离之后出现的快速原子轰击(fast atom bombardment,FAB)电离、大气压化学电离(atmospheric pressure chemical ionization,APCI)和电喷雾电离(electrospray ionization,ESI)等均为软电离技术,已经陆续成为当今质谱仪器的主流离子化技术,广泛应用于各行各业的质谱检测和化合物解析等。2002年,

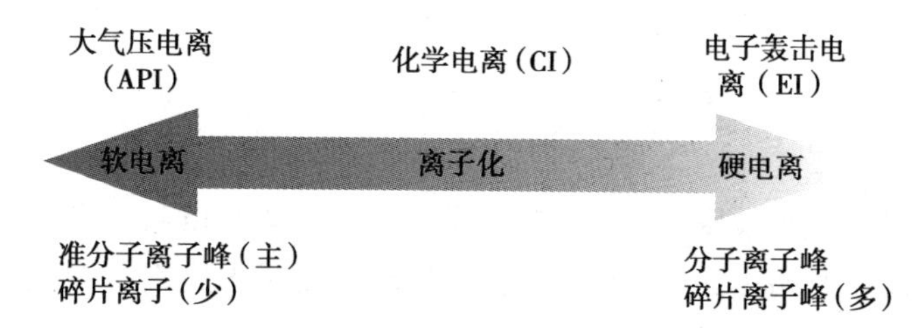

图 8-1 离子化方式与软、硬电离

日本科学家 Koichi Tanaka 因发明基质辅助激光解吸电离（matrix-assisted laser desorption ionization，MALDI）和美国科学家 John Bennet Fenn 因发明电喷雾电离（ESI）而同时获得诺贝尔化学奖，是对软电离技术重要性的最好的诠释。目前，MALDI 和 ESI 这两种电离方法是生物大分子质谱分析的主要方法，成为当前各仪器生产厂家生产的质谱仪的主要离子源。软电离技术的快速发展拓宽了质谱的应用范围，提高了质谱仪器的内涵，也使质谱仪器成为定性、定量分析及分离检测不可缺少的仪器之一。

软电离技术的出现丰富了离子产生的方式，拓宽了化合物的测定范围。不同的电离方式具有不同的离子化特点，适合测定分子量大小和极性不同的化合物。表 8-1 给出几种不同电离方法适合测定的化合物的极性和分子量范围。可以看出，ESI 和 APCI 的适用范围较广。一般极性大的化合物采用 ESI 源，中等极性或弱极性的化合物通常采用 APCI 源，非极性化合物可选择 EI 电离源等。目前，ESI 和 APCI 这两种离子源几乎成为各厂家生产的质谱仪的主要配置。

表 8-1 不同的电离方法及其特点

电离方法	适应的化合物类型	进样形式	质量范围	主要特点
EI 电离	小分子、低极性、易挥发的化合物	GC 或直接进样	1~1 000	硬电离，重现性高，结构信息多
CI	小分子、中低极性、易挥发的化合物	GC 或直接进样	60~1 200	软电离，提供$[M+1]^+$
FAB 电离	碳水化合物、金属有机化合物、蛋白质、非挥发性化合物	样品溶解在基质中	300~6 000	软电离
API（ESI 和 APCI）	蛋白质、多肽、非挥发性化合物	HPLC 或直接进样	100~50 000	软电离，单电荷、多电荷离子
MALDI	多肽、蛋白质、核酸、高分子聚合物	溶液和基质形成共结晶体	10~10 000	软电离，单电荷、多电荷离子

发展现代质谱技术的另一个重点是发展质量分析技术，回顾近几十年质谱领域的几个重大事件均与质量分析器的发展有关。如 1946 年，Stephens 发明了飞行时间质谱（time-of-flight mass spectrometry）；1949 年，Hipple 等发明了离子回旋共振（ion cyclotron resonance，ICR）技术；1953 年，Wolfgang Paul 等发明了四极杆质量分析器（quadrupole mass analyzer）；1956 年，Beynon 发明了高分辨质谱（high resolution MS）；1967 年，McLafferty 和 Jennings 发明了串联质谱（tandem mass spectrometry）；1974 年，Comisarow 和 Marshall 开发了傅里叶变换离子回旋共振质谱（FT-ICR-MS）；1998 年，反射式高分辨飞行时间质谱仪（离子延时引出技术）研制成功等。这些不同的质量分析器与各种离子源组成不同类型的质谱仪器，在不同的领域中发挥不可替代的作用。

综上所述，质谱的出现加速人们对化学和生物科学现象的认识和理解。回顾质谱发展的历史可以看出，质谱对人类的贡献很大，相关学者曾九次获得诺贝尔奖，尤其是离子阱技术、电喷雾电离技术和基质辅助激光解吸电离技术等对有机化合物的光谱解析及生物大分子的结构鉴定帮助很大，目前已经成为质谱解析的常规方法。

第二节 现代质谱离子化技术

离子化技术的进步是质谱技术发展的关键因素。避免硬电离 EI 技术带来的碎片化和应用范围的缺点，以化学电离 CI 原理带来的各种软电离技术发展，为质谱检测各类有机化合物和生物大分子带来了可能和方便。从新离子源发展轨迹看，化学电离（CI）、场电离、场解析电离、快速原子轰击电离（FAB）、基质辅助激光解吸电离（MALDI）、大气压电离（API）、电喷雾电离（ESI）、大气压化学电离（APCI）是现代质谱的主要离子化技术。

一、快速原子轰击电离

1981 年，Barber 等发明了快速原子轰击（fast atom bombardment，FAB）电离技术，拓宽了有机质谱的应用范围，使得一些难挥发和热不稳定的化合物可以用质谱检测。如今，快速原子轰击质谱成为特色有机质谱之一。

（一）基本原理

快速原子轰击电离是一种软电离技术，其电离过程简述如下：在离子枪中，气压为 100Pa 的惰性气体（Xe、Ar 或 He）经电子轰击后电离，生成的离子再被电子透镜聚焦并加速形成动能可以控制的离子束，离子束在轰击样品前需经过一个中和器，中和掉离子束所携带的电荷，成为高速定向运动的中性原子束（高能原子束），用此高速运动的中性原子轰击涂有非挥发性底物（也称基质，如甘油、硫代甘油、3-硝基苄醇、三乙醇胺和聚乙二醇等）和有机化合物样品的靶，使有机化合物样品分子电离，产生的样品离子在电场作用下进入质量分析器（图 8-2）。

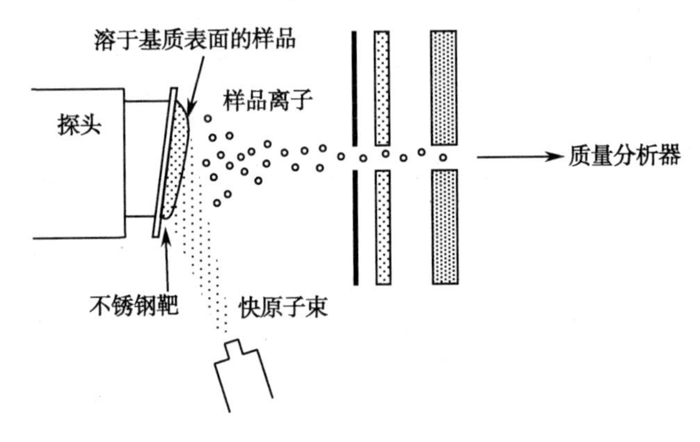

图 8-2 快速原子轰击电离的基本原理

（二）应用范围及特点

在快速原子轰击质谱中，样品溶于基质中成半流动状态，可以长时间产生稳定的样品分子离子流，装置简单，易于操作。由于快速原子轰击电离源的电离过程中不必加热气化，因此特别适用于分子量大、难挥发或热不稳定的极性样品分析。

快速原子轰击质谱产生的主要是准分子离子，碎片离子较少。常见的离子有$[M+H]^+$（正离子方式）或$[M-H]^-$（负离子方式）。此外，还会生成加合离子，如$[M+Na]^+$、$[M+K]^+$等。如果样品滴在 Ag 靶上，还能看到$[M+Ag]^+$。用甘油作为基质时，生成的离子中还会有样品分子和甘油生成的加合离子。由于基质的存在，FAB-MS 中的基质会产生背景峰，而且对离子源也会产生污染。随着 ESI-MS 和 MALDI-MS 技术的成熟与普及，FAB-MS 的应用已大大减少，但在特定的研究领域，如金属有机化合物与有机盐类的表征上，FAB-MS 还是非常有效的。

快速原子轰击质谱的优点：①常温电离样品，适合于极性的非挥发性化合物、热不稳定化合物及分子量大的化合物；②样品制备过程简单；③有正、负离子检测两种模式，负离子检测方式可增加一些化合物的灵敏度；④薄层色谱展开后的样品斑点可直接用 FAB-MS 测定，方便给出结构信息；⑤产生单电荷离子峰，谱图简单，容易识别。

快速原子轰击质谱的缺点是离子源原子束分散，灵敏度偏低。

二、电喷雾电离

电喷雾电离技术是近年来发展起来的一类新的软电离技术。1989 年,John Bennet Fenn 发明了电喷雾电离(electrospray ionization,ESI)技术,并由此贡献获得 2002 年的诺贝尔化学奖。电喷雾电离质谱是目前应用最广的质谱之一。

(一) 基本原理

电喷雾电离是软电离技术,其电离过程是离子雾化,样品溶液通过一根毛细管进入雾化室,在加热、雾化气(N_2)和强电场(3~5kV)的共同作用下雾化,在大气压下喷成在溶剂蒸气中的无数细微带电荷的雾滴。

雾化过程简述如下:样品溶液的液滴在进入质谱仪之前沿着一管道运动。该管是不断被抽真空的,且管壁保持适当的温度,因而液滴不会在管壁凝集。液滴在运动中,溶剂不断快速蒸发,液滴迅速地不断变小,由于液滴带有电荷,表面电荷密度不断增加,表面电荷的斥力克服液滴的内聚力,导致"库仑爆炸",液滴分散为很小的微滴。去溶剂的过程继续重复进行,在这种情况下,溶液中的样品分子就以离子的形式逸出(图 8-3)。

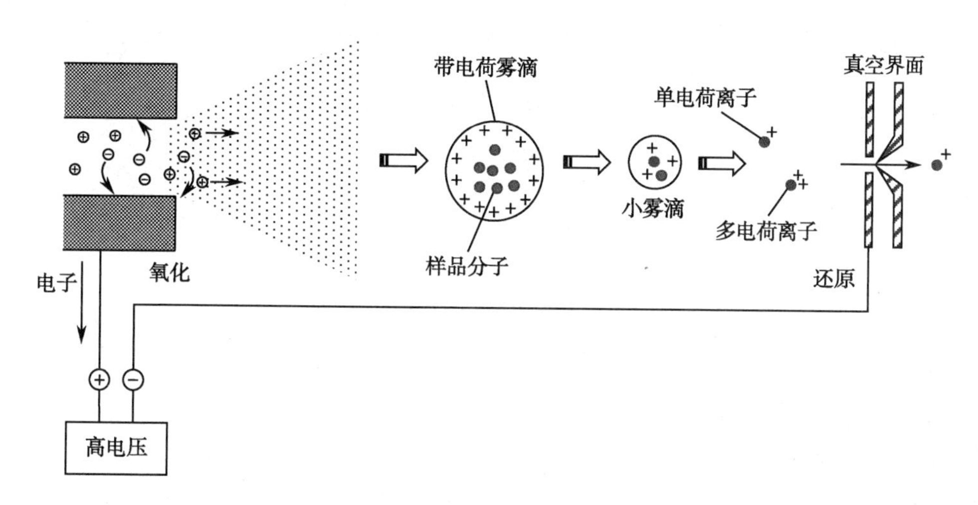

图 8-3 ESI 的雾化示意图

(二) 应用范围及特点

电喷雾电离的样品制备方法简单,通常将样品溶解在甲醇、水等溶剂中直接进样,也可与液相色谱联机进样。

电喷雾电离产生的离子可能具有单电荷或多电荷,这与样品分子中的碱性或酸性基团数量有关。通常,小分子得到单电荷的准分子离子,生物大分子得到多电荷的离子,在质谱图上得到多电荷离子簇。由于检测多电荷离子,这使质量分析器检测的质量可提高几十倍甚至更高。

在正离子模式下,分子结合 H^+、Na^+ 或 K^+ 等阳离子而得到$[M+H]^+$、$[M+Na]^+$ 或$[M+K]^+$ 等准分子离子;在负离子模式下,分子的活泼氢电离得到$[M-H]^-$准分子离子。

电喷雾电离的优点:①分子量检测范围宽,既可检测分子量 <1 000 的化合物,也可检测分子量高达 20 000 的生物大分子;②可进行正离子和负离子模式检测;③准分子离子检测可增加灵敏度;④电离过程在大气压力下进行,仪器维护方便简单;⑤样品溶剂选择多,制备简单;⑥可与液相色谱联机,化合物的分离与鉴定同时进行,简化和缩短分析过程,可用于定性和定量分析;⑦利用质谱的 4S 特性,在生物分析等方面应用广泛。

核酸、蛋白质、多肽是适合用质谱分析的生物分子,它们都是高度亲水性的分子,在高温下容易分解,因而电喷雾电离这种方式非常适合这类分子的研究。

三、大气压化学电离

大气压化学电离(atmospheric pressure chemical ionization,APCI)是指样品离子化在处于大气压下的离子化室中进行。大气压化学电离也是一种软电离技术,与电喷雾电离均属于大气压电离的范畴。大气压电离(atmospheric pressure ionization,API)是液相色谱-质谱联用的主要方法之一。

(一) 基本原理

与电喷雾电离过程相似,大气压化学电离过程是样品溶液由具有雾化气套管的毛细管(喷雾针)端流出,通过加热管(300℃以上)时被气化。在加热管端进行电晕(corona)尖端放电,溶剂分子被电离,形成等离子体,与前述的化学电离过程相似,等离子体与样品分子反应,生成$[M+H]^+$或$[M-H]^-$准分子离子,进入检测器分析(图 8-4)。

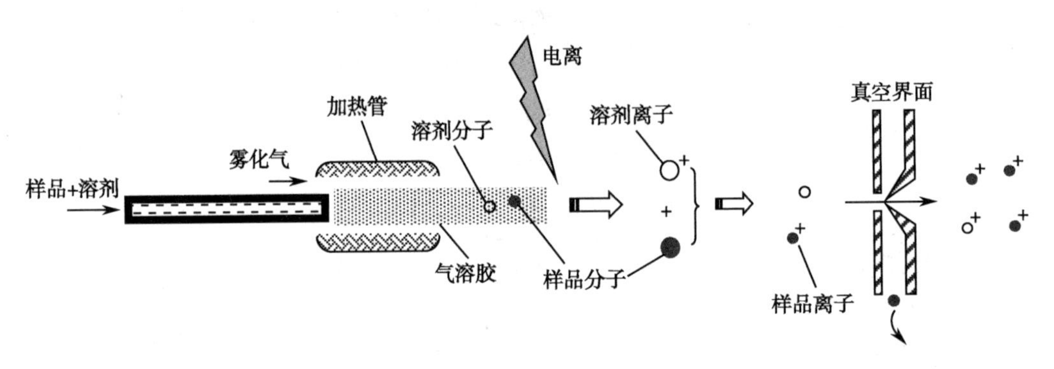

图 8-4 大气压化学电离过程示意图

(二) 应用范围及特点

大气压化学电离的样品制备方法与电喷雾电离相似,样品可溶解在甲醇、水等溶剂中直接进样,也可与液相色谱联用进样。

大气压化学电离产生的离子可能具有单电荷或多电荷,小分子得到单电荷的准分子离子,大分子得到多电荷的离子,在质谱图上得到多电荷离子簇。多电荷离子检测也会提高分子量的检测范围。

与电喷雾电离相同,在正离子模式下,分子结合H^+、Na^+或K^+等阳离子而得到$[M+H]^+$、$[M+Na]^+$或$[M+K]^+$离子;在负离子模式下,分子的活泼氢电离得到$[M-H]^-$离子。

大气压化学电离的优点:①电离过程在大气压力下进行,仪器维护方便简单;②可进行正离子和负离子模式检测;③准分子离子检测可增加灵敏度;④样品溶剂选择多,制备简单;⑤可与液相色谱联机,化合物的分离与鉴定同时进行,简化和缩短分析过程,可用于定性和定量分析;⑥可以检测极性较弱的化合物。

大气压化学电离与电喷雾电离的相同点:两者均为软电离技术,均在大气压环境条件下离子化。两者的不同点:①大气压化学电离时,形成的气态溶剂分子或样品分子不带电荷,经电晕放电后溶剂分子被离子化,进而形成准分子离子;而电喷雾电离时,气化分子已经带有电荷,不需要电晕放电。②大气压化学电离时,需要加热气化样品溶液;电喷雾电离时,通过真空气化样品溶液进行。因此,电喷雾电离适合于极性化合物的检测,大气压化学电离可以检测弱极性的小分子化合物。

四、基质辅助激光解吸电离

1960 年之后,各类激光光源用于质谱分析中解吸与产生离子,激光解吸电离质谱以其独特的优点在分析化学、药物分析和生物大分子鉴定领域中得到蓬勃发展。1988 年,德国科学家 Karas 和 Hillenkamp 等首次提出基质辅助激光解吸电离(matrix-assisted laser desorption ionization,MALDI)技术。

（一）基本原理

MALDI 的工作原理是用小分子有机化合物作基质，将样品溶液和基质混合均匀，干燥成为晶体或半晶体后送入离子源内。用一定波长的脉冲式激光照射，基质分子能有效地吸收激光能量，瞬间由固态转化为气态，基质离子与样品相互碰撞使样品离子化，而得以进行质谱分析。与前述的 CI、FAB 电离等软电离技术不同，该过程用的是样品与基质的共结晶体，激光聚焦于样品表面，使样品由凝集相解吸而形成离子（图 8-5）。

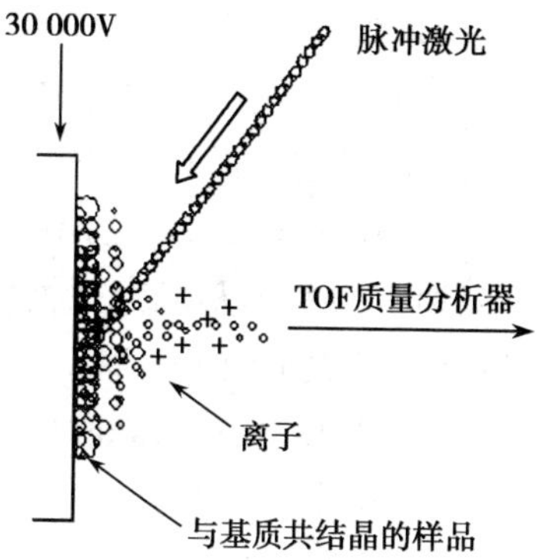

图 8-5　MALDI 离子源示意图

常用的基质分子有 2,5-二羟基苯甲酸、芥子酸、烟酸、2-氰基-4-羟基肉桂酸等。

（二）应用范围及特点

MALDI 是一种直接气化并离子化非挥发性样品的离子化技术，可用于测定分子量为 10~10 000Da 的生物分子，目前已被广泛地用于测量多肽、蛋白质、核酸等生物大分子的分子量及高分子聚合物的分子量分布。MALDI 技术的特点是在一个微小的区域内，在极短的时间间隔（纳秒数量级）中，激光对靶上的待分析物质提供高强度的脉冲式能量，使其在瞬间完成解吸和电离，且不产生热分解。MALDI 具有灵敏度高、适用范围广、操作简单等特点，使传统的主要用于小分子物质研究的质谱技术拓展到分析高极性、难挥发和热不稳定样品的范围。

MALDI 的特点是准分子离子峰很强，碎片离子峰很少，能直接测定难于电离的样品，特别是生物大分子物质如多肽、核酸、蛋白质等。

MALDI 技术需要被分析物质的浓度低（μmol/L 级浓度），基质分子能有效地吸收激光的能量，使基质分子和样品获得能量投射到气相并得到电离，通常形成$[M+H]^+$、$[M+Na]^+$、$[M+K]^+$峰。

MALDI 技术应用的是脉冲式激光，特别适合与飞行时间质量分析器配套使用，简称为 MALDI-TOF-MS。MALDI 产生的基质背景离子通常低于 m/z 1 000，且因采用的基质不同及激光强度而变化。质谱的计算往往以外标法进行校准。

第三节　现代质谱质量分析技术

质量分析技术创新是现代质谱技术发展的另一个重要的原因，也是现代质谱技术的核心之一。不同的质谱仪器配备不同的质量分析器，可检测不同特点的有机化合物和生物大分子。不同的质量分析技术具有不同的原理，也有其不同的应用范围，其检测的离子也有不同的特点。

第七章介绍的质量分析器是以磁质谱原理为主的扇形磁场质量分析器，由于受到磁铁和分辨率等因素的影响，其发展受到一定程度的制约。随着四极杆、离子阱、飞行时间和离子回旋等技术的快速发展，质量分析技术有了突飞猛进的进展，也构成了 21 世纪种类繁多的各种质谱仪。本节主要介绍新的质量分析技术。

一、四极杆质量分析

1953 年，Wolfgang Paul 等发明了四极杆质量分析器（quadrupole mass analyzer），又称四极滤质器（quadrupole mass filter），因其由四根平行的棒状电极组成而称为四极杆，如图 8-6 所示。相对的电极是等电位的，相邻的电极之间的电位是相反的，电极上加直流电压和射频（radio frequency，RF）交变电压。

（一）基本原理

四极杆质谱工作时，离子源比四极杆质量分析器的电位略高（几伏），保证离子源出来的离子具有

一定的动能，到达四极杆质量分析器时，沿四个棒状电极的中心飞行，若不加载四个电极的电压，离子将直线通过棒状电极到达检测器。若在离子进入质量分析器时交替改变四极电压，离子将按螺旋方式通过四个棒状电极，根据离子质量的不同，其到达检测器的时间不同，得以分别检测（图 8-6）。

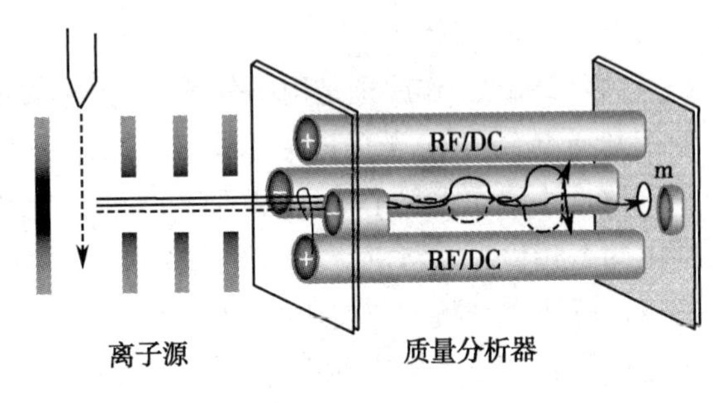

图 8-6 四极杆质量分析器的基本原理

四极杆质量分析器和扇形磁场质量分析器在原理上是不同的。扇形磁场质量分析器检测的离子到达检测器时，离子不能继续飞行进入下一个检测器；而四极杆质量分析器则是靠质荷比把不同的离子分开，不同质量的离子依次到达检测器进行分别检测，经过检测器的离子仍具有动能，可进入下一个检测器进行检测。因此，可将多个四极杆质量分析器串联起来，联合使用开展串联质谱分析。

（二）三重四极杆质量分析器

三重四极杆质量分析是将三个单级四极杆质量分析器串联组成类似于 QqQqQ 序列实现质量分析的技术。不同的 Q 有不同的功能，Q 一般设为正常的质量分析器，也可设为收集某一离子功能。q 为射频场功能，允许离子通过。从离子源第一级分离所有离子，通过另一个四极杆选择感兴趣的离子，使其在 q 解离，形成的碎片离子（子离子）送至下一级四极杆进行常规质谱分析，这样即可定性推断分子的组成结构，也可选择母离子子离子对进行定量分析。QqQ 仪器可方便地改变离子的动能，可进行能量分辨碰撞诱导解离（CID）实验，经过裂解规律研究，反推佐证化合物的结构信息。

四极杆质量分析器容易实现单位质量分辨，不能进行高分辨测定，是 MS/MS 及多级质谱的重要手段。

（三）应用范围及特点

四极杆质量分析器的优点：①结构简单，可调节棒状电极的长度，增加仪器选择性功能。②仅用电场而不用磁场，无磁滞现象，扫描速度快，可与气相毛细管色谱联机，适合于跟踪快速化学反应。③工作时的真空度要求相对较低，适合与液相色谱联机，增加应用范围。④可将多个四极杆串联使用，可根据四极杆的长度不同可以赋予不同的功能，其中较长的四极杆可以简单作为离子阱的功能。例如将三个四极杆串联在一起可以组成三重四极杆，每重四极杆赋予分离或离子碎裂等不同的功能，因此存在母离子和子离子一次检测时的共同捕获要求，建立更为准确的质量分析体系，可提高定量分析的准确度等。

串联四极杆仪器由几个独立的四极杆检测器串接而成，由于体积、成本的限制，一般做到三级。

四极杆质量分析器的缺点是分辨率不够高，对较高质量的离子有质量歧视效应。

二、离子阱质量分析

离子阱（ion trap）亦称为四极离子阱（quadrupole ion trap），由上、下端盖电极和一个环电极组成。上、下两个端盖电极具有双曲面结构，立面环电极内表面呈双曲面形状，三个电极对称装配，电极之间以绝缘体隔开。上、下端盖电极一个在其中心有一个小孔，可让电子束或离子进入离子阱；另一个在其中央有若干个小孔，离子通过这些小孔达到检测器（图 8-7）。

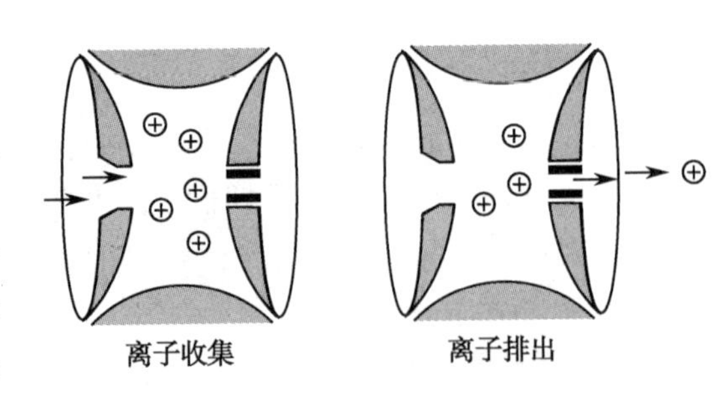

图 8-7 离子阱的结构及工作原理

（一）基本原理

离子阱工作时需要在环电极上加以一射频电场，两个端盖电极处于地电位，这样将产生一四极场，可产生一抛物线状的电位阱。在离子阱内充氦气，离子被收集在该阱中做回旋振荡，氦气使离子在阱中的运动受到阻力，较集中于中心，通过电位控制使其依次通过下方小孔达到检测器。

（二）应用范围及特点

离子阱检测器的特点：通过加大离子阱的容积，增加阱内的离子数量，提高仪器的灵敏度和分辨率。因此，离子阱检测器较好地应用于有机质谱，并且降低离子的动能，这种状态下要比纯离子更易得到分离和检测。

离子阱检测器的优点：①单一的离子阱可实现多级串联质谱 MS^n；②离子阱的检出限低、灵敏度高，比四极杆质量分析器高达 10~1 000 倍；③质量范围大，商品仪器已达 70 000；④通常离子阱质谱仪理论上可做到 10 级左右，实际操作中以做到 3~5 级为多，多级串联质谱可给出结构单元信息，并帮助推测裂解规律。

离子阱检测器的缺点：离子在离子阱中有较长的停留时间，可能发生离子-分子反应。为克服这个缺点，可采用外加的离子源，离子阱也就便于作为质量分析器而与色谱仪器联机。

（三）多级质谱

多级质谱（multiple-stage mass spectrometry，MS^n）分析是结构解析的一种重要方法，它可以确认母离子和子离子之间的归属，进而提供准确的结构信息。该方法还可以直接用于混合物分析，将混合物质谱中的某一质荷比的峰分离出来进行串联质谱分析，可以给出更多的结构信息，可以能省去大量的分离与纯化工作。

目前用于多级质谱分析的质量分析器主要有串联四极杆和离子阱两种。离子阱质量分析器能选择性地保留某一质荷比的离子，在阱内与惰性气体碰撞进行诱导解离，随后进行质量扫描，即可得到该离子的二级质谱。类似的，从二级质谱碎片中选择某一质荷比的离子，又可以进行三级质谱分析。只要离子强度足够，这样的步骤可以做到 10 级，直到获取足够的结构信息为止。

（四）共振激发技术

共振激发是离子阱质谱的重要操作技术。工作激发过程简述如下：离子阱中的离子的运动特点有轴向的和径向的两种特征频率；当共振辐射频率与一个或两个特征频率相等时，离子被激发。仪器上是通过在端盖电极上加几百毫伏的辅助振荡电位的方法实现的。

共振激发离子的轴向特征频率已成为离子阱质谱的一种重要技术，可采用由特定频率或频率范围组成的事先设计的波形进行激发。在共振激发之前，离子在氦缓冲气原子的碰撞作用下，聚焦在离子阱的中心附近。这个过程称为“离子冷却”（ion cooling），这时离子的动能减低至约 0.1eV。离子在离子阱中心小于 1mm 的范围内运动。当共振激发冷却的离子时，振幅为几百毫伏的辅助电位在特定离子的轴向特征频率振荡时，将引起这些离子离开离子阱的中心，这样离子将受到较大的阱电场的作用。这种离子激发过程常称为“tickling”。离子被阱电场进一步加速，可达到几十电子伏特的动能。

共振激发的主要应用：

(1) 分离离子：除去不需要的离子，分离出一种或一定质荷比范围的离子，通过在端盖电极上加上不同波段的频率以同时激发并排斥许多离子，在离子阱中留下需要的离子。

(2) 增加离子动能：①增加离子动能可促进吸热的离子-分子反应；②增加离子动能，通过与氦原子的动量交换碰撞转变为内能，使离子解离，即碰撞诱导解离（CID），便于得到碎片离子信息；③增加离子动能，因而使离子移近端盖电极，产生像电流（image current），这种方式可以对贮存的离子进行非破坏性测量及再测量（remeasurement）；④增加离子动能，引起离子从阱电场中逃逸而被排斥，用于离子分离，或在频率扫描时选择性地排斥离子。

三、傅里叶变换离子回旋共振质谱技术

傅里叶变换离子回旋共振质谱法（FT-ICR-MS）亦称傅里叶变换质谱法（Fourier transform mass spectrometry，FTMS），是基于计算机技术将检测到的信号经傅里叶变换为质谱图的技术。

（一）基本原理

离子回旋共振波谱法（ion cyclotron resonance spectrometry，ICR）的基本原理是基于离子在均匀磁场中的回旋运动，离子的回旋频率、半径、速度和能量是离子质量和离子电荷及磁场强度的函数，通过一个空间均匀的射频场（激发电场）的作用，当离子的回旋频率与激发射频场的频率相同时，离子将被加速到较大的半径回旋，从而产生可以检测到的电流信号。傅里叶变换离子回旋共振质谱法采用的射频范围覆盖测定样品的质量范围，这样所有离子同时被激发，所有检测到的信号经计算机傅里叶变换转换为质谱图。

傅里叶变换质谱仪的分析室为立方体形，构造为三对平行的极板。磁力线沿 z 轴方向穿过一对极板，离子回旋运动垂直于 z 轴，可在另外两对极板的一对上加激发射频，在另外一对极板上检出信号，如图 8-8 所示。

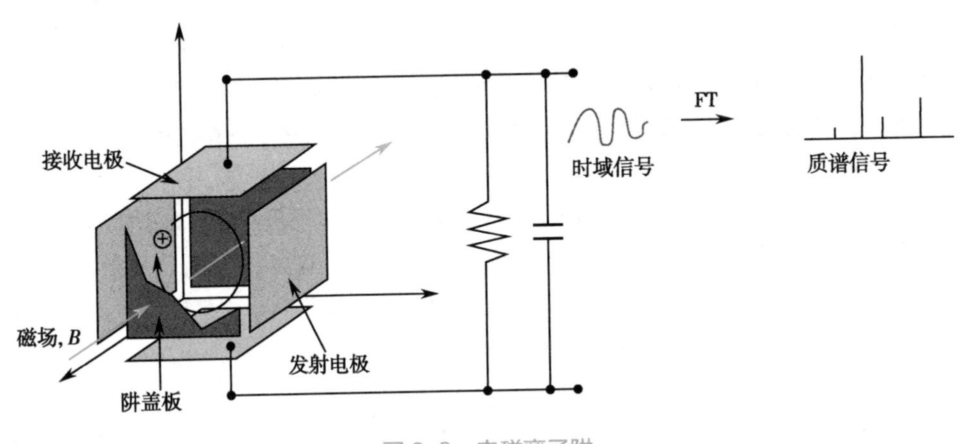

图 8-8 电磁离子阱

傅里叶变换质谱的定量效果较好。可采用一定宽度的脉冲频谱对分析室内的各种质荷比的离子都进行激发后，这些离子以相应的频率做回旋运动，产生相应的时域信号。这些信号叠加在一起，经傅里叶变换得到质谱图，其信号强度和离子数成正比，和离子的质荷比大小无关，体现良好的定量效果。

（二）应用范围及特点

傅里叶变换质谱仪的优点：①傅里叶变换质谱仪的分辨率非常高，甚至可以达到 200 万，远高于其他质谱仪。在 m=1 000u 时，商品仪器的分辨率可超过 1×10^6。与扇形磁场质量分析器不同，傅里叶变换质谱的分辨率提高没有降低灵敏度，在一定的频率范围内如果采集时间足够的话，都可得到很高的分辨率。②用傅里叶变换质谱仪可得到精确的质量数，由此可计算化合物的元素组成。尤其在用电喷雾电离质谱测定生物大分子的分子量时，具有与其他质谱无可比拟的优点。③可实现多级（时间上）串联质谱的操作。④傅里叶变换质谱仪可以与多种离子化方式连接，如 FAB 电离、ESI 和 MALDI 等，对样品的要求较低，很方便与液相色谱联机。

四、飞行时间质谱

离子漂移质谱分析是根据离子漂移速率不同来分析鉴定离子的质量。一般在近真空条件下检测离子在漂移管中的飞行时间，不同的离子质量有不同的漂移时间，因此离子分析方法也称飞行时间质

谱法。

（一）基本原理

飞行时间质谱仪（time-of-flight mass spectrometer，TOF-MS）是离子漂移质谱技术的代表。飞行时间质量分析器（图 8-9）的主要部分是一个离子漂移管（drift tube）。离子在加速电场的电压作用下得到动能，离子以某一速率进入漂移区，该漂移区为近真空状态，离子飞行不受其他因素影响，不同的离子在漂移管中飞行的时间与离子质量有关，对于能量相同的离子，离子的质量越大，达到接收器所用的时间越长。根据这一原理，可以把不同质量的离子分开。理论上可以增加漂移管的长度来增加质谱的分辨率。

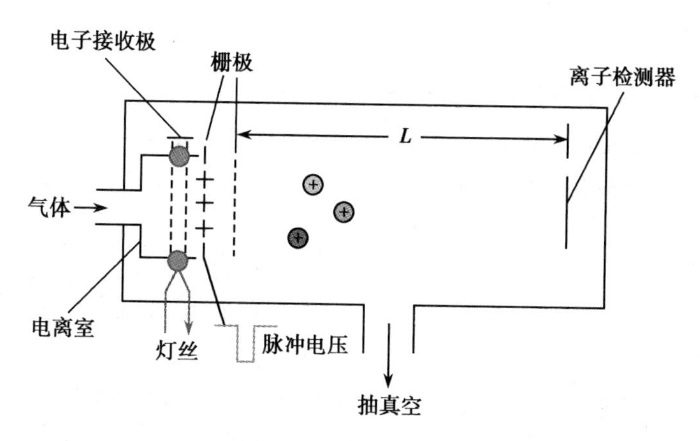

图 8-9　飞行时间质量分析器示意图

飞行时间质量分析器的特点是质量范围宽，扫描速度快，既不需电场也不需磁场。

激光脉冲电离方式、离子延迟引出技术和离子反射技术的发展提升了飞行时间质量分析器的应用内涵，随着电子计算机技术的发展和 MALDI 技术的出现，飞行时间质谱仪得到进一步的完善，目前仍是生物大分子质量检测的主要手段之一。

（二）应用范围及特点

从理论上讲，飞行时间质谱仪检测离子的质荷比是没有上限的，这特别适合于生物大分子的质谱测定。但考虑到使用方便和仪器性能，对漂移管的长度还是进行了优化，因此飞行时间质谱既可检测小分子，又可检测生物大分子。

不同质荷比的离子同时检测，因而飞行时间质谱仪的灵敏度高，适合于作串联质谱的第二级，MALDI-TOF 和 MALDI-TOF-TOF 对离子的高分辨分离具有较大的优势。

飞行时间质谱仪结构简单，便于维护；仪器扫描速度快，适于研究极快的过程。

飞行时间质谱仪的重要缺点为分辨率随质荷比增加而降低。

第四节　现代质谱技术应用

不同的离子化技术有不同的实用范围，需要搭配不同的质量分析器。商业化的质谱仪种类繁多，应用领域也各不相同。从主要测试无机离子的 ICP-MASS，到分析有机小分子的有机质谱，再到如今以生物大分子为主要测试目标的生物质谱，质谱技术应用到不同领域。离子化技术和质量分析技术的选择和搭配构成功能和目的不同的质谱仪。

商业化的质谱仪通常根据不同的要求配备不同的离子源和质量分析器，因此质谱的名称也具备多样化和某一特色。例如根据离子化方式命名的质谱有电喷雾电离质谱、快速原子轰击质谱等；根据质量分析器命名的质谱有飞行时间质谱、离子阱质谱、三重四极杆质谱；根据分辨率大小命名的质谱

有高分辨质谱、低分辨质谱;根据离子源和质量分析器命名的质谱有 MALDI-TOF 等。电喷雾电离质谱的名称说明该质谱仪配备电喷雾电离源,从名称上看并不知道该质谱的质量分析器是什么,要想了解该质谱仪的应用范围和特点,还需要了解该质谱仪的具体质谱参数,名称只是代号,质谱仪的构成必须同时具有离子源和质量分析器。因此,了解和掌握质谱技术,必须学会离子化技术和质量分析技术的衔接与搭配知识。随着当今商业化的质谱仪配备多离子化技术的越来越多,质谱仪的种类也越来越多,需要掌握和了解更多的技术。

本节将按照离子化技术和质量分析技术的特点,介绍常用的质谱仪及其在结构解析、定量分析和生物大分子分析方面的应用。

一、快速原子轰击质谱及应用

虽然快速原子轰击电离源的灵敏度稍低,但正、负离子的产率相等,有利于负离子的研究,因此适用于多肽、核苷酸、金属有机配合物,以及磺酸或磺酸盐类等难挥发、热不稳定、强极性、分子量大的有机化合物的结构解析,主要应用于生命科学领域。

(一) 结构分析

自从快速原子轰击质谱出现以来,它作为一种软电离技术,已经在很多方面得到应用,其中最重要的是给出化合物的分子量及部分结构单元信息,尤其对糖类、核苷、核酸和抗生素等化合物的结构分析。

1. 糖类　糖苷是一类极性大、热不稳定、难挥发的化合物,用 EI-MS 分析糖苷常采用衍生化法,采用 FAB-MS 可直接测定。FAB-MS 在分析糖苷、寡糖及其他多羟基化合物时,常通过加入金属离子或铵离子来提高检测灵敏度,即检测准分子离子$[M+Li]^+$或$[M+Na]^+$。FAB-MS 分析中还可以同时加入两种金属离子如 Na^+ 和 Li^+,这样该物质的 FAB-MS 谱中会同时出现$[M+Li]^+$和$[M+Na]^+$两个强峰,两峰的质荷比之差为 16(即 Na 和 Li 的原子量之差),因而能很好地解决糖苷分子量的准确测定的问题。

J. H. Gil 等对提取自海星的皂苷进行 FAB-MS 的研究(图 8-10),谱图中可以看到$[M+Na]^+$峰比$[M+H]^+$峰的强度大很多,很方便确定分子量,有助于提高灵敏度。

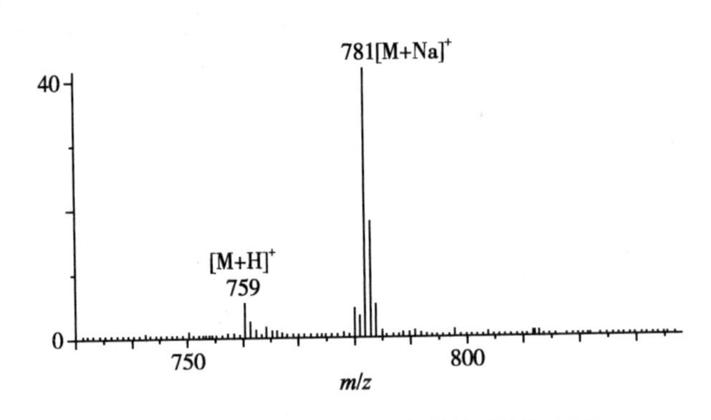

图 8-10　海星中提取的皂苷的 FAB-MS

FAB-MS 可以进行二级质谱研究,对结构确证很有帮助。图 8-11 是海星的皂苷的$[M+Na]^+$峰的 FAB-MS 二级质谱图,m/z 693、663、635、617 等离子峰是糖环开裂产生的碎片峰。因此,可方便地解析该化合物的结构及裂解规律。

2. 金属有机配合物　FAB-MS 在金属有机配合物和有机盐类的表征上是非常有效的。如图 8-12 是二价 Pt 配合物(结构式见图中)的 FAB-MS 谱图(二硫苏糖醇/二硫赤藓糖醇为基质)。样品通过单电子转移机制离子化,产生奇电子分子离子 $M^{+\cdot}$。由于 ^{198}Pt 同位素的存在,可在 m/z 568 处清楚地观察到同位素峰。

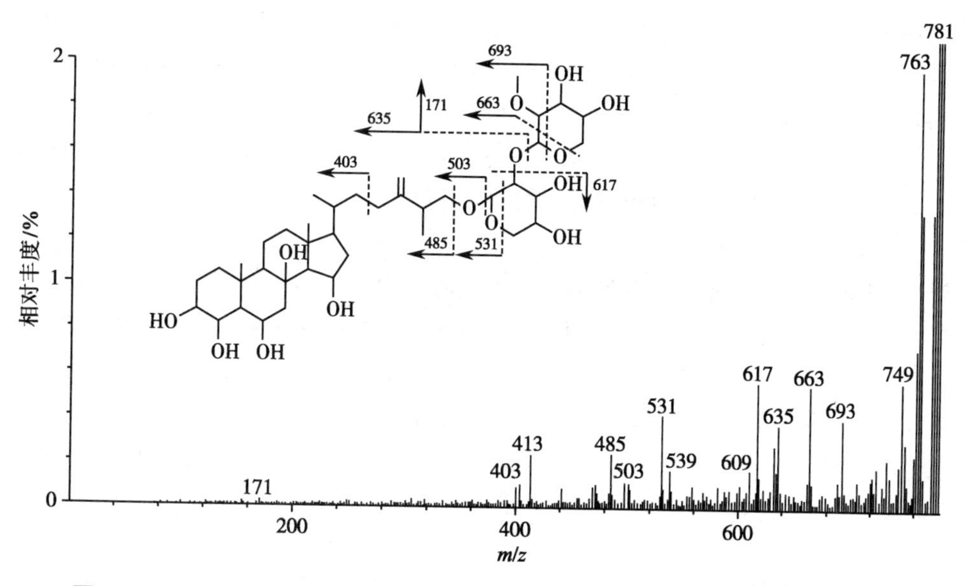

图 8-11　海星中提取的皂苷 m/z 781 的[M+Na]$^+$ 峰的 FAB-MS 二级质谱图

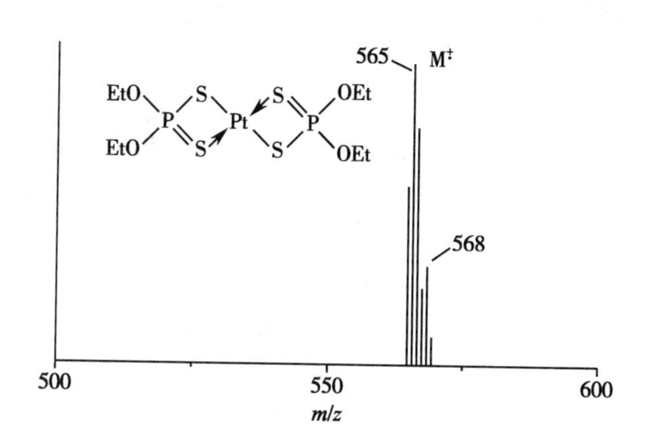

图 8-12　Pt 配合物的 FAB-MS 谱图

3. 实例

例 8-1　某一合成化合物的分子量为 188，FAB-MS 谱图如图 8-13 所示，该图采用正离子模式测定，试说明质谱图中的各准分子离子峰是如何构成的。

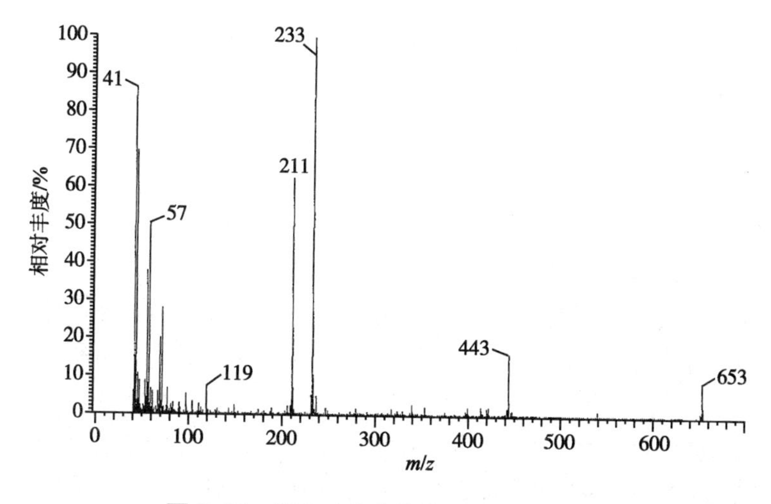

图 8-13　例 8-1 化合物的 FAB-MS 谱图

解析：FAB-MS属于软电离质谱，正离子模式下化合物的准离子峰的质荷比要大于化合物的分子量。根据化合物的分子量为188和在FAB中可能结合的阳离子，对图8-13中高质荷比端突出的峰(m/z=211、233、443和653)进行分析。211－188=23，所以211是$[M+Na]^+$；233－211=22，推测233是211的加钠减氢峰，即$[M+2Na-H]^+$；443－188×2=67，443是$[2M+3Na-2H]^+$；653－188×3=89，653是$[3M+4Na-3H]^+$。m/z 41、57和119是化合物的碎片离子峰。

（二）在定量分析方面的应用

快速原子轰击质谱在定量分析领域的研究还相对较少。在FAB定量中，一般都加入待测物的氘代物或其他同位素标记物为内标物，采用内标法定量。Shigeki Isomura等曾经采用快速原子轰击质谱进行哺乳动物器官中磷脂的定量分析，在测定时加入氘代磷脂作为内标物进行定量。谢红卫等利用快速原子轰击质谱直接测定山核桃油中未经任何前处理的混合甘油三酸酯，获得其分子量和碎片结构信息，根据FAB-MS测得的分子量推导出甘油三酸酯的组成和不同甘油三酸酯的含量。FAB-MS定量结果和GC、GC-MS测定结果及文献值相符。

二、电喷雾电离质谱及应用

ESI源可以应用在不同类型的质量分析器上，组成不同特色的电喷雾电离质谱。下面介绍几种典型的电喷雾电离质谱。

（一）电喷雾电离质谱的类型

1. 电喷雾-四极杆质谱　不同类型的质谱仪有不同的原理、功能、指标、应用范围。ESI源与四极杆质量分析器结合，构成电喷雾-四极杆质谱仪，如Finnigan TSQ Quantum和Applied Biosystems ABI 4000 QTRAP等。

2. 电喷雾-离子阱质谱　ESI源与离子阱结合，构成电喷雾-离子阱质谱仪，如Bruker液相色谱-高容量离子阱质谱esquire HCT和Finnigan LTQ XL等。

电喷雾-离子阱检测过程演示（动画）

串联四极杆和离子阱多级质谱的主要不同是离子阱是在同一阱内实现多级质谱，串联四极杆是在串联在一起的不同的四极杆实现多级质谱，因此对测定化合物的多级质谱，离子阱质量分析器更为合适。

3. 配备ESI源的其他类型的质谱　除四极杆和离子阱外，ESI源可以与飞行时间质谱仪（TOF）、傅里叶变换质谱仪（FT）连接组成质谱仪，例如Bruker Daltonics APEX Ⅳ FT-ICR-MS高分辨质谱仪等。这种联用方式极大地拓宽了质谱的应用范围，同时也提高了质谱的分辨率和灵敏度等。ESI源还可以与Q-TOF、Q-Trap、TOF-TOF等串联质谱组成各种功能、用途不同的质谱仪，例如Waters Q-Tof micro四极杆-飞行时间串联质谱、美国应用生物系统的ABI 3200Q Trap串联四极杆-线性离子阱质谱仪和4700 TOF-TOF串联飞行质谱仪等。这种联用方式增加质谱的功能，充分体现质谱的4S特性，并从分辨率提高、定性与定量分析等方面有显著的改善。

（二）电喷雾电离质谱在结构分析中的应用

电喷雾电离质谱仪器很多，应用广泛，既可以做定性分析，又可以进行定量分析；既可以测定小分子化合物的分子量，又可以测定生物大分子化合物的分子量；既可以解析小分子化合物的结构，又可以推测蛋白质及多肽的氨基酸及其连接顺序。另外，利用电喷雾电离质谱还可以研究生物大分子的高级结构和非共价结合问题。因此，电喷雾电离质谱在各个领域的仪器分析和结构研究中均发挥重要作用。

电喷雾电离技术的出现极大地拓宽了有机化合物的检测范围，使得测定有机化合物的分子量变得非常简单，并通过CID等技术给出化合物的更多的结构信息，使得一些复杂化合物的结构解析成为可能，并减少复杂化合物结构解析的难度。

1. 电喷雾-离子阱质谱用于结构分析　利用电喷雾-离子阱质谱测定化合物的分子量，一般正离子模式下直接给出[*M*+H]$^+$、[*M*+Na]$^+$ 或[*M*+K]$^+$ 准分子离子峰，负离子模式下给出[*M*−H]$^-$准分子离子峰，可方便地求出分子量。图 8-14（A）是核苷逆转录酶抑制剂齐多夫定（AZT，zidovudine，3′-azido-3′-deoxythymidine）的二苯基磷酸酯化合物（AZT-二苯基-5′-磷酸三酯）的 ESI-MS 一级全扫描图。

AZT-二苯基-5′-磷酸三酯的结构

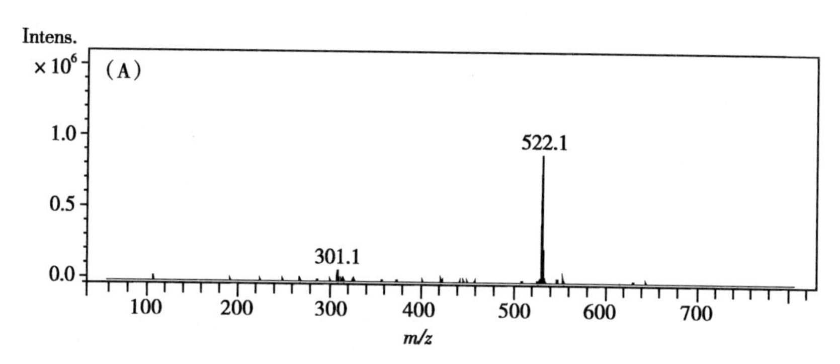

图 8-14（A）　AZT-二苯基-5′-磷酸三酯的 ESI-MS 一级质谱图

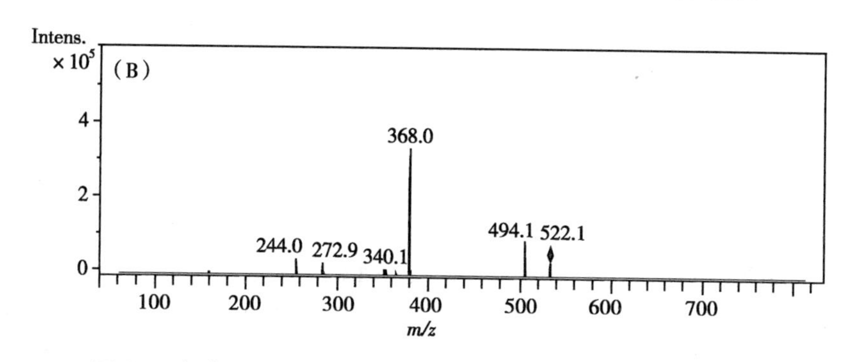

图 8-14（B）　AZT-二苯基-5′-磷酸三酯的 ESI-MS 二级质谱图

电喷雾电离质谱（ESI-MS）的分析条件如下：LC-BRUKER Esquire 3000 Plus 离子阱质谱仪，配备有 Cole-parmer 74900 自动进样器。正离子模式，最大分析范围 *m/z* 6 000。雾化气为 N_2，压力为 8psi；干燥气为 N_2，流速为 4.5μl/min；毛细管温度为 250℃；质谱扫描范围为 *m/z* 15~600。ICC Target：20 000；Max Accu. Time：200 毫秒；Average：5。多级质谱中的氦气为碰撞气体。

图 8-14（A）的 522.1 是 AZT-二苯基-5′-磷酸三酯的[*M*+Na]$^+$ 准分子离子峰，该化合物的分子量为 499。可以看出准分子离子峰很强，非常好识别，方便确定分子量，也有助于提高检测灵敏度。图 8-14（B）是该化合物[*M*+Na]$^+$ 的二级质谱图（*m/z* 522.1）。除 *m/z* 522 峰外，还得到其他一系列碎片离子峰，如 *m/z* 494、368、273 和 244 等离子峰。把 *m/z* 522 峰称为母离子峰，将由母离子进一步裂

解形成的碎片峰 *m/z* 494、368、273 和 244 称为子离子峰，该图表示子离子和母离子之间存在联系，可初步归属它们之间的关系。

进一步解析碎片离子峰发现，*m/z* 494 子离子的形成原因是该母离子的结构中存在一个叠氮基团，一个母离子碎裂失去一分子 N_2 而得到碎片离子峰 *m/z* 494，裂解过程是分子内部发生叠氮基团的重排，带正电的N原子进攻邻位带负电荷的N原子，脱去一分子N_2后，间位C原子上的H迁移至N上，再关环形成二级胺。

m/z 368、273 和 244 等峰的归属需要更多的信息，因此对这些碎片离子做多级质谱裂解研究。图 8-15 是 AZT-二苯基-5′-磷酸三酯化合物的 *m/z* 494、368 和 244 的三级质谱图。对比图 8-15 中的碎片离子 *m/z* 494 的三级质谱裂解图与图 8-14（B）中的母离子 *m/z* 522 的二级质谱图，可以看出二级质谱图的 *m/z* 368、273 和 244 可能来源于 *m/z* 494 的裂解，其中 *m/z* 368 是相对强度最高的峰。对 *m/z* 368 碎裂，发现 *m/z* 273 来自 *m/z* 368。*m/z* 244 的三级质谱图显示该结构含有胸苷 T（$[M+Na]^+$: *m/z* 149）。图 8-16 是为该化合物的$[M+Na]^+$峰的质谱裂解规律推测示意图，图中的裂解方式可能产生质谱图中的相应的碎片峰，各结构碎片之间存在一定的关联，裂解规律遵循传统的有机化合物裂解规则。

值得注意的是分析化合物的结构，推测其裂解规律时，一些理论上存在的裂解规律由于有些碎片

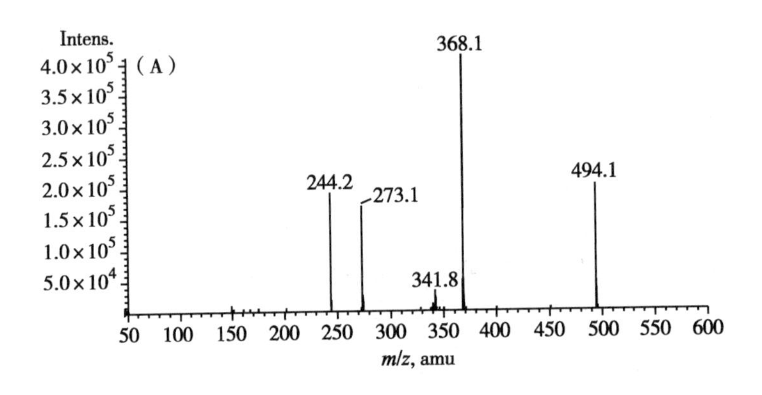

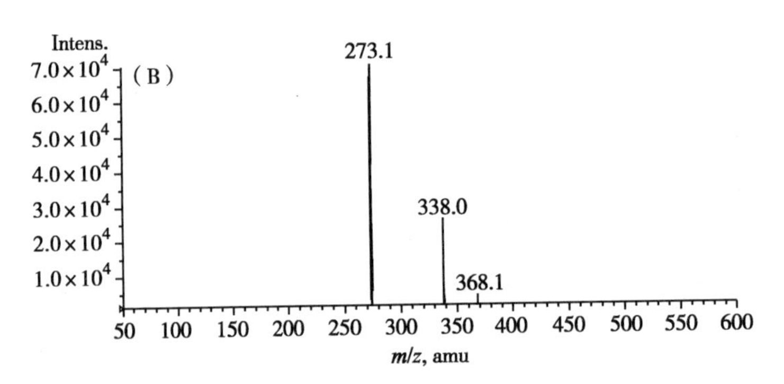

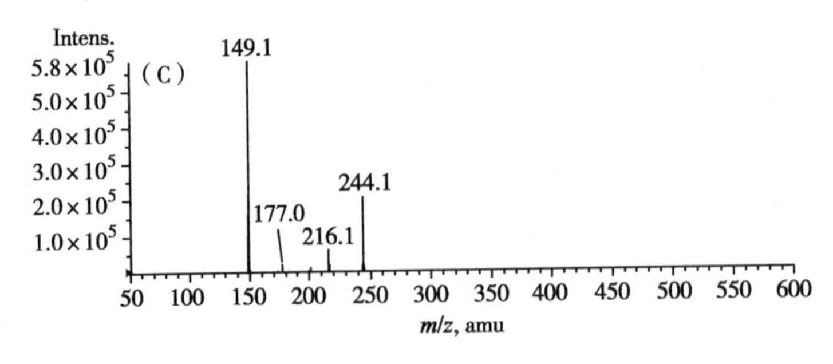

图 8-15　AZT-二苯基-5′-磷酸三酯 *m/z* 494（A）、368（B）和 244（C）的三级质谱图

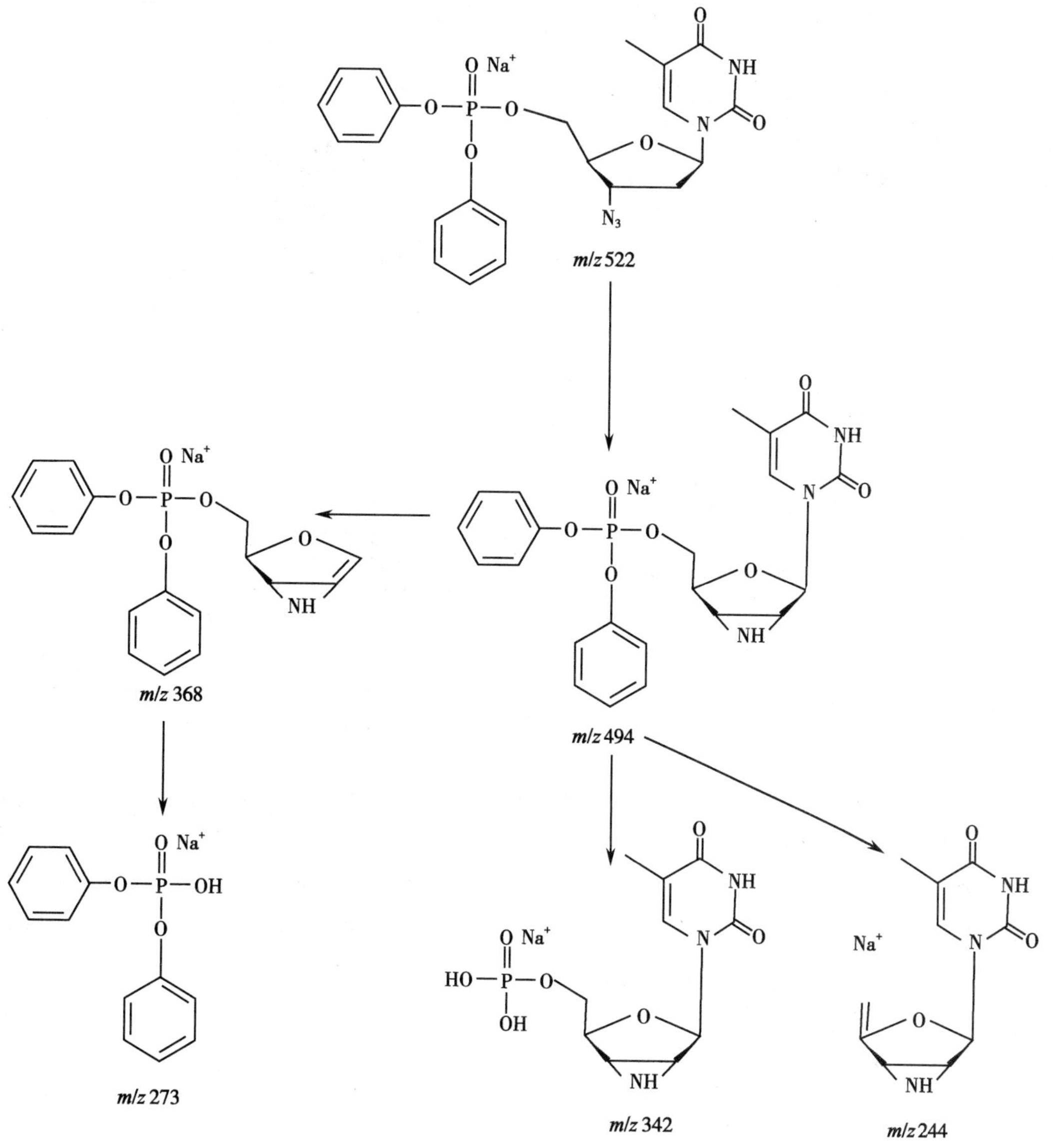

图 8-16　AZT-二苯基-5′-磷酸三酯的[M+Na]$^+$ 峰的质谱裂解方式推测

离子具有刚性结构或强度太低，在氩气碰撞下很难得到碎片离子，因此并不会看到相应的碎片离子峰及其隶属关系。

2. 电喷雾-离子阱质谱用于化学反应检测　利用电喷雾-离子阱质谱可检测化学反应。例如在丝组二肽的 *N*-磷酰化反应中，*N*-磷酰化可发生在丝氨酸或组氨酸的氨基上，形成两个化合物：*N*-磷酰化丝组二肽和 *N*-磷酰化组丝二肽。两个 *N*-磷酰化二肽的分子量相同，其准分子离子峰相同，一级质谱无法区别。但两个化合物的二级质谱明显不同，可利用电喷雾-离子阱二级质谱来区分两个产物。在 *N*-磷酰化丝组二肽的二级质谱图[图 8-17(A)]中会出现[DIPP-Ser+H]$^+$ 离子峰(m/z 270，b_1+H_2O)及[His+H]$^+$ 离子峰(m/z 156)，而在 *N*-磷酰化组丝二肽的二级质谱图[图 8-17(B)]中则产生 b_1 离子峰(m/z 274，b_1+H_2O)，因此很方便识别是哪个 *N*-磷酰化二肽。这些离子的产生及机制参见文献。

3. 电喷雾电离质谱研究生物大分子　早期生物大分子的质谱分析多采用场致解吸/离子化、快速原子轰击、二次离子质谱、热喷雾等离子体解吸技术，自从 ESI 和 MALDI 技术出现后，ESI 就成为生物大分子的主要研究工具。不仅如此，ESI 的低能量的“柔软性”，即它在不破坏共价键的前提下使大分

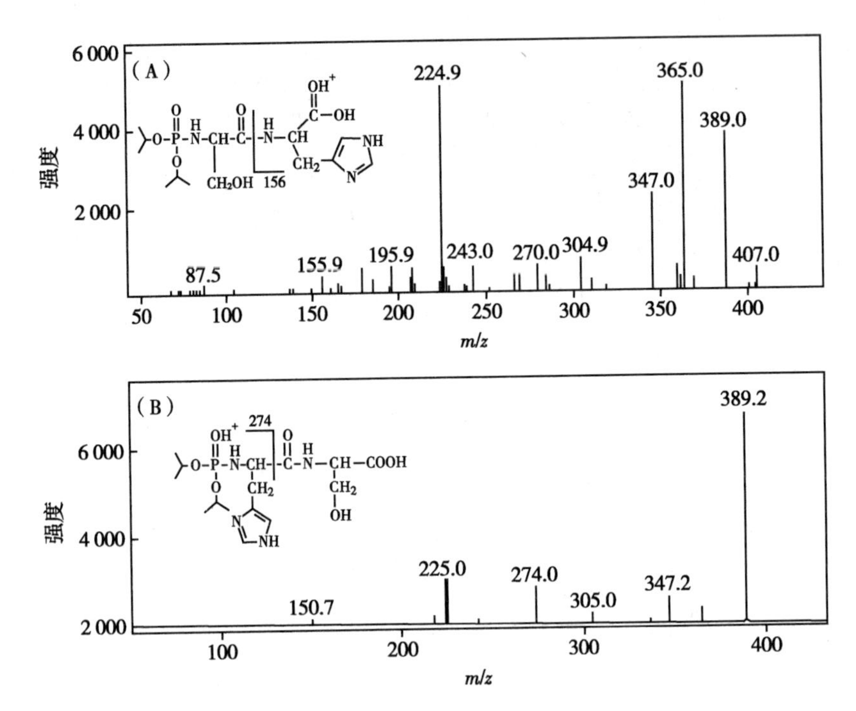

图 8-17　*N*-磷酰化丝组二肽(A)和 N-磷酰化组丝二肽(B)的 ESI-MS/MS 谱图

子离子化，而且能够维持弱的非共价键相互作用，使 ESI 在研究生物大分子方面显示出独特的优势。

对于电喷雾电离质谱来说，生物分子结构和它的液相状态对质谱图有较大的影响。生物分子的多电荷特性，包括质荷比位置、绝对电荷的多少、多电荷分布的相对宽度都与液相中生物大分子的结构或构象相关。因此，生物大分子的研究不再仅仅测量这些分子的分子量，还可通过电喷雾电离质谱获得更多的蛋白质和多肽的高级结构信息。

通常大量含水和中性 pH 溶液中很难产生电喷雾，蛋白质也易聚集而从溶液中沉淀出来。经过改进的 ESI 技术，例如纳升电喷雾电离质谱能增加电喷雾的效果，对非共价键复合物研究带来方便和可能性。

由电喷雾电离质谱可计算化合物的分子量。如果化合物是分子量 1 000 以下的小分子时，可根据$[M+H]^+$、$[M-H]^-$和$[M+Na]^+$等准分子离子峰获得化合物的分子量；如果是生物大分子，也可通过谱图计算其分子量。

极性生物大分子的离子化过程中易形成多电荷离子，这些多电荷离子通常形成系列离子，组成多电荷离子峰簇，这些峰簇相邻电荷态的离子只差一个电荷，质荷比间隔有一定的规律，与大分子的分子量有一定关系。可根据上述数据计算该生物大分子的分子量，如式(8-1)和式(8-2)。

$$n_2=\frac{(M_1-X)}{M_2-M_1}\qquad 式(8\text{-}1)$$

$$M=n_2(M_2-X)\qquad 式(8\text{-}2)$$

当准分子的离子类型是$[M+H]^+$时，X=1。两个相邻的离子只相差一个电荷，因此有 $n_1=n_2+1$。式中，M_1、M_2—相邻两个峰的质荷比数值；n_1—M_1 的电荷数；n_2—M_2 的电荷数；M—大分子的分子量。

Katta 和 Chait 用 ESI-MS 研究血红素和肌红蛋白间非共价键的结构。早期文献报道用 ESI-MS 质谱发现血红素加合到肌红蛋白的现象。Katta 和 Chait 的报道显示从 pH 3.55~3.90 的水溶液中测得的肌红蛋白谱图截然不同。肌红蛋白在 pH 3.55 时完全变性，谱图显示这时只有脱去辅基的蛋白质的一组多电荷峰；pH 升到 3.90 时，就允许蛋白质适度折叠到较“自然”或非变性状态，且此时血红素以非共价键的形式和蛋白质结合(图 8-18)。

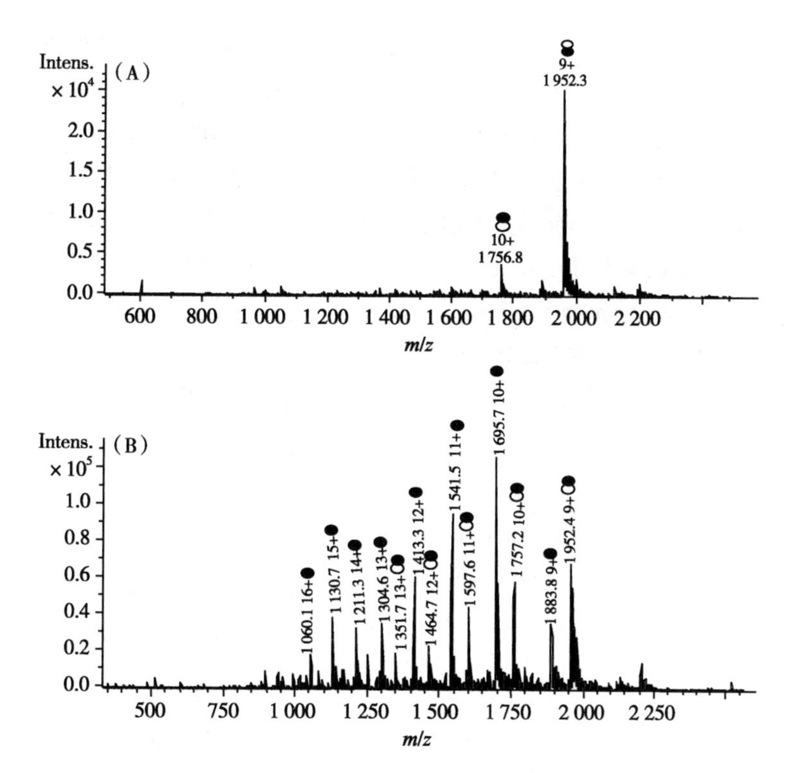

(A) pH=6.9;(B) pH=3.8; ●○代表血红素-肌红蛋白复合物的多电荷峰;(B)●代表肌红蛋白的多电荷峰。

图 8-18　马心肌红蛋白的正模式 ESI-MS 谱图

图 8-18(B)中的一组多电荷峰 1 060.1、1 130.7、1 211.3、1 304.6、1 413.3、1 541.5、1 695.7 和 1 883.8 是马心肌红蛋白(M=16 951.5)的多电荷离子形成的峰簇,该峰簇在 m/z 700~1 884,根据上面的公式可计算该蛋白质的分子量。

例如以相邻的 m/z 1 060.1 和 1 130.7 计算该化合物的分子量,套用式(8-1)和式(8-2)。

$$n_2=(1\,060.1-1)/(1\,130.7-1\,060.1)=15.0$$

$$M=15\times(1\,130.7-1)=16\,945.5$$

以这两个峰计算出的该化合物的分子量为 16 945.5,运用相关软件根据多个峰可计算出平均值 M=16 952.4。因此,电喷雾电离质谱可测定生物大分子的分子量,并且随着质谱的分辨率越高,质量精确越高,给出的生物大分子的分子量越精确。

科学家们用 ESI-MS 研究过 DNA 与 DNA 的相互作用,或 DNA 双螺旋体。Smith 用 ESI-MS 观察到一个 20 个碱基的双螺旋 DNA,更大的 DNA 曾用傅里叶变换离子回旋共振质谱仪测量过。总之,ESI-MS 为研究生物大分子的非共价键复合物提供可靠的方法和技术保障,这将极大地加快人们认识生命学科的速度,更好地阐述生命科学的规律。

(三) 电喷雾电离质谱在定量分析方面的应用

液相色谱-质谱联用仪是当今快速、有效、灵敏度高、选择性好的定量分析方法之一,已经成为生物定量分析的常用方法。在这个方法中,色谱作为分离手段,质谱是作为检测器联合完成定量工作。其中,ESI 是该仪器的主要离子源,质量分析器可以是离子阱、四极杆和飞行时间等,最常用的质量分析器是三重四极杆,已成为定量分析的首选装配。

采用高效液相色谱-三重四极杆质谱(HPLC-MS/MS Q TRAP)定量分析大鼠血浆中的异戊酰紫草素是一种快速简便的定量分析方法。该方法采用负离子模式检测,提高异戊酰紫草素的分析灵敏度,扫描方式采用多反应监测(MRM)模式,选用母离子 m/z 371 和子离子 m/z 101 作为离子对,大黄

素作内标，得到良好的分析效果，在 9~9 000ng/ml 异戊酰紫草素的浓度区间内线性良好，其相关系数为 r=0.995，异戊酰紫草素在最优条件下的最低定量下限（LLOQ）为 9ng/ml，精密度和准确度在 9% 以内，可以应用于大鼠血浆药代动力学研究。该方法的优点为对 HPLC 不必完全分离即可用于定量分析；对比仅用母离子做定量分析，该方法可有效消除杂质峰的影响，具有很好的特异度和较宽的线性范围，是一种简单、快速和灵敏的检测大鼠血浆中的异戊酰紫草素的 LC-MS/MS 定量分析方法。

该方法仪器采用 Applied Biosystems 3200Q TRAP LC-MS/MS System 四极杆质谱仪，连接 Agilent 1200（Agilent Corporation，MA，USA）系列高效液相色谱，配有 G1311A 四元泵、G1329A 自动进样器和 G1316A 柱温箱。色谱柱为 Ultimate™ XB-C_{18}，250mm×4.6mm；柱温为 20℃。检测方式为负离子模式；扫描方式为多反应监测（MRM）模式。

异戊酰紫草素的结构

异戊酰紫草素的分子量为 372，准分子离子$[M-H]^-$是 371。图 8-19 是 m/z 371 $[M-H]^-$的二级质谱图，选择 m/z 371.3 和 269.2 的离子对进行 MRM 扫描分析。在流动相为水/乙酸铵-乙腈-甲醇（10∶45∶45，$V/V/V$），流速为 0.8ml/min，梯度洗脱后，异戊酰紫草素的保留时间为 11.6 分钟，整个分析时间为 13 分钟。图 8-20 和图 8-21 表明空白血浆 11.6 分钟处无干扰，上述色谱和质谱条件适合该化合物的定量分析要求。

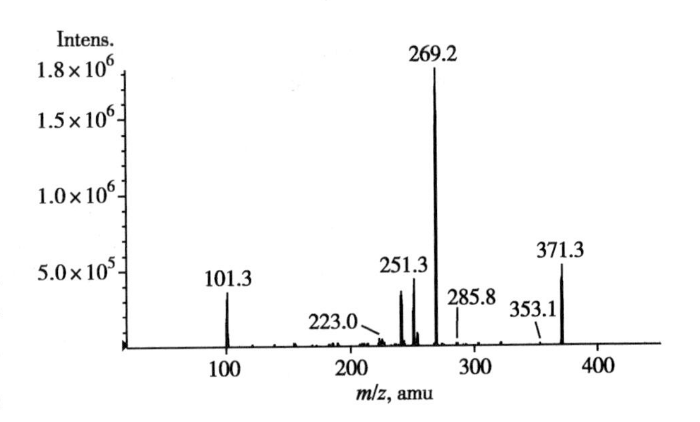

图 8-19　m/z 371 的二级质谱图

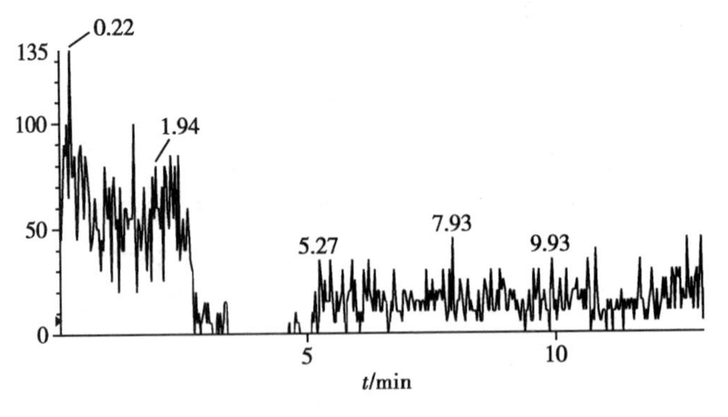

图 8-20　异戊酰紫草素 MRM [371.3→269.2] 的空白血浆 MRM 扫描图

三、大气压化学电离质谱及应用

电喷雾电离和大气压化学电离是质谱仪常见的两种电离方式，一般商业化的质谱仪都配备这两种离子源。两个离子源的基本操作方式也相似，硬件上的差异是喷雾针不同，换成 APCI 喷雾针时

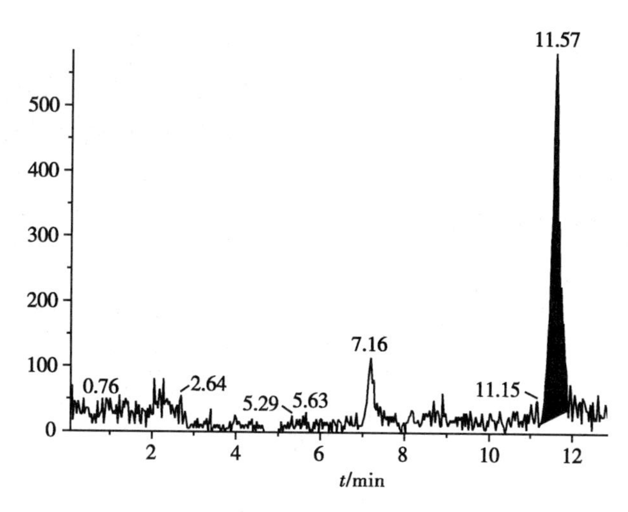

图 8-21　异戊酰紫草素 MRM［371.3→269.2］的给药血样 MRM 扫描图

使用 APCI 操作程序，换成 ESI 喷雾针时使用 ESI 操作程序。两者的应用领域也十分相近，都可与 HPLC 联机，有时一些化合物的质谱条件也差别不大，体现在质谱图上的差别也很小。但是，相对于电喷雾电离，大气压化学电离更适合于弱极性分子的质谱分析，而这些弱极性化合物用 ESI 源时往往得不到分子离子峰的相关信息，这时大气压化学电离的作用是不可替代的。

茄尼醇（solanesol）是长链半萜烯醇化合物，属三倍半萜烯醇，分子式为 $C_{45}H_{74}O$，相对分子量为 631。该化合物仅有一个羟基，是一个弱极性化合物，用 APCI 源采用正离子模式测定该化合物很容易得到其［$M-H_2O+H$］$^+$ 离子峰（图 8-22），其信号响应值比 ESI 源测定该化合物高两个数量级，且谱图更简单，很方便测定该化合物的分子量。

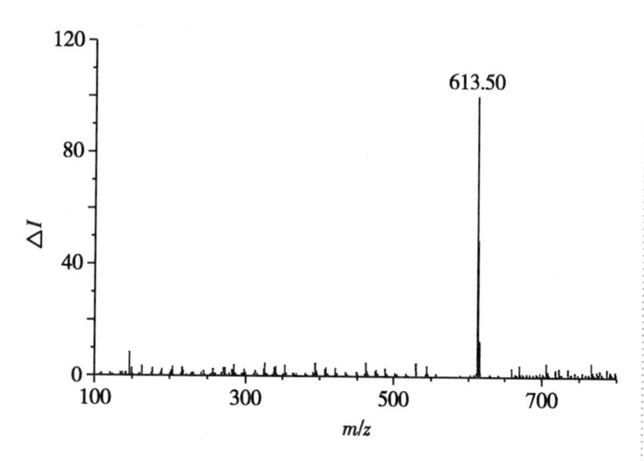

图 8-22　茄尼醇（solanesol）的大气压化学电离质谱图

有学者研究吗啡、麻黄碱、可待因、哌替啶和普萘洛尔等 58 种极性较弱的药物在相同进样量时 ESI-MS 和 APCI-MS 的灵敏度，发现采用 APCI-MS 测定这些化合物更合适，灵敏度高于 ESI-MS。如果采用 ESI 源，19 个化合物有强的分子离子峰；采用 APCI 源，46 个化合物有强的分子离子峰。进一步的 CID 研究表明，采用 APCI-MS 还可得到这些化合物的碎片结构信息。因此，测定极性较弱的化合物时，可采用 APCI 源的质谱仪。

四、傅里叶变换离子回旋共振质谱及应用

低分辨质谱虽然可以给出化合物分子量的信息，但无法确定分子组成，这对复杂未知物的解析是远远不够的。高分辨质谱的质量精确度能够精确到 ppm 数量级甚至更低，同时结合同位素和杂原子的分子量规律，可以确定分子离子或准分子离子的元素组成，也可以给出碎片离子的元素组成，这些对结构解析十分重要。能达到高分辨水平的有磁质量分析器、飞行时间质量分析器和傅里叶变换质谱仪，如 Finnigan MAT-900XP 的双聚焦质量分析器质谱和 Bruker En Apex ultra 7.0 FT-MS（FT-ICR-MS）的傅里叶变换离子回旋共振质谱等均属于高分辨质谱。

在结构解析中，通常利用高分辨质谱给出化合物的精确分子量来确定化合物的分子组成及解析

化合物的结构。下面举例说明高分辨质谱测出的分子量与理论值基本一致。

例 8-2 某一合成化合物的分子式为 $C_{21}H_{16}O_4$，分子量为 334，结构式如下，采用 ESI 源 Bruker En Apex ultra 7.0 FT-MS（FT-ICR-MS）的傅里叶变换离子回旋共振质谱测定该化合物的高分辨质谱图，结果见图 8-23 和图 8-24。图 8-23 是该化合物的正离子模式质谱图，图 8-24 是该化合物的负离子模式质谱图。试归属该化合物的高分辨质谱图的各离子峰，并与理论值进行对比计算其误差（ppm）。

例 8-2 化合物的结构式

解析：

1. 正离子模式质谱图 理论值的计算采用 ChemOffice 软件。从图 8-23 中可以看到很强的 357.109 3 和 691.236 7 离子峰，很容易推出 357.109 3 为$[M+Na]^+$准分子离子峰，691.236 7 为$[2M+Na]^+$准分子离子峰；该化合物的$[M+Na]^+$的理论值为 357.110 3，$[2M+Na]^+$的理论值为 691.230 8，与实际测量值基本符合，误差分别为 −2.8ppm 和 8.5ppm。同时也可以看到稍弱的 335.127 2 的$[M+H]^+$和 373.082 8 的$[M+K]^+$准分子离子峰，也分别与理论值 335.128 3 和 373.084 2 基本符合，误差分别为 −3.3ppm 和 −3.8ppm。图中还可以看到较弱碎片离子峰。

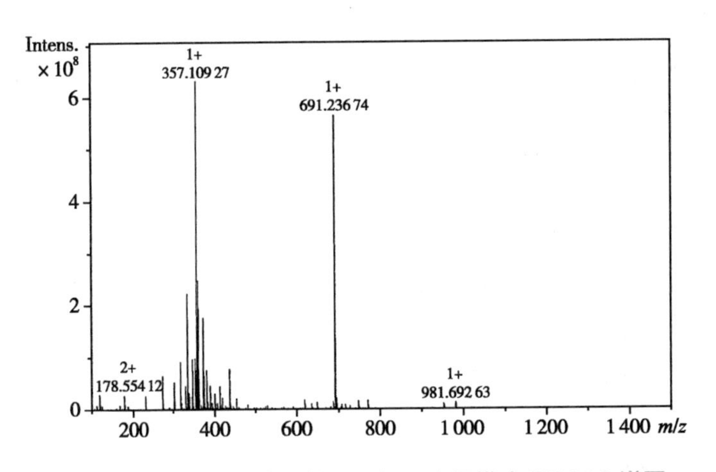

图 8-23 例 8-2 化合物的 ESI 源正离子模式 FT-MS 谱图

2. 负离子模式质谱图 从图 8-24 中可以看到很强的 333.112 4 的$[M-H]^-$准分子离子峰，与理论值 333.112 7 基本符合，误差为 −0.9ppm。同时也可以看到稍弱的 667.232 1 的$[2M-H]^-$准分子离子峰，也与理论值 667.233 2 基本符合，误差为 −1.6ppm。

另外，采用正离子和负离子模式测定该化合物的灵敏度差别不大，这与该化合物的结构有关，在其他化合物中可能会不同。

综上所述，高分辨质谱可以给出化合物的精确质量，进而确定化合物的元素组成，这在复杂化合物和未知物的结构解析中经常用到。同时，可根据化合物的理化性质选择合适的离子源和电离模式，以提高检测的灵敏度。

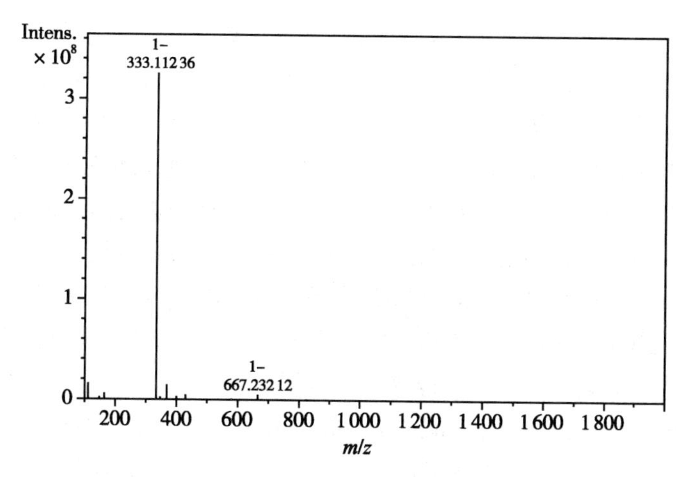

图 8-24　例 8-2 化合物的 ESI 源负离子模式 FT-MS 谱图

第五节　质谱联用技术

质谱联用技术是指色谱与质谱串联的技术，包括液相色谱-质谱联用技术、气相色谱-质谱联用技术等。质谱是很好的定性及鉴定仪器，可以提供较多的结构信息，且具有很高的检测灵敏度和特异度，是理想的色谱检测器；色谱是很好的分离仪器，尤其是 HPLC，被称为分离复杂体系最为有效的分析工具，因此两者的结合构建了很好的分离鉴定仪器。色谱-质谱联用仪已经广泛应用在各个领域中，目前多数质谱仪配备 HPLC 或 GC 系统，色谱-质谱联用仪已经成为结构分析和定量分析的主要工具之一，在各个行业发挥重要作用。

色谱-质谱联用仪由色谱、质谱和接口技术三部分组成。接口技术的提高和成熟极大地拓宽了液相色谱和质谱的应用范围，是目前色谱-质谱联用仪的关键技术。

一、液相色谱-质谱联用技术

液相色谱-质谱联用仪（liquid chromatography-mass spectrometer，LC-MS）也指液相色谱-质谱联用技术，是以液相色谱作为分离系统，质谱作为检测器的分离鉴定仪器。目前，液相色谱的主要代表仪器是高效液相色谱（HPLC）和超高效液相色谱（UPLC），相应的液相色谱-质谱联用仪有高效液相色谱-质谱联用仪（HPLC-MS）和超高效液相色谱-质谱联用仪（UPLC-MS）。下面简单介绍该仪器的特点及在结构解析方面的应用。

1. 液相色谱-质谱联用的接口技术　20 世纪 70 年代，Horning 等发明了高效液相色谱-质谱联用（HPLC-MS）技术，但由于接口问题，一直限制其发展及应用。随着液相色谱-质谱联用的各种接口技术的不断出现，液相色谱-质谱联用得到快速发展。目前，接口技术已趋向成熟，主要有热喷雾（TSP）、热等离子体喷雾（PSP）、粒子束（LINC）、大气压电离（API）和动态快速原子轰击（FAB）接口技术等，其中 API 包括电喷雾电离（ESI）和大气压化学电离（APCI）。本章前面的内容已经介绍过这两种电离方式，优点之一是常压电离技术，不需要真空，因此减少了许多设备，使用方便，成为科研工作的有力工具。

2. 液相色谱-质谱联用的特点　该仪器将高灵敏度、极强的定性专属性及通用性集于一体，同时具备质谱和液相色谱的优点，因此受到广泛的重视。HPLC-MS 具有如下特点：①质谱的检测灵敏度高、检测范围广，具有多反应监测功能，既能检测单一成分又能检测混合物，既能定性又能定量，明显优于紫外等检测器；②分析速度快，色谱柱比一般液相色谱短，缩短分析时间；③可获得复杂混合物中

单一成分的质谱图，有利于复杂体系和内源性化合物的分离与结构鉴定；④对生物样品，HPLC-MS的样品前处理简单，一般不需要水解或衍生化处理，可以直接用于该仪器的分离和鉴定。

液相色谱-质谱联用的另一优点是串联质谱（tandem MS）技术。1983年McLafferty等发明了串联质谱技术，现在已成功地应用于结构解析和定量分析方面。串联质谱法是指质量分离的质谱检测技术，在一极质谱给出化合物相对分子量的信息后，对准分子离子进行多级裂解，进而获得丰富的化合物碎片信息，确认目标化合物，对目标化合物定量等，有分离、结构解析同步完成的特点，能直接分析混合物组分，有高度的选择性和可靠性，其检测水平可以达到pg级。因此，用串联质谱可解决结构解析中的许多问题，尤其是在药物代谢方面等复杂体系的研究。例如串联质谱技术可以进行多次离子选择作用，即通过MS^1选择一定质量的母离子，与气体碰撞断裂后，再经MS^2选择一定质量的子离子，通常称为多反应监测（multiple reaction monitoring，MRM），这样大大提高了分析的专一性，同时也改善了信噪比。若样品经过色谱柱再进入质谱仪可进一步分离杂质，减小背景干扰，从而改善信噪比。

3. 液相色谱-质谱联用的应用 随着各种离子化技术的出现，液相色谱-质谱联用成为生物、医学等领域的主要研究工具。生物样品的样品量少，分离、分析难度大，要求检测方法的灵敏度高、精确，液相色谱-质谱联用具备这些特点。例如药代动力学研究中的血药浓度测定、代谢途径分析、代谢物鉴定等工作都属于含量少、干扰多的分析对象，要求分析方法的灵敏度高、选择性好、快速准确，液相色谱-质谱联用可满足上述要求。药代动力学研究面临的主要问题是测试的样品量大，分离难度大，基质干扰成分多，样品含量低。液相色谱-质谱联用技术由于其选择性强、灵敏度高，不仅可以避免复杂、烦琐、耗时的样品前处理工作，而且能分离鉴定难于辨识的痕量药物代谢产物，尤其是串联质谱的应用，通过多反应监测（MRM），可以提高分析的专一性，改善信噪比，提高灵敏度，从而快速方便地解决上述问题。

M. Jemal等综述了近年来在药物研究中用LC-MS/MS进行高通量生物分析的发展，应用快速液相萃取、高效毛细管的LC-MS/MS检测血、尿中的多种药物原型及其代谢产物，该法带来快速和高灵敏度的定量生物分析。车庆明等利用LC-MS技术，从口服黄芩苷的人尿液中发现并鉴定了3个主要代谢产物的化学结构，证明了黄芩苷苷元是主要药物代谢产物的中间体，它们在体内共存，构成黄芩苷的药效基础。

将液相色谱-质谱联用技术应用于药物及其代谢产物研究是该技术在医药领域中应用最广泛、研究论文报道最多的领域。液相质谱与串联质谱联用显示出独特的优势，将进一步在生物和医学领域发挥重要作用。

二、气相色谱-质谱联用技术

气相色谱技术十分成熟，是一种高效的分离和分析方法，毛细管柱的应用使得混合物得到很好的分离。由于气相色谱和质谱均分析气相状态的样品，不同的是气相色谱分析在常压状态，质谱在真空状态，因此两者联机比LC-MS容易。气相色谱-质谱联用仪（gas chromatography-mass spectrometer，GC-MS）主要由色谱、质谱和数据处理系统构成。气相色谱为分离系统，质谱作为检测器，两者的组合提高分离鉴定和检测的能力。

GC-MS的质谱质量分析器可以选择磁质谱仪、四极杆质量分析器、TOF和离子阱。离子源主要是EI源和CI源。GC-MS的另外重要部分是计算机系统。一个混合物样品进入GC-MS后，经过合适的色谱条件，被分离成单一成分并依次进入质谱仪，经离子源电离后，再经分析器、检测器即得每个化合物的质谱。这些信息由计算机储存，谱库较全，可根据需要进行化合物的质谱图、总离子流图的检索，快速给出化合物的结构信息。

GC-MS有如下优点：①计算机系统可控制仪器，同时进行数据处理，因此可将质谱数据进行校正，如扣除本底等操作，消除干扰，提高灵敏度；可以给出总离子流色谱图，体现色谱功能；可以给出质

量色谱图，将混合物中具有共同碎片离子的各成分进行比较，提供更多的结构信息。②可以进行未知物质谱库检索。可对测试样品的质谱与计算机库存谱库的已知样品的质谱进行比较，找出相对相似度较高的质谱，有助于判断测试样品是否是已知物还是未知物，也可根据给出的质谱信息进行结构解析。

GC-MS 的数据系统可以有几套数据库，主要有 NIST 库、Willey 库、农药库等。

习　　题

1. 一化合物的结构式如下图，ESI-MS 如图 8-25（正离子模式）和图 8-26（负离子模式）所示，请归属图中的各离子峰。

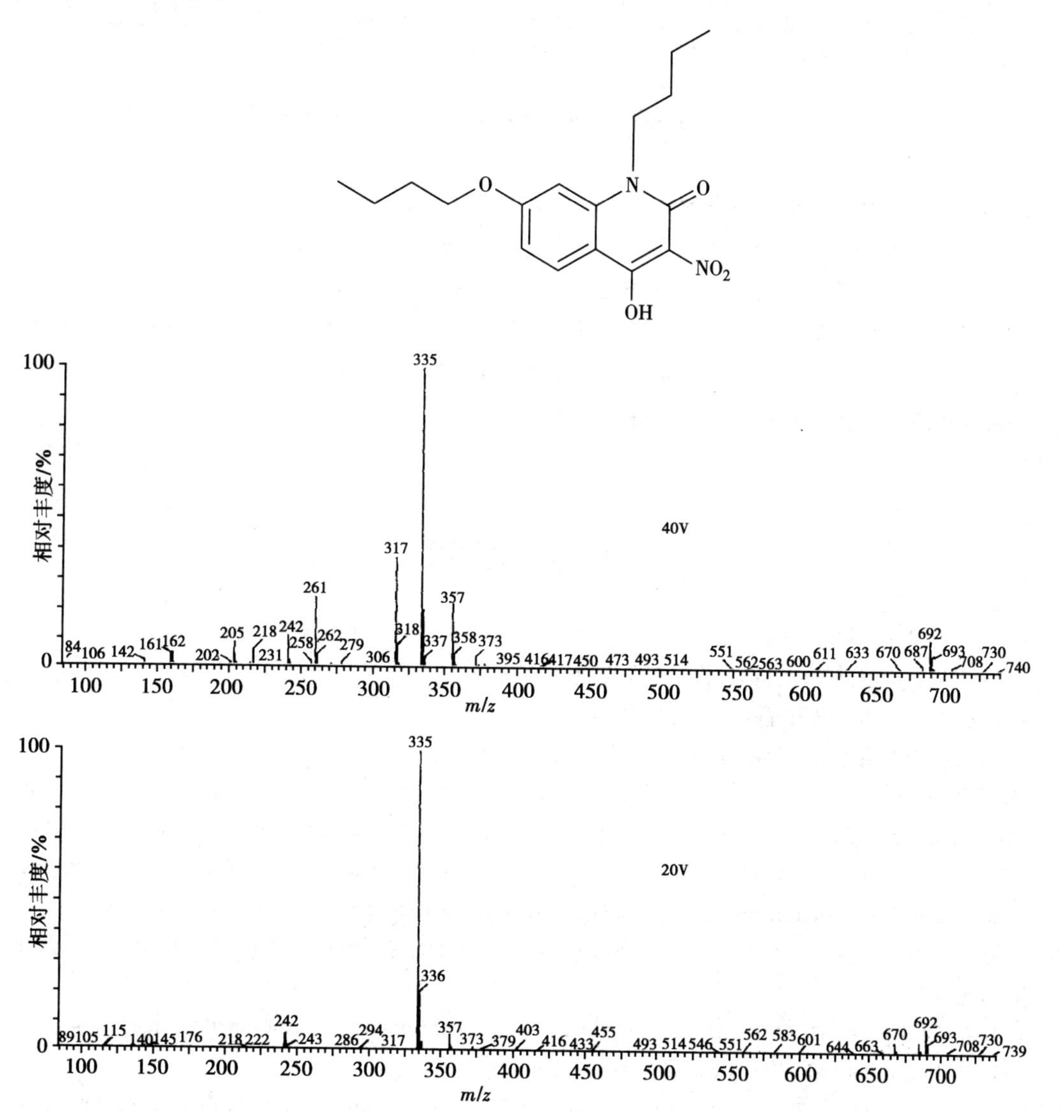

图 8-25　第八章习题 1 化合物的 ESI-MS 谱图（正离子模式）

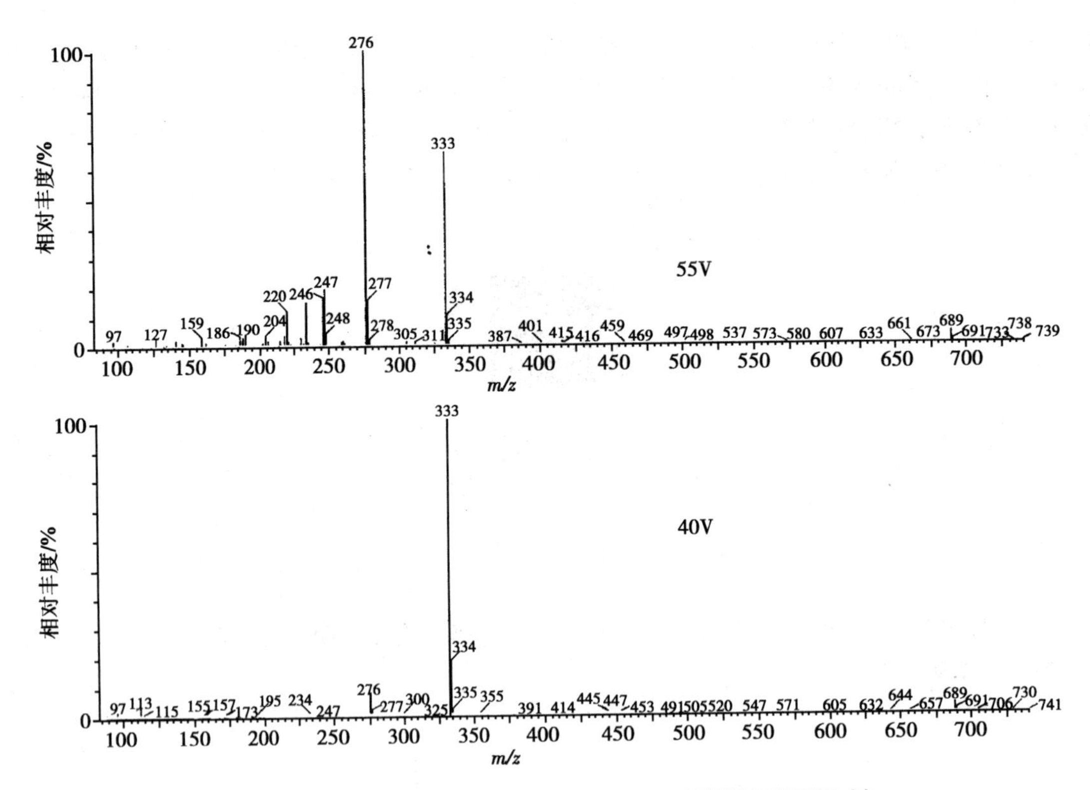

图 8-26 第八章习题 1 化合物的 ESI-MS 谱图(负离子模式)

2. 以 M 代表分子量,请指出准分子离子(正离子模式)的主要类型有哪些。

3. 软电离有几种类型?与硬电离相比有哪些优点?适用于测定什么样的物质?

4. 比较离子阱质量分析器与四极杆质量分析器的优缺点及应用范围。

5. 高分辨质谱的质量精确度能够到 ppm 数量级甚至更低。假如某一化合物的准分子离子峰$[M+H]^+$的理论值为 144.081 3,高分辨质谱仪的质量精确度为 5ppm,请估算该化合物经该仪器测定时$[M+H]^+$准分子离子峰的实测值在什么范围。

(吴 振)

参 考 文 献

[1] 吴立军 . 有机化合物波谱解析 . 3 版 . 北京:中国医药科技出版社,2009.

[2] 张华 . 现代有机波谱分析 . 北京:化学工业出版社,2005.

[3] 宁永成 . 有机波谱学谱图解析 . 北京:科学出版社,2010.

[4] 赵玉芬 . 生物有机质谱 . 郑州:郑州大学出版社,2005.

[5] GIL J H, JUNG J H, KIM K J, et al. Structural determination of saponins extracted from starfish by fast atom bombardment collision-induced dissociation mass spectrometry. Analytical sciences, 2006, 22(4): 641-644.

[6] ISOMURA S, ITO K, HARUNA M. Quantitative analysis of the kinetics of phospholipase A_2 using fast atom bombardment mass spectrometry. Bioorganic and medicinal chemistry letters, 1999, 9(3): 337-340.

[7] 谢红卫,刘淑莹,张桂琴,等 . 快原子轰击质谱直接分析山核桃油中的混合甘油三酸酯 . 分析化学,1993,21(7):765-769.

[8] RAJCA A, UTAMAPANYA S, XU J T. Control of magnetic interactions in polyarylmethyl triplet diradicals using steric hindrance. Journal of the American Chemical Society, 1991, 113: 9235-9241.

[9] COVERY T R, BONNER R F, SHUASHAN B I, et al. The determination of protein, oligonucleotide and peptide molecular weights by ion-spray mass spectrometry. Rapid communications in mass spectrometry, 1988, 2(11):

249-256.
[10] NAKAMURA K, TAKANO S, OHNOA A. Diastereoselective reduction of ethyl α-methyl-β-oxobutanoate by immobilized *Geotrichum candidum* in an organic solvent. Tetrahedron letters, 1993, 34 (38): 6087-6090.
[11] LIGHT-WAHL K J, SPRINGER D L, WINGER B E, et al. Competing pathways for carbonyl hydrate participation in a model for biotin carboxylation. Journal of the American Chemical Society, 1993, 115: 803-804.
[12] 徐友宣，王超，彭师奇，等. 小分子药物的 APCI/MS 研究. 中国新药杂志，2002, 11 (5): 368-373.
[13] JEMAL M. High-throughput quantitative bioanalysis by LC-MS/MS. Biomedical chromatography, 2000, 14: 422.
[14] 车庆明，黄新立，李艳梅，等. 黄芩苷的药物代谢产物研究. 中国中药杂志，2001, 26 (11): 768-769.

第九章

圆二色谱和旋光光谱

第九章
教学课件

学习目标

1. **掌握** 测定化合物立体构型的基本方法(CD、ORD);CD、ORD及其与UV之间的关系;CD和ORD的八区律及其在有机化合物的绝对构型测定中的应用。
2. **熟悉** 过渡金属试剂[$Mo_2(OAc)_4$、$Rh_2(OCOCF_3)_4$]诱导的CD谱。
3. **了解** CD激子手性法、ECD计算辅助立体化学结构确证。

第一节 基础知识

立体结构的测定是手性有机化合物结构测定的重要内容。目前测定化合物的立体结构的方法包括化学转化法、单晶X射线衍射法、旋光比较法、圆二色谱(CD谱)和旋光光谱(ORD谱)、拉曼光谱(ROA)、核磁共振法[手性位移试剂、衍生化的NMR(如Mosher法)]、动力学拆分法及利用非对映异构体性质变化规律的推断法等。其中化学转化法消耗测试样品;旋光比较法需要有已知化合物或类似物进行比较;单晶X射线衍射法要求化合物可得到合适的单晶,需要专业人员测试和处理数据;核磁共振法需要用昂贵的手性试剂或手性溶剂。相比之下,ORD谱和CD谱法的样品用量少且可回收,操作简单,数据处理较为容易,能测定非结晶性化合物的立体结构。CD谱和ORD谱法更适合于有机化合物,特别是天然产物的立体结构测定,尤其是计算CD谱的发展扩大了这种方法的应用范围。

一、旋光光谱

平面偏振光通过手性物质时能使其偏振平面发生旋转,这种现象称为旋光。产生旋光的原因是组成平面偏振光的左旋圆偏振光和右旋圆偏振光在具有手性的有机化合物介质中传播时,它们的折射率不同、传播速度不同,从而导致偏振面的旋转,其关系可以表示如下。

$$\alpha=\pi(n_L-n_R)/\lambda \quad 式(9\text{-}1)$$

式中,α—旋转角;λ—波长;n_L-n_R—连续波长的平面偏振光通过手性分子介质时左旋圆偏振光与右旋圆偏振光的折射率之差。

从以上关系可以看出,手性有机分子的旋光度和光的波长有关,即波长越短与n_L和n_R的差越大,旋转角α的绝对值越大。

用不同波长(200~760nm)的偏振光照射旋光活性物质,并用波长λ对比旋光度[α]或摩尔旋光度[φ],即以比旋光度[α]或摩尔旋光度[φ]为纵坐标、波长λ为横坐标作图所得的曲线称为旋光曲线或旋光光谱(optical rotatory dispersion spectrum,ORD谱)。

$$[\alpha]_D=\alpha/(l\times c) \quad 式(9\text{-}2)$$

$$[\varphi]=[\alpha]M/100 \quad 式(9\text{-}3)$$

式中,D—589nm的钠光;l—测量池的长度(dm);c—溶液的浓度(g/ml);M—样品的相对分子量。

ORD 谱的谱线可以分为三大类：平坦谱线、单纯 Cotton 效应谱线和复合 Cotton 效应谱线。

（一）平坦谱线

谱线为平坦的旋光光谱线，无峰、谷之分。这类化合物有旋光性，但手性中心附近无发色团。其中谱线在短波处升起者为正性谱线，如图 9-1 中的谱线 1；降低者为负性曲线，如图 9-1 中的谱线 2 和 3。

（二）单纯 Cotton 效应谱线

谱线只含有 1 个峰和 1 个谷。其中峰在长波部分，谷在短波部分者称为正 Cotton 效应曲线，如图 9-1 中的谱线 4；反之，谷在长波部分，峰在短波部分者称为负 Cotton 效应曲线，如图 9-1 中的谱线 5。

（三）复合 Cotton 效应谱线

谱线含有两个以上的峰或谷，如图 9-1 中的谱线 6 和 7。

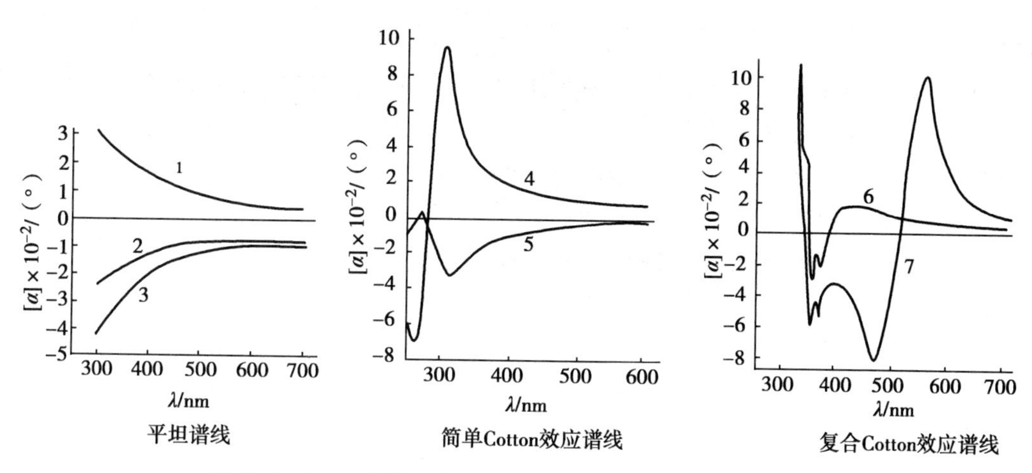

图 9-1　ORD 谱的平坦谱线、单纯和复合 Cotton 效应谱线

二、圆二色谱

圆二色谱分为电子圆二色谱（electronic circular dichroism spectrum，ECD 谱）和振动圆二色谱（vibrational circular dichroism spectrum，VCD 谱）两类。在 ECD 谱中，手性化合物对平面偏振光的吸收是由电子吸收光子后产生电子能级之间的跃迁引起的，属于电子吸收光谱。实验化学家一般直接称圆二色谱即是指电子圆二色谱。

当分子中具有发色团时，具有手性的有机化合物对组成平面偏振光的左旋和右旋圆偏振光的吸收系数是不相等的，即 $\varepsilon_L \neq \varepsilon_R$，这种性质称为圆二色性，它们之间的差称为吸收系数差，表示如下。

$$\Delta\varepsilon=\varepsilon_L-\varepsilon_R=\Delta A/(C\times l)=(d_L-d_R)/(C\times l) \quad \text{式(9-4)}$$

式中，ε_L、ε_R—左、右圆偏振光的吸收系数；d—光密度；C—物质的浓度（mol/L）；l—测量池的长度（dm）。

由于吸收系数 $\varepsilon_L \neq \varepsilon_R$，所以透射出的光不再是平面偏振光，而是椭圆偏振光。

手性物质以摩尔吸光系数之差 $\Delta\varepsilon$ 或摩尔椭圆度 $[\theta]$ 为纵坐标、波长为横坐标作图，获得的谱线称为 CD 谱。CD 谱可分正性曲线和负性曲线，即呈现正峰的为正性曲线，呈现负峰的为负性曲线（图 9-2）。摩尔吸光系数之差 $\Delta\varepsilon$ 与摩尔椭圆度 $[\theta]$ 的换算关系为：

$$[\theta]=3\,300\Delta\varepsilon \quad \text{式(9-5)}$$

圆二色谱仪记录的是椭圆度 θ，通常使用摩尔椭圆度 $[\theta]$：

$$[\theta]=\theta(\lambda)M/100\times l\times c \quad \text{式(9-6)}$$

式中，M—手性物质的相对分子量；c—溶液的浓度（g/ml）；l—测量池的长度（dm）。

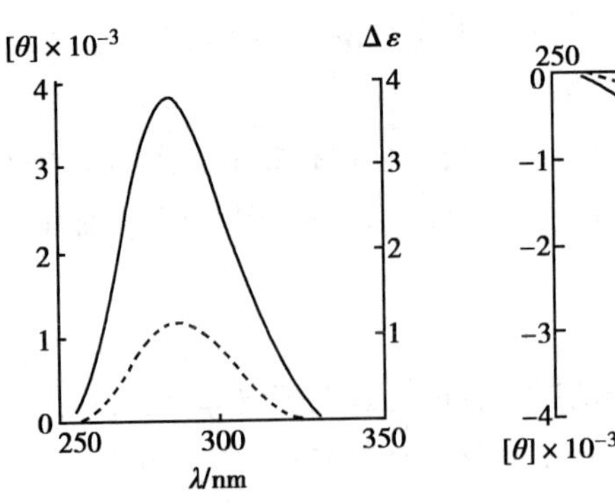

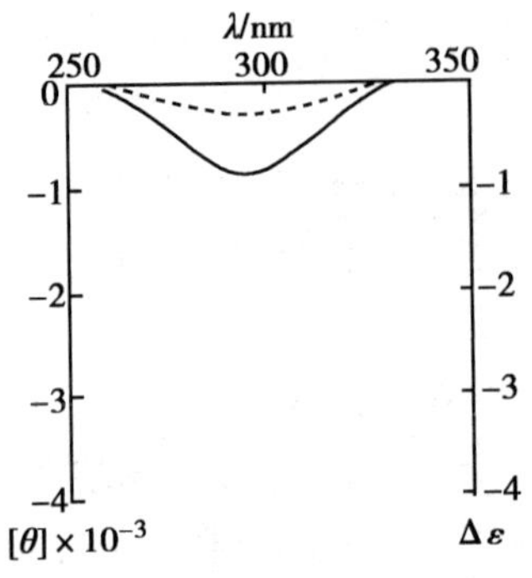

图 9-2 圆二色谱示意图

三、圆二色谱、旋光光谱及其与紫外光谱的关系

ORD 谱和 CD 谱是分子不对称性对光的作用的两种表现，它们都是光与物质作用产生的；紫外光谱（UV）反映光和分子的能量交换。

ORD 谱是非吸收光谱，不具有紫外吸收的手性化合物也可测定旋光光谱。其谱线特征为不具有发色团的手性化合物产生平滑谱线，具有发色团的手性化合物在接近所测化合物的最大吸收波长处出现异常的 S 曲线式 Cotton 效应谱线。ORD 谱较复杂，但比较容易显示出小的差别，能够提供更多的有关立体结构的信息。

CD 谱是吸收光谱，具有紫外吸收的手性化合物可测定 CD 谱。其谱线特征为在所测化合物的最大吸收波长处出现异常的峰状或谷状 Cotton 效应谱线。CD 谱简单明了，易于解析，能很明确地表现出吸收带的圆二色性。即当分子的紫外光谱呈现有较多的吸收带时，CD 谱能很好地分辨相应于每个吸收带的 Cotton 效应的正、负性。

在化合物的紫外最大吸收处是 ORD 谱产生 Cotton 效应谱线跨越基线的位置，也是 CD 谱产生 Cotton 效应谱线的位置，且 ORD 谱与 CD 谱具有一致性，当 ORD 谱呈正 Cotton 效应时，CD 谱也呈正 Cotton 效应，反之亦然。如图 9-3 所示。

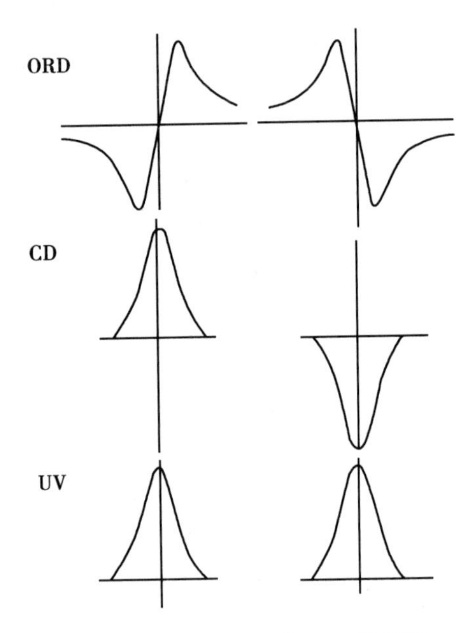

图 9-3 ORD、CD 与 UV 的关系

四、圆二色谱测试条件

同时具备 3 个条件的手性化合物可以用 CD 谱的方法来测定其绝对构型。即分子中具有发色团（具有 $n \rightarrow \pi^*$ 跃迁或 $\pi \rightarrow \pi^*$ 跃迁）；不对称中心在发色团附近；具有稳定的构象。引起 Cotton 效应的结构因素大致可分为 3 类：①由固有的手性发色团产生，如不共面的取代联苯（如化合物 9-1）；②原发色团是对称的，但在手性环境中被扭曲，如优势构象被固定的环己酮（如化合物 9-2）；③连接在手性环境中，空间比较接近的两个或多个发色团（如化合物 9-3）。

化合物9-1　　化合物9-2　　化合物9-3

除化合物的自身结构对 CD 谱的影响外，影响 CD 谱测试的条件还包括所使用的溶剂、化合物的浓度、比色皿的厚度及比色皿是否干净等。选择测定圆二色谱的溶剂时，应选用对被测样品有较好的溶解度且与样品不发生作用的溶剂，还要注意溶剂本身的波长极限。波长极限是指用此溶剂时的最低波长限度，低于此波长时溶剂将有吸收。另外，比色皿的厚度不同，溶剂的波长极限也不同（表 9-1）。常用的比色皿厚度是 1mm。化合物的测试浓度一般在 0.1~0.5mg/ml。

表 9-1　CD 谱测定时不同溶剂的波长极限

常用溶剂	波长极限/nm		
	比色皿的厚度		
	1cm	1mm	0.1mm
环己烷	210	185	180
正己烷	210	185	180
甲醇	210	195	185
乙醇	210	195	185
二甲基亚砜	264	252	245
三氯甲烷	240	230	220
蒸馏水	185	180	175
苯	280	275	270
Tris-盐酸		200	
四氢呋喃	220	210	204
三氟乙酸	260	250	240

第二节　圆二色谱和旋光光谱在确定有机化合物立体结构中的应用

应用 CD 谱和 ORD 谱解析有机化合物的立体结构时，并不能像单晶 X 射线衍射那样可以直接得到化合物的绝对构型。研究者们对于发色团在手性中心周围的化合物的 ORD 谱和 CD 谱的研究总结了一些经验规律，包括八区律、螺旋规则、扇形规则等，以及非经验性地确定有机化合物的绝对构型的方法（CD 激子手性法），这些方法可以被具有晶体结构的化合物的单晶 X 射线衍射法结构分析所证明。随着计算量子化学的发展，依靠理论计算 CD（ECD、VCD）、ORD 谱和实测 CD 谱、ORD 谱对比来判断手性分子的绝对构型，使得 CD 谱和 ORD 谱的预测结果具有更高的可靠性。

一、经验规律

对于发色团在各种手性中心周围的化合物的研究获得一些经验性的规律，包括八区律、扇形规则、螺旋规则等。下面介绍人们总结出来的一些 ORD 谱和 CD 谱的经验规律。

（一）八区律

羰基本身不具有旋光活性，但当其存在于非对称分子中时，其对称的电子分布受到分子内的不对称因素的干扰，诱发成为一个新的不对称中心，即呈现旋光活性，导致羰基在（290±20）nm 的波长范围内出现 Cotton 效应。Cotton 效应的符号及谱型取决于羰基所处的不对称环境，故在非对称分子内，不对称中心离羟基越近，则 Cotton 效应越显著。当这些不对称中心的构型、构象发生变化时，Cotton 效应的符号也随之发生比较明显的变化，八区律（octant rule）概括这种变化的经验规律。由于链酮的构象不固定，八区律法则现主要应用在环酮类化合物上。

利用八区律解决含羰基化合物的立体化学时，一个很重要的问题是将羰基化合物如何置于八区中。下面以饱和环酮和不饱和环酮为例，掌握利用八区律确定含羰基化合物构型的一些方法。

1. 平面分割法　用 3 个相互垂直的平面 A、B 和 C 将空间分割成 8 个区域，以 C 平面为界，平面前称“前区”，平面后称“后区”。每个区又可分为上、下、左、右 4 个分区，各区的旋光分担如图 9-4 所示。将呈椅式构象的饱和环酮化合物的羰基置于 A、B 平面的相交线上，使平面 C 位于分割 C═O 的位置上。羰基的 α 位和 α' 位上的两个碳原子（C-2 和 C-6）落在 B 平面上，β 位和 β' 位上的两个碳原子（C-3 和 C-5）及其上的取代基必须在 B 平面的上方；而 γ 位上的碳原子（C-4）及其上的取代基在 A 平面上。

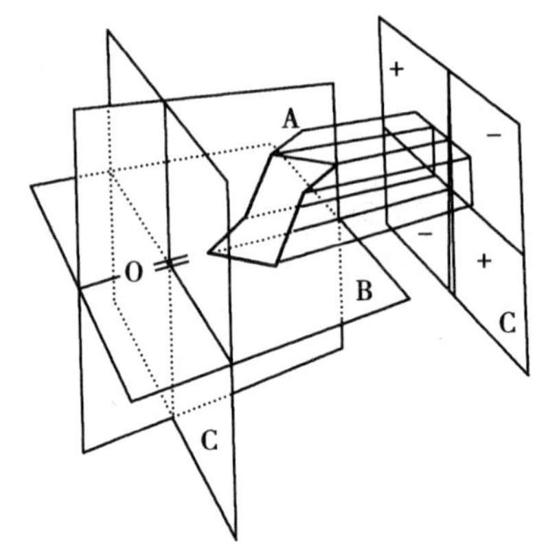

图 9-4　环己酮类化合物在八区的位置及投影

2. 饱和环酮化合物的八区投影　环己酮的各原子主要落在 C 平面“后区”，为判断旋光分担方便起见采用投影法将饱和环酮的结构投影到 C 平面“后区”，如图 9-5 所示。

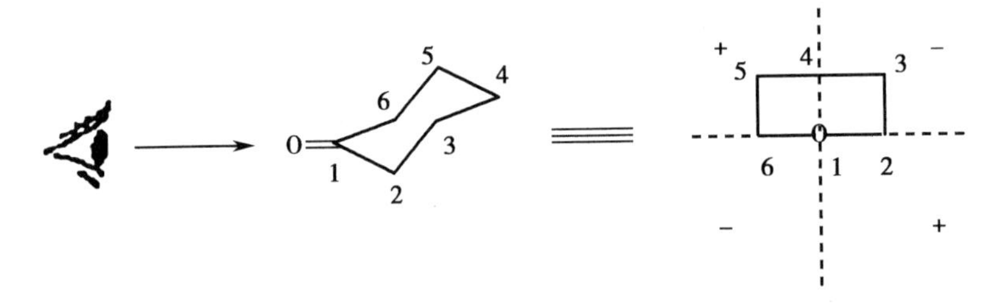

图 9-5　环己酮在后四区中的投影

3. 旋光分担规则　①在 3 个平面上的原子对旋光无贡献，则 C-4 的 a 键和 e 键及 C-2 和 C-6 的 e 键取代基均无贡献；②C-5 的 a 键和 e 键、C-2 的 a 键取代基均为正贡献；③C-3 的 a 键和 e 键、C-6 的 a 键取代基均为负贡献；④旋光贡献具有加和性；⑤距离羰基越远，贡献越小；⑥基团越大，贡献越大。

4. 八区律的应用和程序　八区律可用于：①当平面结构和相对构型已知时，确定化合物的绝对构型；②当绝对构型已知时，确定化合物的优势构象。利用八区律解析立体结构的程序为首先给出已确定平面结构的环己酮衍生物的椅式构象，然后转换成八区律要求的椅式构象，并投影到八区中，获得八区分布图；根据八区律判断该化合物的 Cotton 效应，进而推导绝对构型或优势构象。

5. 八区律应用实例

(1) 饱和环酮类化合物的八区律应用

例 9-1 3-羟基-3-十九烷基环己酮的绝对构型测定。

该化合物的 ORD 谱呈正 Cotton 曲线，该化合物的 *R*-构型和 *S*-构型的结构式为 9-4 和 9-5。由于十九烷基为大基团应在 e 键上，所以它们的优势构象式分别为 9-4a 和 9-5a，将椅式构象式转换成八区律要求的构象式和投影式（图 9-6）。根据八区律，9-5a 呈正 Cotton 效应，故该化合物的绝对构型为 *S*-构型。

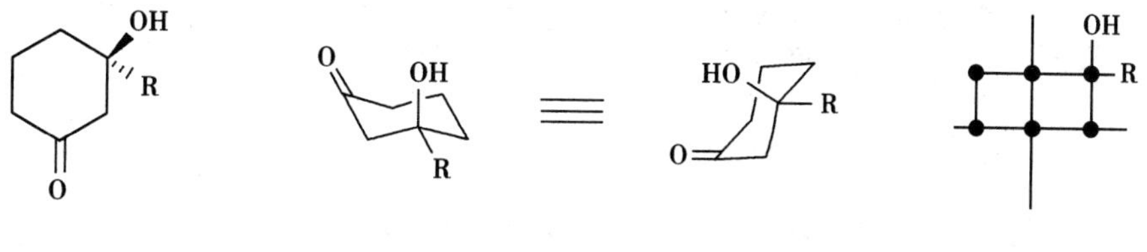

OH R O HO R O OH R OH R

9-4 9-4a 负Cotton效应

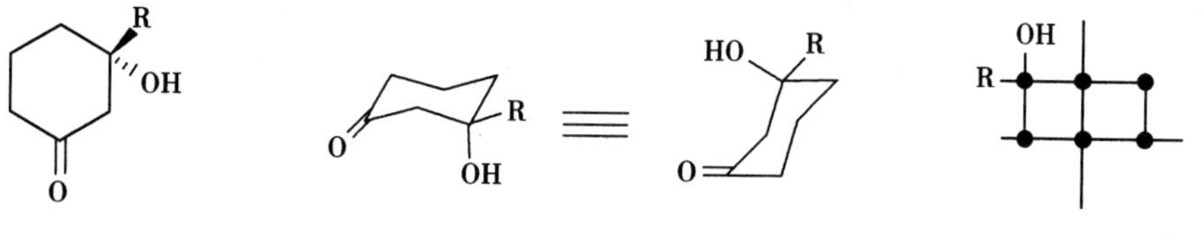

R OH O R O OH HO R O OH R

9-5 9-5a 正Cotton效应

图 9-6 3-羟基-3-十九烷基环己酮的结构、八区律分布图和 Cotton 效应的性质

例 9-2 (–)-薄荷酮和(+)-异薄荷酮的构型和优势构象确定。

(–)-薄荷酮和(+)-异薄荷酮的 ORD 曲线均呈正 Cotton 效应。如图 9-7 所示，(–)-薄荷酮可能的构型有两种(9-6 和 9-7)，其构象分别为 9-6a 和 9-6b、9-7a 和 9-7b。在 9-6a 和 9-7a 中甲基和异丙基均为平伏键，故为优势构象；而在 9-6b 和 9-7b 中甲基和异丙基均为直立键，故为非优势构象。9-6a 和 9-7a 在八区中分别呈正和负 Cotton 效应，9-6a 与 ORD 谱一致，故(–)-薄荷酮的结构为 9-6，其优势构象为 9-6a。(+)-异薄荷酮可能的构型为 9-8 和 9-9，其构象分别为 9-8a 和 9-8b、9-9a 和 9-9b。其中 9-8a 和 9-9b 呈正 Cotton 效应，在 9-8a 中甲基和异丙基均处于正区域，故在 ORD 谱中的振幅强，所以(+)-异薄荷酮的结构为 9-8，其优势构象是 9-8a。

(–)-薄荷酮的两种可能构型

图 9-7 (–)-薄荷酮和(+)-异薄荷酮的构象平衡体系、结构、八区律分布图和 Cotton 效应的性质

O O O O

9-6a 9-6b 9-7a 9-7b

相应的构象平衡体系

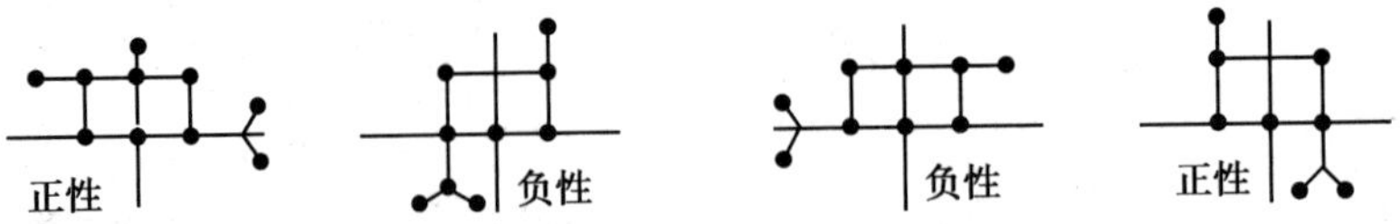

正性 负性 负性 正性

9-6a 9-6b 9-7a 9-7b

相应的八区律分布图和Cotton效应的性质

O O

9-8 9-9

（+）-异薄荷酮的两种可能构型

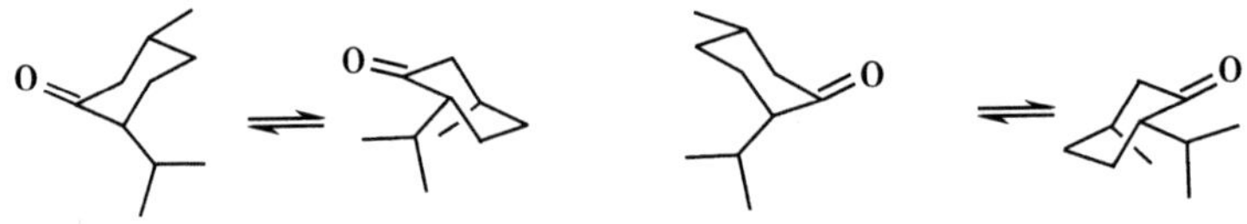

O O O O

9-8a 9-8b 9-9a 9-9b

相应的构象平衡体系

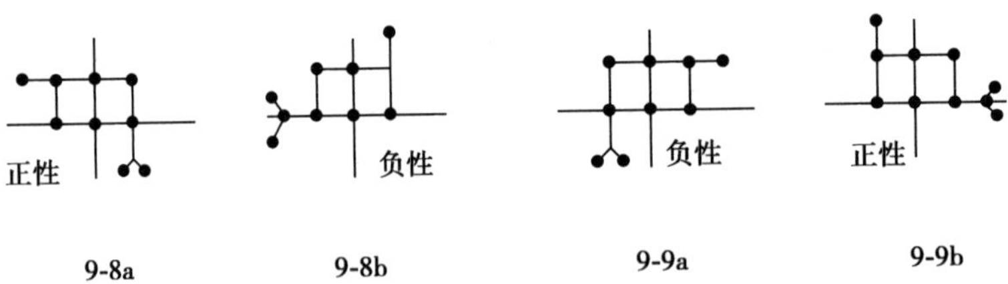

9-8a 9-8b 9-9a 9-9b

相应的八区律分布图和Cotton效应的性质

图 9-7(续)

例 9-3 根据 CD 谱图,应用八区律经验规则判断化合物的绝对构型。

ORD 谱和 CD 谱是同一现象的两个方面,它们都是光与手性物质作用产生的。一般情况下,CD 谱的Δε绝对值最大处对应的波长(成峰或谷处)与 ORD 谱的 λκ 很接近。当 ORD 谱呈正 Cotton 效应时,相应的 CD 谱也呈正 Cotton 效应;反之亦然。

根据一维和二维核磁共振谱图可知化合物 tripfordisinine D(9-10)的平面结构及相对构型如图 9-8 所示。经测定,其 CD 谱呈正 Cotton 效应(图 9-9),利用八区律可确定该化合物的绝对构型。

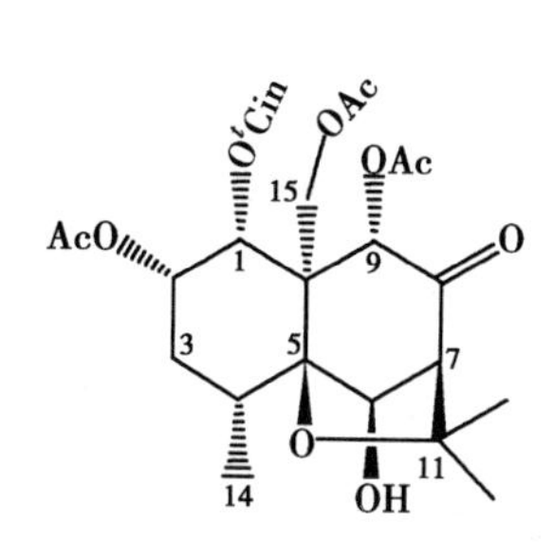

图 9-8　tripfordisinine D(9-10)的平面结构及其相对构型

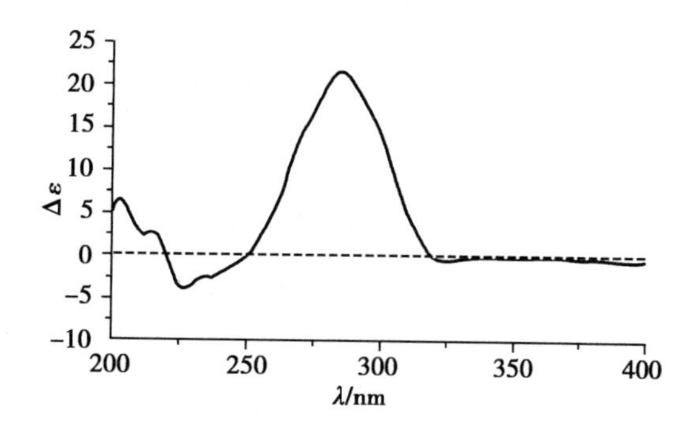

图 9-9　tripfordisinine D(9-10)的实测 ECD 谱线

首先画出该化合物在两种情况下的优势构象式并采用投影法将它们投影到 C 平面“后区”。然后根据旋光分担规则推测两种情况下 CD 谱线的 Cotton 效应。最后可以确定化合物的绝对构型为 1*R*,2*S*,4*R*,5*S*,6*R*,7*R*,9*S*,10*S*(图 9-10)。

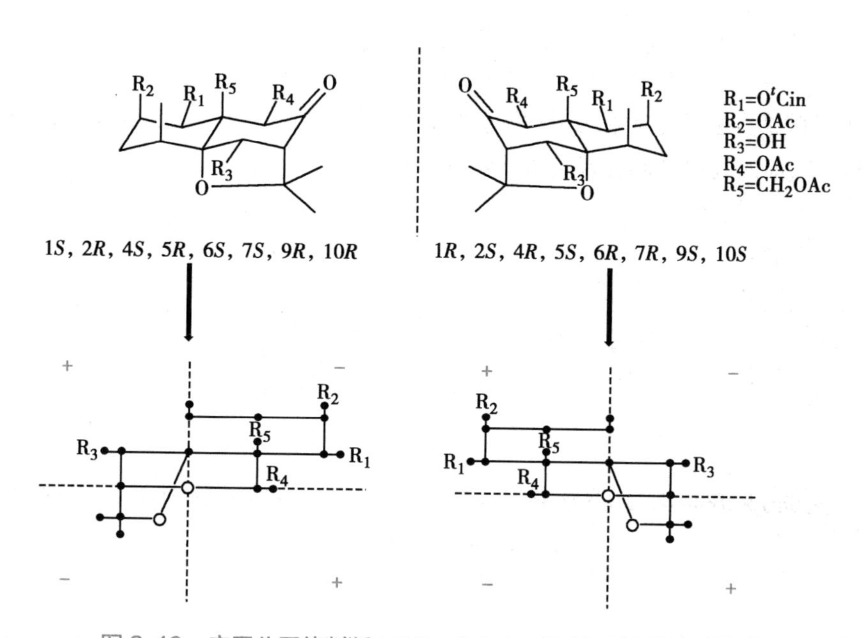

图 9-10　应用八区律判断 tripfordisinine D(9-10)的绝对构型

(2) α,β-不饱和环酮类化合物的八区律应用:α,β-不饱和环酮有两个主要的跃迁,一个是在 320~350nm 的 $n\rightarrow\pi^*$ 跃迁的弱吸收,另一个是在 220~260nm 的 $\pi\rightarrow\pi^*$ 跃迁的强吸收。

α,β-不饱和环酮的 $n\rightarrow\pi^*$ 所呈现的 Cotton 效应与环所取的构象有关。如图 9-11 为环己-2-烯酮和环戊-2-烯酮的构象与 $n\rightarrow\pi^*$ 所呈现的 Cotton 效应的关系及其八区律。

如从上面的八区律投影图可以看出,C═C 双键在八区中的区位,对于环己-2-烯酮和环戊-2-烯酮的 $n\rightarrow\pi^*$ 所呈现的 Cotton 效应在性质上刚好相反,这一点应当注意。

(二) 扇形规则

羧酸衍生物及内酯类化合物的立体构型更多地采用扇形规则来确定。羧酸衍生物在 270nm 处呈平坦的 Cotton 曲线,在 225nm 处有明显的 Cotton 效应。由于内酯类化合物具有相对稳定的环构象,故对其 Cotton 效应的研究最为深入,羧酸常被转化成为内酯来研究其立体结构方面的问题。观测内酯化合物的角度与羰基化合物不同,是从羧基的两个碳氧键键角平分线的角度看羧基碳。对于羧基八区的划分,将羧基放置在平面 A 上,经过两个碳氧键键角平分线做一平面 B 垂直于平面 A,再做一

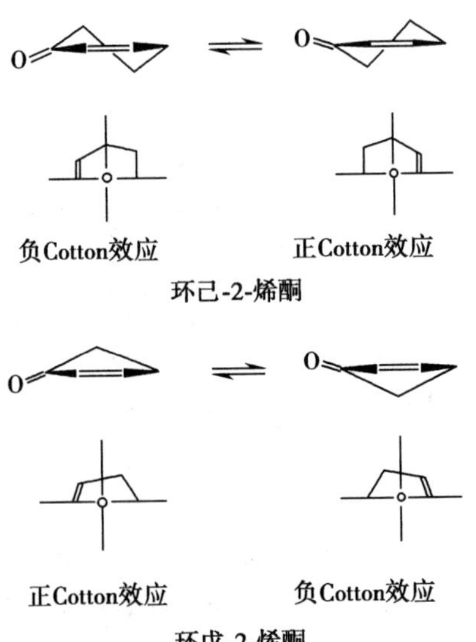

图 9-11　α,β-不饱和环酮的构象与 n→π* 所呈现的 Cotton 效应的关系及其八区律

平面 C 经过羧基碳垂直于平面 A 和 B，将羧基周围的环境划分成 8 个区。后四区对 Cotton 效应的贡献如图 9-12 所示，前四区对 Cotton 效应的贡献与之相反。

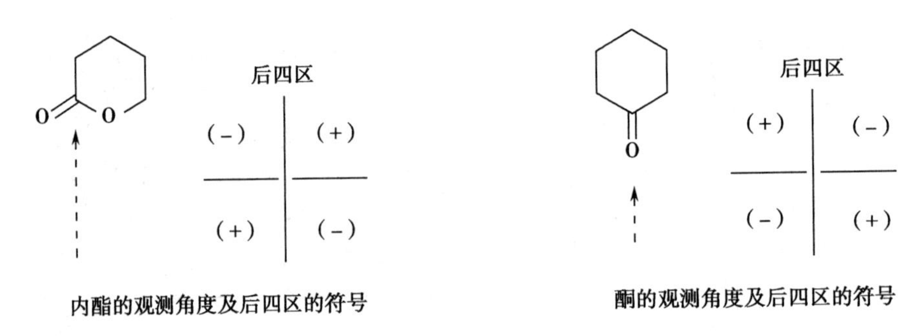

图 9-12　内酯与酮的观测角度与其后四区的符号

在羧基中，两个碳氧键均具有部分双键的性质，即存在两个共振杂化体，可以粗略地认为两个碳氧键是相同的，即两个碳氧键均可以被看作碳氧双键，因此可以用酮的八区律分别对其进行分析（图 9-13）。

将上两个图叠加起来，那么某些区域对 Cotton 效应的贡献可抵消为 0，如 A、C、D 和 F 区；而有些区域对 Cotton 效应的贡献累加在一起，则形成正（+）区（如 E 区）和负（-）区（如 B 区），如图 9-14 所示，即可得出内酯类化合物的扇形规则。由图 9-14 可知，扇形规则是从上往下观测羧基平面所得到的规律。由于两个碳氧键在不同化合物中的角度不同，对扇形规则的区域规定也应有所变化，故在推测内酯化合物的 Cotton 效应符号时，应结合其八区律和扇形规则综合考虑，取代基距离羧基越远对 Cotton 效应的贡献越小。

例 9-4　3-oxo-4-oxa-5α-steroids（9-11）的平面结构，八区律后半区投影，扇形规则投影如图 9-15 所示，根据前面的介绍，该化合物的 Cotton 效应符号应该为正，实际测得的结果与理论推测一致。

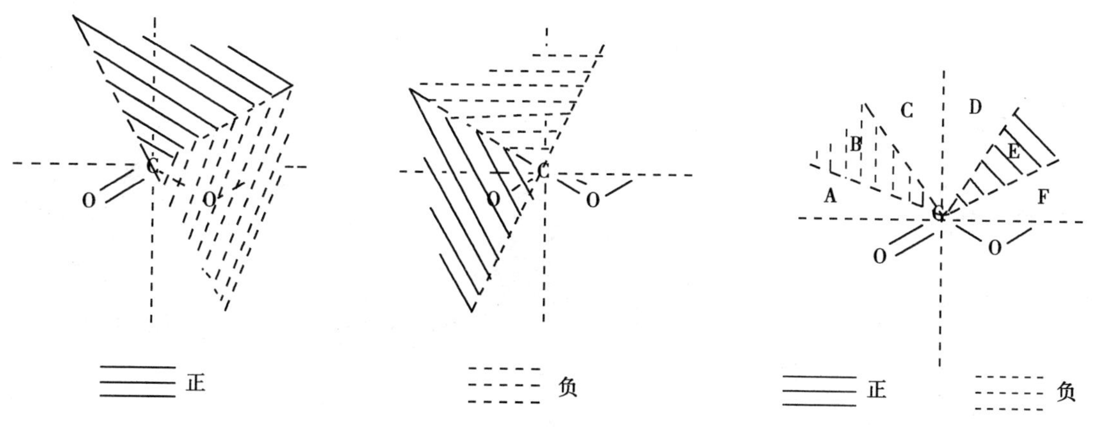

图 9-13　分别以酯基的两个碳氧键为观测对象的后四区的贡献

图 9-14　内酯类化合物的扇形规则（酯基上方后半区示意图）

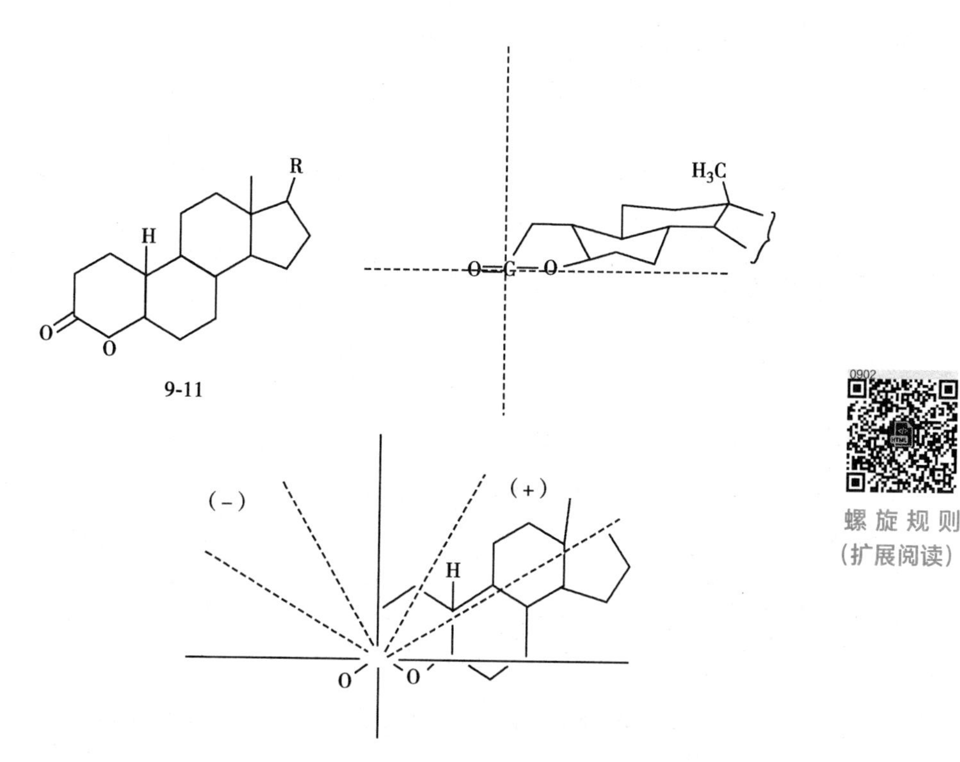

图 9-15　3-oxo-4-oxa-5α-steroids（9-11）的结构式及投影

螺旋规则（扩展阅读）

二、圆二色谱激子手性法

CD 激子手性法（CD exciton chirality method）是一种非经验的确定有机化合物的绝对构型的方法。当分子中的两个（或多个）具有 π→π* 强吸收的发色团都处于相互有关的手性环境中（如图 9-16 所示的结构），经光照射激发后，两个发色团的激发态［又称激子（exciton）］之间相互作用，称为激子偶合（exciton coupling）。此时激发态分裂成两个能级［这两个能级的能量之差称为 Davydov 裂分（Davydov split）］，从而形成两个符号相反的 Cotton 效应。CD 谱线表现为在发色团的 UV 的最大吸收波长（λ_{max}）处裂分为符号相反的两个吸收，即裂分的圆二色谱。处于波长较长的吸收称为第一 Cotton 效应，波长较短处的吸收为第二 Cotton 效应。如果两个发色团的电子跃迁偶极矩矢量构成顺时针螺旋（即右旋），为正激子手性，其第一 Cotton 效应为正、第二 Cotton 效应为负［图 9-16（A）］；反之，当两个偶极矩矢量构成逆时针螺旋（即左旋），为负激子手性，其第一 Cotton 效应为负、第二 Cotton 效应为

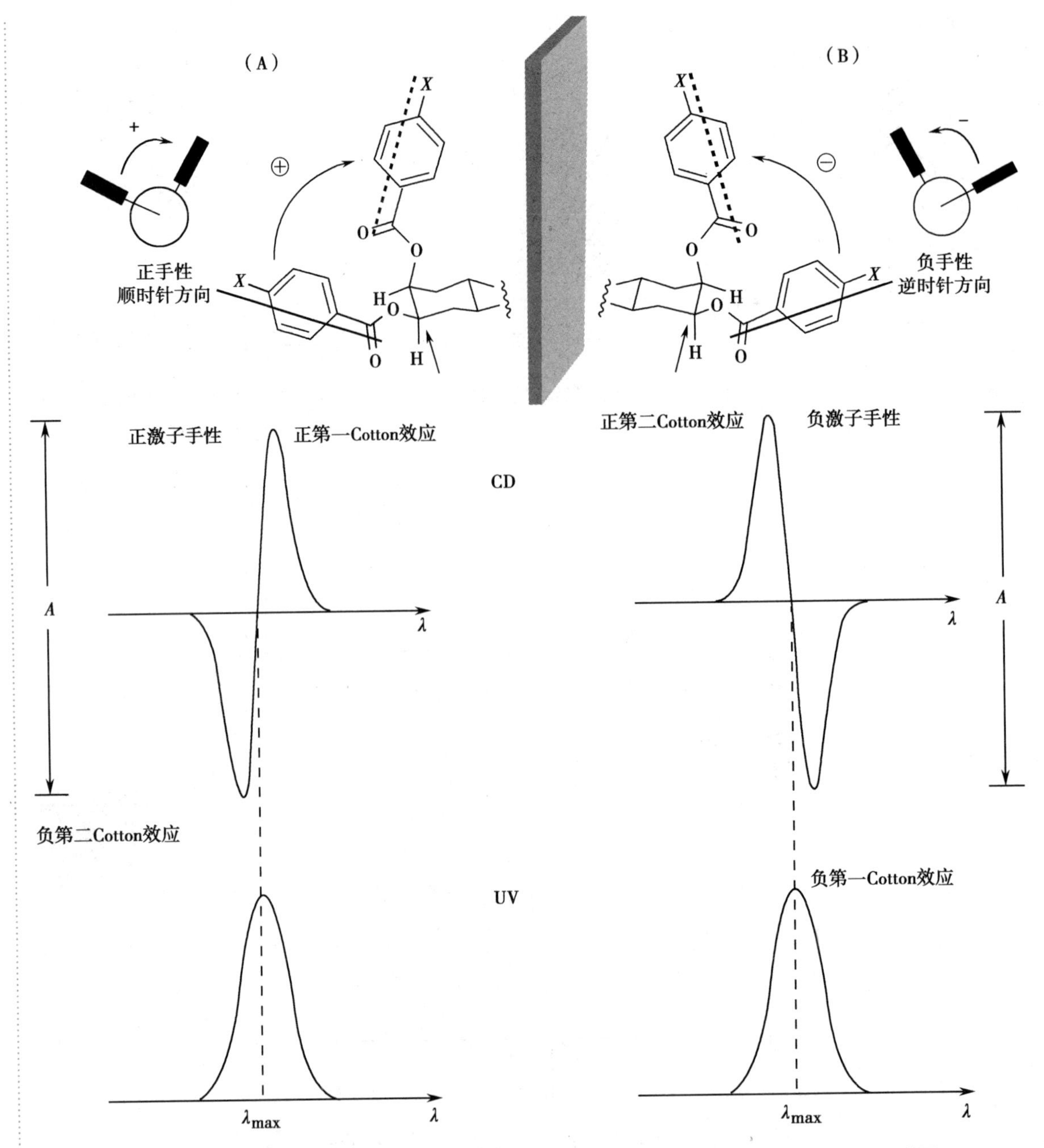

图 9-16　以对取代苯甲酰为发色团的环己邻二醇酯(9-12)的螺旋方向及 UV 和 CD 谱图

正[图 9-16(B)]。如果确定发色团中跃迁偶极矩的方向，即跃迁的偏光性，根据这两个 Cotton 效应的符号便可决定两个发色团在空间的绝对构型，这种判断构型的方法称为 CD 激子手性法。

可用于 CD 激子手性法的发色团必须具有强的吸收，以便相距较远的发色团之间产生强的激子偶合，具有较高的对称性；同时，引入的发色团要有合适的最大波长，以免与分子中原有的发色团发生重叠。满足上述条件的发色团有很多。下面就这些发色团的电子跃迁性质即最大吸收波长(λ_{max})、吸收强度(ε 值)、偏光性等做一简要说明。

(一) 发色团的电子跃迁性质

1. 对位有取代的苯甲酸酯和苯甲酰胺类　如表 9-2 所示的都是适用于 CD 激子手性法的有各种对位取代的苯甲酸酯和苯甲酰胺类化合物的 UV 数据。当对位引入给电子基团或吸电子基团时，UV 吸收向长波长移动，位移程度为 $N(CH_3)_2 > NH_2 > OCH_3 > Br > Cl > CH_3 > H$(供电基)及 $NO_2 > CN > H$(吸电基)。

表 9-2 对位有取代的苯甲酸与胆固醇形成的酯和苯甲酰胺的 UV 数据

发色团 *		溶剂	发色团 *		溶剂
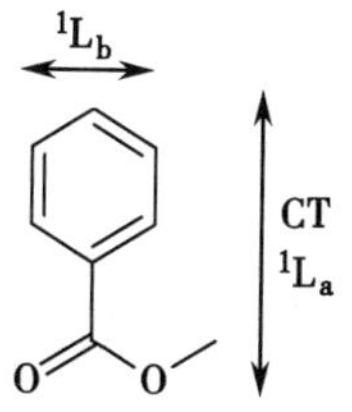 ^1L_b CT ^1L_a O O	273.6nm ε 900 229.5nm ε 15 300	EtOH	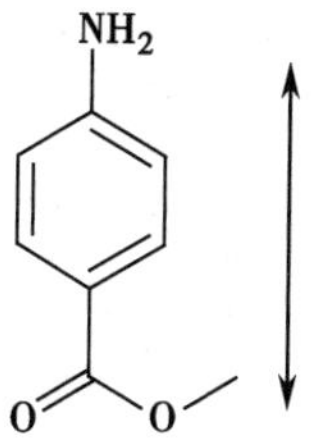 NH_2 O O	283.8nm ε 21 900	MeOH：dioxane (9：1)
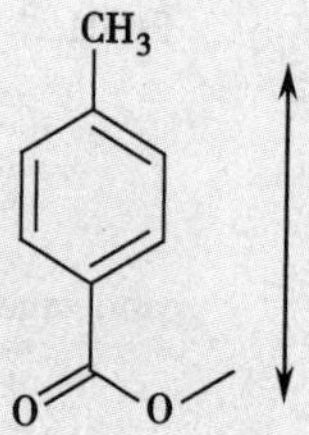 CH_3 O O	280.6nm ε 600 238.4nm ε 17 600	EtOH	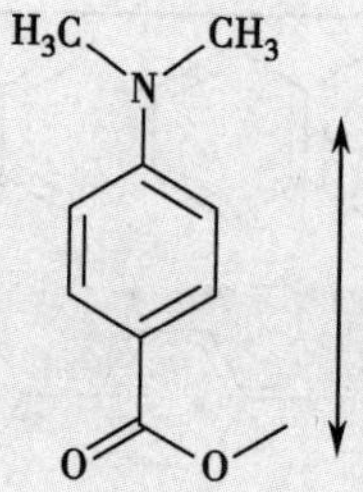 H_3C N CH_3 O O	311.0nm ε 30 400 229.0nm ε 7 200	EtOH
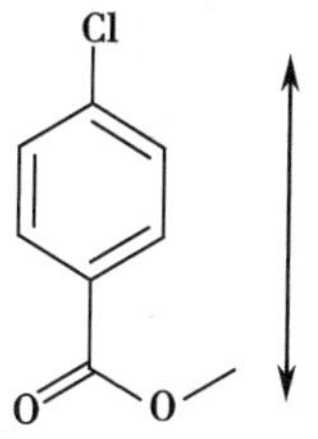 Cl O O	282.5nm ε 600 240.0nm ε 21 400	EtOH	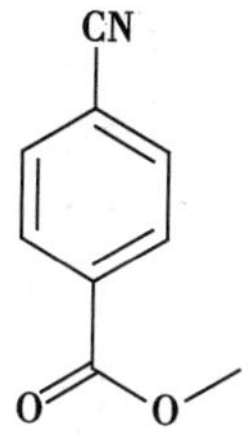 CN O O	283.4nm ε 1 700 240.0nm ε 24 600	EtOH
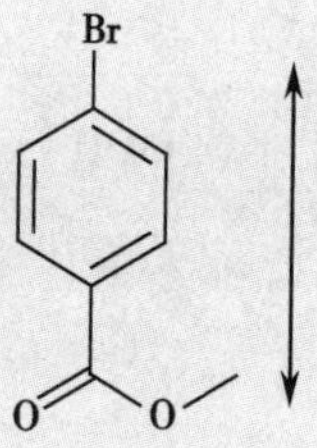 Br O O	283.0nm ε 500 244.5nm ε 19 500	EtOH：dioxane (280：1)	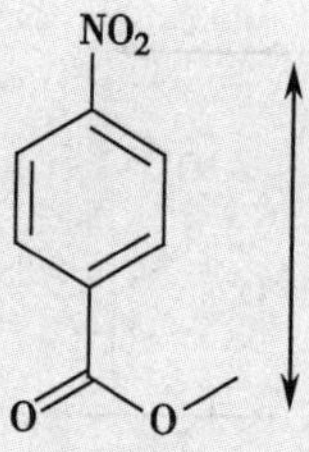 NO_2 O O	260.5nm ε 15 100	EtOH：dioxane (24：1)
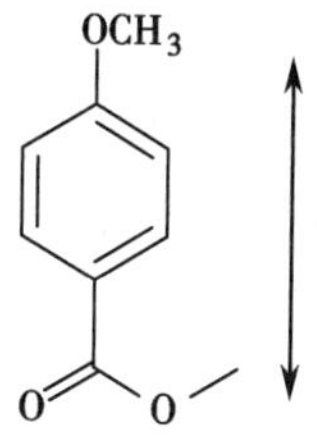 OCH_3 O O	257.0nm ε 20 400	EtOH	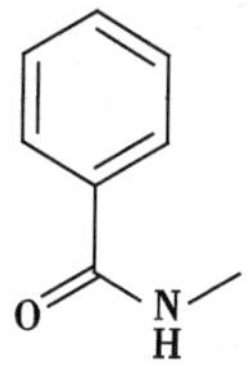 O N H	224.6nm ε 11 200	EtOH

注：* 表中的箭头表示 $\pi\to\pi^*$ 跃迁矩的方向。

间位、邻位上有取代的苯甲酸酯的对称性低，UV 吸收带的方向不与醇性的 C—O 键轴平行，不适合 CD 激子手性法。

2. 多稠合苯发色团 表 9-3 中列出适合于 CD 激子手性法的多稠合苯类化合物的紫外光谱数据。表 9-3 中列出的多稠合苯类化合物与苯不同，它们有发色团的长轴、短轴，因而跃迁的偏光性能被确定，可适用于 CD 激子手性法。

表 9-3 稠苯、共轭二烯、α,β-不饱和酮、酯、内酯等化合物的紫外光谱数据

类型	发色团		溶剂
稠苯	^1B_b；^1L_a	312.0nm；ε 200 275.5nm；ε 5 800 220.2nm；ε 107 300	EtOH
		356.5nm；ε 7 600 251.9nm；ε 2 040 000	EtOH
		471.0nm；ε 10 000 274.0nm；ε 316 000	EtOH
共轭二烯		265nm；ε 6 400	isooctane
		234nm；ε 20 000	EtOH
α,β-不饱和酮	O	241nm；ε 16 600	EtOH
酯	O；O	215nm；ε 11 200	EtOH
	$OC_{27}H_{45}$；O	259nm；ε 24 700	EtOH
内酯	O；O	217nm；ε 15 100	EtOH
苯炔	^1L_a；^1L_b；C≡CH	269.5nm；ε 350 234.2nm；ε 15 000	EtOH
苯甲腈	CN	284.0nm；ε 1 900 227.6nm；ε 14 200	EtOH

3. 共轭烯烃、α,β-不饱和酮、α,β-不饱和酯、α,β-不饱和内酯　这些基团的 π→π* 跃迁也可作为 CD 激子手性法的发色团使用。共轭双烯烃的电子跃迁性质（λ_{max}、ε、跃迁矩的方向）受 *s-trans*、*s-cis* 的构象影响。*S-cis* 构象的最大吸收波长较 *s-trans* 构象的最大吸收波长长，可是吸光系数小。共轭酮、酯、内酯的紫外光谱数据列在表 9-3 中供读者参考。

除上述发色团外，苯炔、苯甲腈也可适用于 CD 激子手性法，它们的电子跃迁性质如表 9-3 所示。

（二）新开发的发色团

新开发的发色团主要体现在：①引入具有较大红移作用的发色团，避免与原分子中已存在的发色团在谱图中相互影响；②引入具有强吸收作用的发色团，在发色团之间相距较大的距离时，能够产生较强的相互作用；③引入荧光发色团，可以利用灵敏度的提高降低样品的用量到纳克（ng）级水平。

1. 红移发色团　苯甲酸酯发色团的紫外最大吸收在 230~310nm，常与原分子中发色团的最大吸收重叠，造成 CD 谱线复杂化，增加解析的难度，因此开发易于引入的红移发色团将极大地扩展 CD 激子手性法的应用范围。已开发的红移发色团主要有以下几种。

（1）芳香化多烯发色团：该发色团的 λ_{max} 360~410nm、ε 31 000~58 000，可用于羟基的微量酰化，其双酰化衍生物的 CD 谱线强度大。发色团中每增加 1 个共轭双键可引起 20~30nm 的红移，如久洛尼定型发色团（图 9-17）。

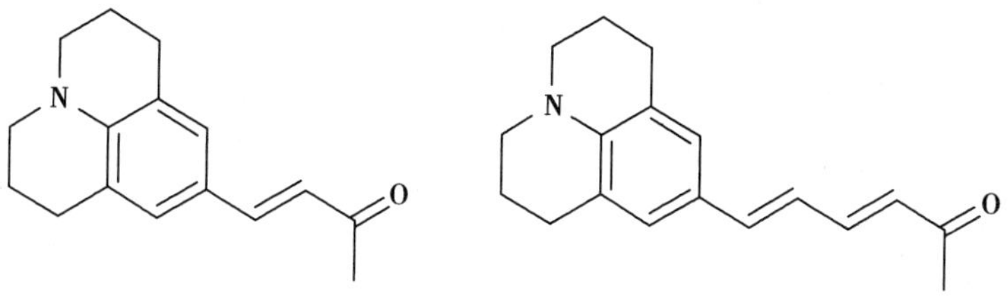

UV 382nm; ε27 000　　　UV 410nm; ε37 000

图 9-17　久洛尼定型发色团

（2）双吡咯酮酸发色团：双吡咯酮酸发色团（图 9-18）的 λ_{max}（CH_2Cl_2）380nm，ε 51 500；404nm，ε 32 800。与（1*R*,2*R*）环己二醇形成双酯具有强烈的激子偶合，在 408nm（Δε －122.5）显示第一 Cotton 效应，在 360nm（Δε +95）显示第二 Cotton 效应。发色团电子偶极矩的方向随溶剂不同而变化，如在 DMSO 中裂分的 CD 谱线符号与在 CH_2Cl_2 中相反。

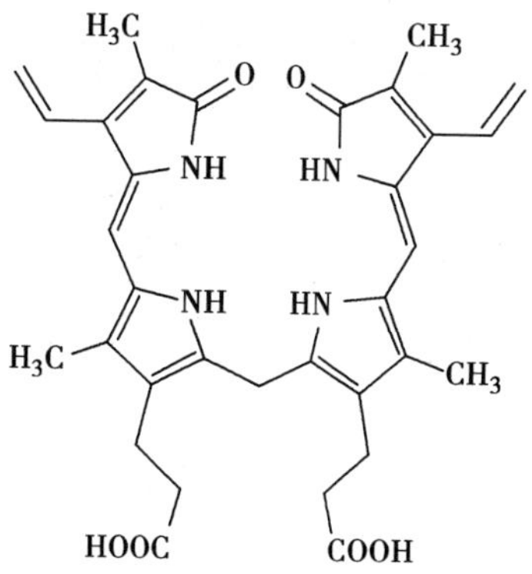

图 9-18　双吡咯酮酸发色团

（3）席夫碱和质子化席夫碱发色团：该类发色团为伯胺类化合物的酰化提供一个选择性的微量方法。席夫碱发色团在长波长处有强烈的紫外最大吸收，酰化衍生物有强烈的 CD 裂分和 Δε 值。分子中的氨基用发色团的醛酰化产生中性席夫碱，如图 9-19 所示。

2. 强吸收发色团　以前研究较多的手性化合物多为邻位取代的羟基和氨基化合物，少数为 1,3-取代或 1,4-取代。如果手性中心相距更远，就需要引入的发色团有很强的最大吸收。6-取代-10,15,20-三苯基卟啉酯（图 9-20）在可见光区的 414nm 处呈现强吸收（ε 350 000），对手性中心较远（35~50Å）的天然产物的绝对构型确定提供强烈的激子偶合。这为研究生物聚合物如药物（配合基/受体相互作用及蛋白质、核酸、酯类等的构象也开辟了新途径。

3. 非酰化反应引入发色团　以前引入发色团的反应多为羟基和氨基的酰化，目前也开始研究用其他反应引入发色团，以拓宽 CD 激子手性法的应用范围。对于对苯基苄基醚衍生物的研究表明其在 253nm 处有最大吸收（ε 20 300），CD 谱裂分峰位于 235nm/260nm（图 9-21）。

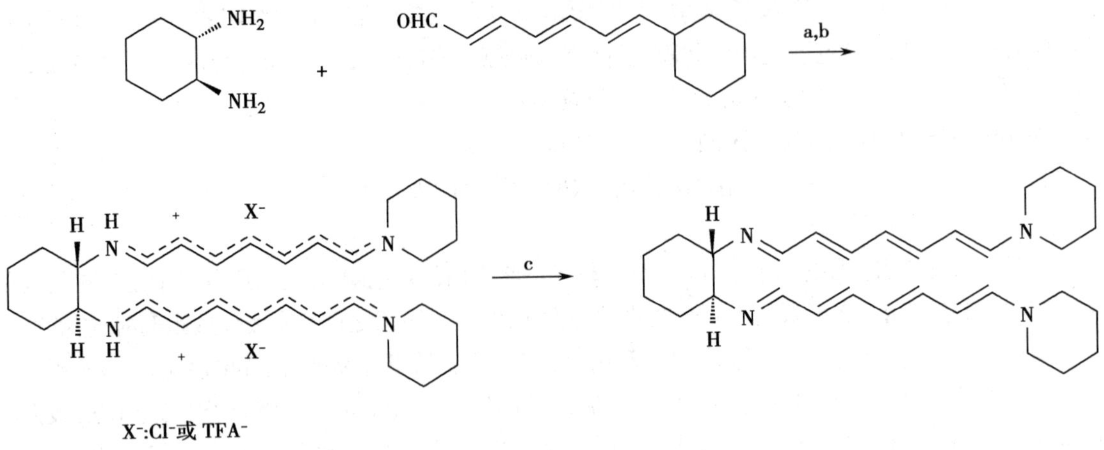

X⁻:Cl⁻或 TFA⁻

(a) Dry MeOH，60~65℃，4小时；(b) 硅胶柱色谱，MeOH/$CHCl_3$/1mol/L HCl (20/80/0.4)；
(c) CH_2Cl_2/NaOH。

图 9-19　以席夫碱为发色团测定邻二胺的绝对构型

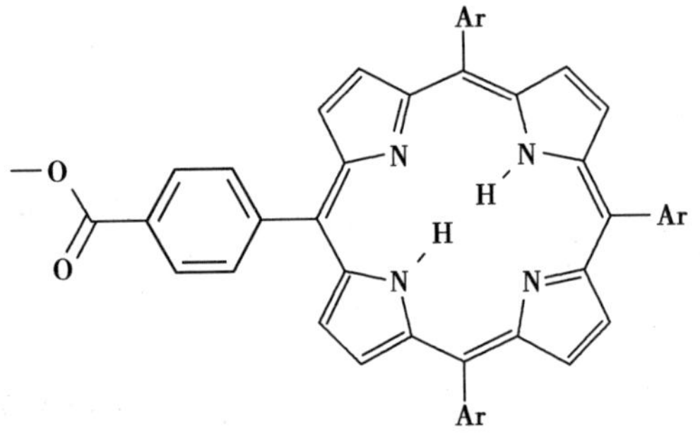

图 9-20　6-取代-10,15,20-三苯基卟啉酯

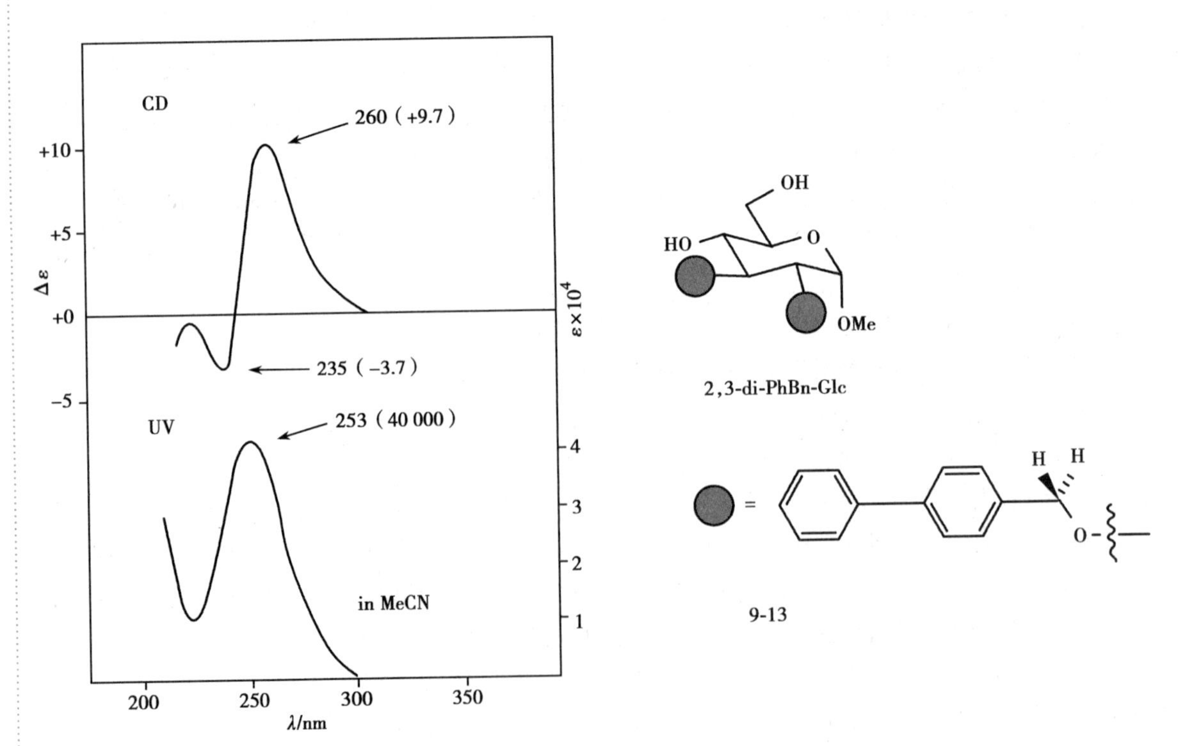

图 9-21　α-葡萄糖甲苷的 2,3-双-对苯基苄基醚(9-13)的 UV 及 CD 谱图

（三）CD 激子手性法测得的分裂型 Cotton 曲线的特点

1. 分裂型 Cotton 效应曲线的符号、振幅与发色团之间的距离和角度有关，但 Cotton 效应曲线的吸收波长与发色团之间的距离、角度无关，固定在某一特定的波长范围内。例如对二甲氨基苯甲酸酯的第一 Cotton 效应出现在 319~321nm，第二 Cotton 效应出现在 291~295nm；而对氯苯甲酸酯的第一 Cotton 效应出现在 246~248nm，第二 Cotton 效应出现在 228~231nm。即 Cotton 效应的波长取决于发色团的性质。

2. 从第一 Cotton 效应过渡到第二 Cotton 效应时与零线（基线）有一交点，交点的波长位置与发色团的 UV 的最大吸收位置接近。例如对二甲氨基苯甲酸酯的分裂型 Cotton 效应曲线与零线交点在 305~308nm，而其 UV 的最大吸收在 310nm 附近。

3. Cotton 效应的强度取决于两个发色团之间的距离和发色团的对位上助色团的性质。当发色团一定时，两个发色团之间的距离越远，分裂的 Cotton 效应的振幅就越小。根据理论计算，振幅与两个发色团之间的距离的平方成反比。

4. 邻二苯甲酸酯发色团系列的分裂型 Cotton 效应的符号与强度是发色团间的二面角的函数。二面角在 0°~180°时，分裂型 Cotton 效应的符号不变；当二面角为 70°时，Cotton 效应的强度最大。

5. 当两个发色团不同时，激子 Cotton 效应的符号与两个发色团相同时的激子 Cotton 效应的符号相一致，但强度随两个发色团的 UV 最大吸收波长的差值增大而渐弱。裂分的 CD 谱线在其最大吸收波长相差 80nm 时仍可保持相反的符号。

（四）CD 激子手性法在绝对结构测定中的应用

CD 激子手性法适用于各种有机化合物的绝对结构的测定。下面列举几类化合物利用 CD 激子手性法决定立体构型的例子。

1. 1,2-二醇

例 9-5 在天然产物 ponasterone A（9-14）的邻二醇羟基上引入香豆素类荧光发色团（图 9-22），其 CD 谱图在 390nm/430nm 处呈现两个符号相反、强度很大的 Cotton 效应，此裂分峰位距离分子中的原发色团 α,β-不饱和酮结构的吸收峰较远（Cotton 效应，n-π* λ_{max} 327nm；$\Delta\varepsilon$ +1.8，π-π* λ_{max} 248nm，$\Delta\varepsilon$ −3.9）。根据 ponasterone A（9-14）的 CD 谱给出的第一 Cotton 效应为负、第二 Cotton 效应为正，据此可以决定 2,3-位羟基的绝对构型。

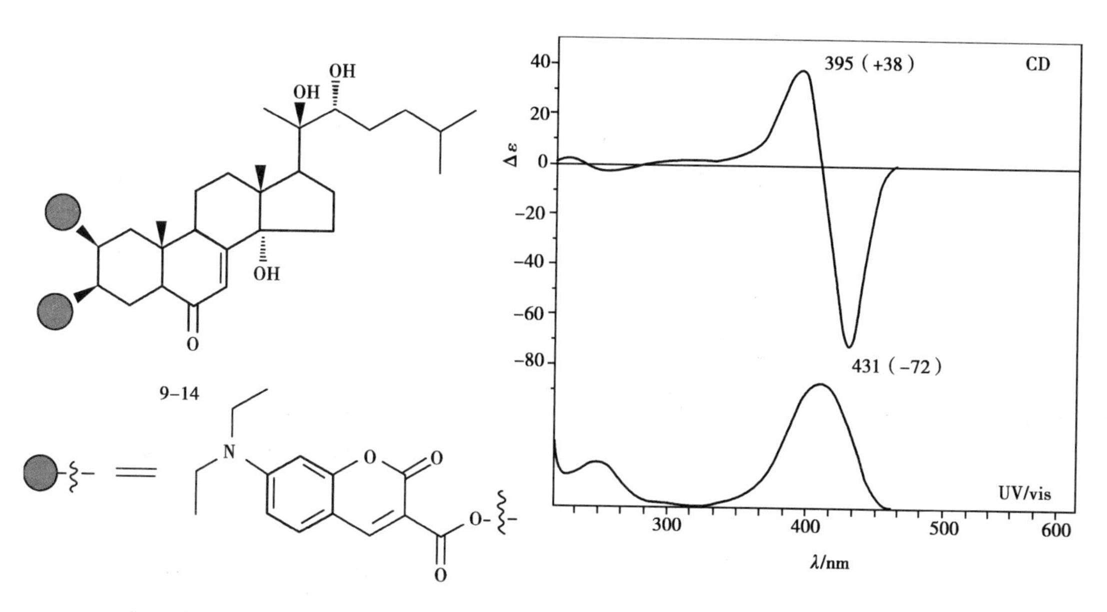

图 9-22 ponasterone A（9-14）的双荧光发色团衍生物在乙腈中的 UV 和 CD 谱图

2. 共轭烯酮　共轭烯酮、烯酯及苯甲酸酯的紫外最大吸收见表 9-3。当它们同时存在于一个分子中时，烯酮的 π→π* 跃迁与苯甲酸酯的跃迁相互作用而产生裂分 CD，它的符号取决于烯酮与羟基之间的手性。

例 9-6　化合物 9-15 的 CD 谱（图 9-23），第一 Cotton 效应为正，第二 Cotton 效应为负，据此可以决定羟基的绝对构型。

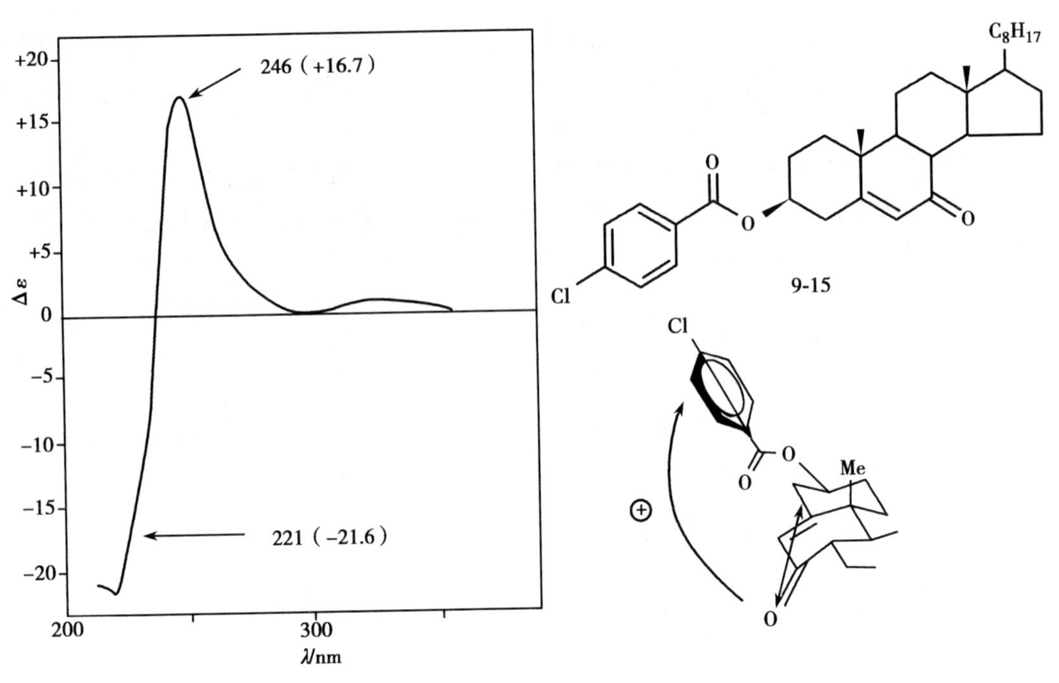

图 9-23　3β,14α-dihydroxy-5α-cholest-7-en-6-one 3-p-chlorobenzoate（9-15）在甲醇中的 CD 谱图

3. 丙烯醇　处于环上的丙烯醇可根据其环上的苯甲酸酯的 CD 谱来决定。烯丙醇苯甲酸酯中的苯环电子转移带的 π→π* 跃迁（λ_{max}=230nm）和 C═C 发色团的 π→π* 跃迁（λ_{max}=195nm）其极化度系沿发色团的长轴方向，因此用两个长轴的螺旋规则即可决定绝对构型（图 9-24）。

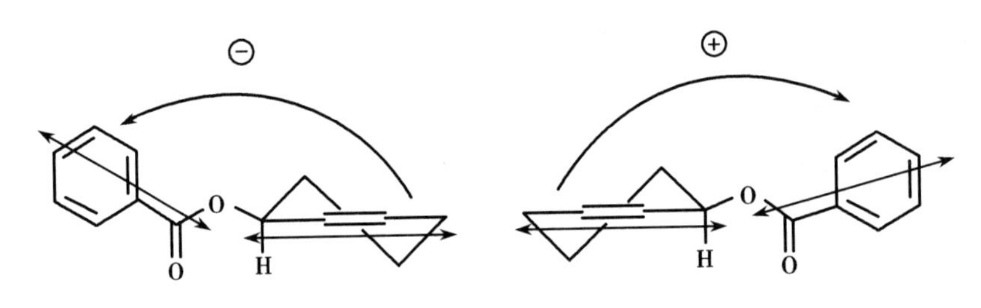

图 9-24　丙烯醇苯甲酸酯的手性

例 9-7　胆甾-4-烯-3β-醇苯甲酸酯（9-16）与胆甾-4-烯-3α-醇苯甲酸酯（9-17）在 CD 谱中呈现单 Cotton 效应（图 9-25）。这是由于苯甲酸酯的 π→π* 跃迁在 230nm 处呈现明显的 Cotton 效应，而双键 π→π* 跃迁产生的第二 Cotton 效应在 200nm 以下，易受到其他基团跃迁产生的干扰而导致无法观察到。

CD 激子手性法有时也可应用于非环的丙烯醇苯甲酸酯。

例 9-8　化合物 9-18 的 CD 谱在 240nm 处显示负 Cotton 效应。尽管它可以有各种构象，但 9-18a 占优势，此优势构象决定其 CD 激子手性（图 9-26）。

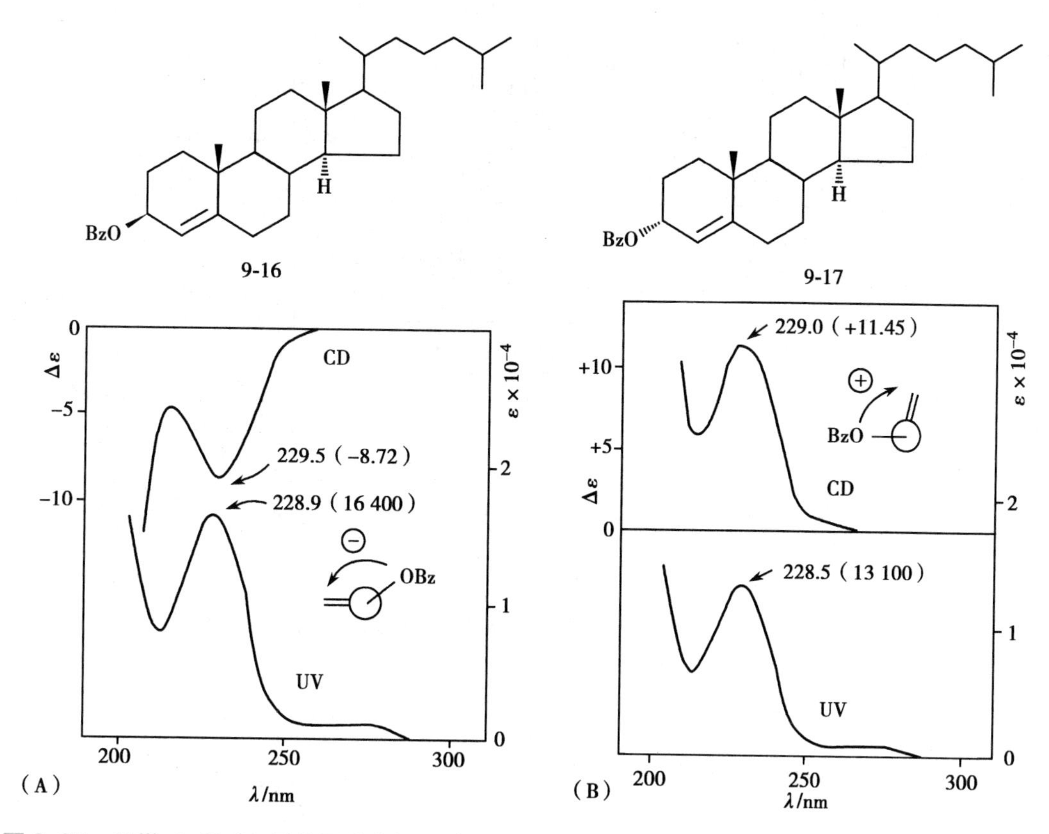

图 9-25　胆甾-4-烯-3β-醇苯甲酸酯(9-16)与胆甾-4-烯-3α-醇苯甲酸酯(9-17)的 UV 和 CD 谱图

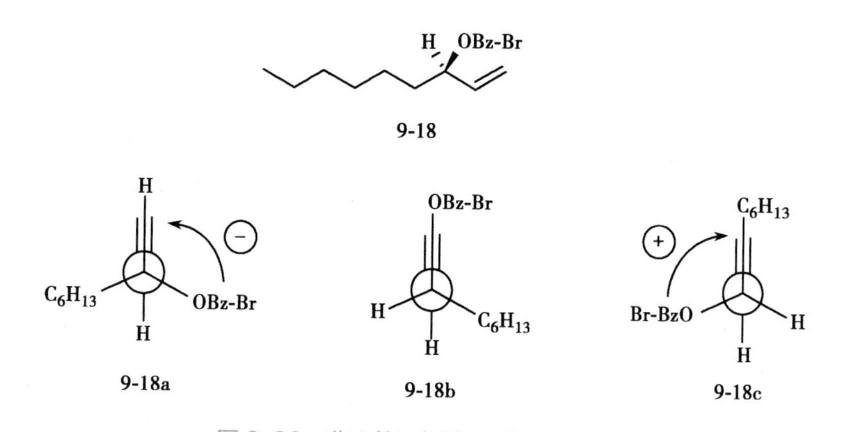

图 9-26　非环的丙烯醇苯甲酸酯的手性

4. β-羟基-α-氨基酸衍生物　L-氨基酸的绝对构型主要是通过与标准品比对旋光性确定的，但此种方法只适用于已知的氨基酸。通过引入发色团，利用 CD 激子手性法便可以确定氨基酸的绝对构型。

例 9-9　色氨酸衍生物(9-19)和苏氨酸衍生物(9-20)通过 ^{1}H-NMR 确定相对构型后，根据 CD 谱图(图 9-27 和图 9-28)给出的第一 Cotton 效应为正、第二 Cotton 效应为负，可确定它们具有构象 c。

三、过渡金属试剂诱导的圆二色谱

醇类、胺类、醚类等化合物由于在可观察的光谱范围内无紫外吸收而无法直接利用 CD 谱来确

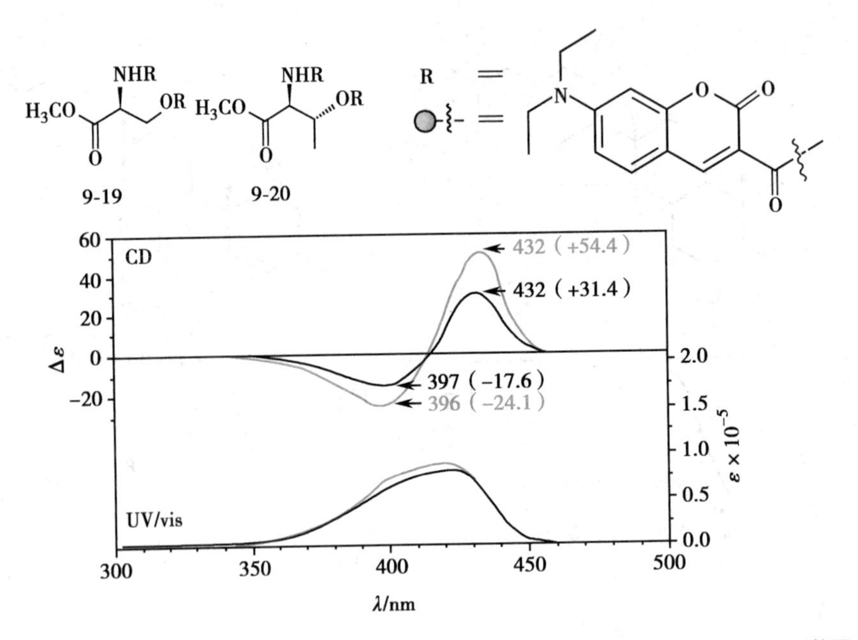

图 9-27 化合物 9-19（蓝线标示）和化合物 9-20（黑线标示）的 UV 和 CD 谱图

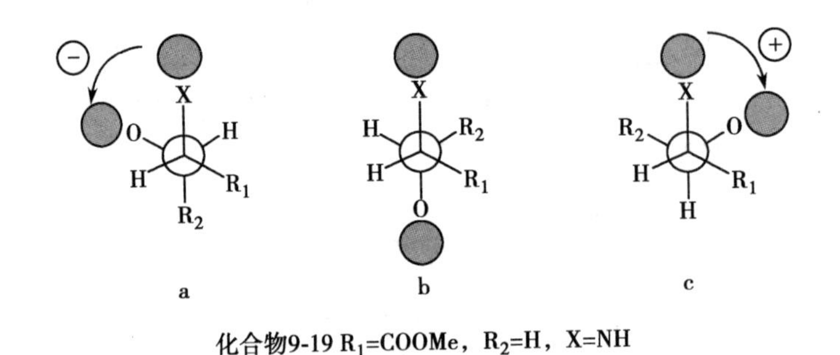

图 9-28 化合物 9-19 和 9-20 的 3 种交叉式构象

定手性分子的绝对构型，可快速有效地解决此类问题的方法之一就是通过与过渡金属络合形成配合物的方式引入适当的发色团，从而在圆二色谱上产生由手性分子诱导的 Cotton 效应，且 Cotton 效应的手性完全取决于手性分子的构型。符合通式 $M_2(O_2CR)_4$（其中 M=Mo、Rh、Ru，结构如图 9-29 所示）的双核螯合物均显示与多种结构类型的化合物易形成手性配合物的良好特性。这种测定方法建立于 20 世纪 80 年代，目前广泛应用于活性天然产物的绝对构型的测定，比较公认的方法包括应用 $Mo_2(OAc)_4$ 试剂确定邻二醇类结构的绝对构型和应用 $Rh_2(OCOCF_3)_4$ 试剂确定手性醇结构（仲醇和叔醇）的绝对构型。

$[M_2(O_2CR)_4]$

1M=Mo，R=CH_3
2M=Rh，R=CH_3
3M=Rh，R=CF_3
4M=Ru，R=C_3H_7

图 9-29 双核过渡金属螯合物的化学结构

（一）$Mo_2(OAc)_4$ 试剂在邻二醇类结构的绝对构型确定中的应用

1. 实验原理 $Mo_2(OAc)_4$ 是唯一可与邻二醇类化合物形成旋光活性配合物的过渡金属螯合物试剂。在室温条件下邻二醇化合物溶液即可迅速与 $Mo_2(OAc)_4$ 发生反应，取代金属中心的一个或多个羧酸酯基配体，在 250~650nm 形成具有多个 Cotton 效应的手性配合物。旋光活性的单羟基醇、酯甚至单醚类化合物与 $Mo_2(OAc)_4$ 混合不会产生 Cotton 效应，这表明手性邻二醇分子是通过两个羟基氧原子与 $Mo_2(OAc)_4$ 进行配合的，并由此推测邻二醇与 $Mo_2(OAc)_4$ 的双齿配合反应主要以下述 3

种方式之一进行(图 9-30):邻二醇分子通常是以一个酯化的配基,采取双钼键"平行"的方式配合;或以两个氧原子与同一个钼原子作用,采取与双钼键"垂直"的方式配合;而以第 3 种"直立-平伏键"方式配合的可能性非常小。

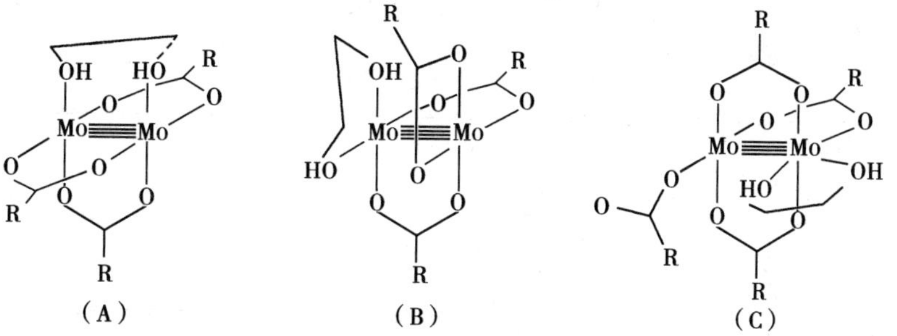

(A)　(B)　(C)

(A)"平行"配合;(B)"垂直"配合;(C)"直立-平伏键"配合。

图 9-30　邻二醇与 Mo-核双齿配合的 3 种可能方式

在"平行"方式与"垂直"方式配合的构象中,邻二醇与金属中心原子的最佳配合方式是(Mo-O)-C-C-(O-Mo)二面角扭角大约为 ±60°的构象。在形成配合物后,邻二醇分子即被迫进入一种手性的邻位交叉构象安排中,形成两种可能的非对映形式 g^+ 和 g^-,优势构象由手性分子中的取代基的大小决定。大体积的基团在配合物中总是倾向占据伪平伏键的位置,如图 9-31 所示。

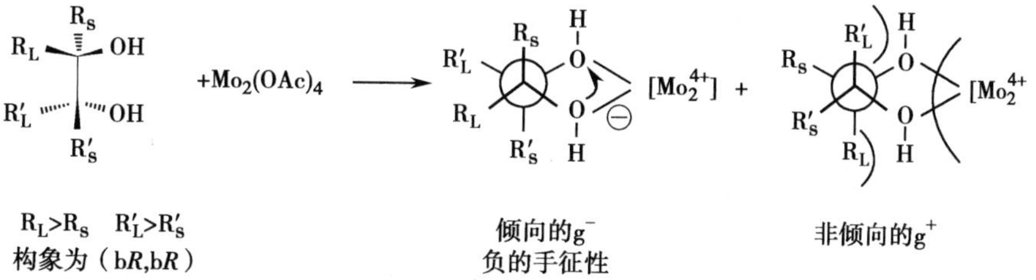

$R_L>R_S$　$R'_L>R'_S$
构象为(b*R*,b*R*)

$+Mo_2(OAc)_4$

倾向的g^-
负的手征性

非倾向的g^+

图 9-31　邻二醇底物的立体构型与产生 Cotton 效应的衍生物中 O-C-C-O 二面角符号的关系

邻二醇与 $Mo_2(OAc)_4$ 试剂形成的配合物可以在 250~550nm 观测到 5 个 Cotton 效应带(Ⅰ~Ⅴ),其中 3 个谱带即 400nm 附近的谱带Ⅱ、350nm 附近的谱带Ⅲ和 300nm 附近的谱带Ⅳ最适合观测邻二醇的绝对构型。研究者发现,在多个刚性结构的邻二醇结构体系中,(HO)-C-C-(OH)二面角扭角的符号与诱导 CD(ICD)谱中大约 300nm 处的谱带Ⅳ产生的正(负)Cotton 效应的符号相一致,且多数情况下这一 Cotton 效应还将伴随产生 400nm 附近谱带Ⅱ正(负)符号相同的第二个 Cotton 效应,而 350nm 处的谱带Ⅲ通常很少能明显观测到。因此,研究者提出了(Mo-O)-C-C-(O-Mo)二面角扭角的符号(顺时针为正,逆时针为负)与谱带Ⅳ和谱带Ⅱ的符号相关联的螺旋规则,在相对构型和优势构象明确的刚性邻二醇分子中,310nm 处的 CD 符号可以直接用于确定绝对构型。

例 9-10　1,2-二醇类化合物 9-21 和 9-22 与 Mo_2-核配合所产生的典型的 CD 曲线(图 9-32)。

而在柔性的邻二醇分子中,首先需要假设一个优势构象。对于苏式邻二醇分子而言,其手性 Mo-配合物的优势构象一定是 HO-C-C-RL 单元均以反 180°的方式定位,这样可以从 310~320nm 的 CD 符号直接推知 HO-C-C-OH 扭角的正负,从而基于此符号确定两个待测羟基碳的绝对构型。对于赤式邻二醇分子,由于构象可变情况相对复杂,因为两个(±) HO-C-C-RL 单元不能同时采取反 180°的方式排列,导致邻二醇部分会产生两种可能的排列,相应地在 CD 谱的 310nm 处产生符号相反的 Cotton 效应带。这种分子获得的 CD 信号由取代基的相对大小决定,由于其优势构象不易确定,所

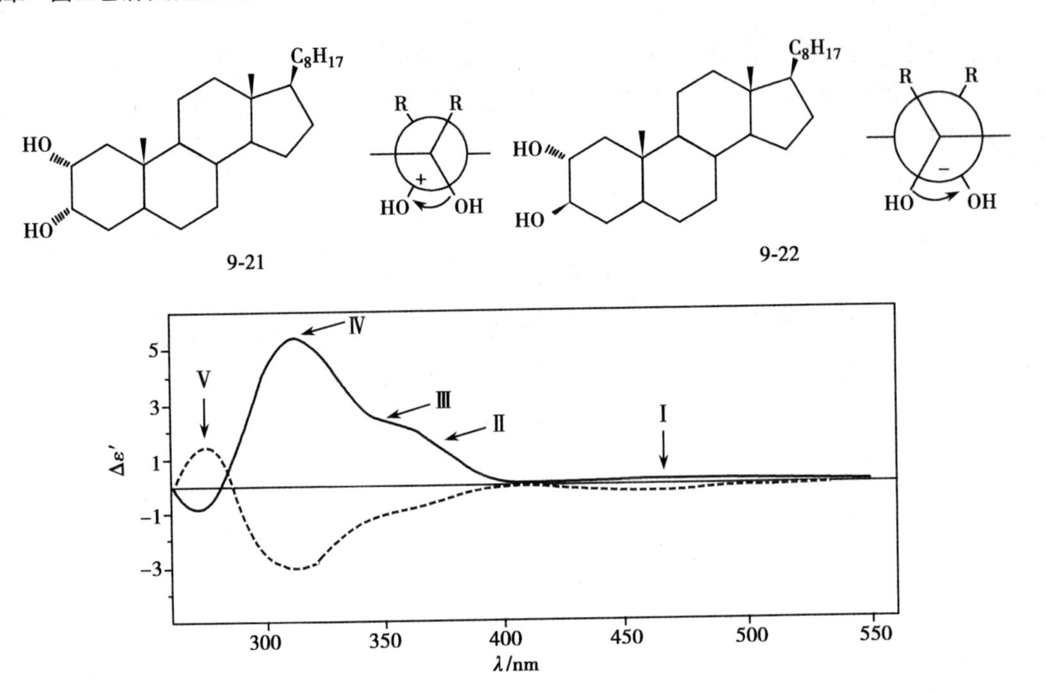

图 9-32　邻二醇类化合物 9-21(---)和 9-22(—)的结构、二面角扭转方向及以配体与金属 1∶1 的比例在 DMSO 中混合 30 分钟后快速形成的 Mo-配合物的 CD 谱图

以这类化合物使用螺旋规则时需要慎重。

为了使这个经验规则更加明确，可以使用 Snatzke 等为确认手性单羟基醇分子引入的“b*S*”和“b*R*”的描述相符。如图 9-32 所示，所连基团的第一优先权为手性碳的羟基取代基，其次为邻位 C—OH，剩余的两个基团按照它们的大小排序。大多数情况下“b*S*”相当于“*S*”，“b*R*”相当于“*R*”。这样，经验规则可以表述为一个“b*R*”或“b*R*，b*R*”邻二醇分子中具有负手性的 O-C-C-O 二面角配基结构的构象是最稳定的，它能产生 CD 谱中的负 Cotton 效应带Ⅱ和Ⅳ。

2. 实验方法　在室温条件下，将 $Mo_2(OAc)_4$ 溶解于市售 DMSO(色谱级)中配制成 0.6~0.7mg/ml 的储备液，加入待测的邻二醇类化合物(配体，约 10μmol/L)使配体与金属盐的比例范围在 0.6∶0.8~1.0∶1.2，混合后立即测定诱导 ICD 谱，之后每 10 分钟测定 1 次，直到 ICD 稳定不变(通常需要 30~40 分钟，如图 9-33 所示)，然后采用差谱的方法，扣除化合物本身的 CD 谱，从而得到诱导出的 Cotton 效应。对于本身具有较强 CD 吸收的化合物，更应当扣除其干扰以避免作出错误判断。另外，

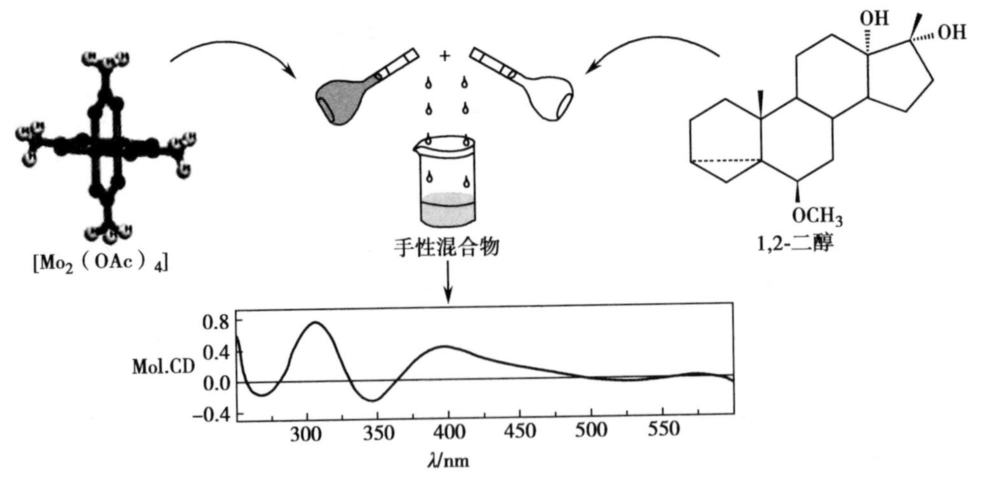

图 9-33　应用 $Mo_2(OAc)_4$ 试剂确定邻二醇类结构的绝对构型的实验方法

测定含羟基较多的化合物时，可以适当多加入一些试剂，以抵消额外的羟基对试剂的消耗。

3. 适用范围及优点　$Mo_2(OAc)_4$ 诱导 CD 法成功地用于邻二醇手性化合物的绝对构型的测定，包括伯醇/仲醇式、伯醇/叔醇式、仲醇/仲醇式、仲醇/叔醇式、叔醇/叔醇式等邻二醇结构化合物，对于低化学纯度及较低光学纯度的邻二醇手性化合物也仍然适用。此外，该方法可以完全扩展应用于羟基碳上具有酯基、酰胺基、醚基等不同取代基团的化合物，但是羧基例外，因其本身可与 $Mo_2(OAc)_4$ 配合，所以在应用于含有羧基取代的化合物时需将羧基酯化后再测定。多个羟基和/或氨基的存在也会限制该方法的应用。

优点：①配体的用量少，不需要条件苛刻的衍生化反应；②适用范围广、操作方便、方法可靠，并可与其他方法互补，如 CD 激子手性法；③不需要精确称量样品，低对映体纯度的样品在大多数情况下亦可获得 ICD 谱图。

例 9-11　Yao Zhang 等从大叶山楝的果实中分离得到化合物 9-23，其 11，12-位为邻二醇结构，使用 $Mo_2(OAc)_4$ 诱导 CD 的方法，根据 308nm 处呈现负 Cotton 效应，相对应地其 O-C-C-O 二面角扭角的符号也为负，因此判断出化合物 9-23 的绝对构型为 11*R*，12*R*-构型（图 9-34）。

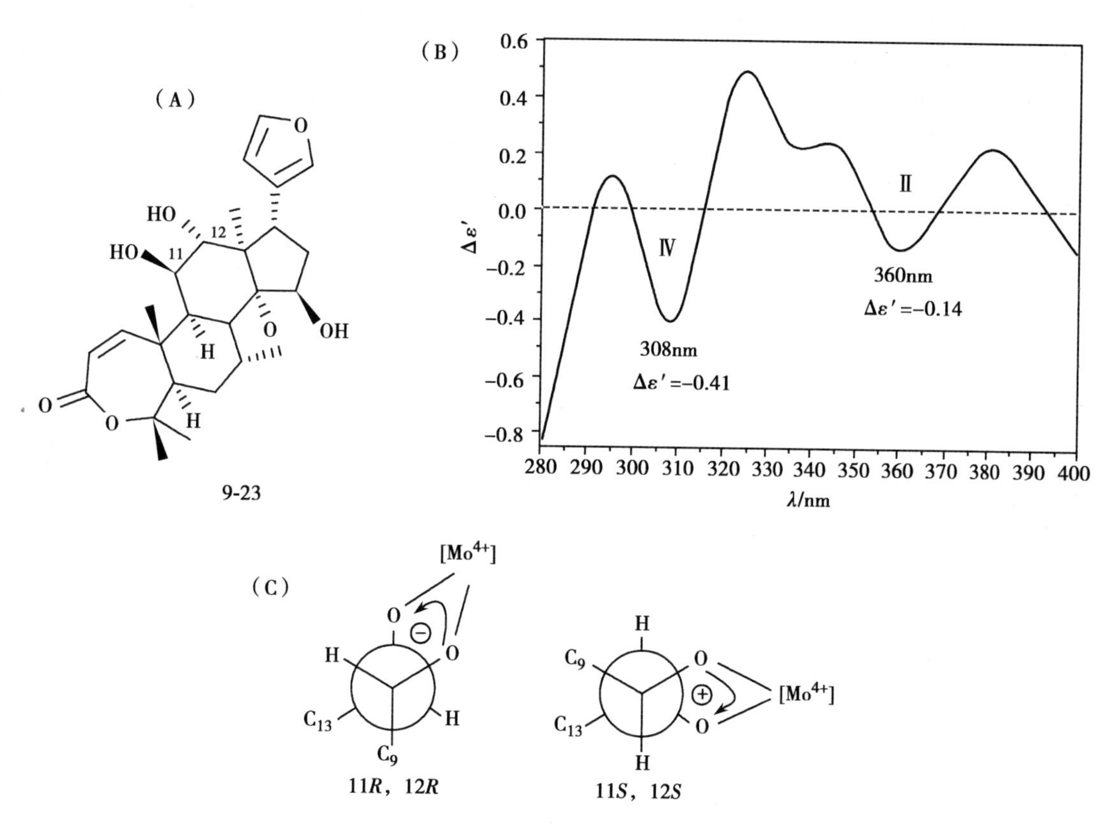

图 9-34　(A) 化合物 9-23 的结构图；(B) 化合物 9-23 的 $Mo_2(OAc)_4$ 诱导 CD 谱图；(C) 化合物 9-23 的 O-C-C-O 二面角扭角示意图。

（二）$Rh_2(OCOCF_3)_4$ 试剂在手性醇类结构的绝对构型确定中的应用

1. 实验原理　Snatzke 和 Gerards 建立了一种使用 $Rh_2(OCOCF_3)_4$ 与手性醇类化合物形成配合物的方法应用于仲醇和叔醇的绝对构型的确定。通过对配合物进行单晶 X 射线衍射发现，手性醇分子的羟基与 Rh-核以直立键的方式形成 1∶2 的配合物（图 9-35），分子通式为 $Rh_2(OCOCF_3)_4$-$(alcohol)_2$。手性配合物在 300~600nm 可观测到 5 个 Cotton 效应带（A~E）的 CD 谱，其中 350nm 附近 E 带的正（负）Cotton 效应符号与醇分子的绝对构型密切相关。

根据经验性的 Bulkiness 规则，“b*R*”手性醇分子的 E 带呈现负 Cotton 效应，“b*S*”手性醇分子

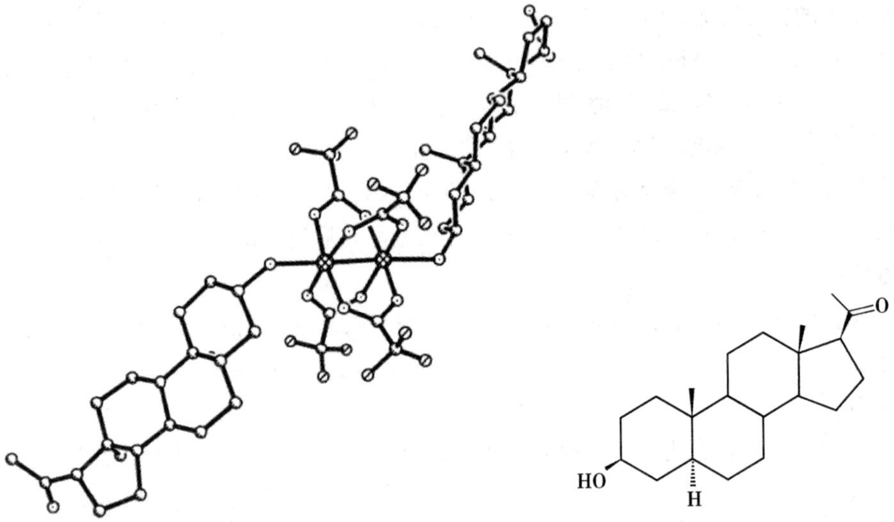

HO H

图 9-35 化合物结构及其 Rh-配合物的椭球图

的 E 带呈正 Cotton 效应，如图 9-36 所示。因此，根据手性醇与 Rh 试剂形成的配合物的 CD 谱在 E 带处的 Cotton 效应即可判断手性羟基碳的绝对构型。

2. 实验方法 将手性醇化合物（1~3mg）溶解于 10ml 干燥的正己烷、三氯甲烷或二氯甲烷中，加入 $Rh_2(OCOCF_3)_4$（6~7mg）使之与手性醇分子（配体）的摩尔比为 1.0：0.3~1.0：0.7，混合后立即测定 ICD 谱，观测其随时间的变化直至稳定不变（约混合后 10 分钟）。然后采用差谱的方法，扣除化合物本身的 CD 谱，从而得到诱导出的 Cotton 效应。具体实验步骤与 $Mo_2(OAc)_4$ 诱导 CD 的方法相似。

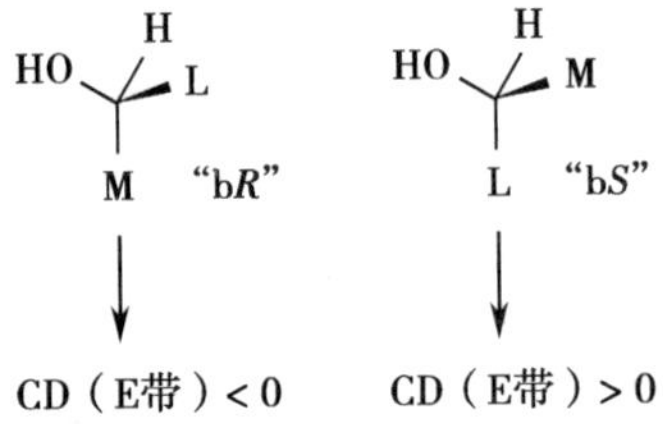

M 代表“中等基团”；L 代表“大基团”。

图 9-36 醇分子的手性与 Rh-诱导 CD 谱 E 带的 Cotton 效应的 Bulkiness 规则

3. 适用范围及优点 这种方法适用于手性仲醇和叔醇分子的绝对构型的测定，当分子中含有双键、烷氧基、酯基、酰胺基、伯醇和卤素取代时同样适用。但分子中若含有酮基、氨基、叠氮或其他手性醇羟基时，这些官能团也会与 Rh-核形成配合物，从而与醇分子产生对 Rh 络合的竞争，因此所产生的 Cotton 效应结果并不明确，将影响此方法的使用。

优点：①配体的用量较少，反应简单，且手性配合物稳定；②配合物形成较快，配体溶于 Rh 试剂几分钟后即可测定；③Cotton 效应符号不受 Rh 试剂和配体浓度的影响；④配体很容易通过加入 MeOH 从配合物中解离出来，从而通过硅胶色谱获得分离。

例 9-12 Liang Xiong 等从慈竹茎中分离得到一系列木脂素类化合物，其中多个化合物运用 $Rh_2(OCOCF_3)_4$ 诱导 CD 的方法来判断 C-8（C-7）位仲醇的绝对构型。以化合物 9-24 为例，根据 350nm 处的正 Cotton 效应判断出 9-24 的 C-7 位绝对构型为 *S*-构型（图 9-37）。

四、电子圆二色谱计算辅助立体化学结构确证

测定平面偏振光的波长范围一般在 200~400nm 的紫外区内，由于其吸收光谱是分子电子能级跃迁引起的，故称为电子圆二色谱（ECD 谱）。ECD 计算法是一种广泛使用的实验与理论电子圆二色谱比较分析的方法。在化合物的相对构型确定的情况下，利用量子化学的方法来计算理论 ECD 谱图，然后通过与实测谱图比较来确定化合物的绝对构型。该方法已成为辅助立体化学结构确证的有力手段。提高计算谱图的精准度使其与实测谱图更为吻合的关键是计算方法和优势构象的选择。目前

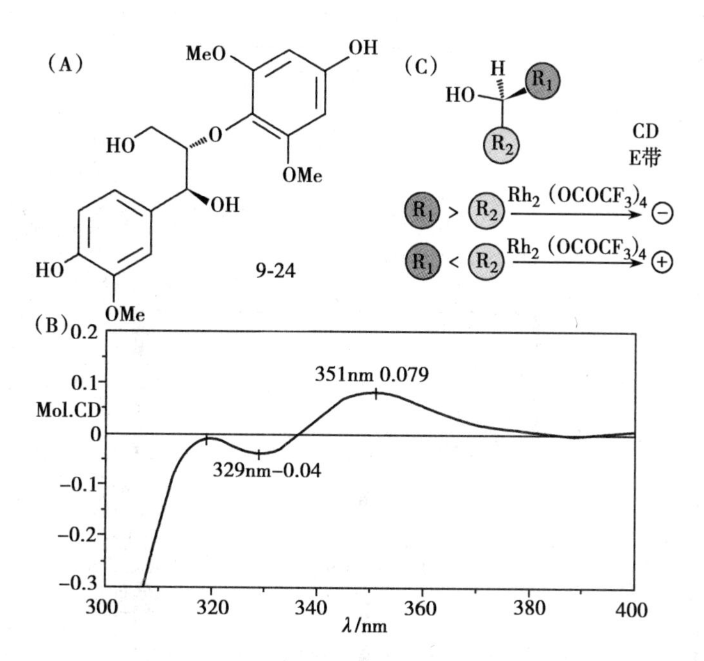

图 9-37 (A) 化合物 9-24 的平面结构和构象图谱;(B) 化合物 9-24 的 $Rh_2(OCOCF_3)_4$ 诱导 CD 谱图;(C) Bulkiness 规则的应用。

在理论计算方法对激发态的研究中,密度泛函理论(DFT)和含时密度泛函理论(TD-DFT)被广泛应用于有机化合物的电子结构及 ECD 谱的理论研究中,取得较准确的结果;而构象对 ECD 计算的影响很大,单一构象不能保证获得与实验一致的结果,多构象平均获得的 ECD 谱图则更接近实验结果;此外,溶剂环境等影响因素也要考虑在内。

ECD 计算辅助立体化学结构确证的主要步骤如下(图 9-38)。

(1) 3D 结构的构建:首先对相对构型已经确定的化合物进行立体构型构建(如 ChemBio 3D、Spartan 等专业软件)。

(2) 优势构象搜索:应用 Sybyl、Spartan、Conflex 等软件分别对对映异构体进行优势构象搜索,通常情况下,涉及计算的构象要占到理论构象分布的 95% 以上。

(3) 优势构象的结构优化:对每个优势构象进行结构优化,然后以 TD-DFT 方法,在 B3LYP/6-31G(d,p)水平进行激发态理论计算,目前 Gauss 09 软件较为常用。

(4) 玻尔兹曼平均获得 ECD 谱图:鉴于每个构象对观测到的 ECD 都有贡献,对每个构象的 ECD 谱图进行加权平均,模拟出最终的 ECD 谱图。

(5) 将计算的 ECD 谱图与实验测试的 ECD 谱图进行比较,从而确定化合物的绝对构型。ECD 计算公式如下:

$$\Delta\varepsilon(E)=\sum_{i=1}^{n}\Delta\varepsilon_i(E)=\sum_{i=1}^{n}\left(\frac{R_1E_1}{2.29\times10^{-39}\sqrt{\pi\sigma}}\right)exp\left[-\left(\frac{E-E_1}{\sigma}\right)^2\right] \quad 式(9\text{-}7)$$

计算的注意事项:①结构优化是准确计算 ECD 的基础,准确的 ECD 计算都是建立在已优化好的分子结构上;②确定合理的优势构象是计算的关键,如果优势构象过多导致计算量庞大,必须进行构象搜索的合理限定。

例 9-13 倍半萜类化合物 daphnecillata A(9-25)在通过 NOESY 确定相对构型的前提下,首先利用 Spartan 软件搜索初始构象集,并在 B3LYP/6-31G(d,p)基组水平下进行结构优化;然后在 B3LYP/6-311+G(d,p)基组水平下进行 ECD 计算。经玻尔兹曼平均后获得拟合 ECD 谱图,通过与

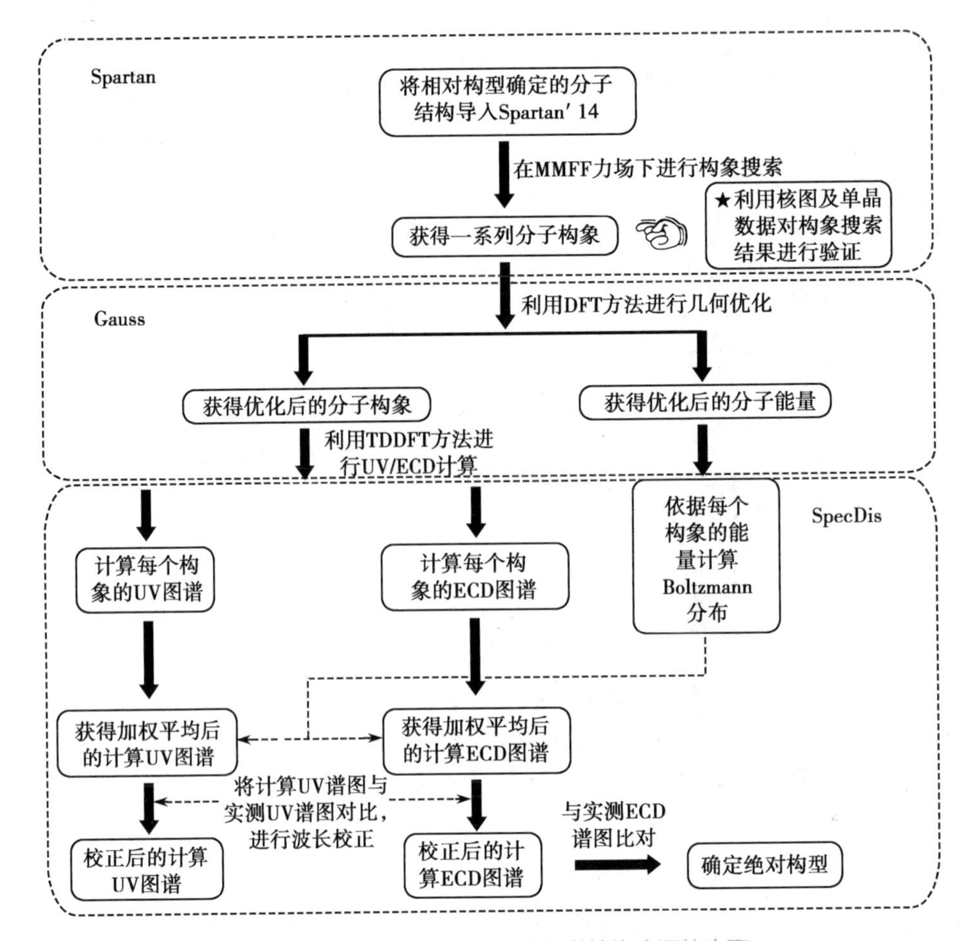

图 9-38　ECD 计算辅助立体化学结构确证的步骤

实验 ECD 谱图对比最终确定其绝对构型(图 9-39),该化合物的绝对构型已通过单晶X 射线衍射法得到确证。

电子圆二色谱计算辅助 daphnecillata A 立体化学结构确证的过程(课件)

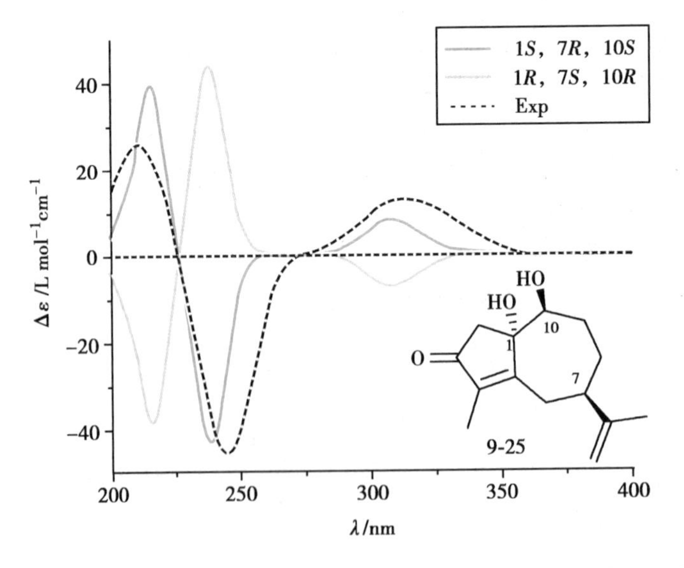

图 9-39　化合物 daphnecillata A(9-25)的计算 ECD 与实验谱图比较

电子圆二色谱计算辅助 daphnecillata A 立体化学结构确证的过程(视频)

例 9-14　具有轴手性的化合物存在的旋转能量势垒是邻位取代基的空间位阻产生的,当其足够大时,便可以阻止两个对映异构体在室温下相互转化。如对映异构

体 9-26a 和 9-26b（图 9-40）可以在室温下稳定存在，通过 ECD 计算与实验谱图比较可以确定它们的绝对构型。

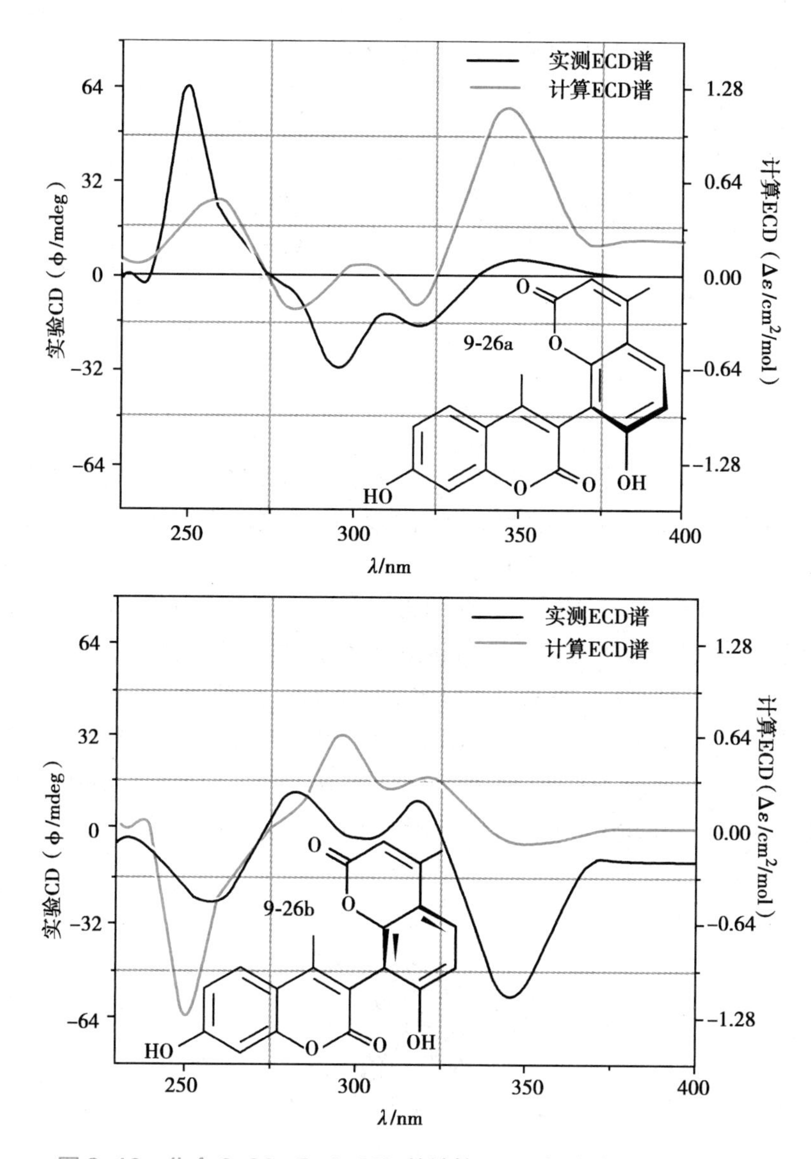

图 9-40 化合 9-26a 和 9-26b 的计算 ECD 与实验 ECD 谱图比较

五、振动圆二色谱的基本知识

当平面偏振光的波长范围在红外区时，由于其吸收光谱是分子振动转动能级跃迁引起的，故称为振动圆二色谱（VCD 谱）。VCD 谱即红外中的左旋圆偏振光和右旋圆偏振光的吸收系数之差 Δε 随波长变化所给出的谱图。

长期以来，电子圆二色谱由于其干扰少、容易测定而被广泛应用，而振动圆二色谱在傅里叶变换红外光谱和量子化学计算的双重推动下得到越来越广泛的应用（图 9-41）。相对于 ECD 谱而言，VCD 谱也具有如下优点：①不需要化合物有紫外吸收，应用范围极广；②相对于 ECD 谱，VCD 谱的谱峰较窄，信号丰富，更容易判断；③ECD 计算的是分子在激发态的能量，VCD 计算的是分子在基态下的振动，从目前计算化学的能力方面考虑，计算 VCD 谱更加准确。当然，任何技术都不是完美的。VCD 谱作为一项新技术，其应用也存在一些缺点：①VCD 谱测定仪的基线不稳问题（已逐步解决）；

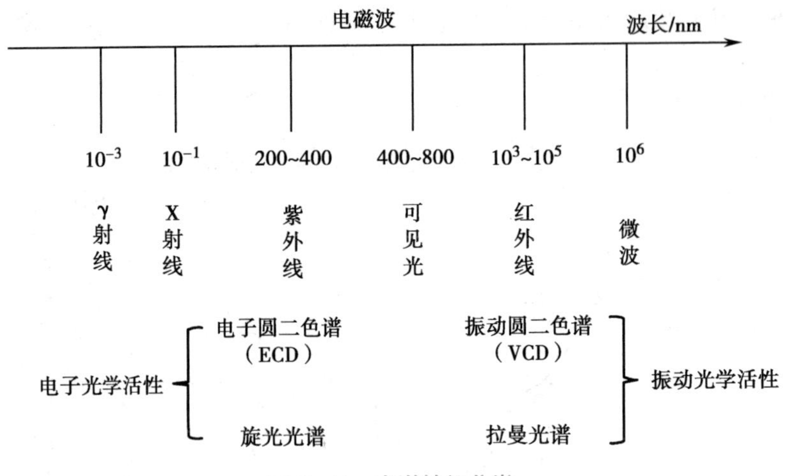

图 9-41　光谱特征分类

②对于较大的复杂分子，目前计算化学能力不够；③对于过度柔性的分子，由于其常温下的低能态构象数量巨大，且不断相互转化，因此计算结果的可信度较低；④测定所需的样品量较大（通常 VCD 谱测定需大于 10mg，ECD 谱测定需 1mg 及 1mg 以下）。

VCD 谱由于其本身的复杂性、应用时间短等因素，很难形成如 ECD 谱那样的经验和半经验规则，以及像 CD 激子手性法那样的理论将谱图和化学结构关联起来。在 VCD 谱的早期应用中，曾有学者提出多种模型来解释 VCD 谱图数据，如 Fixed Partial Charge 模型、Atomic Polar Tensor 模型、Localized Molecular Orbital 模型、Coupled Oscillator 模型等，但都没有令人满意的普遍性和有效性。而后来发展的量子化学计算模拟已经成为目前最有效、最成功的 VCD 光谱的解释方法。通过比较实测谱图与量子化学计算所得的谱图，从而直接判断得出化合物的绝对构型，这就是目前 VCD 谱确定手性分子的绝对构型的基本方法。

习　　题

1. 下列关于过渡金属试剂诱导 CD 谱的描述正确的是

A. 醛类、酮类、酯类等化合物由于在可观察的光谱范围内无紫外吸收，所以适合使用过渡金属试剂诱导 CD 谱的方法确定绝对构型

B. 通过过渡金属络合形成配合物的方式引入发色团，可以辅助无紫外吸收的化合物应用圆二色谱确定构型

C. 所用的过渡金属试剂须符合通式 $M_2(O_2CR)_2$

D. 此方法应用广泛，但不能用于确定邻二醇类及手性醇结构的绝对构型

2. 如何用 CD 激子手性法判断化合物 9-27 的绝对构型？如何应用 $Ph_2(OCOCF_3)_4$ 试剂诱导的 CD 谱判断化合物 9-28 的绝对构型？

9-27　　9-28

3. 松香烷型二萜类化合物 9-29 的结构如下，CD 谱图中在 240nm 处有正 Cotton 效应、310nm 处有负 Cotton 效应，同时利用八区律及螺旋规则判断 C-10 的绝对构型。

9-29

4. 化合物 9-30 为一苯并四氢呋喃型木脂素。

(1) 在 NOESY 谱图中可以观察到 7-H 和 9-H 的相关信号，试判断 7,8-位的相对构型。

(2) 通过其 CD 谱图（278nm 处有负 Cotton 效应，图 9-42），试判断 7,8-位的绝对构型，并说明其 Cotton 效应是由哪一类发色团的何种跃迁产生的。

9-30

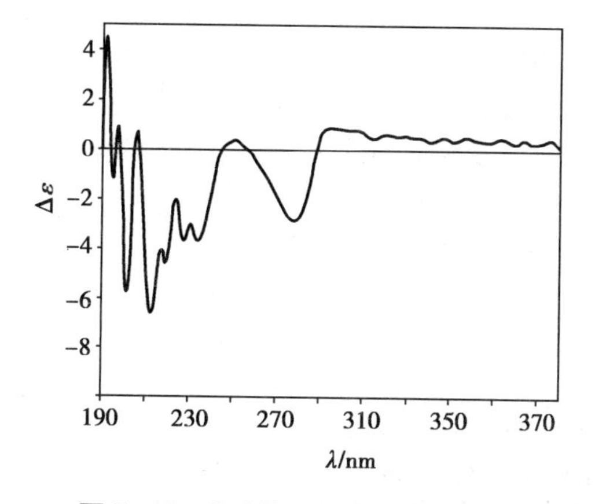

图 9-42　化合物 9-30 的 CD 谱图

5. 从芫花中分离得到的化合物 9-31（neogenkwanines D）的结构及其 CD 谱、紫外光谱如下，首先通过 NOESY 谱图判断该化合物的相对构型如图 9-43 所示，请问如何利用 CD 激子手性法判断其绝对构型？

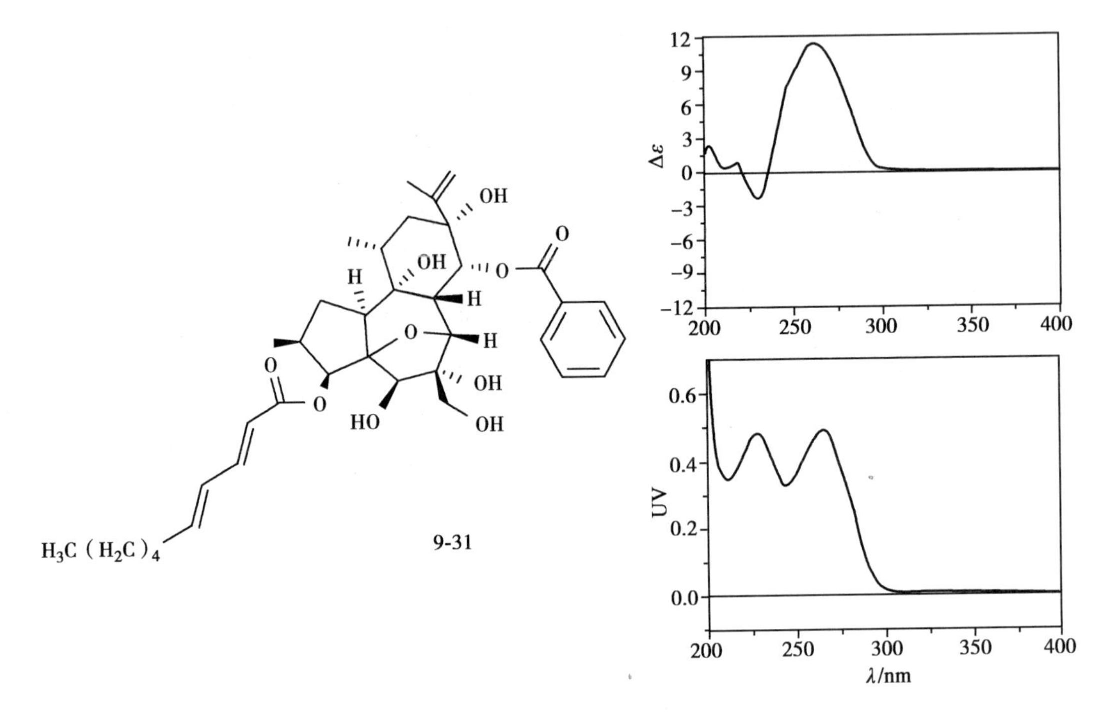

图9-43　化合物9-31的CD谱图

（宋少江）

参考文献

[1] 吴立军. 实用有机化合物光谱解析. 北京：人民卫生出版社，2009.

[2] ANTUS S，KURTÁN T，JUHÁSZ L，et al. Chiroptical properties of 2，3-dihydrobenzo［b］furan and chromane chromophores in naturally occurring *O*-heterocycles. Chirality，2001，13：493-506.

[3] DONG S H，LIN B，XUE X B，et al. Discovery of β-dihydroagarofuran-type sesquiterpenoids from the leaves of *Tripterygium wilfordii* with neuroprotective activities. Chinese Journal of chemistry，2021，39（2）：337-344.

[4] LO L C，LIAO Y C，KUO C H. A novel coumarin-type derivatizing reagent of alcohols：application in the CD exciton chirality method for microscale structural determination. Organic letters，2000，2（5）：683-685.

[5] KOREEDA M，HARADA N，NAKANISHI K，et al. Exciton chirality method as appliedto conjugated enones，esters，and lactones. Journal of the American Chemical Society，1974，96：266-268.

[6] HARADA N，NAKANISHI K. Circular dichroic spectroscopy：exciton couplingin organic stereochemistry. Oxford：Mill Valley，CA and Oxford University Press，1983.

[7] LO L C，YANG C T，TSAI C S，et al. A CD exciton chirality method for determination of the absolute configuration of threo-β-aryl-β-hydroxy-α-amino acid derivatives. The Journal of organic chemistry，2002，67（4）：1368-1371.

[8] ZHANG F，WWANG J S，GU Y C，et al. Cytotoxic and anti-inflammatory triterpenoids from *Toona ciliate*. Journal of natural products，2012，75：538-546.

[9] FRELEKA J，SZCZEPEK W J.［$Rh_2(OCOCF_3)_4$］as an auxiliary chromophore in chiroptical studies on steroidal alcohols. Tetrahedron：asymmetry，1999，10（8）：1507-1520.

[10] 夏桂阳，王萌，陈丽霞，等. $Rh_2(OCOCF_3)_4$ 试剂在仲醇和叔醇类结构绝对构型确定中的应用. 国际药学研究杂志，2015，42（6）：726-733.

第十章

其他结构测定波谱技术

学习目标

1. **熟悉** 单晶X射线衍射法和Mosher法测定有机化合物的绝对构型的应用及适用范围。
2. **了解** 单晶X射线衍射法和Mosher法测定有机化合物的绝对构型的基本原理。

第十章
教学课件

无论有机合成、药物开发、天然产物研究，还是与生命有关的化学问题，都必须在三维空间上明确分子的结构和性能，例如药物分子的立体构型与受体之间的相互关系、天然有机化合物的立体构型与生物活性的关系、生化反应过程的立体选择性与分子的立体构型间的关系等。对许多天然有机化合物而言，其生物活性往往只为一种特定的绝对构型所专有。

测定手性化合物的绝对构型的方法除旋光光谱和圆二色谱外，还有单晶X射线衍射法和Mosher法等。单晶X射线衍射法测定化合物结构的特点是同时能得到分子结构的全部信息，包括平面结构、相对构型和绝对构型；而且最后得到的结果是直接提供化学结构，即是"显示型"而非"推断型"的技术。正因为如此，单晶X射线衍射法成为有机化合物结构研究的有力的武器。更为重要的是，单晶X射线衍射法以极微小的误差雄辩地成为有机化合物绝对构型测定的可靠、权威的方法。近年来，随着新的手性试剂的不断出现和高场核磁共振技术的发展，Mosher法在天然有机化合物的绝对构型的测定中得到广泛应用。此种方法具有样品用量少、操作方便、测定快速准确等特点，尤其适用于手性醇和胺类化合物的绝对构型确定。

第一节 单晶X射线衍射法

一、单晶X射线衍射法的基本原理

X射线(X-ray)是德国科学家伦琴(W. C. Röntgen)于1895年发现的，但当时并不了解其本质。21世纪初期，德国科学家劳埃(Max von Laue)对晶体(crystal)X射线衍射进行研究，于1912年发表用于计算衍射条件的劳埃方程。同年，英国物理学家布拉格(W. L. Bragg)提出布拉格定律，并运用X射线测定了NaCl和KCl等晶体的结构。1923年，有机化合物(六亚甲基四胺)的晶体结构首次通过单晶X射线衍射法测定。近几十年来，随着理论、衍射仪和计算机技术的飞速发展，X射线衍射法在有机化合物、配位化合物、金属有机化合物，以及结构复杂的生物大分子(如蛋白质和核酸)等晶体结构研究上的应用也得到飞速发展。

X射线衍射研究领域的诺贝尔奖(拓展阅读)

X射线照射于晶体三维点阵上引起干涉效应，形成数目众多、波长固定、在空间具有特定方向的衍射，称为X射线衍射(X-ray diffraction)。对这些衍射的方向和强度进行测量，并根据晶体学理论推导出晶体中原子的排列情况，称为X射线结构分析。

X射线结构分析方法包括单晶结构分析和粉末结构分析。单晶结构分析可以在原子分辨水平上

单晶、多晶及非晶体的X射线衍射图（图片）

了解晶体中所有原子的连接形式、分子构象、键长和键角等数据，即原子的精确空间位置。除此之外，还可获得化合物的化学组成比例、对称性、原子（分子）的三维排列和堆积情况。X射线结构分析广泛应用于物理学、化学、材料科学、分子生物学和药学等学科，是当前研究固体物质微观结构的最强有力的手段。

（一）晶体学基本理论

固态物质一般可分为两种，一种是非晶态（non-crystalline）物质，其分子或原子的排列没有明显的规律；另一种是晶态（crystalline）物质，其具有规律性周期排列的内部结构。晶体内部的原子、离子或分子等在三维空间严格地按周期排列堆积是晶体具有各种特殊性质的根本原因。晶体的性质主要包括对称性、均一性、各向异性、自范性、最小内能性和稳定性。

X射线粉末结构分析（拓展阅读）

1. 结构基元与空间点阵　晶体中的原子团、分子或离子在三维空间以某种结构基元（structural motif）（即重复单位）的形式周期性排列。结构基元可以是一个或多个原子（离子或分子），每个结构基元的化学组成及原子的空间排列完全相同。获得晶体中最简单的结构基元，及其在空间平移的向量长度与方向，就可获知原子或分子在晶体中的排布情况。将结构基元抽象为一个点，晶体中分子或原子的排列就可以看成点阵（lattice）；换而言之，晶体的结构等于结构基元加点阵。如果整块固体内部物质点的排列被一个空间点阵所贯穿，则称为单晶（single crystal）。

晶体的性质（拓展阅读）

2. 晶胞与晶胞参数　晶体的空间点阵可以选择3个相互不平行的单位向量a、b和c画出一个六面体单位，称为点阵单位。相应地，在晶体的三维周期结构中，按晶体内部结构的周期性，划分出若干大小和形状完全相同的六面体单位，称为晶胞（crystal cell）。晶体中可代表整个晶体点阵的最小体积称为原胞（primitive cell），也称简单晶胞或素晶胞。3个单位向量的长度a、b、c及它们之间的夹角α、β、γ称为晶胞参数（cell parameter），其中α是b和c的夹角、β是a和c的夹角、γ则是a和b的夹角。具体见图10-1。

结构基元与空间点阵示意图（图片）

3. 晶面与晶面符号　晶体可以看成是由许多组平行的晶面族组成的，每一晶面族又是由一组互相平行、晶面间距相等的晶面（lattice plane）组成的。国际上通常采用米勒符号（Miller symbol）标记晶面，晶面的米勒符号是由连写在一起的三个互质的小整数加小括号后构成的，其一般形式为（hkl），其中h、k和l称为晶面指数。晶体上任意一个晶面的晶面指数为该晶面在晶轴上截距系数的倒数比获得的互质整数。图10-2中，晶面ABC与晶轴x、y和z相交于A、B和C三点，其在三轴上的截距分别为OA、OB和OC。由于OA=3a、OB=2b、OC=3c（a、b和c分别为晶轴x、y和z的轴单位），那么晶面在三个晶轴上的截距系数分别为3、2和3，则其倒数比即为1/3∶1/2∶1/3=2∶3∶2。所以该晶面的晶面指数为2、3和2，加上小括号得到（232），即为该晶面的米勒符号。

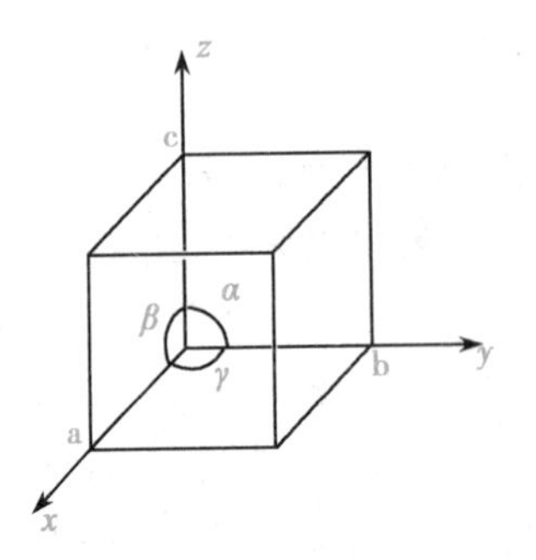

图10-1　晶胞及其参数

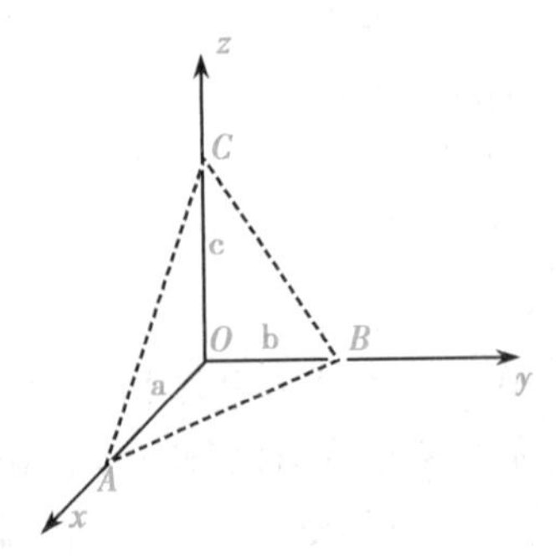

图10-2　晶面（232）的取向

晶面(hkl)间的距离用晶面间距 d_{hkl} 表示，通常不同的晶面族其晶面间距是不同的。不同的晶体具有不同的微观结构，也即含有不同的晶面族，所以晶面间距 d_{hkl} 是表示晶体结构差异性的一个量。

4. 晶体的对称性　晶体的对称性是指晶体中的各部分借助一些几何要素及以此为依赖的一些操作而有规律地重复。对称图形中各个独立的相同部分通过某一种操作使之互相重合并最终使对称图形复原，这种操作称为对称操作。进行对称操作时凭借的几何要素（点、线、面）称为对称元素，也称为对称要素。晶体的对称元素主要包括对称自身、对称中心、对称面、对称轴、倒转轴和映转轴。

晶体的外形和内部结构都存在一定的对称性。了解晶体的对称性一方面可简单明了地描述晶体的结构，另一方面可以简化衍射实验和结构分析的计算。晶体的光学、电学等物理性质和它的对称性联系紧密，正确判断晶体的对称性是晶体结构解析的关键所在，一旦定错晶体的对称性，很可能会导致结构无法解析。

晶体的对称性分为宏观对称性和微观对称性。晶体的理想外形及其在宏观中表现出来的对称性称为宏观对称性。宏观对称元素按一定的规则进行组合能够得到 32 种组合方式，即 32 个点群，无论多复杂的晶体其外形一定属于 32 种点群之一。32 个点群按其特征对称元素划分为 7 个晶系（表 10-1），晶系具有不同的对称性，因而导致晶胞的形状各异。当测定某一未知晶体的晶胞参数后，其晶系就可被大致确定下来。但是，晶系是由特征对称元素所确定的，而不是仅由晶胞的几何形状（即晶胞参数）决定的。因此，在实验误差范围内，晶胞参数满足某个晶系的要求只是必要条件，而不是充分条件。

7 个晶系与 14 种空间格子示意图（图片）

表 10-1　7 个晶系的名称及其晶胞参数

晶系	晶胞参数
三斜 triclinic	$a \neq b \neq c; \alpha \neq \beta \neq \gamma$
单斜 monoclinic	$a \neq b \neq c; \alpha = \gamma = 90°; \beta \neq 90°$
正交 orthorhombic	$a \neq b \neq c; \alpha = \beta = \gamma = 90°$
四方 tetragonal	$a = b \neq c; \alpha = \beta = \gamma = 90°$
六方 hexagonal	$a = b \neq c; \alpha = \beta = 90°; \gamma = 120°$
三方 trigonal	$a = b = c; \alpha = \beta = \gamma \neq 90°$
立方 cubic	$a = b = c; \alpha = \beta = \gamma = 90°$

注：表中的“≠”仅指不需要等于。

晶体微观结构中的对称性称为微观对称性。微观对称元素在符合点阵结构基本特征的原则下，按照一切可能进行组合，能够得到 230 种组合方式，即 230 个空间群，任何一个晶体必定属于 230 个空间群中的一个。这些空间群可以阐明一种晶体可能具有的对称元素种类及对称元素在晶胞中的位置。

（二）单晶 X 射线衍射法的基本原理

晶体中原子间的键合距离通常在 0.1~0.3nm，可见光的波长在 300~700nm，所以光学显微镜无法显示分子结构图像。晶体的三维结构能够和波长与原子间距相近的 X 射线（λ=0.05~0.3nm）发生干涉效应，形成一幅有规律的衍射图像，用衍射仪测量出这些衍射的方向和强度，根据晶体学理论推导出晶体中原子的排列情况，就可获知晶体的结构。

1. X 射线的产生　单晶 X 射线衍射法用到的 X 射线通常是由 30~60kV 的高压电子轰击真空 X 射线管内的阳极靶面时所产生的。电子轰击阳极靶时，同时产生连续 X 射线和特征 X 射线两种 X 射线。电子多次碰撞金属原子产生多次辐射得到连续 X 射线，也称为“白色”X 射线。当 X 射线管的电压达到激发电压时，高速电子可激发靶原子的内层电子，原子处于高能激发态，外层电子跃迁至低能级的内层轨道上，从而释放出多余的能量，产生特定波长的X射线，即特征X射线。不同的外层（如L、M层）电子向K层空轨道的跃迁所辐射的能量不同，其波长也有差异。概率最大的跃迁是L层电子向K层空轨道的跃迁，其次是M层电子向K层的跃迁。前者的波长为K_{α_1}和K_{α_2}，两者波长相差甚少；后者的波长为K_{β}，其波长较短，强度较弱。$K_{\alpha1}$、$K_{\alpha2}$和K_{β}称为该靶面金属原子的特征X射线。通常用于单晶X射线衍射法的X射线由钼靶或铜靶产生，封闭式钼靶X射线谱图如图10-3所示。

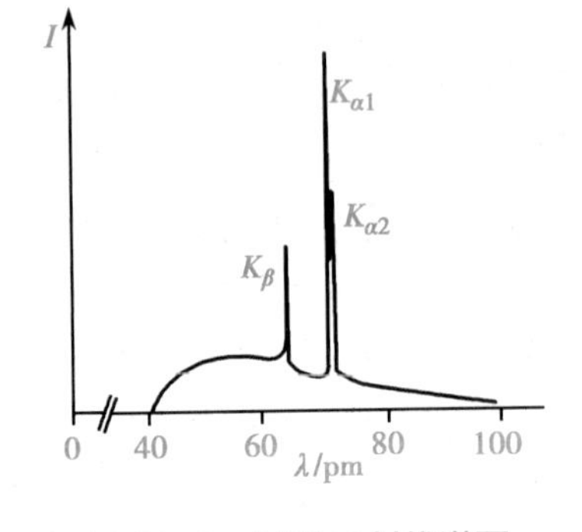

图10-3 钼靶X射线谱图

为了获得单色化、强度高的特征X射线，必须加上某种合适的单色器，将“白色”及较弱的特征谱线滤去。常用的石墨单色器不能把和$K_{\alpha1}$和$K_{\alpha2}$二重峰分开，因此钼靶X射线经单色化后得到的谱线为K_{α}（包括$K_{\alpha1}$和$K_{\alpha2}$）称为MoK_{α}射线，其波长λ为0.710 73Å。铜靶X射线经单色化后得到的谱线为CuK_{α}射线，其波长λ为1.541 8Å。除现有的常规固体阳极靶外，还有液态金属射流X射线光源技术使用的金属合金靶，如镓合金，GaK_{α}射线的波长λ约为1.35Å，铟合金，InK_{α}射线的波长λ约为0.51Å。

单晶X射线衍射法所用的光源除普通的封闭式X射线管外，还有旋转阳极靶和由同步辐射产生的单色X射线。封闭式的X射线管具有操作方便、成本较低的优点，是最常用的光源。

2. 布拉格方程 由于晶体中原子组成的点阵在三维空间有序排列，其结构类似于光栅，因此晶体能对波长与晶格间距接近的X射线产生相干现象。当X射线照射到晶体上，就会产生衍射（diffraction）效应，衍射光的方向与构成晶体的晶胞大小、形状及入射的X射线波长有关，衍射光的强度与晶体内原子的类型和晶胞内原子的位置有关。所以，从衍射光束的方向和强度看，每种晶体都有自己特征的衍射图。衍射方向可以利用布拉格（Bragg）方程来描述。

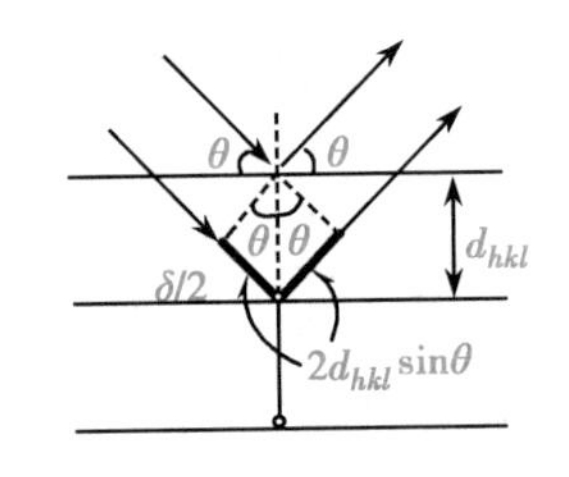

图10-4 晶体产生X射线衍射的条件

晶体可以看成是由许多组平行的晶面族组成的，每一晶面族是由一组互相平行、晶面间距（d_{hkl}）相等的晶面组成。X射线有强的穿透能力，晶体的散射线来自若干层原子面，各原子面的散射线之间互相干涉。如图10-4所示，根据衍射条件，只有当光程差为入射X射线波长的整数倍时衍射才能相互加强，即d_{hkl}与θ之间关系符合布拉格方程[式(10-1)]。

$$n\lambda=2d_{hkl}\sin\theta \quad 式(10\text{-}1)$$

式中，d_{hkl}—晶面间距；θ—衍射角（布拉格角）；n—衍射级数；λ—X射线的波长。即当光程差等于波长的整数倍时，相邻原子面散射波干涉加强。

晶体可以看成由无限的点阵所组成，可以划分出无限多不同的晶面，随着衍射级数增大，晶面间距变小。不同的n值对应的衍射点可以看成晶面距离不同的晶面衍射，当$n=1$时，$\sin\theta=\lambda/2d_{hkl}$，每个衍射点可以用唯一的衍射指标进行标记。

由布拉格方程可知，$\sin\theta=n\lambda/2d_{hkl}$，因$\sin\theta<1$，故$n\lambda/2d_{hkl}<1$。为使物理意义更清楚，现考虑$n=1$（即1级反射）的情况，此时$\lambda/2<d_{hkl}$，这就是能产生衍射的限制条件。布拉格方程说明用波长为λ的X射线照射晶体时，晶体中只有晶面间距$d_{hkl}>\lambda/2$的晶面才能产生衍射。在结构分析中已知波长为λ的X射线，测定出θ角，可以计算晶体的晶面间距d_{hkl}。

3. X射线衍射的其他原理问题 X射线衍射中还涉及倒易点阵、爱瓦尔德反射球、衍射强度、结构因子、系统消光、相角问题等，请参阅其他参考书。

（三）实验仪器和方法

1. 衍射仪 早期测量衍射强度采用回摆照相法、Weissenberg照相法及旋进照相法等，但这些方法烦琐，数据的准确度较低，现已很少使用。目前使用的衍射仪器主要是四圆衍射仪（four-circle diffractometer）和面探测衍射仪（area detector diffractometer）两大类。两者的基本结构大致相同，主要由光源系统、测角器系统、探测器系统和计算机四大部分组成，如图10-5所示。光源系统主要包括高压发生器和X光管，高压发生器提供高压电流。如使用X光管，则需外接循环水冷却系统以降低阳极靶的温度。测角器系统与载晶台和探测器直接相连，用于控制晶体和探测器的空间取向。计算机主要用于控制测角器系统和探测器的机械运动、快门的开关，收集和记录测角器系统的各种角度数据、探测器的强度数据等。快门用于控制X射线的射出。单色器用于滤去“白色”射线及较弱的特征谱线，从而获得特征X射线。准直器的功能为控制照射到晶体上的X射线光斑的大小。

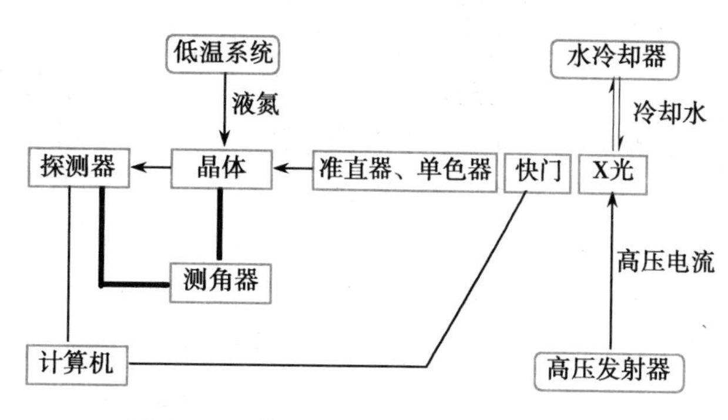

图10-5　单晶X射线衍射仪结构示意图

2. 样品制备技术　随着X射线衍射实验仪器的发展及计算方法的不断提高，解决晶体结构的关键问题在于获得高质量的单晶，从而获得理想的衍射数据。单晶X射线衍射法对物质的结晶状态要求非常严格，即晶体必须是外形规整，原子、离子或分子排列的周期贯穿于整个晶体的单晶，并且单晶的大小应该合适，因而单晶的培养对实验者来说常常是一个至关重要的问题。

晶体的生长和质量主要依赖于晶核形成和生长的速度。如果晶核形成速度大于生长速度，就会形成大量的微晶，并容易出现晶体团聚；相反，晶核形成速度小于生长速度会引起晶体出现缺陷。为避免这两种问题常常需要不断摸索，研究新化合物时对其结晶规律不了解，通常不容易预测并避免微晶或团聚问题的发生。当然，也不是完全没有规律可以依循，这里介绍几种常用且行之有效的方法。

（1）溶液生长法：从溶液中将化合物结晶出来，是单晶生长的最常用的形式。最普通的方法是通过冷却或蒸发化合物的饱和溶液，使化合物结晶出来。最好采取各种必要的措施使其缓慢冷却或蒸发，以求获得比较完美的晶体。实践证明，缓慢结晶往往更容易获得成功。单晶培养最好使用洁净、光滑的玻璃杯等容器，结晶容器应放在非振动环境中，同时应尽量避免溶剂完全挥发，否则容易导致晶体相互团聚或沾染杂质，不利于获得纯相、优质的晶体。

对于有机小分子化合物而言，一般采用溶液生长法进行结晶的培养，结晶操作成功的关键在于选择合适的溶剂。在选择溶剂时一般需了解样品的结构和性质，因为溶质往往易溶于与其性质相近的溶剂中，即“相似相溶”。一般情况下，对于欲结晶样品选用一种合适的溶剂进行晶体培养较为理想，所选择的溶剂在温度高时对样品的溶解度大、温度低时溶解度小，挥发性合适。常用的溶剂包括甲醇、乙醇、丙酮、乙酸乙酯、三氯甲烷等。如果挑选不到合适的单一溶剂，则可选用混合溶剂结晶，选择两种或两种以上的溶剂进行组合，样品在一种溶剂中的溶解度良好，而在另一种溶剂中的溶解度较差，通过调节混合溶剂的比例，可以调节晶体的生长过程，从而获得品质优良的单晶体。常用的混合溶剂包括甲醇与三氯甲烷、乙醇与三氯甲烷等。几种溶剂均适用时，应根据结晶的回收率、操作的难易、溶剂的毒性大小及是否易燃、价格高低等综合考虑择优选用。溶液中晶体生长的方法有许多，下面介绍几种常用的方法。

1）缓慢溶剂挥发法：将样品溶解在具有一定溶解度的单一溶剂或混合溶剂中，理想的溶剂系统是一个易挥发的良性溶剂和一个不易挥发的不良溶剂的混合物；溶剂或溶剂系统的量应稍大于达到过饱和度所需要的量。将样品放置在合适的环境中，使溶剂缓慢挥发，当达到过饱和度时开始析出晶核，随着溶剂的进一步挥发，溶质在晶核表面不断积累，晶体逐渐长大。该方法的关键在于寻找合适的溶剂系统，使得晶体的聚集速度与生长速度在一个合适的范围之中，从而获得合适的单晶体。

2）溶液降温法：通常化合物的溶解度随着温度下降而降低，因此可以利用这种特性来配制过饱

和溶液。首先在较高的温度下配制接近过饱和度的溶液,然后将溶液缓慢降温至较低的温度。降温过程最好呈梯度进行,降温的时间可以选择1天~1周,甚至更长时间。值得注意的是利用天然的热力学梯度,往往可以在几小时或一昼夜的时间获得合适的单晶。

3)混合溶剂法:样品在混合溶剂中的一种良性溶剂中必须有较好的溶解性能;而在另一种不良溶剂中其溶解性能较差,甚至不溶。特别注意在混合溶剂生长法中,所选择的几种溶剂要求能够互溶。在混合溶剂法中,需要仔细调整两种或两种以上溶剂的组成与比例,溶剂的添加速度、混匀方式也会明显影响最终生成晶体的质量,通常添加不良溶剂的速度越慢越好。

(2)蒸气扩散法:选择两种对目标化合物溶解度不同的溶剂A和B,且两者有一定的互溶性。把待结晶的化合物置于敞口小的容器中,并用溶解度大的溶剂A将其溶解,将敞口小的容器放置于较大的容器中,并往较大的容器中加入溶解度小的溶剂B,盖紧大容器的盖子,溶剂B的蒸气就会扩散到小容器中,溶剂A的蒸气也会扩散到大容器中。随着扩散过程的进行,小容器中的溶剂慢慢变为A和B的混合溶剂,从而降低化合物的溶解度,迫使化合物不断结晶出来。

3. 衍射实验及结构解析过程 单晶X射线衍射法的结构分析过程从单晶培养开始,到晶体的挑选与安置,继而使用衍射仪测量衍射数据,再利用各种结构分析与数据拟合方法进行晶体的结构解析与结构精修,最后得到各种晶体结构的几何数据与结构图形等结果。

单晶X射线衍射法的结构分析步骤示意图(图片)

(1)晶体的挑选:化合物通过单晶培养后,下一步则是从获得的结晶中挑选质量好、尺寸大小合适的晶体。结晶的尺寸是否合适与晶体的衍射能力和吸收效应程度、所选用射线的强度及衍射仪探测器的灵敏度有关。晶体所含的元素种类和数量决定晶体的衍射能力和吸收效应程度,而衍射仪的配置决定X射线的强度和探测器的灵敏度。

衍射仪的光源上所带的准直器的内径有0.5mm、0.8mm和1.0mm等尺寸,因此一般情况下应该选择尺寸小于所用准直器的内径尺寸的晶体,以确保X光束能照射到整颗晶体上,如果晶体大于X光束将造成吸收等方面的明显误差。对于有很强吸收效应的晶体,应该选择尺寸较小、形状尽量接近球形或立方体的晶体。通常,晶体中的原子越轻(如纯有机化合物),晶体就应该越大;晶体中的原子越重(如含较重的金属),晶体就应该越小。使用不同的仪器测定,对晶体的尺寸要求也不同,如果使用高度敏感的电荷耦合器件探测器(charge coupled device detector,CCD探测器)或成像板探测器(image plate detector,IP探测器),或旋转靶光源,晶体的尺寸可以比较小。根据经验,使用固定靶的传统四圆衍射仪测定晶体结构时,合适的晶体尺寸范围是纯有机物为0.3~1.0mm、金属配合物和金属有机化合物为0.1~0.6mm,而纯无机化合物为0.1~0.3mm。

孪晶结构(拓展阅读)

除晶体的尺寸外,晶体的质量也同样重要。在进行单晶X射线衍射法结构分析前应在显微镜下对晶体的质量进行判断,品质好的晶体应该是透明、没有裂痕、表面洁净、有光泽的。因为晶体的不同取向对偏振光有不同的消光作用,利用20~80倍的偏振光显微镜比较容易判断晶体是否为孪晶。但由于价格等原因,放大倍数为20~40的普通显微镜更为常用,只要细致认真,外加一定的经验,通过普通显微镜也可以大致判断晶体的质量。当然,最终晶体的质量是否合乎要求,还需用衍射实验来检验。

(2)晶体安置(crystal mounting):晶体安置通常也称黏晶体。晶体安置常用的方法有两种(图10-6),第一种是将晶体用黏合剂黏在一根纤细的玻璃纤维上,第二种是将晶体安置在普通玻璃或硼玻璃毛细管中。将晶体安置在玻璃纤维上时,为了确保玻璃纤维的直径小且机械强度大,玻璃纤维最好是选用直径比晶体尺寸略小(0.1~0.3mm)的实心玻璃纤维。对于稳定的晶体,选择合适的黏合剂将其黏在玻璃纤维顶端,待黏合剂充分固化后就能开始衍射实验;对于不太稳定的晶体,则可以在晶体外面裹上一层黏合剂,将晶体与空气隔开,然后再黏置于玻璃纤维顶端。如果是在低温下进行衍射实验,只要用凡士林包裹晶体即可,因为在-100℃时凡士林可以固化。常温下则不能使用凡士林,因其常温下为半固态,不能将晶体固定,在收集数据的过程中晶体可能出现滑动、偏离圆心等现象。第二

种方法安置晶体时，先选择内径合适的普通玻璃或硼玻璃毛细管，然后将晶体卡在其中，或者加入一些胶水或油脂使晶体在收集数据时保持稳定，然后用黏合剂将毛细管的两端封起来。对于一些容易风化或含有易逸出溶剂分子的化合物，在封口之前，加入培养晶体的母液不失为稳定晶体的行之有效的方法。

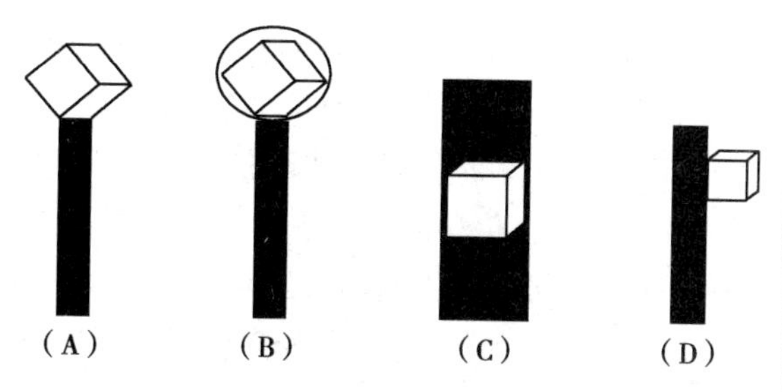

(A)将晶体黏在玻璃丝上的正确做法；(B)在晶体上包上一层胶，保护晶体；(C)将晶体卡在玻璃毛细管中；(D)将晶体黏在玻璃丝上的不正确做法。

图 10-6　晶体的安置方法

接下来将黏好晶体的毛细管或玻璃纤维插入中空金属或塑料杆上，用橡皮泥固定后，就可以将其安置在载晶台上。用载晶台上的高度调节旋钮调节晶体的高度，高度调好后，再反复调节载晶台的另外两个正交互动的滑动装置，直至晶体精确地位于显微镜十字线的中心，固定，晶体的对心工作就完成了。

(3) 衍射实验与结构解析：单晶安置和对心工作完成后，就可以试收集衍射画面，在第一个画面中寻峰，获得取向矩阵和晶胞初参数，测定晶体的劳厄型和点阵型，最终根据劳厄型的分析结果确定衍射数据收集方案，进行衍射数据的采集。

结构解析包括以下几个步骤：确定正确的空间群、用晶体学结构解析软件解析结构、建立正确的分子结构模型、结构参数精修、结构描述。通过检查衍射数据的劳埃型与系统消光规律，确定可能的空间群。将衍射强度数据准确地输入计算机并建立相应的运算基本条件，然后用直接法或 Patterson 法解析晶体结构。最终将晶体学形式转化为化学表达，把晶体结构、原子间相互作用、化学键的性质、分子结构及分子间作用力有机联系起来，并描绘出电子密度图、晶胞构造图和分子结构图。

单晶 X 射线衍射法所收集到的直接数据只有晶胞参数、空间群和衍射强度 I_0(intensity)的数据，远未达到确定晶体结构的目的。I_0 通过一系列还原和校正可以转换成结构因子 F 的绝对值，即结构振幅 $|F_0|$(structure amplitude)，因此完成晶体数据测量后，已知的数据是晶胞参数、衍射指标、结构振幅、可能的空间群及原子的种类和数目。未知的数据是衍射点的相角和原子坐标，这就是晶体结构解析要解决的问题，所以获得衍射数据后需要利用各种结构分析和数据拟合方法进行晶体的结构解析与结构精修，最终获得各种晶体结构的几何数据与结构图像等结果。

根据晶体学和数学原理，任一衍射点的结构振幅与结构因子之间存在特定的函数关系，结构因子与晶胞中的电子密度之间也存在一定的函数关系，每一个衍射点的结构因子经过傅里叶变换就可以得到晶胞中任意坐标的电子密度，不同的电子密度峰对应于不同的原子，因此获得电子密度图就得到晶体结构的详细信息。

单晶 X 射线衍射法结构分析提供与晶体结构相关的数据，如晶胞参数、分子式、晶体密度、原子坐标、原子间键长与键角值、扭角值、分子骨架的平面性质、分子内和分子间氢键的分布、盐键、配位键等相关晶体学参数。此外，单晶 X 射线衍射法结构分析法还借助各类画图软件，提供另一种强有力的表达方式，即各种形式的结构图。按图形的表达方式分类，结构图有线形图、球棍图、椭球图、空间填充图、晶胞堆积图与多面体分子立体结构投影图等。

二、单晶 X 射线衍射法在结构研究中的应用

单晶 X 射线衍射法是一种独立的结构分析方法，不需要借助其他波谱学方法，仅凭借一颗品质良好的单晶即可快速完成样品结构分析的全部工作。单晶 X 射线衍射法的应用范围广泛，从天然产物和合成化合物来源的小分子药物到大分子生物药物(如多肽和蛋白质)，以及药物和受体靶点等分子的立体结构研究，其可研究的结构分子量可达数百万。

在有机化合物的结构解析中，通常通过四大光谱的综合解析，基本可以确定化合物的平面结构或相对构型。对于手性化合物的绝对构型的研究是天然产物结构测定的最后环节，如果能够获得良好的单晶，单晶X射线衍射法是确定手性分子的绝对构型、分子立体结构中的差向异构体的权威技术。同时在研究固体化学药物的晶体结构中，单晶X射线衍射法不仅能够提供同质异晶样品的分子排列规律，而且可同时给出结晶样品中的结晶水或结晶中的其他溶剂分子的准确数量。

（一）单晶X射线衍射法确定化合物的绝对构型

在晶体学中，绝对结构（absolute structure）指的是经物理方法确认的非中心对称晶体中的原子在空间的排布，这种原子在空间排布必须用晶胞参数、空间群及所有原子坐标描述。而在立体化学中，绝对构型（absolute configuration）指的是经物理方法确认的手性分子或基团在空间的排布，这种空间排布可以用立体化学的方法加以描述。具有非中心对称和手性的分子结晶时可形成具有非中心对称和手性空间群的晶体，这时晶体中的各个分子片段（或基团）的不同取向对应于不同的绝对结构。确定晶体的绝对结构，实际上就是确定晶体中的各个基团相对于晶轴的取向。因此，确定了晶体的绝对结构，也就可以确定晶体中手性分子的绝对构型。在实际工作中，品质优良、含有较重原子且包含一定数量的Friedel对（以原点为对称中心的两个衍射点称为Friedel对）的晶体衍射数据就可能确定晶体的绝对结构。

在晶体学中，氢原子直接称为氢原子，碳、氮、氧等非氢原子称为轻原子，而明显重于碳的原子称为重原子。对于CuK_α衍射数据，只要含氧或更重的原子，就可以确定其绝对构型。对于MoK_α衍射数据，则分子中必须含有周期表中不同行的元素或重于磷原子的元素才可以确定绝对结构/构型。因为对于MoK_α衍射数据，如果结构中只含有碳、氮和氧等轻原子，绝对结构翻转时，残差因子R的差别通常只有0.001或更小；而含有磷或更重的原子时，翻转绝对结构可以引起R因子较明显的差别，从而可以区分绝对结构。出现更重的原子时，R因子的差别可以大至0.03。R因子越小，不仅说明所获得的晶体结构是正确的，而且也表明衍射数据的质量越高。因此，在有比较重的原子存在的情况下，一定要检查翻转绝对结构所引起的R因子的变化，尤其是加权wR_2因子的差别，假如差别足够明显，即使在不测量Friedel对的情况下也可以确定绝对结构。

目前国际晶体学界普遍认同用Flack提出的方法来确定绝对结构，其原理是基于分子中的各原子对X射线的反常散射效应，并通过绝对构型因子的计算来判断。该法在结构精修过程中加入一个参数x，称为Flack参数（Flack parameter）。程序通过计算Flack参数x及其标准不确定度u来判断晶体的绝对结构能否被确定，以及所精修的绝对结构是正确的还是相反的。$u>0.3$表示晶体的反常散射能力弱，绝对结构不能确定；$u<0.04$表示晶体的反常散射能力很强，绝对结构可以确定；$u<0.1$表示晶体具有较强的反常散射能力。假如u足够小，所精修的又是正确的绝对结构模型，则Flack参数x应等于或非常接近0；相反，x等于或非常接近1，则表示此绝对结构是错误的，其倒反结构才是正确的。因此，对于x等于或非常接近1的情况，必须翻转结构，再进行结构精修。如果x介于0和1之间，其u值也较小，就表示该晶体可能为倒反孪晶（或外消旋孪晶）；$x=0.5$表示两种异构体的比率为1∶1，应该用孪晶模型进行精修。

（二）单晶X射线衍射法确定化合物结构的实例

1. 确定相对构型 苏维等从湖南民族药血筒（异形南五味子*Kadsura heteroclita*的茎）中提取分离得到倍半萜类化合物，由高分辨电喷雾电离质谱结果推导出分子式为$C_{15}H_{22}O_3$，红外光谱显示有两个分别位于3 348cm^{-1}、3 294cm^{-1}的羟基吸收峰和1 677cm^{-1}的共轭羰基吸收峰，由^{1}H-NMR、^{13}C-NMR和2D NMR推导出该化合物的平面结构，最后用单晶X射线衍射法结构分析验证结果（图10-7）。晶体为白色棱晶，由三氯甲烷-甲醇溶液中结晶得到。衍射实验选取的晶体尺寸为0.300mm×0.400mm×0.600mm。用Bruker SMART APEX Ⅱ型单晶X射线衍射仪收集衍射强度数据，MoK_α（0.710 73Å）的最大衍射角为27.51°，收集衍射点7 824个、独立衍射点3 134个，晶体属正交晶系，空间群为$P2_12_12_1$。晶胞参数a=7.284 1（3）Å，b=7.622 5（4）Å，c=4.564 8（11）Å；$a=\beta=\gamma=90.00°$；

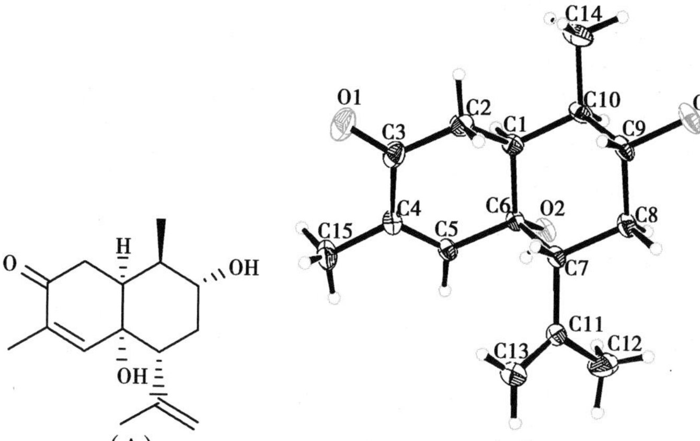

图 10-7　6α,9α-dihydroxycadinan-4-en-3-one 的结构式（A）和椭球图（B）

晶胞体积为 1 363.91（11）Å^3；晶胞内的分子数 Z=4；最终可靠因子 R_1=0.036 1，wR_2=0.092 5。通过计算机处理各种晶体学结构参数，描绘该倍半萜的相对构型为 6*a*，9*a*-dihydroxycadinan-4-en-3-one。

6α，9α-dihydroxycadinan-4-en-3-one 的晶胞堆积图（图片）

2. 确定绝对构型　Xuetonglactone A 是从湖南民族药血筒（异形南五味子 *Kadsura heteroclita* 的茎）中提取分离得到的一个三萜类化合物，由高分辨电喷雾电离质谱结果推导得到分子式为 $C_{32}H_{40}O_7$，红外光谱显示有两个分别位于 1 720cm^{-1} 和 1 685cm^{-1} 的酯羰基吸收峰，由 ^{1}H-NMR、^{13}C-NMR 和 2D NMR 数据推导出该化合物的平面结构和相对构型，最后用单晶 X 射线衍射法结构分析确定其绝对构型（图 10-8）。晶体为无色棱柱状晶体，由三氯甲烷-甲醇溶液中结晶得到。衍射实验选取的晶体尺寸为 0.25mm×0.22mm×0.05mm。用 Bruker SMART APEX Ⅱ型单晶 X 射线衍射仪收集衍射强度数据，各项参数见表 10-2，通过计算机处理各种晶体学结构参数，最终确定化合的绝对构型。Xuetonglactone A 的 CCDC 编号为 1859825。

表 10-2　Xuetonglactong A 的晶体数据及精修参数

分子式（molecular formula）	$C_{32}H_{40}O_7$
分子量（molecular weight）	536.64
衍射实验的温度（temperature）	296K
X 射线的波长（wavelength）	1.541 78Å
晶系（crystal system）名称	orthorhombic
空间群（space group）名称	P 2_1 2_1 2_1
晶胞参数（cell parameter）	a=7.198 6（3）Å　α=90° b=13.937 7（6）Å　β=90° c=28.560 9（13）Å　γ=90°
晶胞体积（volume）	2 865.6（2）Å^3
晶胞内分子数（*Z*）	4
衍射实验计算得到的晶体密度［density（calculated）］	1.244g/cm^3
吸收系数（absorption coefficient）	0.702mm^{-1}
单胞内的电子数目［*F*（000）］	1 152
衍射实验的晶体尺寸（crystal size）	0.25mm×0.22mm×0.05mm

续表

数据收集 θ 角范围(theta range for data collection)	3.1°~61.7°
最小与最大衍射指标(index range)	$-8\leqslant h\leqslant 7, -16\leqslant k\leqslant 6, -34\leqslant l\leqslant 34$
收集衍射点数目(reflections collected)	22 617
独立衍射点数目(independent reflections)	5 112 [R(int)=0.073]
对于最大角 θ 收集的完整率(completeness to θ=61.7°)	99.9%
吸收校正方法(absorption correction)	multi-scan
最大最小透过率(max. and min. transmission)	0.753 and 0.568
精修使用的方法(refinement method)	full-matrix least-squares on F^2
数据数目/使用限制的数目/参数数目(data/restraint/parameter)	5 112/48/358
拟合优度值(goodness-of-fit on F^2)	1.06
对于可观测衍射点的 R_1、wR_2 值 {final R indices [$I>2\sigma(I)$]}	R_1=0.052, wR_2=0.164
绝对结构参数(Flack parameter)	-0.10(13)
消光系数(extinction coefficient)	n/a
差值傅里叶图上的最大峰顶和峰谷(largest diff. peak and hole)	0.28 and -0.19/e Å^{-3}

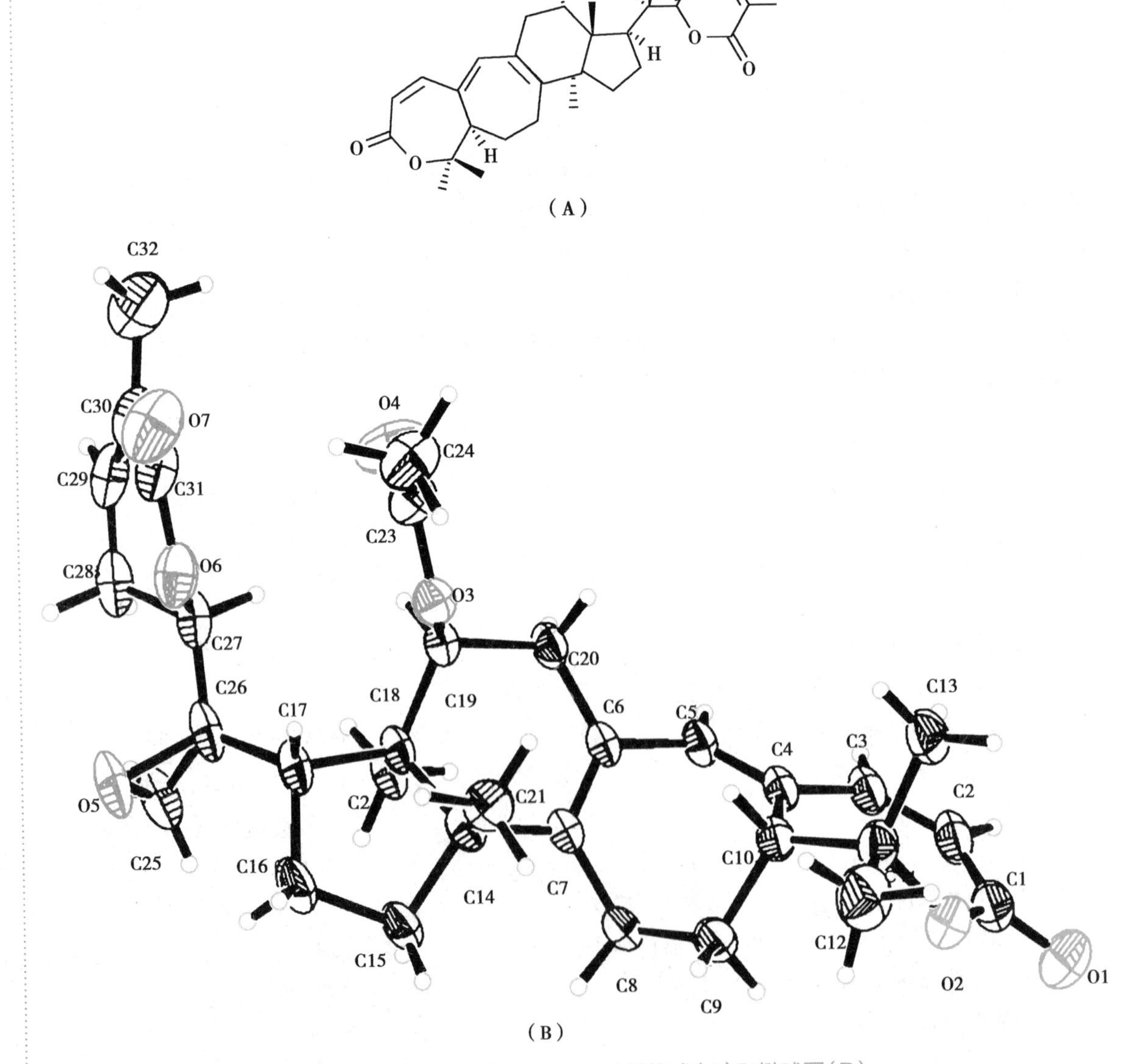

图10-8 Xuetonglactone A 的结构式(A)和椭球图(B)

（三）晶体学数据库

国际上已建立了五大晶体学数据库，包括剑桥结构数据库（The Cambridge Structural Database，CSD，英国）、蛋白质数据库（The Protein Data Bank，PDB，美国）、无机晶体结构数据库（The Inorganic Crystal Structure Database，ICSD，德国）、金属和合金晶体数据库（Metals and Alloys Crystallographic Database，CRYSTMET，加拿大）、JCPDS-国际衍射数据中心的粉晶数据库（JCPDS-International Center for Diffraction Data，JCPDS-ICDD，美国）。这些数据中心的主要作用之一是收集、储存和提供已知化合物的晶体结构数据。因此，越来越多的科学期刊在发表论文前，把论文有关的晶体学参数、化合物的分子式、晶胞参数、空间群、原子坐标及其原子位移参数、精修结果参数等以电子版的形式存放到这些著名的国际晶体学数据中心。

剑桥结构数据库位于剑桥晶体学数据中心（Cambridge Crystallographic Data Centre，CCDC），是基于 X 射线和中子衍射实验的有机小分子及有机金属分子晶体结构数据库。它只收集并提供具有 C—H 键的所有晶体结构，包括有机化合物、金属有机化合物、配位化合物的晶体结构数据。提供给 CSD 的晶体学数据必须是国际通用的 CIF 格式，可以用电子邮件提供。CSD 在收到每个晶体结构的 CIF 数据之后，在 3 个工作日内给每套数据规定一个储存编号（deposition number），即 CCDC number。CSD 接受晶体学信息文件的电子邮件地址为 deposit@ccdc.cam.ac.uk。剑桥晶体学数据中心的网址为 http://www.ccdc.cam.ac.uk/CCDC，可以为研究人员免费提供数据库中 CIF 格式的晶体结构数据。

第二节　Mosher 法

近年来，随着新的手性试剂的不断出现和高场核磁共振技术的发展，Mosher 法在天然有机化合物的绝对构型的测定中得到广泛应用。此种方法尤其适用于手性醇和胺类化合物的绝对构型确定，具有样品用量少、操作方便、测定快速准确等优势和特点。

一、概述

相对构型确定的手性化合物，理论上可以以一对对映异构体其中的一种绝对构型的形式存在。但对映异构体在非手性条件下的 NMR 信号是完全相同的，即应用 NMR 谱图无法直接将其区分，也不能确定其绝对构型。如果将一对对映异构体通过化学反应引入额外的手性中心衍生化成非对映体（图 10-9），其 NMR 信号便有所区别。进一步在手性试剂中引入具有磁各向异性的官能团，使其对被测化合物的某些氢质子产生屏蔽作用，并且这个屏蔽作用会因手性试剂中的手性碳的绝对构型不同，而表现出具有一定规律的差别。

对映异构体演示（视频）

因此，通过测定不同的手性试剂与底物分子反应产物的 ^{1}H-NMR 数据，得到其化学位移的差值，再与分子模型比较，即可确定底物分子的手性中心的绝对构型。

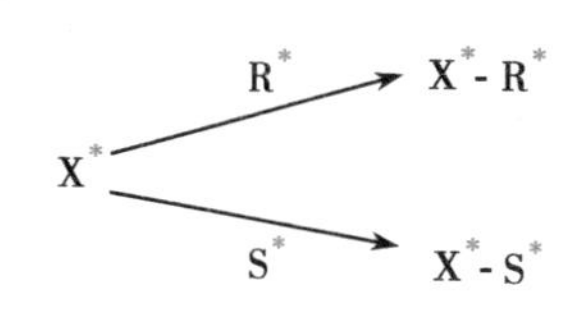

图 10-9　X*-R*与X*-S* 非对映体

1973 年，Mosher 教授首次报道用手性衍生化试剂将一对仲醇对映异构体样品转化成为相应的非对映异构体，然后成功用 NMR 判断出仲醇样品的绝对构型，因此将上述原理测定绝对构型的方法称为 Mosher 法。Mosher 法经过不断发展和改良，已成为测定有机化合物绝对构型的最常用的方法之一。如在天然产物中，已报道应用于番荔枝内酯、多氧取代环己烯、二萜、二氢呋喃、甾体、三萜等多种类型的化合物。

二、经典 Mosher 法

（一）^{1}H-NMR Mosher 法

1. 基本原理　该方法是将手性仲醇分别与（*R*)-和（*S*)-甲氧基三氟甲基苯基乙酸（*α*-methyloxy-trifluoromethylphenyl-acetic acid，亦称 Mosher 酸，缩写为 MTPA）进行反应形成两个酯类衍生物（MTPA derivatives），称为 Mosher 酯（Mosher esters），利用苯基的正屏蔽效应对（*R*)-MTPA 酯和（*S*)-MTPA 酯的 ^{1}H-NMR 的差异影响得到 $\Delta\delta$（$\Delta\delta=\delta_S-\delta_R$），再与 Mosher 酯的构型关系模示图（图 10-10）进行比较，根据 $\Delta\delta$ 的符号来判断仲醇手性碳的绝对构型。目前，常用的手性试剂有很多种，但应用最为广泛的仍是 Mosher 教授提出的手性衍生化试剂 MTPA。

（*R*)-MTPA　　（*S*)-MTPA

（*S*)-MTPA 结构图（视频）

（*R*)-MTPA 结构图（视频）

在 Mosher 酯的构型关系模示图中，仲醇 Mosher 酯上的 *α*-H、MTPA 上的羰基与 *α*-三氟甲基共处同一平面上，处于重叠式排列的优势构象。（*R*)-MTPA 酯中的 R_1 基团上的 H 处于较低场，（*S*)-MTPA 酯中的 R_1 基团上的 H 则受 MTPA 的苯环屏蔽作用而处于较高场，所以 $\Delta\delta_{S-R}$ 为负值；而由于苯环的去屏蔽效应，（*R*)-MTPA 酯中的 R_2 基团上的 H 处于较高场，（*S*)-MTPA 酯中的 R_2 基团上的 H 处于较低场，所以 $\Delta\delta_{S-R}$ 为正值。

Mosher 法规定，将 $\Delta\delta$ 为负值的 R_1 基团放在 Mosher 模示图中 MTPA 平面的左侧，将 $\Delta\delta$ 为正值的 R_2 基团放在 Mosher 模示图中 MTPA 平面的右侧，最终判断样品仲醇手性碳的绝对构型。

经典 Mosher 法的具体操作流程归纳如下：①将手性试剂（*R*)-MTPA 和（*S*)-MTPA 分别与待测仲醇样品反应成 Mosher 酯；②分别测定（*R*)-Mosher 酯和（*S*)-Mosher 酯的 ^{1}H-NMR，并归属各质子信号；③计算各个质子的 $\Delta\delta=\delta_S-\delta_R$ 值；④将 $\Delta\delta$ 为负值的质子所连的基团放在 Mosher 构型模示图中 MTPA 平面的左侧；⑤将 $\Delta\delta$ 为正值的质子所连的基团放在 Mosher 构型模示图中 MTPA 平面的右侧；⑥确定该仲醇的构型。

经典 Mosher 法的具体操作流程（视频）

（*R*)-MTPA 衍生物　　（*S*)-MTPA 衍生物

Mosher 平面图
（MTPA 平面图）

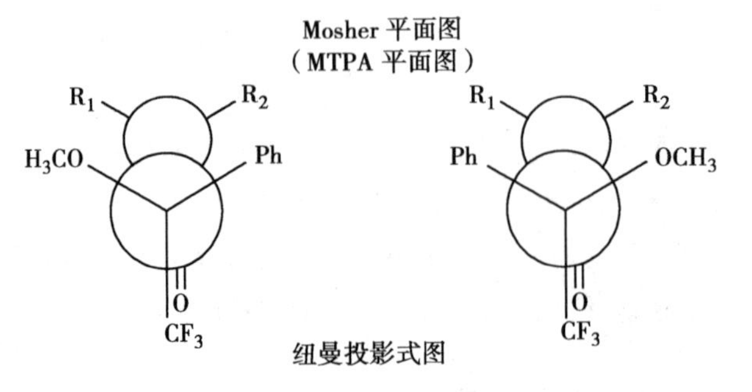

图 10-10　Mosher 酯的构型关系模示图

2. 应用实例　Heng Guo 等应用经典 Mosher 法测定了手性化合物 decempyrone A 的 C-12 位的绝对构型。

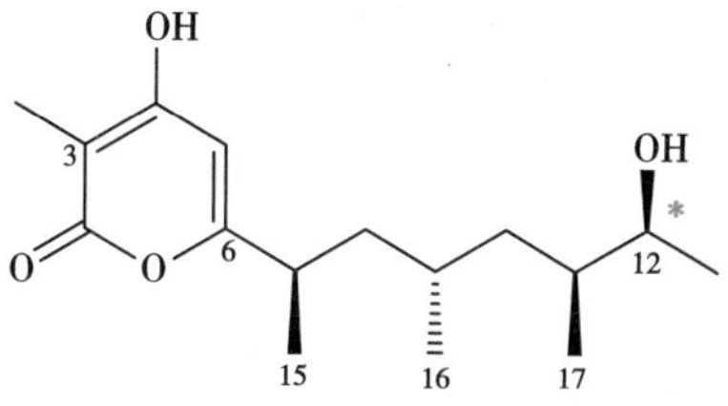

decempyrone A

decempyrone A 的立体结构（视频）

将化合物 decempyrone A 分别与(*R*)-MTPA-Cl 和(*S*)-MTPA-Cl 反应，得到(*S*)-MTPA 酯和(*R*)-MTPA 酯，进而测定反应产物(*S*)型酯和(*R*)型酯的 ^{1}H-NMR 谱图，将反应产物的氢核磁共振谱数据进行归属，最后计算两个反应产物的化学位移的差值($\Delta\delta=\delta_S-\delta_R$)，如图 10-11 所示。根据 Mosher 法规定，将 $\Delta\delta$ 为负值(−0.082)的 C_{13} 基团放在 Mosher 模示图中 MTPA 平面的左侧，将 $\Delta\delta$ 为正值(+0.065)的 C_{11} 基团放在 Mosher 模示图中 MTPA 平面的右侧，最终确定新化合物 decempyrone A 的 C-12 位的绝对构型为 *S*。

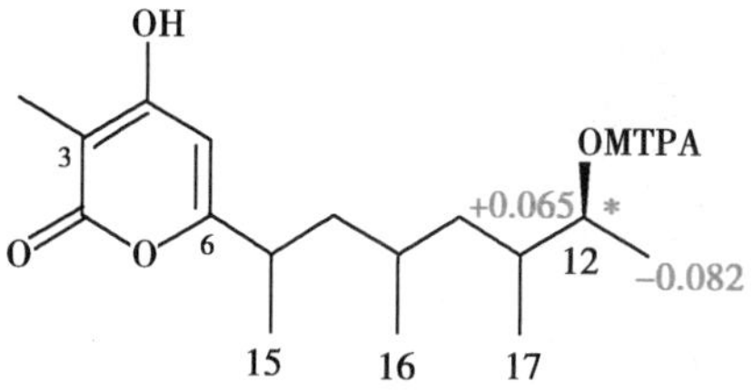

图 10-11　decempyrone A MTPA 酯的 $\Delta\delta$

(二) ^{19}F-NMR Mosher 法

1. 基本原理　在低场核磁共振仪器条件下，对于较复杂的化合物，准确归属质子信号比较困难，而 ^{19}F-NMR 谱图的信号清楚简单，因此 Mosher 教授经过研究提出 ^{19}F-NMR Mosher 法(图 10-12)。但 ^{19}F-NMR Mosher 法的应用前提是待测样品仲醇的 β 位取代基的立体空间大小应具有明显差别。

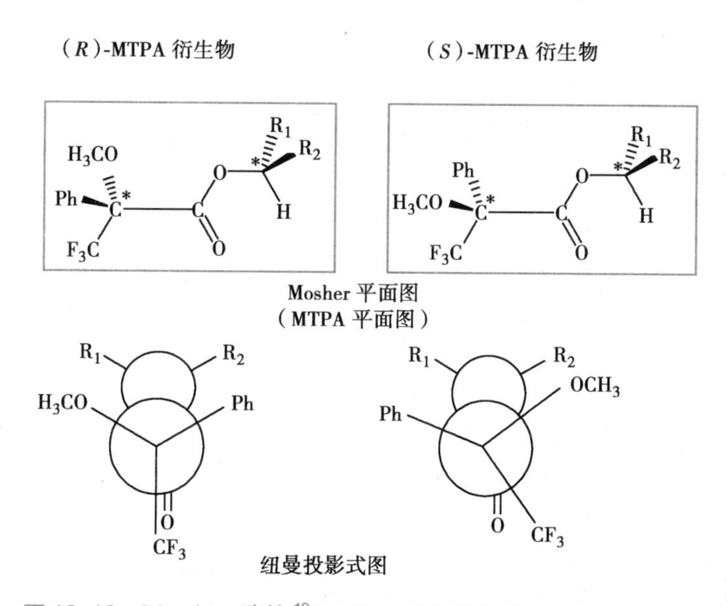

图 10-12　Mosher 酯的 ^{19}F-NMR 构型关系模示图(体积 $R_1>R_2$)

通常情况下，在两个非对映异构体(*R*)-MTPA 酯和(*S*)-MTPA 酯中，影响 ^{19}F-NMR 化学位移的其他因素是相对固定的。^{19}F-NMR 的化学位移信号的不同主要是由于两个衍生物酯中的羰基对 ^{19}F 的各向异性去屏蔽作用不同而引起的。在 Mosher 酯中，仲醇上的基团 R_1、R_2 与 MTPA 上的甲氧基、苯环之间存在的空间或电子云相互作用导致三氟甲基稍稍偏离 MTPA 平面。

若基团 R_1 的体积比基团 R_2 大，在(*R*)-Mosher 酯中，三氟甲基与羰基应该更接近处于平面位置，

其中的 ^{19}F 受到羰基的去屏蔽作用较强，其 ^{19}F-NMR 信号应处于较低场；在(*S*)-Mosher 酯中，三氟甲基与羰基应该较大偏离 MTPA 平面，其中的 ^{19}F 受到羰基的去屏蔽作用较弱，其 ^{19}F-NMR 信号应处于较高场。因此，通过比较(*R*)-Mosher 酯与(*S*)-Mosher 酯的 ^{19}F-NMR 的化学位移值，结合 Mosher 模型图，能够确定仲醇上的手性中心的绝对构型。

若(*R*)-Mosher 酯的 ^{19}F-NMR 在较低场，(*S*)-Mosher 酯的 ^{19}F-NMR 在较高场，则较大基团在 Mosher 构型模示图中 MTPA 平面的左侧；若(*R*)-Mosher 酯的 ^{19}F-NMR 在较高场，(*S*)-Mosher 酯的 ^{19}F-NMR 在较低场，则较大基团在 Mosher 构型模示图中 MTPA 平面的右侧。

2. 应用实例　Chris Abell 和 Andrew P. Leech 从 *Stereum purpureum* 中发现倍半萜烯类化合物 7,12-dihydroxysterpurene。

7,12-dihydroxysteruren 的立体结构（视频）

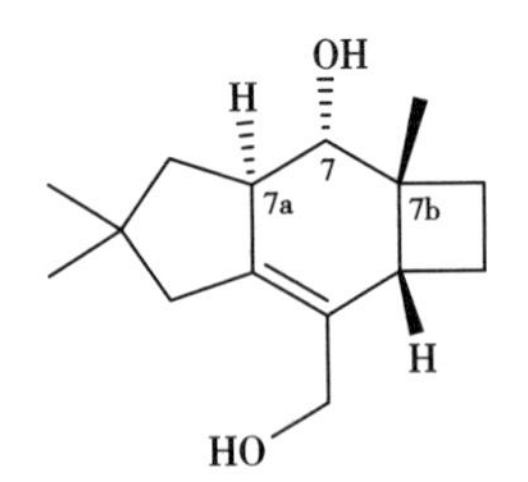

7,12-dihydroxysterpurene

他们利用 ^{19}F-NMR Mosher 法判定 7,12-dihydroxysterpurene 的 C-7 位的绝对构型。将化合物分别与(*S*)-MTPA 和(*R*)-MTPA 反应，得到相应的酯，测定它们的 ^{19}F-NMR。从谱图中得知，在氘代环己烷中测定时两种构型酯的信号相差 0.04，在氘代苯中相差 0.1，而且(*R*)-MTPA 酯的信号处于较高场。将得到的 Mosher 酯的 C-7 位氢，羰基和 CF_3 基团放在同一平面时，相较(*S*)-MTPA 酯而言，(*R*)-MTPA 酯中的苯基将受到更大的阻碍而偏离平面，这将导致 CF_3 基团远离羰基的去屏蔽区而向高场位移。此时，根据 ^{19}F-NMR 法则，较大基团 7b 一侧应在 Mosher 构型模示图中 MTPA 平面的右侧(图 10-13)，最终判断 C-7 位的绝对构型为 *S*。

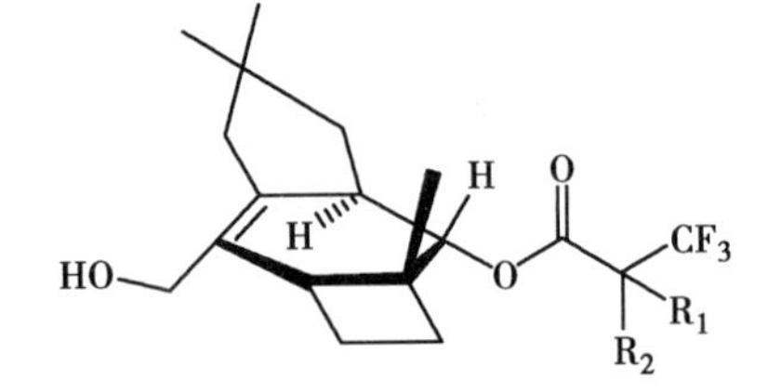

图 10-13　7,12-dihydroxysterurene 的 MTPA 衍生物

三、改良 Mosher 法

(一) 改良的 ^1H-NMR Mosher 法

1. 基本原理　MTPA 中的苯环对非 β 位的远程质子同样存在去屏蔽作用，而且对与 β-H 或 β'-H 处于同一侧的更远的质子，其屏蔽作用与 β-H 或 β'-H 相同。如果将(*R*)-MTPA 酯和(*S*)-MTPA 酯中的各个质子的 $\Delta\delta$ 值计算出来，发现正的 $\Delta\delta$ 值和负的 $\Delta\delta$ 值在化合物的 Mosher 模示图中的两侧整齐排列，称这种确定化合物的绝对构型的方法为改良 Mosher 法(图 10-14)。

由于苯环的去屏蔽作用，在(*R*)-MTPA 酯中 H_A、H_B、H_C……的 NMR 信号比(*S*)-MTPA 酯中相应的信号出现在较高场，所以 $\Delta\delta_{S-R}$ 为正值；而 H_X、H_Y、H_Z……刚好相反，$\Delta\delta_{S-R}$ 为负值。将 $\Delta\delta$ 为正值的质子所在的基团放在 MTPA 平面的右侧，将 $\Delta\delta$ 为负值的质子所在的基团放在 MTPA 平面的左侧，最后根据 Mosher 模型即可判断出该仲醇的绝对构型。

改良 Mosher 法得到的结果比经典 Mosher 法(仅运用 β-H 的符号来判断手性碳的绝对构型)更加可靠。然而，值得注意的是，当得到的正 $\Delta\delta$ 值和负 $\Delta\delta$ 值不规则地分布在分子中时，改良 Mosher 法不适用。

2. 应用实例　从马占相思内生菌 *Colletotrichum boninense* AM-12-2 中发现一系列新的具有 1-辛基-1,3-二氢异苯并呋喃核的天然产物，其中 colletofuran B 的 C-12 和 C-21 位的绝对构型是通

(R)-MTPA 衍生物　(S)-MTPA 衍生物

Mosher 平面图
（MTPA 平面图）

图 10-14　改良 Mosher 法模示图

过改良的 ^{1}H-NMR Mosher 法确定的。

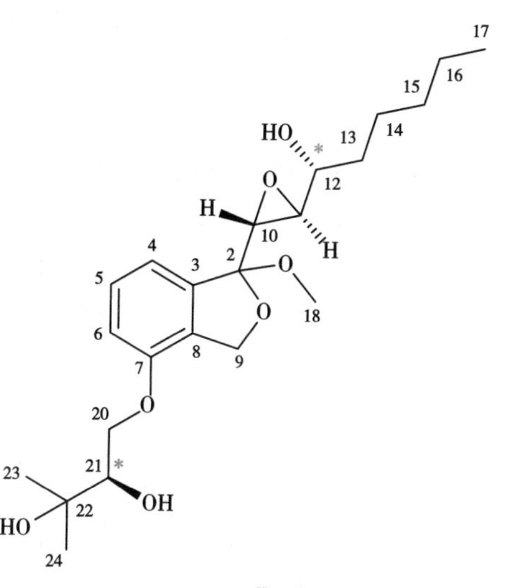

colletofuran B

colletofuran B 的立体结构(视频)

化合物 colletofuran B 与(S)-MTPA 和(R)-MTPA 反应，给出相应构型的酯，测定它们的 ^{1}H-NMR，计算两个反应产物的化学位移的差值，如图 10-15 所示。根据 Mosher 规定，将 C-10（$\Delta\delta$=−0.12）、C-11（$\Delta\delta$=−0.05）、C-23（$\Delta\delta$=−0.01）和 C-24（$\Delta\delta$=−0.01）放在 Mosher 模示图中 MTPA 平面的左侧，将 C-13′（$\Delta\delta$=+0.04）、C-14（$\Delta\delta$=+0.06）、C-15（$\Delta\delta$=+0.08）、C-6（$\Delta\delta$=+0.05）和 C-20（$\Delta\delta$=+0.08、+0.10）放在 Mosher 模示图中 MTPA 平面的右侧，最终确定化合物 colletofuran B 的 C-12 和 C-21 位的绝对构型均为 R-构型，并经过单晶 X 射线衍射法得以验证。

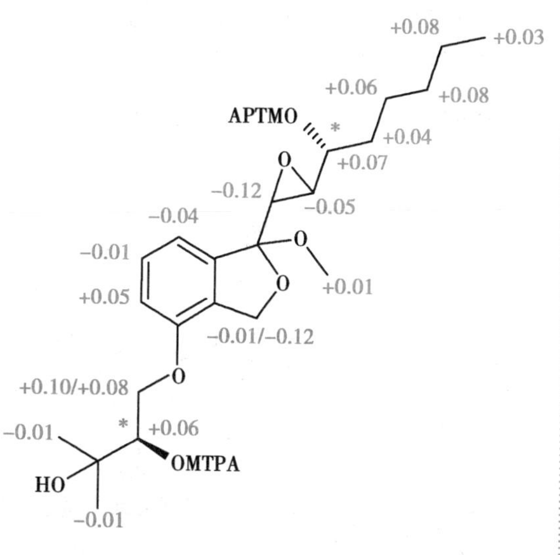

图 10-15　colletofuran B 的 $\Delta\delta$

（二）9-ATMA 和 NMA 试剂的 Mosher 法

1. 基本原理　在以 MTPA 为手性试剂测定仲醇的绝对构型的 Mosher 法中，MTPA 分子中苯环的屏蔽作用相对较弱，其 $\Delta\delta$ 值有时因信号的化学位移的差值小，而难以得到准确的判断（长链或空间位阻较大的化合物尤为明显），因此限制

了它的应用。但是，科学工作者们仍然在不断地研究改进 Mosher 法，一些新的手性试剂被开发应用，例如 9-anthranylmethoxyacetic acid（9-ATMA）和 1- 或 2-naphthyl-methoxyacetic acid（1-NMA 或 2-NMA）。由 9-ATMA 引起的高场位移值一般为 MTPA 的 6~10 倍，由 2-NMA 引起的高场位移值一般为 MTPA 的 3 倍，其产生的屏蔽效应要远远强于 MTPA，尤其适用于长链化合物中仲醇的绝对构型的测定。

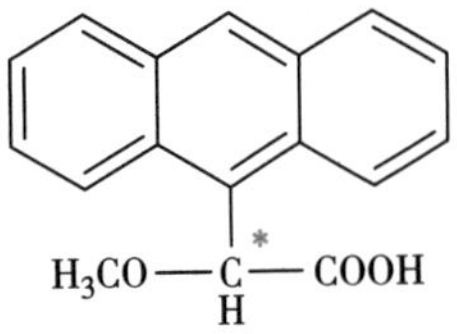

9-ATMA 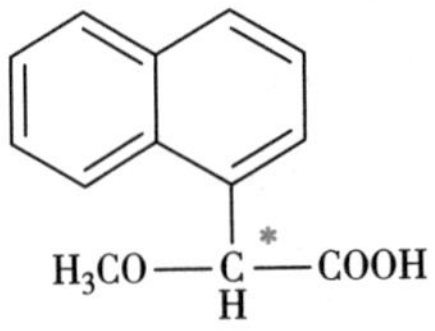　　1-NMA 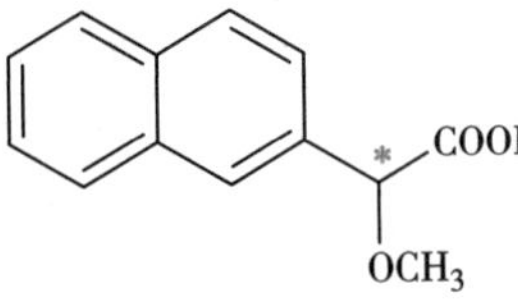　　2-NMA

由于 9-ATMA、2-NMA、1-NMA 的屏蔽效应强，实际上待测醇样品只需要与（*R*）- 或（*S*）- 中的一种衍生化试剂反应，再与原来待测醇样品中的质子化学位移进行比较，即可确定待测仲醇样品的绝对构型。由此，不仅能够节省手性试剂，同时减小待测样品的消耗量。此外，值得注意的是，尽管 9-ATMA、2-NMA、1-NMA 分子中含有 α-H，但在具体应用中并未发现 α-H 发生外消旋化的情况。

2. 应用实例　Kusumi 等在测定长链仲醇化合物 **4a** 的绝对构型时发现，因其 MTPA 酯中的亚甲基信号重叠严重，即使应用 HOHAHA 及 ^{1}H-^{1}H COSY 也难以准确进行质子信号的归属。因此，他们采用 2-NMA 手性试剂进行绝对构型的测定。

计算两个反应产物的化学位移的差值 $\Delta\delta$（$\Delta\delta=\delta_S-\delta_R$），如图 10-16 所示。其 2-NMA 酯中的质子信号得到区分，结合普通 COSY 谱即可对质子信号作出准确归属，并由此确定 C-10 位的绝对构型为 *S*。

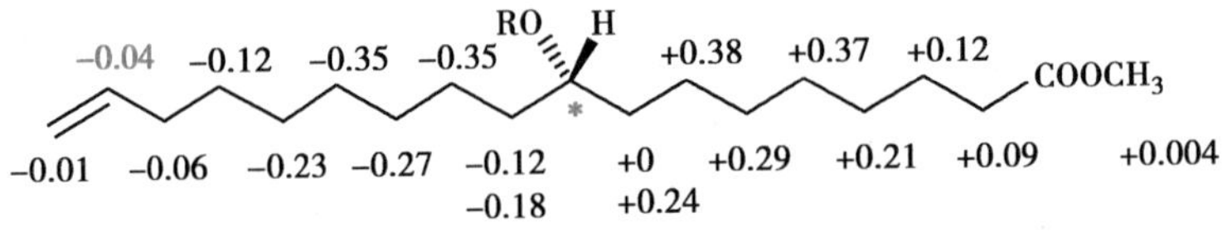

化合物4a　R=H
2-NMA 衍生物　R=2-NMA

图 10-16　化合物 4a 的 2-NMA 衍生物的 $\Delta\delta$

（三）MNCB 和 MBNC 试剂的 Mosher 法

1. 基本原理　采用手性试剂 2-(2′-methoxy-1,1′-naphthyl)-3,5-dichlorobenzoic acid（MNCB）或 2′-methoxy-1,1′-binaphthyl-2-carboxylic acid（MBNC）来测定仲醇的绝对构型，其适用范围更广，尤其可应用于有空间位阻的仲醇。

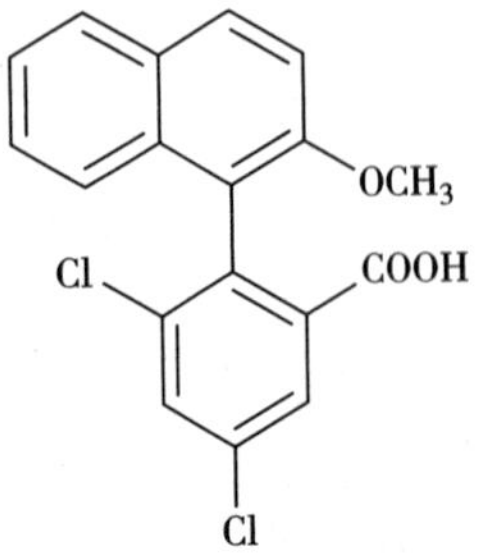

MNCB 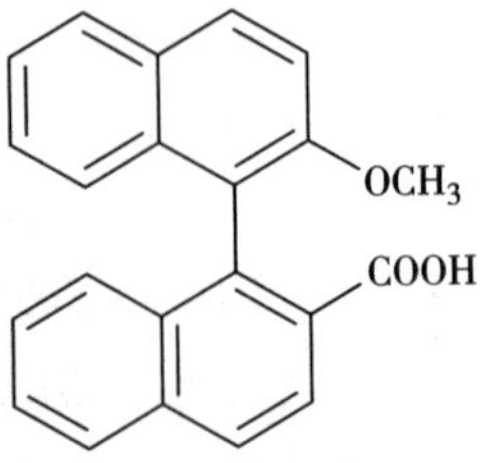　　MBNC

在 MNCB、MBNC 分子的优势构象中，苯环与萘环、萘环与萘环之间是互相垂直的。以 MNCB

为例，在 MNCB 酯的优势构象中，手性碳上的 H 与 MNCB 中的酯羰基及苯环在同一平面内（图 10-17）。

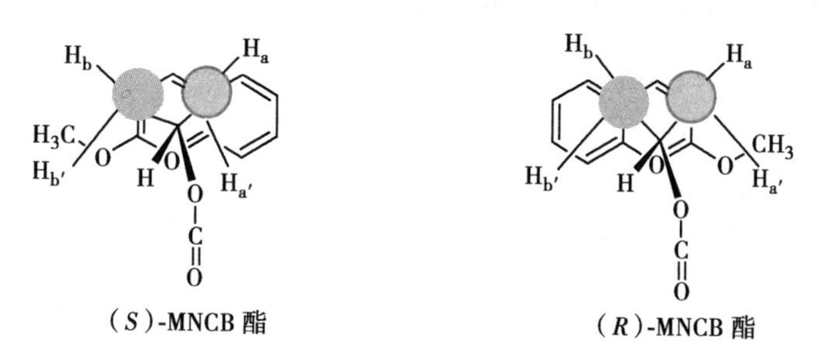

图 10-17　MNCB 酯的优势构象

因萘环的屏蔽作用，MNCB 酯中的 H_a、$H_{a'}$、H_b 和 $H_{b'}$ 的 NMR 信号比醇中相应的信号要出现在高场。同时，(*R*)-MNCB 酯中的 H_a 信号比相应的(*S*)-MNCB 酯中的信号要出现在高场，H_b 信号则情况相反。

因此规定，将 $\Delta\delta$ 为正值的 H 所在的基团放置于 CB 平面的左侧，将 $\Delta\delta$ 为负值的 H 所在的基团放置于 CB 平面的右侧，最后根据模示图确定仲醇所在的手性碳的绝对构型。

2. 应用实例　由于经典 Mosher 法难于应用空间位阻较大的仲醇测定，故 Fukushi 采用 MNCB 作为手性试剂，测定具有空间位阻的仲醇化合物 **12** 的绝对构型。

在化合物 **12** 中，其 MNCB 酯中的醇部分的质子信号（手性碳上的质子除外）均比成酯前醇中的相应质子信号位于高场，如图 10-18 所示。将 $\Delta\delta>0$ 的质子置于 CB 平面的左侧，而 $\Delta\delta<0$ 的质子置于 CB 平面的右侧，进而判定仲醇所在的手性碳的绝对构型。

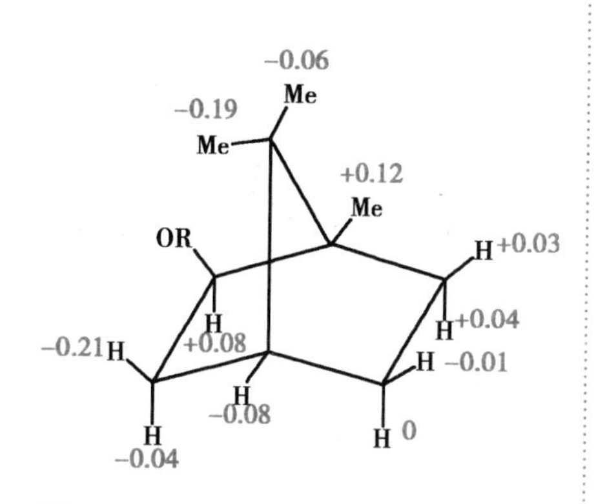

图 10-18　化合物 12 的 MNCB 衍生物的 $\Delta\delta$

（四）其他手性试剂的 Mosher 法

1. 基本原理　尽管 MTPA 在仲醇的绝对构型的测定中得到广泛应用，但有时 MTPA 酯存在构象不稳定性，从而容易引起质子信号的相互干扰。因此，研究者们又开发了更多的手性试剂应用于手性仲醇的绝对构型的测定，例如 MPA、FFDNA、FDPEA、FFDNB、PGDA、PGME、$MN_{(1)}A$、$MA_{(9)}A$、MPP、$MN_{(1)}P$ 等，其中 MPA、FFDNA 的结构如下。

MPA　　FFDNA

以上所介绍的各种方法的原理基本是一致的，即采用不同的手性试剂与仲醇生成衍生物，根据芳香环的屏蔽效应，再由 ^{1}H-NMR 谱图中的化学位移的差值和模型图来推测仲醇的绝对构型。在此基础上，科学研究者们还发现各种新的扩展应用，例如确定伯醇 β 位手性中心的绝对构型、羧酸 β 位手性中心的绝对构型、伯胺 α 位手性中心的绝对构型和醛 β 位手性中心的绝对构型。每种方法都有各自的优势和限制，选择方法前应综合考虑待测化合物的理化性质。

2. 应用实例　Pianpian Wang 等从中国南海海绵 *Aaptos suberitoides* 中分离得到一个具有

benzo［*de*］［1,6］naphthyridine 骨架的七环生物碱类化合物 aaptodine D。为测定 C-14′位的手性中心的绝对构型，将其加入适量 MPA 经由 DCC 和 DMAP 催化，在室温下搅拌 12 小时得到相应的酯（图 10-19）。^{1}H-NMR 分析结果表明 C-14′的绝对构型为 *R*。

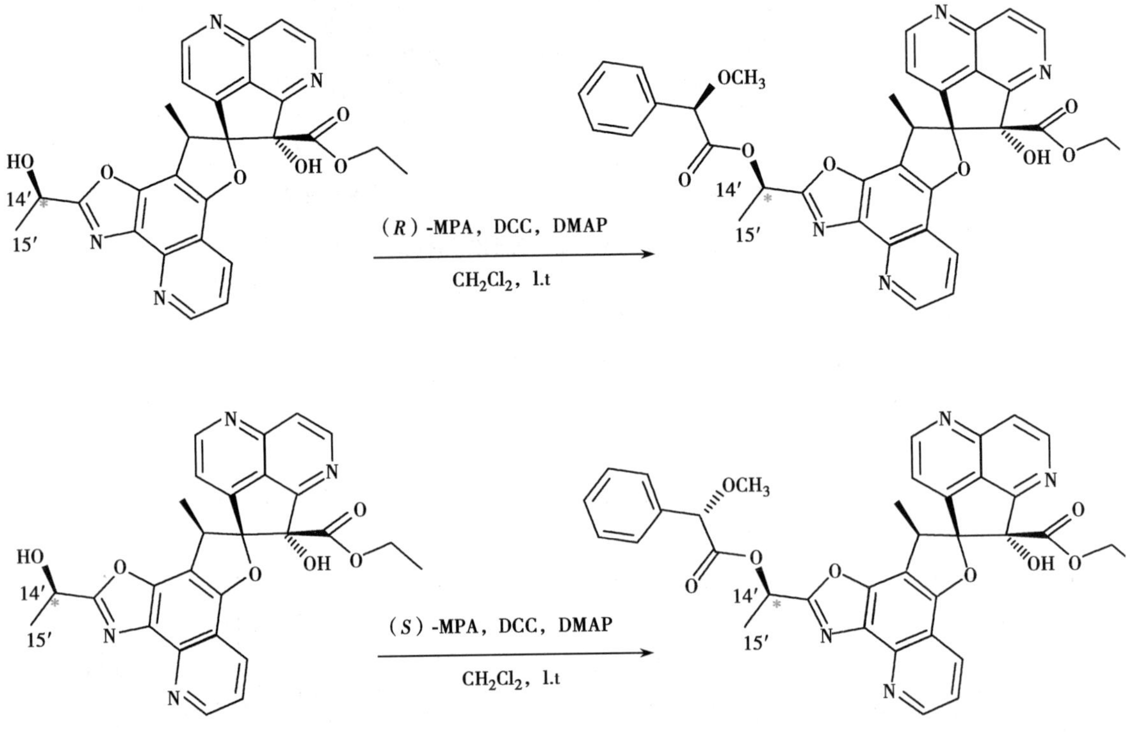

图 10-19　aaptodine D 的 MPA 酯

K. Harada 等将仲醇与 FFDNB 反应得到仲醇的 FFDNB 衍生物，然后再引入手性试剂 PEA，得到构象稳定的一对衍生物（图 10-20），测定它们的 ^{1}H-NMR 差值，最终确定出仲醇的绝对构型。

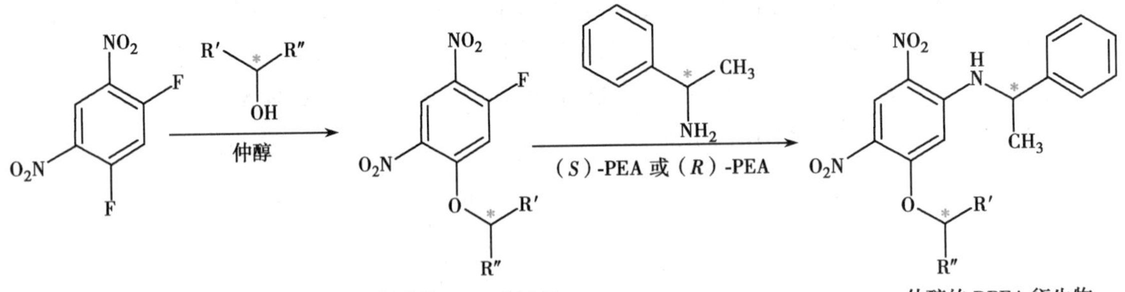

图 10-20　FFDNB 酯衍生化示意图

（五）Mosher 法结合 DIP（DP4$^+$-integrated probability）确定绝对构型

1. 基本原理　María M. Zanardi 等基于 Mosher 法及量子化学计算 NMR 提出用于确定化合物的绝对构型的衍生方法，利用 DP4$^+$ 提供的高分类性，为手性试剂衍生化方法提供一个新途径。首先将化合物与任意一种构型的手性试剂进行衍生化得到其衍生物（图 10-21），通过核磁共振谱及量子化学计算的手段得到其实验 NMR 数据及理论计算数据，随后经由 DP4$^+$ 将实验 NMR 数据与计算值相关，最终通过概率分析确定其绝对构型；也可将化合物分别与（*R*）构型和（*S*）构型的手性试剂衍生成酯，

XH (R)-CDA (R)-CDA X NMR DP4+ AC

伯醇-仲醇、叔醇
伯胺、仲胺
二元醇、羧酸

CDA=MTPA，MPA，
AcMA，9-AMA，MBC，etc.

计算(R)和(S)衍生物的化学位移

图 10-21 单一手性试剂衍生化示意图

计算其 NMR 后获得两个不同且独立的结果，随后经由 DIP 分析（图 10-22）确定其绝对构型。该方法适用于 MTPA、MPA、9-AMA、AcMA、MBC 等多种手性试剂。

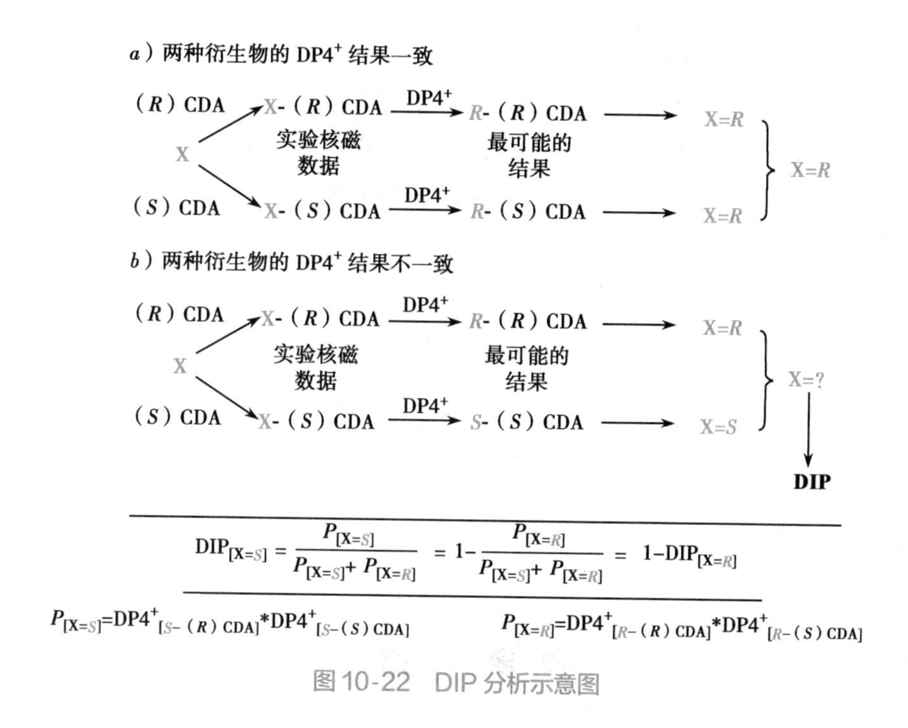

$$\mathrm{DIP}_{[X=S]}=\frac{P_{[X=S]}}{P_{[X=S]}+P_{[X=R]}}=1-\frac{P_{[X=R]}}{P_{[X=S]}+P_{[X=R]}}=1-\mathrm{DIP}_{[X=R]}$$

$$P_{[X=S]}=\mathrm{DP4^+}_{[S-(R)\,\mathrm{CDA}]}*\mathrm{DP4^+}_{[S-(S)\,\mathrm{CDA}]} \qquad P_{[X=R]}=\mathrm{DP4^+}_{[R-(R)\,\mathrm{CDA}]}*\mathrm{DP4^+}_{[R-(S)\,\mathrm{CDA}]}$$

图 10-22 DIP 分析示意图

2. 应用实例 María M. Zanardi 等采用手性试剂衍生化结合 DIP 分析的方法对从 *Angiopteris caudatiformis* 中分离得到的(+)-angiopterlactone B 的 C-6′位的绝对构型进行纠正。原文献中 C-6′位确定为 *S*-构型，将文献中提供的(*R*)-MTPA 酯和(*S*)-MTPA 酯的实验 NMR 数据与理论计算得到的 NMR 数据经由 DIP 分析后发现，C-6′位的正确构型应为 *R*-构型，如图 10-23 所示。Marie I. Thomson 和 Tharun K. Kotammagari 等通过全合成该化合物最终验证 C-6′位的构型为 *R*-构型。

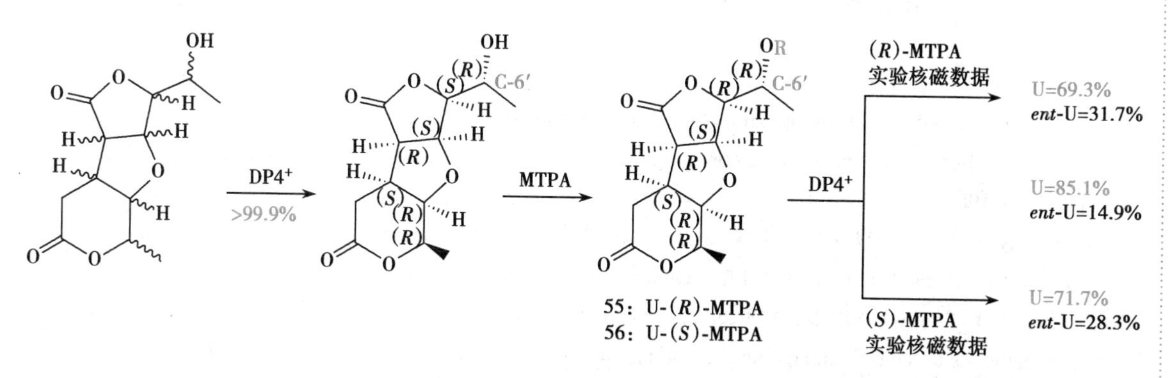

图 10-23 (+)-angiopterlactone B 的 DIP 分析结果

第十章
目标测试

习　题

1. 如何培养单晶?
2. 晶体区别于其他固体物质的特点是什么?
3. 铜靶和钼靶的区别是什么?
4. Mosher 法适用于测定何种化合物的绝对构型?其基本原理是什么?
5. Mosher 法分为哪几种?分别适用于何种结构的化合物的绝对构型的测定?
6. 从 *Barleria lupulina* 中分离得到新化合物,结构如下,其绝对构型适合用何种 Mosher 法测定?具体操作步骤如何?

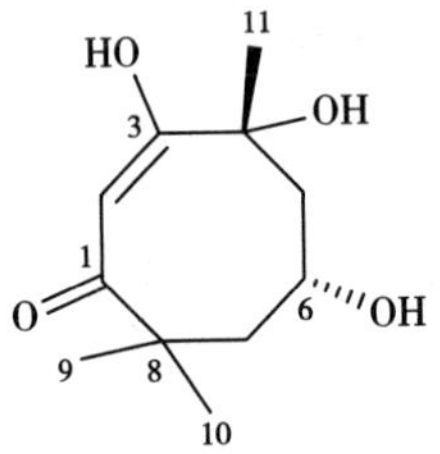

(李　斌　杨炳友)

参 考 文 献

[1] 陈小明,蔡继文. 单晶结构分析的原理与实践. 北京:科学出版社,2007.

[2] 钱逸泰. 结晶化学导论. 合肥:中国科学技术大学出版社,2005.

[3] 姜传海,杨传铮. X 射线衍射技术及其应用. 上海:华东理工大学出版社,2010.

[4] 梁栋材. X 射线晶体学基础. 2 版. 北京:科学出版社,2006.

[5] KONG L Y, PENG W. Determination of the absolute configuration of natural products. Chinese journal of natural medicines, 2013, 11(3): 193-198.

[6] 滕荣伟,沈平,王德祖,等. 应用核磁共振测定有机化合物绝对构型的方法. 波谱学杂志,2002,19(2): 107-127.

[7] GUO H, WU Q L, Chen D N, et al. Absolute configuration of polypropionate derivatives: decempyrones A-J and their MptpA inhibition and anti-inflammatory activities. Bioorganic chemistry, 2021, 115: 105-156.

[8] ABELL C, LEECH A P. The absolute configuration of the sterpurene sesquiterpenes. Tetrahedron letters, 1988, 29(16): 1985-1986.

[9] ARIEFTA N R, AZIM M, ABOSHI T, et al. Colletofurans A-E, 1-octyl-1, 3-dihydroisobenzofuran derivatives from *Colletotrichum boninense* AM-12-2. Organic letters, 2020, 22(8): 3161-3165.

[10] KUSUMI T, TAKAHASHI H, XU P, et al. New chiral anisotropic reagents, NMR tools to elucidate the absolute configurations of long-chain organic compounds. Tetrahedron letters, 1994, 35(25): 4397-4400.

[11] FUKUSHI Y, YAJIMA C, MIZUTANI J. A new method for establishment of absolute configurations of

secondary alcohols by NMR spectroscopy. Tetrahedron letters, 1994, 35 (4): 599-602.

[12] WANG P P, HUANG J, KURTÁN T, et al. Aaptodines A-D, spiro naphthyridine-furooxazoloquinoline hybrid alkaloids from the sponge aaptos suberitoides. Organic letters, 2020, 22 (21): 8215-8218.

[13] HARADA K, SHIMIZU Y, KAWAKAMI A, et al. Determination of the absolute configuration of a secondary alcohol by NMR spectroscopy using difluorodinitrobenzene. Tetrahedron letters, 1999, 40 (51): 9081-9084.

[14] ZANARDI M M, BIGLIONE F A, SORTINO M A, et al. General quantum-based NMR method for the assignment of absolute configuration by single or double derivatization: scope and limitations. The journal of organic chemistry, 2018, 83: 11839-11849.

[15] THOMSON M I, NICHOL G S, LAWRENCE A L. Total synthesis of (−)-angiopterlactone B. Organic letters, 2017, 19: 2199-2201.

[16] KOTAMMAGARI T K, GONNADE R G, BHATTACHARYA A K. Biomimetic total synthesis of angiopterlactone B and other potential natural products. Organic letters, 2017, 19: 3564-3567.

第十一章

综 合 解 析

第十一章
教学课件

学习目标

1. **掌握** 综合运用紫外光谱、红外光谱、核磁共振、质谱4种常用的波谱技术进行有机化合物的结构测定。
2. **熟悉** 综合解析的方法和思路。
3. **了解** 有机化合物的立体结构的解析方法。

通过前面各章的学习，我们已基本了解紫外光谱、红外光谱、核磁共振和质谱的基本理论及其在有机化合物的分子结构测定中的应用研究。对有机化合物而言，只依靠一种分析手段推断出结构往往是比较困难的，特别是天然有机化合物的结构研究及未知化合物的结构测定等，必须采用多种分析手段加以综合运用，即运用多种有机波谱方法进行综合分析。通常是以其中的一种波谱学方法为主体，配合其他波谱学技术来确定有机化合物的结构，这种结构研究的方法称为综合波谱解析。随着核磁共振谱仪灵敏度和分辨率大大提高，加之NMR技术与计算机科学的完美结合，以及二维NMR新技术的不断涌现，使得NMR成为发展最迅速、理论最严密、技术最先进、结果最可靠的波谱技术。此外，核磁共振谱图的规律性强、可解析性高、信息量大、谱图类型多样，因而在实际工作中常以氢核磁共振谱、碳核磁共振谱为基础，配合紫外光谱、红外光谱和质谱等波谱技术来完成有机化合物的结构研究工作。

第一节 概　　述

一、化合物结构解析常用的波谱学方法

进行综合解析时，常用的波谱学方法有UV、IR、MS、^{13}C-NMR、^{1}H-NMR及2D NMR等。任何一种波谱学方法都不是万能的，而是各有侧重、各有所长。这些方法在解决与其特长相符的问题时可获得非常有效的信息；反之，待解决的问题与其特长相悖时，这种分析方法就显得无能为力了。因此，进行谱图解析时，首先应掌握各种波谱学方法的特点及其在谱图解析时所能提供的结构信息。利用这些方法的优势进行分析，并对获得的全部信息进行综合归纳、整理，从而推断出正确的化合物结构。

各种波谱学方法的特点及所能提供的结构信息归纳如下。

1\. 紫外光谱　紫外光谱（UV）可为具有发色团的有机化合物提供λ_{max}和ε_{max}这两类重要的数据及其变化规律，它能反映分子中的发色团和助色团即共轭体系的特征。紫外光谱（UV）在结构解析中主要提供以下结构信息。

(1) 判断分子中有无共轭系统。

(2) 根据长波长吸收峰的强度判断分子中有无α,β-不饱和酮或共轭烯烃结构存在。

(3) 根据长波长吸收峰的精细结构判断芳香结构系统的存在。

2\. 红外光谱　红外光谱（IR）不仅有各个官能团的特征区，还有可用于鉴定化合物的指纹区。它在结构解析中主要提供以下结构信息。

(1) 判定结构中含氧官能团的存在与否(特别是结构中不含氮原子时,非常容易确定 OH、C═O、C—O—C 这几类官能团的存在与否)。

(2) 判定结构中含氮官能团的存在与否(容易确定 NH、C≡N、NO_2 等官能团的存在与否)。

(3) 判定结构中苯环的存在与否。

(4) 判定结构中烯烃、炔烃的存在与否和双键的类型。

3. 质谱 质谱(MS)能产生准分子离子峰以获取化合物的分子量,同时还能产生分子碎片离子峰,其相对强度在一定的测定条件下可以反映分子的结构特点。尤其是新发展的现代质谱技术如 FAB-MS、ESI-MS、MALDI-MS 等,它们是软电离的离子源,常常能有效提供准分子离子峰和组成单元的碎片离子峰。

(1) 根据准分子离子峰确定分子量(但需注意的是有时观测不到准分子离子峰)。

(2) 判定结构中 Cl、Br 原子的存在与否(根据同位素峰的峰高比)。

(3) 判定结构中氮原子的存在与否(氮律、开裂形式)。

(4) 借助同位素的相对强度根据 Beynon 表可以得到化合物的分子式。

(5) 借助高分辨质谱(HRMS)可以确定化合物的分子式。

(6) 简单的碎片离子可与其他谱图所获得的结构单元进行比较。

4. 氢核磁共振谱 氢核磁共振谱(^1H-NMR)能提供化学位移(δ)、偶合常数(J)及质子数等分子中有关氢原子的类型、数目、连接方式、周围化学环境,以及构型、构象的结构信息。它主要可以解决以下结构问题。

(1) 根据积分数值推算结构中的质子个数。

(2) 根据化学位移值判定结构中是否存在羧酸、醛、芳香族、烯烃和炔烃质子。

(3) 根据化学位移值判定结构中与杂原子、不饱和键相连的甲基、亚甲基和次甲基的存在与否。

(4) 根据自旋-自旋偶合裂分来判定基团的连接情况。

(5) 根据峰形判定结构中活泼质子的存在与否。

5. 碳核磁共振谱 碳核磁共振谱(^{13}C-NMR)能提供分子中各种不同类型及化学环境的碳核的化学位移、异核偶合常数等信息来获得有机化合物的骨架结构,它在提供结构信息方面的作用甚至比氢核磁共振谱更重要。

(1) 判定碳原子个数及其杂化方式(sp^2 杂化、sp^3 杂化)。

(2) 根据 DEPT 谱判定碳原子的类型(伯碳、仲碳、叔碳和季碳)。

(3) 根据化学位移值判定羰基的存在与否及其种类(酮基、羧酸基、酯基和酰胺基等)。

(4) 根据化学位移值判定芳香族或烯烃取代基的数目并推测取代基的种类。

6. 二维核磁共振谱 二维核磁共振谱(2D NMR)是将 NMR 提供的信息如化学位移(^1H 和 ^{13}C 核)和偶合常数等在二维平面上展开绘制成的多种类型的谱图,这些多类型 2D NMR 的出现开辟了有机化合物结构鉴定的新途径。二维核磁共振谱的应用使测定的结构可以更复杂、分子量更大,它反映的结构信息也更客观、更准确、更可靠,而且增加了解决结构问题的多样性。

(1) 判断结构中所含的碳氢官能团。

(2) 推导新的结构单元。

(3) 确定官能团的取代位置和连接关系。

(4) 分析立体结构的构型。

(5) 进行一维 NMR 数据的准确归属和结构的核实。

二、谱图解析过程中应注意的问题

由于实际工作的复杂性,在利用波谱学方法分析实际问题时,应特别注意以下三点。

1. 保证待测样品的纯度 在实际的分析工作中，常要注意待测样品的纯度。若将混合物误当成纯物质进行分析，则可能将谱图中杂质的信号峰误当成样品的信号峰，会导致意想不到的失败。因此，应尽可能提高待测样品的纯度。纯度检查的方法最常应用的是各种色谱法如薄层色谱（TLC）、纸色谱（PC）、气相色谱（GC）和高效液相色谱（HPLC）等。需要注意的是无论采用何种色谱法检验，一般样品用两种以上的差别较大的溶剂系统或色谱条件进行检测，均显示单一的斑点或色谱峰时方可确认其为单一化合物；若仅用一种溶剂系统或色谱条件，其结论可能会出现偏差。在用硅胶薄层色谱法或高效液相色谱时，最好使用正相和反相薄层色谱（或柱色谱）同时进行检验，这样可以进一步确保结论的正确性。当发现待测样品的纯度较差时，可配合使用重结晶、制备液相色谱和凝胶色谱等多种方法进行纯化，从而获得高纯度的试样。

倘若经上述各种精制分离过程仍然无法得到高纯度的样品（或者样品在测试溶剂中出现构型互变或构象互变的现象），就要研究每次精制处理后（不同的测试溶剂下）谱图中各吸收峰的相对强度的增减，把谱中的吸收峰划分为强度增加峰和强度减少峰两组，从而将主成分峰即强度增加的吸收峰选出来进行波谱解析。

2. 区分杂质峰和溶剂峰 倘若经上述各种精制分离过程仍然无法得到高纯度的样品，测试的谱图中必然有杂质峰，只要能把杂质峰区分出来，仍然可以解析出正确的结构。毕竟杂质的含量与样品相比是少的，因此杂质的峰面积或丰度相对较小，且有时样品峰和杂质峰之间没有简单的整数比例关系。据此，可将杂质峰区别出来，从而将主成分峰即强度更高的吸收峰选出来进行波谱解析。

另外在 NMR 谱图测试实验中，氘代试剂不可能达到 100% 的同位素纯度（大部分试剂的氘代率为 99.0%~99.8%），其中的微量氢会有相应的峰，如 $CDCl_3$ 中的微量 $CHCl_3$ 约在 δ 7.27 处出峰，并且其中的碳原子在碳核磁共振谱中也有相应的峰，所以在解析谱图时一定要弄清样品的测试溶剂是什么、哪些峰是溶剂峰。另外，有时样品的处理过程中会有少量溶剂残留，也会出现溶剂峰，解析时一定要注意判别。

3. 注意样品谱图以外的相关信息 在实际工作中，研究者一般情况下都了解样品的来源，这对未知化合物的结构研究会起到一定的作用。在处理实际问题时，解析工作者应充分收集谱图以外的信息，详尽地了解试样的相关资料包括样品来源（合成化合物或天然产物）、制备方法、色谱行为和理化性质，这将为结构推导提供帮助。

此外，样品的元素分析值、分子量、熔点、沸点和折光度等各种理化常数在结构研究中均可发挥重要作用。例如在质谱中不能获得分子离子峰的情况下，其他方法如能获知化合物分子量的信息，就会大大降低解析难度。因此，通过其他方法和手段获得相关结构信息即使重复也是非常重要的，因为它可能成为从主要途径获得信息的佐证。如果两种信息不一致，那么某一信息源肯定出现了错误。因此，可利用从不同信息源获得的结构信息对结构单元进行确认或验证。

第二节 综合解析的思路和过程

任何一种波谱学方法都不能单独提供有机化合物的完整结构，而只能从各自的侧面反映分子骨架和部分结构（基团或原子团）的信息，所以有机分子的结构鉴定（structure identification，鉴定化合物的结构是否与已知化合物一致）或结构解析（structure elucidation，推断未知化合物的结构）必须将各波谱技术和其他分析方法获得的信息和数据在彼此相互补充和印证的基础上进行综合解析。综合解析不一定要求各种谱图齐备，重要的是在结构分析的每一阶段进行工作汇总，必须明确已解决和遗留的问题，而后根据分析方法的特点和它所能提供的信息的性质，选用合适的手段去解决剩余的结构问题。

虽然从某一种谱图中反映出的结构信息即可确定某种官能团的存在，但在实际解析过程中，分子中某个官能团的存在应该在各种谱图中(有时在多数谱图中)都有所反映,至少和每个谱图不应有矛盾。也就是说某个官能团的存在可在多个谱图中找到证据,并且各种谱图可以互相论证。所以谱图解析时可以交替地观察各个谱图,首先由一种谱图确认一个官能团,再从其他谱图进一步证实。

综合解析各种谱图时并无固定的步骤,应结合实际情况灵活运用各种信息来解析结构,从而获得正确的结论。编者根据自己多年的科研和教学实践经验,归纳出以下解析的思路和过程,以供参考。

一、分子式的确定

一般通过质谱结合元素分析数据可以求出化合物的分子式。倘若采用高分辨质谱仪器做了精确质量数的测定,样品的分子式就可以直接获得。低分辨质谱可以获得整数相对分子量数据,借助同位素的相对强度根据 Beynon 表也可以得到化合物的可能分子式。有时由于分子离子峰不明确或没有出现,又没有元素分析数据,可以通过综合分析各种谱图(可以通过解析 ^{1}H-NMR 和 ^{13}C-NMR 分别估算碳和氢的数目)来推测样品的可能分子式。

1. 碳原子个数的推断 根据 ^{13}C-NMR 谱图的吸收峰个数(注意结构中存在 ^{19}F、^{31}P 时,与之相连的 ^{13}C 会出现复杂的自旋偶合)推测碳原子的个数,但应注意结构中信号重叠的情况(存在对称或部分对称现象,或者某些碳的化学位移恰好相同),以免对结构推断产生误导。

2. 质子个数的推断 根据非去偶谱或 DEPT 谱,可以获得与各个碳原子相连的质子的个数,其质子数总和可简单地计算出来。此结果与根据 ^{1}H-NMR 的积分强度比算出的质子数应当一致,但应注意活泼质子(与氮、氧原子连接的质子)的存在与否。

此外,^{1}H-NMR 的各个质子信号在出现磁等价或存在复杂偶合时,需结合 ^{13}C-NMR 谱推断质子的个数。

3. 氧原子个数的推断 根据 IR 中的 ν_{OH}、$\nu_{C=O}$、ν_{C-O-C} 特征吸收峰的存在与否可判断含氧官能团的有无。此外,还可结合 ^{13}C-NMR 和 ^{1}H-NMR 谱的化学位移值及含氧化合物在 ^{13}C-NMR、^{1}H-NMR、MS 等谱图中出现的相关峰来确定结构中含氧官能团的存在与否。MS 中若能获得分子离子峰,就可知道化合物的分子量,根据碳原子与氢原子数的质量数之和与分子离子质量数的差值来推算可能的氧原子个数。

4. 氮原子个数的推断 常利用质谱的"氮律"配合其他谱图来推测结构中氮原子的存在与否及其个数。如 MS 中的分子离子峰是奇数,根据"氮律"可推测结构中可能含有奇数个氮原子(=NR、$-NO_2$、—NO)。

5. 卤素存在与否的判定 如 MS 一项中所述,根据 MS 谱图中的同位素峰强度比很容易判断结构中 Br 和 Cl 原子的存在与否及其个数。需要注意的是碘和氟都是单一同位素,所以没有特征的同位素峰。

6. 硫、磷存在与否的判定 按上述 1~5 的程序分析完后仍有未解决的问题时,应当以 IR 为中心配合其他谱图来推断结构中是否含有硫、磷等原子。

以上 6 项是确定分子式的方法,但并不是所有结构研究都必须经由这一过程,应根据情况的不同而灵活掌握。

完成以上元素分析等工作便可以确定化合物的分子式,进行不饱和度的计算。不饱和度为 1,意味着化合物结构中有 1 个双键或 1 个饱和环。如苯环是 4 个不饱和度,环烯和三键是 2 个不饱和度。不饱和度(Ω)一般用式(11-1)计算。

$$\Omega=n_4+1+\frac{(n_3-n_1)}{2} \qquad \text{式(11-1)}$$

式中，n_1——一价原子（如H、D、X）的数目；n_3—三价原子（如N、P）的数目；n_4—四价原子（如C、S、Si）的数目。

通过计算，根据不饱和度可判定化合物是属于芳香族还是脂肪族，这在确定化合物结构的过程中可提供非常有价值的信息。

二、结构单元的确定和连接

在每种有机波谱解析方法中，可能具有反映某个原子团或官能团存在的最明显的吸收峰，通过这些峰的确认可以证明某个官能团的存在。表11-1归纳了常见的结构单元及其在各种谱图中的特征，以这些明确的官能团或结构单元为出发点，扩大未知的结构单元。用该方法可推测出若干个结构单元，最后把这些结构单元组合在一起就可以推断整个化合物的结构。这一推导过程没有固定的程序，可根据待测样品的实际情况，利用自己最擅长和最简明的波谱学方法获得尽可能多的信息，来推断化合物的结构。

表11-1 常见的结构单元及其在各种谱图中的特征

基团	^{13}C-NMR(δ)	^{1}H-NMR(δ)	IR/cm^{-1}	MS(m/z)
CH_3	0~60，从其化学位移可判断相邻的结构单元，计算CH_3数目	0~5，从质子数目可确定CH_3、CH_2和CH，根据化学位移和裂分可推断相邻基团的结构	1 460，1 380。可推断异丙基、*t*-丁基的有无，因相邻官能团的不同而异	支链有甲基时有[*M*-15]峰
CH_2 CH	0~110，从其化学位移可判断相邻的结构单元，计算其数目		CH_2：1 470，根据相邻官能团的不同而异 CH：难以获得直接的相关信息	CH_2：有[*M*-14]峰
季碳	0~110	无直接的相关信息	难获得直接的相关信息	*t*-C_4H_9：57，41
C═C	82~160，DEPT谱判断取代情况，根据其化学位移可推断相邻的基团结构	4~8，根据质子数目和相互偶合关系可推断部分结构	根据1 650（对称结构无此峰）和1 000~800吸收峰可推断其类型（顺式除外）	R—CH—CH—CH_2^+峰强（41，55，69……）
芳环	90~160，DEPT谱判断取代情况，根据化学位移可确定部分取代基的结构	芳环质子为6~8，根据质子数目和裂分形式可推断取代基和取代模式	1 600，1 500，900~700（可推断取代模式）	苯环：77，63，51，(39)。分子量越大，这些峰的相对强度越小
C≡C	65~100	2~3	2 260~2 100，炔氢在3 310~3 300	*M*-26
C═O 羧酸 酯 酰胺 醛 酮	155~220 160~186(s) 163-179(s) 155~177(s) 174~225(d) 174~225(s)	羧基氢为10~13；酯的烷氧基氢为3.6~5；酰胺氢为5~8.5；醛基氢为9~10；酮的烷基氢为2.1~2.6	1 850~1 650。依次研究含羰基的各个官能团，通过特征吸收峰可确认其类型	酸60，74…… 酯、酮R—C≡O^+如R为烷基则43，57，71……峰强 酰胺44 醛*M*-1
OH NH	无直接的相关信息，相连烷基的碳信号比普通烷基的碳信号在低场	信号峰范围较宽，用重水作溶媒，质子信号峰（活泼氢）会消失	OH：3 350~3 100宽强峰，根据1 300~1 000和1 000~900吸收峰可推断醇的类型 NH：3 500~3 100中等强度的锐锋	$(M-H_2O)^+$，R—CH_2OH(31，45……)，R—CH_2NH_2(30，44……)

续表

基团	^{13}C-NMR(δ)	^{1}H-NMR(δ)	IR/cm^{-1}	MS(m/z)
C—O—C	无直接的相关信息，相连烷基的碳信号比普通烷基的碳信号在低场	无直接的相关信息，邻位碳上的氢信号比烷基的氢信号在低场	脂肪醚 1 150~1 070 芳香醚 1 275~1 200，1 075~1 000	31，45……
C≡N	117~126	无直接的相关信息	2 275~2 215	$(M$-HCN$)^+$(41，54)
NO_2	无直接的相关信息	无直接的相关信息	C—NO_2 1 580~1 500，1 380~1 300 O—NO_2 1 650~1 620，1 285~1 270 N—NO_2 1 630~1 550，1 300~1 250	46
硫基	同上	SH 以外无直接信息	S—H 2 590~2 550 S═O 1 420~1 010	32+R，34+R
含磷基团	同上	PH 以外无直接信息	P—H 2 250~2 240 P═O，P—O 1 350~940	
卤素	20~80	无直接的相关信息，从 CH_3、CH_2、CH 的化学位移可能推断出含有卤素	虽有特征吸收峰，但非有力的佐证	Cl：^{35}Cl：^{37}Cl=3：1 Br：^{79}Br：^{81}Br=1：1 $(a+b)^n$ 的系数

为了确定谱图中未能检出的剩余结构单元，应从化合物的分子式（或相对分子量）中扣除所有已知结构单元的元素组成（或单元质量）获得剩余结构单元的元素组成（或单元质量）。另外，化合物的物理与化学性质及其他有关数据对于剩余结构单元的确定也可能有所帮助。各种波谱学方法在确定结构单元及其连接中的作用如下。

1. 红外光谱 能给出大部分官能团和某些结构单元存在的信息，从红外光谱的特征区可以清楚地观察到存在的官能团，从指纹区的某些相关峰也可以得到某些官能团存在的信息。

2. 氢核磁共振谱 根据分子中处于不同环境的氢核的化学位移（δ）和氢核之间的偶合常数（J）确定分子中存在的自旋系统，与 ^{13}C-NMR 数据做相应的关联确定自旋系统对应的结构单元；再根据化学位移将相关的官能团与自旋系统归属的结构单元相连接。

3. 碳核磁共振谱 碳核磁共振谱中处于不同环境的碳核的化学位移（δ）反映分子中的碳-氢、碳-杂和碳-碳之间的关系，^{13}C-NMR（结合 DEPT 谱）可以获得碳原子的个数及所连的氢原子的个数，能给出多数官能团存在的结构信息。如果和红外光谱结合起来，则能更全面和更准确地确定官能团的存在。应该注意当分子具有整体对称性和局部对称性时，碳核磁共振谱中会出现 ^{13}C-NMR 的峰数少于分子中的实际碳数的情况。

4. 质谱 质谱除能够给出分子式和相对分子量的信息外，还可以根据谱图中出现的系列峰、特征峰、重排峰和高质量区碎片离子峰推测结构单元。

5. 紫外光谱 可以确定由不饱和基团形成的大共轭体系，当吸收具有精细结构时可知含有苯环结构，对结构单元的确定给予补充和辅证。

6. 二维核磁共振谱 化合物结构推导的重点是掌握各结构单元之间的相互关系，推断出相互关联的结构单元。二维核磁共振谱不仅可以帮助推测官能团和未知的结构单元，而且它在确定不同结构单元的连接中体现出其他谱图所不可比拟的优越性和可靠性。如 ^{1}H-^{1}H COSY 可以得到分子中相邻碳上的氢 ^{1}H-^{1}H（$^{3}J_{HH}$）之间的偶合关系；HSQC（或 HSQC）可以把直接相连的碳和氢关联起来；

HMBC 等可以获得 ^{13}C-^{1}H 的远程相关信息，把季碳原子或杂原子与其他碳氢基团关联起来；NOESY 类二维谱可以通过空间距离比较近的氢核的相关峰来确认结构单元之间的连接关系和确定未知物的构型。

需强调的是，应当最大限度地利用各种波谱学方法的特长，以获得最可靠的信息。一般情况下应以获得的部分信息为基础，将从一种分析方法中获得的信息反馈到其他分析方法中，各种波谱学方法所获得的信息相互交换、相互印证，不断增加信息量，这样才能快捷地获得正确的结论。

另外，以上介绍的结构解析只关注解决有机分子的平面结构问题，而实际上有很多有机化合物存在立体结构（包括构象、相对构型和绝对构型等）的变化，要确定化合物的立体结构，通常还需要在此基础上借助其他结构测定手段如化学沟通、旋光光谱（ORD）、圆二色谱（CD）和单晶 X 射线衍射法等来进行。

三、结构的确定与验证

1. 确定结构　接下来以所推出的各种可能结构为出发点，综合运用所掌握的实验资料，对各种可能的结构逐一对比分析，采取排除解析方法确定正确的结构。如果对某种结构的几种谱图解析结果均很满意，说明该结构是合理和正确的；当有多种可能的结构与谱图解析结果都大致符合时，这时可对各种结构中的碳原子或氢原子的化学位移（δ）进行计算，计算值与实测值相符的结构为正确的结构。目前，已有多种化学办公软件如 ChemDraw、NUTS 和 ACD/Labs 等能比较准确地计算和模拟有机化合物结构的碳核磁共振谱或氢核磁共振谱数据的理论值。如在 ChemDraw 软件中画出推测的结构式，在“Structure”菜单中选定“Predict ^{1}H-NMR Shifts”或“Predict ^{13}C-NMR Shifts”就能获得该结构的氢核磁共振谱或碳核磁共振谱理论值的模拟结果。在实际工作中，可以通过这些软件对所推测的结构进行波谱数据的检查和归属，以最终获得正确的结构。如果结构指认不能顺利完成，可以对可能的结构进行修正或重新设计新的可能结构，甚至重新复核官能团和结构单元有无问题，再重复以上结构确定步骤直至得到正确的结构。

2. 验证结构　需要注意的是，所有波谱学方法解析出来的结构都是基于谱图所显示的信息的推测。在推测过程中难免会因主观因素影响最终的结果，所以在得到一个结构后，一定要进行结构验证。结构验证的方法主要有以下 3 种。

(1) 质谱验证：正确的分子结构一定能写出合理的质谱裂解反应，运用质谱裂解机制是验证分子结构正确与否的重要判断方法。应用质谱进行结构验证包括分子离子峰的指认；同位素峰相对强度的大小（可知分子中是否含有 Br、Cl、S 等）；特征碎片离子是否能够写出合理的裂解机制。

(2) 标准谱图和文献数据验证：对于确定的分子结构必须与各种分析方法的标准谱图和文献数据进行对照（要考虑测试条件是否与对照谱图一致）。谱图上峰的个数、位置、形状及强弱次序必须与标准谱图一致，才能证明所推断的化合物的结构与对照品一致。若某种分析方法无标准谱图可查，则可用已知的标准样品或合成的标准样品直接做谱图来对照。

(3) 二维核磁共振谱验证：对于已报道的化合物能通过与标准谱图和文献数据对照的方法来进行结构验证；而对于从未报道的新结构，用 2D NMR 对结果进行验证是目前公认的比较可靠的方法。由于目前主要靠核磁共振谱来解析有机化合物的结构，2D NMR 能提供大多数结构，特别是未知结构中各官能团或结构单元的关联关系。因此，完成结构解析后，通过二维核磁共振的方法来进行碳氢数据的全面指认，能为新有机化合物的结构正确性提供比较全面、客观的证据。当然，有些结构 2D NMR 也不能提供有力的证据，还需要结合单晶 X 射线衍射法和化学沟通的方法来进行确证。

第三节 综合解析实例

例 11-1 未知化合物的 EI-MS、IR、^{1}H-NMR 和 ^{13}C-NMR 谱图如图 11-1~ 图 11-4 所示，试推断该化合物的结构。

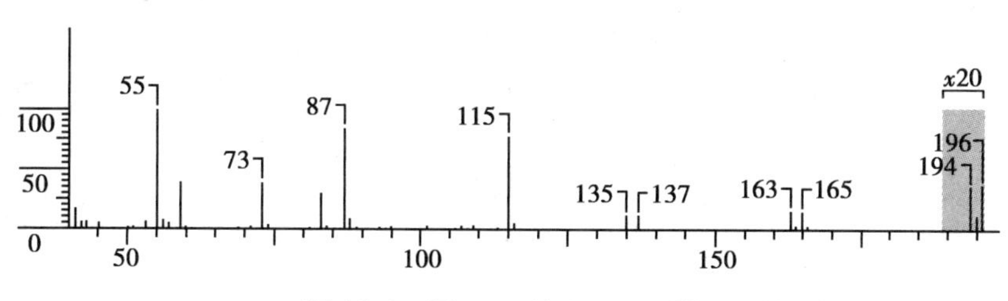

图 11-1 例 11-1 的 EI-MS 谱图

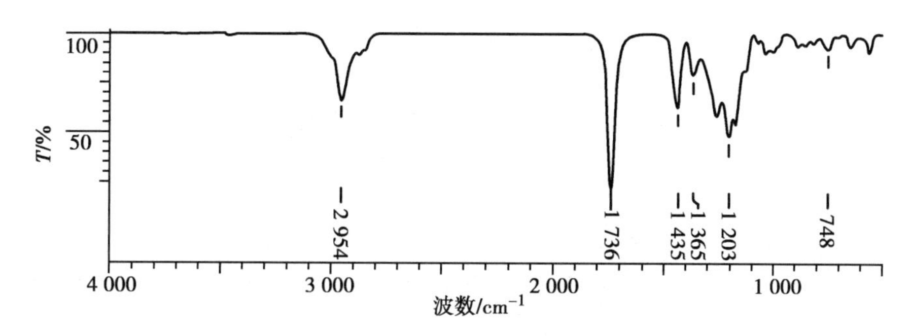

图 11-2 例 11-1 的 IR 谱图(KBr 压片)

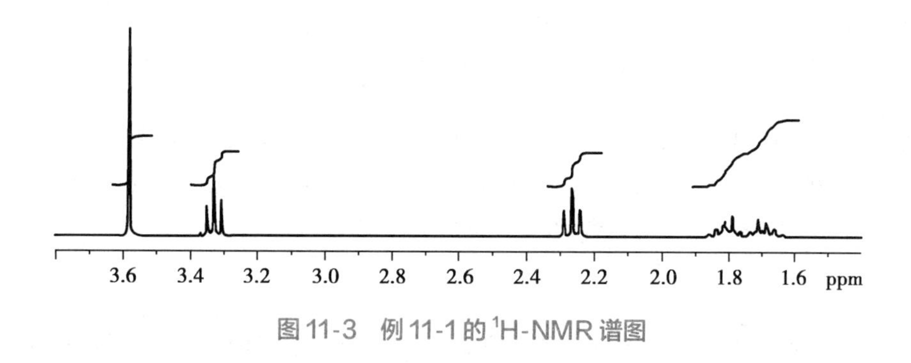

图 11-3 例 11-1 的 ^{1}H-NMR 谱图

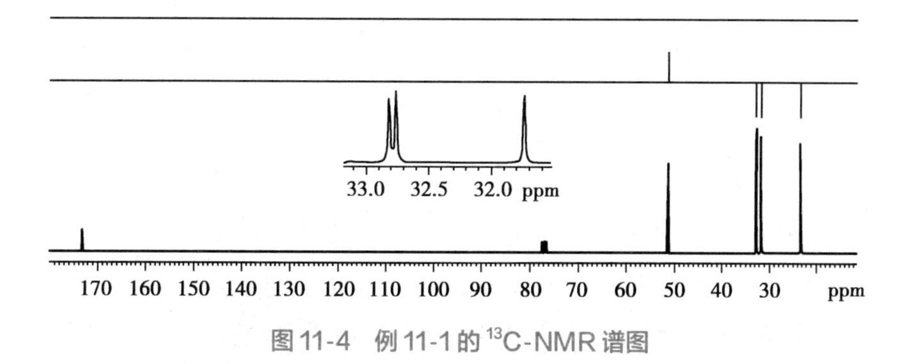

图 11-4 例 11-1 的 ^{13}C-NMR 谱图

解析：

1. 分子式的确定 质谱(图 11-1)中显示该化合物的准分子离子峰为 m/z 194，即分子量为 194。m/z 196 是 m/z 194 的同位素峰。由 m/z 194 和 196 的丰度比约为 1∶1，可以推测化合物中含有 1 个

Br 原子。结合 ^{1}H-NMR（图 11-3）、^{13}C-NMR（图 11-4）提供的信息可知其结构中有 11 个质子、6 个碳原子。由此可推测该化合物结构中有 2 个氧原子，其分子式可以确定为 $C_6H_{11}BrO_2$，经计算该化合物结构的不饱和度为 1。各种波谱学方法提供的与分子式相关的信息如表 11-2 所示。

表 11-2　与化合物的分子式相关的波谱学信息

	谱图名称	反映结构中的分子式的信息
分子量	MS	m/z 194 和 196 为同位素峰，丰度比为 1∶1，提示化合物含 1 个 Br 原子
H	^{1}H-NMR	11 个氢质子（3∶2∶2∶2∶2）
C	^{13}C-NMR	6 个碳原子（1 个季碳、4 个亚甲基碳、1 个甲基碳）
O		(194−12×6−11−79)/16=2
分子式	$C_6H_{11}BrO_2$	
不饱和度（Ω）	Ω=6+1−(11+1)/2=1	

2. 结构单元的确定

（1）红外光谱解析：化合物的红外光谱（图 11-2）表明，该化合物在 1 736cm^{-1} 处具有羰基吸收，另外还可以推测结构中有甲基、亚甲基和醚键。化合物的红外光谱的峰归属见表 11-3。

表 11-3　例 11-1 化合物的 IR 谱图的峰归属分析

峰号	波数/cm^{-1}	归属	结构信息
1	2 954	饱和碳氢伸缩振动 ν_{CH}	化合物的结构中含有甲基和亚甲基、羰基和醚键
2	1 736	羰基伸缩振动 $\nu_{C=O}$	
3	1 435	亚甲基面内弯曲振动 δCH_2	
4	1 365	甲基面内弯曲振动 δCH_3	
5	1 203	C—O 伸缩振动 $\nu_{C\text{-}O}$（醚）	

（2）^{1}H-NMR 解析：^{1}H-NMR（图 11-3）证明化合物有 1 个甲氧基 δ_H 3.58，为单峰；另外显示出两组亚甲基峰的三重峰（δ_H 3.32，2.28）和多重峰（δ_H 1.80，1.70）。根据化学位移提示两组亚甲基的三重峰可能分别为 1 个连溴和连羰基。化合物的 ^{1}H-NMR 信号归属见表 11-4。

表 11-4　例 11-1 化合物的 ^{1}H-NMR 谱图的峰归属分析

峰号	δ_H	积分单位	裂分峰数	归属	推断的结构单元	可能的结构信息
1	1.70	2	多重峰	CH_2	$—CH_2\underline{CH_2}CH_2CO$	1 个 $—CH_2—CH_2—Br$ 结构单元，1 个 $CH_3—O$ 结构单元，1 个 $—CH_2CH_2—C{=}O$ 结构单元
2	1.80	2	多重峰	CH_2	$—CH_2\underline{CH_2}CH_2Br$	
3	2.28	2	三重峰	CH_2	$—CH_2\underline{CH_2}—CO$	
4	3.32	2	三重峰	CH_2	$—CH_2\underline{CH_2}Br$	
5	3.58	3	单峰	CH_3	$\underline{CH_3}—O$	

（3）^{13}C-NMR 解析：图 11-4 是化合物的全去偶谱和 DEPT 谱，表明其分子中有 6 个碳，根据峰的化学位移值和 DEPT 谱可判定分别为 1 个酯羰基碳（δ_C 173.2）、4 个亚甲基碳（δ_C 23~33，其中 δ_C 31~33 的 3 个碳化学位移接近，见放大谱，较难归属）和 1 个甲氧基碳（δ_C 51.2）。化合物的 ^{13}C-NMR 信号归属见表 11-5。

3. 结论与结构验证　综上所述，化合物的不饱和度为 1，是羰基所贡献，所以该结构为链状结构。结合 ^{1}H-NMR、全去偶碳核磁共振谱和 DEPT 谱，推测结构中存在两组亚甲基的三重峰

表 11-5 例 11-1 化合物的 ^{13}C-NMR 谱图的峰归属分析

峰号	δ_C	DEPT 谱归属	推断的结构单元	可能的结构信息
1	23.1	CH_2	$—CH_2\underline{C}H_2CH_2CO$	6 个 碳，有 1 个 CH_3、4 个 CH_2 和 1 个羰基碳
2	31.7	CH_2	$BrCH_2\underline{C}H_2CH_2—$	
3	32.7	CH_2	$—CH_2\underline{C}H_2—C{=}O$	
4	32.8	CH_2	$Br—\underline{C}H_2CH_2—$	
5	51.2	CH_3	$\underline{C}H_3—O$	
6	173.2	C	$\underline{C}{=}O$	

和多重峰，即 $—CH_2CH_2CH_2CH_2—$ 直链，且这两个三重亚甲基的化学位移表明它们分别与溴原子和羰基相连，中间的两个亚甲基为多重峰。单峰甲氧基与羰基相连成酯，这样与溴原子就分别形成这个链状结构的两端。至此，各种谱图中并无其他没有解释的信息。因此，化合物的结构为 $CH_3OCOCH_2CH_2CH_2CH_2Br$。

化合物的 ^{1}H-NMR、^{13}C-NMR 数据结合 ChemDraw 模拟计算归属如下：

Br 3.32 1.80 1.70 2.28 O O 3.58　　Br 32.8 31.7 23.1 32.7 O 173.2 O 51.2

通过质谱的裂解途径，进一步验证推断的分子结构：

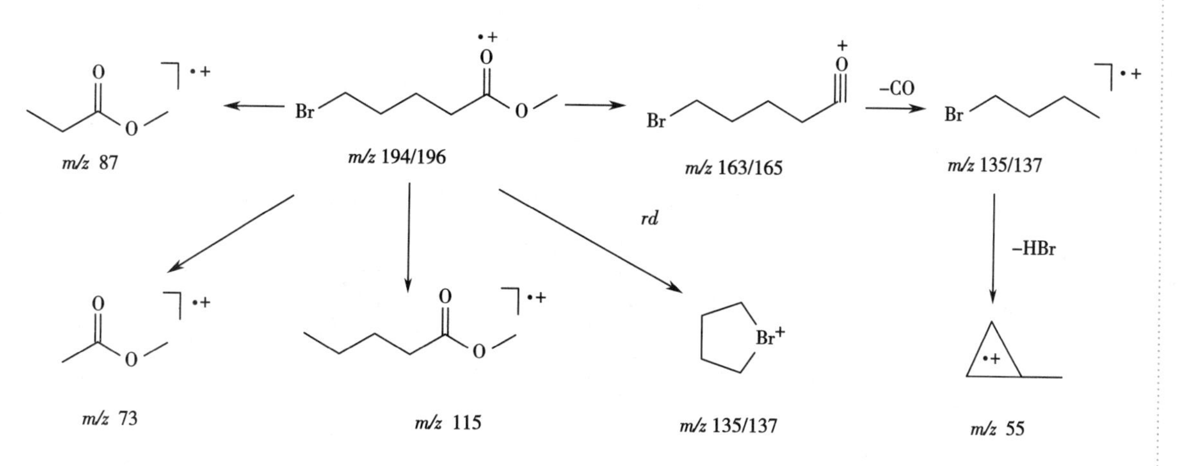

4. 讨论

(1) 此例谱图较全，碳核磁共振谱有全去偶谱和 DEPT 谱，提供所有碳的类型和化学位移。由质谱可知化合物结构中含有溴原子，通过同位素峰的丰度比为 1∶1 可知分子中含有 1 个溴原子。由于不存在对称结构，分子式可以通过质谱结合核磁共振谱图数据直接推出，结构也比较容易推测出来。

(2) 解析过程中对一些特征基团的碳氢规律的总结和掌握对结构解析非常有帮助。如本实例中甲基质子中的甲氧基（$—OCH_3$，δ_H 3.3~4.0）、溴取代的亚甲基（δ_H 3.3）和乙酰旁边的亚甲基（$—COCH_2—$，δ_H 2.2）。另外如氮甲基（$—NCH_3$，δ_H 2.3~3.3）、苯甲基（$Ar—CH_3$，δ_H 2.2~2.5）、烯甲基（$—C{=}CCH_3$，δ_H 1.6~2.0）这些 3 个氢的单峰特征信号对推断化合物的结构非常有用。平时多进行这方面的归纳总结对提高结构解析能力是非常有益的。

例 11-2　某化合物的 ESI-MS 显示准分子离子峰为 m/z 146 $[M+H]^+$，IR、^{1}H-NMR、^{13}C-NMR 谱图如图 11-5~图 11-7 所示，试推断该化合物的结构。

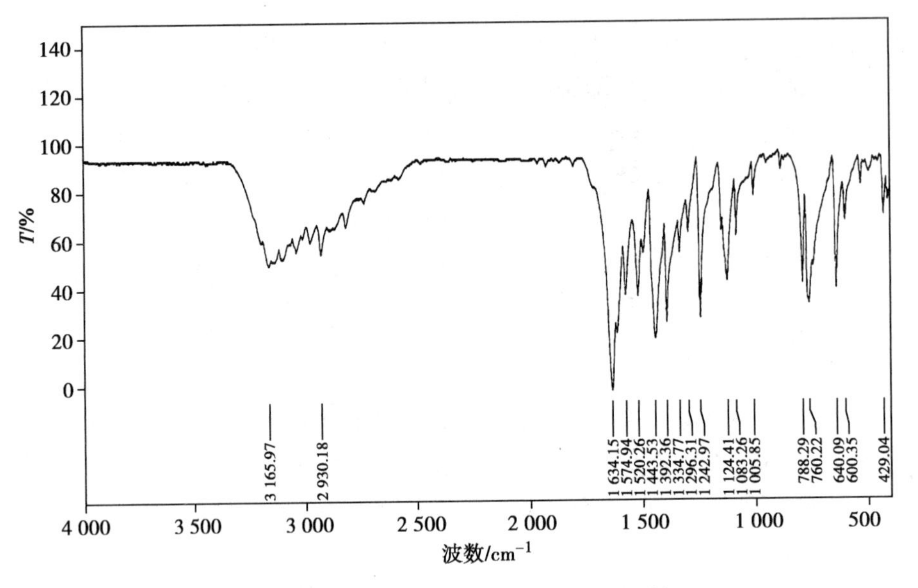

图 11-5　例 11-2 的 IR 谱图（KBr 压片）

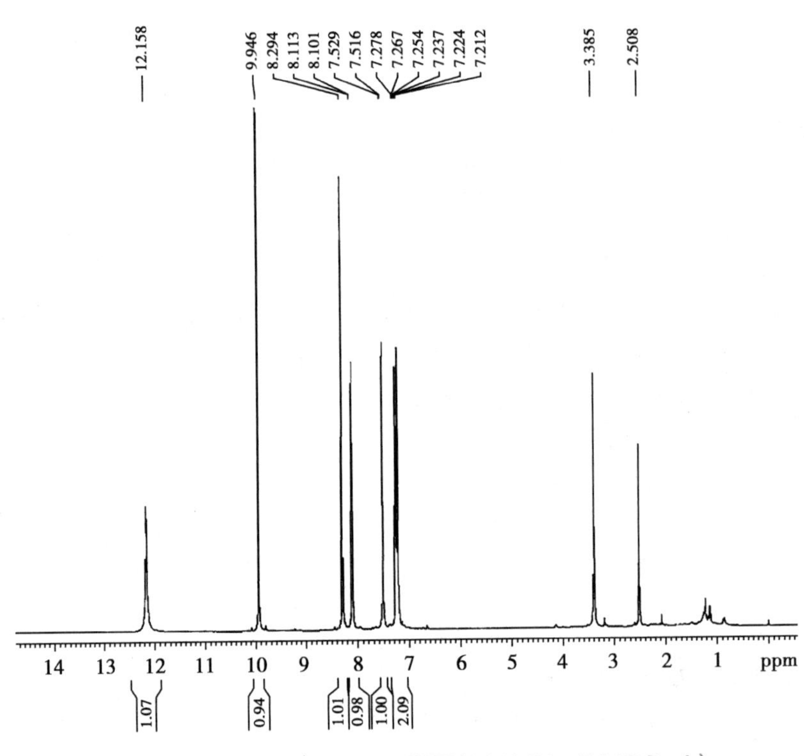

图 11-6　例 11-2 的 ^{1}H-NMR 谱图（600MHz，DMSO-d_6）

解析：

1. 分子式的确定　正离子模式下的 ESI-MS 显示该化合物的准分子离子峰为 m/z 146［M+H］$^{+}$，即分子量为 145。根据氮律，分子中应含奇数个氮原子。

^{1}H-NMR（图 11-6）由低场到高场显示积分均为 1 的氢质子信号，表明化合物有 7 个氢质子。碳核磁共振谱（图 11-7）中除苯环的 6 个碳外，还有 3 个碳信号存在，除 1 个醛基碳信号（δ_C185.0）外，还剩一组双键碳信号。考虑到化合物的分子量为 145，通过各种谱图可以得出结构中具有 7 个氢原子、9 个碳原子、奇数个氮原子，通过计算可以得出含氮原子的个数应为 1。因此，可以推出化合物的分子式为 C_9H_7NO，不饱和度 Ω=1+9+（1－7）/2=7。

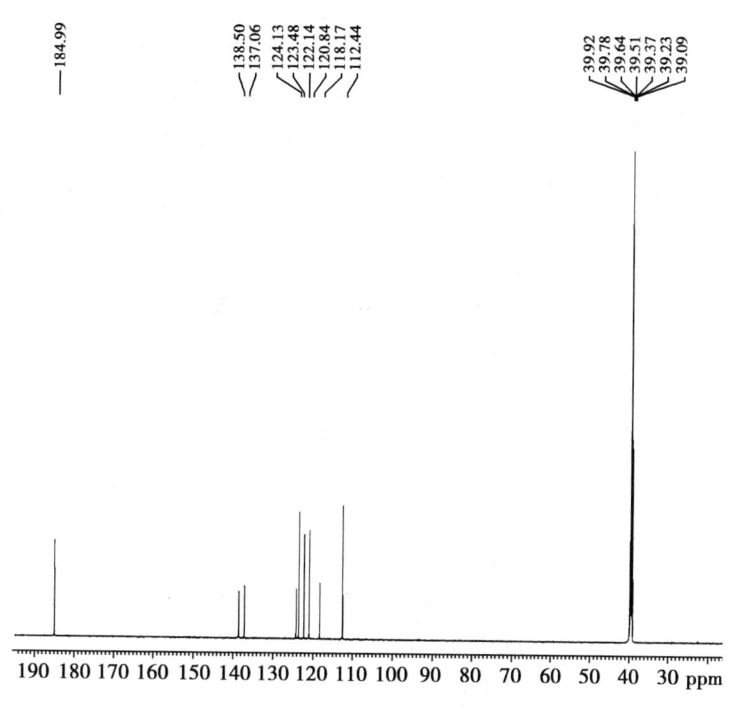

图 11-7 例 11-2 的 ^{13}C-NMR 谱图(150MHz, DMSO-d_6)

2. 结构单元的确定

(1) 红外光谱解析:红外光谱(图 11-5)中在 1 634cm^{-1} 出现 N—H 面内弯曲振动,且该信号较强,提示该信号可能为芳香仲胺,即氨基可能与苯环直接相连;1 574cm^{-1} 和 1 520cm^{-1} 的吸收峰为苯环骨架伸缩振动的特征吸收峰;在 760cm^{-1} 出现 Ar—H 面外弯曲振动引起的强吸收峰,且可能是 1,2-二取代类型。另外还有胺基、羰基的存在,主要 IR 吸收峰的归属见表 11-6。

表 11-6 例 11-2 化合物的 IR 谱图的吸收峰归属

峰号	波数/cm^{-1}	归属	结构信息
1	1 634	仲胺 N—H 面内弯曲振动	有邻位取代苯,含与苯环直接相连的 N—H
2	1 574,1 520	苯环骨架伸缩振动	
3	1 243	C—N 伸缩振动	
4	760	Ar—H 面外弯曲振动	

(2) ^{1}H-NMR 解析:^{1}H-NMR(图 11-6)中的 δ_H 7.22(1H,dd,J=7.8Hz 和 7.6Hz)、δ_H 7.26(1H,dd,J=7.9Hz 和 7.8Hz)、δ_H 7.51(1H,d,J=7.9Hz)和 δ_H 8.10(1H,d,J=7.6Hz),从偶合常数可以判定为邻位取代苯环上的氢质子;δ_H 8.29(1H,s)则可能为 C═CH—N 结构氮取代双键上的氢信号;δ_H 9.94(1H,s)为醛基氢信号。由于此化合物具有 N 原子,因此 δ_H 12.15(1H,s)是连接 N 原子的氢信号(用 DMSO-d_6 溶解时形成分子间氢键)。考虑到化合物的不饱和度为 7,扣除苯环的 4 个、双键和醛基的 2 个,还剩 1 个不饱和度,故还存在 1 个环状结构。另外根据红外光谱可知苯环与胺基直接相连,C═CH—N 应该与苯环并合成环,形成吲哚结构,此时醛基只能取代在吲哚 3-位碳上。该化合物的 ^{1}H-NMR 谱图归属见表 11-7。

例 11-2 的 ^{1}H-NMR 局部放大谱图(图片)

(3) ^{13}C-NMR 解析:化合物的碳核磁共振谱中的 9 个碳原子可归属为 1 个醛基碳、2 个双键碳、6 个芳香碳,和氢核磁共振谱推测的结果一致。该化合物在碳核磁共振谱中的信号归属见表 11-8 和图 11-7。

表 11-7　例 11-2 化合物的 ^{1}H-NMR 谱图归属

峰号	δ_H	积分单位	裂分和偶合常数/Hz	归属	推测的结构单元	可能的结构信息
1	7.22	1	dd，7.8 和 7.6	Ar—H	邻偶芳氢	有邻位取代苯，含与双键直接相连的 N—H，醛基
2	7.26	1	dd，7.9 和 7.8	Ar—H	邻偶芳氢	
3	7.51	1	d，7.9	Ar—H	邻偶芳氢	
4	8.10	1	d，7.6	Ar—H	邻偶芳氢	
5	8.29	1	s	C═C—H	C═C<u>H</u>—N	
6	9.94	1	s	O═C—H	醛基氢	
7	12.15	1	s	N—H	仲胺	

表 11-8　例 11-2 化合物的 ^{13}C-NMR 信号归属

峰号	δ_C	归属	可能的结构信息
1	112.5	仲胺基邻位芳香碳	9 个碳信号，分别为 6 个邻位取代芳香碳（1 个连氮芳香碳、1 个连双键芳香碳）、2 个双键上的碳、1 个醛基碳
2	118.2	连苯环双键碳	
3	120.9	苯环碳	
4	122.2	苯环碳	
5	123.5	苯环碳	
6	124.1	仲胺取代位芳香碳	
7	137.1	双键取代位芳香碳	
8	138.5	连仲胺基双键碳	
9	185.0	醛基碳	

例 11-2 的 ^{13}C-NMR 局部放大谱图（图片）

3. 结论

(1) 根据以上波谱特征可以推测该化合物的结构如下：

(2) 根据 ChemDraw 软件模拟计算，并结合前面对化合物核磁共振谱图的数据分析，归属如下：

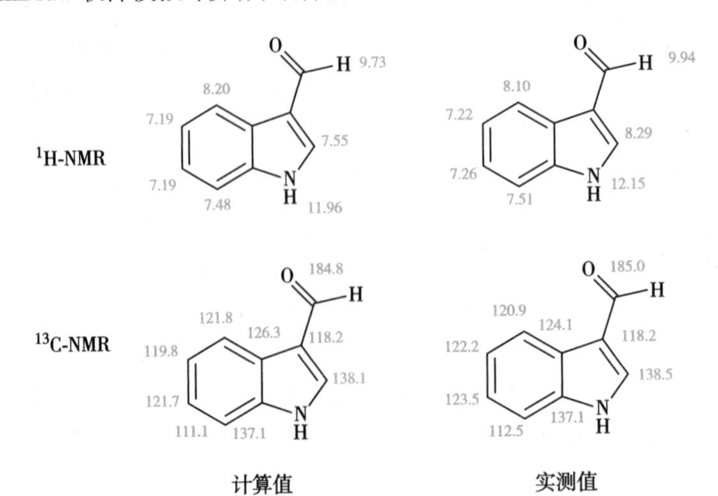

4. 讨论

（1）此化合物含一个氮原子，氮原子的存在主要根据 ESI-MS 得出。而分子式需要 ESI-MS 结合 ^{1}H-NMR 和 ^{13}C-NMR 找出对应的结构单元，综合分析得出 C、H 的数目而计算出来。

（2）^{1}H-NMR 为 600MHz 的核磁共振仪测定，相互偶合氢质子的偶合常数可以计算出来，如苯环仲胺基间位的芳基质子信号 $^{2}J=(\delta_{大}-\delta_{小})\times600=(7.521\,0-7.507\,9)\times600=7.86$Hz，保留 1 位小数即 7.9Hz。因为相互偶合的氢质子的偶合常数是相等的，偶合常数的计算对确定附近相互偶合的其他基团起到至关重要的作用。

（3）使用 ChemDraw 软件模拟计算的碳氢的化学位移值虽然与实际测量值有一定的差别，但化学位移的大小趋势是相符的，所以仍然可以为推测结构的合理性和归属化学位移接近的碳氢信号提供参考。

例 11-3　某化合物的 ESI-MS 显示准分子离子峰为 m/z 193［M−H］$^{+}$，如图 11-8 所示，IR、^{1}H-NMR 和 ^{13}C-NMR 谱图如图 11-9～图 11-11 所示，试推断该化合物的结构。

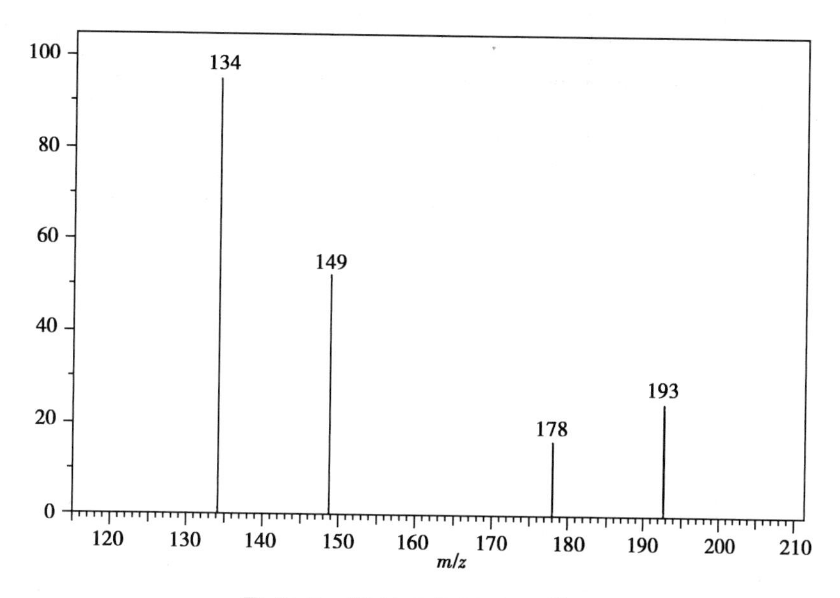

图 11-8　例 11-3 的 EI-MS 谱图

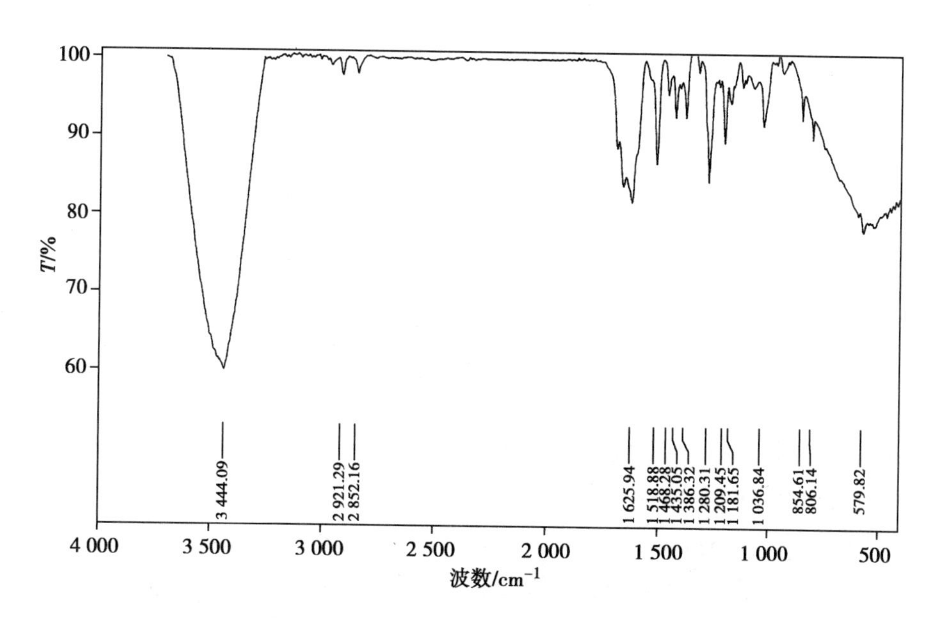

图 11-9　例 11-3 的 IR 谱图（KBr 压片）

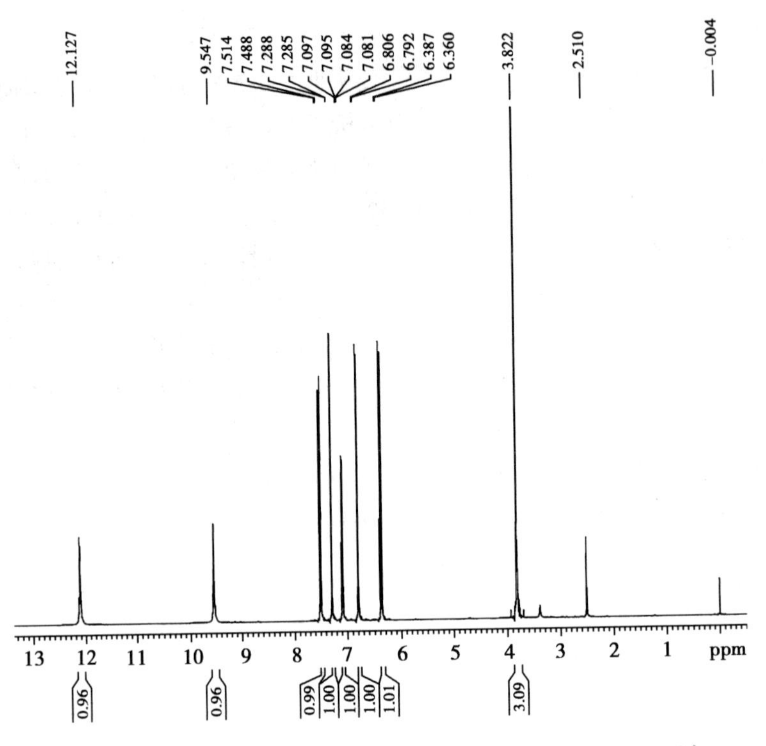

图 11-10　例 11-3 的 ^{1}H-NMR 谱图(600MHz, DMSO-d_6)

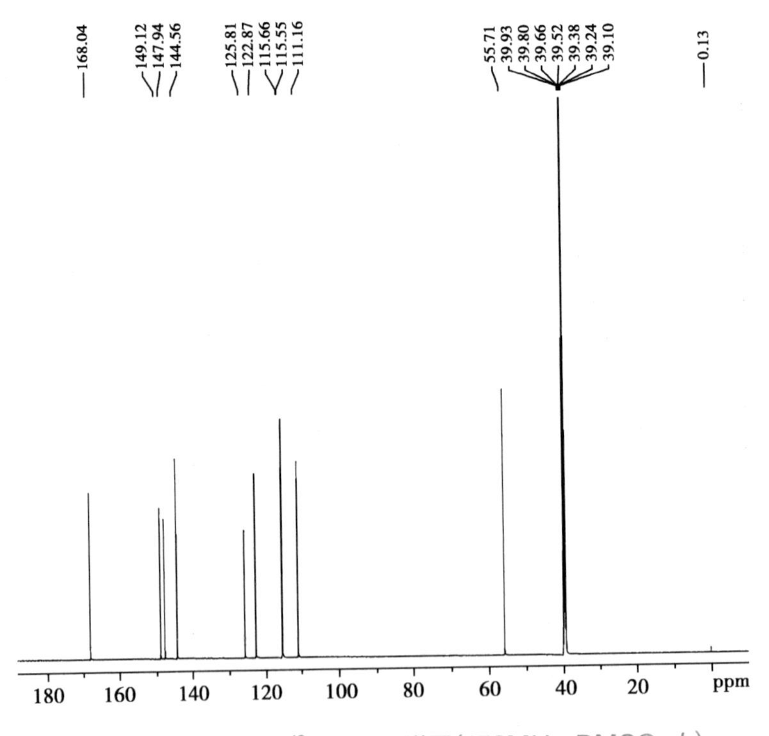

图 11-11　例 11-3 的 ^{13}C-NMR 谱图(150MHz, DMSO-d_6)

解析:化合物的 ^{1}H-NMR 谱图(图 11-10)中积分为 0.37 的信号为氘代溶剂 DMSO-d_6 的信号,以积分值为 1.00 的系列信号来解析该化合物的结构。

1. 分子式的确定　EI-MS(图 11-8)显示该化合物的准分子离子峰为 m/z 193 $[M-H]^-$,即分子量为 194。根据氮律,分子中应不含或含有偶数个氮原子。^{1}H-NMR(图 11-10)的信号由低场到高场显示积分比例为 1∶1∶1∶1∶1∶1∶1∶3 的氢质子信号,表明该化合物有 10 个氢质子。^{13}C-NMR

(图 11-11)中除苯环上的 6 个碳外,还有 2 个双键碳、1 个甲氧基碳及 1 个羰基碳信号存在,表明该化合物共有 10 个碳原子。化合物的分子量为 194,因此该化合物含氧原子的个数应为 (194−12×10−10)/16=4。

由此推出化合物的分子式可能为 $C_{10}H_{10}O_4$,不饱和度 Ω=10+1−10/2=6。

例 11-3 的 ^{1}H-NMR 局部放大谱图(图片)

2. 结构单元的确定 红外光谱(图 11-9)在 3 444cm^{-1} 的吸收峰为明显的 O—H 伸缩振动,1 519cm^{-1} 的吸收峰为苯环骨架伸缩振动;还有与苯环共轭的 1 626cm^{-1} 的羧酸 C═O 强钝峰,以及 1 280cm^{-1} 的羧酸 C—O 的特征吸收峰。由此可知化合物是取代苯的衍生物,且可能包含羧酸及羟基基团。

例 11-3 的 ^{13}C-NMR 局部放大谱图(图片)

在化合物的 ^{1}H-NMR 谱图(图 11-10)中,δ_H 7.29(1H,d,J=1.8Hz)、δ_H 7.09(1H,dd,J=7.8Hz 和 1.8Hz)和 δ_H 6.80(1H,d,J=7.8Hz)为取代苯环上的 3 个芳基氢质子信号,根据偶合常数判断为 1,3,4-三取代苯环上的氢质子;δ_H 7.51(1H,d,J=16.2Hz)和 δ_H 6.38(1H,d,J=16.2Hz)信号应归为一对相互偶合的反式烯烃质子,且从较大的化学位移差值来看,很可能是与羰基共轭的双键氢质子信号;δ_H 9.55(1H,s)和 δ_H12.13(1H,s)根据峰形、偶合常数和化学位移很容易归属为羟基和羧基氢的信号;另外 δ_H 3.82(3H,s)为甲氧基的质子信号。^{1}H-NMR 数据归属见表 11-9。

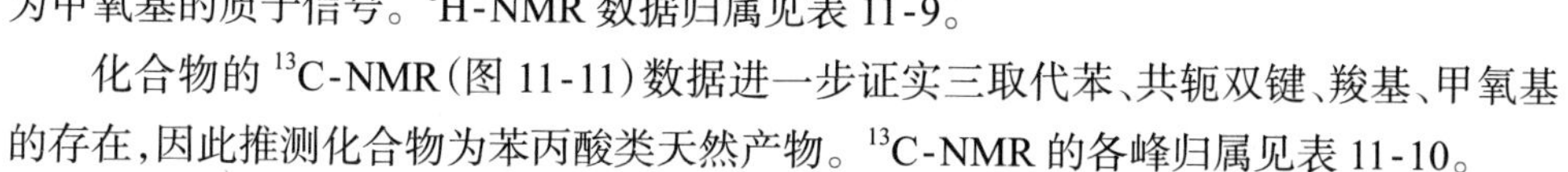

化合物的 ^{13}C-NMR(图 11-11)数据进一步证实三取代苯、共轭双键、羧基、甲氧基的存在,因此推测化合物为苯丙酸类天然产物。^{13}C-NMR 的各峰归属见表 11-10。

表 11-9 例 11-3 化合物的 ^{1}H-NMR 数据归属

峰号	δ_H	积分单位	裂分和偶合常数/Hz	归属	推断的结构单元	可能的结构信息
1	3.82	3	s	CH_3	O—CH_3	1 个 O—CH_3 结构单元,1 个 C═C—COOH 结构单元,1 个 OH,以及 1 个 1,3,4-三取代苯
2	6.38	1	d,J=16.2Hz	CH	反式烯烃氢	
3	6.80	1	d,J=7.8Hz	Ar—H	5-位芳氢	
4	7.09	1	dd,J=7.8 和 1.8Hz	Ar—H	6-位芳氢	
5	7.29	1	d,J=1.8Hz	Ar—H	2-位芳氢	
6	7.51	1	d,J=16.2Hz	CH	反式烯烃氢	
7	9.55	1	s	OH	酚羟基氢	
8	12.13	1	s	OH	羧基氢	

表 11-10 例 11-3 化合物的 ^{13}C-NMR 数据归属

峰号	δ_C	归属	可能的结构信息
1	55.7	O—CH_3	10 个碳信号峰,分别为 6 个三取代芳碳、2 个烯烃碳、1 个甲氧基碳和 1 个羧基碳
2	111.2	2-位芳基碳	
3	115.6	5-位芳基碳	
4	115.7	烯烃碳	
5	122.9	6-位芳基碳	
6	125.8	取代位碳	
7	144.6	烯烃碳	
8	147.9	取代位碳	
9	149.1	取代位碳	
10	168.0	羧基碳	

3. 结构确定和验证

（1）综上所述，化合物应该存在以下结构单元：1，3，4-三取代苯、羧基、甲氧基、羟基和双键。δ_C 147.9 和 149.1 分别为 OH 和 OCH_3 的取代芳基碳，因此另一个取代基为 C═C—COOH，即苯丙酸结构。对以上推出的各结构单元进行组合，可以得到 A 和 B 两种比较合理的并且符合谱图数据的结构。A 和 B 这两种结构的区别是甲氧基和羟基连接位置的不同，两种连接方式形成的结构的化学环境基本相似。一个办法是通过与已知文献的核磁共振数据比对来确定取代位置，如果两者数据完全一致（相同溶剂时），则可以认为是相同的化合物。通过查阅文献并比对 ^{13}C-NMR 数据，无法确定 OCH_3 和 OH 的取代位置。化合物 A、B 的结构及 ^{13}C-NMR 数据如下。

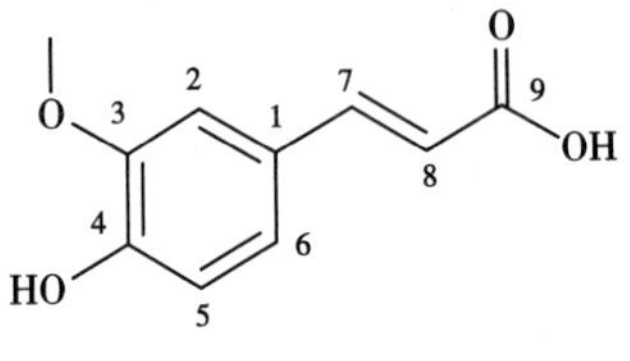

A 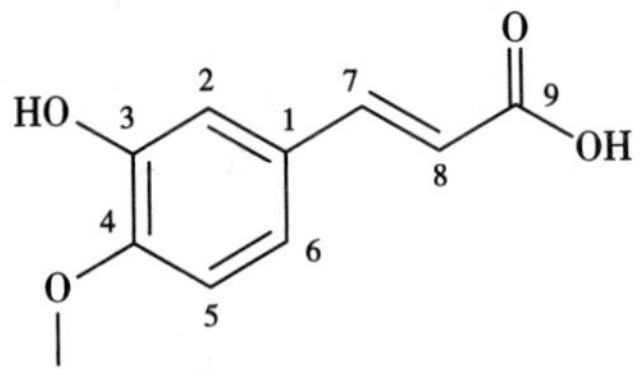　　B

^{13}C-NMR

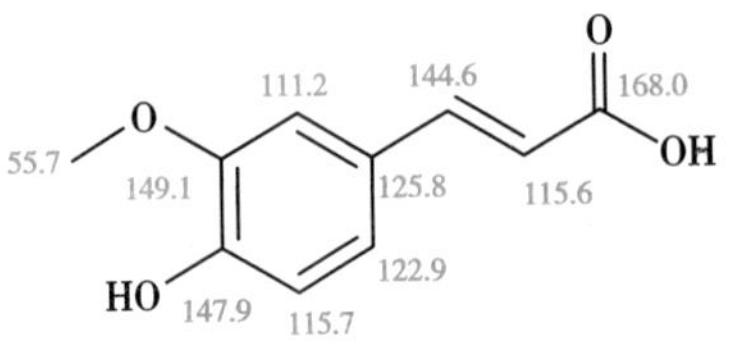

A 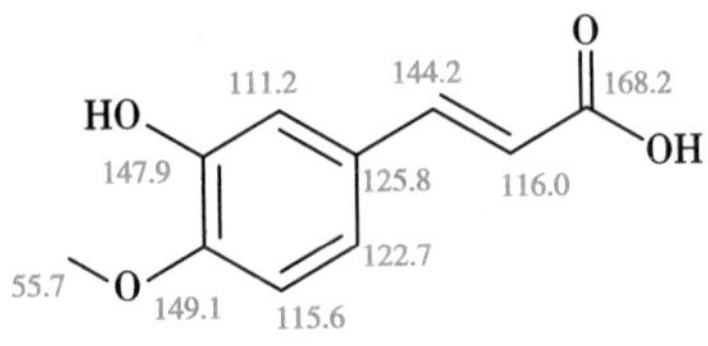　　B

因此，通过文献调研很难区分正确的结构，需要通过解析其 2D NMR 谱图才能最终确定。在该例中，通过 HSQC 可以归属碳氢数据，关联非季碳和其所连的氢信号。通过 HMBC 可以进一步对推出的各结构单元进行组合。在该化合物的 HMBC 中，δ_H 9.55（4-OH）的氢信号与 δ_C 149.1（C-3）和 115.7（C-5）的碳信号有远程相关，δ_H 3.82（OCH_3）的氢信号与 δ_C 111.2（C-2）和 149.1（C-3）的碳信号有远程相关，由此可以推出 OCH_3 结构单元连在 C-3 位，OH 结构单元连在 C-4 位，并将对应的碳氢信号进行归属，确定该化合物为结构 A（表 11-11）。

表 11-11　例 11-3 化合物的 ^{1}H-NMR 和 ^{13}C-NMR 数据归属与文献数据比较

编号	本实例数据		文献数据[a]	
	δ_C	δ_H（J in Hz）	δ_C[a]	δ_H（J in Hz）[a]
1	125.8		125.8	
2	111.2	7.29（1H，d，J=1.8Hz）	111.2	7.31（1H，d，J=1.3Hz）
3	149.1		149.1	
4	147.9		147.9	
5	115.6	6.80（1H，d，J=7.8Hz）	115.5	6.82（1H，d，J=8.1Hz）
6	122.9	7.09（1H，dd，J=7.8Hz 和 1.8Hz）	122.8	7.11（1H，dd，J=8.1Hz 和 1.3Hz）
7	144.6	7.51（1H，d，J=16.2Hz）	144.5	7.52（1H，d，J=15.9Hz）
8	115.7	6.38（1H，d，J=16.2Hz）	115.6	6.50（1H，d，J=15.9Hz）
9	168.0		168.0	
OCH_3	55.7	3.82（3H，s）	55.7	3.85（3H，s）
4-OH		9.55（3H，s）		
9-OH		12.13（3H，s）		

注：[a] 500/125MHz，DMSO-d_6。

(2) 通过质谱的裂解反应，进一步确证推断的分子结构。

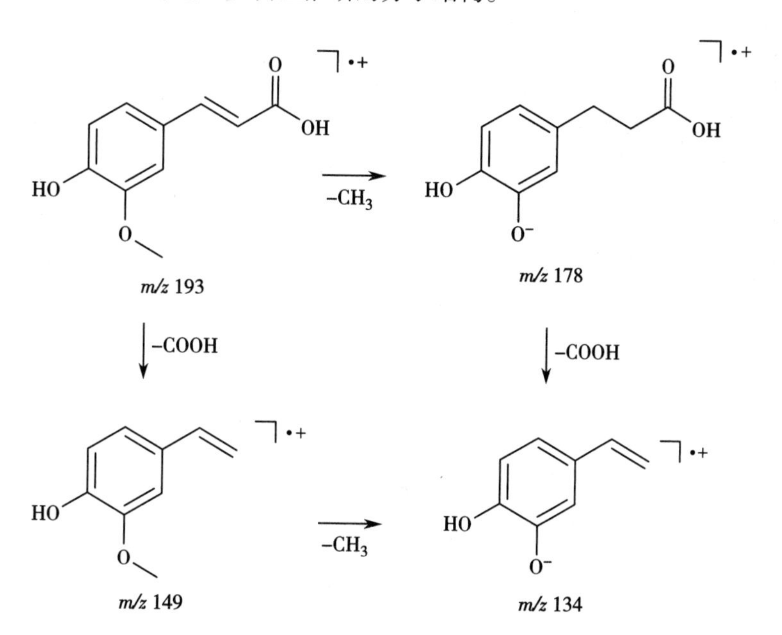

例 11-3 的 HSQC 和 HMBC 局部放大谱图(图片)

4. 讨论

(1) 苯环上的碳羟基化，会使与羟基直接相连的碳和间位的电子云密度降低，相应的碳的化学位移向低场位移；邻对位的电子云密度增加，相应的碳的化学位移向高场位移。如本实例中苯环 2-位和 6-位碳的化学位移分别为 111.2 和 122.9，向高场移动；而 3-位和 5-位碳的化学位移向低场区位移。这种位移规律有助于判断取代基在苯环上的取代方式，获得更多的结构信息。

(2) 苯环上的羟基被甲基化后，与甲氧基直接相连的碳原子略向高场位移。例如本实例中 3-位碳的化学位移值为 149.1，相较于 4-位碳的 147.9 向低场位移。

例 11-4 某天然化合物为无色针晶(甲醇)，紫外线灯下观察有亮蓝色荧光。该化合物的 ESI-MS 显示准分子离子峰为 m/z 161 [M−H]$^+$，ESI-MS、IR、^{1}H-NMR 和 ^{13}C-NMR 谱图如图 11-12~图 11-15 所示，试推断该化合物的结构。

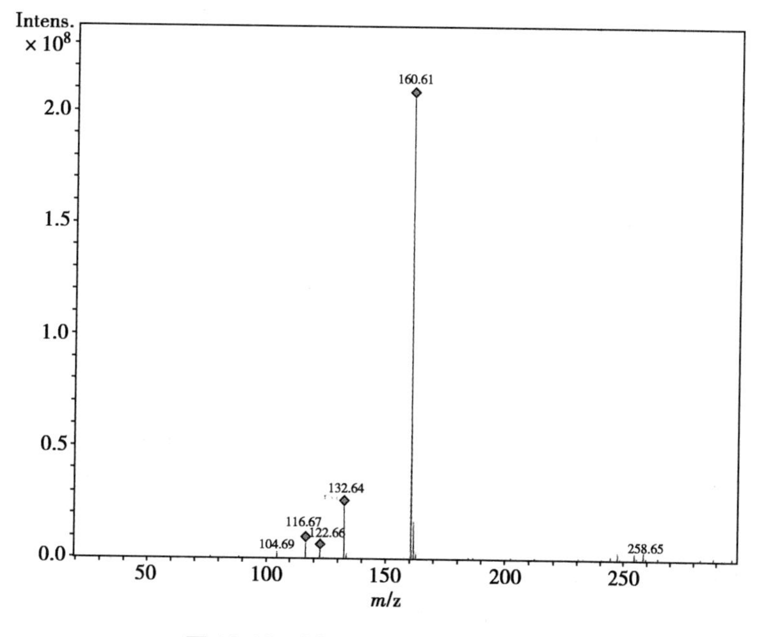

图 11-12 例 11-4 的 ESI-MS 谱图

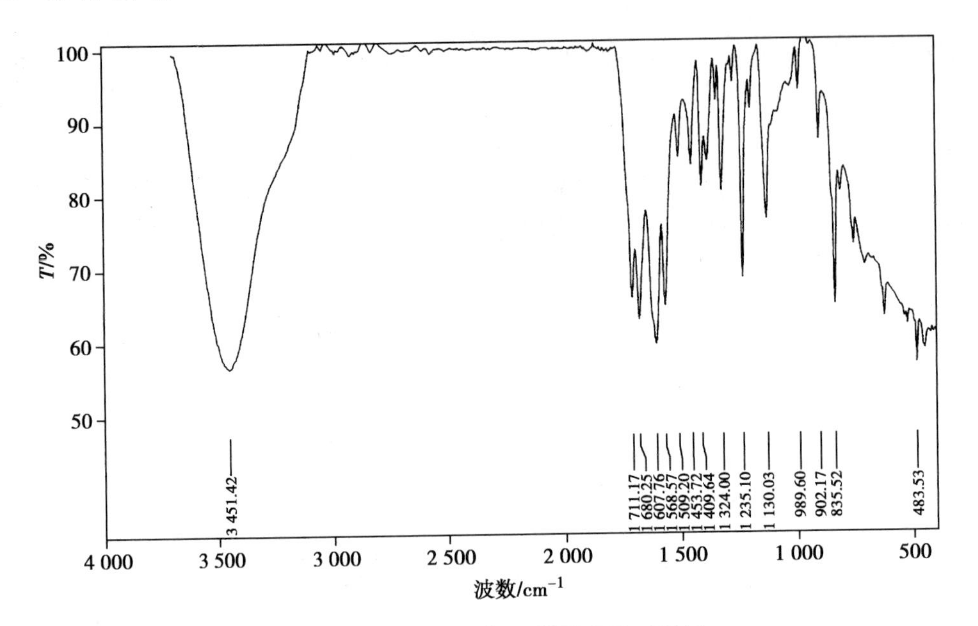

图 11-13　例 11-4 的 IR 谱图(KBr 压片)

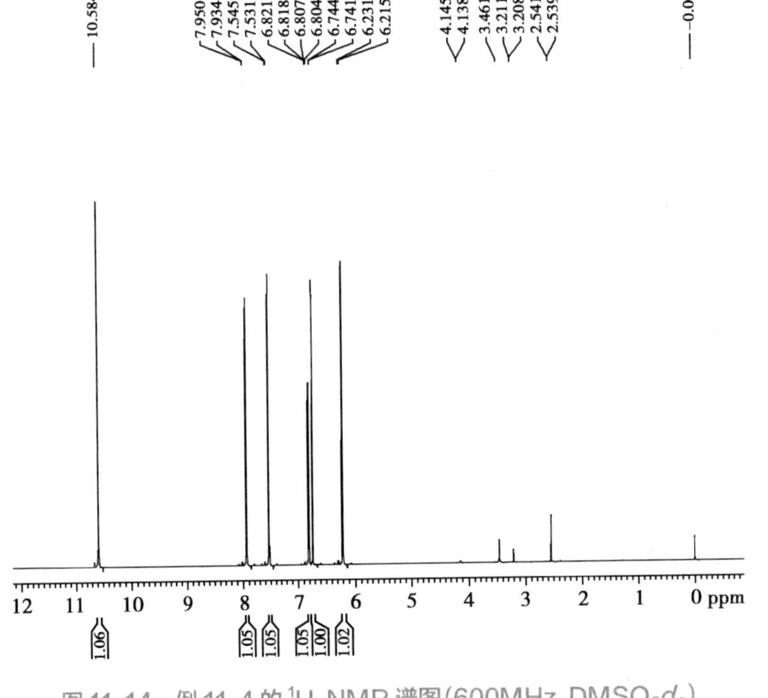

图 11-14　例 11-4 的 ^{1}H-NMR 谱图(600MHz,DMSO-d_6)

解析:

1. 分子式的确定　正离子模式下的 ESI-MS 显示该化合物的准分子离子峰为 m/z 161 $[M-H]^+$,即分子量为 162(图 11-12)。^{1}H-NMR 和 ^{13}C-NMR(图 11-14 和图 11-15)显示该化合物有 6 个氢质子和 9 个碳原子,计算可知该化合物含有 3 个氧原子。综上所述,可以推出化合物的分子式可能为 $C_9H_6O_3$,不饱和度为 7。

2. 结构单元的确定　化合物在紫外线灯下有亮蓝色荧光,表明该化合物可能是香豆素类;IR 谱图(图 11-13)中 1 608cm^{-1} 和 1 568cm^{-1} 吸收峰的存在表明化合物存在苯环结构,1 711cm^{-1} 的吸收峰表明羰基的存在。

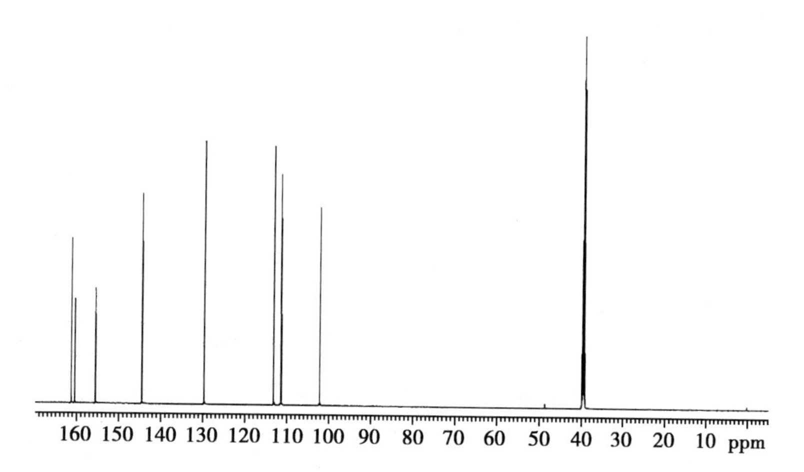

图 11-15　例 11-4 的 ^{13}C-NMR 谱图（150MHz，DMSO-d_6）

^{1}H-NMR（图 11-14）中在高场区 DMSO-d_6 溶剂信号旁边只出现峰强度较弱的“杂质”信号，没有化合物的峰信号，说明该化合物不含有甲基及饱和脂肪链基团；低场区有 5 个芳香质子信号，其中相互偶合的质子 δ_H 7.94（1H，d，J=9.6Hz）和 δ_H 6.22（1H，d，J=9.6Hz）是典型的香豆素 3、4-位的两个顺式烯氢信号，剩余的 3 个芳香氢信号 δ_H 7.54（1H，d，J=8.4Hz）、δ_H 6.81（1H，dd，J=8.4Hz 和 1.8Hz）和 δ_H 6.74（1H，d，J=1.8Hz）相互偶合，为 1,3,4-三取代苯环的特征氢信号，且结合尚存在的一个酚羟基质子信号，推测该化合物为 7-羟基香豆素。

例 11-4 的 ^{1}H-NMR 局部放大谱图（图片）

^{13}C-NMR 谱图（图 11-15）中给出 9 个 sp^2 杂化碳信号，分别为 1 个酯羰基碳信号（δ_C 161.3）、2 个连氧的芳香碳信号（δ_C 160.5、155.5）和其他 6 个芳香碳信号（δ_C 144.5、129.7、113.1、111.4、111.3、102.2），与 7-羟基香豆素的推测一致。

例 11-4 的 ^{13}C-NMR 局部放大谱图（图片）

3. 结构确定　根据以上波谱特征可以推测该化合物为 7-羟基香豆素，与文献报道的数据完全一致，其 ^{1}H-NMR 和 ^{13}C-NMR 数据归属见表 11-12。

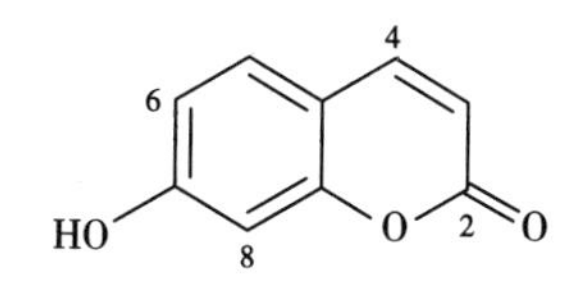

表 11-12　例 11-4 化合物的 ^{1}H-NMR 和 ^{13}C-NMR 数据归属

编号	本实例数据		文献数据 [a]	
	δ_H	δ_C	δ_H	δ_C
2		161.3		161.2
3	6.22（1H，d，J=9.6Hz）	113.1	6.19（1H，d，J=9.6Hz）	113.1
4	7.94（1H，d，J=9.6Hz）	144.5	7.91（1H，d，J=9.6Hz）	144.4

续表

编号	本实例数据		文献数据 [a]	
	δ_H	δ_C	δ_H	δ_C
5	7.54（1H，d，J=8.4Hz）	129.7	7.51（1H，d，J=8.4Hz）	129.6
6	6.81（1H，dd，J=8.4Hz、1.8Hz）	111.3	6.77（1H，dd，J= 8.4Hz、1.8Hz）	111.2
7		160.5		160.4
8	6.74（1H，d，J=1.8Hz）	102.2	6.70（1H，d，J=1.8Hz）	102.1
9		155.5		155.5
10		111.4		111.3
OH	10.58			

注：[a] 600/150MHz，$CDCl_3$。

4. 讨论

（1）天然有机化合物多具有比较固定的骨架结构，且常具有专属性的理化性质和波谱特征，这对解析天然有机化合物的结构有很大的帮助。如本实例中化合物在紫外线灯下可以观察到亮蓝色荧光，这是香豆素类化合物区别于其他化合物的重要特征，而香豆素类化合物具有苯并 α-吡喃酮的基本结构骨架。所以接下来只要判断这个母核上的取代基情况，就能解析得出正确的结构。

（2）本实例采用与文献数据对照的方法来归属氢、碳数据，并进一步验证了推测结构的正确性。需要注意的是，与标准谱图或文献数据进行对照时最好是一致的测试条件，尤其是 NMR 谱图，测试溶剂最好相同。如果无法保证试剂相同，文献数据也对解析结构有一定的参考意义。本实例的化合物是用氘代二甲基亚砜测试 NMR 谱图，文献是采用 $CDCl_3$ 这种溶剂，它们的数据也基本一致。

（3）在结构解析过程中如遇到不纯的化合物谱图时，只要能把杂质峰区分出来，仍然可以解析出正确的结构。因为杂质的含量与样品相比是少的，杂质的峰面积或丰度也小（本实例中化合物的氢核磁共振谱，根据比例关系可以把氢核磁共振谱中的杂质的氢信号完全区分开来）。另外，有些样品在测试溶剂中会出现构型互变或构象互变的现象，也会出现类似于谱图不纯的现象，要注意辨别。

例 11-5 从中药唐古特大黄中分离得到某化合物，ESI-MS 显示准分子离子峰为 m/z 289［M−H］$^-$，IR、^{1}H-NMR、^{13}C-NMR、HSQC 和 HMBC 谱图如图 11-16~ 图 11-21 所示，试推断该化合物的结构。

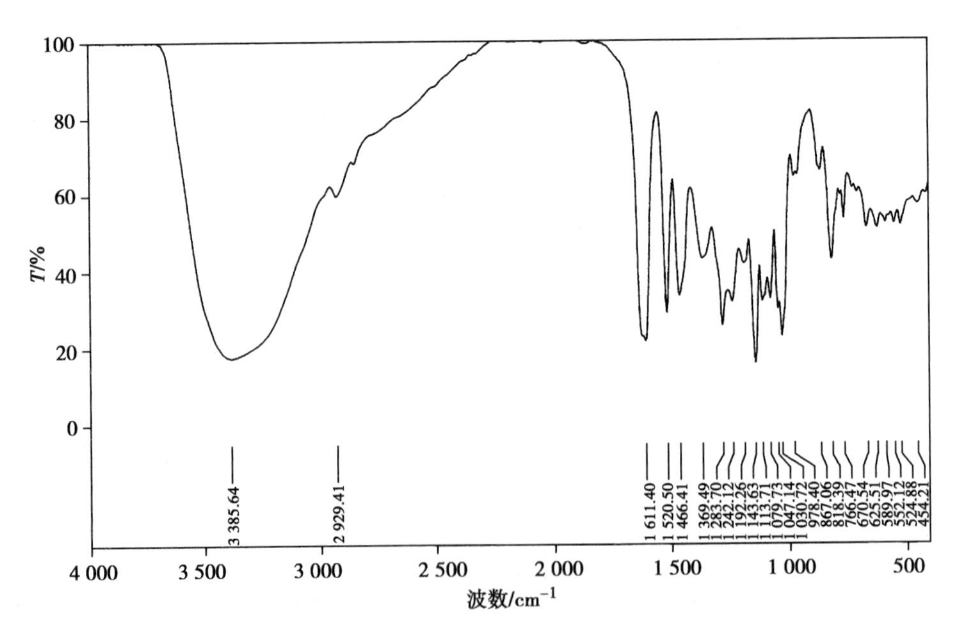

图 11-16 例 11-5 的 IR 谱图（KBr 压片）

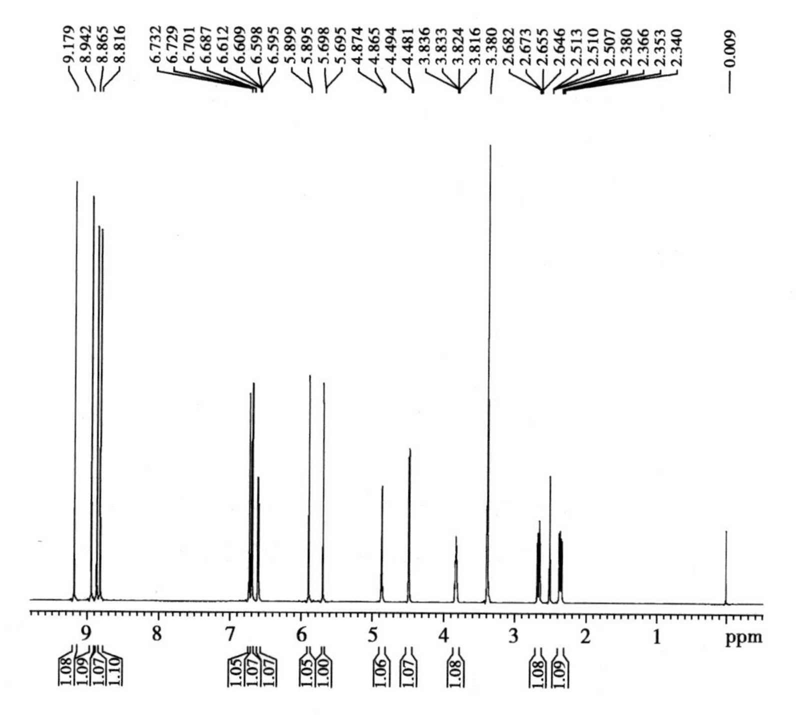

图 11-17 例 11-5 的 ^{1}H-NMR 谱图(600MHz,DMSO-d_6)

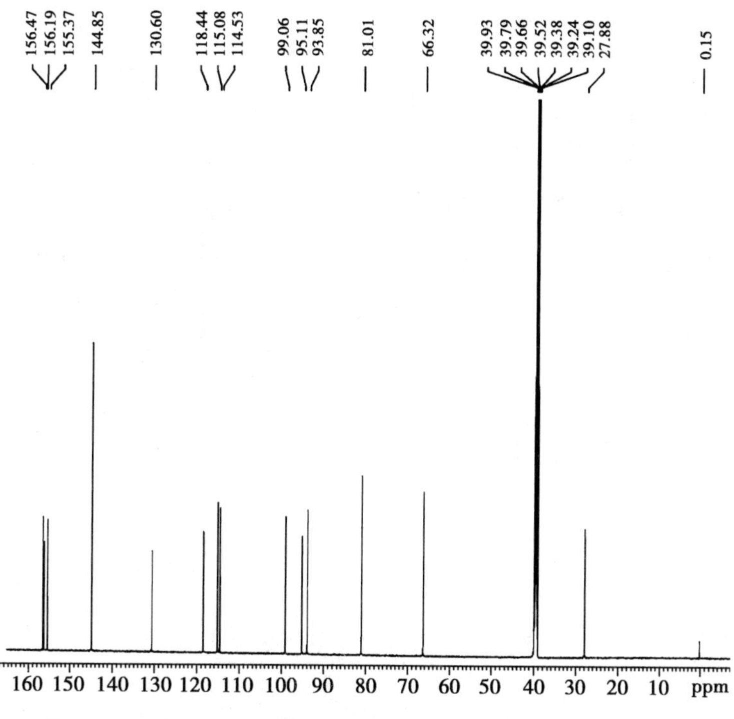

图 11-18 例 11-5 的 ^{13}C-NMR 谱图(150MHz,DMSO-d_6)

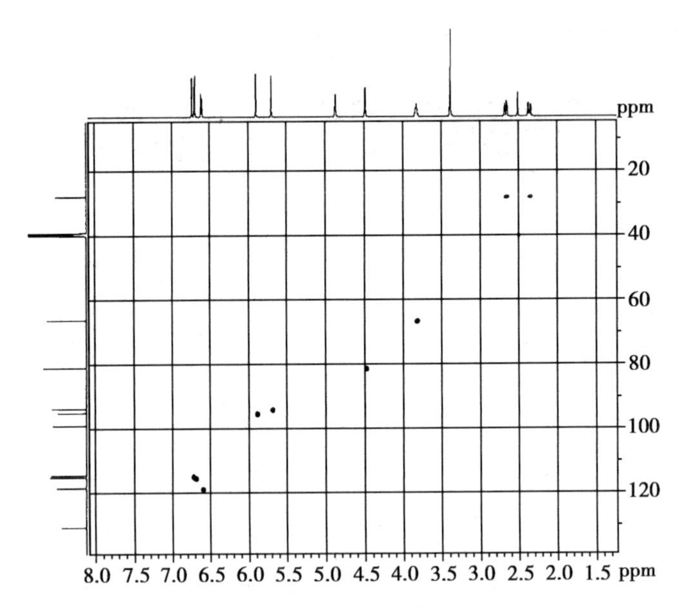

图 11-19 例 11-5 的 HSQC 谱图（DMSO-d_6）

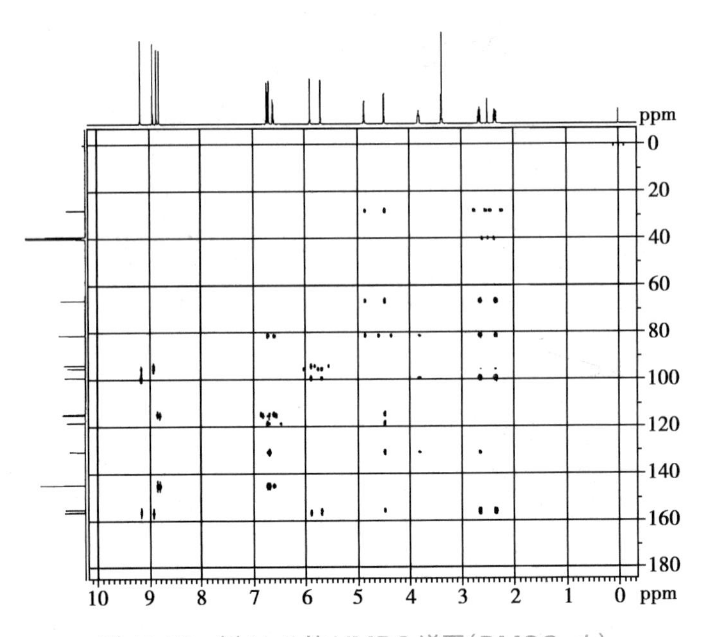

图 11-20 例 11-5 的 HMBC 谱图（DMSO-d_6）

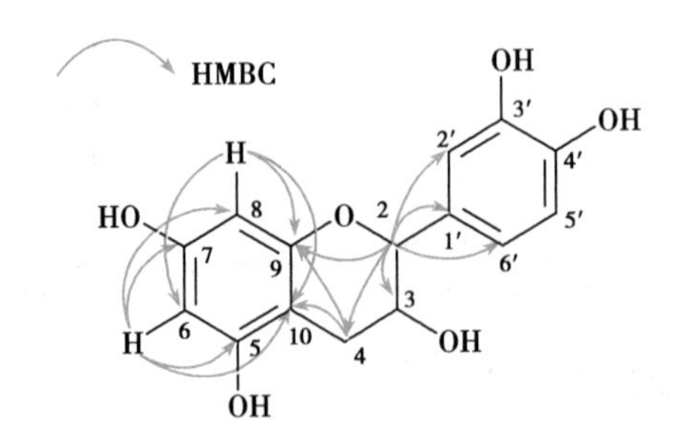

图 11-21 例 11-5 的主要 HMBC 相关图

解析：

1. 分子式的确定 ESI-MS 谱显示该化合物的准分子离子峰为 m/z 289 $[M-H]^-$，即分子量为 290。^{1}H-NMR（图 11-17）显示该化合物有 14 个氢质子；^{13}C-NMR 谱图（图 11-18）虽然只出现 14 个碳信号，但由于位于 144.9 的碳信号丰度较高，推测为两个重叠的碳信号，因此化合物的碳原子数应该为 15；计算可知该化合物含有 6 个氧原子。综上所述，可以推出化合物的分子式可能为 $C_{15}H_{14}O_6$，不饱和度为 9。

2. 结构单元的确定 IR 谱图（图 11-16）在 1 611cm^{-1} 和 1 520cm^{-1} 处显示苯环骨架伸缩振动吸收峰，表明结构中苯环的存在。

^{1}H-NMR 谱图（图 11-17）的低场区 δ_H 9.17（1H，s）、8.94（1H，s）、8.86（1H，s）和 8.81（1H，s）为 4 个酚羟基质子信号；δ_H 6.72（1H，d，J=1.8Hz）、6.68（1H，d，J=8.0Hz）和 6.59（1H，dd，J=8.0Hz 和 1.8Hz）为 1，3，4-三取代苯环上的 3 个质子信号；δ_H 5.90（1H，d，J=1.8Hz）和 5.69（1H，d，J=1.8Hz）为苯环上处于间位的两个质子信号；相对较高场区的 δ_H 4.87（1H，br s）为羟基质子信号；δ_H 4.48（1H，d，J=7.2Hz）和 3.81（1H，m）分别为两个连氧碳上的质子信号，δ_H 2.65（1H，dd，J=16.2Hz 和 5.4Hz）和 δ_H 2.35（1H，dd，J=16.2Hz 和 7.8Hz）为一对典型的具有较大偕偶偶合常数的亚甲基氢信号，且根据其双二重峰的峰形与偶合常数可知其两端分别和季碳与手性次甲基碳相连。

例 11-5 的 ^{1}H-NMR 局部放大谱图（图片）

^{13}C-NMR 谱图（图 11-18）的低场区存在与 ^{1}H-NMR 相对应的两个苯环的 12 个碳信号。δ_C 144.9 的碳信号丰度较高，为两个重叠的碳信号；δ_C 156.5、156.2、155.4 和 144.9 的四个碳信号处于相对低场，表明结构中含有五个氧取代的苯环碳信号；此外，δ_C 81.0 和 66.3 为连氧的 sp^3 杂化的碳信号；δ_C 27.9 为 sp^3 杂化的烷基碳信号，结合 ^{1}H-NMR 谱可知其为亚甲基碳信号。

综合以上谱图得出的信息，化合物的基本组成单元有 1 个 1，3，4-三取代苯环、1 个四取代苯环、4 个酚羟基和 1 个醇羟基。

例 11-5 的 ^{13}C-NMR 局部放大谱图（图片）

3. 各取代基取代位置的确定 通过 HSQC（图 11-19）可以归属碳氢数据，关联非季碳和其所连的氢信号（表 11-13）。通过 HMBC 可以进一步对推出的各结构单元进行组合。在该化合物的 HMBC（图 11-20）中，δ_H 5.90（H-8）的氢信号与 δ_C 93.8（C-6）、99.1（C-10）和 156.2（C-9）的碳信号有远程相关，δ_H 5.69（H-6）的氢信号与 δ_C 95.1（C-8）、99.1（C-10）、155.4（C-5）和 156.5（C-7）的碳信号有远程相关，由此可以推出 A 环结构单元并将对应的碳氢信号进行归属。同理，根据 B 环上氢信号的 HMBC 相关信息可以推出 B 环结构并归属相应信号（图 11-20）。同时，δ_H 4.48（H-2）的质子信号与 δ_C 27.9（C-4）、66.3（C-3）、115.1（C-2′）、118.4（C-6′）和 130.6（C-1′）的碳信号有远程相关，δ_H 2.65（H-4）的质子信号与 δ_C 66.3（C-3）、81.0（C-2）、99.1（C-10）和 156.2（C-9）的碳信号有远程相关，δ_H 3.81（H-3）的质子信号分别与 δ_C 99.1（C-10）、81.0（C-2）和 130.6（C-1′）的碳信号有远程相关，由此可得知 A 环与 B 环可以通过 C-2~C-4 三个碳信号进行连接。δ_H 4.48 的质子信号还与 A 环 δ_C 156.2 的碳信号存在 HMBC 相关信号，说明 C-2 通过一个氧原子与 C-9 相连。由此，化合物的平面结构可以确定为：

例 11-5 的 HMBC 局部放大谱图（图片）

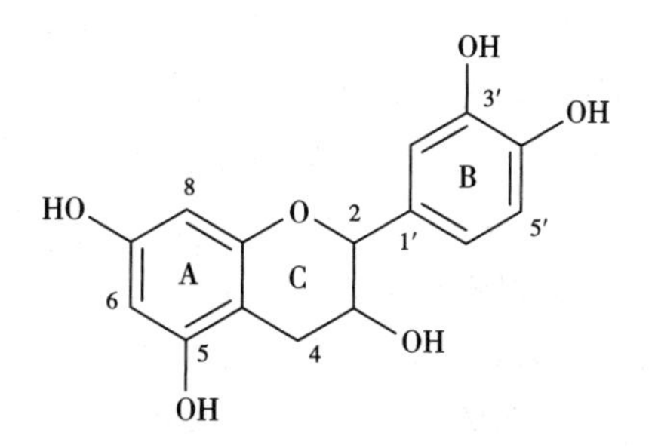

表 11-13 例 11-5 化合物的 ^{1}H-NMR 和 ^{13}C-NMR 数据归属

编号	δ_C[a]	δ_H(J in Hz)[a]	HMBC[b]
2	81.0	4.48(1H,d,J=7.2Hz)	C-4,C-3,C-2′,C-6′,C-1′,C-9
3	66.3	3.81(1H,m)	C-10,C-2,C-1′
4	27.9	2.65(1H,dd,J=16.2Hz 和 5.4Hz)	C-10,C-9,C-3,C-2
		2.35(1H,dd,J=16.2Hz 和 7.8Hz)	C-5,C-10,C-2,C-3
5	155.4		
6	93.8	5.69(1H,d,J=1.8Hz)	C-8,C-7,C-10
7	156.5		
8	95.1	5.90(1H,d,J=1.8Hz)	C-6,C-10,C-9,C-7
9	156.2		
10	99.1		
1′	130.6		
2′	115.1	6.72(1H,d,J=1.8Hz)	C-2,C-4′,C-3′,C-6′
3′	144.9		
4′	144.9		
5′	114.5	6.68(1H,d,J=8.0Hz)	C-1′,C-3′,C-4′
6′	118.4	6.59(1H,dd,J=8.0Hz 和 1.8Hz)	C-2,C-2′,C-3′,C-4′

注:[a] 碳氢数据归属是通过 HSQC(碳-氢直接相关)和 HMBC(碳-氢远程相关)来确定的;[b] 氢质子与碳信号的远程相关。

4. 相对构型的确定　例 11-5 化合物的相对构型可以通过偶合常数及 ROESY 谱图确定。通过查阅文献可知,表儿茶素的 H-2 和 H-3 质子位于同侧,两者的二面角接近 90°,$J_{邻}$值较小(宽单峰);儿茶素的 H-2 和 H-3 质子位于异侧,两者的二面角接近 180°,$J_{邻}$值较大(J=7.4Hz)。ROESY 谱图中,H-3 与 H-2 没有相关,而与 H-6′存在相关,进一步证明 H-2 和 H-3 位于异侧。由此例 11-5 化合物鉴定为儿茶素,结构如下:

例 11-5 的 ROESY 局部放大谱图(图片)

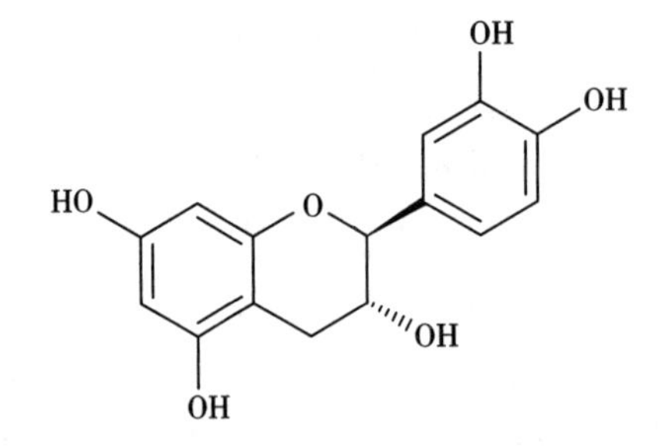

5. 讨论

(1) 本实例不仅通过 2D NMR(HSQC 和 HMBC)解决了取代基连接的问题,而且还对化合物的碳氢数据进行全面归属,验证了结构的正确性。

(2) 当用 DMSO-d_6 作溶剂时,活泼氢(如羟基氢、羧基氢和氨基氢等)可与它的亚砜基团形成分子间氢键而强烈缔合,氢交换速度大为降低,因而可观测到样品中的活泼氢信号。当处于中性条件时,甚至还可观测到活泼氢与被取代氢的偶合裂分,从而区别伯醇、仲醇和叔醇。因此,在测试含活泼氢质子的化合物时可选择 DMSO-d_6 作为溶剂,以便获得更多的结构信息。

例 11-6　某天然产物为淡黄色结晶性粉末,盐酸-镁粉反应为阳性,α-萘酚-浓硫酸反应为阳性,酸水解反应的产物中检测到葡萄糖和鼠李糖。高分辨质谱(HR-ESI-MS)显示准分子离子峰为 m/z 633.142 6 $[M+Na]^+$,IR、^{1}H-NMR、^{13}C-NMR、HSQC 和 HMBC 谱图如图 11-22~图 11-26 所示,试推

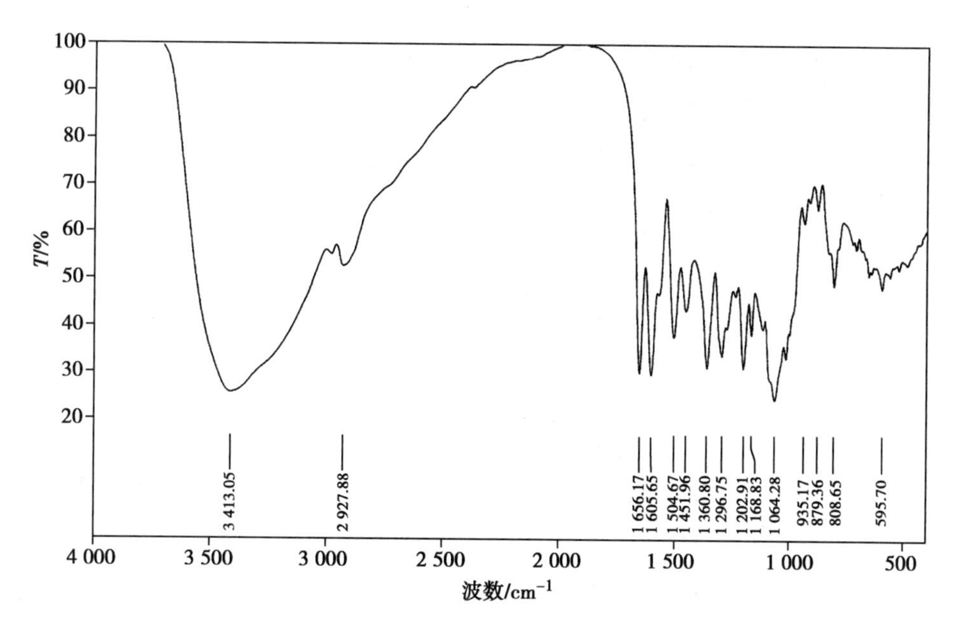

图 11-22 例 11-6 的 IR 谱图(KBr 压片)

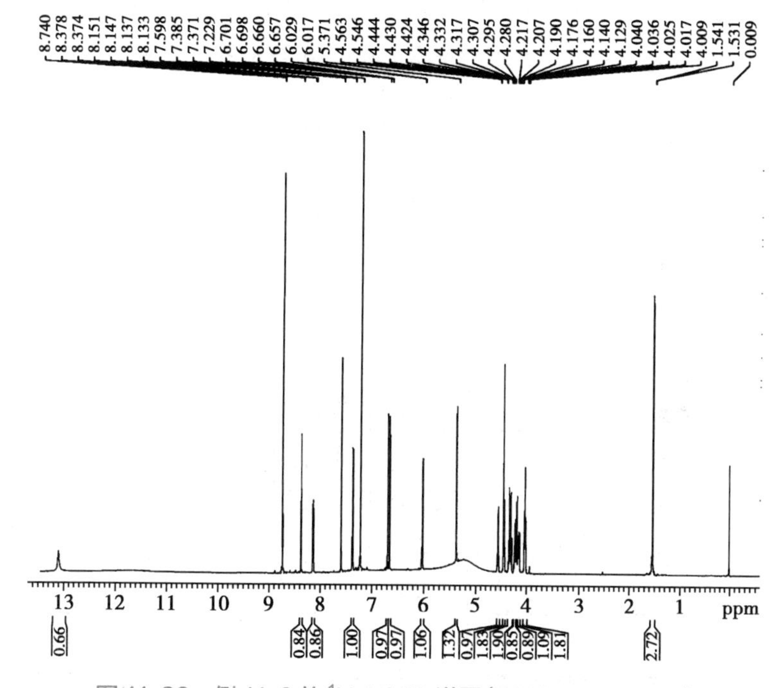

图 11-23 例 11-6 的 ^{1}H-NMR 谱图(500MHz,C_5D_5N)

断该化合物的结构。

解析:

1. 分子式的确定 由化合物的高分辨质谱 HR-ESI-MS 中的 m/z 633.142 6 $[M+Na]^+$($C_{27}H_{30}NaO_{16}$ 的计算值为 633.142 6)可以直接获得该化合物的分子式为 $C_{27}H_{30}O_{16}$,不饱和度 $\Omega=1+27-30/2=13$。

2. 结构单元的确定 盐酸-镁粉反应和 Molisch 反应均为阳性,提示该化合物可能为黄酮苷类化合物。IR 谱图(图 11-22)显示该化合物具有羟基(3 413cm^{-1},宽峰)、苯环(1 606cm^{-1}、1 505cm^{-1})和羰基(1 656cm^{-1})。

^{1}H-NMR 谱图(图 11-23)在芳香质子区 6.50~8.50 出现 5 个氢质子信号,根据其峰形和偶合常数可以分辨出是两组芳香氢偶合系统,一组为 δ_H 7.37(1H,d,J=8.4Hz)、8.37(1H,d,J=1.8Hz)和 8.13(1H,

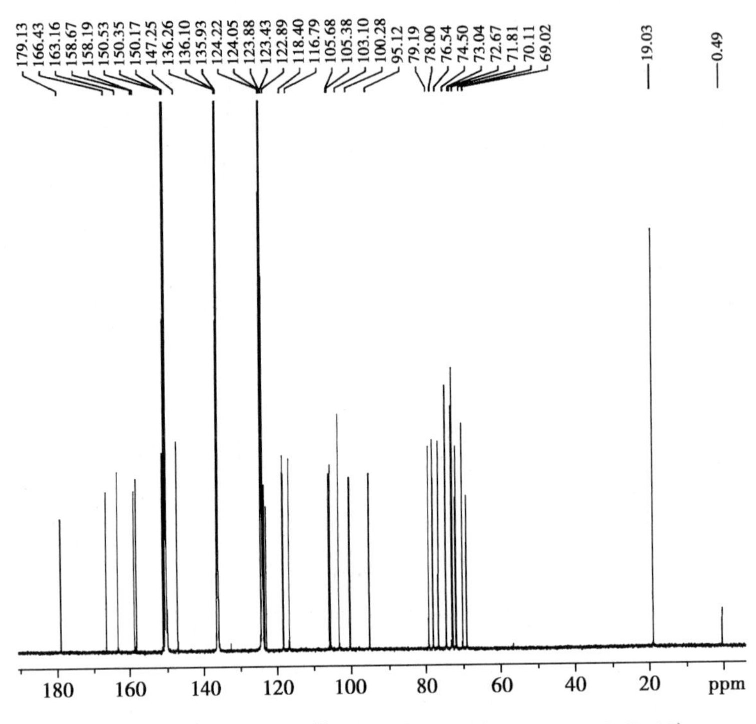

图 11-24　例 11-6 的 ^{13}C-NMR 谱图(125MHz，C_5D_5N)

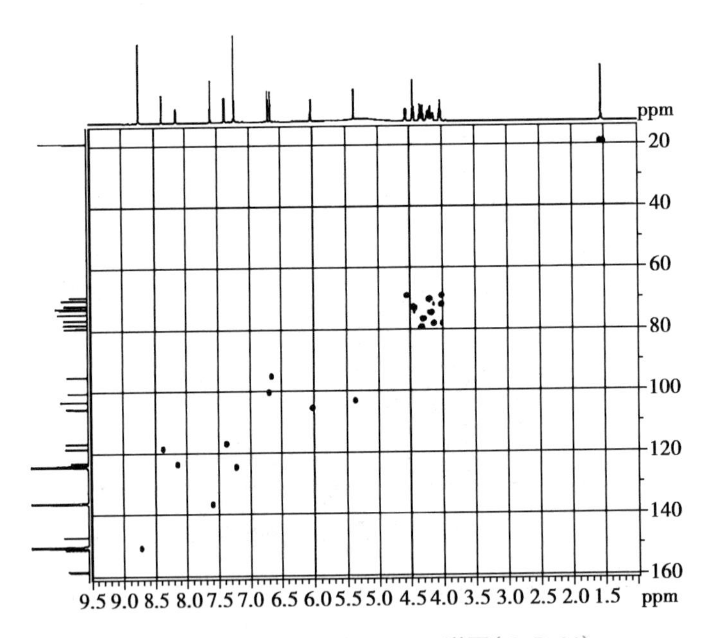

图 11-25　例 11-6 的 HSQC 谱图(C_5D_5N)

dd，J=8.4Hz、1.8Hz)，另一组为 δ_H 6.65(1H，d，J=2.4Hz) 和 6.69(1H，d，J=2.4Hz)，这表明在该化合物的结构中存在 1 个四取代苯结构和 1 个 1，3，4-三取代的苯环结构；δ_H 6.69(1H，d，J=2.4Hz)处的 H-6 和 δ_H 6.65(1H，d，J=2.4Hz)处的 H-8 归属于苷元部分 A 环 5，7 二羟基取代的母核质子，δ_H 7.37(1H，d，J=8.4Hz)、8.37(1H，d，J=1.8Hz)和 8.13(1H，dd，J=8.4Hz 和 1.8Hz)则归属为 1 个 3′，4′-位羟基取代的 B 环母核质子。由于未见黄酮 3-位双键的特征单峰质子信号，氢核磁共振谱中又出现糖的特征信号，故推测化合物为黄酮醇苷，并且糖基在苷元上取代的位置在 C-3 位。另外，在稍高场的 δ_H 6.01(1H，d，J=7.8Hz) 和 5.36(1H，s) 为糖的端基质子信号，δ_H 4.55~4.01 为糖的其他质子信号，δ_H 1.53(3H，d，J=6.0Hz)是鼠李糖甲基质子的特征信号。

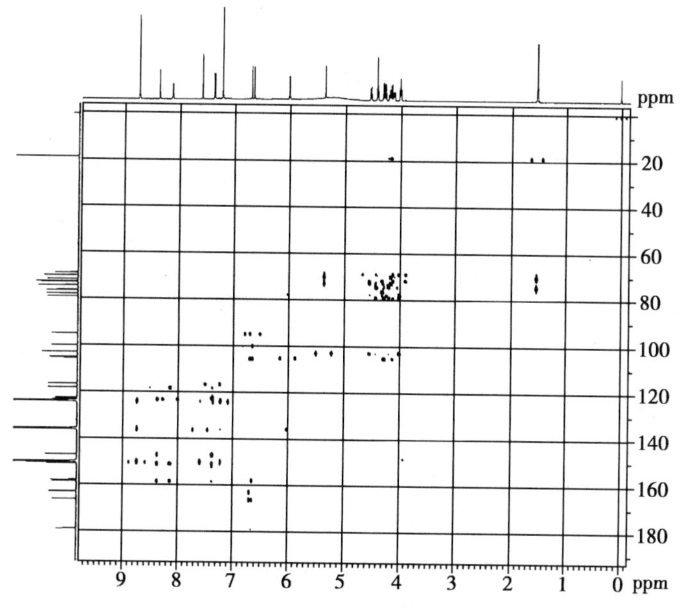

图 11-26　例 11-6 的 HMBC 谱图（C_5D_5N）

化合物的 ^{13}C-NMR 谱中共有 27 个碳信号，其中低场区有 17 个信号（图 11-24）。δ_C 179.1 为黄酮的羰基碳信号，δ_C 166.4~95.1 为黄酮的两个苯环、双键及两个糖的端基碳信号。高场区有 10 个信号，δ_C 78.6~19.0 为两个糖上剩余的碳信号，其中 δ_C 19.0 为鼠李糖的甲基碳信号。

例 11-6 的 ^{1}H-NMR 局部放大谱图（图片）

综合以上信息，该化合物的基本组成单元为 1 个黄酮醇结构、1 个葡萄糖和 1 个鼠李糖。

3. 各取代基取代位置的确定　首先通过 HSQC 谱图归属氢质子相对应的碳信号，然后在 HMBC 谱图中从这些氢信号出发的相关信号可以进一步归属其周围的碳信号。如从 H-6 所在的 δ_H 6.69 信号出发，可以找到与之存在 HMBC 相关信号的 δ_C 95.1 和 105.7，而 5-OH 的特征信号则存在与 δ_C 100.3（C-6）和 105.7（C-10）的 HMBC 相关信号。分析与 H-6、H-8 共同相关的碳信号即可归属 A 环剩余的碳信号（表 11-14）。同理，亦可归属黄酮醇苷元结构中的其他碳氢信号并同时确证各取代基的位置。根据葡萄糖端基质子信号 δ_H 6.01（1H，d，J=7.8Hz）与黄酮苷元 δ_C 136.3（C-3）有 HMBC 相关峰，可以确定葡萄糖连在黄酮苷元的 C-3 位羟基上（图 11-26）。同理，由于葡萄糖的 δ_H 4.55（1H，d，J=9.6Hz）和鼠李糖的 δ_C 103.1（C-1‴）有相关，证明鼠李糖连在葡萄糖的 C-6 位羟基上。通过 HSQC 和 HMBC 相关最终可以完全归属化合物的 ^{1}H-NMR 和 ^{13}C-NMR 数据（表 11-14），并与文献数据对照，从而确定化合物为天然产物芦丁，结构如下。

例 11-6 的 ^{13}C-NMR 局部放大谱图（图片）

例 11-6 的 HMBC 局部放大谱图（图片）

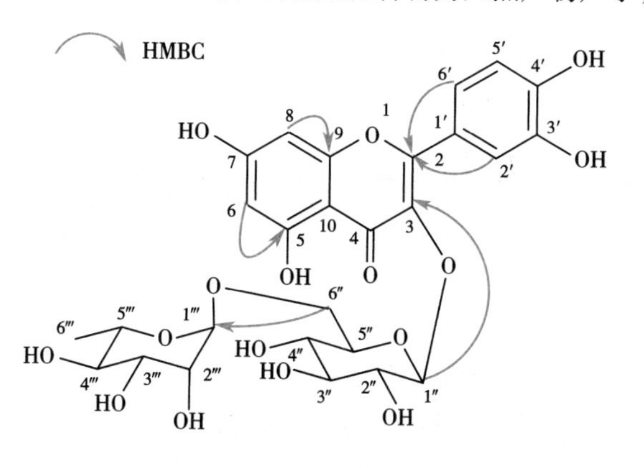

表 11-14 例 11-6 化合物的 NMR 数据归属

编号	δ_C[a]	δ_H(J in Hz)[a]	HMBC[b]
2	158.7		
3	136.3		
4	179.1		
5	163.2		
6	100.3	6.69(1H,d,J=2.4Hz)	C-7,C-8,C-9,C-10
7	166.4		
8	95.1	6.65(1H,d,J=2.4Hz)	C-5,C-6,C-7
9	158.2		
10	105.7		
1′	122.9		
2′	118.4	8.37(1H,d,J=1.8Hz)	C-2,C-1′,C-4′,C-3′
3′	150.5		
4′	147.3		
5′	116.8	7.37(1H,d,J=8.4Hz)	C-1′,C-3′,C-4′
6′	123.4	8.13(1H,dd,J=8.4Hz、1.8Hz)	C-2,C-2′,C-4′
1″	105.4	6.01(1H,d,J=7.8Hz)	C-3,C-3″
2″	76.5	4.29(1H,m)	C-1″,C-3″
3″	79.2	4.31(1H,m)	C-2″,C-4″
4″	71.8	4.01(1H,m)	C-3″,C-6″
5″	78.0	4.13(1H,m)	C-1″,C-3″,C-4″
6″	69.0	4.55(1H,d,J=9.6Hz) 4.01(1H,m)	C-1‴,C-5″,
1‴	103.1	5.36(1H,s)	C-3‴,C-5‴
2‴	72.7	4.42(1H,m)	C-3‴,C-4‴
3‴	73.0	4.43(1H,m)	C-2‴,C-4‴,C-1‴
4‴	74.5	4.17(1H,m)	C-3‴,C-5‴
5‴	70.1	4.21(1H,m)	C-4‴,C-1‴
6‴	19.0	1.53(3H,d,J=6.0Hz)	C-3‴,C-4‴,C-5‴

注:[a] 碳氢数据归属是通过 HSQC(碳-氢直接相关)和 HMBC(碳-氢远程相关)来确定的;[b] 氢质子与碳信号的远程相关。

4. 讨论

(1) 此化合物使用高分辨质谱直接获得分子式。高分辨质谱法是目前最常用的获得天然化合物的分子式的方法,其不仅可给出化合物的精确分子量,还可以直接给出相对应的分子式。因为不同分子式的化合物其精确分子量是不同的,而高分辨质谱仪可将物质的质量精确测定到小数点后第 4 甚

至第 5 位，故高分辨质谱给出的分子式具有很高的可信度（一般要求误差在 5ppm 内）。由此确定分子式，对天然化合物的结构研究而言是非常方便的。

（2）本实例通过 HMBC 谱图解决了不同的结构单元通过氧原子相互连接的位置和顺序问题。从 HMBC 谱图中可得到有关碳链骨架的结构信息，如本实例中黄酮 A、B 环的取代模式；及结构中被氧原子切断的不同结构单元之间的连接信息，如本实例中糖的取代位置和连接顺序。近年来，HMBC 实验已在复杂天然产物的结构研究中得到广泛应用。

（3）对于糖苷类化合物，醇苷苷元发生糖基化后一般会使直接相连的碳原子向低场位移，邻位碳原子向高场位移；但对酯苷、酚苷而言，苷元糖基化后一般会使端基碳原子与苷元的 α-碳原子均向高场位移，苷元的 β-碳原子向低场位移。如本实例中的黄酮 3-OH 糖苷化后，C-3 向高场，C-2 向低场位移。

（4）在解析 HMBC 谱图时，要注意 ^{13}C 卫星峰的识别，在 HMBC 谱图中强质子峰（如甲基质子）旁边的 ^{13}C 卫星峰是假信号，解析时应该不受到误导。例如在图 11-26 中，分析与 δ_C 19.0（鼠李糖 6-位甲基）的 HMBC 相关信号时可以发现其似乎与 δ_H 1.53 的氢信号处有相关峰，仔细观察可以看出其实两个信号峰是以 δ_H 1.53 为中心对称的峰信号，与 F_2 上的任何一个质子都不相关。它们是 δ_H 1.53 信号本身的卫星峰，仅说明其与 δ_C 19.0 直接相连，而非 HMBC 相关信号，解析时需要注意甄别。

例 11-7 从某真菌的代谢产物中分离得到一结晶性白色粉末。HR-ESI-MS 给出该化合物的分子式为 $C_{21}H_{22}O_9$（实验值为 m/z 436.160 1 $[M+NH_4]^+$，计算值为 436.160 2）；UV（MeOH）λ_{max}（$\log\varepsilon$）为 202nm（3.82），214nm（3.77），248nm（4.09）；IRν_{max} 为 3 436cm^{-1}，1 789cm^{-1}，1 734cm^{-1}，1 662cm^{-1}，1 385cm^{-1}，1 203cm^{-1}，1 170cm^{-1}，1 103cm^{-1}，997cm^{-1}，961cm^{-1}，919cm^{-1}，894cm^{-1}；^{1}H-NMR、^{13}C-NMR、^{1}H-^{1}H COSY、HSQC、HMBC、ROESY 和 ECD 谱图如图 11-27～图 11-34 所示，试推断该化合物的结构。

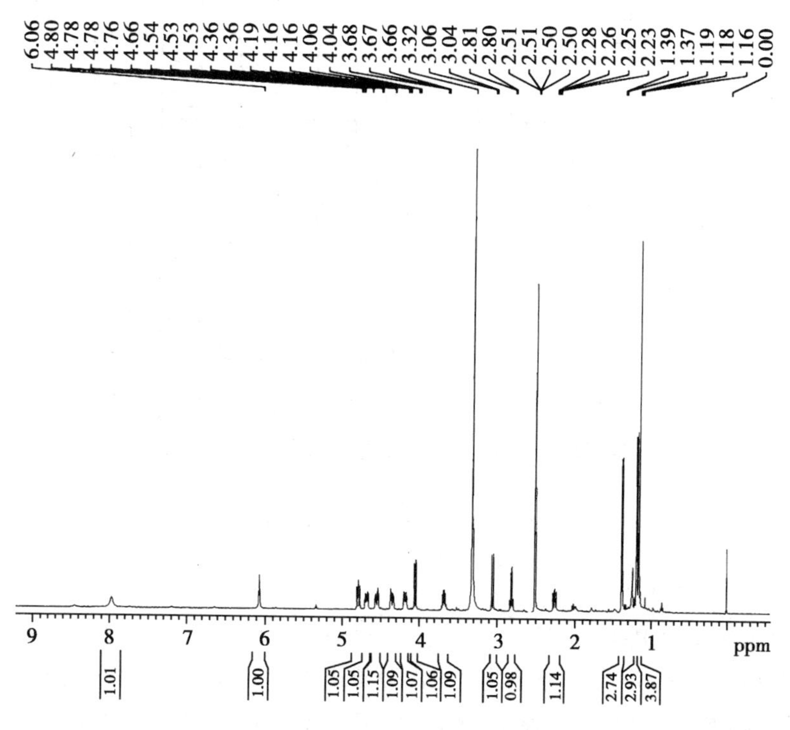

图 11-27 例 11-7 的 ^{1}H-NMR 谱图（500MHz，DMSO-d_6）

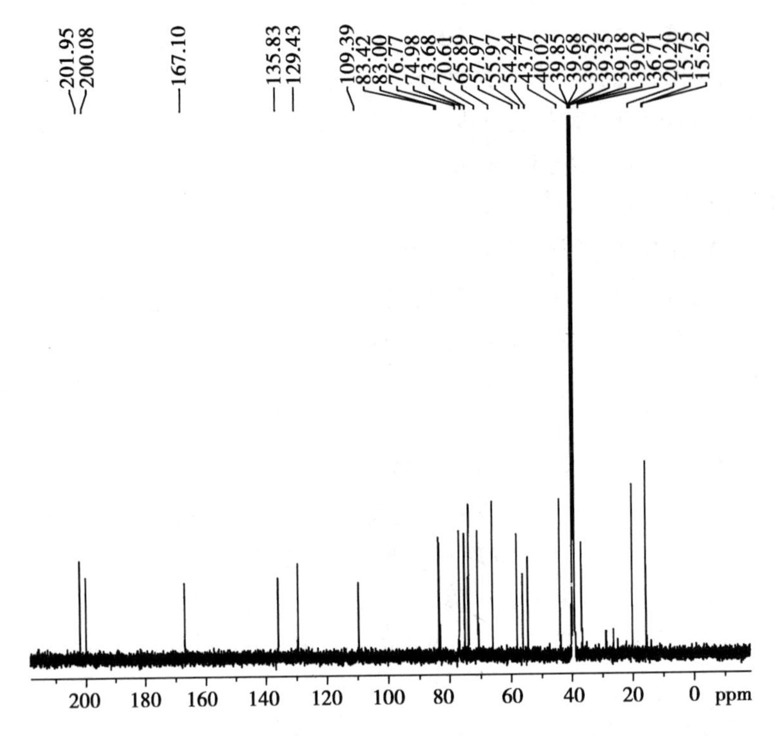

图 11-28　例 11-7 的 ^{13}C-NMR 谱图（125MHz，DMSO-d_6）

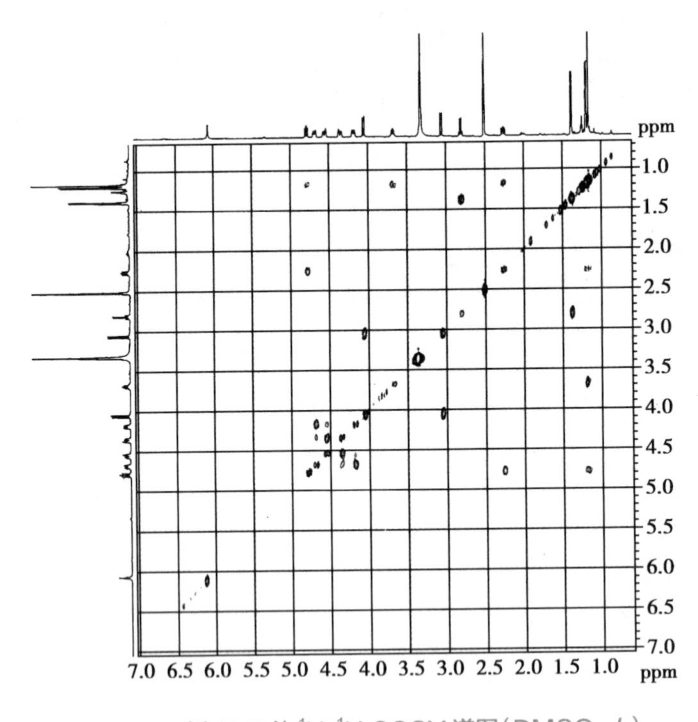

图 11-29　例 11-7 的 ^{1}H-^{1}H COSY 谱图（DMSO-d_6）

解析：

1. 分子式的确定　HR-ESI-MS 给出该化合物的准分子离子峰为 m/z 436.160 1［$M+NH_4$］$^+$（$C_{21}H_{22}O_9$ 的计算值为 436.160 2），可推出化合物的分子式为 $C_{21}H_{22}O_9$，计算其不饱和度为 11。

2. 平面结构的确定　紫外光谱显示，化合物在 248nm（4.09）处有吸收峰，提示可能存在一定的共轭体系；红外光谱表明化合物具有羟基（3 436cm^{-1}）、羰基（1 734cm^{-1}）和烯基（1 662cm^{-1}）官能团。

^{1}H-NMR 谱图（图 11-27 和表 11-15）中的主要质子信号分别为 3 个高场甲基单峰质子信号

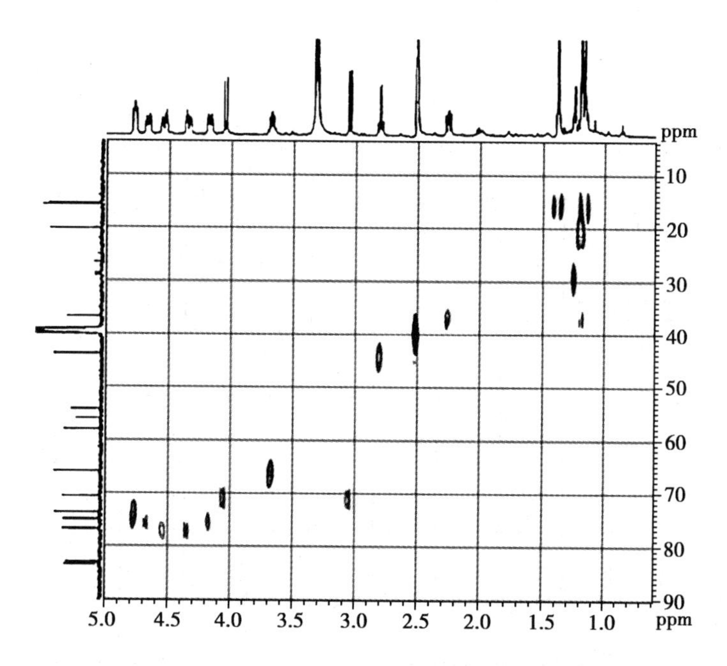

图 11-30　例 11-7 的 HSQC 谱图（DMSO-d_6）

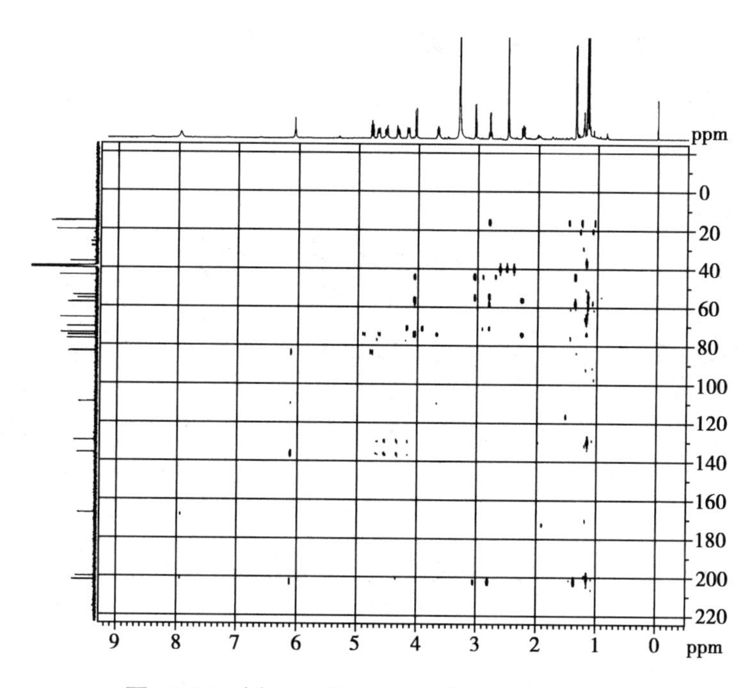

图 11-31　例 11-7 的 HMBC 谱图（DMSO-d_6）

δ_H 1.15（3H，s）、1.18（3H，d，J=6.2Hz）和 1.37（3H，d，J=7.4Hz）；结合 HSQC 谱图（图 11-30）确定的 4 个亚甲基氢信号 δ_H 4.17（1H，ddd，J=9.4Hz、6.0Hz、3.5Hz）和 4.67（1H，ddd，J=9.4Hz、6.0Hz、3.5Hz），δ_H 4.34（1H，ddd，J=9.4Hz、6.0Hz、3.5Hz）和 4.54（1H，ddd，J=9.4Hz、6.0Hz、3.5Hz），δ_H 3.05（1H，d，J=10.3Hz）和 4.04（1H，d，J=10.3Hz），δ_H 2.25（2H，dd，J=12.3Hz、8.4Hz）；3 个次甲基 δ_H 2.80（1H，q，J=7.4Hz）、4.77（1H，dd，J=10.7Hz、8.4Hz）和 3.67（1H，m）；以及 2 个活泼氢信号 δ_H 6.06（1H，s，4′-OH）和 7.96（1H，brs，4-OH）。

例 11-7 的 ^{1}H-NMR 局部放大谱图（图片）

^{13}C-NMR 谱图（图 11-28 和表 11-15）显示其含有 21 个碳信号，结合 HSQC 谱图（图 11-30）和 HMBC 谱图（图 11-31），确定这些信号分别为 3 个甲基碳 δ_C 15.8、15.5 和

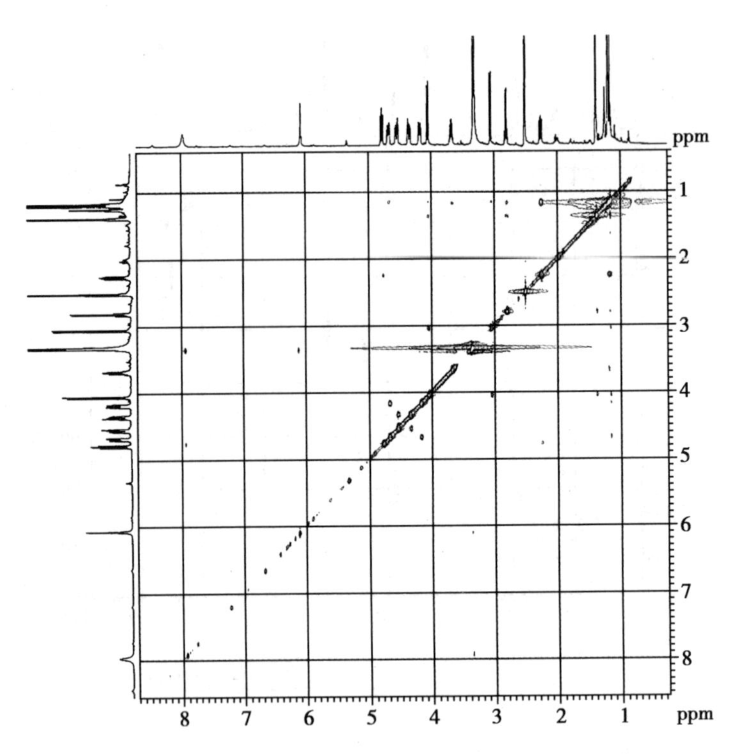

图 11-32　例 11-7 的 ROESY 谱图（DMSO-d_6）

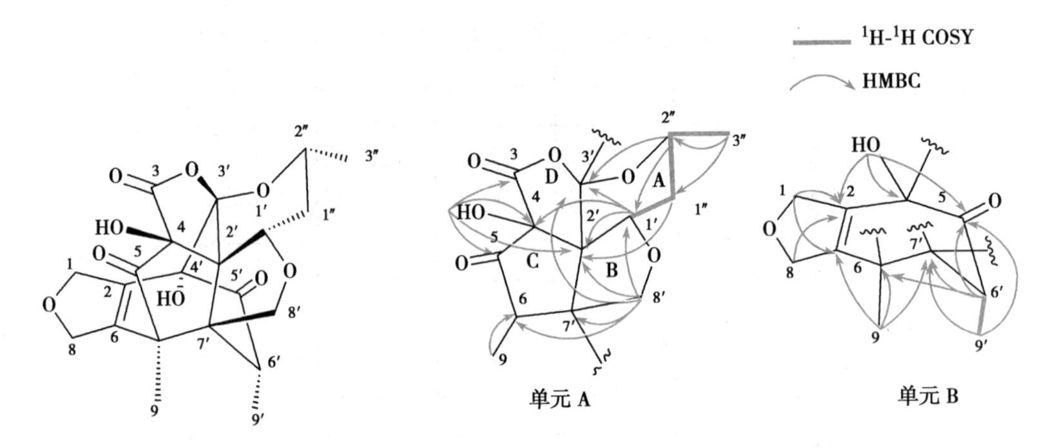

图 11-33　例 11-7 的结构及其主要 ^{1}H-^{1}H COSY 和 HMBC 相关

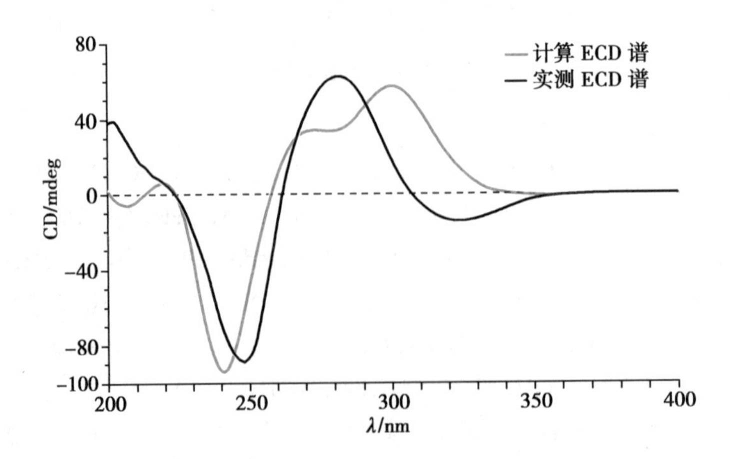

图 11-34　例 11-7 的实验和计算 ECD 谱图

20.2，3 个连氧亚甲基碳 δ_C 75.0、76.8 和 70.6，1 个亚甲基碳 δ_C 36.7，2 个连氧次甲基碳 δ_C 73.7 和 65.9，1 个次甲基碳 δ_C 43.8，2 个酮羰基碳 δ_C 200.1 和 202.0，1 个酯羰基碳 δ_C 167.1，2 个烯烃碳信号 δ_C 135.8 和 129.4；另外，δ_C 109.4 由于没有能与其配对的合适化学位移的烯烃碳信号，且结合 HSQC 谱图可知其为季碳，证明该信号可能为缩醛或酮的碳信号。以上数据共计 4 个不饱和度，提示该化合物是一个拥有 7 个环的高度环化的复杂化合物。

例 11-7 的 ^{13}C-NMR 局部放大谱图（图片）

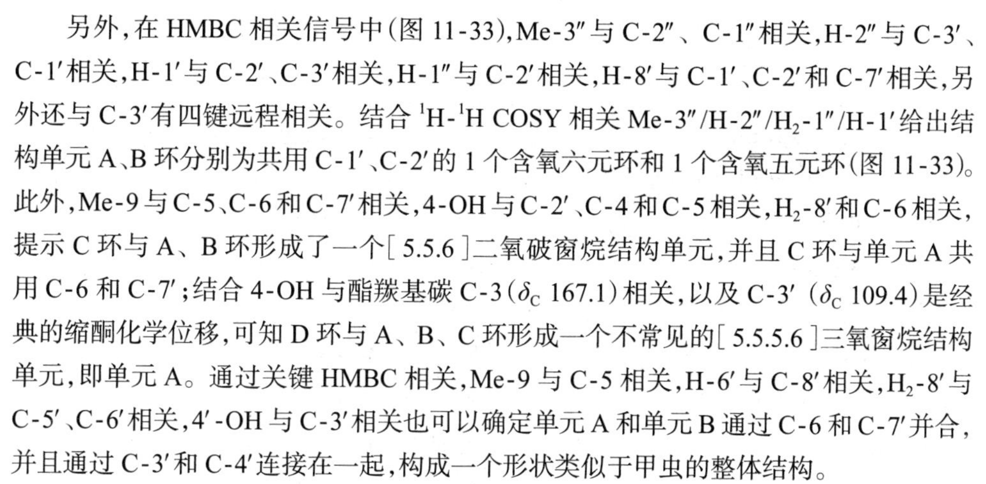

在 HMBC 相关信号中（图 11-33），H_2-1、H_2-8 均与该化合中唯一的双键碳信号（C-2、C-7）相关，结合之前的 ^{13}C-NMR 数据［C-1（δ_C 75.0）和 C-8（δ_C 76.8）］可知其为连氧亚甲基碳，以及氢质子的自旋偶合裂分方式均提示该结构单元为四氢呋喃环结构。结合关键 HMBC 信号 4′-OH 与 C-2（δ_C 135.8）、C-4′（δ_C 83.4）和 C-5′（δ_C 202.0）相关，Me-9′ 与 C-5′（δ_C 202.0）、C-6′（δ_C 43.8）和 C-7′（δ_C 58.0）相关，Me-9 与 C-6（δ_C 54.2）、C-7（δ_C 129.4）和 C-7′（δ_C 58.0）相关，H-6′ 与 C-6（δ_C 43.8）、C-5′（δ_C 202.0）和 C-7′（δ_C 58.0）相关，证明四氢呋喃环旁边并合了一个七元环，单元 B 为 1*H*-cyclohepta［*c*］furan-5（3*H*）-one 结构单元。

例 11-7 的 HSQC 局部放大谱图（图片）

另外，在 HMBC 相关信号中（图 11-33），Me-3″ 与 C-2″、C-1″ 相关，H-2″ 与 C-3′、C-1′ 相关，H-1′ 与 C-2′、C-3′ 相关，H-1″ 与 C-2′ 相关，H-8′ 与 C-1′、C-2′ 和 C-7′ 相关，另外还与 C-3′ 有四键远程相关。结合 ^{1}H-^{1}H COSY 相关 Me-3″/H-2″/H_2-1″/H-1′ 给出结构单元 A、B 环分别为共用 C-1′、C-2′ 的 1 个含氧六元环和 1 个含氧五元环（图 11-33）。此外，Me-9 与 C-5、C-6 和 C-7′ 相关，4-OH 与 C-2′、C-4 和 C-5 相关，H_2-8′ 和 C-6 相关，提示 C 环与 A、B 环形成了一个［5.5.6］二氧破窗烷结构单元，并且 C 环与单元 A 共用 C-6 和 C-7′；结合 4-OH 与酯羰基碳 C-3（δ_C 167.1）相关，以及 C-3′（δ_C 109.4）是经典的缩酮化学位移，可知 D 环与 A、B、C 环形成一个不常见的［5.5.5.6］三氧窗烷结构单元，即单元 A。通过关键 HMBC 相关，Me-9 与 C-5 相关，H-6′ 与 C-8′ 相关，H_2-8′ 与 C-5′、C-6′ 相关，4′-OH 与 C-3′ 相关也可以确定单元 A 和单元 B 通过 C-6 和 C-7′ 并合，并且通过 C-3′ 和 C-4′ 连接在一起，构成一个形状类似于甲虫的整体结构。

例 11-7 的 HMBC 局部放大谱图（图片）

例 11-7 的 ROESY 局部放大谱图（图片）

3. 立体结构的确定　例 11-7 化合物的确定的结构为一刚性的笼状结构，导致大部分手性碳的空间构型相对固定。在 ROESY 谱图（图 11-32）中，H-1′/H-2″、H-1′/4-OH、H-1′/H-8′a、H-8′a/Me-9 相关，可知 H-2″、H-1′、4-OH、H-8′a 和 Me-9 在同一侧，而 H-6′/H-8′b 相关则表明 C6′-C7′ 键的方向则与之相反，因此 C3′-C4′ 键的朝向则也与之相反。当涉及环庚酮平面时，由于 C-4′ 四面体的键角限制，OH-4′ 与 C3′-C4′ 键相反，而 Me-9′ 与 Me-9 有 NOE 相关性，因此两者的朝向相同，至此可以确定该化合物的相对构型。通过 ECD（图 11-34）计算，进一步确定该化合物的绝对构型为 4*S*，6*S*，1′*S*，2′*S*，3′*S*，4′*S*，6′*R*，7′*S*，2″*R*。

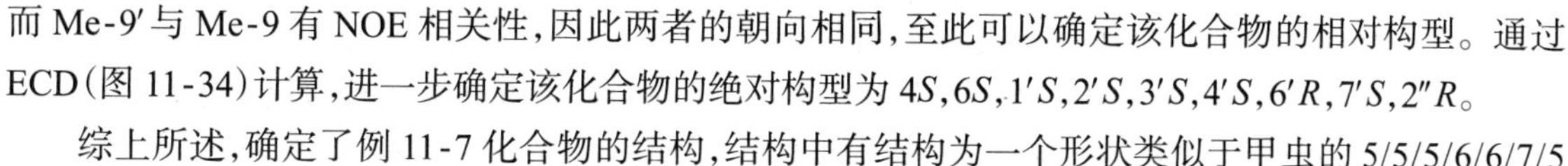

综上所述，确定了例 11-7 化合物的结构，结构中有结构为一个形状类似于甲虫的 5/5/5/6/6/7/5 环系新颖骨架化合物。

表 11-15　例 11-7 化合物的 NMR 数据归属

编号	δ_H（multi，*J* in Hz）[a]	δ_C[a]	HMBC[b]
1a	4.17（1H，ddd，*J*=9.4Hz、6.0Hz、3.5Hz）	75.0	C-2，C-7
1b	4.67（1H，ddd，*J*=9.4Hz、6.0Hz、3.5Hz）		
2		135.8	
3		167.1	
4		83.0	

续表

编号	δ_H(multi,*J* in Hz)[a]	δ_C[a]	HMBC[b]
5		200.1	
6		54.2	
7		129.4	
8a 8b	4.34(1H,ddd,*J*=9.4Hz、6.0Hz、3.5Hz) 4.54(1H,ddd,*J*=9.4Hz、6.0Hz、3.5Hz)	76.8	C-2
9	1.15(3H,s)	15.8	C-6,C-7′,C-5,C-7
1′	4.77(1H,dd,*J*=10.7Hz、8.4Hz)	73.7	C-3′,C-2′,C-4
2′		56.0	
3′		109.4	
4′		83.4	
5′		202.0	
6′	2.80(1H,q,*J*=7.4Hz)	43.8	C-7′,C-5′,C-6,C-8′
7′		58.0	
8′a 8′b	3.05(1H,d,*J*=10.3Hz) 4.04(1H,d,*J*=10.3Hz)	70.6	C-7′,C-6,C-2′,C-1′,C-3′,C-5
9′	1.37(3H,d,*J*=7.4Hz)	15.5	C-7′,C-5′
1″a 1″b	1.16(overlap,3H) 2.25(2H,dd,*J*=12.3Hz、8.4Hz)	36.7	C-2′
2″	3.67(1H,m)	65.9	C-3′,C-1′
3″	1.18(3H,d,*J*=6.2Hz)	20.2	C-1″,C-2″
4-OH	7.96(brs,1H)		C-4,C-3,C-2′,C-5
4′-OH	6.06(s,1H)		C-4′,C-5′,C-2,C-3′

注:[a] 碳氢数据归属是通过 HSQC(碳-氢直接相关)和 HMBC(碳-氢远程相关)来确定的;[b] 氢质子与碳信号的远程相关。

4. 讨论

(1) 在有机化合物的结构解析中,通常通过“四大谱”的综合解析,基本可以确定化合物的平面结构或相对构型。此例化合物为全新骨架的天然产物,且结构中含有较多的季碳,以 2D NMR 为主的方法推测结构时难度较大,甚至会出现不正确的结果,在归属信号时要格外注意。

(2) 确定天然产物的绝对构型在结构解析中是一个具有挑战性的问题。现阶段虽然有多种测定方法,如本实例中将具有未知构型的新化合物的光谱与计算的 ECD 谱图进行比较。单晶 X 射线衍射法是一种独立的结构分析方法,是确定绝对构型的另一种常用方法。该方法是有机化合物结构测定的强有力的武器,但前提是获得高质量的化合物晶体。

第十一章
目标测试

习 题

1. 请根据图 11-35~图 11-38 解析某化合物的结构。

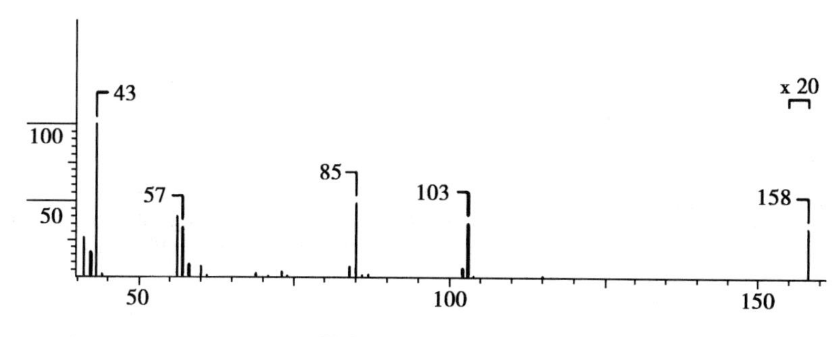

图 11-35 第十一章习题 1 的 EI-MS 谱图

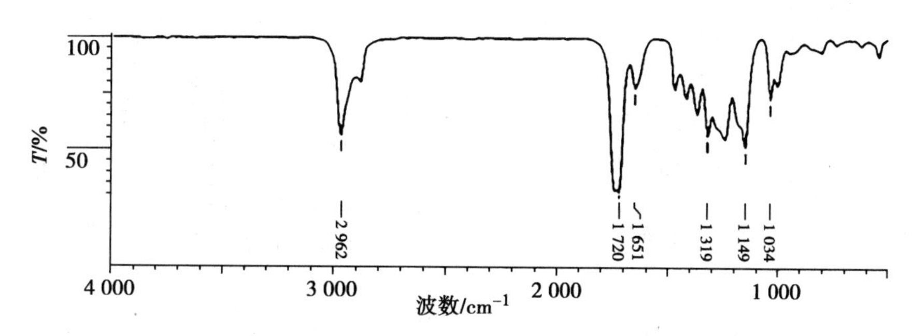

图 11-36 第十一章习题 1 的 IR 谱图(KBr 压片)

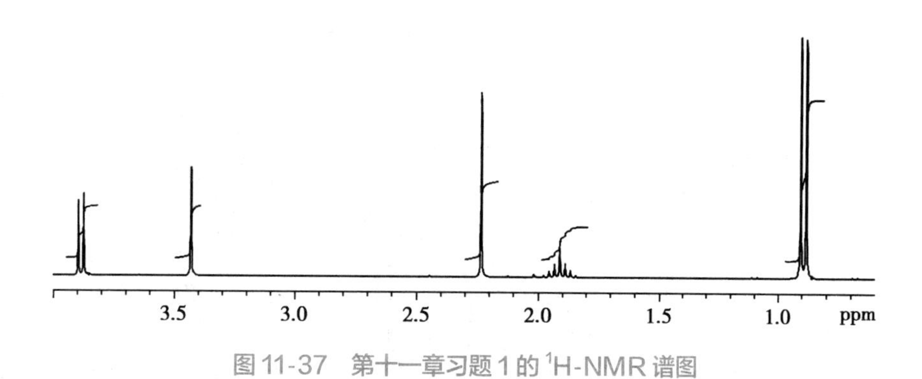

图 11-37 第十一章习题 1 的 ^{1}H-NMR 谱图

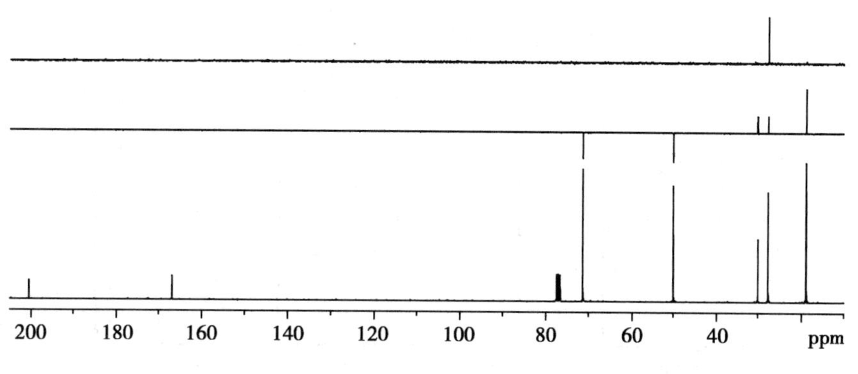

图 11-38 第十一章习题 1 的 ^{13}C-NMR 谱图

2. 请根据图 11-39~图 11-42 解析某化合物的结构。

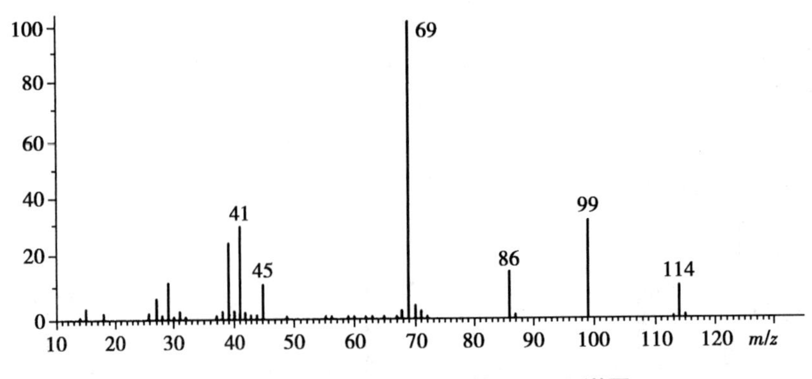

图 11-39 第十一章习题 2 的 EI-MS 谱图

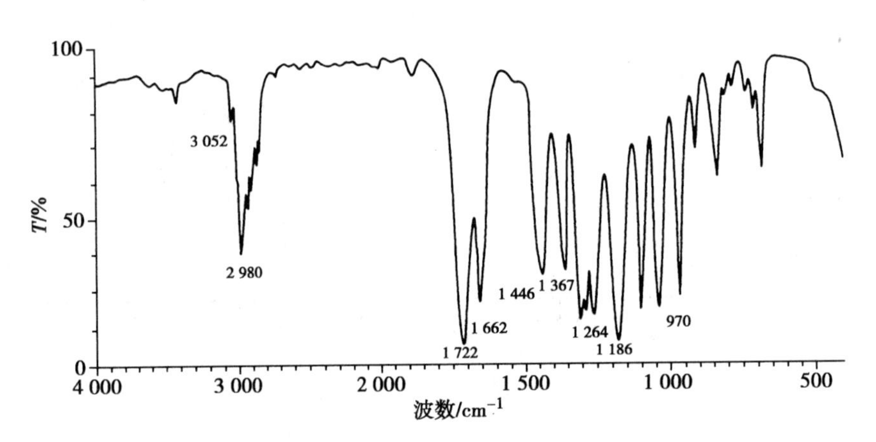

图 11-40 第十一章习题 2 的 IR 谱图

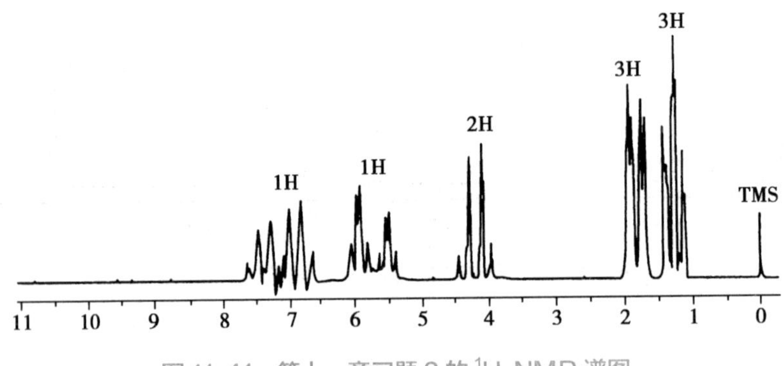

图 11-41 第十一章习题 2 的 ^{1}H-NMR 谱图

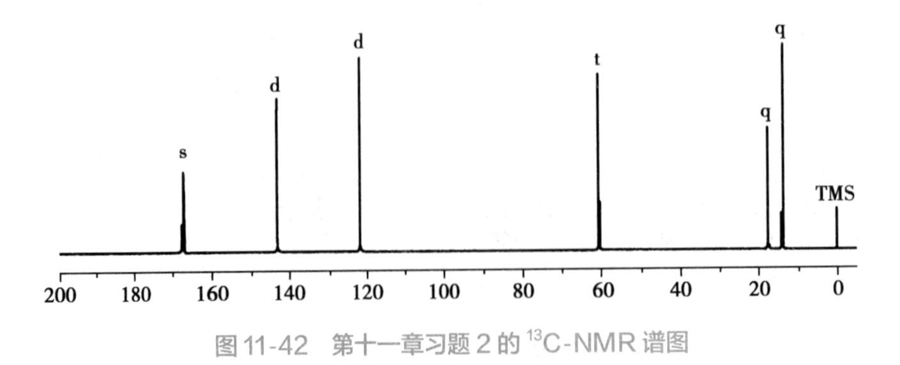

图 11-42 第十一章习题 2 的 ^{13}C-NMR 谱图

3. 请根据图 11-43~图 11-46 解析某化合物(M=198)的结构。

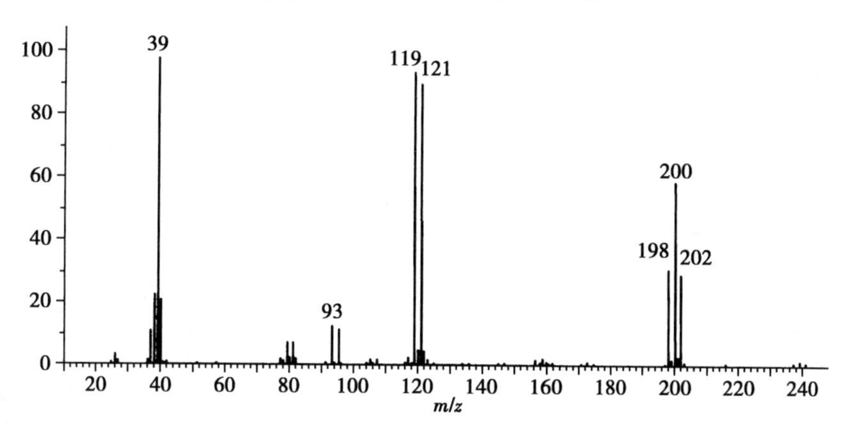

图 11-43　第十一章习题 3 的 EI-MS 谱图

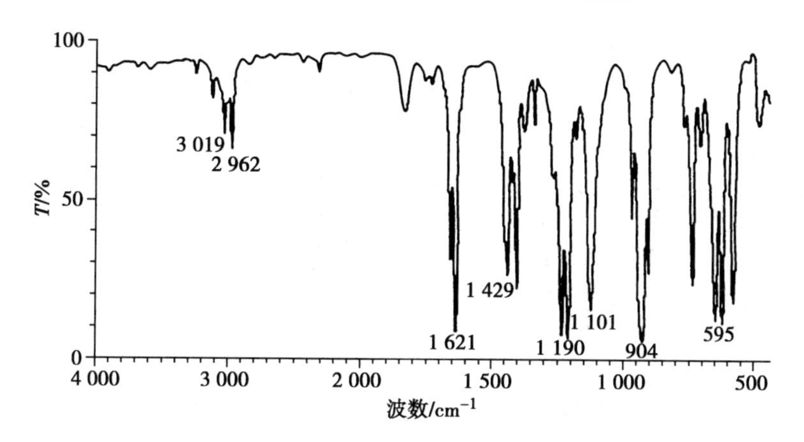

图 11-44　第十一章习题 3 的 IR 谱图(KBr 压片)

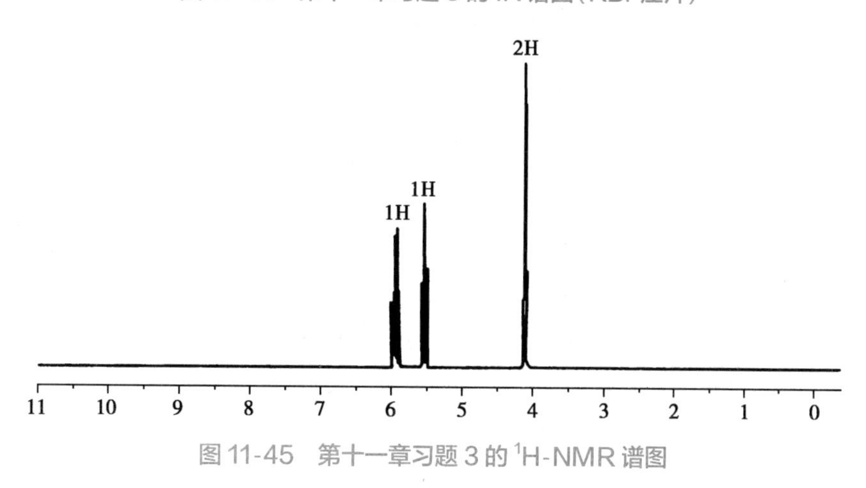

图 11-45　第十一章习题 3 的 ^{1}H-NMR 谱图

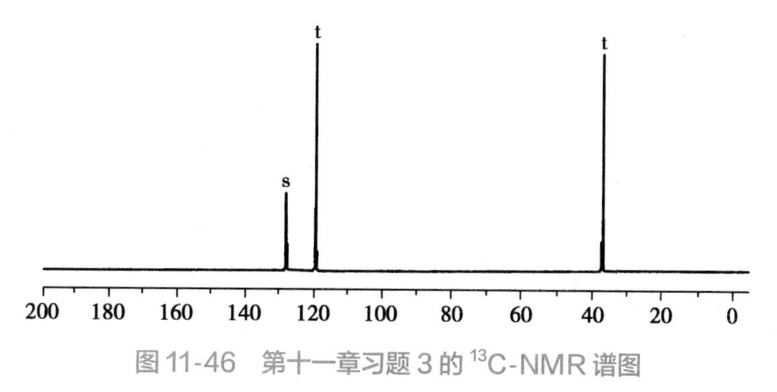

图 11-46　第十一章习题 3 的 ^{13}C-NMR 谱图

4. 请根据图 11-47~图 11-50 解析某化合物的结构。

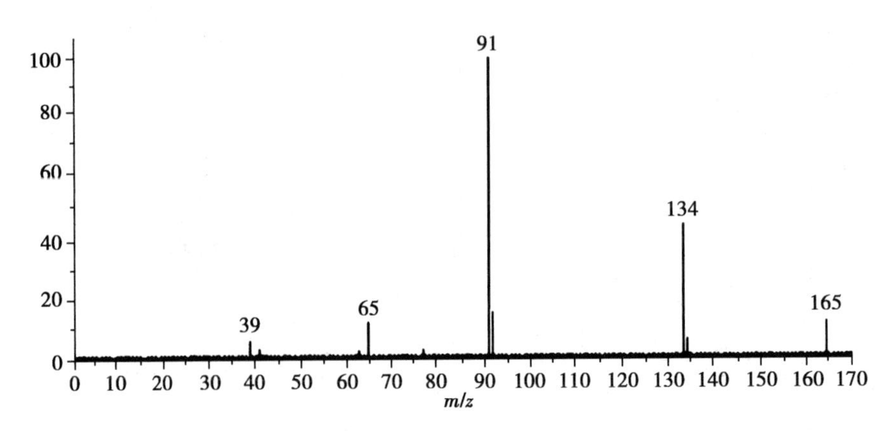

图 11-47 第十一章习题 4 的 EI-MS 谱图

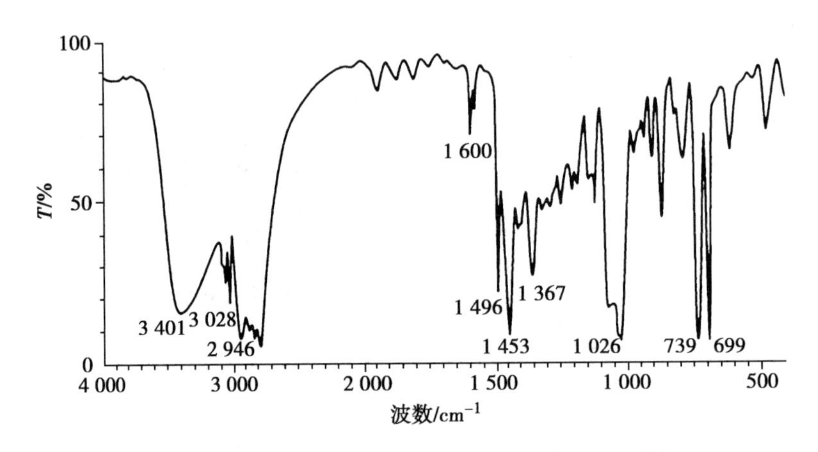

图 11-48 第十一章习题 4 的 IR 谱图(KBr 压片)

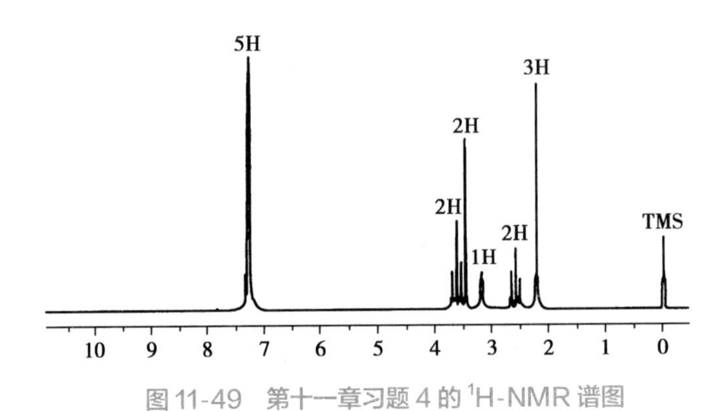

图 11-49 第十一章习题 4 的 ^{1}H-NMR 谱图

图 11-50 第十一章习题 4 的 ^{13}C-NMR 谱图

5. 请根据图 11-51~图 11-54 解析某化合物的结构。

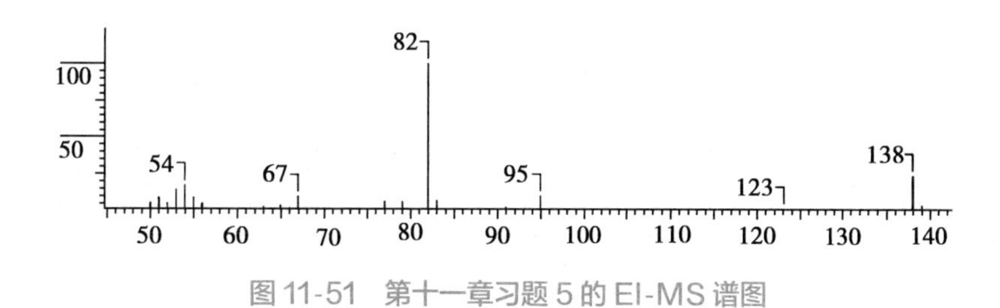

图 11-51 第十一章习题 5 的 EI-MS 谱图

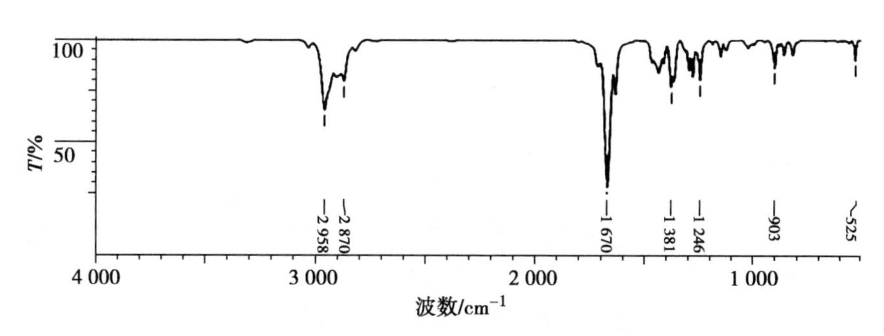

图 11-52 第十一章习题 5 的 IR 谱图

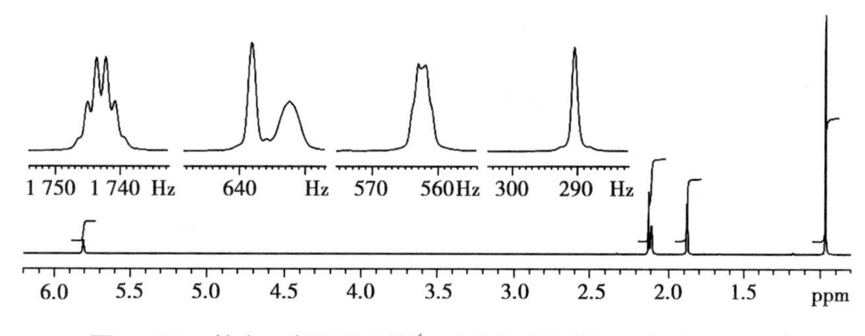

图 11-53 第十一章习题 5 的 ^{1}H-NMR 谱图($CDCl_3$,300MHz)

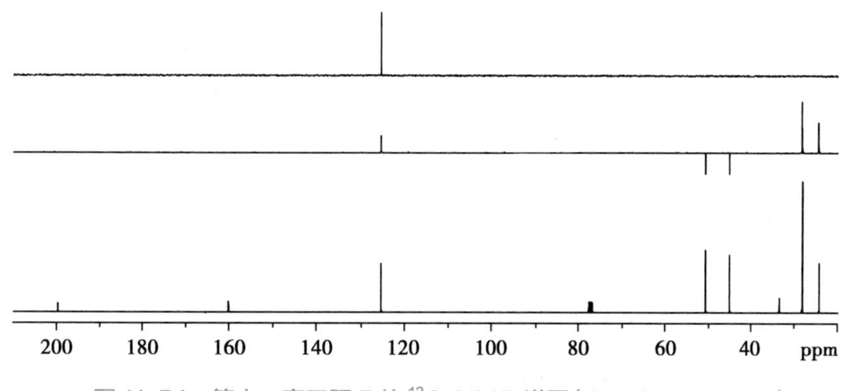

图 11-54 第十一章习题 5 的 ^{13}C-NMR 谱图($CDCl_3$,75.5MHz)

6. 某天然产物的 UV 在 323nm 显示强吸收，请根据图 11-55~图 11-59 解析该化合物的结构。

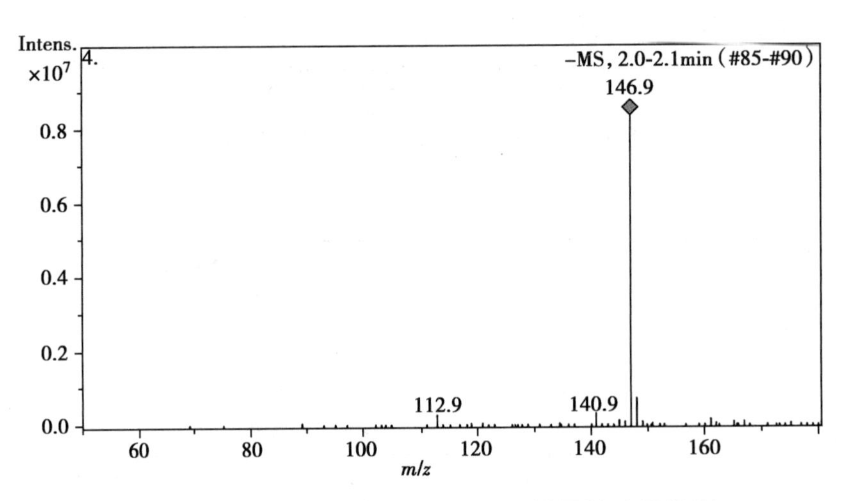

图 11-55 第十一章习题 6 的 ESI-MS 谱图(负离子模式)

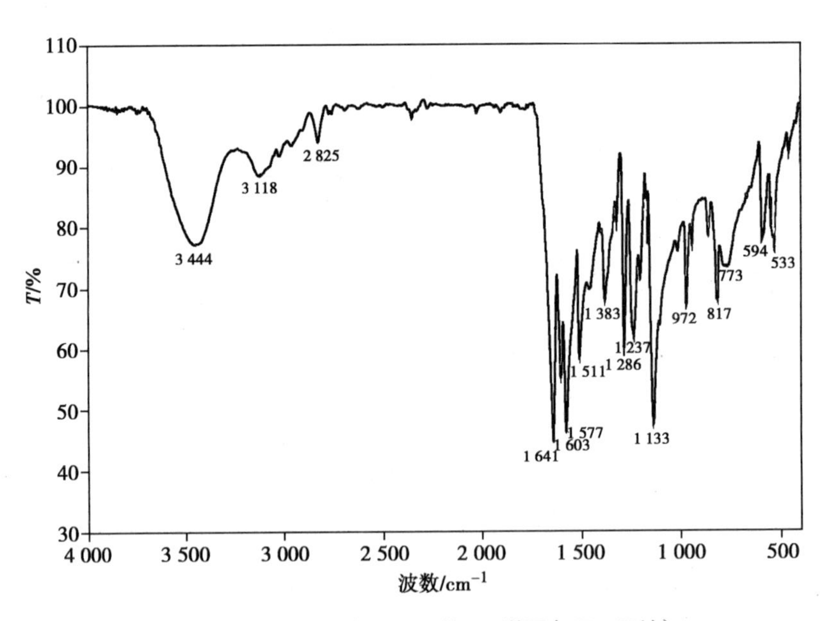

图 11-56 第十一章习题 6 的 IR 谱图(KBr 压片)

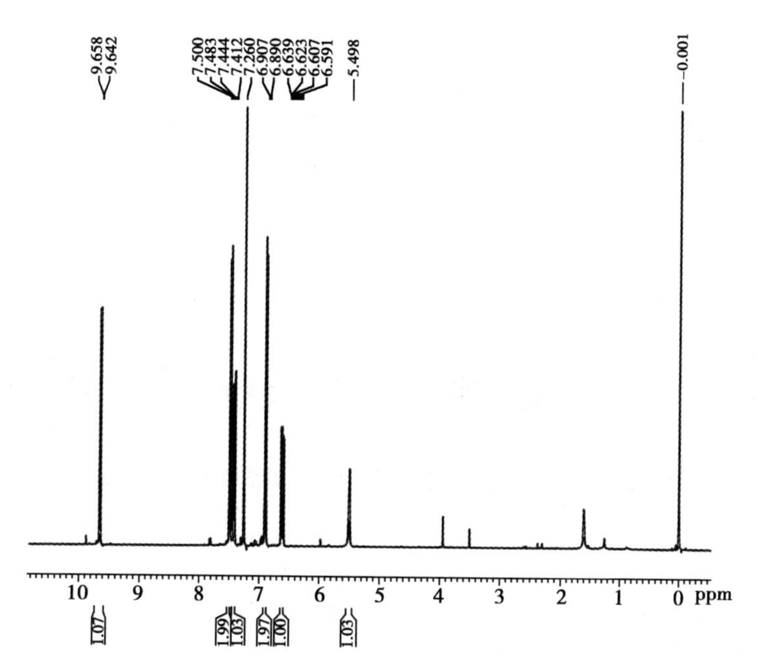

图 11-57 第十一章习题 6 的 ^{1}H-NMR 谱图(500MHz,$CDCl_3$)

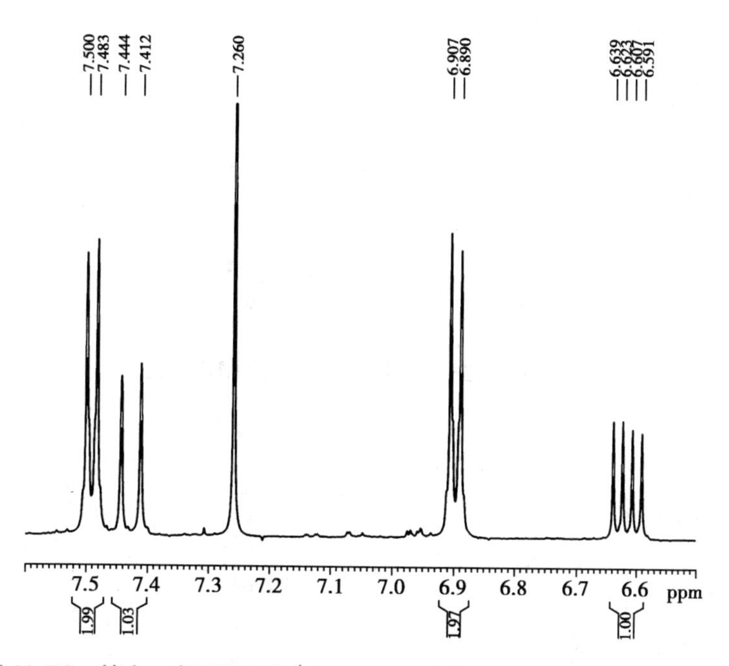

图 11-58 第十一章习题 6 的 ^{1}H-NMR 局部放大谱图(500MHz,$CDCl_3$)

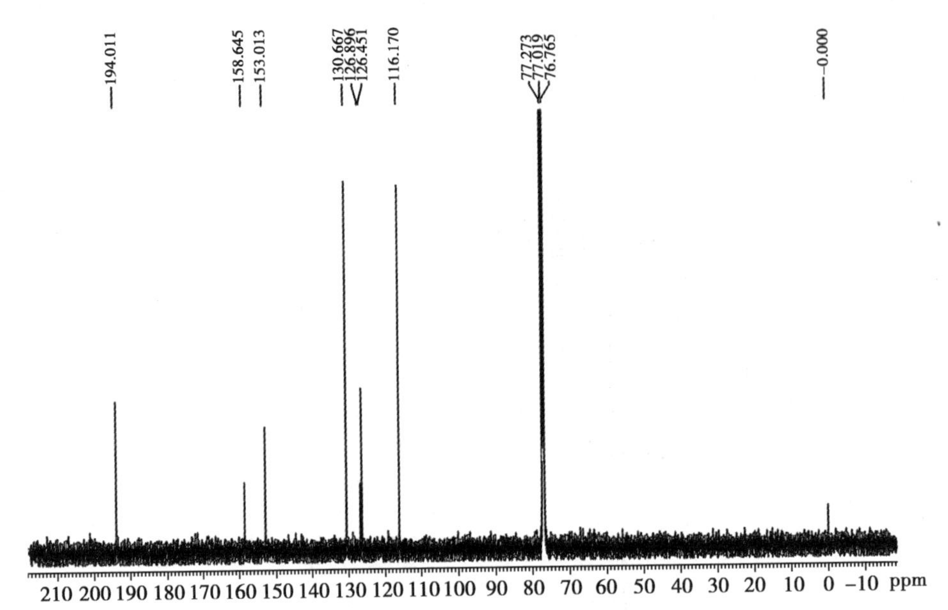

图 11-59　第十一章习题 6 的 ^{13}C-NMR 谱图(125MHz，$CDCl_3$)

7. 请根据图 11-60~图 11-64 解析某化合物的结构。

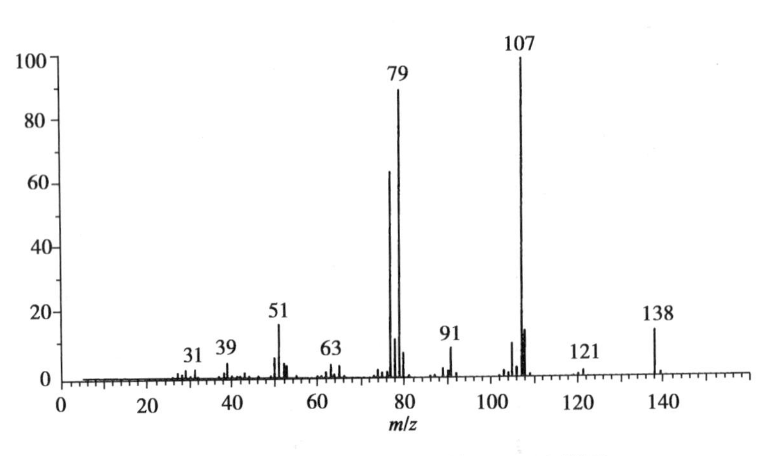

图 11-60　第十一章习题 7 的 EI-MS 谱图

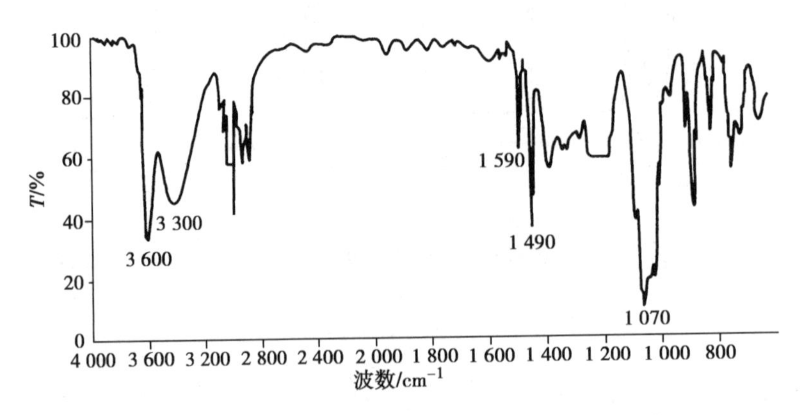

图 11-61　第十一章习题 7 的 IR 谱图(KBr 压片)

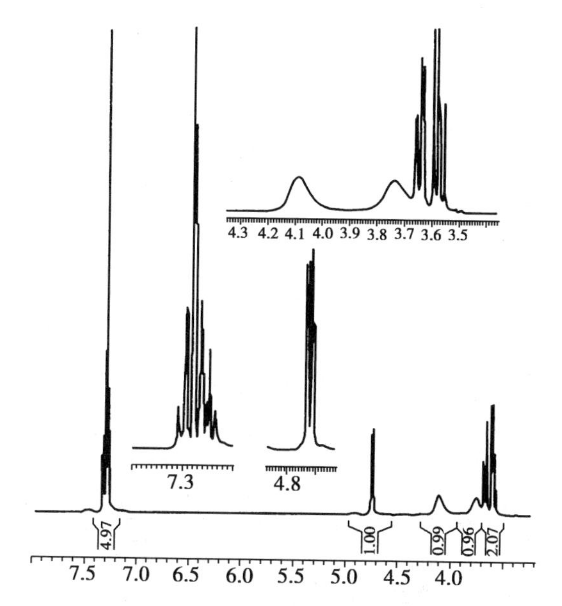

图 11-62 第十一章习题 7 的 ¹H-NMR 谱图(500MHz, $CDCl_3$)

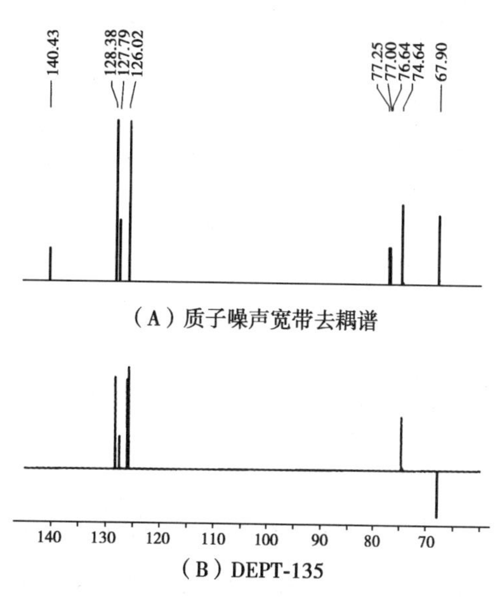

图 11-63 第十一章习题 7 的 ¹³C-NMR 谱图(125MHz, $CDCl_3$)

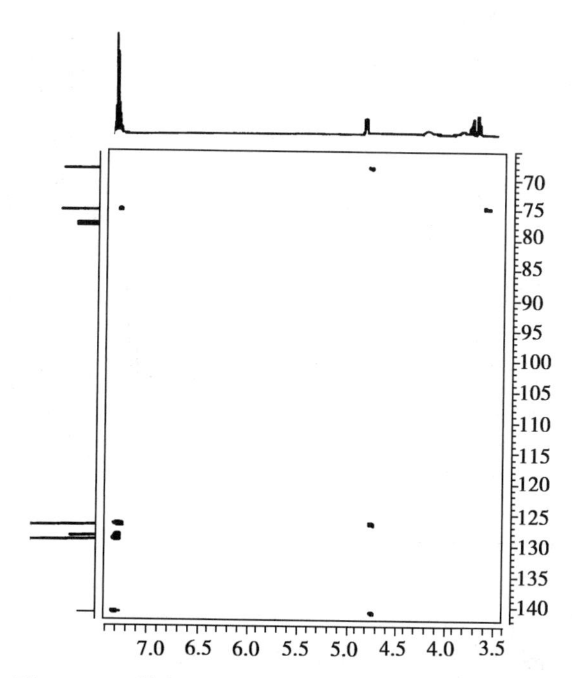

图 11-64 第十一章习题 7 的 HMBC 谱图($CDCl_3$)

8. 请根据图 11-65~图 11-72 解析某化合物的结构。

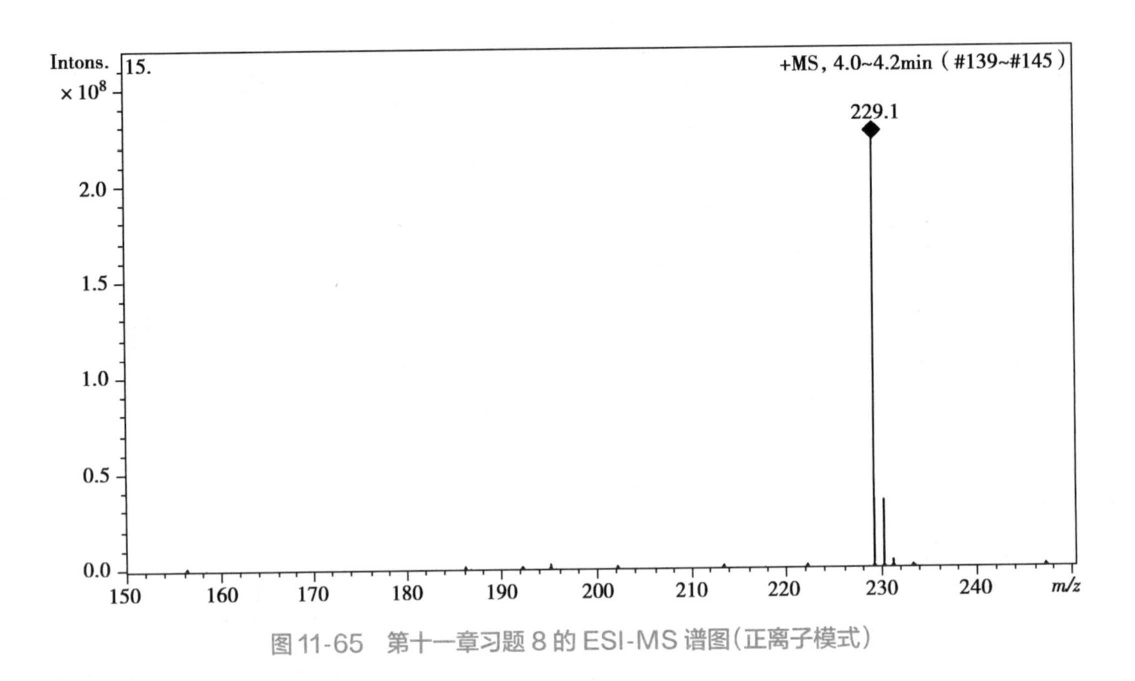

图 11-65 第十一章习题 8 的 ESI-MS 谱图（正离子模式）

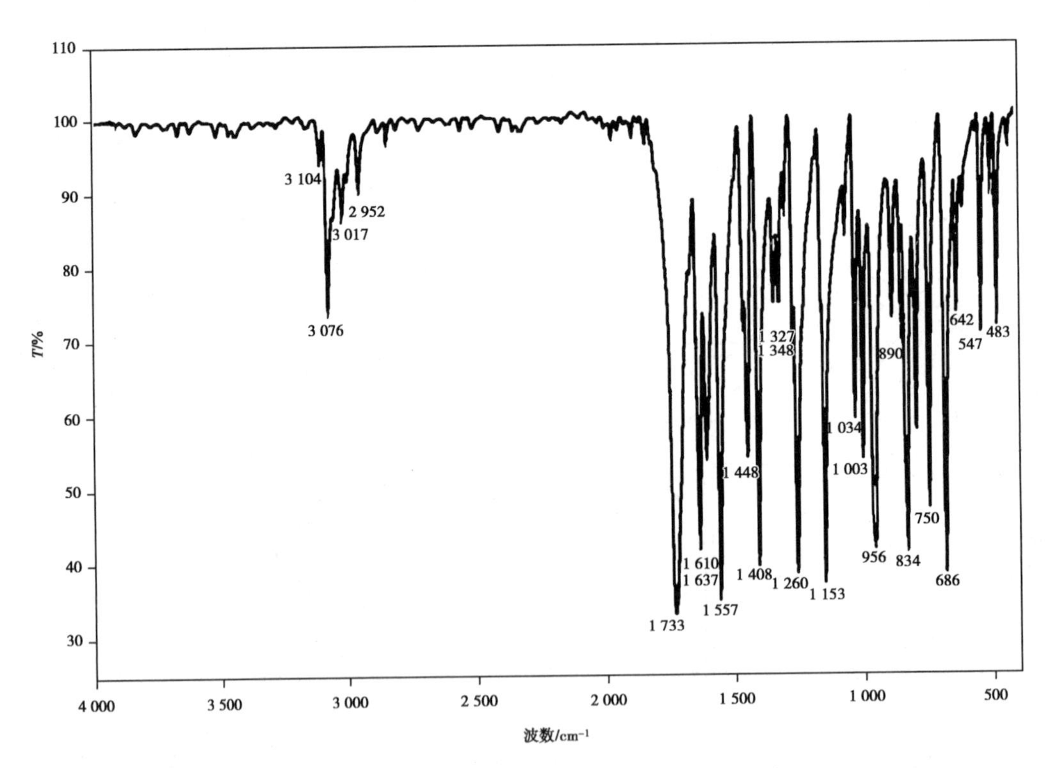

图 11-66 第十一章习题 8 的 IR 谱图（KBr 压片）

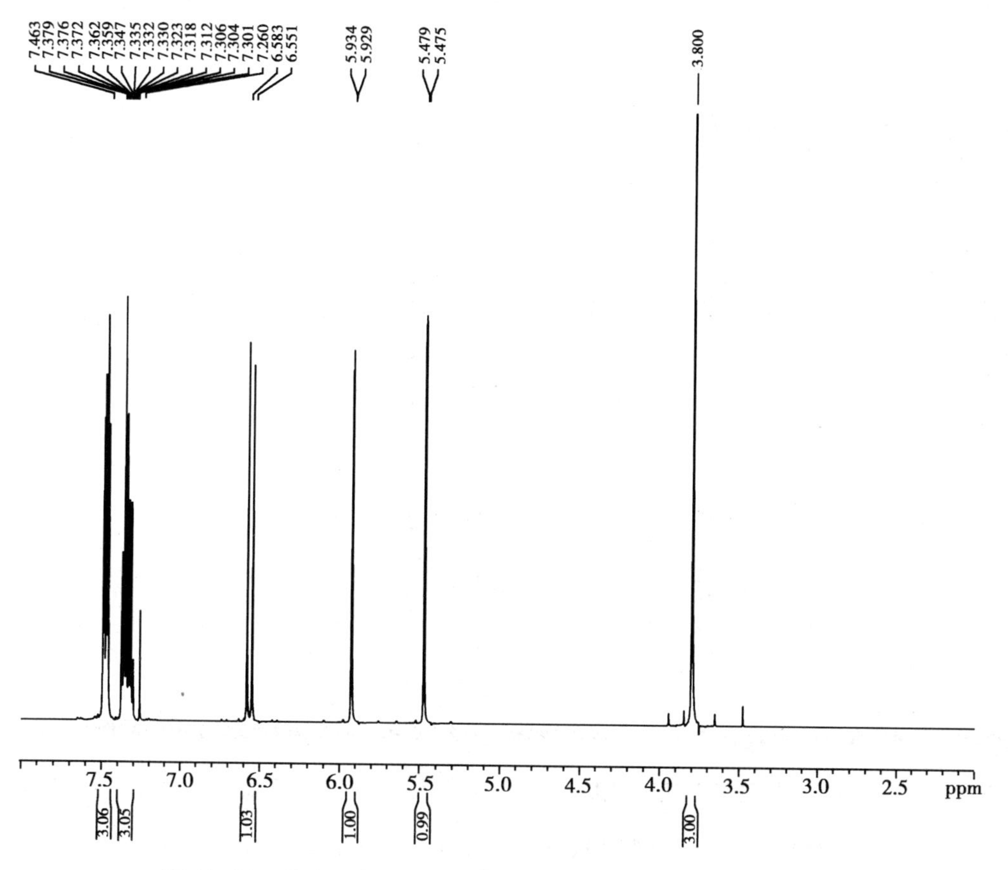

图 11-67 第十一章习题 8 的 ¹H-NMR 谱图(500MHz,$CDCl_3$)

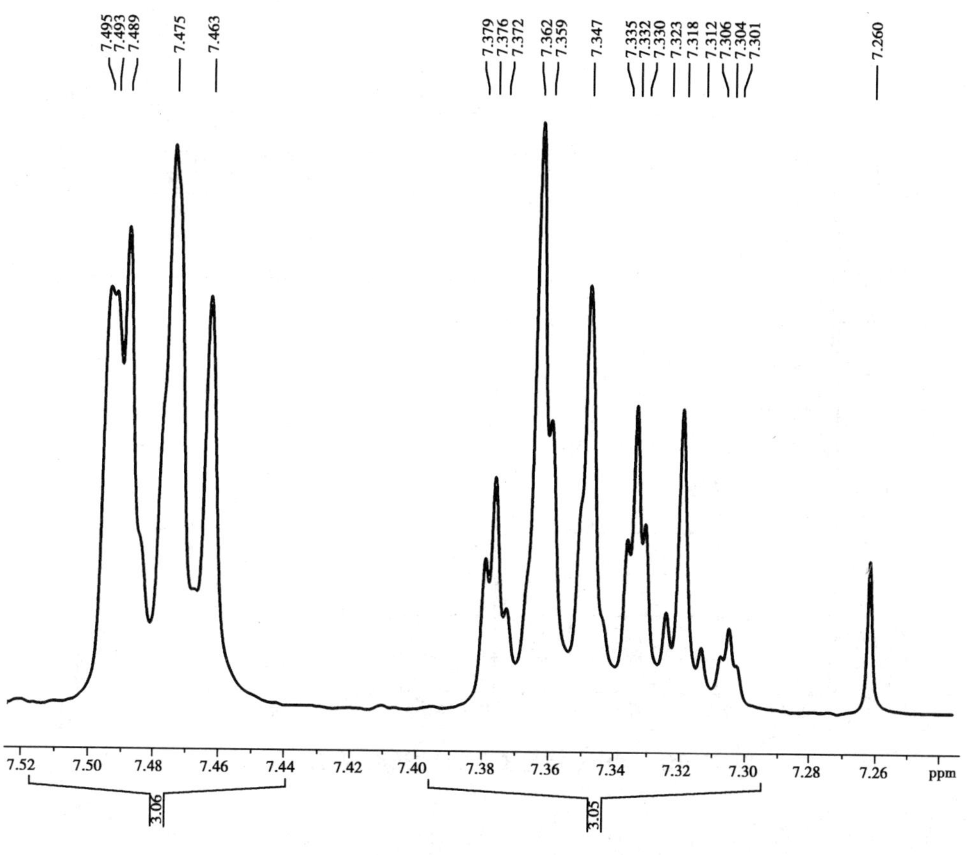

图 11-68 第十一章习题 8 的 ¹H-NMR 放大谱图(500MHz,$CDCl_3$)

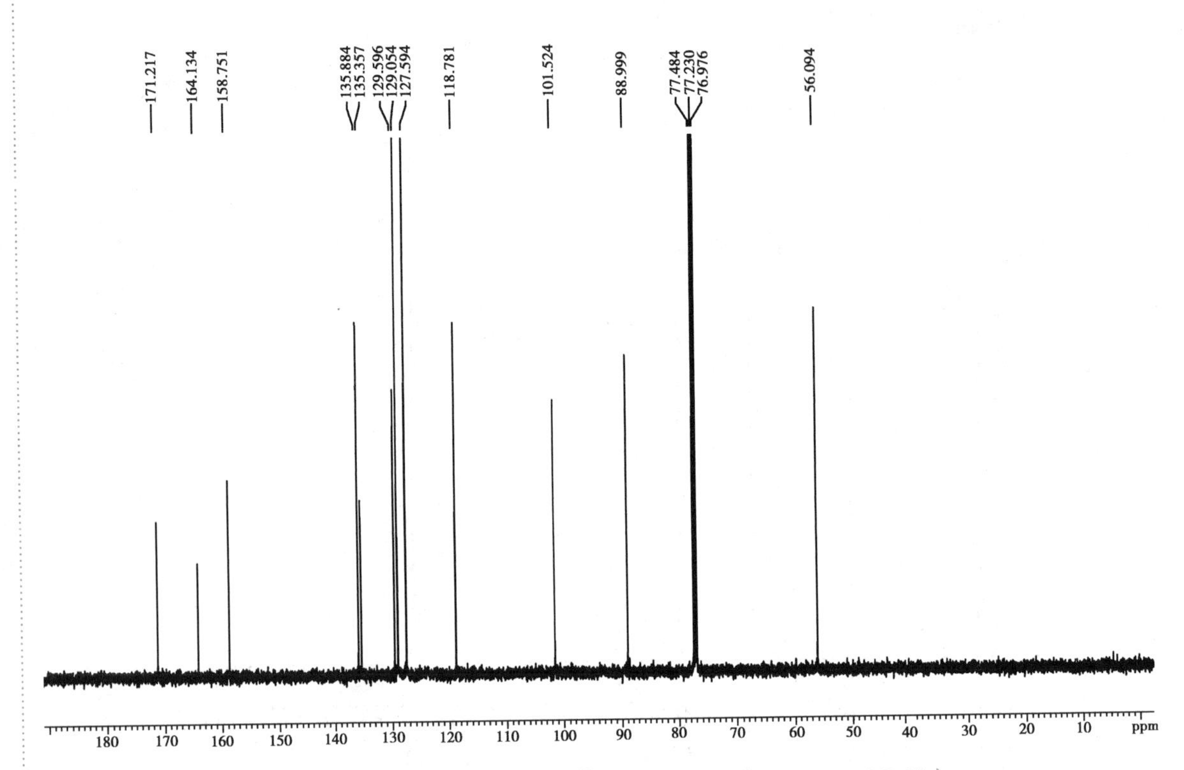

图11-69　第十一章习题8的 ^{13}C-NMR谱图(125MHz, $CDCl_3$)

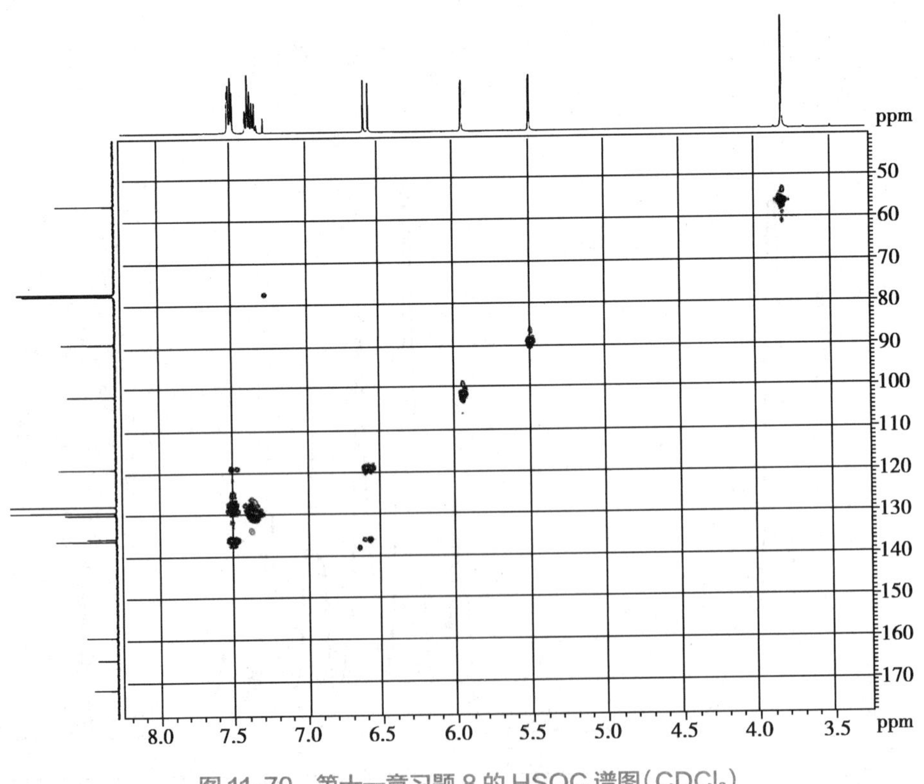

图11-70　第十一章习题8的HSQC谱图($CDCl_3$)

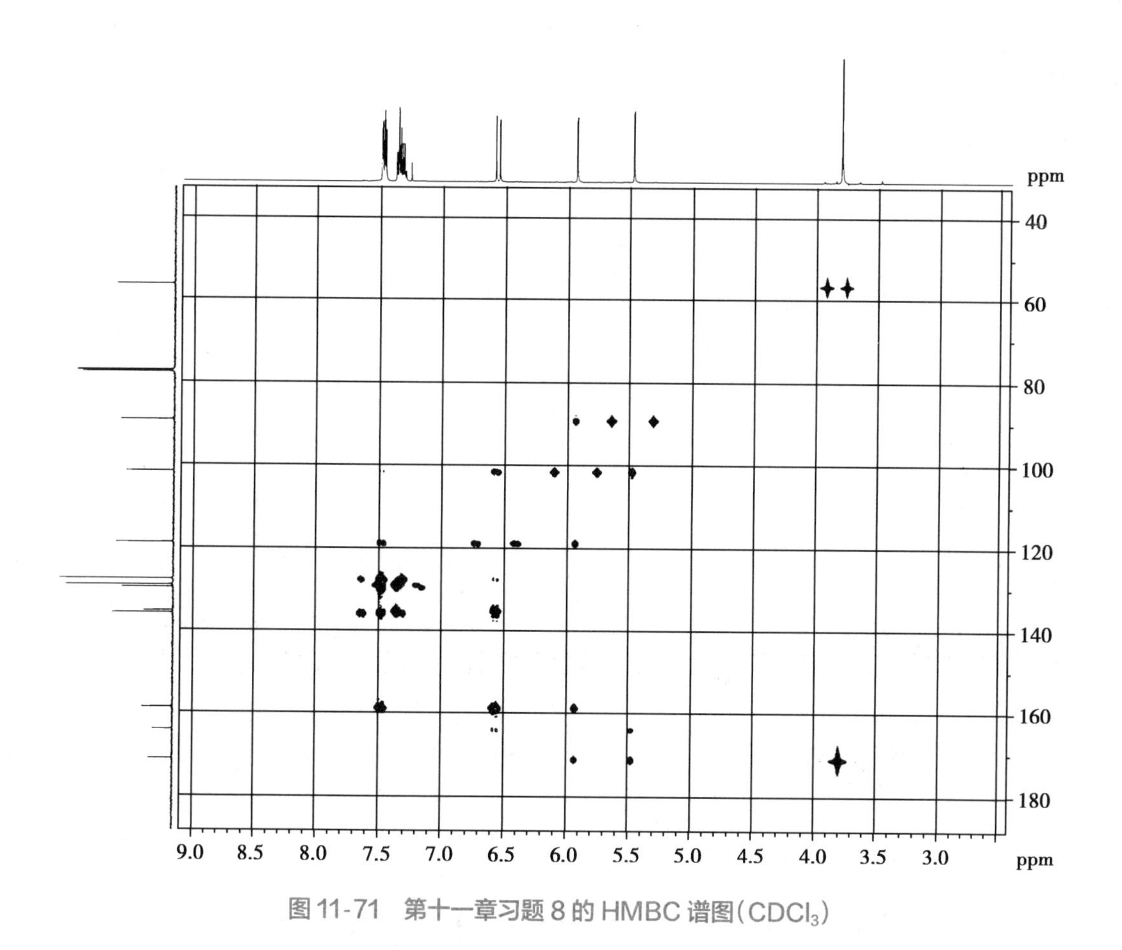

图 11-71 第十一章习题 8 的 HMBC 谱图($CDCl_3$)

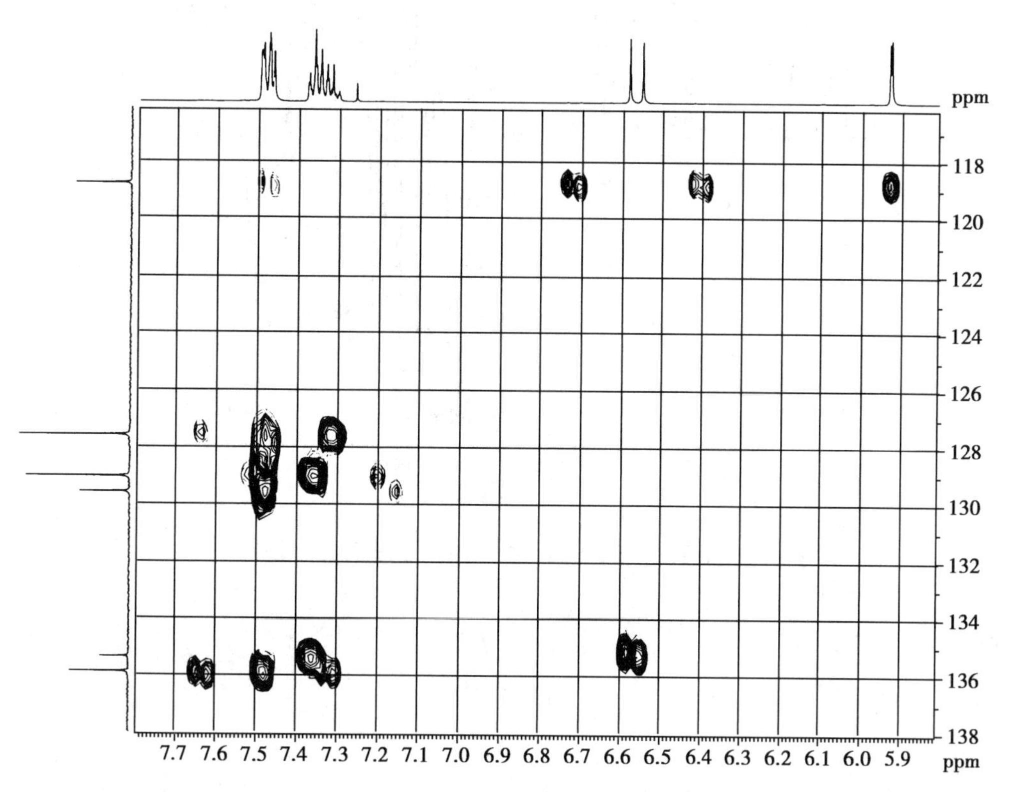

图 11-72 第十一章习题 8 的 HMBC 局部放大谱图($CDCl_3$)

9. 某化合物为白色粉末，α-萘酚-浓硫酸反应为阳性，酸水解反应获得的产物中检测到 D-葡萄糖。请根据图 11-73~图 11-79 解析该化合物的结构。

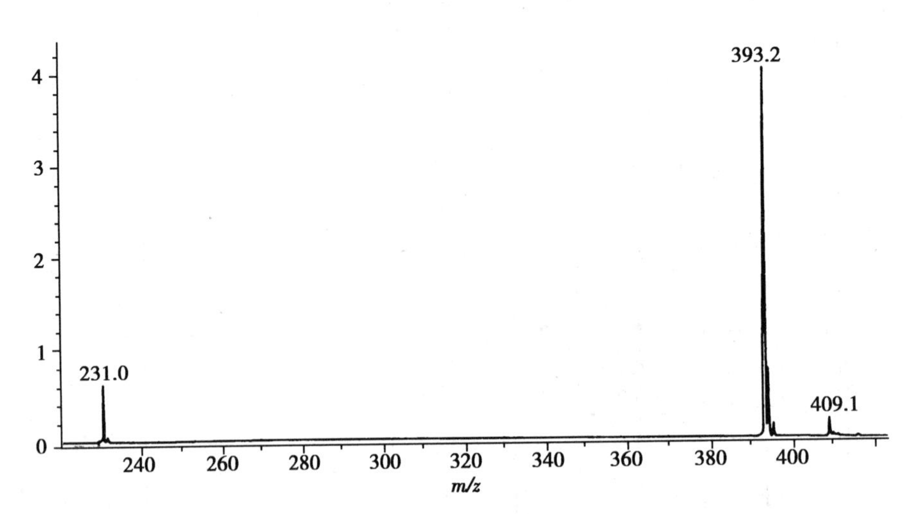

图 11-73 第十一章习题 9 的 ESI-MS 谱图（产生[M+Na]+、[M+K]+ 峰）

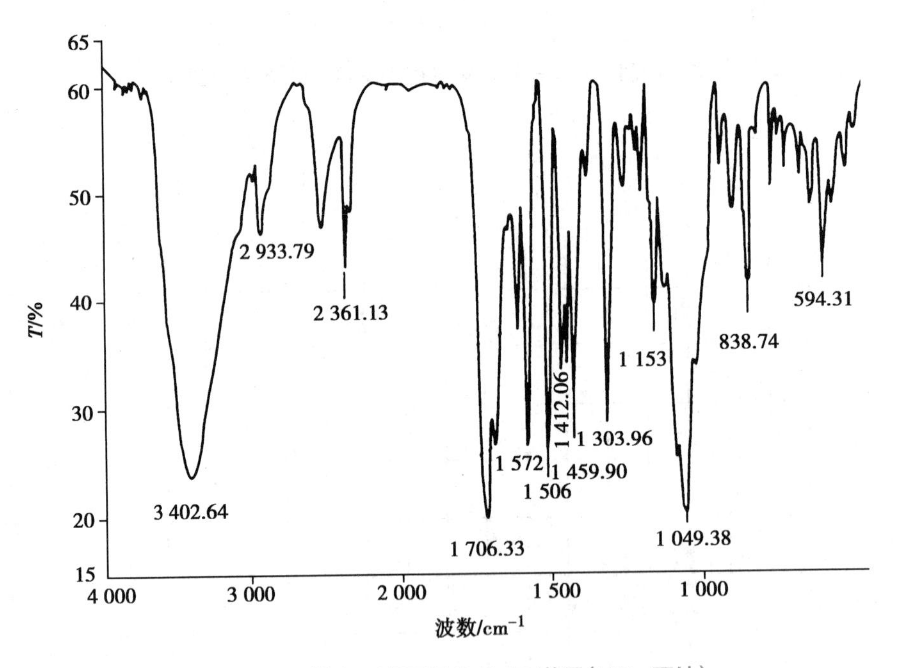

图 11-74 第十一章习题 9 的 IR 谱图（KBr 压片）

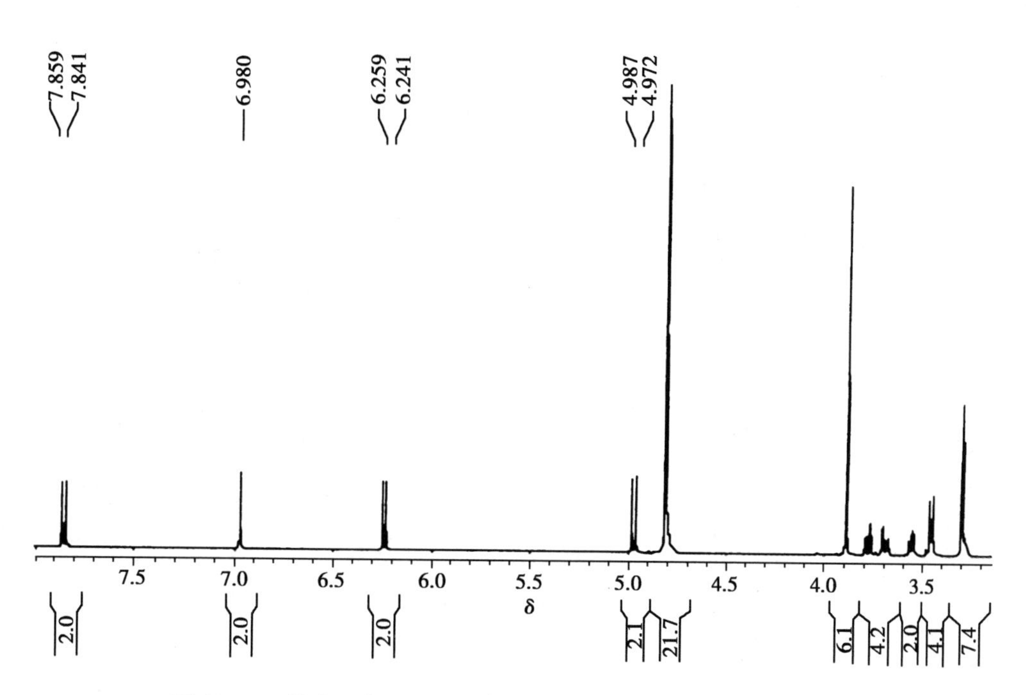

图 11-75 第十一章习题 9 的 ^{1}H-NMR 谱图(500MHz，CD_3OD)

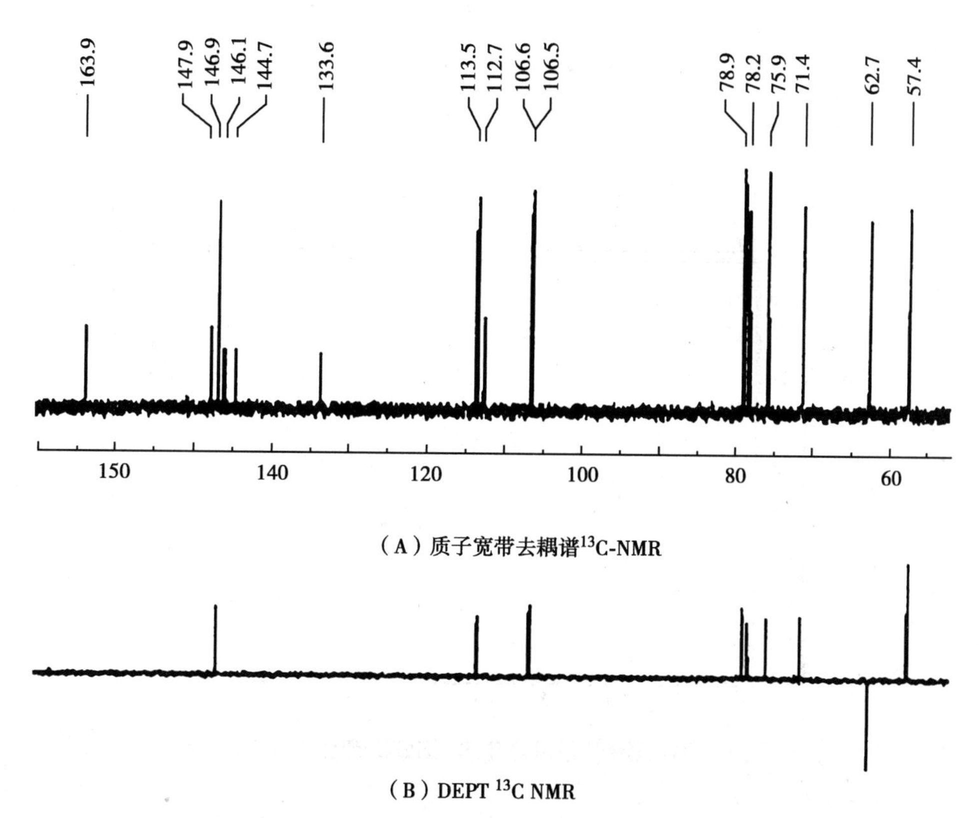

（A）质子宽带去耦谱^{13}C-NMR

（B）DEPT ^{13}C NMR

图 11-76 第十一章习题 9 的 ^{13}C-NMR 谱图(125MHz，CD_3OD)

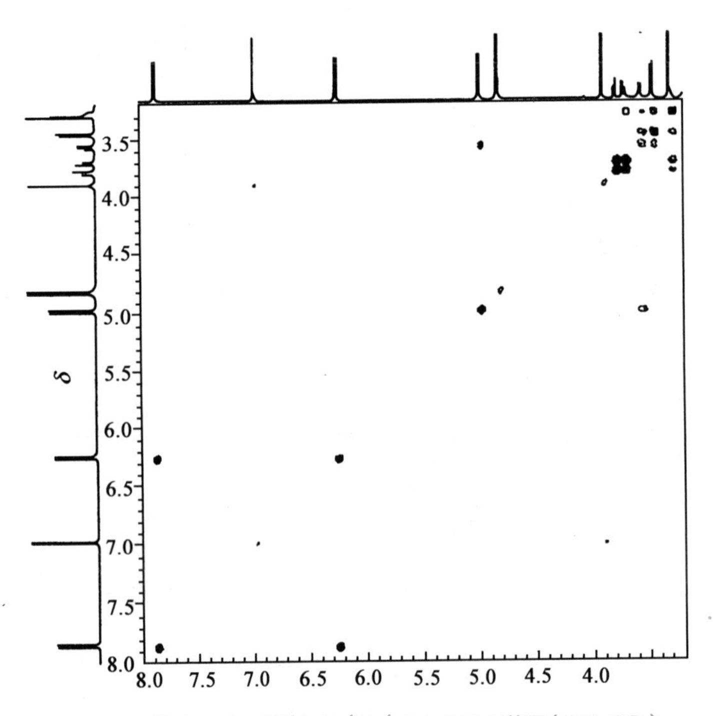

图 11-77 第十一章习题 9 的 ^{1}H-^{1}H COSY 谱图(CD_3OD)

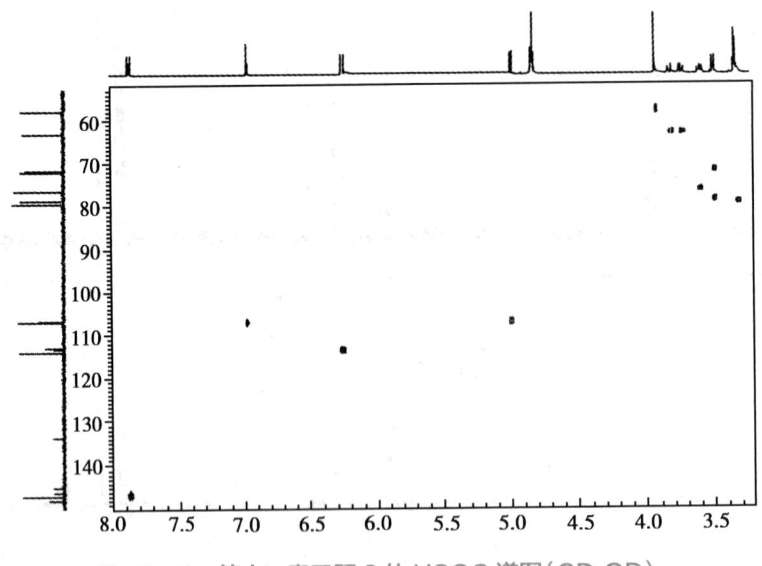

图 11-78 第十一章习题 9 的 HSQC 谱图(CD_3OD)

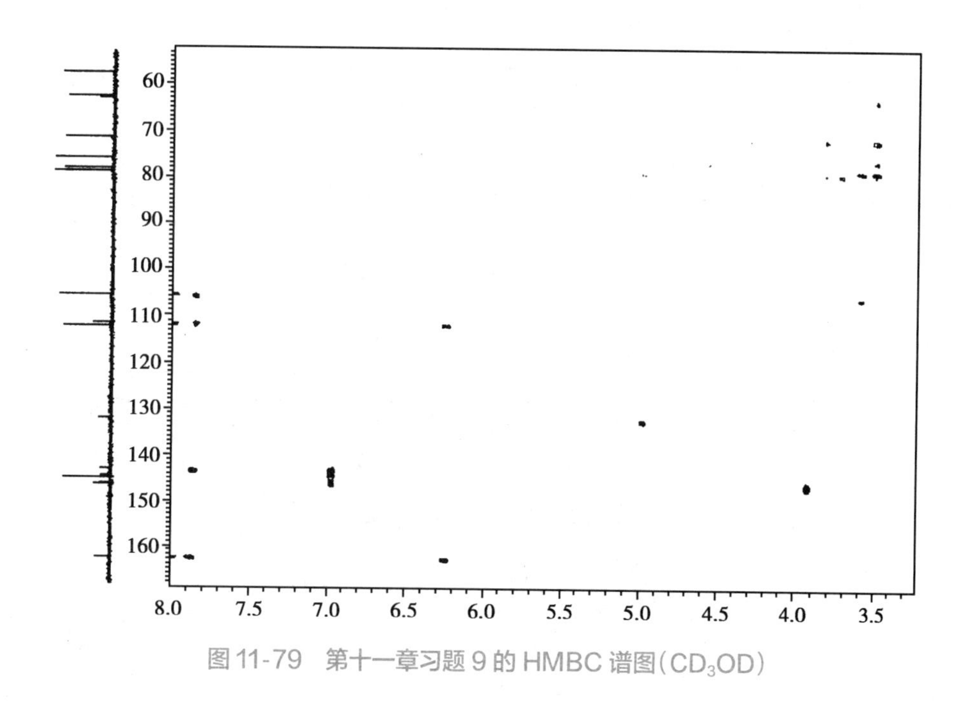

图 11-79 第十一章习题 9 的 HMBC 谱图(CD_3OD)

10. 某化合物的紫外光谱(甲醇)在 235nm 和 288nm 处有最大吸收,正离子模式下的 ESI-MS 显示准分子离子峰为 m/z 193 $[M+H]^+$,IR、^1H-NMR、^{13}C-NMR 和 DEPT 谱图如图 11-80~图 11-83 所示,试推断该化合物的结构。

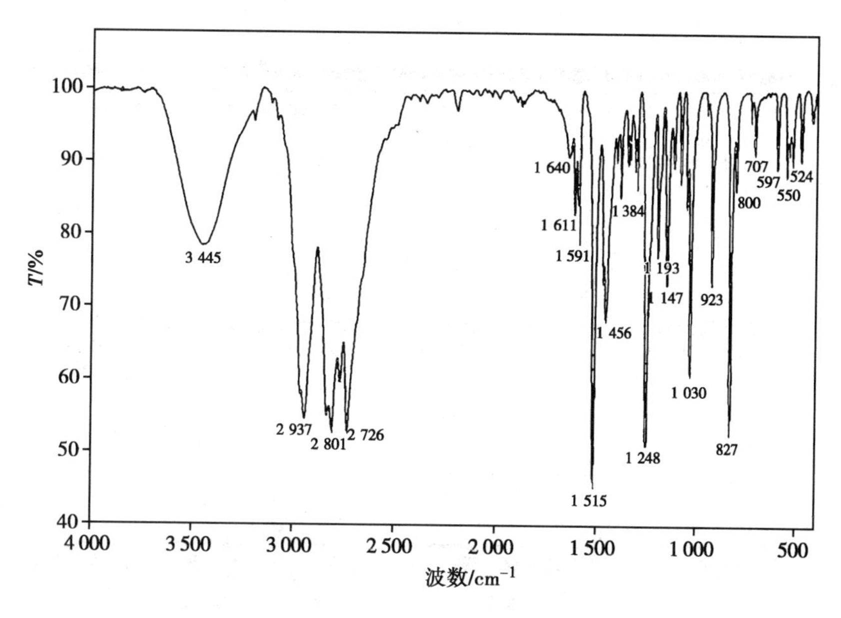

图 11-80 第十一章习题 10 的 IR 谱图(KBr 压片)

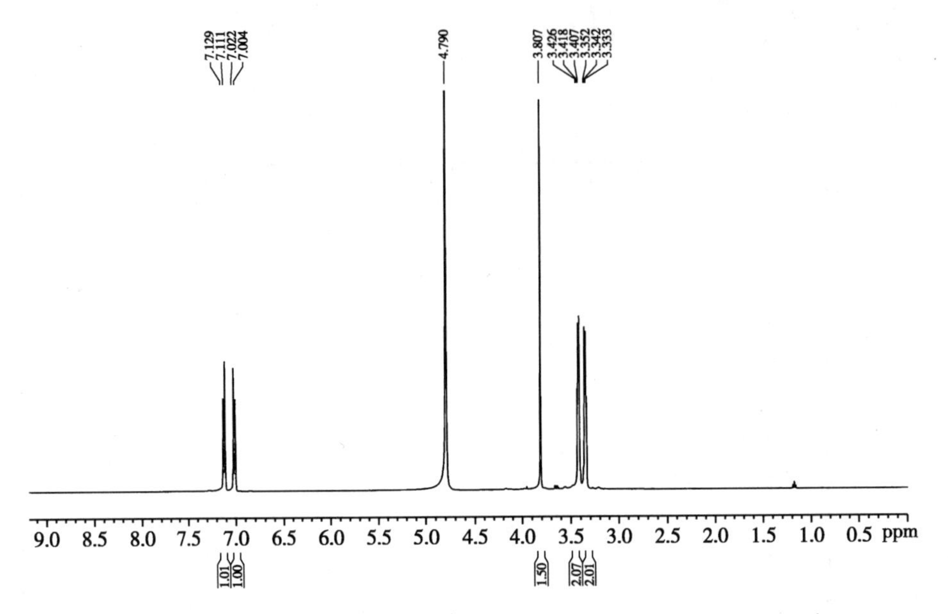

图 11-81　第十一章习题 10 的 ^{1}H-NMR 谱图(500MHz，CD_3OD)

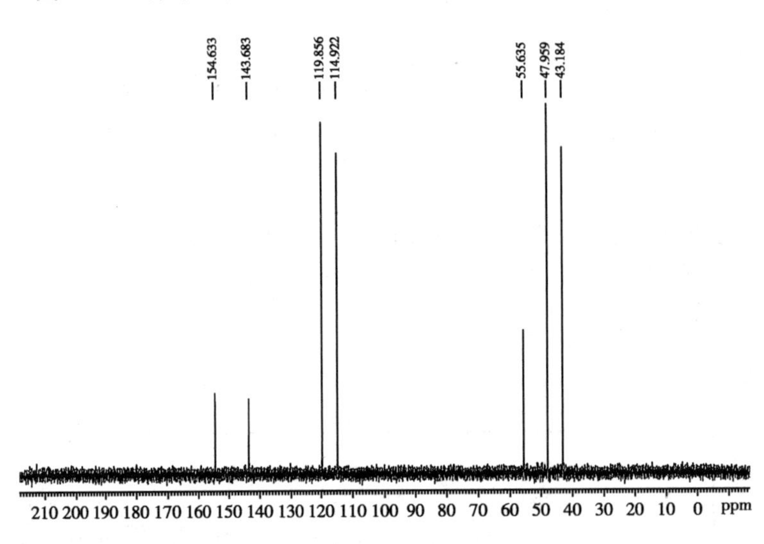

图 11-82　第十一章习题 10 的 ^{13}C-NMR 谱图(125MHz，CD_3OD)

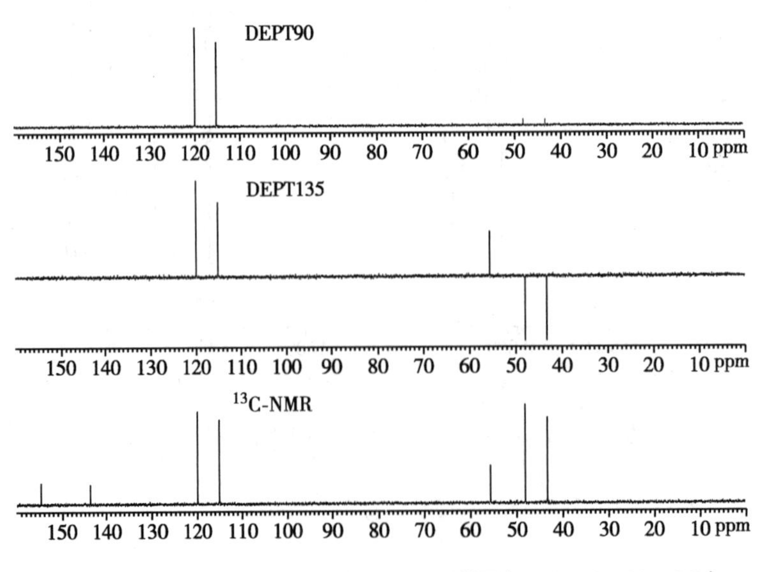

图 11-83　第十一章习题 10 的 DEPT 谱图(125MHz，CD_3OD)

11. 某化合物的 EI-MS、IR、^{1}H-NMR 和 ^{13}C-NMR 谱图如图 11-84~图 11-88 所示，试推断该化合物的结构。

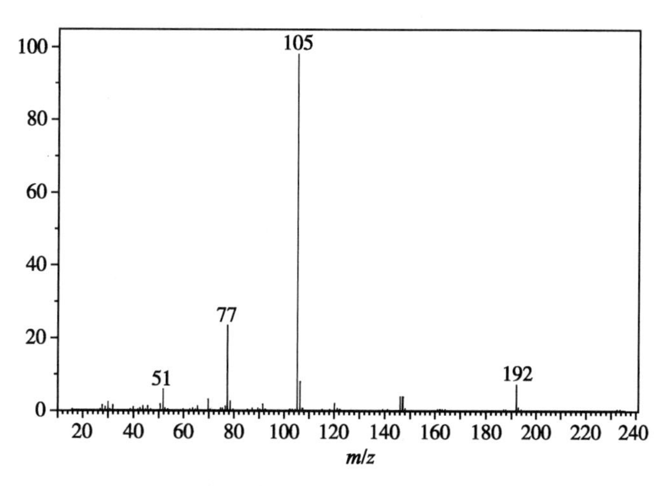

图 11-84 第十一章习题 11 的 EI-MS 谱图

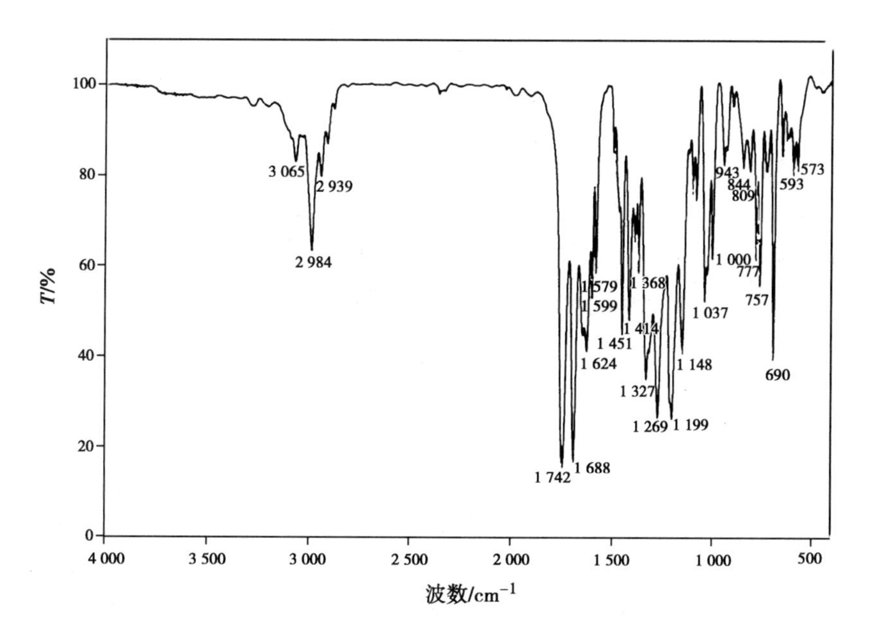

图 11-85 第十一章习题 11 的 IR 谱图（KBr 压片）

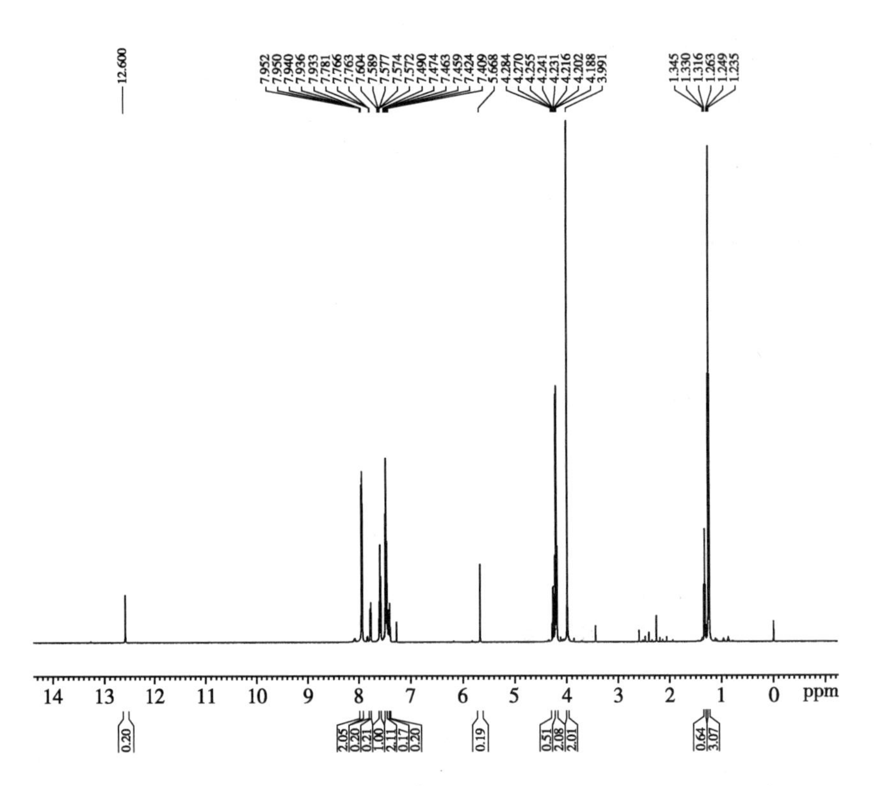

图 11-86　第十一章习题 11 的 ^{1}H-NMR 谱图(500MHz, $CDCl_3$)

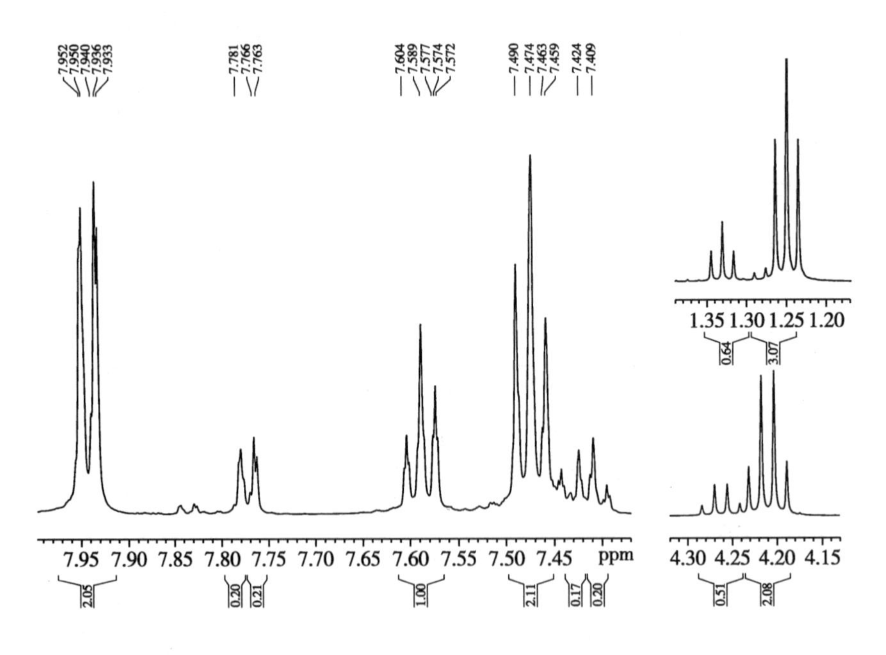

图 11-87　第十一章习题 11 的 ^{1}H-NMR 局部放大谱图(500MHz, $CDCl_3$)

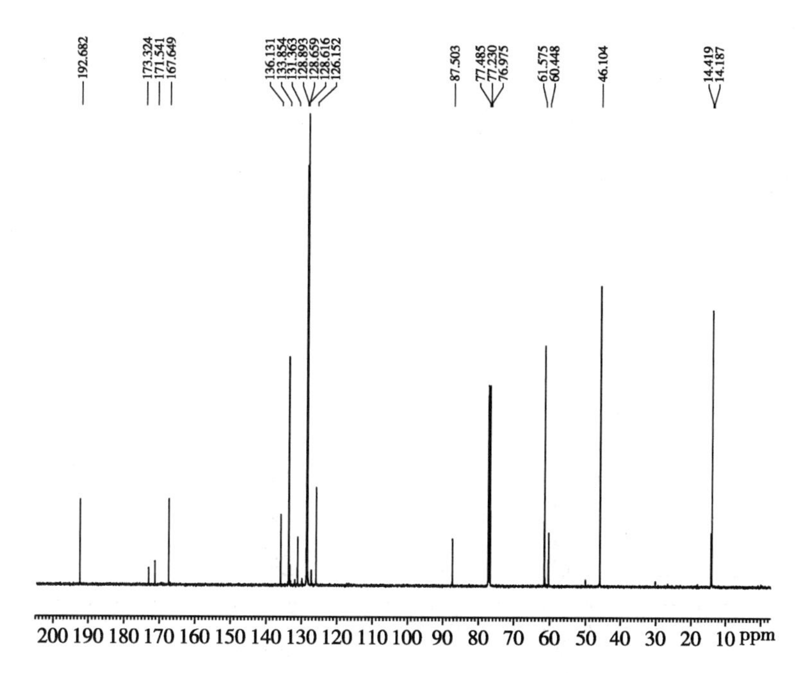

图 11-88 第十一章习题 11 的 ^{13}C-NMR 谱图(125MHz, $CDCl_3$)

12. 某天然化合物为无色针晶(甲醇),在 365nm 下可以观察到亮蓝色荧光。该化合物的正离子模式下的 ESI-MS 显示准分子离子峰为 m/z 207 $[M+H]^+$, IR、^1H-NMR 和 ^{13}C-NMR 谱图如图 11-89~图 11-91 所示,试推断该化合物的结构。

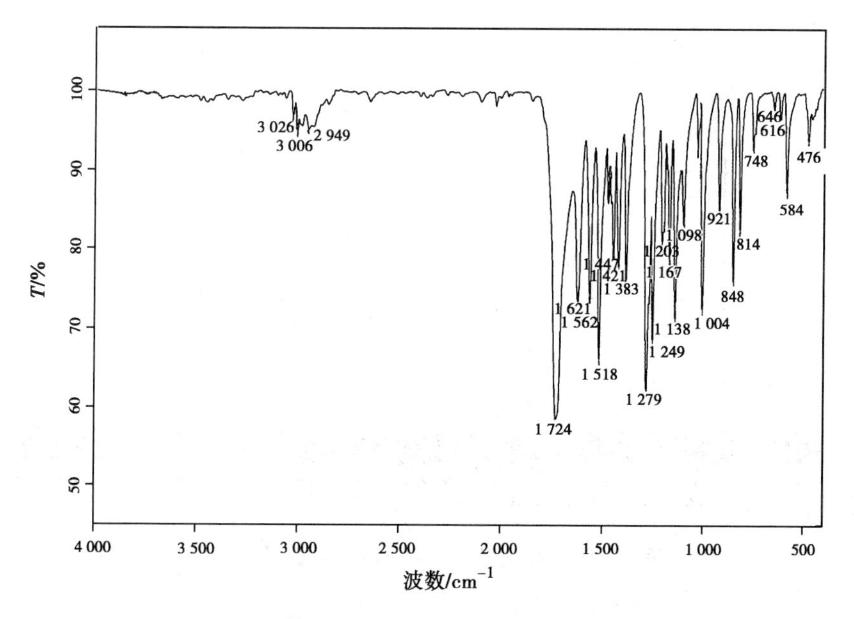

图 11-89 第十一章习题 12 的 IR 谱图(KBr 压片)

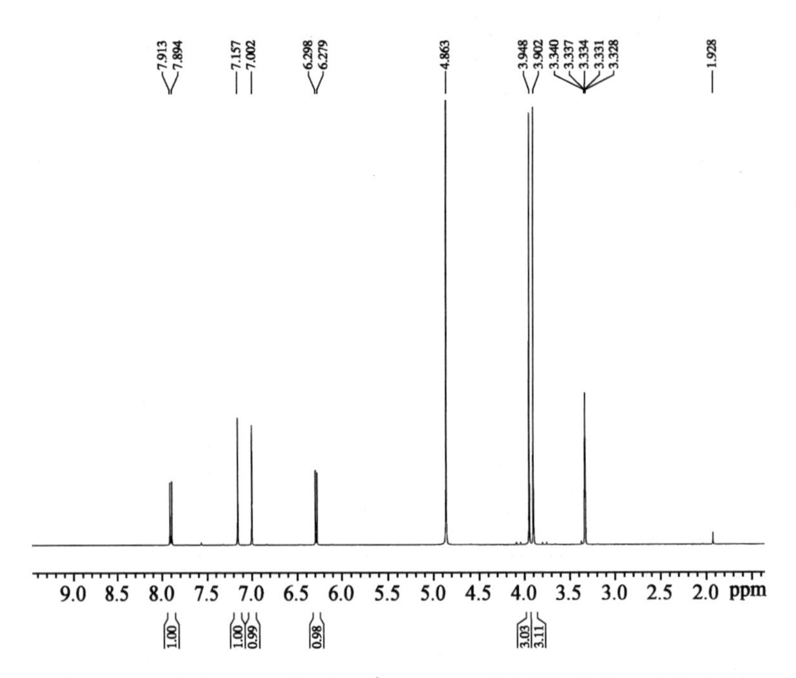

图 11-90　第十一章习题 12 的 ^{1}H-NMR 谱图(500MHz，CD_3OD)

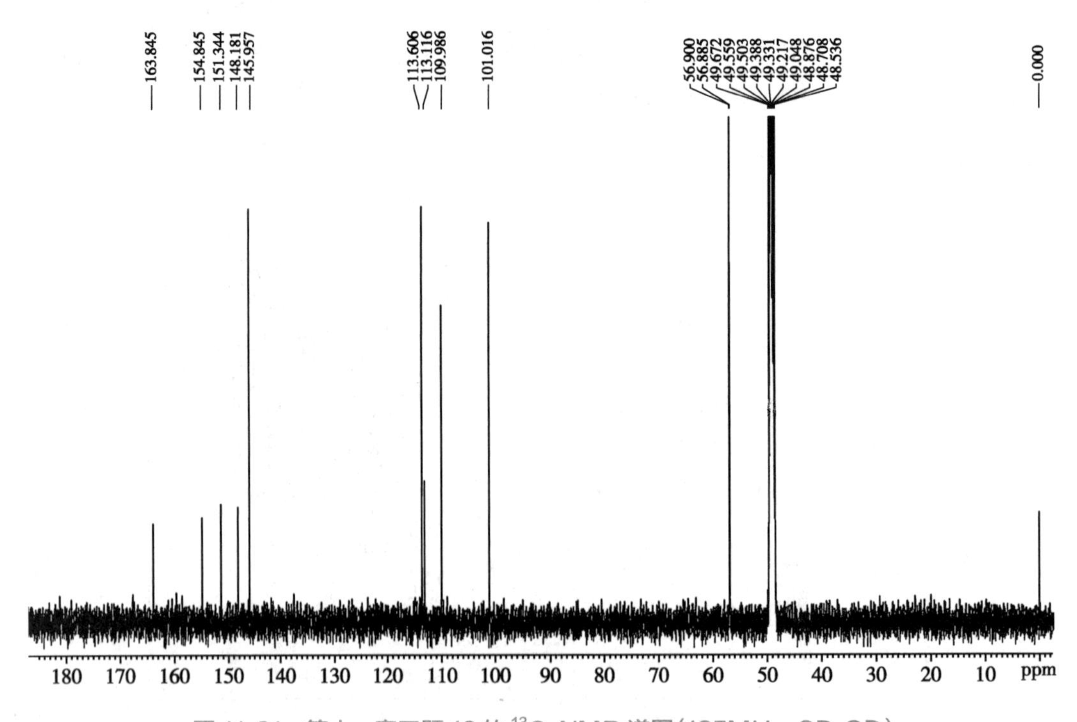

图 11-91　第十一章习题 12 的 ^{13}C-NMR 谱图(125MHz，CD_3OD)

13. 从中药山柰中分离得到某化合物，正离子模式下的ESI-MS显示准分子离子峰为 m/z 207 $[M\text{+H}]^+$，IR、^{1}H-NMR、^{13}C-NMR、HSQC和HMBC谱图如图11-92~图11-97所示，试推断该化合物的结构。

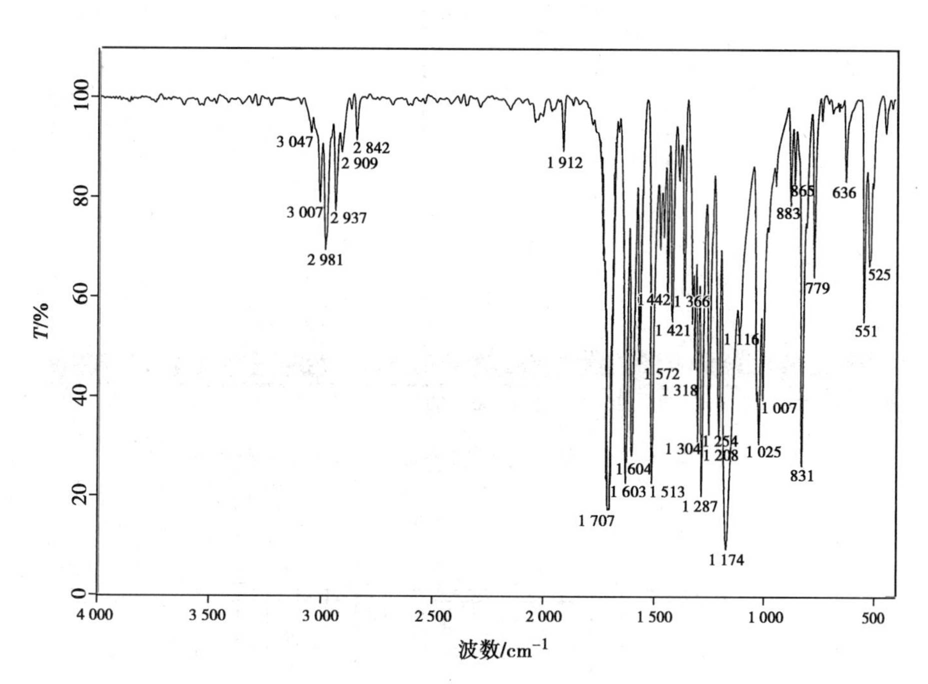

图11-92 第十一章习题13的IR谱图(KBr压片)

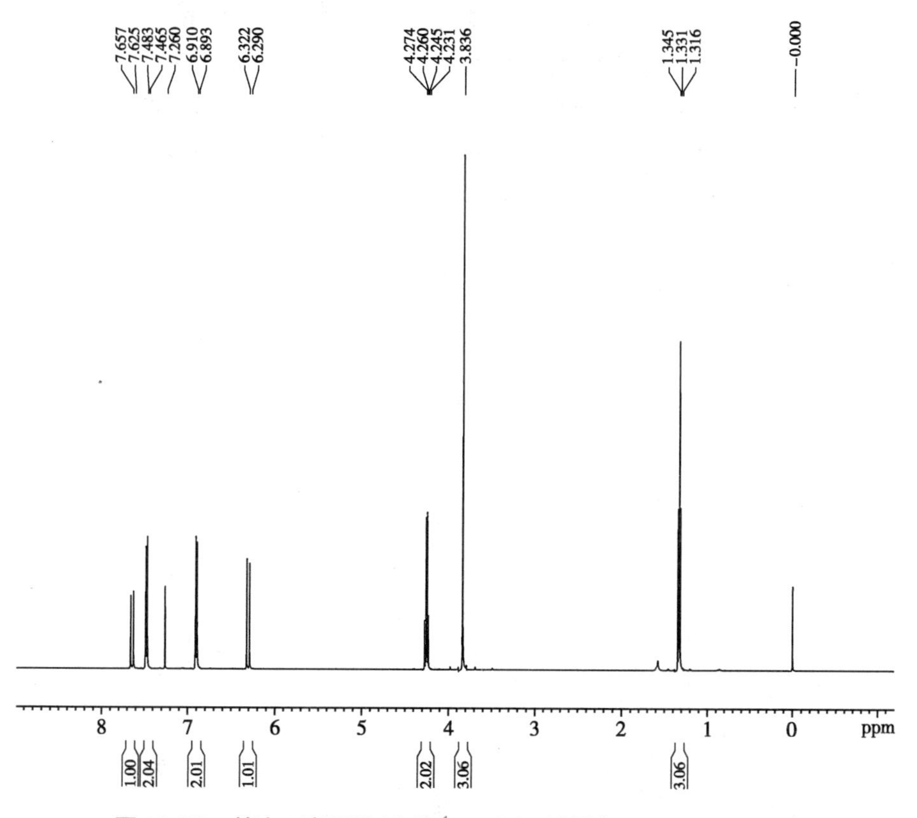

图11-93 第十一章习题13的^{1}H-NMR谱图(500MHz，$CDCl_3$)

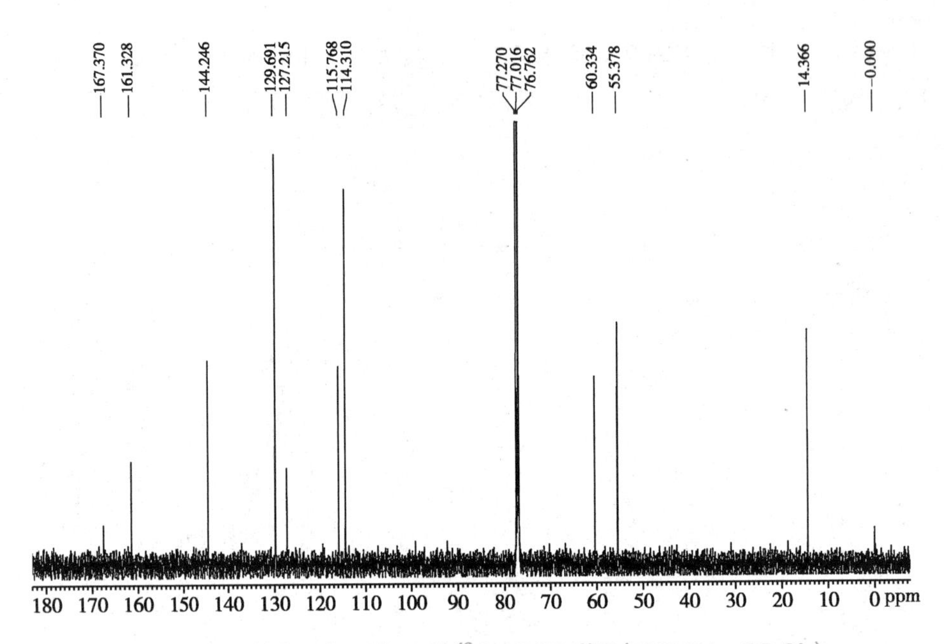

图 11-94 第十一章习题 13 的 ^{13}C-NMR 谱图(125MHz，$CDCl_3$)

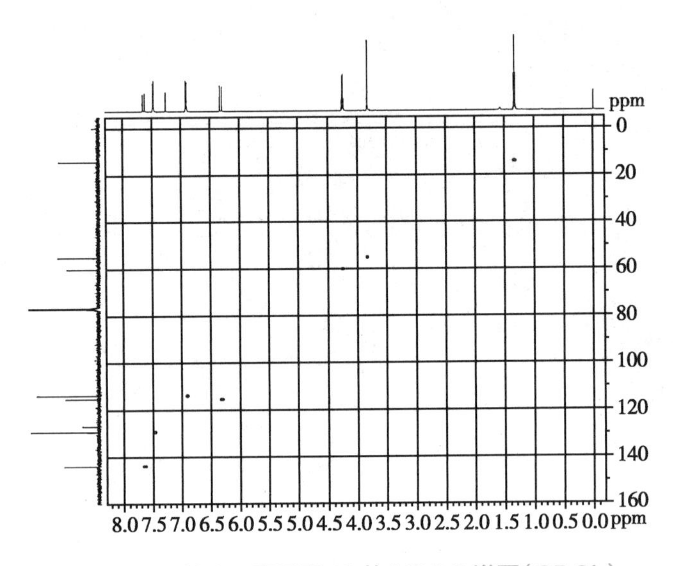

图 11-95 第十一章习题 13 的 HSQC 谱图($CDCl_3$)

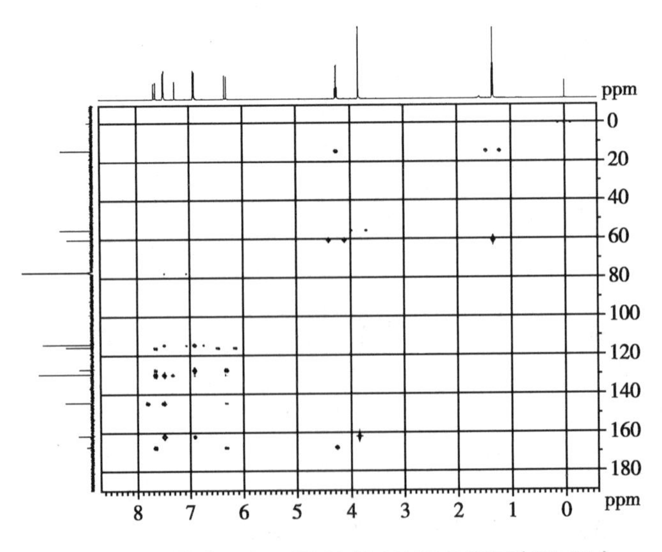

图 11-96 第十一章习题 13 的 HMBC 谱图($CDCl_3$)

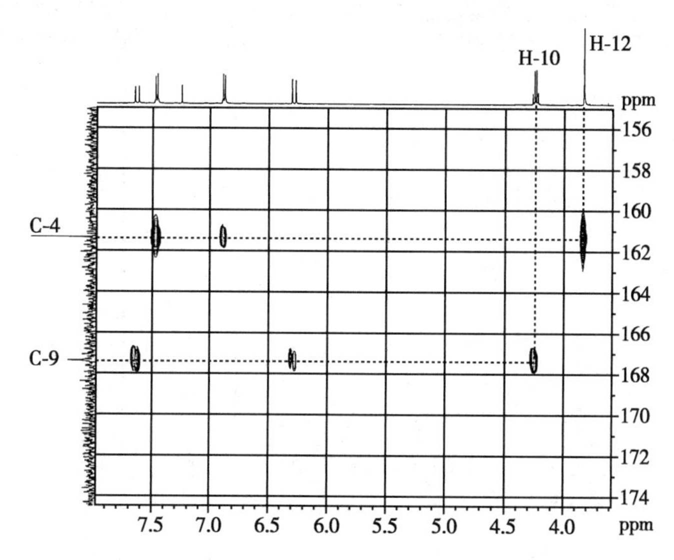

图 11-97　第十一章习题 13 的 HMBC 局部放大谱图（$CDCl_3$）

14. 某天然化合物为白色粉末，α-萘酚-浓硫酸反应为阳性（糖苷化合物的鉴别反应），酸水解反应获得的产物中检测到 D-葡萄糖。化合物的高分辨质谱（HR-ESI-MS）显示准分子离子峰为 m/z 451.124 6［M−H］$^-$。化合物的 IR、^{1}H-NMR、^{1}H-NMR 放大谱图、^{13}C-NMR、HSQC 和 HMBC 谱图如图 11-98～图 11-103 所示，试推断该化合物的结构。

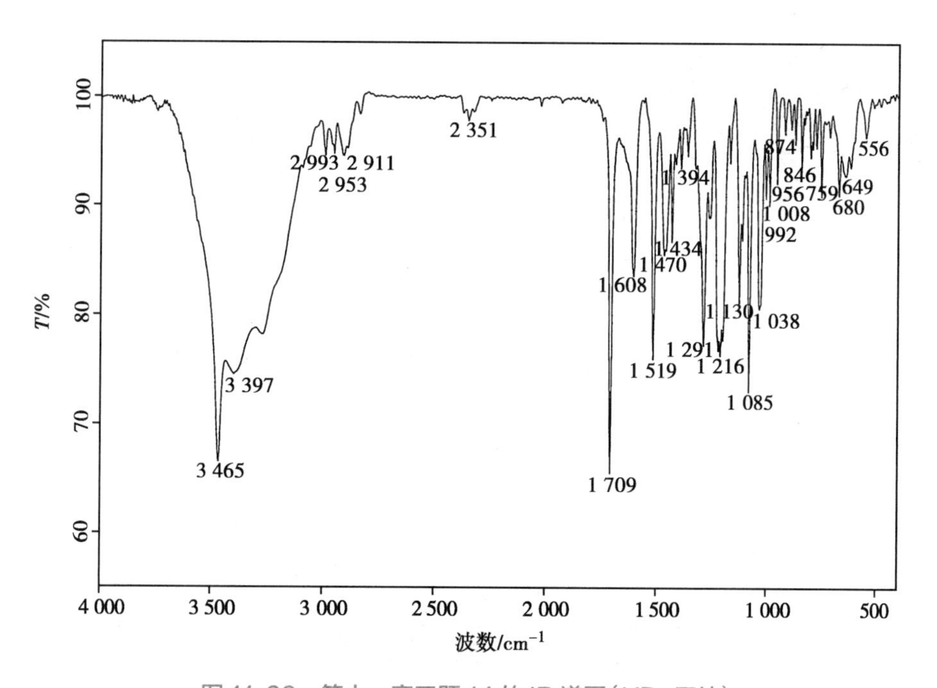

图 11-98　第十一章习题 14 的 IR 谱图（KBr 压片）

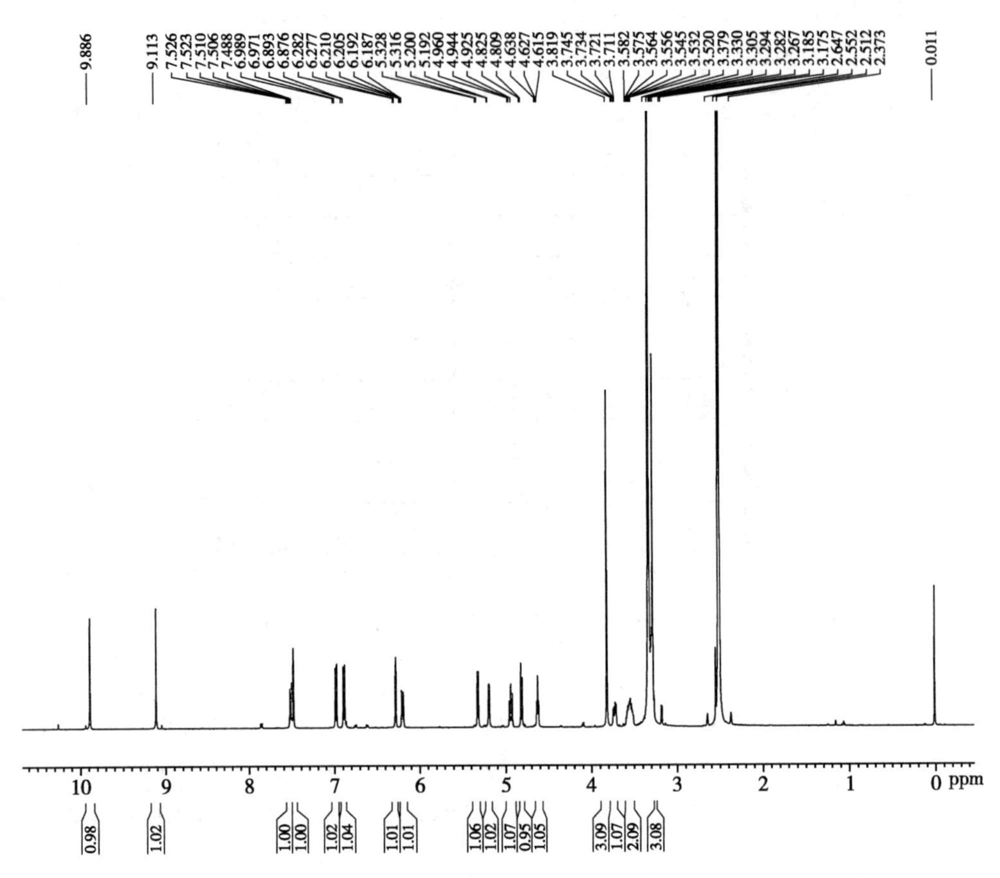

图 11-99 第十一章习题 14 的 ^{1}H-NMR 谱图(500MHz, DMSO-d_6)

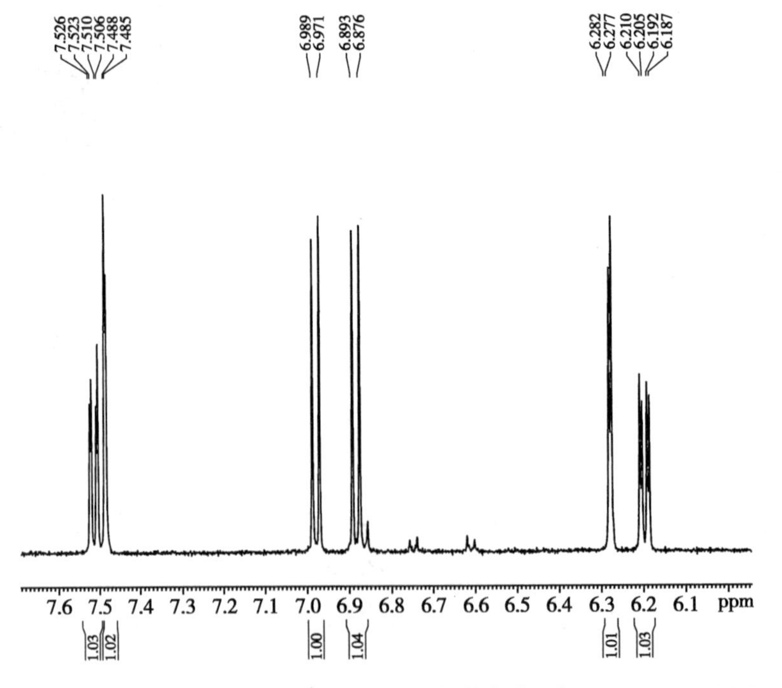

图 11-100 第十一章习题 14 的 ^{1}H-NMR 局部放大谱图(500MHz, DMSO-d_6)

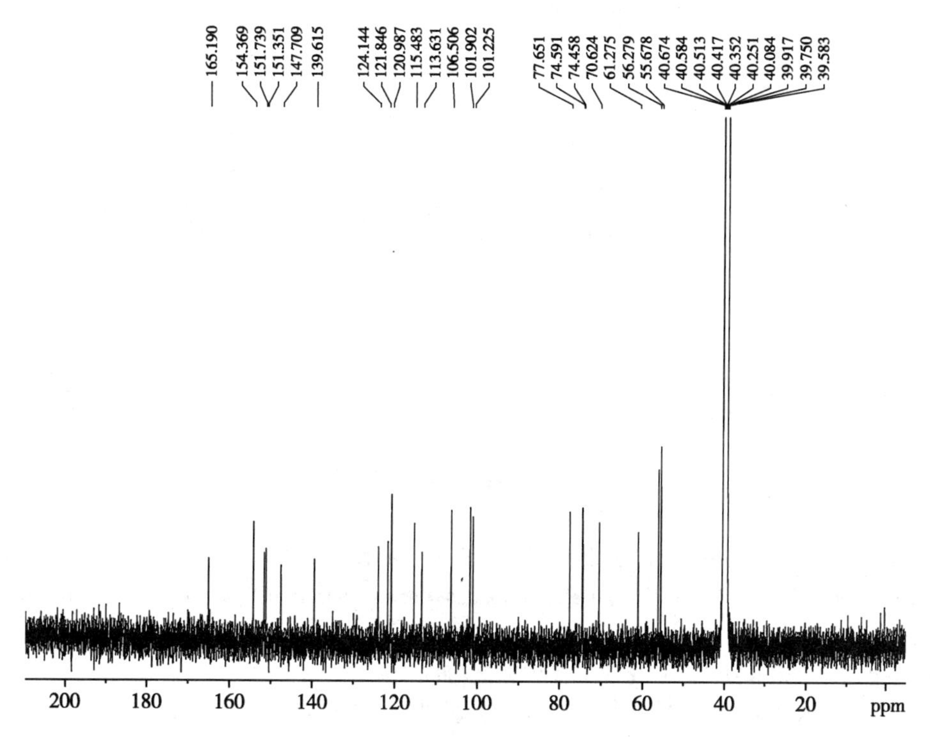

图 11-101 第十一章习题 14 的 ^{13}C-NMR 谱图(125MHz,DMSO-d_6)

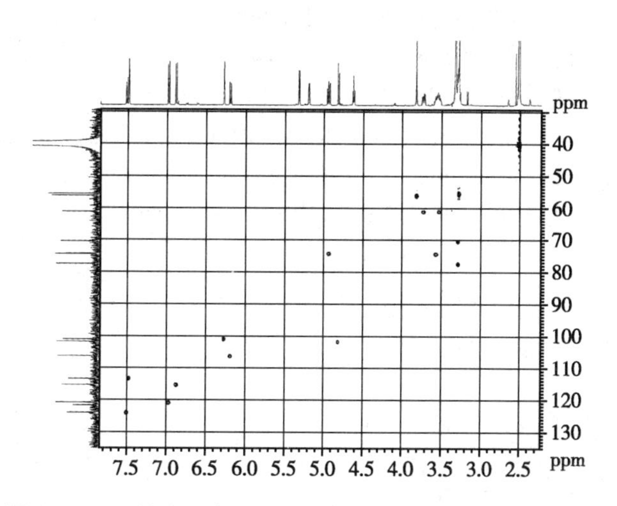

图 11-102 第十一章习题 14 的 HSQC 谱图(DMSO-d_6)

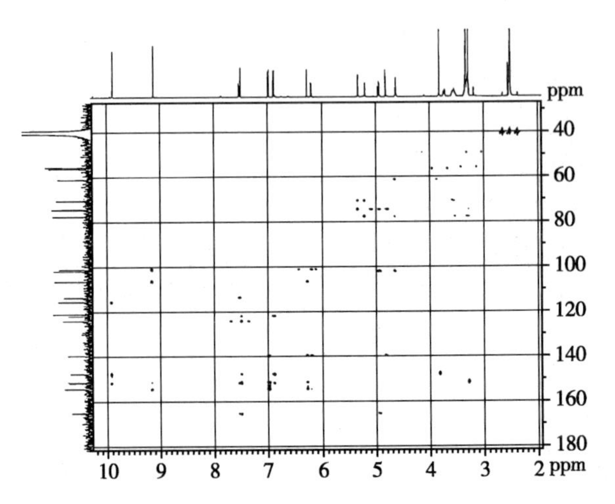

图 11-103　第十一章习题 14 的 HMBC 谱图（DMSO-d_6）

（孔令义　杨鸣华）

参考文献

[1] 吴立军. 有机化合物波谱解析. 3 版. 北京：中国医药科技出版社，2009.

[2] CHOI B R，HONG S S，HAN X H，et al. Antioxidant constituents from *Portulaca oleracea*. Natural product sciences，2005，11(4)：229-232.

[3] 张华. 现代有机波谱分析. 北京：化学工业出版社，2005.

[4] 张华. 现化有机波谱分析学习指导与综合练习. 北京：化学工业出版社，2007.

[5] 汪瑗，阿里木江·艾拜都拉. 波谱综合解析指导. 北京：化学工业出版社，2008.

[6] 邱鹰昆，高玉白，徐碧霞，等. 射干异黄酮类化合物的分离与结构鉴定. 中国药物化学杂志，2006，16(3)：175-177.

[7] 陈若芸，于德泉. 新疆藁本有效成分研究. 药学学报，1995，30(7)：526-530.

[8] 孔令义，闵知大. 大戟根化学成分的研究. 药学学报，1996，31(7)：524-529.

[9] 续洁琨，张维库，栗原博，等. 苦茶的化学成分. 中国天然药物，2009，7(2)：111-114.

[10] NECHEPURENKO I V，POLOVINKA M P，KOMAROVA N I，et al. Low-molecular-weight phenolic compounds from hedysarum theinum roots. Chemistry of natural compounds，2008，44(1)：31-34.

[11] 张盛，陶正明，张毅，等. 秃瓣杜英茎叶化学成分. 中国天然药物，2010，8(1)：21-24.

习题参考答案

第一章　绪　　论

（略）

第二章　紫 外 光 谱

1. 物质分子吸收一定波长的紫外光时，电子发生跃迁所产生的吸收光谱称为紫外光谱。分子在发生电子能级跃迁的过程中常伴有振动和转动能级的跃迁，在紫外光谱上区分不出其光谱的精细结构，因而只能呈现一些很宽的吸收带。

2. 当外层电子吸收紫外或可见辐射后，就从基态向激发态跃迁。在紫外光谱中，电子跃迁有 σ→σ*、n→σ*、π→π* 和 n→π* 四种类型。π→π* 和 n→σ* 跃迁能在紫外光谱中反映出来。

3. 分子结构中含有 π 电子的基团称为发色团，它们能产生 π→π* 或 n→π* 跃迁，从而能在紫外-可见光范围内产生吸收，如 C═C、C═O、N═N、NO_2 等。助色团是具有将发色团的吸收峰移向长波并增加其强度的作用的基团，其本身在紫外线区不产生吸收峰。助色团一般是含有孤对 p 电子的羟基（—OH）、氨基（—NH_2）、二甲胺基[—$N(CH_3)_2$]等。

4. 紫外光谱提供的信息基本上是关于分子中的发色团和助色团的信息，主要用于确定共轭结构单元、构型、构象及互变异构体，而不能提供整个分子的信息。所以只凭紫外光谱数据尚不能完全确定物质的分子结构，还必须与其他方法配合起来。

5. 摩尔吸光系数是有色物质在一定波长下的特征常数。它表示物质的浓度为 1mol/L，液层厚度为 1cm 时溶液的吸光度。

6. 助色团与发色团相连时，会使发色团的吸收峰向长波方向移动，并且增加其吸收强度。使双键红移的原因：双键的 π-π* 电子跃迁当接上助色团后变成 n-π* 跃迁，能量小于 π-π* 跃迁，所以吸收带红移。使羰基蓝移的原因：助色团上的 n 电子与羰基双键的 π 电子产生 n-π 共轭，导致 π* 轨道的能级有所提高，但这种共轭作用并没有改变 n 轨道的能级，因此 n-π* 跃迁所需的能量变大，使 n-π* 吸收带蓝移。

7. 按照洪德分子轨道理论，随着共轭多烯的双键数目增多，HOMO 的能量也逐渐增高，而 LUMO 的能量逐渐降低，所以 π 电子跃迁所需的能量 ΔE 正逐渐减小，吸收峰逐渐红移。

8. 苯胺在酸性介质中呈离子状态，不存在孤对电子，π→π* 跃迁较弱并且共轭程度减小，发生蓝移。苯酚在碱性条件下以富电子状态存在，p-π 共轭增强，发生红移。

9. π→π* 跃迁、n→π* 跃迁；B 带、E2 带、R 带。

10. 从极性溶剂到非极性溶剂，λ_1 发生蓝移，为 π→π* 跃迁；λ_2 发生红移，为 n→π* 跃迁。推测化合物为黄酮类化合物。

11. B 带是由苯核的 π→π* 跃迁所产生的吸收带，是芳香化合物的特征吸收，该化合物含有苯环；λ=319nm，ε=50 的吸收带推测此化合物含有羰基，为 n→π* 跃迁；λ=240nm，ε=13×10^4 的吸收带推测为 R 带的 π→π* 跃迁，为共轭双键。

12. 溶剂的极性大小对紫外光谱的吸收谱带的位置和强度都有较大的影响。当使用乙醇等极性溶剂时，溶剂的极性越大，能形成氢键的能力越强，n→π* 跃迁中基态的极性要强于激发态，极性大的基态 n 与极性溶剂的作用较强，能量下降较小，ΔE 变大，所以所产生的吸收峰随极性增大而向短波方向移动；π→π* 跃迁中激发态的极性要强于基态，极性大的激发态 π* 与极性溶剂的作用较强，能量下降较大，ΔE 变小，所以 π→π* 跃迁所产生的吸收峰随极性增大而向长波方向移动。

13. 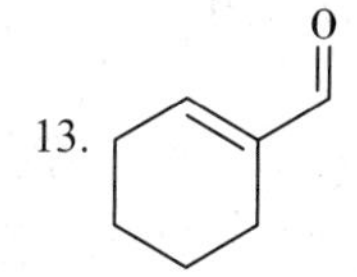

14. C=1.8×10^{-5}mol/L

15. λ_{max}：(b)＞(a)≫(c)。(b)中有两个共轭双键，存在 K 吸收带；(a)中有两个双键，而(c)中只有一个双键。

16. 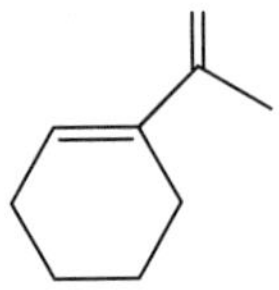 ，其反应式为 CH_3 OH CH_3 $\xrightarrow{H_2SO_4}$

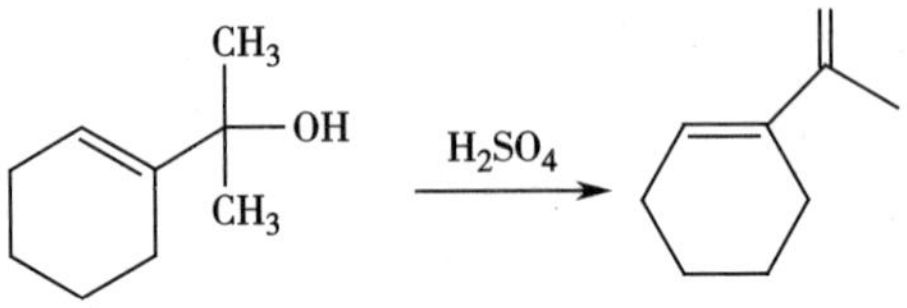

第三章 红外光谱

1. A 在大于 3 000cm^{-1} 处(3 025cm^{-1})有不饱和的 C—H 伸缩振动，而 B 在大于 3 000cm^{-1} 处没有吸收。

2. A、B 都在 1 680~1 620cm^{-1} 区间有 $\nu_{C=C}$ 的吸收，但 A 分子的对称性较高，对称伸缩振动时引起的瞬间偶极矩变化较小，吸收小、峰较弱。此外，B 为 RCH═CH_2 单取代类型，在 990cm^{-1} 和 910cm^{-1} 处有两个强的面外弯曲振动(γ_{CH})吸收峰，而 A 为 RCH═CR′H 二取代类型，在 970cm^{-1}(反式)或 690cm^{-1}(顺式)处有一个中强或强的吸收峰。

3. A、B 主要在 1 000~690cm^{-1} 区间的吸收不同。A 有三个相邻的 H 原子，通常情况下这三个相邻的 H 原子相互偶合，在 900~690cm^{-1} 区间出现两个吸收峰，即在 810~750cm^{-1} 区间有一强峰，在 725~680cm^{-1} 区间出现一中等强度的吸收峰；而 B 有两个相邻的 H，所以在 860~800cm^{-1} 区间出现一中等强度的吸收峰。

4. A、B、C 三者在 1 700~1 650cm^{-1} 区间均有强的吸收。A 在 3 000~2 500cm^{-1} 区间应有一胖而强的 O—H 伸缩振动峰，B 在 2 720cm^{-1} 和 2 820cm^{-1} 有两个中等强度的吸收峰。

5. 略

6. 略

7. 1 685cm^{-1} 处为 C═O 伸缩振动，但比一般的 C═O 低约 20cm^{-1}，是由于 C═O 与苯环共轭而使吸收能量降低。3 360cm^{-1} 处也比一般的 OH 伸缩振动低，推测是由于—OH 和 C═O 形成氢键的原因，因而结构式 A 最符合。

8. 苯甲酸甲酯

9. 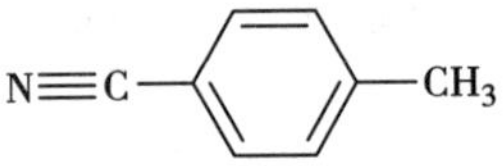 N≡C— —CH_3

10. 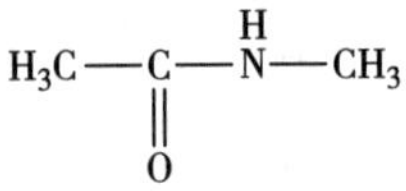 H_3C—C(═O)—N(H)—CH_3

11. 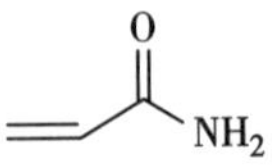 O NH$_2$

12. 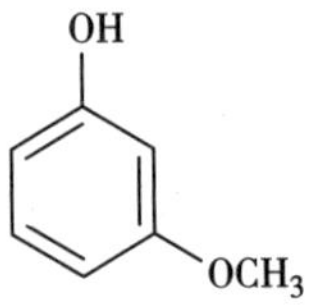 OH OCH$_3$

13.  O

14. A-(5)；B-(6)；C-(1)；D-(2)；E-(4)；F、G-(3)

第四章 氢核磁共振谱

1. (1) 化学位移的影响因素主要包括氢的核外电子云密度、磁各向异性效应、测试样品所用溶剂的种类、测试温度等因素。影响氢核外电子云密度的因素有周围基团的电负性效应和共轭效应。

(2) 目前通常用强磁场 NMR 仪测定氢核磁共振谱，因信号之间的分离度得到改善，多数信号简化为类似于一级偶合的谱图。单峰的化学位移值可从谱图中直接读出来，裂分峰氢信号的化学位移值通常取几个裂分小峰化学位移的平均值。为了简化起见，三重峰可取中间小峰的化学位移值，四重峰可取中间两个小峰(或外侧两个小峰)化学位移的平均值。化学位移的数值按照“四舍六入五留双”的原则保留到小数点后两位。

(3) 裂分峰的 J 值可以通过计算得到，如二重峰的 $J=(\delta_\alpha-\delta_\beta)\times$ 测试仪器的兆数，δ_α、δ_β 为两个裂分小峰的化学位移值；三重峰的 J 值为第一个小峰和第二个小峰的偶合常数 (J_1) 与第二个小峰和第三个小峰的偶合常数 (J_2) 的平均值，即 $J=(J_1+J_2)/2$；双二重峰的 J 值为两种偶合常数的平均值。

2. 乙醇的甲基氢信号 δ 0.95（3H，d，J=7.0Hz），乙基氢信号 δ 3.39（2H，q，J=7.0Hz）。对羟基苯甲酸结构对称，显示两组双质子二重峰，2，6-位氢 δ 7.87（2H，d，J=7.7Hz），3，5-位氢 δ 6.80（2H，d，J=8.3Hz）。

3. ^{1}H-NMR 谱图的芳香区 δ 7.78（2H，d，J=8.4Hz）和 6.92（2H，d，J=8.4Hz）出现两组一氢二重峰信号，偶合常数均为 J=8.4Hz，推测存在对称苯环结构。δ 9.76（1H，s）提示结构中存在醛基氢信号，因此确定化合物为对羟基苯甲醛。

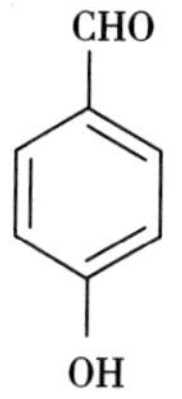

CHO

OH

对羟基苯甲醛

4. ^{1}H-NMR 谱图中 δ 1.0 附近的甲基为二重峰，积分值为 6，说明为与叔碳相连的两个甲基；δ 3.5 附近的单峰为甲氧基信号；δ 4.0 处的单氢信号为多重峰，为连氧原子的叔碳氢。故其结构为 $H_3C—CH—OCH_3$（CH 上连 CH_3）。

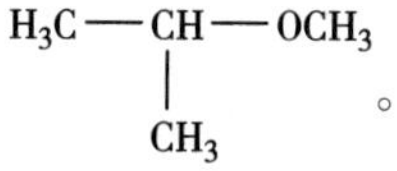

5. ^{1}H-NMR 谱图中 δ 7.72（2H，d，J=9.0Hz）和 δ 6.68（2H，d，J=9.0Hz）两个信号峰显示有个对位取代苯环存在；δ 3.06（6H，s）为两个对称取代的甲基，其化学位移值较普通甲基位于较低场，提示与吸电子基团相连，分子式显示结构中有 1 个氮原子，提可能为偕氮二甲基；根据分子式为 $C_9H_{11}NO$，除去对位取代苯环和偕氮二甲基外，还有 C、H、O 各一个，应为—CHO，低场 δ 9.72（1H，s）处的单峰也证明醛基的存在。苯环上的信号归属为 δ 7.72（2H，d，J=9.0Hz，2，6-H）和 6.68（2H，d，J=9.0Hz，3.5-H）。

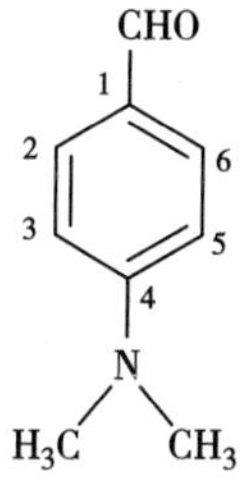

CHO 1 2 6 3 5 4 N H_3C CH_3

6. ^{1}H-NMR 谱图中，芳香区 5 个氢质子，其中 δ 7.58（1H，d，J=15.9Hz）和 6.30（1H，d，J=15.9Hz）为反式双键上的特征氢信号，δ 7.17（1H，d，J=1.7Hz）、7.05（1H，dd，J=8.2Hz、1.7Hz）和 6.80（1H，d，J=8.2Hz）为苯环 ABX 系统的氢信号。δ 3.89 为一个甲氧基信号。确定该化合物为阿魏酸。

信号归属：δ 7.17（1H，d，J=1.7Hz，H-2），δ 7.05（1H，dd，J=8.2Hz、1.7Hz，H-6），δ 6.80（1H，d，J=8.2Hz，H-5），δ 6.30（1H，d，J=15.9Hz，H-α），δ 7.58（1H，d，J=15.9Hz，H-β），δ 3.89（3H，s，—OCH_3）。

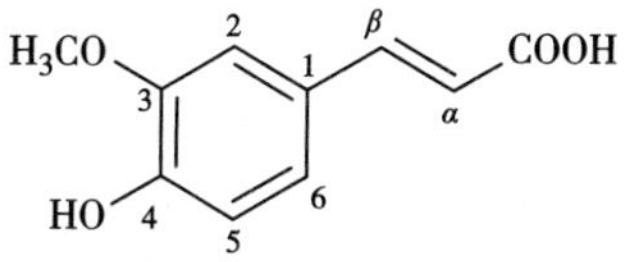

H_3CO 2 β 1 COOH 3 α HO 4 5 6

阿魏酸

7. ^{1}H-NMR 谱图的芳香区共 3 个氢，即 δ 6.89（1H，s）、6.78（1H，d，J=8.0Hz）和 6.71（1H，d，J=8.0Hz）构成苯环的一个 ABX 系统。此外，在 δ 3.79（3H，s）有一个甲氧基信号，在 δ 2.75（2H，t，J=7.7Hz）、2.39（2H，t，J=7.7Hz）处的两个双氢三重峰信号提示存在—CH_2—CH_2—结构单元，δ 2.75 处的亚甲基出现在较低场，提示与—COOH 相连。确定该化合物为氢化阿魏酸。

信号归属：δ 6.89（1H，s，H-2），6.78（1H，d，J=8.0Hz，H-5），6.71（1H，d，J=8.0Hz，H-6），2.75（2H，t，J=7.7Hz，H-β），2.39（2H，t，J=7.7Hz，H-α），3.79（3H，s，—OCH_3）。

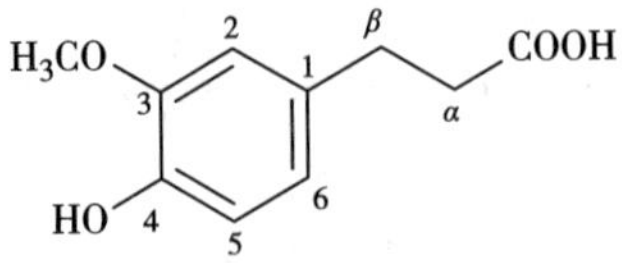

氢化阿魏酸

8. ^{1}H-NMR 谱图的芳香区共 3 个氢，即 δ 7.10（2H，d，J=7.6Hz）和 6.77（2H，d，J=7.8Hz）构成苯环的一个 AA′BB′系统。此外，在 δ 2.74（2H，t，J=7.8Hz）和 2.39（2H，t，J=7.8Hz）处出现两个双氢三重峰信号，提示存在—CH_2—CH_2—结构单元，δ 2.74 处的亚甲基出现在较低场，提示与—COOH 相连。确定该化合物的结构为对羟基苯丙酸。

信号归属：7.10（2H，d，J=7.6Hz，H-2、6），6.77（2H，d，J=7.8Hz，H-3、5），2.74（2H，t，J=7.8Hz，H-β），2.39（2H，t，J=7.8Hz，H-α）。

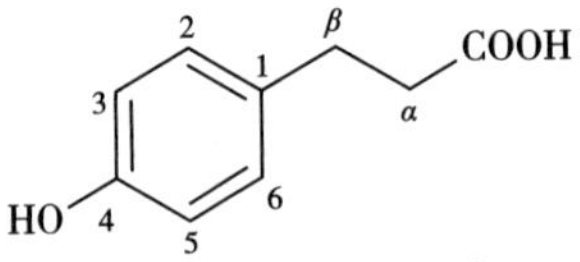

对羟基苯丙酸

9. ^{1}H-NMR 谱图中共有 9 个氢，在 δ 6.94 和 6.79 处出现两个单质子二重峰，偶合常数为 16.4Hz，是一个典型的反式双键氢信号；δ 7.34（2H，d，J=8.6Hz）和 6.75（2H，d，J=8.6Hz）是苯环对位取代时形成 AA′BB′系统的信号峰；δ 6.44（2H，d，J=2.2H）和 6.16（1H，t，J=2.2Hz）是间位三取代苯环的氢质子信号峰，且该苯环中含对称结构。

信号归属：δ 6.44（2H，d，J=2.2Hz，H-2、6），6.16（1H，t，J=2.2Hz，H-4），6.79（1H，d，J=16.4Hz，H-α），6.94（1H，d，J=16.4Hz，H-β），7.34（2H，d，J=8.6Hz，H-2′、6′），6.75（2H，d，J=8.6Hz，H-3′、5′）。

第五章　碳核磁共振谱

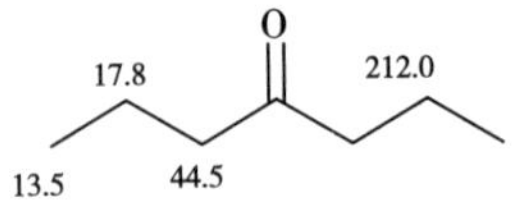

5-1 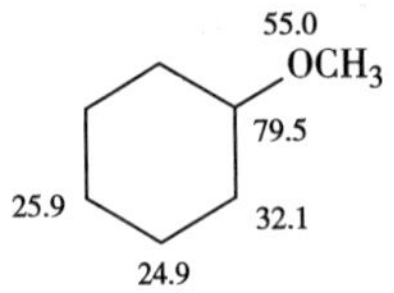　5-2 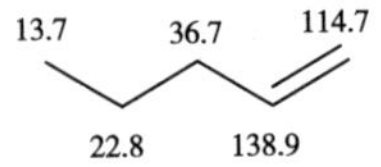　5-3 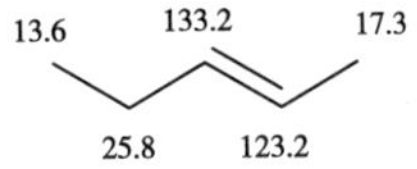　5-4

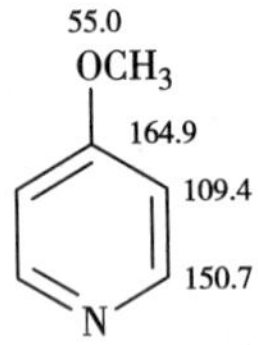

5-5 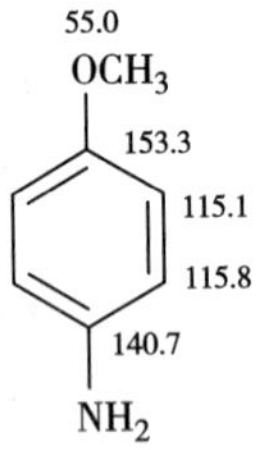　5-6 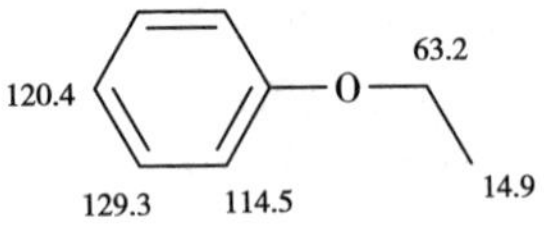　5-7 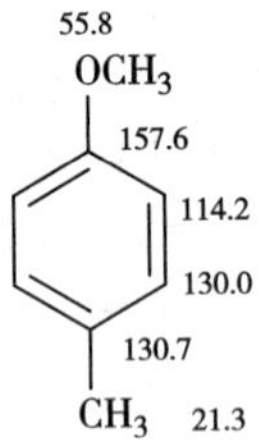　5-8

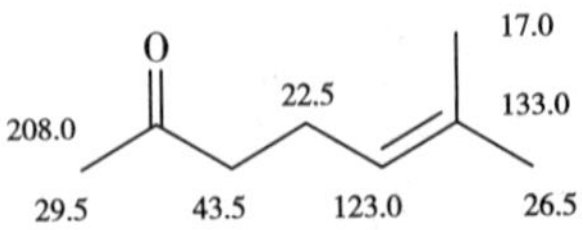

5-9 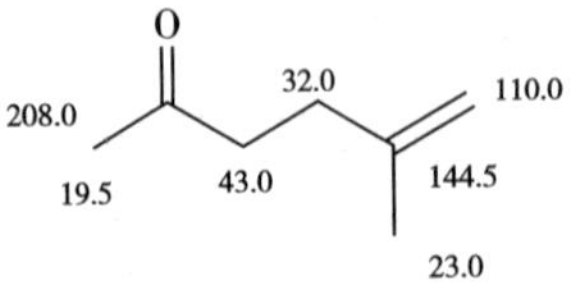　5-10 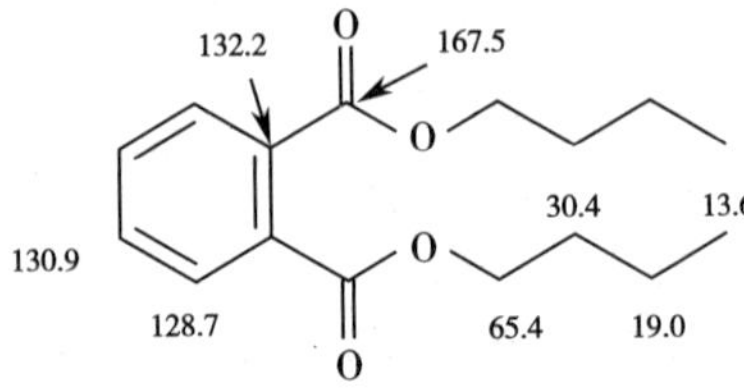　5-11

第六章　二维核磁共振谱

1. 二维核磁共振实验的脉冲序列一般可划分为以下几个区域：准备期（preparation period）—演化期 t_1（evolution

period）—混合期 t_m（mixing period）—检测期 t_2（detection period）。检测期完全对应于一维核磁共振的检测期，在对时间域 t_2 进行傅里叶变换后得到 F_2 频率域的频率谱。二维核磁共振的关键是引入第二个时间变量演化期 t_1。

2. 同核化学位移相关谱即同种核的拉莫尔频率通过标量偶合建立起来的相关谱。氢-氢化学位移相关谱（^1H-^1H COSY）是最常用的同核化学位移相关谱，指同一自旋偶合系统中的质子之间的偶合相关，从某一确定的质子着手分析，即可依次对其自旋系统中的各质子的化学位移进行精确归属。

3. 异核化学位移相关谱即两种不同核的拉莫尔频率通过标量偶合建立起来的相关谱。HMQC、HMBC 谱是目前最常用的异核化学位移相关谱。HMQC 谱可以用来确定（或归属）C 和 H 之间的连接方式；HMBC 谱可以找出跨 2~3 个键的 ^{13}C-^1H 相关，越过季碳、杂原子，用于季碳或自旋系统之间连接点的归属。

4. HMQC 谱图只有相关峰，没有对角峰；图上的两个坐标轴别为 ^1H 及 ^{13}C 的化学位移，直接相连的 ^{13}C 与 ^1H 将在对应的 ^{13}C 化学位移与 ^1H 化学位移的交点处给出相关信号，可以用来确定（或归属）C 和 H 之间的连接方式。

5. 特征包括 F_2 轴为氢核磁共振谱的化学位移；F_1 轴为碳核磁共振谱的化学位移，只有相关锋，没对角峰，一个质子与多相碳相关。

用于检测远程 ^{13}C-^1H（$^2J_{CCH}$、$^3J_{CCCH}$）相关，$^1J_{CH}$ 被抑制；可以找出跨 2~3 个键的 ^{13}C-^1H 相关，越过季碳、杂原子，用于季碳或自旋系统之间连接点的归属。

6. NOESY 或 ROESY 能提供质子之间的空间关系，与质子间相隔的键数无关。主要用于谱峰归属、结构确定、立体构型及构象研究。

7. TOCSY 就是通过特殊的脉冲序列，实现从一个氢核的谱峰出发，可以找到与它处于同一偶合体系的所有氢核的相关峰。F_1 轴和 F_2 轴都是氢核磁共振谱化学位移。

TOCSY 在推断单糖的种类和数量方面具有一定的指导意义。它可显示糖上偶合常数较大（J=5.0~8.0Hz）的较为完整的相关系统，如葡萄糖、木糖、阿拉伯糖等；对于鼠李糖，由于 $J_{1,2}$ 较小（J=0~2.0Hz），Rha-H_1~H_2 和 Rha-H_3~H_6 形成 2 个系统，极易识别；对于半乳糖，由于 $J_{3,4}$ 和 $J_{5,6}$ 较小，阻碍从 H_1 到 H_6 的相关传递，由此可判断半乳糖的存在。

8. 略

9. 略

第七章　经典质谱技术

1. m/z=100.01

2. 亚稳离子为 187，母体离子为 205；亚稳离子为 172，母体离子为 187。

3.

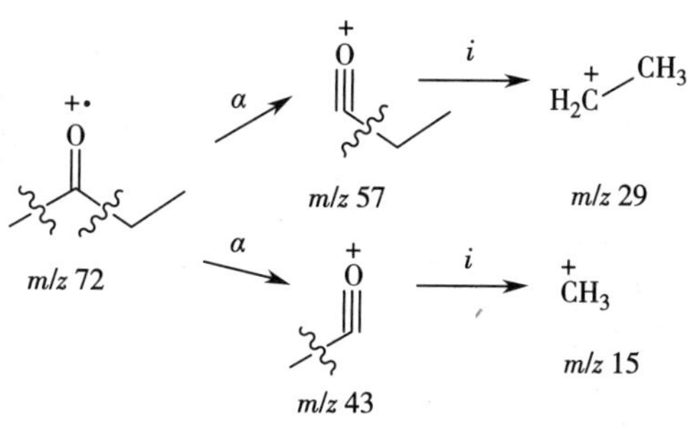

α　i

m/z 72　m/z 57　m/z 29　m/z 43　m/z 15

4.（a）m/z=90（M），m/z=91（M+1），m/z=92（M+2）。

（b）基峰为 m/z=57，其结构为 $\overset{+}{\diagup\!\diagdown\!\diagup}$。

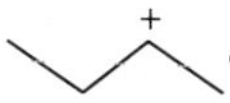

（c）m/z=61 的结构为 $=\overset{+}{S}H$；m/z=29 的结构为 $CH_3—CH_2^+$。

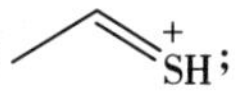

5.（a）

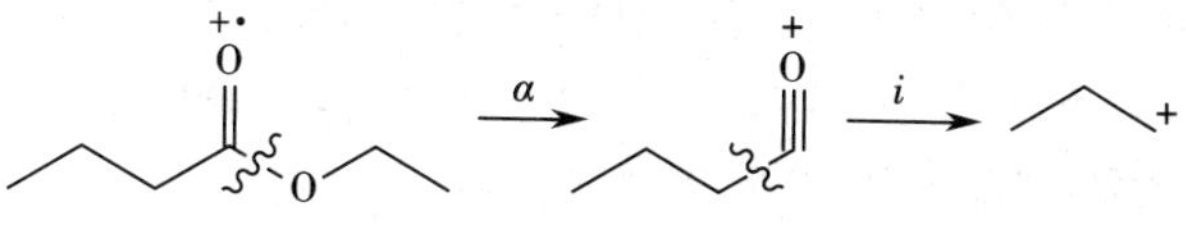

α　i

m/z 116　m/z 71　m/z 43

（b）

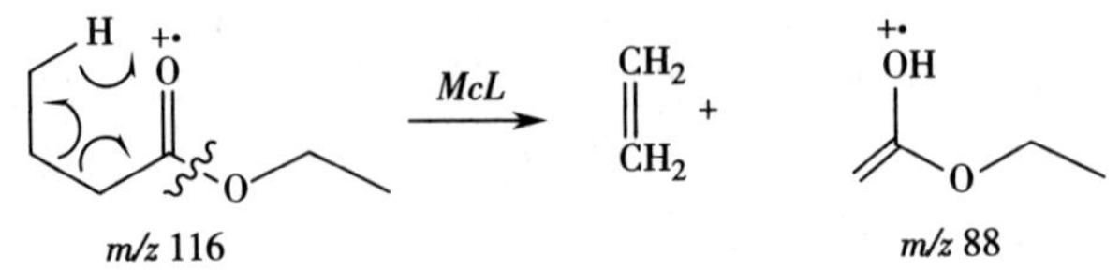

6. 该化合物的结构为：

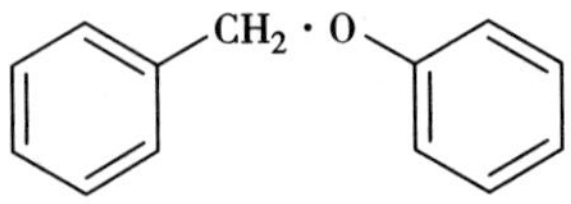

7. 芹菜素的裂解过程：

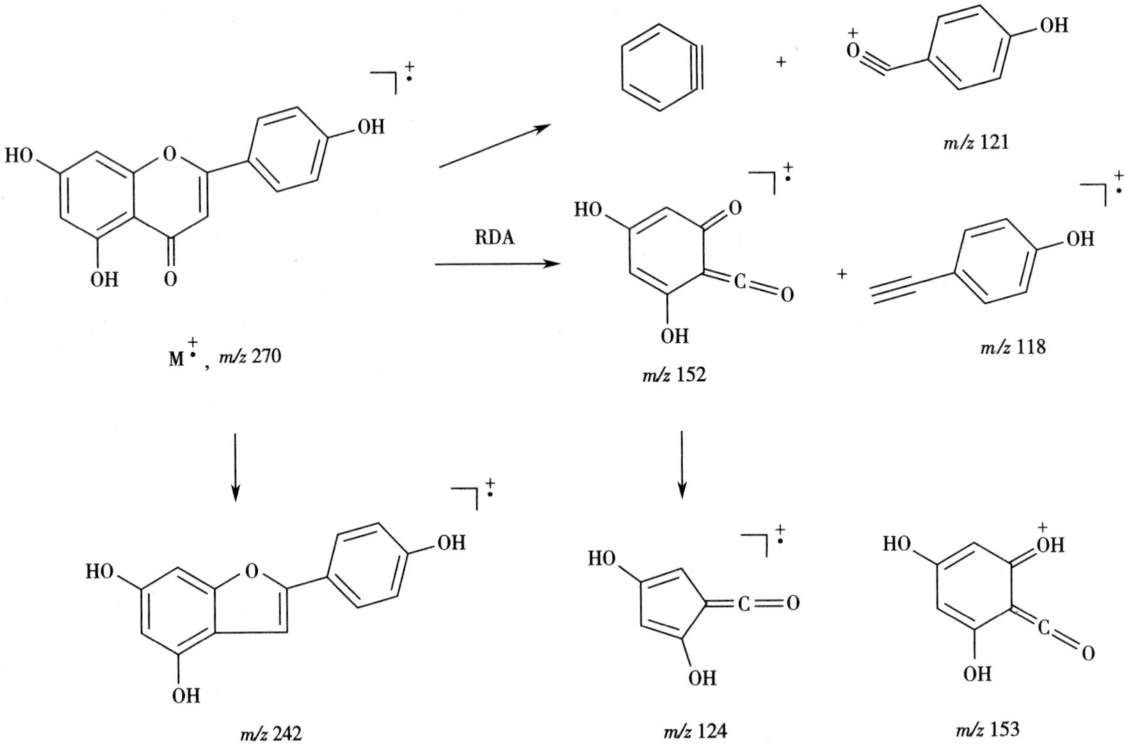

第八章 现代质谱技术

1. 正离子模式：373，$[M+K]^+$；357，$[M+Na]^+$；335，$[M+H]^+$；317，$[M+H-H_2O]^+$；261，$[M+H-C_4H_9OH]^+$。负离子模式：333，$[M-H]^-$；276，$[M-H-C_4H_9]^-$。

2. 略

3. 略

4. 略

5. 144.080 6 和 144.082 0 之间

第九章 圆二色谱和旋光光谱

1. B。A 醛类、酮类、酯类等化合物由于在可观察的光谱范围内有紫外吸收。C 所用的过渡金属试剂须符合通式应符合 $M_2(O_2CR)_4$ 而不是 $M_2(O_2CR)_2$。D 可用 $Mo_2(OAc)_4$ 试剂确定邻二醇类结构的绝对构型和应用 $Rh_2(OCOCF_3)_4$ 试剂确定手性醇结构（仲醇和叔醇）的绝对构型。

2. 利用两种方法测定绝对构型之前，首先要根据化合物的氢核磁共振谱的偶合常数或 NOE 效应判断化合物的相对构型。

（1）CD 激子手性法：先将化合物进行苯甲酰化，测定酯化产物的 CD 谱，根据 Cotton 效应的符号为正，应具有如习题答案图 1 所示的优势构象，因此判断绝对构型为 3*S*。

（2）$Ph_2(OCOCF)_4$ 试剂诱导的 CD 谱：根据诱导的 CD 谱的 Cotton 效应符号为正，因此判断绝对构型为 3*S*。

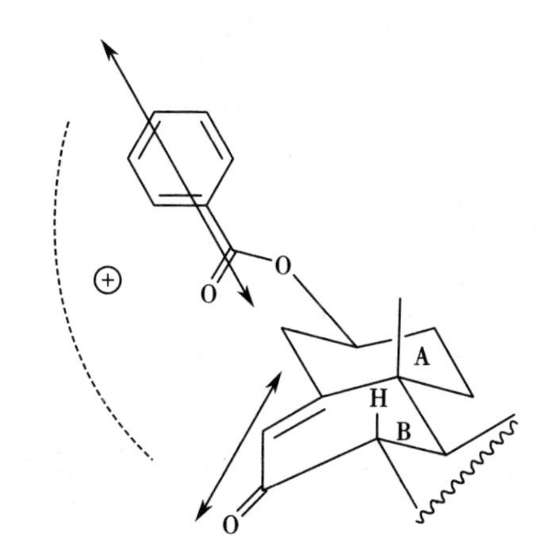

习题答案图 1　化合物 9-27 的酯化优势构象

3. 化合物 9-29 的 CD 谱线显示对 Cotton 效应的性质起决定作用的环己烯酮环系 A 环所呈的构象与 C-10 位甲基的取向有密切关系，环己烯酮环的 π→π* 跃迁（240nm）其 Cotton 效应为正，n→π* 跃迁（310nm）处有负 Cotton 效应。应用八区律及螺旋规则都应产生负 Cotton 效应，因此具有如习题答案图 2 所示的优势构象，因此 C-10 的构型为 *R*-构型。

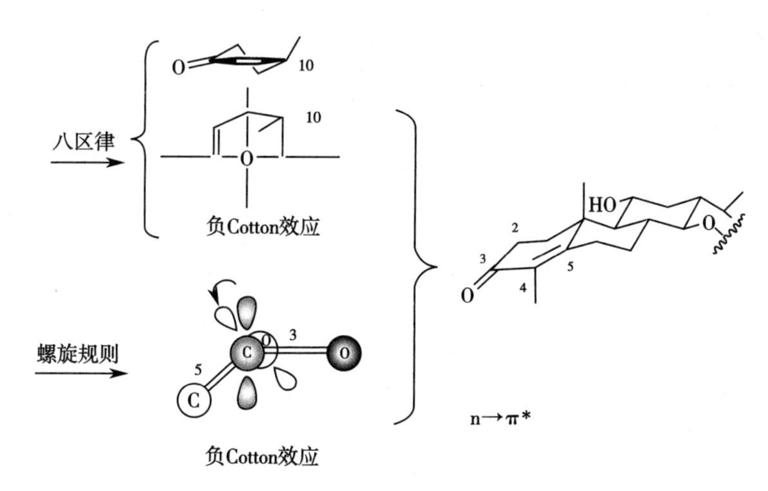

习题答案图 2　化合物 9-29 的优势构象及 Cotton 效应示意图

4.（1）NOESY 谱图中可以观察到 7-H 和 9-H 的相关信号，提示 7-H 和 9-H 的空间距离较近，在同一侧，可判断 7,8-位所连有的大基团不在同一侧，确定 7,8-位的相对构型为反式。

（2）苯环 3′ 位上有大的取代基（甲氧基），会扭转螺规则，即杂环的 M 螺旋所导致的该化合物的 L_b 带呈负 Cotton 效应，化合物 9-30 的 CD 谱在 278nm 处有负 Cotton 效应，由 M 螺旋判断化合物的绝对构型为 7*R*,8*S*。

5. 化合物 9-31 的结构中 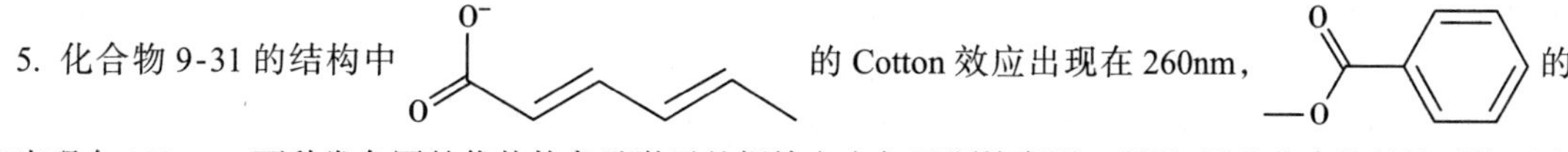 的 Cotton 效应出现在 260nm， 的效应出现在 229nm。两种发色团的优势构象及激子的螺旋方向如习题答案图 3 所示，因此化合物的绝对构型为 2*S*,3*S*,4*R*,5*R*,6*R*,7*R*,8*S*,9*S*,10*S*,11*R*,13*R*,14*R*。

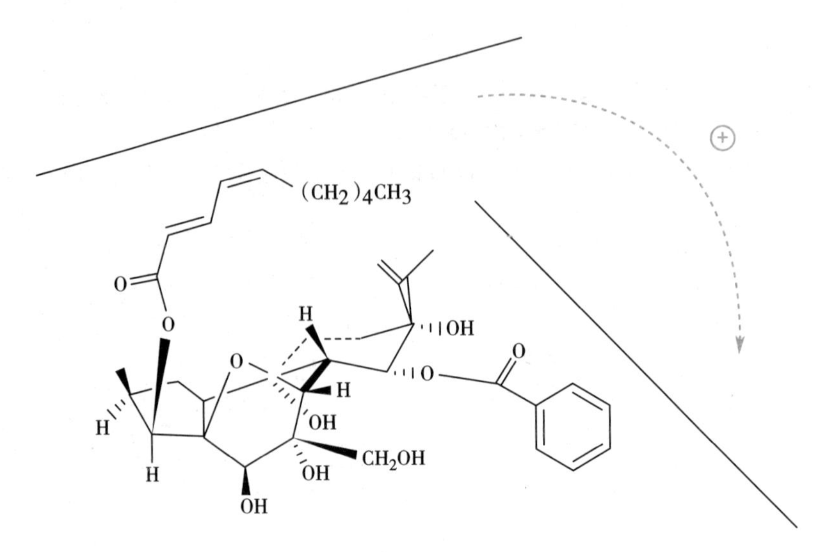

习题答案图 3 化合物 9-31 的优势构象及激子的螺旋方向

第十章 其他结构测定波谱技术

1. (1) 溶液生长法：从溶液中将化合物结晶出来，是单晶生长的最常用的形式。

1) 缓慢溶剂挥发法：将样品溶解在具有一定溶解度的单一溶剂或混合溶剂中，理想的溶剂系统是一个易挥发的良性溶剂和一个不易挥发的不良溶剂的混合物；溶剂或溶剂系统的量应稍大于达到过饱和度所需要的量，将样品放置在合适的环境中，使溶剂缓慢挥发。

2) 溶液降温法：通常化合物的溶解度随着温度下降而降低，因此可以利用这种特性来配制过饱和溶液。首先在较高的温度下配制接近过饱和度的溶液，然后将溶液缓慢降温至较低的温度。

3) 混合溶剂法：样品在混合溶剂中的一种良性溶剂中必须有较好的溶解性能，而在另一种不良溶剂中其溶解性能较差，甚至不溶。特别注意在混合溶剂生长法中，所选择的几种溶剂要求能够互溶。在混合溶剂法中，需要仔细调整两种或两种以上溶剂的组成与比例，溶剂的添加速度、混匀方式也会明显影响最终生成晶体的质量，通常添加不良溶剂的速度越慢越好。

(2) 蒸气扩散法：选择两种对目标化合物溶解度不同的溶剂 A 和 B，且两者有一定的互溶性。把待结晶的化合物置于敞口小的容器中，并用溶解度大的溶剂 A 将其溶解，将敞口小的容器放置于较大的容器中，并往较大的容器中加入溶解度小的溶剂 B，盖紧大容器的盖子，溶剂 B 的蒸气就会扩散到小容器中，溶剂 A 的蒸气也会扩散到大容器中。随着扩散过程的进行，小容器中的溶剂慢慢变为 A 和 B 的混合溶剂，从而降低化合物的溶解度，迫使化合物不断结晶出来。

2. 固态物质一般可分为两种，一种是非晶态物质，其分子或原子的排列没有明显的规律；另一种是晶态物质，其具有规律性周期排列的内部结构，晶体中的原子团、分子或离子在三维空间以某种结构基元（即重复单位）的形式周期性排列。结构基元可以是一个或多个原子（离子或分子），每个结构基元的化学组成及原子的空间排列完全相同。晶体内部的原子、离子或分子等在三维空间严格地按周期排列堆积是晶体具有各种特殊性质的根本原因。晶体的性质主要包括对称性、均一性、各向异性、自范性、最小内能性和稳定性。

3. 通常用于单晶 X 射线衍射法的 X 射线由钼靶或铜靶产生，铜靶 X 射线经单色化后得到的谱线为 CuK_α 射线，其波长 λ 为 1.541 8Å。钼靶 X 射线经单色化后得到的谱线为 K_α（包括 $K_{\alpha1}$ 和 $K_{\alpha2}$）称为 MoK_α 射线，其波长 λ 为 0.710 73Å。对于 CuK_α 衍射数据，只要含氧或更重的原子，就可以确定其绝对构型。对于 MoK_α 衍射数据，则分子中必须含有周期表中不同行的元素或重于磷原子的元素才可以确定绝对结构/构型。

4. Mosher 法尤其适用于手性醇和胺类化合物的绝对构型确定，如在天然产物中，已报道应用于番荔枝内酯、多氧取代环己烯、二萜、二氢呋喃、甾体、三萜等多种类型的化合物。

该方法基本原理是将手性仲醇分别与（R）-和（S）- MTPA 进行反应形成两个酯类衍生物（MTPA derivatives），利用苯基的正屏蔽效应对（R）-MTPA 酯和（S）-MTPA 酯的 ^{1}H-NMR 的差异影响得到 $\Delta\delta$（$\Delta\delta=\delta_S-\delta_R$），再与 Mosher 酯的构型关系模示图进行比较，根据 $\Delta\delta$ 的符号来判断仲醇手性碳的绝对构型。

5. 经典 Mosher 法包括：

^{1}H-NMR Mosher 法；^{19}F-NMR Mosher 法（待测样品仲醇的 β 位取代基的立体空间大小应具有明显差别）。

改良 Mosher 法包括：

改良的 ^{1}H-NMR Mosher 法（得到的正 $\Delta\delta$ 值和负 $\Delta\delta$ 值不规则地分布在分子中时，此法不适用）；9-ATMA 和 NMA 试剂的 Mosher 法（产生的屏蔽效应远强于 MTPA，尤其适用于长链化合物中仲醇的绝对构型的测定）；MNCB 和 MBNC 试剂的 Mosher 法（适用范围更广，尤其可应用于有空间位阻的仲醇）；其他手性试剂的 Mosher 法等。

6. 运用改良的 ^{1}H-NMR Mosher 法确定化合物构型

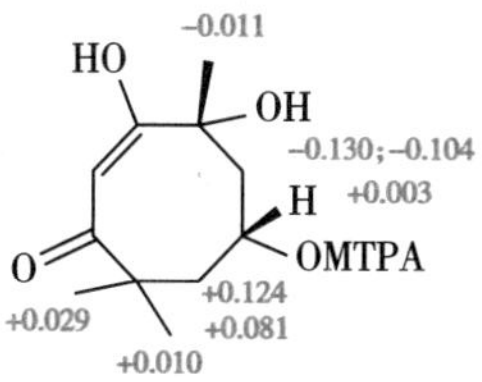

①将手性试剂（*R*)-MTPA 和（*S*)-MTPA 分别与待测仲醇样品反应成 Mosher 酯；②分别测定（*R*)-Mosher 酯和（*S*)-Mosher 酯的 ^{1}H-NMR，并归属各质子信号；③计算各个质子的 $\Delta\delta=\delta_S-\delta_R$ 值；④将 $\Delta\delta$ 为负值的质子所连的基团放在 Mosher 构型模示图中 MTPA 平面的左侧；⑤将 $\Delta\delta$ 为正值的质子所连的基团放在 Mosher 构型模示图中 MTPA 平面的右侧；⑥确定该仲醇的构型。

第十一章 综合解析

1.

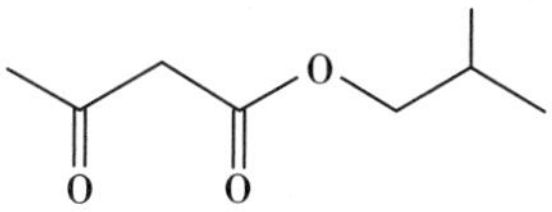

2.

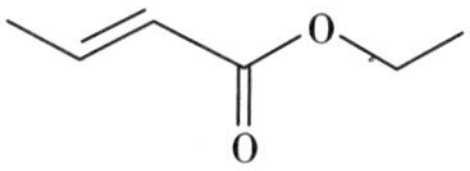

3.

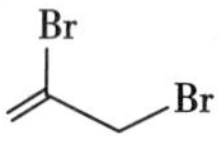

4.

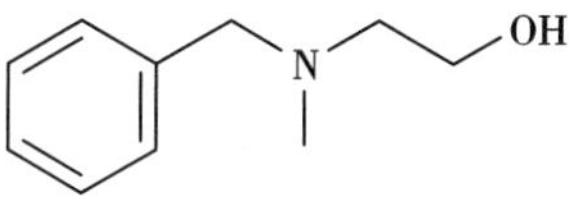

5.

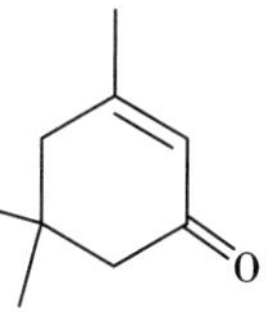

6.

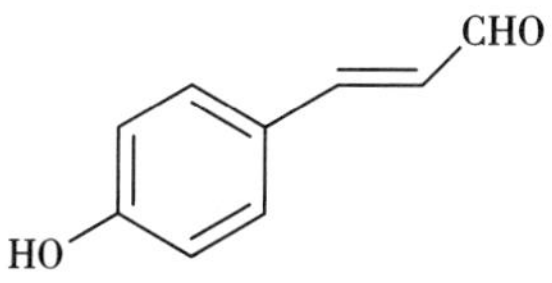

7.

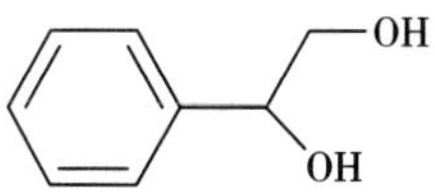

8.

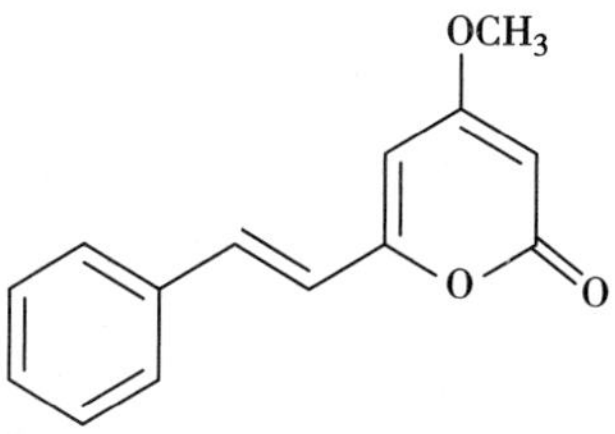

9. 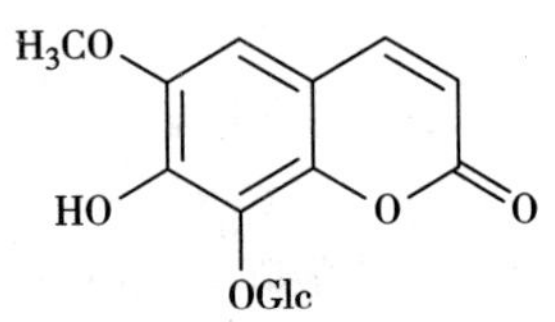 H_3CO, HO, OGlc, O, O

10. 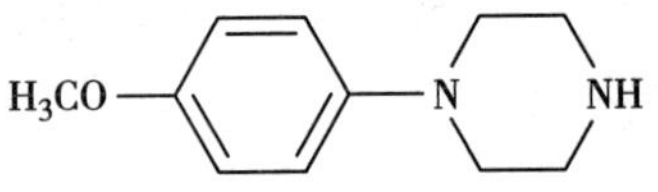 H_3CO, N, NH

11. 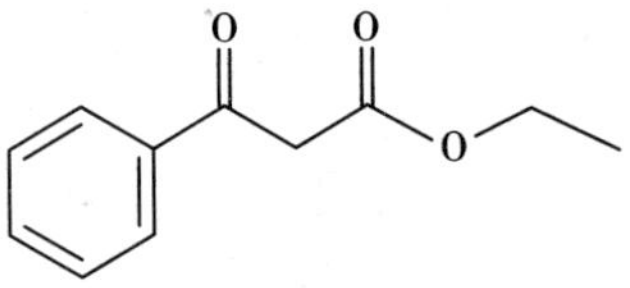 O, O, O

12. 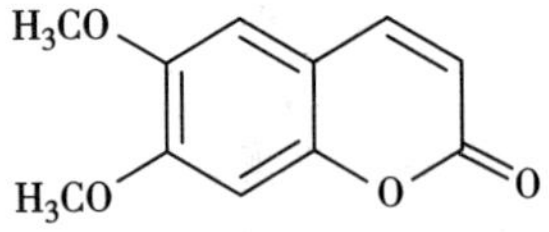 H_3CO, H_3CO, O, O

13. 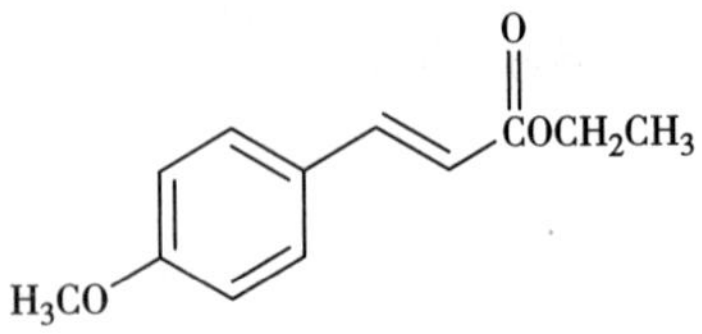 O, $COCH_2CH_3$, H_3CO

14. 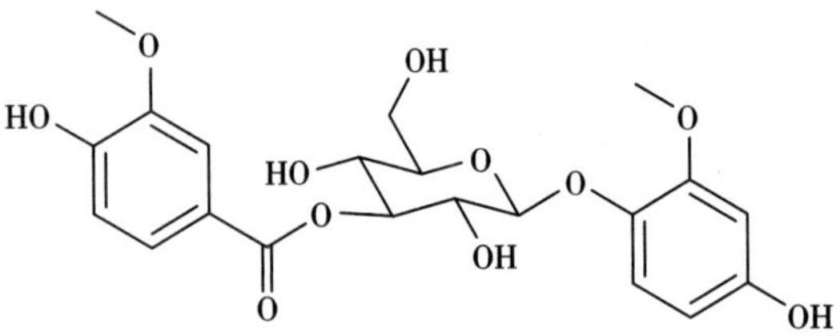 O, HO, OH, HO, O, O, O, O, OH, O, OH, O